中国基层农业推广体系改革与建设

——第九届中国农业推广研究征文优秀论文集

中国农业技术推广协会
全国农业技术推广服务中心　编

中国农业科学技术出版社

图书在版编目（CIP）数据

中国基层农业推广体系改革与建设：第九届中国农业推广研究征文优秀论文集 / 中国农业技术推广协会，全国农业技术推广服务中心编．—北京：中国农业科学技术出版社，2020.12

ISBN 978-7-5116-5046-7

Ⅰ．①中… Ⅱ．①中… ②全… Ⅲ．①农业科技推广－中国－文集 Ⅳ．① F324.3-53

中国版本图书馆 CIP 数据核字（2020）第 245275 号

责任编辑 张志花
责任校对 贾海霞
责任印制 姜义伟 王思文

出 版 者 中国农业科学技术出版社
北京市中关村南大街 12 号 邮编：100081
电 话 （010）82106636（编辑室）（010）82109702（发行部）
（010）82109709（读者服务部）
传 真 （010）82106631
网 址 http://www.castp.cn
经 销 者 各地新华书店
印 刷 者 北京建宏印刷有限公司
开 本 185mm × 260mm 1/16
印 张 30.75
字 数 710 千字
版 次 2020 年 12 月第 1 版 2020 年 12 月第 1 次印刷
定 价 98.00 元

出版说明

为总结农业技术推广体系改革与建设工作成效和经验，促进农业新技术新产品的推广应用，中国农业技术推广协会与全国农业技术推广服务中心此前已联合举办了八届农业推广征文活动，受到有关部门和广大农技推广工作者的广泛重视和好评。

在中国农业技术推广协会第七次会员代表大会召开之际，中国农业技术推广协会与全国农业技术推广服务中心以乡村振兴与技术推广为主题，共同举办了第九届中国农业推广征文活动。征文范围为4个方面：一是创新推广。包括理论实践创新，体制机制创新，服务模式创新，多元推广体系建设，农业政策法规探索等。二是战略研究。包括农技推广在粮食安全、脱贫攻坚、乡村振兴等战略实施过程中发挥的作用研究。三是技术对策。包括现代农业重大关键技术、稳粮发展与养殖业发展、种植结构调整与黑土地保护、重大农业病虫害监控与防治、绿色防控与统防统治、化肥农药零增长行动、农药包装废弃物回收处理、土壤污染防治与农业可持续发展、循环农业等。四是社会化服务。包括农资供应服务、全程生产托管与技术服务、农机作业与植保统防统治服务、农产品检验检测服务、农产品销售与品牌服务、农业市场和农情信息服务、金融保险服务等。

征文广泛征集到了各省、自治区、直辖市农业管理、农业推广、农业科研院校、涉农企业等农业从业者的理论与实践探索文稿。经评审委员会组织专家两轮评审，共评选出优秀论文100篇。其中，一等奖10篇，二等奖30篇，三等奖60篇。

现将优秀论文汇编成册，由中国农业科学技术出版社出版。

此次征文活动得到了农业农村部有关司局，各省农业管理和农技推广部门的大力支持，在此一并表示感谢！

由于编辑时间仓促，书中疏漏和不当之处，恳请读者批评指正。

中国农业技术推广协会

全国农业技术推广服务中心

2020年12月15日

目　　录

第一部分　产业发展

第二部分　体系建设

第三部分　绿色发展

第四部分　技术推广

第五部分　其　他

第一部分

产业发展

优质稻米产业发展对策探讨

——以宣城市为例

胡　锋

（安徽省宣城市种植业管理服务中心　安徽　宣城　242000）

摘　要：通过对2018年宣城市水稻生产情况、种植结构、生产主体、稻米加工与商标、产业扶贫等情况的系统调研，分析了该市优质稻米产业发展中存在的主要问题，提出了推进优质水稻基地建设、促进绿色标准化生产和强化政策资金扶持等促进产业可持续发展的对策建议。

关键词：优质；稻米；产业；对策；宣城市

水稻是安徽省宣城市主要口粮作物，日常食用大米以籼米为主、粳米为辅。发展优质食用稻米，是满足人民美好生活需要的重要举措。在前人研究基础上，通过调查问卷、分析文献和2018年统计数据、专家咨询、经营主体交流等方式，了解宣城市优质食用稻米产销、品牌等产业现状、存在问题及产业扶贫情况，并提出促进产业提质增效和可持续发展的对策建议。

1　宣城市优质稻米产业发展现状

1.1　水稻在粮食生产中占重要地位

据统计，2018年宣城市水稻播种面积243.45万亩[①]，占粮食播种面积的75.1%；总产104.4万t，占粮食总产的80.4%；单产429kg/亩，较粮食单产增28.7kg/亩。其中产粮大县宣州区（占38.3%）、广德县（占18.4%）、郎溪县（占18.3%）水稻面积居前列。

1.2　水稻种植以一季稻为主

2018年宣城市早稻播种面积15.15万亩（占水稻6.2%），主要产区为宣州区（占93.4%）；总产6.6万t（占水稻6.3%）。中稻和一季晚稻播种面积198.45万亩（占水稻81.5%），主要产区宣州区（占27.9%）、广德县（占22.6%）、郎溪县（占21.8%）；总产85.4万t（占水稻81.7%）。双季晚稻播种面积29.25万亩（占水稻12.3%），主要产区宣州区（占78.6%）；总产13.3万t（占水稻11.9%）。

① 1亩≈667m^2，15亩≈1hm^2，全书同。

1.3 水稻品质有提升空间

调查预计 2018 年宣城市籼、粳稻面积比例为 4：1。籼稻主要产区为宣州区、广德县、郎溪县。其中早籼稻主要为常规稻品种，受品种和高温影响，米质很难达国标或农业行业优质米标准，但农药次数使用相对较少，适宜作炒饭或者加工原料。中、晚籼稻主要为杂交籼稻品种，其优质类型品种较多，且灌浆期气候条件总体有利，是优质米的主要原料。粳稻主要产区为宣州区，以一季晚粳稻为主，大都为常规粳稻品种，优质类型品种也较多。如宣城市一季稻和双季晚稻均使用优质稻品种，则优质原粮总产可达 98 万 t。另据农业部门统计，2018 年宣城市有 14 个主体的 20 个产品获无公害食品认证，年产量 3.75 万 t；有 15 个主体的 25 个产品获绿色食品认证，年产量 8.8 万 t；有 8 个主体的 15 个产品获有机食品认证，年产量 1 703t。

1.4 水稻规模生产主体稳定发展

据调查统计，从事水稻种植、销售的农民专业合作社示范社 40 个（国家级 5 个、省级 7 个、市级 28 个），示范家庭农场 207 个（省级 42 个、市级 165 个）。对宣城市工商在册的 3574 个合作社、7624 个家庭农场进行“企业名称”筛选，合作社名称含“稻”的 212 个（同比增 15 个）、“粮” 71 个（同比增 27 个）；家庭农场名称含“稻”的 1 023 个（同比增 280 个）、“粮” 305 个（同比增 20 个）。部门统计 2018 年宣城市种粮大户 3 555 户（同比减 53 户）；经营面积 60.5 万亩（同比减 3.5 万亩）。其中“50 ~ 99 亩”的 1 222 户（占 34.4%），经营面积 8.5 万亩（占 14.0%），户均 69 亩；“100 ~ 299 亩”的 1 927 户（占 54.2%），经营面积 31.0 万亩（占 51.2%），户均 161 亩；“300 ~ 499 亩”的 277 户（占 7.8%），经营面积 10.5 万亩（占 17.3%），户均 379 亩；“500 ~ 999 亩”的 103 户（占 2.9%），经营面积 6.6 万亩（占 10.9%），户均 641 亩；“1 000 ~ 1 999 亩”的 22 户（占 0.6%），经营面积 2.9 万亩（占 4.9%），户均 1 340 亩；“2 000 ~ 4 999 亩”的 4 户（占 0.1%），经营面积 1 万亩（占 1.6%），户均 2 463 亩。规模生产主体的发展，有利于稳定、提高同批次水稻的产量和质量。另据广德绿优农产品种植家庭农场主反映，其 2018 年水稻生产效益一般，代烘干服务略有收益，农场运营存在资金周转难、地租和农资成本较高、人工效率低、田间肥料运输难、秸秆打捆机具不足等方面问题。

1.5 稻米品牌营销初见成效

调查统计，宣城市从事稻米加工、收购、销售的龙头企业有 42 个。经查询中国商标网，相关大米注册商标 43 个，公示 1 个。注册商标受法律保护，是优质稻米市场营销做大、做强的有效保障。对年产量较高、已注册商标的 14 个大米企业产销情况的调查结果表明，其原料主要来源于本地收购或自产水稻，以 10kg 小包装为主，销售价格一般为 3.8 ~ 4.5 元 /kg。与问卷调查对象首选价格 4 ~ 10 元 /kg（75.44% 对象选）、包装规格 10kg（56.14% 对象选）相当。通过与安徽德泽米业有限公司、广德县润泽粮油购销有限责任公司、广德县中天粮油购销有限责任公司等企业代表交流，发现为稳定大米的质量和供应量，采用“种业 + 生产主体 + 烘干中心 + 米业”“订单生产”等合作模式，如提供优质稻种“晶两优 534”、订单生产包收购或加价 5%，经烘干、仓储再分批次销售，可保证水稻品种、稳定粮源和价格；销售方式主要有外调江浙市场、本地批发、直送终端（学校、工厂、饭店）、配送周边城乡超市等；主要存在收购资金和仓储压力大、贷款融资要求较高、大米口感难稳定等问题。

1.6 优质稻米标准对产业发展影响力增加

目前优质水稻评价标准主要有国家标准《优质水稻》（GB/T 17891—2017）和农业行业标准《食用稻品种品质》（NY/T 593—2013）。优质大米评价标准主要有国家标准《大米》（GB/T 1354—2018）及农业行业标准《食用粳米》（NY/T 594—2013）和《食用籼米》（NY/T 595—2013），标准的统一和更新有利于优质食用稻米评价。对于水稻新品种品质改良和应用、栽培技术集成、加工机具和工艺更新等方面都有积极促进作用。如《优质水稻》（GB/T 17891—2017）修改了质量要求中整精米率、垩白度、直链淀粉含量、异品种率、黄粒米含量，必然要求优质水稻新品种选育上需注重相关指标改良。同时由于“不完善粒”（未熟粒、虫蚀粒、病斑粒、生芽粒、生霉粒等）含量对出糙率影响较大，“谷外糙米含量”因机械收割比例高和环境影响易超标，“异品种率”易受混杂、“杂草稻”等影响因素也要求生产中注重品种选择和栽培技术措施应用，以规避各项不良因素的影响。杂质、黄粒米和互混率等指标也要求稻米加工上注重分级、色选。另外，生产主体一般参考优质水稻标准，常注重出糙率、碎米和垩白度；加工主体一般参考优质大米标准，常注重碎米、垩白度和品尝评分值。而普通消费者一般较注重垩白度（外观有利于选购）、米饭适口性（不同地区不同阶层的人对米饭适口性要求不同），品牌稻米市场运作时需兼顾主要指标。

2 存在的问题

2.1 优质原粮质量稳定性一般

首先，水稻品种偏多、优质品种生产规模偏小，年度间产量不稳定。宣城市自产优质水稻主要为一季稻、双季晚稻类型。据部门统计数据分析，2018 年宣城市中、晚稻应用品种 194 个，其中 1 万亩以上品种 55 个，且区域分布明显；杂交稻品种 166 个，虽然米质较优，但由于不能自留种，受种业公司供种能力影响，年度间品种应用差异较大。其次，水稻品质易受灾害影响。如异常高温导致结实率下降、垩白度增加，连阴雨易导致穗发芽，均影响水稻产量和品质。另外稻曲病等病害对水稻品质影响较大。再次，规模生产标准化水平不高。由于水稻生产季节性强，插秧、施肥、收获时间较集中，规模生产受人工、烘干仓储等因素影响，存在管理粗放、单产不高、水稻干燥处理难等影响水稻质量问题。最后，粮库水稻存储不分级或不分类，也易导致大米质量参差不齐、对品牌经营影响较大。

2.2 稻米品牌市场影响力较小

调查发现，普通消费者对宣城本地稻米品牌知晓度不高，市区大型超市里本地品牌稻米较少。原因有二：一方面与企业市场定位有关，另一方面说明品牌稻米的商品量、市场影响力偏小。总体上，宣城市优质稻米企业受资金、设施设备、人才和市场等方面因素影响，在加工、营销上竞争力不够强。部分企业大米商标注册或使用存在不规范现象，需加强大米商标管理。

2.3　优质稻米产业扶贫成效不高

目前，普通水稻生产已不作为扶贫产业。优质稻米产业扶贫项目主要有“虾田稻”、再生稻、有机稻等，以支付农田租金、雇工工资、订单生产等方式为主。据问卷调查，认为宣城市优质稻米产业扶贫成效“一般”占51.75%、“好”占39.47%。要想进一步提高扶贫成效，可着重做好技术扶持以及“加价收购稻米、参股分红、临工聘用和提高土地流转租金”等举措。

3　优质食用稻米产业发展对策与建议

综合分析认为，宣城优质食用稻米产业发展需主抓稻米品牌发展、优质生产，兼顾加工和市场营销。重点控制大米的口感、质量和生产成本。

3.1　加快优质稻基地建设

依托新划定的192万亩粮食（水稻）生产功能区，结合高标准农田建设项目，重点提升道路、沟渠等基础设施和耕地的质量。在提高“广德县优质专用粮食（水稻）生产示范基地”示范成效基础上，推进主产区的优质水稻基地发展，力争省级优质专用粮食示范基地认定。试点开展优质常规稻良种繁育基地建设，扩大优质常规稻应用面积，稳定优质常规稻种年度供应。

3.2　推进绿色标准化生产

提高主体种植和加工优质稻米的积极性。通过发布和宣传优质主导品种，控制区域水稻品种数量。以县市区为单位，对品种品质、抗性等主要性状提出要求。筛选推荐优质品种，引导农民选用，通过优质优价订单生产、水稻补贴等扩大单一品种、系列类似品种的生产规模。固化区域“水稻+”技术模式，在提高耕地质量基础上，集成应用绿色农药、新型肥料、节水灌溉等绿色标准化生产技术，开展优质稻、“虾田稻”和再生稻等标准化、品牌化生产和加工。加强技术培训，增强风险防范意识和品牌市场运营理念。

3.3　强化政策资金扶持

通过政策扶持和财政资金投入，提高“机插、植保、施肥”等水稻生产环节机械化水平，扶持产业化联合体技术创新和设备更新；建设区域烘干和存储中心，促进优质水稻分类、分等级储藏；扶持加工企业做强稻米品牌，提高优质食用稻收购、储藏和加工能力；推进“南漪湖”等优质稻米区域公用品牌建设。聚焦长三角市场，通过参加展会、发展电子商务等方式，强化品牌优质稻米宣传推介。力争“广德大米”“宣城大米”等申请能成为地理标志认证产品。

广元市乡村产业融合发展对策探讨

江治贤[1] 李 敏[1] 李 莎[1] 刘 波[1] 何 奇[2]

（1. 四川省广元市农业农村局 四川 广元 628017；
2. 四川省马尔康市农业畜牧局 四川 马尔康 624000）

摘 要：“十三五”以来，四川省广元市紧扣六大优势特色农业和七大全产业链发展思路，大力推进农村产业融合发展，对全市特色农业取得的新成效进行总结，分析了农业产业发展面临的挑战，并提出坚持绿色发展、融合发展、高质量发展，构建广元乡村产业融合发展三大体系。

关键词：乡村产业；融合发展；对策

“十三五”以来，广元以实施乡村振兴战略为总抓手，以农业高质量发展为主题，以深化农业供给侧结构性改革为主线，以绿色发展为导向，紧扣优质粮油、生态畜禽水产、高山绿色果蔬、特色山珍、富锌富硒茶叶、道地中药材六大优势特色农业布局，聚力打造茶叶、苍溪红心猕猴桃、朝天核桃、道地中药材、广元油橄榄、剑门关土鸡、生态生猪牛羊七大全产业链，着力建园区、搞加工、创品牌、促融合，推动了产业转型升级，提升了产业发展质效、农民增收水平，促进了美丽乡村、幸福家园建设。

1 发展现状

1.1 产业基地新发展

围绕六大优势特色农业和七大全产业链发展，坚持县建现代农业园区、村建“一村一品”示范园、户办家庭产业园“三园”联动为载体，持续壮大提升产业基地。到 2018 年底，建成现代农业园区 100 个、“一村一品”示范园 1 857 个、家庭产业园 18.6 万个，带动发展农业产业基地 480 万亩。出栏土鸡 3 320 万只、生猪肉羊肉牛 430 万头，水产品产量突破 5 万 t。苍溪县成功创建国家现代农业产业园、全国特色农产品（猕猴桃）优势区，旺苍米仓山茶叶、朝天曾家山蔬菜、广元朝天核桃入选全省特色农产品优势区。

1.2 绿色生产新突破

开展全国有机产品认证示范市创建，旺苍、青川创建为国家级有机产品认证示范区。实施农药化肥减量控害、畜禽养殖粪污治理、废旧农膜回收、秸秆综合利用、饲料清洁化、农业投入品整治“六大行动”，全市化肥农药使用量实现负增长，畜禽粪污综合利用率、废弃农膜回收率和农作物秸秆综合利用率分别达到 70%、73%、89.62%。全市 95.24% 的耕地通过国家无公害农产品产地认证，认定全国绿色食品原料标准化生产基地

166 万亩、有机农产品生产基地 28.7 万亩，建成国家农产品质量安全市。

1.3 品牌培育新成效

持续提升“广元七绝”区域公用品牌，认证“三品一标”农产品 343 个。创建国家驰名商标 8 件、省著名商标 22 件、省名牌产品 40 个，认定“四川扶贫”集体商标用标产品 349 个，“广元七绝”被认定为全省十大优秀农产品区域公用品牌，剑门关土鸡、米仓山茶、壹颗红心猕猴桃等 7 个产品被认定为全省优质品牌农产品，青川县“唐家河蜂蜜”为国家级地理标志示范样板，“曾家山高山露地蔬菜”直销我国香港、澳门，苍溪红心猕猴桃、青川黑木耳等产品销往欧盟等 10 多个国家和地区。

1.4 融合发展新步伐

发展农产品产地初加工和冷链物流业，冷藏烘干能力达到 28 万 t。引进巨星、温氏等大型企业，做大、做强川珍实业、米仓山茶业等重点龙头企业，规模以上农产品加工企业达 130 户，建成特色农产品加工园 8 个，开发出猕猴桃、茶叶、黑木耳、核桃等 13 个大类、80 个小类、上千种产品。积极发展休闲农业与乡村旅游，建成全国休闲农业与乡村旅游示范县 1 个、中国农业公园 1 个，获全国重要农业文化遗产保护 1 个。加快农村电商发展，建成县电商服务中心 6 个、乡镇电商服务站 191 个、村电商服务点 785 个。

1.5 经营体系新提升

推进农村土地“三权分置”，规模经营流转面积达 128 万亩。加快新型农业经营主体培育，工商登记农民合作社 4 360 个、家庭农场 4 804 家、农业企业 342 家。积极推进农业社会化服务，建设农业服务超市 657 家，发展社会化服务组织突破 1 600 个，培育农业产业领军人 100 名。建成益农信息社 1 997 个，行政村覆盖率达到 82.2%。积极构建“龙头企业（专业合作社）+ 家庭农场 + 农户”“大园 + 村园 + 户园”的经营模式和农业订单、股份合作、托管寄养等利益联结机制，农企联结覆盖率占比达 85%。

2 存在问题

2.1 产业集约化水平不高

广元作为典型的山区农业市，产业虽有特色、有优势，但布局分散、规模化程度不高，优势产业带和集中发展区形成不够。领军企业缺乏，产业联盟、联合体建设滞后，农业科技创新推广能力不强，功能布局、要素集聚度尚需提升。

2.2 产业深度融合不够

农业现代装备、信息化、机械化水平不高。产业链条延伸不够，加工龙头企业缺乏，初精加工、冷链物流发展相对滞后。农村电商、休闲农业、文化创意、生态康养、新兴服务等新产业、新业态培育不够，农村产业交叉融合不足。

2.3 农业经营主体实力不强

现有龙头企业规模小、实力弱，带动产业基地建设、科技创新、加工增值、品牌培育、产业融合发展的能力不足。多元化、专业化、组织化、全程化服务体系培育滞后，带动农户发展特色产业、持续增收的能力有待增强。

2.4 产业持续发展动力不足

推进农村产业融合发展配套的组织管理、生产经营、投入融资、风险保障等机制创新不足，能人返乡下乡创新创业动力缺乏，土地、资金、人才、科技等要素活力不强，促进产业融合发展的政策扶持、项目支持等尚需加强。

3 发展对策

以新时代中国特色社会主义思想为指导，落实新发展理念，围绕全市“7+3”特色农业体系建设，坚持质量第一，效益优先，市场导向，创新驱动，深化农业供给侧结构性改革，挖掘乡村多种功能和价值，着力绿色发展、融合发展、高质量发展，重构产业链、价值链、供应链、服务链、利益链，构建乡村产业融合发展的产业体系、生产体系、经营体系，推动产业振兴，奠定乡村振兴的坚实基础。

3.1 以市场需求为导向，构建乡村产业融合发展产业体系

3.1.1 做优产业体系布局

稳定发展优质粮油，重点推进米仓山富硒茶、苍溪红心猕猴桃、朝天核桃、广元山地蔬菜、道地中药材、广元油橄榄、生态畜禽水产七大优势特色产业全链融合发展，夯实现代农业种业、农业装备、冷链物流三大先导性产业支撑，建设特色鲜明、链条完整、优质高效的特色农业“7+3”产业体系。完善县城农业综合服务功能，推进镇域加工流通聚集，促进镇村联动发展，形成服务在县、加工在镇、基地在村、增收在户的格局。

3.1.2 做强农产品加工业

支持经营主体在产地建设、升级改造农业初加工设施，积极开展清洗、挑选、分级、烘干、保鲜、包装、贴牌、储藏等商品化处理。加强农产品精深加工企业培育，加快农产品加工园区建设，鼓励企业建立技术研究中心。加强农产品加工新设备、新技术、新工艺、新材料、新模式等研发推广，推进优质特色农产品精深加工，加强功能食品、方便食品、生物食品开发，促进农产品及副产物的循环利用、梯次利用、全值利用。

3.1.3 做大休闲农业

推进农、旅、文、养深度融合，重点打造一批精品农业公园、美丽休闲乡村、休闲农庄，建设一批特色鲜明的花乡、茶乡、果乡、菜乡、药乡、稻乡、渔乡、森林之乡、文创之乡、美食之乡，塑造山清水秀、田园如画、产村共荣、生活美好、“记得住乡愁”的休闲农业区域品牌。开发自然教育、科学探险、森林疗养等康养产品，推进农业文创，加强农业文化遗产传承与保护，使休闲农业成为繁荣乡村、富裕农民、绿色生态的大产业。

3.1.4 做好农业品牌

不断擦亮“广元七绝”农产品区域公用品牌，加强绿色、有机、地标产品认证，做强广元黄茶、苍溪红心猕猴桃、朝天核桃、曾家山露地好菜、剑门关土鸡等品牌，支持企业自主品牌建设，健全“区域品牌 + 产业品牌 + 企业品牌”的农业品牌体系。积极参加西交会、农博会、“川货全国行”“万企出国门”等国内外市场拓展活动，推进境外农产品营销窗口建设。借助互联网、大数据、云计算等信息技术，提升农产品品牌的美誉度和知名度。

3.2 以高质量发展为主题，构建乡村产业融合发展生产体系

3.2.1 提升绿色发展水平

坚持“一控两减三基本”，大力推广“生态养殖 + 沼气工程 + 绿色种植”、稻渔综合种养、种草养畜、林下种养等循环发展模式。深入实施农药化肥减量控害等农业生产环境整治“六大行动”，开展农村生活垃圾治理、污水治理、厕所革命、村庄清洁行动。构建涵盖农业生产、加工、流通、服务的全链标准体系，提升检验检测和质量监管体系，全面推进农产品质量安全监管信息化和全程质量追溯体系建设，确保“舌尖上的安全”。

3.2.2 提升现代农业园区

高起点、高标准制定国家与省、市、县“四级同建”的园区规划发展体系，突出主导产业培育、全要素集聚、全链条发展，完善种养循环、加工物流、科技研发、创新孵化、综合服务、休闲旅游等功能板块，提升种养基地、现代装备、产地加工、农业新业态、品牌培育、科技支撑、联农带农等建设水平，把园区建成产业基地核心区、融合发展先导区、高质量发展示范区，带动“一村一品”示范园和家庭产业园建设，全面提升产业发展质效。

3.2.3 提升现代农业装备

提升路网、水网、电网、气网、信息网配套的农业基础水平，推广适宜山区农业生产、加工、运输的先进机械设备，实施农田水利、农业种养、农产品加工储运、农机装备等的数字化改造。加强产业基地冷冻仓储设施、运输通道等项目建设，建设一批信息化、自动化、智能化、标准化冷链物流设施。引进大型物流企业，新（改）建一批集农产品烘干冷藏、流通加工、集散批发等功能于一体的物流中心，推进农业烘干冷链物流体系建设。

3.2.4 提升现代农业科技

依托科研机构、科技创新团队、院士（专家）工作站，发挥龙头企业科技转化推广主体作用，加强现代种业、循环农业、绿色防控、现代装备、冷链物流、精深加工、信息化等关键技术攻关，集成配套产业技术体系。开展农技人员现代农业科技、经营管理、品牌营销等知识更新培训，提升发展现代农业服务能力。加强基地专家大院、农业科技园区建设，支持社会化服务主体开展农技服务，推进农业科技到园入户，实现农业科技服务全覆盖。

3.3 以改革创新为动力，构建乡村产业融合发展经营体系

3.3.1 加快农业农村改革

落实农村承包地“三权分置”，盘活农村资产资源，采取存量折股、增量配股、土地入股等多种形式，吸引新型经营主体发展乡村产业。探索农村宅基地有效利用方式，支持利用农村闲置分散的建设用地发展新产业新业态。组建市、县区农业投资公司，推广“政担银企户”“政银担”“政银保”金融产品，有效解决产业发展资金需求。创新特色农业保险品种，扩大农业保险覆盖面，激活更多社会资本投入产业融合发展。

3.3.2 加快壮大新型经营主体

鼓励企业家、农民工、科技人员等到乡创新创业，发展现代种业、加工物流、农业旅游等新产业。引进行业大企业、大集团，加快产业领军型企业培育。规范提升农民合作社，推进国家、省市级示范社建设。大力培养家庭农场，引导种养大户建成家庭农场。加强知识型、创新型、经营型、技能型、服务型职业农民培育，探索建立职业农民退休养老制度。壮大集体经济组织，发展农业产业化联合体，推动经营主体抱团发展。

3.3.3 加快联农带农机制创新

深化农村产权制度改革，推进农村资源变资产、资金变股金、农民变股东。积极推广“农户 + 大园区”“农户 + 合作社”“农户 + 企业”“农户 + 集体经济”等模式，采取生产托管、就业带动、订单生产、股份合作等方式，推行“订单收购 + 分红”“农民入股 + 保底收益 + 按股分红”等利益联结机制，鼓励经营主体优先吸纳当地农户就业务工，把农户带进产业融合发展，让农户卖农金、收租金、得薪金、拿酬金、分红金。

3.3.4 加快乡村新兴服务业发展

构建覆盖种养、加工、销售、科技、金融等各环节多元化的农业服务体系，鼓励农业专业服务公司、服务型专业合作社建设，发展农机作业、农田灌排、统防统治、代耕代种、土地托管、烘干仓储、品牌营销、质量管理等生产经营服务业。改造农村传统小商业、小门店、小集市等，发展批发零售、养老托幼、环境卫生等农村生活性服务业。提升农业超市服务功能，完善“县区孵化中心、乡镇服务站、村级服务点”三级贯通的乡村电商服务体系，实现为农服务全覆盖。

加强优质稻米产业开发
致力推进三产融合发展

——关于宜兴优质稻米产业化开发及三产融合发展的思考

陈可伟　朱正康　舒　蟒　邵　鹏

（江苏省宜兴市农业技术推广中心　江苏　宜兴　214200；
江苏省宜兴市农业技术推广中心　江苏　宜兴　214200；
江苏省宜兴市杨巷镇农业服务中心　江苏　宜兴　214200
江苏省宜兴市高塍镇农业服务中心　江苏　高塍　214200）

摘　要：为促使水稻生产向兼顾产量与品质、更注重生态的方向转变，出于优质稻米产业化开发及三产融合发展考虑，通过分析现状，总结对策措施与经验，提出5个“进一步”的发展思路，以促进优质稻米产业化开发，巩固产业融合发展成果，加速推进一二三产融合发展，从而稳定优质稻米主产区的优势地位。

关键词：优质稻米；产业化开发；三产融合

宜兴是苏南水稻种植大县，近年来充分发掘本地资源优势和市场优势，全力推进优质稻米产业开发，使水稻生产不再单一注重高产，而是向兼顾产量与品质、注重生态的方向转变；此外，致力促进稻米一二三产业融合发展，融合发展试点突破了农业资源配置不尽合理的瓶颈，提高了综合效益。

1　优质稻米产业发展及三产融合现状

1.1　优质稻米产业化开发水平不断提升

宜兴市现有水稻面积超过40万亩，单产约600kg，总产近25万t。围绕提质增效，该市始终把推进优质稻米产业发展作为粮食生产的战略重点。

1.1.1　优质水平不断提高，基本实现水稻生产优质化

无公害、绿色、有机“三品”大米产能提升，目前达到65.78%，富硒稻米等特色稻米开发也在逐年推进，这标志着该市水稻生产优质化率进一步提升和稻米品质的日趋改善。

1.1.2　产业化水平不断提高，产业化开发基础扎实

机械化水平日益提高，全市农业机械化水平达90%；粮食加工能力显著提升，现有

粮食加工企业 241 家，大米年加工量已达 115 万 t；农田基础设施逐步完善，全市高标准农田 53.79 万亩，占耕地面积的 67.76%；品牌建设不断推进，培育了多个优质大米品牌。其中，宜兴市粮油集团大米有限公司“隆元牌”大米荣获“中国名牌产品”称号，生产的有机大米经中绿华夏有机食品认证中心确认为有机食品，并获欧美日通行证；“杨巷大米”于 2017 年被国家工商总局认定为国家地理标志证明商标；杨巷镇、芳桥街道、徐舍镇分别于 2018 年、2019 年先后被评定为省级“味稻小镇”。

1.2　积极探索稻米产业三产融合模式

为提高种植效益，不断尝试并创建了多种形式的融合模式。一是以“新民”模式为代表的规模大户经营型，如宜兴市高塍镇大户杜新民、徐舍镇董永生、和桥镇房洪方等规模经营大户依靠规模经营优势，产出优质稻米，自行延长了稻米产业链。目前全市规模经营大户 1 200 户以上，经营面积约 20.37 万亩。二是以“隆元”模式为代表的企业订单型，宜兴市粮油集团大米有限公司等加工企业探索“公司 + 农技部门 + 大户”的产业化开发模式，实行订单种植，打造利益联合体，通过优质优价，鼓励大户参与优质稻米生产。三是以“金兰”模式为代表的村集体经营型，芳桥街道金兰、阳山村、周铁镇前观村、官林镇前城村等，流转土地后依靠专业服务，产出优质稻米，依靠自有品牌，延长了水稻产业链，提升了水稻种植效益。四是以“杨巷”模式为代表的产业化联合体型，该镇通过一二三产业融合试点项目的实施，建成了可复制、可推广的产业化联合体，实现了从种到收、从加到销的全程机械化，使土地高度集约、产品质量保障、新型经营业态发展、优质品牌创建，促进了土地的高效利用，实现了产业得发展、农民得实惠、企业得效益。

2　稻米产业发展及三产融合发展主要对策

2.1　重视试验示范，加快品种更新

近年来，通过引进苗头性品种，在试验示范的基础上，推广了以武运粳 31 号、武运粳 23 号等为代表的高产优质品种，示范了以南粳 46、南粳 5055 为代表的优良食味品种，有效缓解了本市优质稻缺乏的矛盾，兼顾了高产与优质。每年还组织米质品尝活动，为水稻生产布局、优质米产业化开发提供了品种选用依据。

2.2　建立生产规程，确保优质安全

多年来先后承担粮食绿色高产增效创建等各类生态农业工程项目，探索粮食优质安全生产技术，制定了无锡、宜兴市水稻无公害、绿色、有机生产技术规程，并积极推广，确保产出稻米优质安全。通过试验、示范、推广，低毒低残留农药得到全面应用，生物农药应用越来越广，农业、物理措施防病治虫也得到广泛应用，病虫防治更注重生态安全，稻米生产日趋安全。

2.3　扩大优质生产，提升稻米品质

宜兴市坚持把推进优质稻米产业作为粮油生产的战略重点，优质稻米面积不断增加。目前有效期内无公害、绿色和有机水稻产地面积分别为 33.60 万亩、4.54 万亩和

0.21 万亩，分别较上年新增 5.24 万亩、1.06 万亩和 0.03 万亩。富硒稻米等特色稻米开发也在逐年推进。

2.4 改善生产条件，夯实发展基础

近几年，宜兴市加大农田基础设施建设资金投入，新建、修缮和改造了一大批农田基础设施，通过泵站闸、沟渠路配套建设、河道清淤整治及中低产田改造、耕地质量提升等有效手段，改善了农田生产作业条件，提高了肥水管理水平。粮食生产类专业化服务组织不断壮大，专业化服务水平不断提升，服务规模、范围及内容不断扩大，为粮食生产的高效、安全、集约化生产提供了基础。

2.5 扶持农业企业，推进品牌创建

注重支农资源投资绩效，培育农业龙头企业。利用国家农业综合开发产业化经营等贷款贴息政策，帮助企业化解资金不足与融资成本矛盾风险。强化稻米品牌意识，帮助企业做好产能提档升级、产品市场宣传、品牌申报认证等工作，进一步放大本市稻米品牌效应，提高优质稻米含金量，增强市场竞争力。鼓励企业开展订单生产，实行预约订单优质化生产，实现按标准种植，按订单收购，确保了标准化生产技术到位率。

3 发展思路

宜兴市优质稻米产业化发展仍有潜力可挖，三产融合发展任重道远。未来几年将坚持以市场为导向，大力加强优质稻米产业化开发，巩固产业融合发展成果，加速推进一二三产融合发展，稳定优质稻米主产区的优势地位。

3.1 进一步改善基础设施

在加强水稻生产功能区 38.5 万亩管护基础上，一是加强高标准农田建设，努力提高高标准农田占比，从而满足现代大型农业机械作业需求。二是实施耕地质量提升及休耕轮作制度，着力提高耕地质量，提升稻米品质，提高优质化生产水平。三是实现水稻生产功能区全程机械化，致力促进农机农艺充分融合。

3.2 进一步提高优质水平

构建高效的与大米企业有效对接的优质稻米技术服务体系和模式，推广优良食味水稻新品种 2 ~ 3 个，进行区域性水稻无公害、绿色、有机技术的综合集成和推广应用，实现无公害栽培全覆盖，绿色稻米生产基地扩大到 8 万亩，有机稻米生产基地扩大到 0.5 万亩，进一步开发富硒米和功能米等特色新品稻米。

3.3 进一步扶持龙头企业

在主要粮食生产区及粮油加工集聚区扶持发展稻米加工龙头企业，加强质量建设，对上积极争取资金建设硬件设施，鼓励功能大米及大米加工副产品开发利用。引导具有稻米加工优势的地区建设稻米加工集中区，通过利益联结链实现抱团发展，增强市场竞争力。

3.4 进一步提升专业服务能力

推广“专业服务组织 + 合作社 + 农户”“村级集体经济组织 + 专业服务队 + 农户”“农业龙头企业 + 农技专家 + 农户”等服务模式，不断提升农业生产专业化服务水

平，确保专业化服务质量和服务效果有进一步的提升，提高绿色植保统防统治覆盖率及防治效果，确保产出稻米安全。

3.5　进一步推进三产融合发展

总结杨巷稻米产业一二三产融合试点项目成功经验，因地制宜在全市推广，鼓励有条件的村与规模米企合作联营。在争创“宜兴大米”地理标志证明商标，努力扩大品牌影响力的基础上，大力发展优质稻米订单生产，推进本地区稻米生产向专业化、标准化、品牌化、优质化发展，全面增强稻米产业从种到收、从加到销的全产业链增值能力，提升稻米综合经济效益，真正实现产业兴旺。

丰富都市现代农业 促进美丽乡村发展

——南果北移生态自我循环栽培模式

朱思浩 朱 鼎

（上海四系生态农业科技有限公司 上海 200000）

摘 要：南果北移就是把南方热带的水果种到北方去。近年来有不少科研机构和农企做了相关的试验研究，不过均是采用常规的保护地栽培方法，其果实的品质、口感、安全性，水果的抗病性和产量均不太理想。由科技部三农科技服务金桥奖先进个人、全国农化服务风范人物朱思浩及其团队经过多年研究独创的“南果北移生态自我循环栽培模式”效果较好。

关键词：南果北移；保护地栽培；食品安全；都市农业；美丽乡村

南果北移就是把南方热带的水果种到北方去。近年来有不少科研机构和农企做了相关的试验研究，不过均是采用常规的保护地栽培方法，其果实的品质、口感、安全性，水果的抗病性和产量均不太理想。由科技部三农科技服务金桥奖先进个人、全国农化服务风范人物朱思浩及其团队经过多年研究独创的“南果北移生态自我循环栽培模式”效果较好，解决了以上问题。“南果北移”项目的发展已经成为都市现代农业和美丽乡村的亮丽名片，各地媒体纷纷报道。

1 南果北移的现实意义

1.1 促进农业结构性调整

浙江省仙居县台湾农民创业园是经国家农业农村部、国台办批准设立，近年来积极推进“南果北移”项目实施，取得了阶段性成果。园区已经引进种植了杧果、柠檬、木瓜、火龙果等热带水果，设施种植面积达到230亩，项目丰富了百姓的生活，满足了市场的需求。除了浙江、山东、江苏、陕西等地有“南果北移”的试验研究外，就连吉林、新疆、内蒙古呼伦贝尔的现代农业科技示范园也做起了“南果北移”项目，种植香蕉获得成功。

1.2 丰富都市现代农业，促进美丽乡村发展

“都市农业”的概念是20世纪五六十年代由美国的一些经济学家首先提出来的。都市农业是指地处都市及其延伸地带，紧密依托并服务于都市的农业。它是大都市中、都市郊区和大都市经济圈以内，以适应现代化都市生存与发展需要而形成的现代农业。都市农业

是以生态绿色农业、观光休闲农业、市场创汇农业、高科技现代农业为标志，以农业高科技武装的园艺化、设施化、工厂化生产为主要手段，以大都市市场需求为导向，融生产性、生活性和生态性于一体，高质高效和可持续发展相结合的现代农业。随着市民观光休闲需求的增加和收入水平的提高，城郊农业观光采摘发展迅速，为“南果北移”项目提供了广阔的发展空间。与传统的北方果蔬以及蔬菜等作物的观光采摘相比，保护地栽培热带水果具有景观效果好、采摘期长、经济效益高等优势，具体表现如下。

1.2.1　观赏价值高

大部分南方热带果蔬能够一年四季连续开花结果，花期和采收期重合，采果期长，相对传统的本地果树，更适宜发展成为观赏采摘一体化。游客可以同时赏花、采果、如杨桃、番石榴（芭乐）、番木瓜、百香果等。

1.2.2　休闲采摘

不少南方水果食药同源，属于功能性农产品，而且在北方保护地的采摘期很长，北方的市民在家门口就可以亲眼看到、采摘到、品尝到新鲜美味的热带水果。

1.2.3　青少年科普教育

现在大部分中小学生，乃至大学生基本没有学农的科普教育，有的甚至连麦苗和韭菜都分不清楚，把“南果北移”项目和青少年科普教育结合在一起，让孩子们参与其中，让他们知道香蕉等南方水果如何长大，如何结果。这对国家、对社会、对未来也是有积极的意义。

1.2.4　促进美丽乡村的发展

国家提倡“美丽乡村”，全国各地也都在积极地建设。那么“南果北移”项目也绝对是城乡接合部的一颗璀璨的明珠。

1.2.5　良好的经济和社会效益

目前保护地生产的热带水果如番石榴、杨桃、杧果等采摘价格在 80 ~ 300 元 /kg，亩纯收入 5 万元以上。市民不出本地就可以观赏、采摘、品尝到新鲜的热带水果，满足了人们对中高档果品的需求，同时也突破了农业地域的界限，使人民领略到真正的南国风光。

2　“南果北移”普通种植模式的不足

2.1　常规化学栽培，食品安全堪忧

全国各地的“南果北移”项目试验和研究离不开“化学”这个词。采用日光温室，如同种植保护地蔬菜一样栽培热带的水果，为了促进生长和结果，还是使用化学的肥料、化学的农药和化学的激素，食品安全令人堪忧！

2.2　口感欠佳，产量不高

由于使用传统保护地种植模式来做“南果北移”，再加上普通温室等保护地设施采光效果不好，使用激素催熟等原因，从而造成水果口感欠佳，不如原产地水果的口感。同时由于保护地原因造成湿度过大，温度不好控制，水果病害频生，造成减产。

2.3 投资大，能耗高，不符合节能减排

江浙沪地区大部分采用的塑料连栋大棚，部分使用玻璃温室。夏天降温采用内外遮阳和湿帘风机，冬天使用锅炉、酒精增温器、燃烧增温块等设施和产品，这些设施投资大，能耗高，而且污染环境容易引起火灾。

2.4 日光温室使用面积小

偏北的地方基本都是采用日光温室来做“南果北移”项目。那么日光温室因为前面太低，后墙太厚，从而影响了实际种植面积，种植蔬菜可以使用 50% ~ 60%，如果种植南方水果连 40% 都难利用，面积少效益就减少。

2.5 保护地除草是个问题

一般的保护地都是使用人工除草或者喷洒除草剂，部分使用黑色地膜（白色地膜不仅不能除草，而且还会让草长得更旺，直接顶起地膜）覆盖可以解决 6~12 个月的除草问题。但是，大部分农户不愿意使用地膜，因为他们觉得无法灌溉了，使用滴管的话又增加了成本。

3 “四系生态自我循环农业模式”简述

介绍“南果北移生态自我循环栽培模式”之前，先来说“四系生态自我循环农业模式”（以下简称四系农业）。

3.1 四系农业宗旨

四系农业宗旨是环境友好，健康人类。创始人朱思浩用 40 多年的一线农业实践不断探研的前下，综合了 1 ~ 3 系的优点，用创新的完善生态自我循环农业模板引擎，驱动都市农业联动美丽乡村永续和谐健康的发展。

3.2 四系农业的标准定义及 1 ~ 4 系农业的划分对照

广义地讲，生态自我循环农业是创新农业供给侧结构性改革的试验示范，就是人类发展进入了和谐文明第“四系”的模板全链实践，对照一二三系农业的新体验，是我国自主创新农业新体系全面展示，四系农业全链模式内的片段链系环节，接受社会监督考量，让全人类评议斧正，分享第四系和谐文明健康向上的鸿利受众全人类。四系生态自我循环农业新体系，综合体现了中华民族对地球生态环境保护，保障人类永续健康、和谐发展、创新责任义务和担当。实践认为四系生态自我循环农业是以实现资源节约、在创新开发可持续发展资源的前提下，充分发掘和利用自然资源，如保护地设计能充分利用光、风、气等自然资源，免费永续地在四季农业全生产链上应用，又如种养加工链中产出的有机废物，利用生物技术进行无废再生资源循环利用，既能节能零排无碳环保，又能使种养一二三产农业生态环境持续友好，农产品与食品品质优良，城乡经济市场持续繁荣。在城乡新农村建设的高潮中，农业种养生产加工一二三产融合经营就是重中之重，那么创建生态自我循环全产业链系统，就是用“天人合一”的自然规律，用生物、植物、物理等机理机制和谐资源多样性互补，在共生共赢循环再生利用的同时，以生态、有机、健康为核心主题，予以科技智能化的创新和人性化的管理，不断地促进农产品附加值和质量的进一步提高，最终促进资源节约永续再生循环利用，从而实现人类共同追

求的持续健康文明环境友好社会的发展目标。

具体地说：四系生态自我循环农业是因地制宜地整合生态有机可循环发展的资源，以科技创新的实际行动来推进农业供给侧结构性改革；实现环境友好、健康人类持续发展的目标。在建设生态自我循环链系为核心的前提下，和谐多类可循环开发再生利用永续无废发展的资源，为农业一二三产业开辟新径，走出化学农业全产业链的误区，用生物工程，物理技术、中医农业的机理机制结合生物、植物源和谐互补，从而给种养一产农业安装了二三产融合发展的新引擎，在创造物质大循环，立体高效优质农业、创意创新农业模式的不断探索驱动下，因地制宜地结合地方区域资源，气象条件、水土品质等有效生态有机的科学手段。因此四系农业是吸取了上三系农业优点，规避了上三系农业的缺陷，在持续发展上用四系方案能回归到一系农业的环境友好，也能永续地呵护人类的健康。在解决一系农业那种刀耕火种生产力水平低下的问题上，四系农业又根据二三系农业的智慧，创造出既能回归一系农业的生态和食品品质，又能规避二三系农业采用化学链体系创造的化肥、化学农药、化学激素、抗生素等化学链产品，达到资源节约、循环利用等经济高效农业的转型。充分应用生态与仿生学、园艺与景观学、中医养生与健康学，生产设施与人体工程学、现代健康休闲与旅游学，生态环境与美学的基本原理和实践方法，提升农、林、牧、副、渔“大五轮”农产品的高附加值。将“大五轮”农业发展成完整的，适用各地有中国特色的生态自我循环链系农业。最终推动“三农”经济的全面发展，促进和谐社会的完美构建。

简单地讲：四系生态自我循环农业是遵循大自然生态循环的规律，能实现环境保护、人类永续健康，资源再生无碳循环利用，最终达到人类与万物和谐共生发展的目标。四系生态自我循环农业缔造了环境友好、健康人类的模式，它是世界人类追求、共享、幸福、完美的四系农业新体系（表1）。

表1　一至四系农业生产力水平品质效应对照

项目	一系农业	二系农业	三系农业	四系农业
定义	原始农业、自然农业	石油农业（设施化学、露地化学）	反季节高效化学农业（设施化学反季、露地化学反季）	生态农业→生态有机自我循环农业
时间	新石器时代至20世纪初	20世纪初至20世纪中期	20世纪中期至20世纪末	20世纪初至今
分类	有机农业（自然农业）	高残留农业	爆炸性化学多激素农业、游击战农业	生态有机自我循环农业
生产力水平	原始（低下）	高	危高效	平稳高效→持续高效
特征	品种简单、品质优良、产量低下	品质下降、不断污染、产量波动或上升	品质低下、品种资源稀少、产量不稳、恶性链产生	品种资源再生利用条件充足、品质优良→特优，低碳环保→无碳零排放，产量持续提高，自我良性循环
手段	刀耕火种、常规低效率操作	化肥、农药、激素	在二系农业的基础上，增加了化学激素、抗生素；传统的农业种子资源丢失	利用自然资源互动再生利用，从而进行生态修复、环境改良，利用大自然生态循环原理，培养良性链系，建立生态农业大循环系统，传统种源得到了发扬和保护

3.3 四系创新农业的路线

四系创新农业发展路线以农、林、牧、副、渔全面结合，用工业化、智能化、大数据农业现代化的技术与新型城镇，观、产、学、研、展特色农业相衔接，推进农业供给侧结构性改革，把一线农业与二三产业交叉融合，打造成现代农业循环发展的新体系。然而把四系生态自我循环农业的模式融入休闲、采摘、观光、旅游、实践教育、健康养老、农业工艺、种业与功能性农产品等技术研发，技术培训活动中去，让现代创新农业生产技术不断地在一二三产业链实践中为社会所用，为人民造福。四系生态自我循环农业的技术、标准、路线、基础、系统，能规范因地制宜地、格式化地展示出我国独创的现代农业新模式。这些是遵循习主席“绿水青山就是金山银山”的指导标准，为此四系人可以和全国人民共融勤劳和智慧，定能创造出人类最接地气永续发展的世界第四系农业模板，为人类造福！

4 “南果北移生态自我循环栽培模式”成果

从刚才的四系农业介绍中，可大致了解了什么是生态自我循环农业模式。那么“南果北移生态自我循环栽培”又是怎么样的呢？“南果北移生态自我循环栽培”模式就是把热带特色水果种到北方去，不使用化肥、化学农药和化学激素，应用中草药等植物源进行发酵处理成肥药，进行有机结合水肥一体化，营造热带水果特殊生长环境，果实全部自然成熟，口感蜜甜喷香，真正是儿时的味道，更难能可贵的是在节水节能的前提下，水果的营养成分增加，而且更安全。在水果的产量上也有所突破，如香蕉利用此模式在北方可以一年两批次结果，单穗果实可以达到 60kg。红杨桃、百香果、番石榴、长果桑等均可以四季结果。特别是把此模式应用在北方建设“南国风情观光采摘园”做成观光旅游、会员采摘、青少年教育、培训实践的综合体，一年四季有花有果，游人如织。

4.1 一次使用发酵纯有机肥配合中草药植物源农药

应用中草药等植物源进行发酵处理成肥药，进行有机结合水肥一体化，自行设计的生态循环灌溉系统达到 3 ~ 5 年不动土（发明专利申请号 201910551981.1），不需要翻耕和多次施入基肥，节省人力和资金，不需要人工拔草或者化学除草。不使用化肥、化学农药和化学激素，热带水果都可以树上自然成熟，口感超过儿时的味道，解决了食品安全问题和环境污染不可持续发展的问题。

4.2 建设创新生态自我循环连栋大棚

可以 10 亩连栋，高度因地制宜，采用太阳能、风能、空气能，夏天不需要遮阳网和湿帘风机降温，冬天不需要锅炉、大棚暖气片、电能等增温系统，可以抵御 -13℃，大棚内保持在 10 ~ 35℃。抗 11 ~ 12 级大风，骨架可以使用 15 年。投资少，效果好。

4.3 已经取得的南果北移生态自我循环栽培科研成果

香蕉有红色和黄色两大类多个品种，黄色的系列已经可以达到一周年两批次结果。最大果穗重 64.31kg，平均 30kg 左右，口感甜、香、糯，完全超过市场上购买的香蕉。杨桃有黄杨桃、红杨桃两个品种，当年试花见果，以后可以一年四季结果不断。口感甜香无涩、汁多肉厚。抗病丰产，观光采摘备受青睐！番石榴有白肉、红肉、有籽、无籽等品种，当年结果，以后可以一年四季结果不断。口感完全颠覆了番石榴口感不佳的概念，其喷香、蜜甜微酸的口感让人久久难忘！最大单果重 1.64kg，平均单果重 400g 左右，周年亩产超过 5 000kg。百香果有紫、黄、特大、超甜等品种，一年可以多次开花结果，而且酸味减少，甜味增加，可以直接食用而不需要加蜂蜜。特长桑葚嫁接改良，当年可以多次结果，丰产的时候一年结果 6 ~ 8 次。单果长 10 ~ 18cm，含糖 18 ~ 21 度，口感蜜甜无籽，备受采摘客户喜爱。周年亩产超过 5 000kg。杧果有青杧果、黄杧果、红杧果、彩色杧果、大杧果等品种，可以当年试花见果，第 2 年批量结果。果实周正艳丽，口感蜜甜喷香（最高含糖 28.1 度），备受采摘客户喜爱。红龙果改良品种，白天开花，自花授粉，特别适合观光采摘，让客户欣赏到比昙花还要艳丽的红龙果花朵。果实中心含糖 18 ~21度，颜色深红发紫，富含花青素，单果 600 ~ 1 500g。当年试花，第 2 年批量结果，1 年可以开花结果 2 ~ 3 次，亩产 4 000kg。莲雾有红色和黑色品种，当年试花，第 2 年批量结果，和南方原产地的莲雾口感完全不同，使用“南果北移生态自我循环农业模式”栽培，果实口感甜酸喷香，脆嫩多汁。黄皮果有鸡心黄皮、无籽等品种，当年试花，第 2 年批量结果，果实口感甜香，脆嫩多汁。

4.4　经济效益显著，媒体报道，领导点赞

这些热带水果可谓赚足了大家的眼球，来参观采摘需要提前预约，否则排不上队。香蕉认养每株 1 000 元，一株结果一串，重量 30 ~ 40kg。特长超甜桑葚春节上市每千克 336 元，是同期草莓的几倍价格。番石榴、百香果、红龙果、杧果价格每千克高于 120 元。莲雾、黄皮果每千克 160 元左右，亩产值 20 万以上。另外还有凤梨释迦、嘉宝果、牛甘果、木鳖果、指橙等多个特色南方水果品种在基地栽培成功，上海电视台、金山电视台、金山报、农资导报等多家媒体报道后，在全国引起了轰动。上海市旅游局党委书记、金山区党委书记、山阳镇党委书记在品尝使用“南果北移生态自我循环农业模式”栽培的水果后大加赞赏，指示：政府要大力支持，为上海美丽乡村建设做贡献！目前在内蒙古打造的“南国风情田园综合体”正在如火如荼地进行中，这是集合了热带特色水果观光采摘、会员认养、青少年教育、户外拓展、研学、生产加工、康养等于一体的大型田园综合体，内蒙古电视台进行了专题报道。

4.5　敬老助残，丰富晚年生活

自从“南果北移生态自我循环农业”试验示范基地建设开始，每年地方政府举办的“迎重阳，敬老助残活动”均是在这里免费举办。有不少八九十岁的上海老人是第一次看到这些热带水果，除了惊叹意外，他们瞬间变成了一个个好奇的孩子，不断地问这问那。上海市金山区山阳镇长兴村的一位 80 多岁老人当场赋诗一首：欣赏家乡田园风，仿佛海南热带浓。木瓜香瓜番石榴，梦落甸山桥头东。

5　发明四系五行植物源酵素和酵源肥

利用生态自我循环农业模式生产的南方水果、瓜菜按照五行原理进行配比并破壁发酵

制成“四系五行植物源酵素”。利用生产酵素的下脚料、瓜果菜的残次品和藤蔓进行有机配比和发酵，产生液态酵源肥和固态酵源肥。经多地试验，瓜果菜增产、抗病效果明显，口感更好。

6 结束语

随着各地都市农业的不断发展，特色小镇及美丽乡村的快速建设，“南果北移生态自我循环栽培模式”必然会成为中间一颗耀眼的明珠，将不断提高我国人民的生活水平，它是农业新的发展，也是农业新的起点。

枝江市粮食产业高质量发展模式的探索与实践

石治鹏[1,2]　鲁　元[1]　淡育红[2]　胡　闯[1]　陈　璐[2]　赵　云[3]

（1. 湖北省枝江市农业农村局　湖北　枝江　443200；
2. 湖北省枝江市农业技术推广中心　湖北　枝江　443200；
3. 湖北省枝江市七星台镇农业服务中心　湖北　枝江　443200）

摘　要： 随着种植结构调整的深入推进，我国粮食安全迎来新挑战。谁来种粮？怎么种粮？粮食生产面临着哪些变化？带着这些问题，文章从“五优”模式、托管模式、金融保险兜底模式、智慧农业模式、粮食产业+扶贫模式5个模式阐述了枝江粮食产业高质量发展的探索与实践路径，分析了粮食产业高质量发展探索过程中存在问题并提出了对策。最后，文章总结了“枝江模式”的实践价值，以期为其他地区粮食高质量发展提供借鉴意义。

关键词： 粮食安全；枝江；高质量发展；模式；扶贫

在经济新常态下，我国粮食供给由总量不足以转化为结构性矛盾，正确处理好规划设计、总体部署与分类施策、整体推进的关系，促进粮食产业转型升级、提质增效，粮食企业转型发展，是解决粮食产业结构性矛盾、实现粮食产业发展可持续、增加农民收入的关键所在。现代粮食产业发展不仅是某个粮食流通组织、企业或服务的竞争，而且是粮食产业链条和产业体系的整体竞争。目前，我国粮食产业链发展还处于探索实践阶段，探索粮食产业发展具有重要的实践意义。枝江市是湖北经济强县之一。近年来，枝江紧紧围绕农业“一改两品五化”，坚持以农业供给侧结构性改革为主线，以农业高质量发展为抓手，以农产品品质、品牌建设为主攻方向，以推动枝江农业规模化经营、标准化生产、机械化作业、电商化营销、绿色化发展为目标，积极构建现代农业产业体系、生产体系、经营体系，深化改革驱动，全力推进质量兴农、绿色兴农、品牌强农，探索与实践出了一条符合枝江实际的优质量、高效益、强竞争力的粮食产业创新发展之路。

1　粮食产业发展模式

1.1　“五优”模式

1.1.1　精选优种

为改变种植品种多而杂的现状，枝江市以推进实施“优质粮食工程”为契机，从粮食种植环节入手，针对粮食种植品种杂、效益差等问题，由种子部门、农技推广部门、粮食收购企业和加工企业共同参与，组织评审选定出适应性强、抗逆性高、产量稳定，且口感好、米质达到国标二级以上的粮食品种，增加优质绿色粮食产品供给，为粮食加工企业增品种、提品质、创品牌奠定坚实基础；对种植农户给予 30 元 / 亩补贴、推广主体给予 10 元 / 亩、推广村给予 5 元 / 亩补贴，打牢粮食高质量发展的种业基础。

1.1.2　集成优法

一是统一栽培管理。采取“六统一”，即统一播种时间、统一种植模式、统一肥水管理、统一绿色防控、统一机械作业、统一优价收购，推行粮食标准化生产，确保质量可靠。二是施肥技术集成应用。在生产的各关键时间节点，将测土配方施肥、有机肥替代技术、中微量元素肥料与大量元素肥料配施技术、氮肥后移技术等多项技术有机结合，形成一套节肥增效的组合技术，确保化学肥料减量增效。三是绿色生态防控技术集成推广。推广使用显花植物保护天敌生态控制技术、理化诱控技术、人工释放天敌控害及生物农药防治技术，降低害虫发生量，提高生态防控效果。四是农机农艺融合示范。开展机械播种、机械移栽、机械开沟、机械收割等轻简化技术服务，促进农机农艺融合，提高耕种收综合机械化生产水平。

1.1.3　优粮优购

为了在收购环节体现出“优粮优价”，枝江市通过构建“产购储”一体化的经营模式，与新型农业经营主体和农户构建稳固的利益联结机制。一是实行优先收购。在收购时间上按照收获期优先收购，确保农民种植的优质粮食及时入库。二是推动优价收购。枝江市政府出台政策，推广的优质粮示范区价格高于市场价格 0.04 元 /kg。三是确保优粮优储。以枝江市国家粮食储备有限公司为龙头的加工企业积极增加库容及烘干配套设施，对优质粮实行单收、单储，市级储备粮全部收购优质粮，使优质粮收购量大幅提高，订单履约率得到保障。

1.1.4　优粮优加

枝江市粮食加工产业发达，加工能力较强，但长期以来，面对农民混种的格局，加工企业只能混收混加工，加工的产品米粒形状差异大，品牌创建非常困难。为保证粮食质量，全力组织加工企业与粮食专业合作社和农户对接，按照一镇一品、一村一品的思路，构建“龙头企业 + 专业合作社 + 农户”产业模式，全面推行订单种植，从种植、收购、存储到加工、销售实行全程质量控制，精益求精，严把质量关，保证“枝江玛瑙米”品牌大米“绿色、新鲜、营养、健康”的卓越品质。

1.1.5　优粮优销

一是通过开展“枝江玛瑙米”Logo 设计及品牌策划与宣传，开设“枝滋有味”汉宜铁路枝江北站体验馆和京东商城首家地方公共品牌馆，合力推进农产品品牌建设。二是深化农商（超）对接，电商化营销。投资 2 亿元建设电商产业园，引进阿里巴巴、京东、裕农、邮乐购四大电商平台入驻枝江，通过组建电商产业园品牌建设中心，提供品牌建设及营销推广服务，有效提升“枝江玛瑙米”品牌知名度。三是注重做好新型主体综合培训。

组织“枝滋有味”旗下品牌商及新型主体，在枝江市职教中心共同建设电商培训基地，开展农产品电商营销培训，提升新型主体电商实操技能。

1.2 托管模式

通过引进中化农业，投资 2 000 万元建立 MAP（Modern Agriculture Platform，现代农业技术服务平台）技术服务中心，解决农民“种地难、卖粮难”困境，推动现代农业的健康、快速发展。一是全程托管模式。鼓励和引导村组建土地股份合作社，多家村级合作社组成合作联社，农民将承包经营的土地入股村级土地股份合作社，再由合作联社集中将土地全程托管给中化农业。中化农业将集中的土地实行产前、产中、产后全过程统一栽培管理、统一经营，扣除生产成本和服务费用后，全部归农民所有。二是半托管模式。农民耕种自己的土地，在生育期内有技术、销售等方面需求，中化农业提供技术培训、技术指导，引导粮食加工企业与农民对接，解决农民种植问题、粮食销路问题，确保增产增收。

1.3 金融保险兜底模式

一方面探索“农合联 +”，打造金融支农平台。枝江市组建成立农民专业合作社联合会（市农合联），致力于为旗下会员提供征信增信、金融链接、品牌建设、市场营销、行业协调、技术推广等多方面的专业性社会化服务。市农合联会同市直相关部门，着力推进农村合作金融创新试点等工作，提升服务粮食能力，大力支持粮食发展。一是推进农村综合产权“一站式”办理，为新型主体提供高效便捷的农村产权综合服务。二是优化金融风险防控机制，加强涉农信贷、担保的风险预测及分析，健全完善风险防范化解措施。三是推进农合联组织体系建设，加大新型主体培育、支持力度。另一方面农业保险兜底，设立基础保险、大灾保险和商业种植险等，提高粮食产业抗风险能力，保险兜底保护了农民种粮基本收益。

1.4 智慧农业模式

引进中化农业 MAP 模式，打造枝江市智慧农业（粮食）平台。利用 MAP 智农提供的地块管理工具，可以实现对核心区和示范区的种植地块进行地块边界及面积的测绘，并按分组的方式管理所有地块，通过农事操作记录跟踪每个田块的生产进展及作物生长状况，记录作物生长的形态及生理指标，用以回溯种植过程，从而达到规范种植过程、保障均一品质；在田间安装视频摄像头等物联网设备，实现智能远程控制，降低劳动强度，提升田间管理效率，带动现代农业发展；在精准气象的基础上，结合历史气象信息和农作物生长阶段，为农业作业、病虫害发生等提供生产预警，使生产管理者提前采取措施，降低生产风险；在标准种植方案的基础上，将作物生长模型与精准局部气象数据、土壤墒情等数据的集成，依据种植基地局部环境变化情况，给出更加精准的种植建议，实现作物稳产和品质提升。

1.5 粮食产业 + 扶贫模式

一是深化“菜单式”直补到户产业奖补工程，枝江市建档立卡户种植水稻等粮食按照 80 元 / 亩进行补贴，同时种植优质粮食工程推广品种，均享受种子款全免政策，优先高于市场价格 0.04 元 /kg 收购。二是实施建档立卡户产业发展指导员制度，免费提供产业技术和社会化服务，及时提供市场信息，帮助拓宽销售渠道。三是激励和引导新型经营主体通过土地流转（租金）、劳务用工（薪金）、吸纳入社（股金）、加价收购建档立卡户农产品以及社会化服务等方式带动建档立卡户增收，不断强化新型经营主体与建档立卡户有机衔接。四是把好粮食产业发展项目建设与产业扶贫的衔接关口，切实做到“所有农业产业必须与扶贫相连，所有农业项目和资金必须与扶贫挂钩，所有农业工作必须与扶贫相关”。

2 存在问题与对策

2.1 存在问题

2.1.1 经营分散，现代农业发展有待进一步提升

一方面由于规模较小、分散经营，在市场竞争中，小农户被挤压在收益低的种植业环节，导致农业比较效益低，农户参与现代农业发展的意愿不高。另一方面由于农业基础设施建设滞后，产业技术、生产资料等社会化服务体系不够完善，规模化经营发展滞后，市场效益低下。

2.1.2 实力薄弱，新品种新技术有待进一步推广

一方面对于传统农户来说，受自身观念、素质等影响，一时难以接受新技术、新品种、新模式；另一方面由于部分地区农业基础设施不完善，先进农机农艺难以施展，新技术不能发挥效益。

2.1.3 管理散乱，利益联结机制有待进一步强化

一方面不少合作社尚未建立有效的生产、销售、分配制度和财务制度，合作社与农户间缺乏有效的利益联结机制；另一方面部分合作社只搞经营贩卖，不搞生产服务，缺乏农业全产业链发展观念。

2.1.4 体系薄弱，技术支撑服务有待进一步提高

目前，枝江市承担指导粮棉油技术攻关、产业调研等方面工作的人员缺乏，乡镇服务中心人员本身就少，又加上体制原因，农技人员工作热情受到挫伤，技术力量极为薄弱。

2.2 建议及对策

2.2.1 以服务为导向，建立健全粮食产业发展保障体系

一是健全粮食产业扶持政策。应用财政、金融、保险等政策杠杆，引导适度规模经营，培育一批具备现代经营理念的新型经营主体和家庭农场。二是强化基础设施建设。加大水、电、沟、渠等农业基础设施建设投入，加大高标准农田整治力度，提高现代农业技术应用能力。三是完善社会化服务体系。积极培育农业生产全程社会化服务组织，构建全方位农业社会化服务体系，为生产经营关键环节托管提供坚强的体系保障。

2.2.2 以共享为核心，强化农户与经营主体利益联结

一是创新利益共享模式。创新建立“合作社 + 村委会 + 农户”合作模式，鼓励和引导农户采取保底分红、股份合作等多种形式加入到合作社中去，逐步形成稳固的利益联结

关系，让农户充分享有现代粮食产业发展带来的更高效益。二是健全惠农保障制度。加大构建小农户与现代农业深度融合和实现途径的探索，让小农户生产不断融入现代粮食产业生产之中。

2.2.3 以培育为主题，扶持壮大新型农业经营主体

一是培优壮大新型经营主体。全面强化政策、资金、项目等的扶持力度，积极培育新型农业经营主体，发展多样化的联合与合作。二是提高农户组织化程度。重点解决农民专业合作社规模小、带动弱等问题；通过合作、联合等使农户获得更高的经济收益和竞争能力，成为现代农业经营体系中不可或缺的重要环节。

2.2.4 以素质提升为重点，提升农户自我发展能力

一是提高农业科技水平。积极引导农民掌握机械化作业、精准施肥、统防统治等现代化新技术的能力，进一步提升耕种管收等农业生产各环节的科技水平。二是加强培育新职农民。把真正从事农业生产、有意愿提升素质和技能的农户作为培育对象，就地培养更多爱农业、懂技术、善经营的新型职业农民，使现代农业发展更具内生动力。

3 粮食产业发展模式实践价值

3.1 牢固树立“大粮食安全观”

枝江认真落实好《国务院关于建立健全粮食安全省长责任制的若干意见》《粮食安全省长责任制考核办法》，牢固树立“大粮食安全观”，与工作实际、当地实际密切结合，严格落实粮食安全责任制，积极推进粮食供给侧结构性改革，大力发展粮食产业经济，努力构建高水平粮食安全保障体系，形成齐抓共推的良好氛围。

3.2 实现小农户和现代农业发展有机衔接

一家一户的小农粮食生产模式已经不适应当前的粮食安全需求，必须加速延长粮食生产产业链，促进一二三产业融合发展，让各种市场主体参与其中。通过引进中化农业MAP模式及培育壮大新型经营主体，有效解决农村土地怎么集中、农村土地谁来种、农业服务谁来做等难题，实现了小农户和现代农业发展有机衔接。

3.3 加快完善金融保险保障网

通过健全小农户信用信息征集和评价体系，扩大农业农村贷款抵押物范围，全面推行农村承包土地经营权抵押贷款，来促进提升小农户融资能力。此外，加快试点农业大灾保险，三大粮食作物完全成本和收入保险的实施对象覆盖所有小农户，支持发展和小农户关系密切的农作物保险等，集中优势力量完善粮食高质量发展保障网。

3.4 积极打造智慧农业平台

围绕“智慧城市”建设战略，依托中化现代农业智慧农业解决方案，协同政务服务和大数据管理局、气象局、中化现代农业有限公司等各专业业务单位，以精准种植为核心，以农田精准气象、卫星遥感等专业技术为基础，以农业相关设备的远程操控为手段，通过对农业大数据的监测、积累与分析，打造智慧农业平台，提升农业数字化、现代化管理水平。

3.5 加强粮食产业发展项目与产业扶贫有机衔接

按照“所有农业产业必须与扶贫相连，所有农业项目和资金必须与扶贫挂钩，所有农业工作必须与扶贫相关”的要求，把好粮食产业发展项目建设各环节中产业扶贫措施的落实关，特别是项目建设形成村集体资产后的保底分红。

自贡市优质酿酒高粱产业现状及发展新路径

李　慧[1]　范昭能[1]　曾荣耀[1]　郭燕梅[1]　何林峰[2]

（1. 四川省自贡市农业技术推广站　四川　自贡　643000；
2. 四川省自贡市大安区大山铺镇农业中心　四川　自贡　643010）

摘　要：自贡市是四川省优质酿酒高粱主产区，该地区高粱种植面积大、单产水平较高、所产糯红高粱品质优良，产业优势明显。近年来，随着国家农业供给侧结构性改革的深入，自贡市优质酿酒高粱产业在增产、增收、增效方面取得了阶段性进展。为进一步推进高粱标准化生产体系建设，本文结合自贡市优质酿酒高粱产业发展现状，从合理利用资源禀赋、加强体制机制建设、推广高质高产技术、完善综合发展规划、延伸拓展产业链条 5 个方面加以研究阐述，以期为自贡市优质酿酒高粱产业发展提供新思路、新方向。

关键词：自贡市；高粱；发展；新路径

中国白酒多以淀粉或糖类物质为主要生产原料，而高粱就是白酒酿造的优质原料，相对于其他原料出酒率更高、口感更为醇厚浓郁。我国高粱生产有四大产区，其中西南产区中的四川省是全国白酒产量最多的省份，多个知名高端白酒企业均在四川，优质酿酒高粱原料需求量大。自贡市位于西南酿酒高粱优势区域带，发展优质酿酒高粱产业区位优势明显，酿酒高粱品质优良，深受四川郎酒、五粮液、泸州老窖等名酒厂的青睐。本文通过自贡市优质酿酒高粱产业发展现状，从顺应新的市场需求视角出发，综合分析优质、高产、高效、可持续等方面，以期探索出适合本地以及川南地区优质酿酒高粱产业振兴发展的新路径。

1　自贡市优质酿酒高粱产业现状

为深入贯彻落实习近平总书记“擦亮川酒金字招牌”的指示精神，加快构建 10+3 产业体系建设，振兴川酒产业，自贡市全力推进优质酿酒高粱产业高质量、高标准、高效益发展。近年来，年种植高粱面积已扩大到 25 万亩左右，亩产水平提高到 300kg 左右，年总产量超 7.5 万 t，高粱生产规模位居全省前列。

2 优质酿酒高粱产业发展思考

2.1 合理利用资源禀赋

2.1.1 利用气候资源，发展优质高粱

高粱是禾本科一年生草本植物，是一种高广效的传统农作物，喜温、喜光、怕涝，全生育期均需要充足的光照，具有一定的耐高温特性。自贡市地处四川盆地南部，以低山丘陵地貌为主，年平均气温 17.5 ~ 18.0℃，属亚热带湿润季风季候，雨量充沛，自然条件优越，自贡市春旱、夏热的气候特点非常适宜种植优质酿酒高粱。

2.1.2 依靠区位优势，链接购销主体

自贡市是川南区域中心城市，成渝经济圈南部中心城市，交通路网完善。自贡市南界泸州市、宜宾市，紧邻中国“白酒金三角”，可与周边成熟的白酒产业链建立“优粮名酒”效益联动机制，鼓励白酒企业优质优价收购，指导种植农户按照订单要求生产，积极与白酒生产企业加强对接，引导白酒生产企业通过自建基地或者企业投入农户代种等方式，共同推进酿酒高粱产业建设，促进自贡市酿酒高粱产业适度规模发展。

2.2 加强体制机制建设

2.2.1 强化组织领导，完善工作机制

做好规划建基地，依托四川酿酒专用粮基地建设项目，自贡市承担项目的 5 个区县要切实加强领导，强化工作督促、强化示范带动、强化绩效评价，协调落实整合配套资金，打造投入充足的高效性样板，全面推进高粱产业基地建设，切实提升基地生产水平和能力。

2.2.2 强化科技服务，完善农技体系

高粱种植区部分农户不够重视优质酿酒高粱绿色高质高效栽培技术的应用，田间管理较粗放。通过组织农技、植保、土肥、种子等专业的农业技术服务队伍，成立优质酿酒高粱产业基地建设技术指导小组，实行划片包干责任制，采取培训会、现场会等多种形式，切实加大技术培训指导力度，确保优质酿酒高粱绿色高产高效栽培关键技术措施落实到位。

2.3 推广高质高产技术

2.3.1 引进新品种

高粱品质对酒质有着直接影响，品种的选择尤为关键。通过引进品质好、产量高、抗病性好的品种进行品比试验，优中选优，筛选出适合本地种植且受各酒厂青睐的优质酿酒高粱品种。近期将引进郎糯 19、宜糯红 4 号、宜糯红 8 号等新品种与目前大面积推广的泸州红 1 号、宜糯红 2 号进行品比试验，旨在筛选出更好的新品种，用于大面积推广。

2.3.2 研究新模式

针对自贡市旱地种植制度，开展种植模式研究，使茬口得到有效衔接，种植模式得到优化。目前全市现有的“空闲地 + 高粱”“秋马铃薯 + 高粱”“大头菜 + 高粱”“冬季蔬菜 + 高粱”等种植模式，高粱宜在 2 月底至 3 月 5 日（惊蛰）播种；“冬春蔬菜 + 高粱”“油菜 +

高粱”等种植模式，高粱宜在4月上旬至中旬播种（以前作收获前25天确定播期）。

2.3.3 推广新技术

① 高粱漂浮育苗技术。通过试验示范研究，进一步创新推广高粱育苗技术，完善技术规程。高粱漂浮育苗技术与传统的旱地育苗方法比较，具有节省育苗用地、便于高粱苗管理、有利于培育壮苗、提高成苗率、减少移栽用工等优点。采用漂浮育苗可以培育出根系发达、无病虫、苗高均匀一致的壮苗。移栽后，高粱苗的整齐度好，没有缓苗期，通过带药移栽能有效地减轻大田病虫害的发生为害。② 酿酒高粱绿色高质高效栽培技术。根据自贡市土壤、气候条件，从选用良种、适期播种、培育壮苗、适时移栽、合理密植、科学施肥、除蘖除草、中耕培土、病虫防治、及时收获等10个方面不断完善优质酿酒高粱栽培技术规程，实现绿色高质高产高效种植。

2.4 完善综合发展规划

2.4.1 坚持试验示范，推进科学化发展

通过品种、技术、模式的试验研究与示范应用，探索适宜本地种植的创新技术规程。通过持续稳定的科学研究，保持成套技术的先进性，推动优质酿酒高粱特色产业绿色可持续发展。

2.4.2 坚持高标建设，推进规模化发展

以规划作引领，按照成片集中规模发展原则，高标准、高质量建设，优先安排在高粱产业规划的基地实施。通过改善高粱产业基地的基础设施，配套完善供排水、农机化、信息化、水肥一体化等作业条件，将基地打造成布局合理、设施完备的高标准样本，提升产业基地的生产条件和生产能力。

2.4.3 坚持高产创建，推进优质化发展

利用各级安排高粱高产创建项目资金，坚持高起点谋划、高标准创建、高质量推进，以市场需求、绿色发展为导向，以扩面提质增效为目标，全力推进规模化种植、标准化生产、产业化经营。努力提升创建水平，充分发挥引领示范带动作用，以点带面促进高粱产业优质化发展。

2.4.4 坚持保驾护航，推进稳健化发展

通过把高粱纳入地方特色种植业政策性保险范围，充分调动种植户种植积极性，增强种植户的抗灾减灾能力，充分发挥农业保险防御风险和灾害救助作用。

2.5 延伸拓展产业链条

2.5.1 创新产业模式

采取“公司+合作社+基地+农户”的产业化发展模式，实行订单生产、保护价收购。高粱产品功能相对单一，销售渠道有限，加强与购销主体链接，实现优质优价订单收购，确保种植户持续稳定增产增收。

2.5.2 树立品牌意识

加强高粱绿色生产示范基地建设，促进“绿色食品”和“有机食品”基地认定和产品认证。加快注册一批优质酿酒高粱加工产品品牌、商标，努力打造一批商品品牌，促进本

地加工企业发展，本市“富顺高粱”评定为全国绿色食品原料标准化生产基地和四川省特色农产品优势区，进一步宣传自贡市优质酿酒高粱产业的特点和优势。

2.5.3 引进大型企业

自贡市自然气候资源不仅适宜优质酿酒高粱的种植，也适宜酿酒高粱的酿造。通过积极引进大型加工企业，可完善本地产业链，纵深开发产业优势，促进一二三产业融合发展，在生产、加工、流通中逐步实现价值最大化。

酿酒高粱作为自贡市的优势特色产业，种植面积、栽培水平均在不断发展，目前已是自贡市农业发展的重要特色产业，在新的市场环境及政策条件下，自贡市优质酿酒高粱产业发展潜力巨大。本文结合自贡市优质酿酒高粱产业发展现状，研究探讨适合自贡市及川南地区优质酿酒高粱产业发展的新思路、新方向，逐步实现传统模式向现代模式的转变，从而为推动自贡市优质酿酒高粱产业绿色高质高效发展做出新的贡献。

湟中县马铃薯产业发展与脱贫攻坚

胡建焜

（青海省西宁市湟中县农业技术推广中心　青海　湟中　811699）

摘　要：阐述了马铃薯产业在湟中脱贫攻坚中的重要地位和作用，介绍了马铃薯在脱贫攻坚中的先进做法，提出了马铃薯产业科技扶贫中存在的问题，最后提出一系列措施以推动湟中马铃薯产业发展。

关键词：湟中；马铃薯产业；脱贫攻坚；措施

马铃薯是湟中精准脱贫的重要产业之一。2019 年，湟中县马铃薯种植面积 13.87 万亩，占全县总播种面积的 17%，全县马铃薯平均单产 389.6kg/ 亩（按 5∶1 折主粮），总产量达 5 403.75 万 kg。按照田间收购价 1.3 元 /kg 计算，总产值达 7 024.94 万元。马铃薯是湟中川、浅、脑地区主要粮食作物和经济作物，与小麦、油菜、蚕豆等大田作物相比较，在同等条件下，马铃薯生产效益是其他作物的 2 ~ 4 倍，而且马铃薯加工成淀粉、粉条后经济效益是其他作物的 3 ~ 6 倍，是带动农民增收致富、脱贫攻坚的朝阳产业。

1　湟中马铃薯产业发展概况

马铃薯是湟中县打好脱贫攻坚战的主要农作物之一，全县种植马铃薯的种植大户、家庭农场和专业合作社等新型经营主体超过 200 家，种植面积 50 ~ 1 000 亩不等，总种植面积达 6 万亩左右，占全县马铃薯播种面积的近 40%，流转土地租赁费在 100 ~ 1 000 元不等，农户及贫困户在得到流转租赁费的基础上，实现贫困户就近务工，增加经济收入。湟中县马铃薯销售期集中在每年 9—11 月，田间商品薯收购价 1 ~ 1.6 元 /kg，省内各地区农贸市场、超市等商品薯销售价 2 ~ 5 元 /kg；种植大户、家庭农场和专业合作社等新型经营主体主要种植品种为青薯 2 号、青薯 9 号，其中，青薯 2 号主要供应省内市场及淀粉厂，青薯 9 号商品薯销往贵州、云南、内蒙古、宁夏等省（区）外市场，小薯、残薯运往淀粉厂收购价为 0.3 ~ 1 元 /kg。

2　科技对湟中马铃薯的推动作用

1988—2019 年 30 年间，国家、省累计投入超过 6 000 万元建立了湟中县马铃薯脱毒种薯良种繁育基地，形成了脱毒、组培、快繁及原原种、原种和脱毒种薯规模化繁育体系。目前已具备扩繁试管苗 50 万株，生产微型薯 150 万粒，优质脱毒种薯 6 万 t 的能力，全县马铃薯生产已实现脱毒化。形成了育、繁、推一体化推广体系，以“基地 + 农户 +

专业合作社”的模式生产一、二级脱毒种薯，脱毒种薯普及率达到90%。2017—2018年，连续两年实施马铃薯绿色高产高效创建示范。按照“科学规划、区域布局、集中连片，规模化生产、产业化经营”的思路，建立马铃薯百亩公关田、千亩示范片和万亩示范区，集成“脱毒种薯+地膜覆盖+配方施肥+施有机肥+绿色防控+机播机收+科学贮藏+残膜回收”的综合生产模式，残膜回收率达到90%以上，有效推进了全县马铃薯产业化进程，并总结出马铃薯绿色高产高效创建综合配套栽培技术。

3 马铃薯脱贫攻坚中的先进做法

3.1 大力推广脱毒种薯及配套技术

建立脱毒马铃薯种薯生产基地，大力推广脱毒种薯，避免马铃薯品种多、乱、杂，品种退化、病害加重等现象发生，重点示范推广脱毒种薯青薯9号和青薯2号，推广全膜覆盖栽培技术9万亩以上，配套轮作倒茬、病虫害统防统治、全程机械化、化肥农药减量增效等集成技术，地膜马铃薯亩增产300 ~ 500kg，增加收入500 ~ 1 000元。同时，立足产业发展实际，以“基地+农户+专业合作社”的模式建立马铃薯百、千、万亩示范田，带动农户增产致富。

3.2 建设完善的脱毒种薯繁育体系，促进农民增产增收

全县年建立2万亩以上脱毒种薯扩繁基地，年涉及农户3万户左右。项目区农户平均亩收入1 500 ~ 4 000元。近年来，随着马铃薯市场价格的拉动，马铃薯的亩纯收益1 500 ~ 2 500元。全县农民种植马铃薯的积极性较高，其中鲁沙尔镇依托得天独厚的地理条件，种薯繁育打出了品牌，当地农民靠繁育种薯增加了收入，改善了生活条件，马铃薯种薯的繁育和产业发展对全县精准扶贫起到重要作用。

4 马铃薯产业科技扶贫中存在的问题

4.1 贮藏能力不足

近年来，湟中县依托产业发展项目，已经扶持家庭农场、专业合作社修建60 ~ 600t不等的贮藏窖135座以上，但是马铃薯鲜薯贮藏大都以农户自贮为主，因贮藏时间长达半年之久，马铃薯损失率居高不下，在30%左右，造成一定的经济损失。同时，湟中地区马铃薯集中上市时间为9—11月，市场营销体系不完善，造成旺季断货的局面。

4.2 加工水平不足

马铃薯产业存在加工水平较低、不成规模的问题。加工企业主要以中、小型家庭作坊为主，加工产品主要为粗淀粉和粉条，附加值低，加工比例仅为25%，产业链条不完整，一二三产融合程度不够，影响了马铃薯的经济效益。

4.3 连作障碍严重

随着马铃薯的多年种植，主产区马铃薯病虫害容易积累造成连作障碍，马铃薯早疫病、晚疫病等日趋严重，部分农户对病害防治意识不强，在晚疫病高发的年份减产明显，从而影响经济收入。

5 马铃薯产业发展思路和措施

5.1 优化产业布局

根据市场需求，科学合理抓好产业布局。在川水地区重点种植早熟品种，打造马铃薯生产基地，在8—9月上市以好价格来增加收入；在浅山地区种植中晚熟品种，在10—11月上市以保证产量来增加收入；在脑山地区，利用天然的隔离条件和气候冷凉的自然条件繁育马铃薯种薯，打造脱毒种薯基地，为马铃薯春播生产提供良种。

5.2 创新发展模式

依托湟中县种植业协会，建立“专业合作社 + 农户 + 基地”的生产经营模式，全面提升马铃薯产业化发展水平，引导鼓励种植大户、家庭农场、专业合作社等新型经营主体流转贫困户土地，提供贫困户务工岗位，提高其经济收入；以脱毒马铃薯繁育基地为载体，在高寒冷凉主产区采取“基地 + 务工”、土地入股分红等方式吸纳贫困户参与脱毒种薯繁育，实现增收脱贫。

5.3 发展马铃薯加工

为更好带动农民致富增收，依托云谷川特色种植（马铃薯）产业园建设，配套、完善马铃薯产业园基础设施配套和功能架构，发挥区域马铃薯资源优势，做大做强马铃薯产业，发展农业特色产业化发展。提高对马铃薯加工的认识，扶持发展马铃薯加工业，培育种植大户、家庭农场和专业合作社等新型经营主体发展马铃薯粗、精淀粉加工，粉条加工，食品开发等新业态，增加马铃薯产品附加值，延伸产业链，促进三产深度融合发展，开辟农业增产、农民增收的新途径。

湖南省再生稻产业发展现状与思考

刘登魁　陈　双

（湖南省农业技术推广总站　湖南　长沙　410006）

摘　要： 在种一季稻区推广再生稻，使单季稻变成双季稻，能有效提高粮食总产、增加种田效益，对保护国家粮食安全和提高种田积极性具有现实意义。本文介绍了湖南再生稻产业发展现状与面临的问题，从政策扶持、品种选育、技术研究、农田建设和产业开发等方面提出了发展建议。

关键词： 湖南；再生稻；产业现状；问题；对策

再生稻是指在前茬水稻收割后，利用稻桩上的休眠芽，在适宜的水、温、光和养分等条件下加以培育，使之萌发出来再生蘖，进而抽穗为成熟的水稻。再生稻省工、省种、省肥、省药、生态环保，对于增加粮食总产、提高农民种田效益具有现实意义。湖南省位于长江中下游地区，温光资源丰富，雨量充沛，稻谷产量常年居全国第一。近年来，由于种田比较效益持续走低、农村劳动力流失严重等原因，全省水稻种植“双改单”趋势明显。湖南省农业技术推广总站因势利导，在全省推广种植再生稻，取得了较好成效。

1　产业发展现状

1.1　种植面积逐年增加

通过大面积示范，再生稻“不推自广”，很多农村新型经营主体和种粮大户主动了解、学习种植再生稻，再生稻“省工省种，节本增效”的种植模式得到了周围农户的高度认可，形成规模发展趋势。全省再生稻种植面积迅速扩大，从 2015 年的 20 万亩，到 2016 年 75 万亩，2017 年 210 万亩，2018 年迅速增长至 400 万亩，示范推广区域扩展到 111 个县。2019—2020 年，全省再生稻面积持续稳定在 400 万亩左右。

1.2　优势品种有序推出

近年来，省农业技术推广总站组织在全省不同生态区开展再生稻品种筛选试验。每批次参试品种均需通过 1 年品种比较试验、1 年大面积示范种植，再经专家组综合周年产量、生育期、发苗率、结实率、田间表现等指标，评选出适合全省不同区域的再生稻主推品种。截至 2019 年，已推选出了 3 批全省再生稻主推品种共计 27 个，其中包括优质再生稻品种 8 个。

1.3　种植技术不断成熟

从 2014 年开始，省农业技术推广总站联合湖南农业大学水稻专家、国家水稻产业技术体系专家唐启源教授团队一起试验研究再生稻高产高效栽培技术，至 2018 年底基本形成了全省再生稻“四防一增高产高效栽培技术体系”，即防再生稻低温抽穗扬花、防高温危害、防倒伏、防纹枯病等，增强水稻再生出苗能力，通过近两年大面积应用生产示范显示，该技术体系已成熟，并在全省复制、推广。

1.4 产量水平逐年上升

通过优选品种、完善技术指导，再生稻再生季产量逐年提升。示范区再生季平均产量从 2014 年的 150kg/ 亩发展到 2018 年 300kg/ 亩。2019 年全省再生稻推广工作中心从“扩面”转向“提质、增效、促高产”，全省创建再生稻高产示范片 88 个，通过组织专家测产，汨罗市甬优 4949 千亩示范片第 2 季产量达到 498.6kg/ 亩，加上头季，两季总产突破 1 200kg，创全省再生稻产量最高纪录。桃源、浏阳、双峰等多地再生稻两季亩产均突破 1 000kg。

1.5 比较效益明显提高

相比双季稻，再生稻节约了 1 季种子、农药，省去了第 2 季机耕、育秧、移栽等环节，每亩仅需 50 元肥料和 60 元机收费用，就能收获约 300kg 左右的优质稻谷；相比一季稻，再生稻充分利用了温光资源，在较少投入下增收了半季粮食。由此可见，再生稻较其他两种模式增产增收效果更突出。据测算，在大户规模生产中，双季稻、再生稻、一季稻种植占比各 1/3 时，能实现人工、机械利用效率最大化，3 月、4 月、5 月、6 月播种，7 月、8 月、9 月、10 月收割，时间、空间都得到充分利用，大户的种田效益达到最佳。从省级层面来看，全省推广 400 万亩再生稻，按再生季平均亩产 200kg、稻谷平均售价 2.5 元 /kg 计算，每年能为全省增收粮食 8 亿 kg，为农民增收 20 亿元。

2 存在的主要问题

2.1 思想认识不到位

部分地区对发展再生稻的必要性认识不足，没有真正把再生稻生产上升到保障国家粮食安全的战略高度上加以重视。产业发展政策不明朗，对农民种植再生稻缺少关注和支持，部分地区农民抱着有则收、无则丢的态度，没有把再生稻作为一季粮食来种植，导致第 2 季产量很低，影响再生稻种植积极性。

2.2 专业型品种缺乏

再生稻要高产稳产，品种是关键。但目前全国还没有为再生稻选育的专门品种，只能从现有品种中选择优势品种开展试验，高产稳产、再生能力强、米质优、抗性佳的水稻品种不多，不能满足种植面积逐年扩大的现实需要。农民对品种的生态适应性不了解，在实际生产中，大多随意选择品种，因此难以实现高产稳产。

2.3 头季机收碾压损失大

再生稻头季机收时，收割机碾压率达 30% 以上，导致再生季大幅减产。一是因为绝大多数大户采用的是普通收割机，履带宽度较宽（一般为 45cm）；二是因为头季收割前晒田不够，收割机下陷较深，稻桩损毁严重；三是收割机手技术不熟练，来回碾压次数太多。

2.4 栽培技术普及程度不够

再生稻高产高效技术研究取得了重大进展，在大面积示范应用中也获得了普遍高产，但基层农业技术服务中心人少、技术力量薄弱，关键技术措施没有宣传落实到位，很多大户凭借双季稻、一季稻种植经验去种植、管理再生稻，导致产量不稳。县和县之间发展不平衡，技术示范和培训做得好的县，再生稻发展较快，如双峰县、桃源县都有10万亩以上。

2.5 产业开发有待加强

全省再生稻的生产面积不断扩大，但农民增收效益不明显，主要问题在于产业不配套，加工与销售环节没有跟上，品牌创建乏力。虽然有大通湖宏硕等个别再生稻米品牌有一定知名度，价格也卖到了30元/kg，但是大部分地方因为再生稻米绿色、生态的消费理念还不够深入，还未得到消费者的广泛认可，再生季稻谷的售价与价值不符。

3 发展对策

3.1 加大政策扶持力度

推广再生稻对于保障粮食安全、促进农民增收具有重要意义，已有少部分县将再生稻纳入双季稻补贴。各地应出台政策，整合项目资源或成立财政专项，科学界定再生稻补贴环节与补贴方式，在现有一季稻区鼓励种植再生稻，增加粮食总产、提高农民种粮积极性。

3.2 加大品种推荐力度

一是加强再生稻专业型品种的选育，要根据再生稻的特性，选育适合做再生稻的专门品种；二是联合农业科研院校和相关企业，进行再生稻品种的筛选、示范，从已审定的品种中，按照生育期适中、抗性良好、头季耐高温、再生季耐低温及再生性强的标准，重点选择优质稻品种进行再生稻品比试验，将表现突出的品种，进行大面积示范、推广。

3.3 加大技术研究推广力度

一是加大关键节点技术研究力度，包括品种选择、茬口衔接、高效施肥、病虫防治、水分管理、生长调节剂使用、留桩高度等环节的把控，提高技术水平，推动再生稻产量再上新台阶；二是抓好再生稻专用收割机引进、改装、试验，不断降低头季机收对再生季产量的损失；三是加强头季稻机抛、机直播、单本机插等轻简高效栽培技术攻关及完善，不断降低生产成本；四是加强再生稻高效栽培技术集成、示范及培训工作，努力实现再生稻两季机收平均亩产1 000kg的目标。

3.4 加大农田设施建设力度

再生稻对田间水分管理要求相对较高，特别是头季收割前要晒田、收割后要马上复水，但部分农田水利设施建设落后，旱不能灌、涝不能排；有的田间道路不配套，收割机或其他运输机械稻田里往返运送稻谷，增加了对稻桩的碾压。因此，要加大农田水利设施建设、完善机耕道等配套设施建设力度，为再生稻关键节点田间管理和机械化收割提供有利条件。

3.5 加大产业开发力度

再生稻具有米质优、不施农药、生态环保的特点，要加大宣传使其特点广为人知、深入人心。支持稻米加工企业与农民签订收购合同，实行再生稻优质品种订单生产，提高再生稻的种植效益；积极创建再生稻米优质品牌，满足不同层次消费者需求，延伸产业链，提升效益空间。打造 1 ~ 2 个有影响力的省级再生稻米品牌和若干区域性特色品牌，提升湖南稻米的市场影响力。

东阿县稳定发展粮食生产的现状与思考

黄绪甲

（山东省东阿县农业技术推广中心　山东　东阿　252200）

摘　要：近年来，山东省东阿县严格落实粮食安全责任制，走出了一条面积稳定、产量逐步提高、提质增效的绿色发展道路。本文分析东阿当前粮食生产发展现状，并针对存在的问题提出相关建议。

关键词：粮食生产；东阿；现状；建议

山东省东阿县总面积729km^2，人口40万，507个行政村，耕地面积65万亩，是重要的商品粮、优质棉、蔬菜、林果、畜禽生产基地和农副产品深加工出口基地，被评为全国粮食生产先进县、全国优质小麦生产基地县、全国基本农田保护先进县、全省粮食生产十连增优胜单位和全国绿色食品原料标准化生产基地。近年来，东阿县按照提质增效转方式、稳粮增收可持续的工作主线，以项目实施为抓手，以创新技术集成为支撑，以政策倾斜和资金支持为保障，着力在完善基础设施、转变生产方式上下功夫，扎实推进适度规模种植，鼓励开展社会化服务，实现粮食生产绿色稳定发展，保障粮食安全。

1　发展现状

1.1　落实惠农政策，实现粮食稳定

紧紧围绕农业增产、农民增收，加大粮食生产支持力度，严格落实农业支持保护补贴、农机补贴、农业保险系列等惠农政策。2019年成功创建全国主要农作物生产全程机械化示范县，累计发放农机补贴资金6 874.4万元，补贴农机具3 015台；积极争取中央、省财政资金综合治理田、水、路、林等农田基础设施条件，积极推进中低产田改造，努力建设田成方、林成网、路相连、渠相通、旱能浇、涝能排的高标准农田。同时，实施最严格的耕地保护措施，层层落实保护责任制，稳定了耕地面积，完成粮食生产功能区划定面积47.3万亩，积极扩大优质小麦、专用玉米种植，全县粮食面积稳定在95万亩以上，粮食总产稳定在5亿kg以上。

1.2　夯实农业基础，实现藏粮于地

一是实施耕地质量保护与提升工作，大力推广增施有机肥、生物菌肥、测土施肥、秸秆粉碎还田等技术措施，培肥地力，有效地提高耕地有机质含量，改善土壤的理化性状，为粮食的稳产高产提供充足的条件。全县土壤有机质含量比2015年增加5%，单位面积化肥使用量下降6%，单位面积农药使用量下降10%。二是强化基础建设。加大高标准农

田建设力度，强化小型农田水利、千亿斤粮食和其他涉农项目的整合，大力开展粮食绿色高产高效创建和休耕轮作试点。“十三五”以来，全县农田建设项目累计投入资金 31 528 万元，治理农田面积 23.35 万亩，单位面积产能效益提高 20% 以上。三是发挥农业机械化作用，靠机松地。加快耕地向种田能手和专业大户集中，对农机具进行补贴，依靠大型机械对农田进行松、翻、耙、耢、压等标准作业。结合土地深松整地补助试点工作开展逐步扩大深松面积，加深耕层、打破板结土壤，改善土壤结构，实现“藏粮于地”，全县耕地实现轮换深松一遍。

1.3 农业科技创新，实现藏粮于技

东阿县以科技为先导，试验示范和新品种新技术推广为手段，大力推广有机质提升、秸秆综合利用、深耕深松、测土配方、宽幅精播、精量直播等，集成组装绿色高产高效技术模式，在技术规范化、生产规模化、经营产业化上下功夫，进一步扩大绿色生产面积，引导农企结合，鼓励规模种植强筋小麦、糯玉米、饲用玉米等；创新推广方式方法，采取技术讲座、现场观摩、媒体宣传等多种形式，将新品种、新技术送到田间地头，提高农业主推技术、主导品种覆盖率，实现“藏粮于技”。2016 年以来，培训新型农业经营主体 1 634 人次，青年农场主 128 人次，科技示范主体 1 355 户，技术指导员 135 名，发放教材 3 万册以上，明白纸 6 万张以上，全县新品种、新技术应用推广率达到 95% 以上。

1.4 转变生产方式，提高社会化服务水平

因地制宜，加快探索专业合作、土地流转、土地托管等多种形式，发展适度规模经营，提高集约化、规模化、组织化、社会化水平。截至 2019 年，全县流转土地面积达到 20.16 万亩，占农村家庭承包土地总面积的 35.30%，农民专业合作社发展达到 984 家，家庭农场 161 家，50 亩以上种粮大户 556 个；同时鼓励新型经营主体和专业化服务组织发挥优势开展统防统治、肥水管理等服务作业，大力开展微喷灌水肥一体化节水灌溉示范，减少农药、化肥施用量，提高利用效率。目前，全县稻麦联合收割机保有量 2 112 台，大中型拖拉机保有量 4 059 台，精少量播种机保有量 1 864 台，喷杆喷雾机 380 台以上，植保无人机 55 台，谷物烘干机 35 台，小麦、玉米耕种收综合机械化作业率达到 99% 以上。

1.5 加强预测预报，提高农业防灾减灾能力

加大与气象、应急等部门的沟通协调，制定灾害预警防范预案和机制，积极开展影响天气作业，全力做好农业气象灾害监测预警与防控工作。提高测报预报能力，扩大农业保险补贴范围和补贴力度，全县小麦玉米等主要粮食作物做到“应保尽保”，参保率达到 95% 以上。大力推广优良品种、二次拌种、科学促控、病虫害综合防治等关键技术，对流行性病虫害开展统防统治和联防联控，实现虫（病）口夺粮。

2 存在问题

2.1 种粮收益不高，影响农民积极性

农村青壮年劳动力大量外出务工，导致农村缺乏劳动力、管理粗放，加之农资等生产

成本上升，种粮收益总体不高，影响农民积极性。

2.2 自然灾害、病虫害等存在不确定性

异常天气增多，病虫害常发，导致种粮稳定性偏差，影响农业增产、农民增收，总体抗御重大灾害的能力还比较脆弱。

2.3 现代农业发展水平较低

农业规模化、产业化、组织化水平不高，龙头企业等带动力较弱，标准化生产起步较晚，农业服务基本局限于生产环节，缺乏产前、产后的服务环节，离现代农业发展还有不小的差距。

2.4 受生产规模的制约，经营主体在融资筹资等方面存在着担保困难、申请手续繁复等问题

虽然全县以粮食生产为主的专业合作社达到 271 家，但大部分合作社、家庭农场运作不规范，深加工能力不强，处于出售原料或生产初级农产品的阶段，产业链条难以全程拓展，大而强、知名度高的优质品牌少。

3 发展思路

以习近平新时代中国特色社会主义思想为指导，牢牢把握稳中求进工作总基调，以提高质量效益和农业竞争力为目标，巩固提升东阿农业优势，加快构建现代农业产业体系、生产体系、经营体系，保障粮食生产安全。具体来看，把粮食安全作为农业头等大事，压实粮食安全责任，全县粮食播种面积稳定在 100 万亩以上，粮食产量保持在 5 亿 kg 以上；到“十四五”末，“三品一标”认证个数累计达到 210 个，认证面积占食用农产品面积达到 75% 以上，农药包装废弃物回收率达到 100%；完成“两全、两高”农机化示范县的创建，力争每年农作物耕种收综合机械化率持续提高，总体提高 1.5%；加强农业基础支撑体系建设，建设高标准农田 25 万亩，围绕农田综合生产能力、灌排能力、田间道路通行能力、建后管护能力等建设内容，进行田水路林综合治理；培育农村新型经营主体，推动农业社会化服务提档升级，促进小农户与现代农业发展有机衔接，家庭农场、农民合作社高质量发展；加强农业发展的物质装备和技术支撑，促进粮食产业绿色高效发展，保障粮食生产安全。

4 相关建议

4.1 夯实农业基础地位，稳步提升粮食生产水平

贯彻落实“创新、协调、绿色、开放、共享”的发展理念，严守耕地红线，稳定粮食种植面积，落实各项农业惠农政策，加大资金补贴范围和力度，继续实行粮食最低收购价政策，推动加强农业发展的物质装备和技术支撑，扩大优良品种和主推技术覆盖率，增强病虫害统防统治、水肥一体化、农药化肥减量增效能力和组织化程度，控制生产资料价格过快上涨，减少投入成本，鼓励开展多种形式耕、种、管社会化服务，减少农药、化肥使用量，提高利用率，夯实农业基础地位。

4.2 进一步加大新型农业经营主体支持力度

针对不同主体，采用直接补贴、政府购买服务、定向委托、以奖代补等方式，增强补贴政策的针对性和实效性，提供产前、产中、产后全过程的社会化服务，帮助解决实际困难。积极探索农村金融、农产品加工流通、农业信息等方面的社会服务，实现农业规模化、机械化、集约化、现代化发展，鼓励龙头企业加大研发投入，支持符合条件的龙头企业创建农业高新技术企业，简化农业设施用地审批手续等。

4.3 加大农业技术投入，培育新型职业农民

建立粮食作物科技投入增长机制，加大高层次农业科技人才尤其是青年人才引进与培养经费的投入力度。加大农业科技投入，提高科技应用率、转化率和贡献率，注重先进农业生产技术的推广和运用，注重人才振兴，加强乡土人才培养，优化“三农”人才队伍结构，探索建立学历教育、技能培训、实践锻炼相结合的培训新型职业农民机制，为农业生产培养专业化人才。

4.4 加大农业灾害预警防控体系建设，增强抗灾减灾能力

全力做好农业气象灾害监测预警与防控工作，制定灾害预警防范预案和机制，积极开展影响天气作业，扩大农业保险补贴范围和补贴力度，进一步做好农业大灾保险试点工作，为防灾减灾及农业生产提供保障。

4.5 延长产业链条，提高种植效益

鼓励龙头企业、合作社等发展订单农业，鼓励经营主体向产业链前后延伸，提高市场竞争力和抗风险能力，进一步扶持农副产品加工、贮藏、运销企业在“精、深、优”上做文章，集中力量打造名特优农产品品牌，提高农产品附加值，促进粮食产业可持续发展。

河北省大豆产业发展现状与振兴策略

王　森[1]　宋建新[1]　许　宁[1]　王同昌[2]　贾文冬[1]　王　平[1]
（1. 河北省农业技术推广总站　河北　石家庄　050000；
2. 河北省农业农村厅机关服务中心　河北　石家庄　050000）

摘　要：河北省是我国大豆优势产区之一，通过分析河北省大豆产业的现状、优势和制约因素，提出产业发展要立足资源禀赋和生产实际，结合乡村振兴战略和大豆振兴计划实施，多措并举，推动大豆生产实现“扩面、增产、提质、绿色”的发展目标。

关键词：河北省；大豆；产业发展

历经2018年的中美贸易战与2020年的全球新冠疫情，我国大豆进口渠道单一、产业自给率不足的问题愈发突显，但同时也为我国的大豆产业发展带来了更多的市场机会。河北省地处华北平原，光热资源充足，具有生产优质大豆的自然条件和地理优势，为我国的“双高”优质大豆产区。近年来，河北在全省开展了以“双高”大豆为重点的产业提质增效行动，全省大豆产业呈现出种植面积快速增长，品种结构更加优化的良好局面。但河北省大豆产业依然存在豆农生产积极性不高、产品附加值低、竞争力差等问题，需要进一步立足资源禀赋和生产实际，多措并举，推动全省大豆生产实现“扩面、增产、提质、绿色”的发展目标，提升大豆自给率。

1　河北省大豆产业发展现状

1.1　生产与加工现状

河北省是黄淮海地区大豆主产省份，省内各市均有种植，其中夏大豆占80%，主要分布在冀中南区域；春大豆占20%，主要分布在冀北区域。2000—2017年全省大豆种植面积从636万亩降至105.2万亩，降幅超80%；产量从62.9万t降至17.1万t。据统计，2018年全省大豆种植面积出现恢复性增长，达到131.4万亩，在全国排第14位，平均亩产162kg（高于125kg的全国平均亩产），总产21.23万t；规模农场平均亩产215kg（高于全国高产创建的200kg指标）。近10年来，河北省大豆单产水平由每亩114.36kg提高到161.62kg，增长了41%，其播种面积与产量的年度间变化见表1。

种植面积方面，2019年河北省大豆种植面积增幅较大，达到156.5万亩，同比增加25.1万亩，增长19%。其中，新增“双高”大豆23万亩，大豆种植品种结构进一步优化。据农业部门调查，河北省大豆播种面积超过20万亩的大县有1个：石家庄市藁城区；

播种面积超过5万亩的大县有3个：石家庄市藁城区、沧州市任丘市和廊坊市大城县；播种面积超过2万亩的大县有13个：石家庄市的藁城区、栾城区、鹿泉区、晋州市、辛集市，沧州市的任丘市，衡水市的故城县，保定市的雄县，廊坊市的霸州市、大城县、文安县，秦皇岛市的卢龙县和张家口市的阳原县。

产量方面，河北省农业农村厅于2019年10月先后3次组织相关专家，对位于石家庄市藁城区梅花镇刘家庄村、顺中村、崔家庄村和南营镇土山村优质大豆绿色高产高效示范基地万亩高产创建示范田进行了田间抽样测产，实收7个地块，平均亩产达到275.6kg，实现了我国万亩规模生产大豆平均亩产250kg的突破，万亩规模单产突破全国纪录。

消费与加工方面，河北地处环京津都市圈，区域内市民历来有喜食豆腐、豆浆和豆腐脑等豆制品的习惯，巨大的消费需求为河北省发展大豆产业提供了得天独厚的条件；区域内有河北豆豆集团、北京老才臣食品有限公司、北京王致和食品集团有限公司等大型豆制品加工企业，对大豆需求旺盛，年消费蛋白加工及食用大豆100万t以上，榨油用大豆300万t以上。

表1 河北省近10年大豆播种面积、总产、单产统计

项目	年份									
	2018	2017	2016	2015	2014	2013	2012	2011	2010	2009
播种面积/万亩	131.36	105.15	103.10	117.93	129.98	138.15	147.81	164.58	186.69	218.57
总产量/万t	21.23	17.06	16.03	15.33	18.22	18.07	19.98	23.80	23.31	25.00
单产/（kg/亩）	161.62	162.27	155.47	129.99	140.16	130.81	135.19	144.59	124.84	114.37

注：数据来源为国家统计局网站。

1.2 育种与栽培技术

据统计，目前河北省从事大豆科研的单位有8个，相关研究者超过70人，育成的优良品种超过80个，包括冀豆系列、沧豆系列、石豆系列、邯豆系列、农大豆系列、承豆系列和五星号系列。近年来，河北省种植面积超过5万亩的主栽大豆品种为冀豆12、冀豆17、石豆5号、石豆6号、石豆14、沧豆6号、沧豆10号、中黄13、邯豆11等。目前，河北省育成品种不仅覆盖了黄淮海平原及西北高原地区11省市，并为长江流域及西南山区等南方产区大面积引种推广。冀豆17及其配套技术应用，连续多年创亩产300kg以上我国大面积最高产量纪录。

河北省近年在大豆上主推的技术是大豆麦茬免耕覆秸精播栽培技术，主要解决播种时秸秆堵塞播种机的问题，机械一次性进地同时完成侧向移秸、贴茬免耕、精量播种、测深药肥、覆土镇压、封闭除草等系列作业，亩节约成本50元左右，增产10%～30%。

1.3 疫情对河北省大豆产业发展影响

生产种植方面，河北省大豆生产分为春播和夏播两大种植区域，春大豆常年播种时间从4月下旬开始，夏大豆播种时间从6月中下旬开始。3月中下旬后，随着春耕复工复产的有序推进，交通管制逐步放开，河北省大豆种植户销售工作由基本停滞转向逐渐恢复。就目前疫情及发展动态来看，河北省大豆生产受疫情影响不大。

消费与加工方面，疫情早期，受影响较大的是大豆加工企业，一是由于3月、4月大豆到港量偏低，部分油厂因缺豆减少了产量，二是受疫情管控影响，种子加工厂无法开工。随着防疫形势的好转，5—7月国内大豆到港量庞大，且目前油厂压榨利润丰厚，复工复产已稳步推进。

总体来说，疫情对河北省大豆产业影响有限。

2 产业发展存在的主要问题

2.1 种植管理水平不高，大豆产量较低

由于河北省大豆种植组织化和社会化程度低，种植管理水平有待提高，大豆产量较低。据统计，2019年河北省大豆产量26.45万t，全国产量2 131.90万t，河北产量仅占全国产量的1.2%。河北省2018年大豆平均亩产达到162kg，虽高于125kg的全国平均单产水平，但与平均亩产在210kg以上的美国转基因大豆相比，仍有很大差距。河北省大豆以小农户种植为主，新型经营主体参与度低，社会化服务跟不上，导致河北省大豆种植分散，不成规模，良种良法不配套，管理粗放。大豆食心虫、点蜂缘蝽、蛴螬以及食叶性害虫发生较重，防控不及时，单产水平不稳。优质专用品种专种、专管、专收没有形成机制，影响优质大豆品牌优势的发挥。

2.2 种植收益不高，农民种植意愿较低

根据《全国农产品成本收益资料汇编》（2014—2016年）资料数据，选用小麦、玉米和花生3种作物与大豆比较，分析在生产成本、利润、利润率等方面的差异。同时，为了消除年际间变动的影响，采用4种作物成本收益在2014—2016年的平均数进行比较。数据显示，与其他作物比较，大豆单产最低，亩均成本收益最低（表2）。

表2 2014—2016年河北省大豆与其他粮油作物亩均成本收益比较

项目	大豆	小麦	玉米	花生
单产/kg	186.92	456.79	482.96	261.17
每50kg出售价/元	224.06	121.02	95.24	296.38
总产值/元	836.30	1 124.67	953.11	1 562.64
亩均成本/元	855.69	1 045.24	958.57	1 524.92
每50kg成本/元	229.07	112.50	95.64	289.27
成本外支出/元	0	0	0	0
净收益/元	−19.36	79.42	−5.46	37.72
成本收益率/%	0.16	7.65	−0.30	2.44

注：数据来源为《全国农产品成本收益资料汇编》（2014—2016年）。

种植大豆收益不高，市场波动大，价格不稳，农民种植大豆的积极性时高时低，导致

大豆种子市场不稳定，影响了优质大豆推广力度，制约规模化的种子生产经营企业成长。以河北省多年来从事大豆种子繁育和销售的廊坊绿九州种子公司为例，其年经营规模仅约100万kg，远不能满足市场对良种的需求，影响了河北省优质大豆品种的推广面积。

2.3 产业链短，深加工企业较少

河北省大豆大部分以原产品的形式外销京津市场，主要用于豆制品加工，从事大豆深加工的企业除高碑店豆豆集团等少数几家外，一般是加工花生油的企业兼顾加工大豆，生产豆油、豆粕；各乡村分散着若干小型作坊生产豆汁、豆腐、豆腐丝、豆腐干等初级豆制品，产业链条短，附加值低，市场竞争能力不强，并存在较严重的环境污染问题。另外，与大豆相关的科研、良种供应、生产应用、商品销售各环节衔接不紧密，大豆混种、混收导致产品质量差、品质指标不稳定，加工企业不愿零散收购本地商品性不稳定且价高的大豆，而转向采购蛋白质含量较低的进口转基因大豆和因国家补贴而价格较低的东北非转基因大豆，形成了省内农民卖豆难而生产徘徊、加工企业原料短缺而外购的局面。

3 河北省大豆产业振兴发展策略

今后一个时期，河北省大豆产业发展要立足资源禀赋和生产实际，结合乡村振兴战略和大豆振兴计划实施，多措并举，推动全省大豆生产实现“扩面、增产、提质、绿色”的发展目标。建议重点采取以下措施。

3.1 继续优化区域布局

集中打造冀中大豆高产优质区、环京津雄安高蛋白大豆产区、黑龙港高油大豆产区、燕山—太行山特色大豆产区，在4个优势区内打造石家庄市藁城区、无极县和沧州市河间市等一批双高（高蛋白、高油）优质大豆生产基地，辐射周边大豆种植区，实现单一品种规模化、标准化生产。鼓励支持家庭农场、农民合作社和龙头企业为农户提供代耕代种、统防统治、代收代销等农业生产托管服务。

3.2 大幅提升大豆种业水平

充分发挥河北省大豆新品种繁育技术水平，重点培育高产稳产、高蛋白、高油、双高、无豆腥味、鲜食以及黑大豆等优质专用大豆新品种，满足市场多层次需求；大力培育抗倒、抗病、水肥利用效率高、适宜机械化（籽粒均匀、不裂荚、落叶性好）的大豆新品种，满足生产需求；在双高大豆特优区建设完善一批大豆良种繁育基地，培育一批实力较强的种业销售公司，扩大河北大豆品种在全国的市场份额，增强河北大豆产业的综合水平。

3.3 大力推广绿色技术

根据生产实践中发现的突出技术难题，重点改进研发免耕播种机械，集成机械免耕播种；研发“一喷多防”技术，实施病虫草害综合防治；研究机械收获农机农艺配套，推广机械化适时收获技术；示范推广大豆－玉米复合种植技术，提高单位面积土地收益。组织开展协作攻关，集中力量攻克技术瓶颈，集成组装高产高效、资源节约、生态环保的技术模式，大力推进大豆生产全程机械化。

3.4 不断完善补贴政策

河北省大豆种植机械化程度偏低，土地和人工成本投入较高，大豆种植成本常年居高不下，与玉米相比收益偏低，豆农种植积极性不高。种植补贴在农民选择种植大豆决策过程中起重要作用，建议进一步加大补贴力度，增加补贴环节，扩大补贴范围，提高玉米大豆轮作试点的补贴标准。

3.5 强力推进品牌建设

建议立足区域资源优势特色，围绕产业链各环节，抓紧制定包括产地环境检测、投入品选择、统一种植管理和单收单储等全过程的质量控制技术体系，确保大豆原料的质量和可追溯。推行全程标准化生产，以质量提升带动品牌发展，着力培育具有核心竞争力的地方品牌。产后加工企业应积极注册企业品牌和产品品牌，发挥品牌效应，提升全省大豆产业市场竞争力。

3.6 积极搭建交流平台

大豆营养结构合理，产业链长，近年来在人造素肉生产、豆渣利用、蛋白提取、保健功能开发等方面都实现了新的突破。各级行业主管部门应发挥好桥梁和纽带作用，积极搭建全产业链合作交流平台，充分利用产业体系、创新联盟等平台，将科研、生产和加工等部门紧密连接在一起，实现优势互补、资源共享、共同发展的目标，为全省大豆产业发展和振兴开创一条新的途径。

3.7 加大产业宣传力度

为提升河北省大豆产业的行业影响力和知名度，应充分运用各类新闻媒体，积极组织全方位、多角度、立体化宣传，引导社会各界关注支持全省大豆产业发展，带动各地积极发展大豆产业。在宣传工作中坚持内外同步、双向促进的思路，通过内外 2 条战线开展产业宣传。一方面是抓好内部宣传，积极发挥“一报一台一网”（体系简报、12306 咨询台和省农业农村厅网页）优势，及时刊发、播报政策解读、工作部署、会议观摩、经验做法等；另一方面是做大外部宣传，充分利用农民日报、河北日报、河北科技报、河北农民报、河北广播电视台、长城网、公众号等媒体进行刊载、播报、网络宣传。为河北省大豆生产营造良好舆论氛围，打造“冀”字品牌形象，提升河北大豆的品牌知名度、影响力和市场占有率，提升产业价值链收益。

邓州市三产融合发展探索与实践

杨　晋[1]　李　符[1]　冀洪策[1]　李　义[2]　乔小玉[3]
（1. 河南省邓州市农业技术推广中心　河南　邓州　474150；
2. 河南省邓州市一二三产融合发展试验区　河南　邓州　474150；
3. 河南省邓州市农业农村局　河南　邓州　474150）

摘　要： 通过对河南省邓州市三产融合发展试验区乡镇进行实地调研，了解试验区发展现状、发展优势和典型事例，并对县域三产融合发展提出对策和建议。

关键词： 三产融合；发展；实践；工作建议

近年来，党和国家高度重视农业农村的经济发展，以实施乡村振兴战略为重要抓手，深化农业供给侧结构性改革，促进农业发展转型升级，取得了重要进展。2020 年是全面建成小康社会的关键期，是实现第一个百年奋斗目标的关键年，如何让农业更强、农村更美、农民更富成为农业农村发展的重中之重。邓州市位于河南省西南部，是国务院确定的丹江口库区区域中心城市、国家粮食核心区、全国粮食生产先进县，市委市政府主动适应农业农村经济发展的新常态，牢牢抓住邓州市被列为河南省第一批践行县域治理“三起来”示范县的有利时机，加快推进邓州市三产融合发展、可持续发展，为邓州市实现乡村振兴奠定坚实的基础和提供持续的动力。

1　邓州市三产融合发展现状

为进一步振兴农业、繁荣农村、富裕农民，邓州市组建三产融合发展试验区，下辖张村镇、文渠镇、十林镇 3 个镇，74 个行政村，367 个自然村；区域土地面积 255.6km^2，耕地 23.8 万亩，人口 21 万；土地、耕地和人口分别占邓州市的 10.8%、9.2%和 12%。针对土地、耕地、人口的实际，试验区强力推进农业和工业、服务业高度融合，促进农业发展方式的转变，延伸农产品加工业的产业链，提供农业农村发展的新动能和新局面，取得了显著的社会效益、经济效益和生态效益。2019 年，邓州市三产融合发展试验区入选第 2 批国家农村产业融合发展示范园创建名单，试验区内的十林镇获农业农村部办公厅、财政部办公厅批准开展农业产业强镇示范建设，并获中央财政支持。

2　邓州市三产融合的发展优势

2.1　自然条件

试验区地貌特点总体呈现西北高东南低，除十林镇西部有少许岗坡地，坡度比较平缓，其余均为平原。土壤种类丰富，以砂姜黑土、黄棕壤为主，土层深厚、结构良好，保水保肥性能强，耕层较深，适耕期长，属中等偏上水平，适宜小麦、玉米、花生、大豆、油菜、高粱等农作物种植，也适宜猕猴桃、桃树、梨树、葡萄、中药材等特色种植。加上堰子河森林公园建设项目完成各类绿色植物种植 3 500 亩，提高了当地的森林覆盖率，改善了周边的生态微环境。

2.2 水利条件

试验区大部分为井灌区，有湍河、刁河、扒淤河、得子河等大小河流；以张岗水库为代表的小型水库，总库容 735 万 m^3，兴利库容 437 万 m^3；库容 1 万 ~ 10 万 m^3 的坑塘 52 处，蓄水量 116 万 m^3；库容 1 万 m^3 以下的坑塘 297 处，蓄水量 122 万 m^3；通过河道整治，修复加固杨寨拦河坝，杨寨、胡岗两级提灌站，实现通水；加上四季分明，气候宜人，年降水量 726.1mm，亩均水资源 400m^3 以上。不仅满足了区域内农业灌溉、工业供水、养殖用水和生活用水，而且在防洪减灾、兴利除害等方面发挥了显著的作用。

2.3 基础优势

邓州市加强田间基础设施高标准建设，农业基础设施明显改善，粮食综合生产能力明显提高，真正达到了田地平整肥沃、灌排设施完善、农机装备齐全、技术集成到位、优质高产高效、绿色生态安全的要求，田间道路相连、耕地网格化、土地流转规模大；农业机械化程度高，植保无人机、自走式喷雾机等大型机械设施齐全；农民专业合作社、农业公司等整体素质较高，仓储、运输、加工、销售等配套完善，可立即投入使用。

2.4 技术优势

依托省级以上科研院所的力量，开展农业技术互助合作，提高科技成果转化率；依托市级农业技术推广队伍，现有农业技术推广研究员 5 人，中高级农业专家 112 人，具备承接重大科技试验示范项目的能力；依托乡镇服务区域站和村级站点，乡镇区域站以农业服务中心为主，村级站点以村组为主，开展科技下乡入户活动，及时发布农业气象、病虫草害预警、农产品市场等信息；依托互联网技术，开展线上业务拓展，为优质、特色农产品提供广阔的销路；依托新型职业农民培训，在当地培养一大批热爱从事农业生产经营和服务的年轻人、返乡农民工等，接收新技术、新事物能力强，组织实施能力强。

3 邓州市三产融合的典型事例

3.1 建设特色农业示范园，打造最美田园综合体

邓州市盛达农业发展有限公司开发建设，占地面积 5 000 亩，以创新三产融合思路、引领特色农业示范、营造田园美丽风光为目标，集乡村振兴文化教育培训、现代农业科技示范、立体高效农业生产、休闲观光旅游等功能于一体，打造出以乡建文化为特色的最美田园综合体。建设有休闲创意农业区、智慧农业示范区、立体高效农业示范区、中草药种植示范区、农副产品加工区、生态经济林果产业区、现代农业生产区、综合管理服务中心

及配套生活附属设施。目前，300 亩智慧农业示范区智能温室和日光温室已投产使用，产品水果黄瓜、羊角蜜甜瓜、小西瓜、小番茄按照有机农产品的标准种植，可直接采摘食用；50 亩荷塘防渗工程、25 亩沙滩、水上步行栈道景观通道系列工程已完成荷塘注水、荷塘养殖和种植，成为周边群众休闲娱乐地；200 亩农副产品加工区芝麻油和黄酒生产线已投产；区域内 2 470m 闭合循环道路已经实现通车，道路两侧已完成绿化；根据种植时令完成 2 300 亩地农业特色种植。该案例通过都市农业、智慧农业、立体农业、创意农业等主题，贯穿生态、绿色的理念，融合农业科技元素，打造区域特色、城乡融合的田园综合体，形成了政府引导、企业主体、村民参与的良好开发格局，吸引了城乡群众前来游览采购，提升了当地村民的整体素质，扩大了田园综合体的影响力。

3.2 规划 4A 级邓习画廊，绘出亮丽乡村风景线

把邓习画廊和周边美丽乡村建设有机融合，着力把 012 线沿线建成集全民健身、观光旅游、养生保健、休闲采摘于一体的邓州市最美乡村旅游公路。邓习画廊全长 29km，已全线通车，对优化路网结构、缓解沿线交通压力、建设沿线美丽风景线有重要的意义。为了提升邓习画廊的品位和档次，邓州市政府专门成立 012 沿线现代农业发展规划项目组织机构，分别设立规划领导组和规划编制组。规划领导组由主抓农业的副市长任组长，政府副秘书长、农业农村局局长任副组长；规划编制组农业技术推广中心具体负责，由农学、植保、经济等领域的 12 名专家组成。规划领导组和规划编制组根据邓习画廊沿线乡镇总体发展定位，依据区域生态环境、资源条件和农业种植现状基础，考虑到产业政策、市场需求、产业发展、技术发展等因素，结合三产融合发展的需要，规划邓习画廊重点发展油菜、高粱、猕猴桃、黄金梨等作物。目前，邓习画廊按照 4A 级乡村风景线的标准，沿线路基上建设花卉绿植带，修砌景观人行通道，修建景观墙，并在路基边坡与边沟种植绿色植被，达到四季有花、四季常青，形成城市绿化漫行体系，备受周边群众、外来游客和拍客驴友的青睐；道路双侧 100m 范围内的农田，种植油菜、月季、向日葵及趣味采摘等具有观赏和经济价值的特色作物。该案例以休闲农业、乡村旅游、乡村观光为主题，以地域农耕文化和自然资源为载体，满足城乡居民放松身心、亲近大自然、体验乡土文化的愿望。

3.3 延伸猕猴桃产业链条，引领乡民生活更富裕

邓州市习乡林果种植专业合作社的理事长吴杰，充分挖掘基地生态休闲旅游资源，带领合作社社员流转 3 000 亩以上的土地，打造豫西南大型优质猕猴桃种植基地，并通过 OGA 有机产品认证，建设观光采摘生态走廊，集种植采摘、观光旅游于一体的猕猴桃特色小镇，配套冷库保鲜，发展电商业务。2019 年 800 亩优质猕猴桃已经上市，有红心、黄心、绿心 3 个品种，单价（500g）10 ~ 18 元，实现鲜果产量 15 万 kg，实现销售收入 400 万元。目前，合作社正在建设猕猴桃果汁加工生产线，实现农产品从生产到消费的产业链发展，预计投产后可实现年销售收入 1 000 万元，实现利润 300 万元；通过订单农业的方式带动周边种植户增收 200 万元以上；通过物流、运输、餐饮服务等带动周边群众增收 100 万元以上；增加直接工作岗位 50 个，带动服务就业岗位 100 个，帮扶贫困户 30

户。该案例通过观光采摘、生鲜电商、饮料加工等方式，提高了猕猴桃的附加值，增加了经营收入，解决了当地农业劳动力转移问题。

4 邓州市三产融合发展的建议与对策

4.1 培育与引进并重，构建适应三产融合发展的新型农业经营体系

一是在家庭联产承包责任制的基础上，保障农民的合法权益，通过适度规模流转土地，使农民既能得到土地租金收入，又能拿到工资收入，增加了非农收入，有利于提升幸福指数。二是发挥农民的主体作用，鼓励农民自发联合、互助协作的发展模式，制定更加适应实际情况的三产融合发展优惠政策，培育农民专业合作社、家庭农场、龙头企业和农业公司等新型经营主体，挖掘特色农业文化价值，探索发展能够彰显地域特色、能够体现乡村气息、能够感受乡土情怀的经济增长点，形成具有鲜明地域性、深厚历史性的农耕文化名片。三是积极招商引资外源农业企业和大型集团公司，将大公司的发展理念、管理经验、成熟技术、雄厚资本引进来，促进三产融合可持续发展。

4.2 加强支持和保护力度，培育三产融合发展新动能

一是完善适度规模化经营的政策，按流转面积给予承包主体财政补贴支持，激发承包主体的经营积极性；让承包主体优先享受农机具补贴，增加大型进口农机械的补贴额度，提升农机装备技术水平，提高规模化经营能力。二是注重农产品区域公用品牌、企业名牌、农产品品牌宣传推介，通过“互联网＋农业”做好品牌市场营销，讲好农产品背后的文化故事，满足城乡群众的多层次、个性化消费需求，增强人民群众获得感。三是加强科技创新，研发推广优质农产品品种，逐步形成区域化布局和专业化生产的格局，积极发展优质“米袋子”“菜篮子”农产品，适度扩大优质肉牛养殖生产，提高市场竞争力和占有率。四是完善配套与三产融合发展相适应的农业标准及技术规范。科学使用种子、肥料、农药、兽药、饲料等农业投入品，健全农产品等级规格、品质评价、农产品包装标识、生鲜冷链物流与农产品储藏等标准体系。

4.3 优化企业资金结构，强化三产融合发展资金保障

一是加大政府财政投入，争取更多政策性资金和项目，整合部门有利资源，统筹推进三产融合生产力布局，开展土地整理、勘察设计、基础设施建设等，确保项目早建成、早见效、早受益。二是建立融投资平台和相应监管机构，解决企业的融资难题。三是探索新的农村金融抵押方式，包括用于贷款担保的不动产和动产，扩大有效抵押品的范围。四是扩大农业生产保险险种和适当提高赔付额度。五是合理确定企业资金结构，确保充裕的资金流动性和良好的偿债能力。

4.4 加强科研院所合作，为三产融合发展提供科技支撑

一是利用河南省农业科学院的科技合作机制，引导北京涉农高校、农业科研机构、北京市农林科学院、河南省农业科学院专家在此开展科技创新和成果转化活动，引导国家、省、市科技项目在此落地、开花、结果，通过技术试验、技术示范、技术咨询、技术培训、技术引进，全面推进科技成果转化。二是加快培养一批懂技术、会管理、善经

营、能应用现代信息技术的新型职业农民，尽快开发适合新时代乡村振兴战略的爱农、知农、务农趣味读本和学习活动，增强大众对乡土的了解和热爱，为三产融合发展提供智力支持和技术支撑。

综上所述，邓州市三产融合正处于发展的初级阶段，需要各级各部门各单位的共同努力，笔者相信在不久的将来，随着资金、技术、人才、土地等生产要素的不断优化，邓州的农村会以崭新的姿态和面貌迎接农业的新时代。

分析农业发展现状　加快农业推广力度

——浅谈柳市农业发展中的问题及对策

虞建宇
（浙江省乐清市柳市镇人民政府综合服务中心　浙江　乐清　325604）

摘　要：通过近几年接触的农业工作的体会，在近些年农业生产发展过程中，显现出了这些问题：从事农业生产劳动者年龄过大，文化程度偏低，生产技能和经营管理水平低下，生产规模化程度不高，高素质职业农民缺乏等一系列发展中的问题，接下来我们要加强农业推广、农民素质培训、适度规模经营这些工作，进一步提高农业生产效能。

关键词：生产现状；显现的问题；农业推广；素质培训；规模经营

改革开放以来，浙江省乐清市柳市镇较早地实行以市场化为取向的经济改革之路，走出了一条以民营经济为主体的独具地方特色的区域发展新路子。近 10 年来，虽然农业在当地整体发展中不处于主要位置，但对于这个发展中的乡镇仍具有重要作用，柳市镇连续多年获得温州市和乐清市粮食生产先进单位等荣誉称号。但在近些年农业生产发展中，存在着农业劳动者年龄偏高，文化程度偏低，生产技能和经营管理水平偏低，生产规模化程度不高，高素质职业农民缺乏等问题。如何根据当地实际情况，切实改善农业劳动者结构，提高农业劳动者综合素质、经营管理水平，培育发展适合现代农业生产和发展需要的高素质劳动者，如何打造一支有文化、懂技术、会经营、能劳动的新型职业农民队伍，是当前必须思考的问题。

1　影响农业生产及发展的因素

柳市镇位于浙江东南沿海乐清湾之滨，镇面积 92km^2，辖 12 个农村社区，158 个行政村，6 个城市社区，共有户籍人口 21.5 万人，外来新居民超过 22 万。2016 年，全镇耕地面积 46 672 亩，基本农田 40 340.8 亩，规模种植户分布于 91 个村共计 89 户，全年种植面积 25 044 亩。目前，受田租、人工成本、天气、病虫害等影响，农户收入不稳定，种植的积极性和可持续性受到了影响。当前水稻和蔬菜种植户的承包租金分别达 500 元 / 亩和 1 000 元 / 亩，加上生产过程中的人工、施肥、防控病虫害等投入，总成本较高。对于从事农业生产的主体，还存在以下几方面问题。

（1）从事农业生产人员的年龄偏大，受教育程度和文化知识水平较低。根据近两年本镇规模种粮大户登记情况看，年龄方面，40 后的占 14%，50 后的占 46%，60 后的占 17%，70 后的占 17%，80 后的占 2%；受教育程度方面，初中文化程度及以下的占 80%，高中文化程度及以上占 20%，个别近几年接受再教育培训取得学历。在全镇蔬菜瓜果种植情况调查中，种植者 40 ~ 60 岁的占 60%，40 岁以下的占 35%，并以外来人员在当地承包农民土地种植为主，文化程度大多在初中水平。

（2）接受和应用农业新技术的能力不够。近几年，政府及农业部门加大了对农民技术和技能的培训，如开办早稻高产技术培训、晚稻田间管理及技术培训、蔬菜可追溯生产建立和技术培训、农产品质量安全监管培训等，但效果并不理想，一些农民对国家农业政策和农业新技术的认识、理解不够准确和到位，部分人对新技术的运用和推广缺乏兴趣和信心，还有一部分人思想观念陈旧保守，满足于现状。因此，虽然相当一部分农民参加过各类型的培训和讲座，但达不到预期效果。技能掌握不够和思想观念不到位等状况导致他们发展农业生产的步伐缓慢，在生产中表现：① 只凭经验从事农业生产，不善于采用新理念、新技术、新方法，或只是简单效仿，“跟着感觉走”，随意性大，如在农药使用上随意增加次数和数量，只顾眼前利益，不顾后续对环境的影响。② 盲目跟风，对市场缺乏判断，或只重数量不重质量。在农业生产过程中，时常由于农产品过剩造成价格狂跌。相当一部分种植者缺乏理性思考和分析，不能及时根据市场变化主动调节生产计划，当一样产品大面积种植且丰收时，销售市场打不开，供大于需，农产品价格就会下降，大量农产品滞销甚至烂在田里。通过近些年几起农产品滞销事件引起的市场反应来看，无论是哪种农产品出现销售难的现象，大都与前一两年有农民小量种植该农产品并获利有关。于是一个怪现象周而复始：市场上某种农产品销量好，获利高，第 2 年农民就“大种特种”，造成该种产品过剩，价格大幅下跌；农民的产品卖不出去，亏本了，来年就减少种植面积，而因产量减少，产品价格又上涨，放弃种植者又后悔。

（3）农业生产适度规模经营和农户组织化程度不高对农业持续发展的影响也是重要因素。当前，从柳市镇规模种植户承包及流转情况来看，承包 1 000 亩以上的占 2%，500 ~ 1 000 亩的占 10%，200 ~ 500 亩的占 35%，200 亩以下的占 53%。蔬菜瓜果种植户的规模化经营水平更低，基本都在 50 ~ 100 亩。这种规模化经营的不平衡也受经营主体的思想观念、发展理念、经济实力、经营管理水平、地域土地分布及流转情况等因素影响，在技术水平、科技含量、机械化方面发展的不一致也导致了这个产业发展的不平衡。在农民合作社发展方面，虽然近几年农民合作社及家庭农场的登记率逐渐上升，发展势头不错，但据观察，缺少能真正把农户组织起来统一开展培训和技术推广的合作社组织，缺少能真正在资源共享、生产经营、农事操作、统防统治各方面发挥协同发展作用的合作社组织，缺少能开展市场营销、推广产品、宣传企业形象、探索和尝试农产品互联网营销模式的新型现代化农民合作社。

2 工作思路

（1）结合实际加强推广工作的力度和深度。柳市镇农业综合服务中心一直很重视推广工作，每年会举办培训会，邀请专家和技术人员上课，传达上级农业政策，传授农业生产技术及病虫害绿色防控技术，交流生产与管理经验，使接受培训的人员学到新知识、新技术、新理念，提高农业生产效能。

（2）根据国家农业发展政策，以服务农民为主，进一步发挥乡镇农业服务组织作用，促农技推广向农业推广发展，进而发展到为“三农”服务。柳市镇农业综合服务中心立足本镇农业工作基础与现状，按照市场化社会化思路，以发展农业为基础，发展农村经济为中心，进一步提高农民自身综合素质为抓手，全面推广农业技术，拓宽农业服务内容，如举办田间学校现场指导，指导农民专业合作社建立及业务开展，全方位为农业从业人员提供技术培训、技术指导，同时对全镇农业生产情况进行调查、统计、汇总、上报，积极开展检疫性有害生物的防控、扑灭，水稻病虫害的防控、蔬菜瓜果种植及病虫害情况调查、农产品质量安全监管等工作。

（3）发展农业专业合作社，提升农业适度规模经营化率。农业专业合作经济组织是一个制度和机制创新的组织，农业技术、农民和市场相结合才能发挥更大作用，当前，柳市镇农业产业组织化和农民组织化进程还不快，农业专业合作社组织的作用还未完全发挥，在生产组织运行、技术推广、市场营销等方面还未进一步开发和拓展，还未真正利用这个平台来服务农民和农业生产。因此，在农民建立合作社的同时，要结合实际情况给予帮助和引导，向他们传递政策信息，输送新观念、新技术和管理理念，以及市场运行、网络营销等方面的知识。在目前规模种植户土地经营规模较小、投入产出不高等因素约束下，农业生产集约化和机械化未能充分开展，使农民生产成本较高，收入不稳定，有效增加农民收入的必要条件是实现农业生产规模化经营和集约化生产。在明确土地所有权的前提下搞活土地经营权的流转是提高农地经营规模的关键，受经济形势、租金等因素影响，农业产业化进展受阻，延缓了农地规模化流转。因此，政府这几年提升农业土地特别是耕地法律保护制度有效性的同时，也鼓励及加快建立各种形式的流转市场化机制，如对于整村流转的，政府予以奖励补助。还可以通过发展乡村休闲农业（旅游、采摘）等措施推进农业生产规模化进程，以进一步提升农业生产的产业化发展和规模效益。

发展富硒农业　破解产业扶贫难题的若干思考

——以广西富硒农业脱贫攻坚为例

韦鸿雁　朱珍华

（广西壮族自治区农业农村厅富硒办　广西　南宁　530007）

摘　要：本文概述了农业扶贫工作的意义，分析广西产业扶贫面临的难题，阐明发展富硒农业的意义，总结已取得的成效，提出坚持抓好富硒农业扶贫的意见建议。

关键词：富硒农业；产业；扶贫

“产业扶贫是稳定脱贫的根本之策”是习近平总书记2018年2月12日《在打好精准脱贫攻坚战座谈会上的讲话》中的深刻论断，具有深厚的实践基础和强烈的问题指向，为新时代脱贫攻坚提供了行动指南、实践路径和操作方案。

1　产业扶贫是实现脱贫的必由之路

产业是脱贫之基、强农之本、富民之源。广西要富首先要农民富，农民要富首先要产业强。产业扶贫既是促进贫困人口较快增收达标的有效途径，也是巩固长期脱贫成果的根本举措。立足贫困地区资源禀赋发展特色产业、实施产业扶贫，能够有效提高贫困地区自我发展能力，实现由“输血式”扶贫向“造血式”扶贫转变。产业扶贫是其他扶贫举措取得实效的重要基础，易地搬迁脱贫、生态保护脱贫、发展教育脱贫都需要通过发展产业实现农民长期稳定就业增收。

“主大计者，必执简以御繁”。实施产业扶贫，是扶贫工作千头万绪中的关键抓手。广西立足贫困地区资源禀赋，因地制宜发展特色产业，制定县级“5+2”、村级“3+1”特色产业规划，不断完善扶贫政策。先后出台了《广西壮族自治区人力资源和社会保障厅　财政厅　农业厅　扶贫开发办公室关于对企业以“公司＋农户”经营模式带动贫困户脱贫给予一次性补贴有关问题的通知》（桂人社发〔2017〕72号）、《中共广西壮族自治区委员会　广西壮族自治区人民政府关于打赢脱贫攻坚战三年行动的实施意见》（桂发〔2018〕22号）等系列文件，形成支持体系，为产业扶贫的主体带动、金融支持、财政支持、配套基础设施支持等提供了政策依据。2019年，广西实现125万建档立卡贫困人口脱贫、1 268个贫困村出列，21个贫困县（其中国定贫困县15个）实现脱贫摘帽，农村贫困发生率下降到0.6%，在国家组织开展的省级党委和政府扶贫开发工作成效考核中，连续4年获得“综合评价好”的等次。2020年上半年，广西县级“5+2”特色产业覆盖率为94.18%，贫困村“3+1”特色产业覆盖率均达到90%以上，已脱贫的110.5万户（450万人）中，有104万户（426万人）通过产业帮扶实现增收脱贫，占脱贫人口的94.67%，远高于全国72%的平均水平。在产业扶贫的带动下，广西贫困地区农村居民人均可支配收入增速连年高于全国农村居民人均可支配收入的增速，广西建档立卡贫困人口年人均纯收入从2015年底2 773元增加到2019年底10 600元，翻了两番。

2 产业扶贫面临的难题

2.1 新冠肺炎疫情带来的新问题

2.1.1 务工回流需要产业扶贫发挥更大作用

当前，我国已深度融入全球产业体系，全球疫情蔓延对我国经济发展影响很大，发达地区很多企业特别是外贸型企业减产、裁员，导致广西部分外出务工的贫困劳动力返乡回流，2020年上半年，外出务工贫困劳动力256.62万人，返乡回流有18 981人。对这些贫困户，相当一部分需要通过发展产业来增收，确保收入达标。

2.1.2 疫情加重了产业扶贫难度

疫情发生前期，公众消费意愿下降，大量餐饮企业关停门店，农产品流通渠道不畅，一些地区扶贫产品出现滞销，部分扶贫产业受到较大影响，龙头企业资金紧张、库存积压，扶贫产品价格下跌，形势比较严峻。

2.1.3 人工繁育陆生野生动物产业面临转型

据统计，广西有68个贫困村选择竹鼠或者蛇养殖作为村级“3+1”扶贫特色产业，7 903户建档立卡贫困户参与人工繁育野生动物。根据国家规定，这些贫困村贫困户都要转产转型。如何发展新产业，确保收入不减，成为摆在我们面前的重要课题。

2.2 产业扶贫发展存在的短板

2.2.1 龙头企业少

广西龙头企业数量少、规模小、档次低，有的贫困县甚至没有1家龙头企业。54个贫困县有国家级龙头企业5家、自治区级龙头企业60家，分别占广西13%、30%；平均有市级以上龙头企业8.26家，大约为全国平均水平的一半。

2.2.2 脱贫能力弱

由于缺乏龙头企业带动，加上农民合作社实力不强，扶贫产业较弱，带动群众脱贫致富能力不强。

2.2.3 产业链条短

广西扶贫产业多数还停留在新鲜销售、分级、烘干、包装等初级阶段，精深加工少，一二三产融合度还比较低。

2.3 产业扶贫的艰巨性长期性

2.3.1 发展基础薄弱，开发难度较大

广西素有“八山一水一分田”之称，石漠化面积居全国第3位，有近一半贫困人口生活在大石山区，人均耕地面积1.31亩，较全国人均耕地面积少0.21亩，2/3的耕地没有实现有效灌溉，农业靠天吃饭的局面还没有根本改变，自然环境恶劣。

2.3.2 冷链物流滞后，运输损耗较大

广西尚未形成相互连接的全程冷链物流体系，农产品采用冷链运输的比例较低，据统计，广西生鲜果蔬运输损耗率达25%～30%，物流成本占总成本的30%～40%，收益大打折扣。

2.3.3 生产技能缺乏，内在动力不足

贫困地区大多数青壮年劳动力外出务工，从事农业生产的主力是中老年人和妇女，缺乏高素质农业生产经营人才。一些贫困地区群众“等、靠、要”思想严重，缺少自力更生、开拓进取的精神，主观能动性比较差。

3 推进富硒农业扶贫的重要意义

硒与产业扶贫密切相关。硒是人体必需的微量元素，和钙、铁、锌及蛋白质、维生素、氨基酸等要素一样维持人体活力，具有抗氧化、抗衰老、提高免疫力、抑制癌细胞生成、防治心脑血管病变、保肝护肝、保护视力等多项功能。硒的特殊性是在人体内不能合成，必须通过食物外援摄入。富硒农业以富硒种植业、养殖业为基础，从农艺层面上看，是叠加农业，从用途上看是功能农业，集绿色农业、健康农业于一体。

3.1 发展富硒农业是贯彻落实习近平总书记重要指示发展现代农业的重要举措

习近平总书记非常重视富硒农业，4年来5次（地）对富硒农业发展做出重要指示，尤其是2017年4月，习近平总书记视察广西时，深刻阐述了做好“三农”工作的重要性，提出了扎实推进现代特色农业建设、发展富硒农业的一系列要求，以及“把现代特色农业这篇文章做好”的期望。根据广西地矿部门对50个县（市、区）调查发现，富硒土壤面积达5 137万亩，是目前全国富硒土壤面积最大的省份。充分发挥富硒资源优势，加快农业产业结构调整，促进产业升级增效，推动传统农业转型、优化和升级，契合了现代农业坚持的“产出高效、产品安全、资源节约、环境友好”发展思路和提质、增效、转方式的现代农业发展主旋律，对推动广西农业供给侧结构性改革、发展现代农业以及促进农业增效农民增收产生深刻影响。

3.2 发展富硒农业是落实自治区党委政府的重大部署

2013年，经自治区人民政府同意印发了《广西农业地质服务“三农”工作方案》，提出了要打造富硒特色农产品产业。时任自治区党委书记彭清华在2015年广西年中工作会议上指出：广西生态良好、空气清新、水源洁净，又有全国最大面积的富硒土壤，发展富硒农业大有可为。区政府主席陈武在广西生态经济工作会议中指出：我们要充分挖掘富硒土壤资源，加快开发步伐，变资源优势为产业的发展优势，要将富硒农业纳入广西现代农

业特色产业提升行动范围，重点来推进，搭建富硒农业的发展平台，创建富硒开发机制，引导企业参与推进富硒农产品开发，打造富硒农产品产业基地，形成富硒农业品牌。从2015年起，自治区党委政府实施《广西现代特色农业产业品种品质品牌“10+3”提升行动方案》，把富硒农业作为提升行动的主要内容，与广西农业“十大产业”提升行动齐头并重，作为一件大事来抓。

3.3 发展富硒农业是人大代表和政协委员极其关注的议题

这几年，自治区人大代表、自治区政协委员也对富硒农业产业发展有着极高关注，提出了《关于加大力度发展广西富硒农业，助推农户脱贫致富奔小康的建议》《关于提升广西富硒优质农产品供给能力的建议》《关于进一步完善广西富硒农产品认定与监控管理的建议》等超过20份的建议、提案，分析了广西的资源优势，富硒农产品市场前景，指出了开发广西富硒农产品存在的问题，提出了有针对性的意见建议，对促进广西富硒农业发展意义重大，值得思考借鉴。这也让广西更加坚定了把富硒农业抓好，厚植广西现代农业发展优势、增加农民收入、助推精准扶贫的信心。

3.4 发展富硒农业是精准扶贫增加农民收入不可多得的有效途径

发展富硒农业，可以培育更多的新型经营主体，通过新型经营主体的示范引导，带动贫困农户生产富硒产品增加经济收入，实现脱贫致富。目前，广西还有不少贫困人口，扶贫的任务依然艰巨、时间尤其紧迫。精准扶贫的办法和措施很多，其中，利用当地富硒土壤资源优势，发展富硒农业，开发富硒农产品，提供异质化农产品，具有投资少、见效快、成效显著、易学易做的特点，不需要增加劳动力，需求针对性强，供给有效性高，效益提高1～10倍，突破农产品价格“天花板”压顶和生产成本“地板”抬升的双重制约，有利于提升广西特色农业的品质、价值，提高特色农产品市场竞争力，可成为广西精准扶贫、增加贫困农民收入不可多得的有效措施。可以说，富硒农业就是帮助农民打开致富之门的“金钥匙”。

3.5 发展富硒农业是满足人类追求健康长寿的现实需求

富硒农业是典型的现代创意农业，产品能有效满足消费者的功能性需求，符合现代农业向高端发展的方向。我国卫生部微量元素与地方病重点实验室主任、施瓦茨奖获得者王治伦教授认为：“机体缺硒是造成病毒易感的重要原因，几种感冒病毒在缺硒机体内产生了明显突变，造成一轮又一轮新的流感。新冠病毒也一样，这种病毒可使人体产生大量自由基，造成一系列连锁反应，而硒的强大的消除自由基的作用，可打断这一恶性循环，从而保护脏器不受侵害”。与此同时，中国科学院研究表明，凡是长寿地区的土壤和食物中都富含硒，广西拥有长寿之乡26个，占全国1/3。我国属缺硒国家，有22个省份缺硒，72%的人口生活在缺硒地区，需要科学补硒。食用富硒农产品是目前公认安全、有效的补硒途径。开发富硒农业，丰富农产品的医疗保健功能，符合城乡居民消费需求从“吃饱”向“吃好、吃得营养健康”转变，对满足人们不断增长的生活质量需求、提升我国城乡居民健康长寿水平具有现实意义。

4　抓好富硒农业扶贫的意见建议

2013—2019年，富硒农业在脱贫攻坚主战场上大放异彩，解决了一系列难题，形成了行之有效的产业扶贫新模式，真正构建起持续稳定脱贫的产业基础和工作机制。广西贫困地区累计建立富硒农产品示范基地1 272个（片），面积达120.85万亩，产量达82.70万t，产值达105.76亿元。2019年共建立富硒农产品生产基地743个，种植面积52.1万亩，产量43.3万t，富硒农业总产值达48.9亿元（其中种植业产值40.2亿元，养殖业产值8.7亿元）。7年来，共带动20多万贫困户发展富硒农业，户均增收3 361元。2020年上半年，梧州市龙圩区采取“公司＋基地＋农户”的模式，通过“四统一”（统一种子，统一肥料，统一提供技术支撑，统一回购价），种植富硒水稻3万亩，总产量达1.5万t，总产值约18 000万元，农户实现每亩年增收600元以上。参与种植的贫困户达5 568户，产业扶贫的贫困户覆盖率从65.2%提升到92%以上，该区贫困发生率降至0.53%。在当前疫情下，富硒大米刚上市就供不应求，畅销两广。天等县都康乡把孔村建立了千亩生态富硒柑橘示范基地1个，年种植富硒砂糖橘2 000亩，亩产1.96t，受益贫困户达119户489人，参与农户户均增收3 200元，2019年整村顺利脱贫摘帽，富硒农业真正成为村民脱贫致富的好路子。发展富硒农业，对满足人民日益增长的多样化、多元化需求，对于农业绿色发展、提质增效、供给侧改革，对于精准扶贫、农民增收、全面小康和全民健康都发挥了巨大作用。

2020年是打赢脱贫攻坚战的收官之年，广西还有24万建档立卡贫困人口未脱贫，660个贫困村未出列，8个贫困县未摘帽，而且都是最难啃的“硬骨头”，脱贫攻坚任务仍然艰巨，突如其来的新冠肺炎疫情也给脱贫攻坚工作带来了一定影响。要结合广西脱贫攻坚工作实际，真抓实干，落实自治区党委、政府的要求，变富硒资源优势为产业优势、经济优势，强化县级“5+2”、贫困村“3+1”扶贫主导特色产业，打好产业扶贫硬仗，带动贫困群众持续稳定脱贫。

4.1　着力提升富硒农业发展水平

4.1.1　着力发展县级村级富硒农业

各地要充分利用富硒资源要素，重点发展县级“5+2”和村级“3+1”富硒特色产业，集中项目、资金、技术等要素资源投入，构建“县有扶贫支柱产业，村有扶贫主导产业，户有增收致富项目，人有富硒生产技术”的产业扶贫格局，做大、做强、做优。要根据市场需求等情况，不断完善县级“5+2”和村级“3+1”富硒特色产业目录，确保稳定覆盖90%以上有发展能力的贫困户。

4.1.2　突出发展长线产业

从贫困户实际出发，坚持“长短结合，以长为主”的策略，既要发展富硒鸡鸭养殖、蔬菜种植等“短、平、快”产业，解决贫困户目前的增收脱贫问题以及人工繁育陆生野生动物产业转型问题；更要发展富硒油茶、中药材、茶叶、水果等中长线产业，确保县级“5+2”产业中至少有1个以上长线产业，为贫困群众持续增收和稳定脱贫打下长远基础。

4.1.3 推进富硒扶贫产业全产业链发展

按照“前端抓好技术支撑，中间抓好生产组织，后端抓好市场营销”的全产业链发展思路，组织谋划一批符合本地产业发展实际、具有良好市场前景的全产业链富硒扶贫项目，将产业扶贫拓展到深加工、储存、运输、销售等全产业链环节，推进扶贫产业“接二连三”融合发展。

4.1.4 重点扶持富硒农业

对受疫情影响比较严重地区的富硒农业，要采取措施，加大扶持力度，帮助渡过难关，确保富硒农业不出现大的滑坡。如养殖，通过屠宰冷冻储存，花钱不多但效果好。多引导人工繁育陆生野生动物产业转型转产到富硒农业上来。

4.2 着力壮大龙头企业

4.2.1 大力引进龙头企业

进一步优化营商环境，围绕本地优势特色富硒农业，谋划一批好项目，抓住自治区开展的“央企入桂”“湾企入桂”“民企入桂”机遇，把更多的龙头企业引到贫困地区投资兴业。特别是粤桂扶贫协作涉及的8个市、33个县，一定要抓住机遇，宣传好《粤桂扶贫协作优惠政策》及近期出台的操作指南，抓紧引进一批广东企业进来。

4.2.2 加强龙头企业的引进

龙头企业，一靠培育，二靠引进。在广西主要靠引进的方式，要给龙头企业更多的优惠政策。对引进的企业和本土企业，要实施龙头企业成长计划，加大政策激励、财政支持力度，让企业进得来、留得住、能发展，才能真正解决贫困地区群众就业问题。

4.2.3 发挥龙头企业带头作用

目前广西共认定扶贫龙头企业59家，数量还是较少。引导龙头企业采取订单生产、土地流转、生产托管、股份合作、资产租赁等模式，与贫困户建立稳定的利益联结机制，带动贫困户参与产业和分享收益，杜绝“一发了之”“一股了之”。

4.3 着力增强科技支撑

要加强富硒作物种苗保障。建立一批富集硒元素、优质高产、抗逆性强的种苗生产基地，从源头上保障富硒农业生产。要广泛开展技术培训，采取群众喜闻乐见的形式，让富硒农业生产技术进村入户，家喻户晓，扶智扶志。要发挥产业发展指导员作用，强化一线技术指导，提高贫困户发展产业成功率。要充分发挥产业技术顾问团队作用，8个未摘帽县要主动对接各产业技术顾问团队，组织好专家在县里的开展调研、指导、培训等工作，认真听取专家意见，充分发挥专家的智力支持作用，为扶贫产业高质量发展提供科技支撑。

4.4 着力推进富硒产品精深加工，确保产销两旺

发展富硒农业，目的就是提质增效。如果将富硒产品当成普通产品在地摊摆卖，扶贫效果不佳，失去了实际意义，所以要注重富硒产品加工和销售。富硒农产品开发要统筹考虑产前、产中、产后各个环节。产前，要掌握生产技术，了解富硒标准；产中，要严控产品质量，做好精细加工、包装，提高产品附加值；产后，要注重营销和服务。要建设一

批冷库，延长生鲜农产品保质期，便于深加工和对接市场销售价格。要充分利用各种交易会、展销会，特别是利用中国－东盟博览会、广西名特优农产品交易会等进行宣传，扩大影响，促进销售。特别要抓住中央大力发展“互联网 +”的机遇，利用电子商务平台拓宽市场销路，提高市场占有率。同时，还要利用广西丰富的旅游资源，加快发展长寿养生、富硒农业的体验旅游，实现产业互动、共同发展。

4.5 着力打造桂系品牌，培育富硒文化

品牌是产业的生命，树立起品牌才能焕发产业生机。广西发展富硒农业的出路在于重质量、打品牌，质量是核心，品牌是关键，因此，要强化富硒农产品认定，通过认定来确保产品质量和信誉。要坚持走品牌化发展道路，实行统一标准、统一标志、统一管理，结合“三品一标”产品认证，打响广西富硒特色品牌。中央电视台曾对“中国长寿之乡”做过系列专题报道，其中的长寿县（乡或村）多与硒有联系，硒成为重要的长寿因子。广西获得“中国长寿之乡”的数量也是全国之最，发展富硒长寿文化，广西最有发言权。把“富硒”与“长寿”紧密结合起来，打响广西富硒特色品牌，是广西发展富硒文化和发展壮大富硒农业的优势所在。

4.6 着力强化保障，切实加大产业扶贫支持力度

4.6.1 加大扶贫小额信贷支持力度

严格落实“应贷尽贷”政策。国务院扶贫办明确，要满足建档立卡贫困人口的贷款需求，将对象扩大至边缘户，而且将“想贷款却没有贷到”的情形作为2020年国家考核关注问题之一。要创新“户贷 +”模式，形成“户贷企管、户企共营、户企共享、户贷户还”等模式，贫困户可贷资入股，以资领养（用），形成户企共赢、利益共享的模式以及产业持续发展、贫困户稳定增收、贷款按时归还的良性循环机制。

4.6.2 大力发展农业保险

不断扩大政策性农业保险覆盖面，提高农业保险覆盖率，拓展农业保险服务领域。农业保险是花小钱发挥大作用的事情，用少量的钱就能保证农产品不会颗粒无收，既可以保生产成本，又可以保冷藏品收入。要认真研究各类农产品的保险方式，形成农户少出一点，国家多补一点，保险公司分担一点的风险共担机制。

4.6.3 全面落实产业以奖代补政策

及时兑现疫情防控期间特殊产业奖补资金。对完成项目验收工作的扶贫产业，可在网上开展计划申报、申请验收、公示公告等工作，产业奖补项目要简化奖补流程，适当提高单位补助标准，降低奖补规模要求，并且严格兑现，全面落实到位。

4.6.4 鼓励社会资本推动富硒农业升级

完全靠财政投入，发展富硒农业也是很困难的，主要还是靠社会资本，鼓励企业加大资金投入和积极引进外资、民间资本，加快构建财政投入、信贷支持、企业自筹、农民和社会参与的多渠道、多层次的富硒农业投入机制。同时，还要靠经营支持，所以一定要把富硒农业经营搞好。

4.6.5 有效衔接乡村振兴战略

引导各地由注重产业覆盖向注重长效发展转变，兼顾非贫困村和非贫困户的产业发展需求，加大贫困地区产后加工、主体培育、产品营销、科技服务的支持力度，推动一二三产业融合发展。

4.6.6 加强富硒产品质量监管，确保富硒农业健康发展

目前富硒农业发展还处于起步阶段，各项管理制度尚未健全，尤其是对富硒产品市场的监管，还是放任自流状态，因此，市场监督管理等部门要切实担负起监管富硒产品质量的责任，根据《食用农产品市场销售质量安全监督管理办法》《预包装食品营养标签通则》《富硒农产品硒含量分类要求》等文件和标准，定期对富硒产品进行监督检查；同时做好市场抽检工作，严厉打击制售假冒伪劣富硒产品行为，维护消费者合法权益。

富硒农业是广西发展现代农业、提升农业综合效益的现实要求，更是振兴“三农”、加快带领农民脱贫致富奔小康的捷径。要紧紧围绕“创新、协调、绿色、开放、共享”发展理念，贯彻落实习总书记的重要指示精神，深化改革，开拓创新，为脱贫攻坚做出新贡献，为提高国民健康水平做出新成绩。

发展特色产业　提高农业效益 助力产业脱贫

——甘肃省永昌县高原夏菜发展建议

陈建平

（甘肃省永昌县农业技术推广服务中心　甘肃　永昌　737200）

摘　要：通过对永昌县高原夏菜产业现状与优势的分析，指出当前高原夏菜产业在品种选择、连作障碍、加工增值、尾菜处理等方面存在的问题，有针对性地提出择优选种、合理轮作，延伸产业链、尾菜利用，标准化生产，品牌化发展等发展建议。

关键词：高原夏菜；产业；建议

甘肃省永昌县露地蔬菜种植在20世纪80年代初具规模，90年代走上规模化、产业化生产之路，主要是在城关镇和焦家庄镇的泉水区域种植胡萝卜2 000hm²，在朱王堡镇和水源镇的井水灌区麦后复种大白菜、萝卜3 300hm²，种植品种少，区域较小，效益也较低。近年来，随着扶贫产业开发和产业结构的调整，蔬菜种植规模和效益都有了显著增长。目前，全县高原夏菜年种植面积在13 000hm²左右，产量达到60万t，总产值近12亿元，平均产值约9万元/hm²，是种植小麦效益的10倍。高原夏菜产业已成为全县农业产业中发展速度最快、脱贫效果显著、发展潜力最大的特色支柱产业，也是当地农民增收致富的主要途径。

1　永昌高原夏菜产业的现状与优势

1.1　自然资源优势

永昌县位于河西走廊东段，东经101° 04′ ~ 102° 43′，北纬37° 47′ 21″ ~ 38° 39′ 58″，总面积7 439.27km²，耕地面积85 000hm²，年种植面积60 000hm²左右，属典型的绿洲灌溉农业。高原夏菜种植区海拔1 540 ~ 2 600m，年均气温4.8℃，日照2 884小时，日照率达65%，无霜期140天，降水量185mm，蒸发量2 000mm以上。空气干燥清新，湿度较低，水源无污染，光照时间长，蔬菜生产中病虫发生少，部分蔬菜的露地生产中很少使用农药，为发展绿色、有机蔬菜提供了优越的自然条件。当地昼夜温差大，白天气温较高，光合速率高，夜间气温较低，呼吸消耗少，有利于同化产物的积累，瓜果蔬菜含糖量高，品质优。海拔高差大，纬度高，垂直气候明显，既可满足不同种类蔬菜的同期生产，又有利于蔬菜的分期播种和分批上市，产品种类丰富。高原夏菜种植区域地势平坦，农田河水灌溉和井灌体系配套完善，人口密度小，没有大的工业区，空气、水、土壤等农业生产资源几乎未受污染，发展高原夏菜生产具有得天独厚的自然资源优势。

1.2 品种市场优势

永昌县大力发展蔬菜产业以来，蔬菜种植面积不断扩大，对农业增效、农民增收和脱贫攻坚起到了重要作用。永昌县蔬菜生产已形成了具有地方特色、模式各异的蔬菜栽培种类和品种，蔬菜种植品种现已达 150 种以上。其中，胡萝卜、辣椒、松花菜、娃娃菜等在全省独树一帜，洋葱、西芹、青花菜、青笋等品质更是上乘。永昌县高原夏菜主要以鲜菜外销为主，每年 5—10 月生产的高原夏菜在南方各大市场已形成一定优势，从空间和时间上弥补了南方市场的需求。永昌县壮大冷链物流设施，建成大型蔬菜恒温库 50 座，库容达 590 000m^3，并通过逐步完善“龙头企业 + 专业合作社 + 基地 + 农户”的蔬菜产业化经营模式和利益联结机制，形成了集拣选分级、配送管理于一体的冷链物流体系，进一步延长了产业链条，增加了农户的务工收入。

1.3 灌溉设施完善

近年来，永昌县委、县政府非常重视农田节水工程，注入了大量的人力、物力、资金、技术和优惠政策，在河水灌区修建高位蓄水池 70 个以上，容积达 3 792 000m^3，可以为 12 745hm^2 的农田提供稳定水源，促进了高原夏菜发展和水肥一体化技术的应用。由于高原夏菜产业在永昌县农业生产及经济结构中占有重要地位，县上对建设日光温室、露地拱棚蔬菜种植给予补贴，对运销大户给予奖励扶持，有力地促进了高原夏菜产业的发展。永昌县土地流转面积已达到种植面积的 60% 以上，也为种植大户适度规模经营打下了基础。

2 产业存在的问题

2.1 品种杂乱，影响效益

高原夏菜种类多，涉及的品种更多，不同的育种单位，种子质量差别大，种植效益差距明显。种植户在选择品种时比较盲目，同一品种、不同育种单位的命名不同，农户选择较难。有些未经当地试验便推广应用，为农户种植带来潜在风险。育种单位没有和种植户有效联结，无法达到良种效益最大化。

2.2 连作种植，病害发生

高原夏菜对灌溉条件要求较高，因此，种植区域相对固定，种植户为追求效益而连年种植蔬菜，不重视轮作倒茬和耕地地力的改良提升，造成蔬菜病虫害越来越重，如娃娃菜干烧心、软腐病，青笋菌核病等，严重影响产量、品质和种植效益。种植户土地流转年限较短，一般在 5 年以内，影响了对耕地质量提高的积极性。

2.3 销售渠道单一，附加值低

永昌县先后引进达盛新业、和鑫源、九鼎农业、银瀚等蔬菜龙头企业 14 家，培育海量辣椒、瑞达蔬菜等农民专业合作社 203 家，建成了农产品综合批发交易市场 16 个，构建了以朱王堡、六坝、焦家庄三镇蔬菜市场为龙头、各乡镇农贸市场为中心、微型产地市场为依托的蔬菜产销网络。但永昌县高原夏菜以鲜菜预冷外销为主，运输方式以货车为主，销售市场主要在南方省份，运输途径长，销售方式和渠道比较单一，加工增值潜力大。

2.4　尾菜处理难，环境清洁压力大

永昌县高原夏菜以叶菜为主，如娃娃菜、松花菜、青花菜、青笋等，收获后田间和初加工的恒温库剩余大量尾菜，年尾菜量 30 万 ~ 40 万 t。特别是娃娃菜，每公顷生物产量达 150 000kg，净菜率 60% 左右，产生的尾菜近 60t，并且娃娃菜含水率高，加工利用价值低，堆积后易腐烂，造成环境污染。

3　发展建议

3.1　选择优良品种，提高种植效益

优良品种对农作物产量、品质等起着决定性作用，因此，必须重视品种的选择。种植大户应积极与育种单位对接，形成一定的利益联结，采用质量有保证的种子；育种单位也应在品种栽培技术、水肥要求和病虫害防治等方面对种植户开展指导，加强协作，充分发挥品种优势，共同提高高原夏菜的品质和效益。同时，种植大户积极将育种单位的新品种在不同区域进行适宜性试验，为筛选良种打好基础，减少种植风险。

3.2　进行合理轮作，减少病虫发生

高原夏菜生物产量高，水肥利用强度大，病虫害也较多，连作造成病虫害加重，产量和品质下降明显。种植户应通过粮食作物和蔬菜轮作倒茬，或者利用蔬菜收获早的优势，复种箭筈豌豆等绿肥，翻压还田来实现当年倒茬，提高耕地质量，合理施肥施药，从而为高原夏菜的可持续发展打好基础。

3.3　延长产业链，实现加工增值

永昌县高原夏菜主要以鲜菜外销，只进行了初步加工，还有进一步深加工的潜力。如胡萝卜、洋葱、辣椒等可以加工为脱水蔬菜，高原夏菜直接与超市对接供应，减少流通环节费用。充分利用现代物流和网络等，近距离、高速度实现点对点净菜供货，最大限度降低销售成本，提高附加值，增加务工人员劳务收入，实现产业脱贫，共同致富。

3.4　加强尾菜利用，减少环境污染

永昌县高原夏菜年尾菜量较大，目前境内有甘肃元生农牧科技有限公司通过尾菜压榨脱水，固体物质加工为饲料和有机肥，废水做沼气原料，实现对尾菜比较完全的利用，日处理量 500t；甘肃青清环境科技有限公司通过处理将尾菜用于畜禽饲料，将榨后的水用于灌溉农田，达到无害化处理和资源化利用。但目前来看，尾菜加工成本高，收益低，需要扶持才能正常运行，需要采用新的技术手段实施尾菜资源化利用，提高尾菜企业处理效益，才能打破这一制约产业发展的瓶颈，推动生态循环农业高质量发展。

3.5 标准化生产，品牌化发展

标准化生产是高原夏菜进入市场的通行证。为了保证蔬菜品质，规范生产，永昌县制定发布了胡萝卜、洋葱、青笋等33项地方标准，建成德源等8个规模化育苗基地，推广蔬菜新品种60个，新技术10项，14类38个蔬菜产品获得“三品一标”认证，“永昌胡萝卜”获国家农产品地理标志产品。永昌县高原夏菜以产前、产中、产后三大环节为重点，不断强化投入品源头治理，加强农产品质量检测，完善农产品质量监管体系。目前，全县10个乡镇都建立了质量追溯监管平台，并获得“国家农产品质量安全县”称号，质量安全水平不断提升。种植户应抱团发展，互通有无，减少市场风险，实现共赢。要从生产各环节、各渠道建立收集发布信息的平台，及时协调、服务于产业发展。加强市场、价格、技术、品种等方面的信息交流与对接，及时解决生产、营销中存在的问题。永昌高原夏菜坚定走品牌化绿色发展之路，打造了“今农”“富硒”“永昌红”“聚和”“瓷疙瘩”等蔬菜注册品牌，以“优质、绿色”的品牌形象实现与终端市场的直接对接。2017年，“永昌胡萝卜”获“甘肃十大农业区域公用品牌”称号，成为响当当的名牌产品，大大提升了高原夏菜的市场竞争力和种植效益。通过创立品牌，依托生产基地、农民合作组织、蔬菜加工、运销企业，注册商标，打出品牌，突出特色，开发新产品，扩大市场知名度和份额，整体推动高原夏菜产业的持续发展。

费县"云上线下"果业服务新模式探索与实践

李朝阳[1] 徐明举[2] 吕 慧[1] 朱力争[1] 吴 秋[3]
（1. 山东省费县果茶服务中心 山东 费县 273400；
2. 临沂科技职业学院 山东 临沂 273400；
3. 山东省费县扶贫开发领导小组办公室 山东 临沂 273400）

摘 要：费县果茶服务中心加强产学研合作，集成优化果树管理整体解决方案，成立费县果业创新团队，建立费县智慧果业云平台，打造微信群（公众号、今日头条、快手、抖音）等果业新媒体传播矩阵，建设优质果品示范园，组建果业服务联盟，创新开展"云上线下"果业服务新模式探索与实践，推进了果业先进技术及成果的推广应用，克服了技术服务的时空和地域限制，提升了技术服务的前瞻性、精确性和高效性，是解决了农技推广"最后一公里"问题的有益尝试，得到了当地政府和广大果农的认可。

关键词：云上线下；果业服务；新模式；探索

乡村振兴的关键是产业兴旺，产业兴旺的关键是科技引领。近年来，山东省费县果茶服务中心根据沂蒙山区果业发展实际需要，加强互联网时代下的"三农"新型技术人才服务队伍建设，不断进行果业服务新方法、新模式的探索与实践。通过加强产学研合作、集成优化果树管理整体解决方案、成立费县果业创新团队、建立费县智慧果业云平台、打造微信群（公众号、今日头条、快手、抖音）等果业新媒体传播矩阵，利用现代互联网信息技术把果业科技成果直接应用落地，把先进果业技术推广和费县智慧果业建设、果品产业提档升级及脱贫攻坚等工作紧密结合，形成了"云上线下"果业服务新模式，为服务"三农"、服务政府、实施乡村振兴战略提供支撑。

1 果业概况

费县地处山东沂蒙山腹地，总面积 1 660.11km^2，山区面积占 76%，属温带季风气候，四季分明、光照充足、降水丰富、土壤类型多，适宜多种果树栽培。截至 2019 年底，全县共有果园面积 75 万亩，年产量 38.9 万 t，产值 14.1 亿元，形成了"三大果树优势产业带、十大优质果茶基地"的生产格局，即以北部砂石山区为主的 20 万亩板栗产业带，南部青石山区为主的 10 万亩核桃产业带，中部山楂、桃、梨等为主的 45 万亩水果产业带；初步建成核桃、板栗、山楂、桃、梨、葡萄、苹果、大枣、樱桃等优质果品基地，荣获“中国板栗之乡”“中国核桃之乡”“中国绿色生态山楂之乡”“中国优质梨基地县”等称号。

2 果业技术服务机构建设情况

费县果茶服务中心原为费县果业管理局，成立于1996年3月，现有在编在岗63人，具备专业技术职称54人，其中聘任高级农艺师9人，农艺师35人；县直设果树技术推广站、果保科、果树研究所3个技术推广业务科室，配备专技人员20人；下设13个乡镇（街道）果树站，具体负责各乡镇果业生产指导服务工作，配备专技人员34人，乡镇站人、财、物由县果茶服务中心统一垂直管理。

3 技术推广中存在的问题

3.1 技术服务推广体系人员结构失衡

费县果茶服务中心40岁以上专业技术人员占总量的93.7%，没有30岁以下的年轻技术人员。受基层工作环境及事业编制影响，难以补充到年轻、高学历、具有农业专业技术的人才，技术人员出现断层，导致知识更新较慢，运用现代信息技术开展技术推广的能力不强，服务方式单一。与高校科研院所合作较少，专技人员缺乏培训，信息化办公水平提升慢，基层农技人员和新型职业农民的科技素质均有待提升。

3.2 传统服务模式落后

现代农民已经不再是单一的农业种植者，倾向于新奇以及高投入高产出的心态彰显。传统的技术推广培训模式，农民参与热情不高，人员组织难，受培训者年龄偏大接受能力较差。大数据时代的现代网络培训，具备了学习时间自由、解决问题快捷方便、易于理解掌握等优点，更受年轻农民欢迎。然而，现有的信息采集体系不能提供足够的果业信息资源，大量的果业信息有待传播，完善的果业数据库有待开发。

3.3 农业经营主体散乱

在传统的果树种植营销体系中，个体大户缺少有效组织，在生产资料采购、果园管理、销售渠道开发等方面成本较高。果业职能部门与种植大户、农民果业合作社、家庭农场、涉农企业、农民网商等新型农业经营主体之间信息互动性不强；在谋划果园提质增效、增加农民收入方面不够精准到位；果业生产周期长、自然风险大，果农对完全依靠种植业致富信心不足。生产者由于受病虫害、气象灾害、商品果率低、包装成本高、物流不可控等因素影响，常常产生“不好卖”的困惑；消费者则因为产品信息缺失、果品不分等级、不新鲜、买不到质优价廉的果品而产生负面感知。

4 主要做法

4.1 加强产学研合作

加强与青岛农业大学、山东果树研究所、山东省葡萄研究院、山东农业大学、东北林业大学、西北农林科技大学、临沂科技职业学院等高校及科研院所的产学研合作，围绕费县梨、山楂、葡萄、核桃、板栗、桃树、樱桃、大枣等产业技术开展创新性联合攻关，指导建立40余处示范园；开展同青岛农业大学网络建设、视频拍摄制作方面的合作，探索科学研究与技术应用相结合的农技推广新途径和新机制。

4.2 建立果树专家库和果业服务创新团队

建立果树专家库，人员包含青岛农业大学、山东农业大学、山东果树研究所、青岛理工大学、临沂科技职业学院等高校科研院所专家和本地果树技术专家等，共120人，为创新果业发展提供技术支撑，使更多新技术、新品种及时落户费县。优化整合本县果树技术人才力量，提升为果农服务的质量，成立费县果业服务创新团队，成立苹果、桃、梨、葡萄、大枣、大樱桃、山楂、茶叶、杏、蓝莓共10个现代果业发展创新团队，各团队对重点基地园区、新型经营主体和重点产业村、种植大户进行结对联系、结对服务，整合新品种、新模式、新技术，示范转化一批科技成果。创新服务团队不仅锻炼了原有的专业技术人员，也培养出一批年轻人才。

4.3 集成优化果树技术操作规程，形成果树管理整体解决方案

结合费县果业生产实际，发挥专业技术人员的主动性、创造性，通过试验示范，整合优化果业种植新品种、新技术、新模式，技术集成了适合费县生产需要的苹果、梨、桃、山楂、葡萄、大枣、大樱桃、核桃、板栗、杏操作规程共10套，推进全县果业标准化生产，提高产量品质。

4.4 建立费县智慧果业云平台

2017年正式与青岛农业大学合作建立费县智慧果业云平台，开设果业动态、信息宣传、智慧党建、果业服务站、创新团队、技术培训、技术研究、基地品牌、果业联盟等主题栏目12个、子栏目超过40个，组建费县果业平台直播系统，开展室内外果业培训、节会直播活动，面向政府管理者、农业科技人员、新型经营主体（农业龙头企业、合作社、家庭农场、种植大户）、消费者，提供果树种植行业专业化信息服务。开设费县果业微课堂，在真实的教与学情景中实现新优技术推广与普及，提升果业技术人员的政策理论水平和专业技能；在果品上市时节，制作宣传视频，提高费县果品的知名度，促进了果品销售，增加果农收入。

4.5 打造果业新媒体传播矩阵

局直建立通知微信群和信息交流微信群，各乡镇果树站建立本乡镇果农微信群，开通费县果业公众号、今日头条、快手、抖音等信息传播新媒体，形成果业新媒体传播矩阵。通过手机可以随时随地浏览资讯传递消息，碎片化的时间得以充分利用，使技术服务不再受限于文本、纸张、时间、地点，而是用图片、文字、音频、视频等丰富的媒体传播形式，随时随地为农民提供信息和互动服务。

4.6 开展优质果品示范园建设

自2018年以来，费县果茶服务中心要求每位专业技术人员重点联系推广一项技术、指导一个园区、服务一方果农，做到责任在肩，技术到田，形成了“专家顾问+试验示

范基地 + 技术指导员 + 科技示范户 + 辐射带动户”的线下技术服务模式。技术指导员明确技术要领，细化目标任务，逐户建立果园档案，每年组织一次示范园观摩活动，现场打分评比，作为绩效考核重要内容，严格实行技术指导员动态管理。

4.7 组建果业服务联盟

整合全县各类农业系统协会、龙头企业、合作社、家庭农场、种植大户成立费县果业产业联盟，实现技术资源、市场信息共享。果业联盟整合费县富硒协会、费县果树协会、农业龙头产业协会、新型职业农民协会、紫锦葡萄、三志利、沂蒙山小调等协会、公司共 30 家，联盟会员共 600 人，实现了果树产业产前、产中、产后全覆盖。费县经济开发区田胜庄村志文果树专业合作社就是参加服务联盟受益的一个典型案例，理事长刘志文近 500 亩核桃园在技术专家的指导下，实行果畜禽复合养殖模式，组建嫁接、修剪、苗木繁育、果品营销队伍，不仅个人收益颇丰，还带动了周边群众增收。

5 工作成效

（1）费县果业系统科技人员可以通过费县智慧果业云平台实时掌握果业生产动态，并提供即时信息查询、农技在线咨询、专家在线答疑等服务，能快速解决技术问题，实现技术咨询即时化、技术指导专业化、服务基层常态化。利用互联网开展云上服务，破解了基层人手少、经费不足的难题。2017 年以来，费县果茶服务中心共接到果农反映的生产问题 3 800 条以上，现场解决 1 600 条以上，远程解决咨询 2 000 条以上；上传实用技术资料超过 1 000 期，录制短视频果业微课 360 期；开展果园网络直播培训 130 期、节会直播 28 期，点击量超过 60 万次，覆盖费县及周边果农 10 万人次；为超过 600 家果业新型经营主体上传供需信息 2 500 条以上；在费县推广新技术 10 项以上、引进新品种 30 个以上，开展实地现场教学培训 420 期以上，培训果农 10 000 人次以上。

（2）打通费县智慧果业云平台与费县各媒体、各平台对接通道，建立为临沂、山东、国家相应电视、报纸、杂志、网站等平台对接机制，筛选优质内容提供给上级平台，上报各类信息 200 期以上。并依托各级农业新闻媒体，引导局职工参与创办座客服务的“老徐带你逛果园”“农科直播间”“12316”“12396”“乡村季风”《农村大众》“徐明举教你种果树”《果农之友》“徐老师教你种果树”“农科公开课”“2017 科技引领展翅飞翔科技扶贫”等栏目，扩大服务范围，提高服务效率。

（3）形成“云上线下”果业服务新模式，加快推进本地区现代果业发展。“云上”即与高校科研院所产学研合作，依托云端互联网进行资源整合，打造费县智慧果业云平台、网络直播平台、新媒体传播矩阵，利用便捷高效的新媒体将果业科技推广服务建在了云端，果农随时通过手机获得服务和支持；“线下”即成立专家顾问团队和果业创新团队现场指导服务，组建果业服务联盟，建立果树示范基地，采用农村田间学校、网上信息传播、现场观摩指导、科技宣传栏、拍摄制作果业微课和农科科技视频节目等手段，面对面地向果农开展技术创新、技术推广、成果转化、应用示范等果业科技服务工作，这些服务工作又都体现在云端互联网上。

“云上线下”服务相结合同步推进的果业技术服务新模式，促进了费县果业服务虚实结合、产销一体、云上线下、跨界融合，推进了果业先进技术及成果的推广应用，培养提升了费县果业技术人员及农村乡土技术人才科技素质，让技术插上互联网的翅膀飞到果农手中，克服了农业技术服务的时空和地域限制，提升了技术服务的前瞻性、精确性和高效性，是解决农技推广“最后一公里”问题的有益尝试，得到了当地政府和广大果农的认可。

关于蒲城果业如何做大做优做强的调研

付社岗

（陕西省蒲城县果业发展中心　陕西　蒲城　715500）

近年来，陕西省蒲城县以苹果、酥梨为主的果业发展较快，效益不断提高，为增加农民收入发挥了重要作用，已成为蒲城县农业经济的支柱产业。如何立足资源优势，适应市场需求，进一步加快果业发展，将蒲城果业做大、做优、做强，提升产业化经营水平，成为县域经济发展的重要课题。

1　果业产业化现状

蒲城属暖温带季风型大陆性气候，年平均气温 13.3℃，年日照量 2 277.5 小时，无霜期 228 天，年降水量 524.1mm，海拔 500 ～ 1 282m，土层深厚，光照充足，昼夜温差大，是多种果树的优生区，苹果、酥梨、红提葡萄等名优水果种类繁多。目前，全县以苹果、酥梨为主的果园面积已达到 58.6 万亩，其中苹果 21.4 万亩，酥梨 27.1 万亩，红提葡萄等时令水果 10.1 万亩，建成全省最大的酥梨基地，跨入陕西果业大县行列。

1.1　结构调整初见成效，特色品种逐步推广

经过多年坚持不懈地努力，蒲城果业走出了一条特色化发展之路，苹果、酥梨品种逐步向销售快、效益好的早中熟调整，早中熟品种分别发展到苹果 5 万亩、梨 6 万亩、红富士品种减退到 15 万亩左右、酥梨面积稳定在 20 万亩左右，品种区域布局也趋于合理。

1.2　管理技术不断提高，果品质量稳步提升

坚持把推广技术作为加快果业发展的关键来抓，积极与西北农林科技大学园艺学院等科研院所进行科技协作，深入开展多种形式的培训活动和示范园建设，使四大关键技术得到普及推广，并培养了 200 名以上“土专家”，带动了全县果农管理技术水平的提高，促进了果品质量的全面提升，全县果园优果率达到了 80% 左右，特色果品效益也由“十三五”前的每亩 5 000 元增长到 10 000 元。

1.3　专业组织逐步壮大，市场体系不断完善

目前，全县发展各类果业合作组织 243 家，同时，政府相关部门也积极为果农提供购销信息，建立果品销售绿色通道，鼓励发展各类流通组织和农民流通队伍，开拓国内外市场，果品销售旺季，果农在广东、福建、昆明等蒲城果品主要消费城市设立销售点，以农民贩运队伍为主的果品营销大军旺季时超过 5 000 人，并涌现出一批年销售量 1 000t 以上的经销大户，果品销售市场体系及网络框架已基本形成。酥梨、苹果、红提葡萄等特色品

种还走出国门，年出口量达到10万t以上。

1.4　加工贮运逐步兴起，产业链条得以延伸

随着果业的不断壮大，果品贮藏、运输及加工等龙头企业得到较快发展。目前已建成好利园果业、天子果蔬等大型果品加工企业4家，年加工果品12万t，果汁5万t，建成大型果库80座以上，育果袋生产公司11家，发泡网生产公司18家，包装箱生产公司20家以上，从业人员逾万人，使果业产业链条得以延伸。

1.5　果农素质得到提高，市场意识逐步树立

连续多年的培训引导及市场竞争的历练，使蒲城果农在果园管理上实现了观念、技术、效益的初步飞跃，果农的素质得以较快提升，对新品种引进和技术应用的积极性有了大幅度提高，对规模化、组织化生产和产业化经营有了新的认识，应对市场竞争能力逐步增强。

2　果业产业化有待解决的问题

从总体上看，蒲城果业产业化仍处于初级阶段，相对于奶畜、粮食等产业仍是农业中一个产业化程度较低的产业，不少地方还有待进一步规范和完善。

2.1　基础设施建设还不够完善

蒲城位于渭北黄土高原，果业基本属于旱作农业，除中南部部分果区有灌溉条件外，大部分地区还没有灌溉条件，基本处于靠天吃饭的局面，由于缺水，导致果品个头小、单产低，果园效益偏低。有灌溉条件的地方，果园灌、排水硬件设施不足，灌溉水浪费较严重，果园病害较重。

2.2　组织化程度较低

目前仅有不到40%的农户依托示范园、基地建设协会组织等松散型组织进行生产经营，运行中各方的积极性也不高。

2.3　技术培训有待加强

一是核心技术落实不到位。二是绿色果品基地管理不规范，基地建设工作有待加强。三是技术培训体系不完善。

2.4　特色品牌知名度不高

蒲城生产的红富士苹果和酥梨已得到广大消费者认可，但消费者对“蒲城苹果”“蒲城酥梨”品牌却知之甚少，特色果品在销售中包装不一，甚至被冠以其他产地品牌的包装进入市场。

2.5　龙头企业带动作用不强

全县涉果龙头企业规模较大的仅有4～5家，未形成产业集团优势，带动作用不强。

2.6　县内果品销售市场急需完善

目前全县17个苹果、酥梨主产镇办除椿林镇和党睦镇外，其他镇的果品收购市场相对分散，管理也不规范，果品购销中压级压价，缺斤少两，争抢货源等现象时有发生。另外，市场信息网络体系不健全，不能为果农和客商提供及时可靠的信息服务。

3 果业产业化发展的对策及建议

3.1 整合资金资源，加大投入水平

争取上级果业部门和县政府对果业工作的重视，加大对果业工作的资金投入。县政府规定县级财政每年要拿出财政收入的3% ~ 5%作为果业发展基金，全面扶持果业各项事业的发展。主要用于果园基础设施建设、果农技术培训、有机肥源建设、示范园区建设及龙头企业的发展等。近年来，虽争取到上级果业部门和县政府对果业的资金投入，但与要把该县果业进一步做大、做优、做强的资金投入水平还有很大的差距。下一步除做好果业资金的争取外，还要充分发挥果业资金的重要作用，把有限的资金，用于解决果业方面的重大问题。用有限的资金把果业工作中的每件事办好做实。

3.2 强化基础建设，重视水利发展

加大果园基础设施尤其水利方面建设的资金投入水平，在北部旱塬苹果生长区大力引进推广节水灌溉和窖灌工程。配合穴贮肥水、果园生草、秸秆覆盖等旱作果园技术集成高产模式。南部酥梨灌区要严格遵循果树生长发育规律，改进灌水方法。除冬季采用大水漫灌外，生长季宜采取小水溜浇或隔行灌溉，严格控制灌水次数和灌水量，降低果园湿度，以减轻果园病害的发生程度。各级要重视发展水利事业，加大基地果园灌溉、排水系统的硬件投入水平，以充分发挥水利在果园增产增收方面的重要作用。

3.3 科学调整布局，适度扩大规模

一要优化区域布局。要按照县北部尧山以北苹果优生区继续发展以红富士优系、嘎啦优系为主的中、晚熟品种，中部尧山以南发展以红提葡萄、桃为主的时令水果，南部发展以酥梨为主，适当搭配玉露香、黄冠为主的中熟梨优新品种，逐步形成主次分明、布局合理、特色鲜明、规模适度的产业布局。二要发展名优特色品种。三要适度扩大规模。要按照因地制宜的原则，合理规划，积极引导，适度扩大果园面积。力争到“十三五”末，使全县苹果面积稳定到20万亩，梨面积达到40万亩，葡萄、桃、杏、李等时令水果面积达到10万亩，形成主业突出、多业并举，效益明显的良好格局。

3.4 推广先进技术，提升技术水平

一要加快推广改形技术。引导农民在严格疏花疏果、稳定产量的基础上，对果树进行计划间伐减枝，从根本上解决果园“三密”（树密、枝密、果密）问题，切实提高优果率。二要大力推广果实套袋技术。三要推广生态果园建设技术。四要普及果树病虫害综合防治技术。五要推广果园节水灌溉技术。

3.5 创建示范园区，发展绿色有机果品

充分发挥专业技术人员、镇办干部及果业能人的作用，集中人力、物力和财力，建设一批新的优质果品示范园，发挥示范带动作用。同时要进一步加强果农对绿色有机果品生产知识和技能的培训，制定相应的基地管理制度，强化绿色有机果品基地管理，加快绿色有机果品基地建设步伐。

3.6 壮大龙头企业，促进产业升级

一方面要积极培育龙头企业，鼓励企业或个人参与果品商品化处理及果品加工，积极培育和扶持一批贮运、加工、营销龙头企业，同时也要加大涉果项目招商引资力度，进一步开发果汁、果酒、果粉等产品，不断延伸产业链条，实现产加销一条龙，果工贸一体化，提升产业效益。另一方面要按照“先组建、后规范”的思路，引导扶持技术、营销能人带头组建各类专业协会组织，提高生产经营的组织化程度和防范经营风险的能力，促进产业升级。

3.7 完善培训体制，提高果农素质

一要建设长效机制。要制定果农培训规划及年度培训计划，提供经费保障。二要统筹社会培训资源。充分发挥职业教育、各类社会培训机构及镇办干部、果业技术人员的作用，分解落实果农培训计划，采取灵活多样的方式，大力推进各类先进适用技术的普及。三要规范培训管理。要规范果业技术培训的组织管理和登记备案制度，取缔各类商业性技术培训行为，防止有误导果农现象发生。

3.8 实施名优战略，扩大品牌效应

一要注重果品商品化处理。二要规范果品包装。制定果品品牌相关管理制度，加强蒲城果品包装管理，严厉打击非产地包装销售的行为。三要优化服务质量。进一步加强果区基础设施建设，畅通果品销售绿色通道，强化果品售后回访、相关问题的处理服务。四要注重品牌宣传。要发挥各级政府、职能部门和媒体的作用，积极宣传蒲城果业品牌，提升特色果品知名度。

3.9 完善销售体系，规范销售行为

一要健全果业信息网络，为果农、客商、企业提供方便可靠的信息服务。二要整合营销资源，充分发挥优秀果品营销人员的作用，组建营销协会，规范营销行为。三要规范县内果品交易市场，把果品交易市场规范纳入小城镇建设之中，在果区镇办建设具有一定规模、设施完善、功能齐全的果品交易市场。四要开拓果品销售市场，组织企业和合作社积极参加各类果品订货会、交易会、贸洽会等，扩大宣传，力争开辟新的销售省份和城市。同时要进一步巩固东南亚、欧洲等国外市场，扩大外销，增加出口创汇额。

平川区农业产业化龙头企业发展情况分析报告

柯　梅

（甘肃省白银市平川区农业农村局　甘肃　白银　730900）

按照“基地做大、龙头做强、市场做活、主体做多”的思路，积极主动引导，强化政策扶持和民资撬动，推动了龙头企业经营上规模、产品上档次、发展上水平。截至 2019 年底，甘肃省白银市平川区共有农业产业化龙头企业 80 家，省级 9 家，市级 12 家，区级 59 家。其中：种植 24 家，养殖 35 家，林业 6 家，水产 2 家，加工 7 家，物流服务等其他类 6 家。2019 年，加工农产品 2.0 万 t，实现年产值 1.51 亿元，销售收入 0.187 亿元。龙头企业资产总额 204 741.76 万元，固定资产 105 601.67 万元，销售收入 89 283.3 万元，上缴税金 697.86 万元。全区“牛、羊、菜、果、薯、药、小杂粮、黑毛驴”八大特色主导产业，每个主导产业都有 1 个以上龙头企业带动，其中，10 家重点龙头企业带动合作社 52 家，带动贫困户 346 户。

1　主要做法及成效

1.1　以两园建设为平台，建立利益联结机制

制定经营主体带动贫困户产业发展的“一扶一带”政策（区政府出台扶持奖励新型经营主体政策，由新型经营主体带动产业贫困户脱贫），以“两园建设”为平台，按照“公司 + 合作社 + 贫困户”的经营模式和“三变 + 种植业 + 养殖业 + 加工业”的组织模式，建立经营主体与贫困户的利益联结机制。2019 年，15 个贫困村建立脱贫产业园，46 个非贫困村建立特色产业园，两园龙头企业 17 家、合作社 47 家。9 家企业（合作社）享受黑毛驴补贴 82.155 4 万元。2019 年入股到企业（惠隆德扶贫开发有限责任公司）197 万元，带动 197 户贫困户 710 人发展黑毛驴产业。协调德康百万头生猪和东祥万头肉牛养殖项目加快建设，不断壮大规模养殖业。

1.2　以龙头组织为引领，建立产业发展基地

支持龙头企业建立农产品加工原料基地，催生“一村一品”规模化、标准化、专业化特色产业基地，有力推动全区现代化农业进程。在水泉镇中村、玉碗泉村，宝积镇大湾、吊沟等村建立玉米种子培育基地；甘肃景烨现代农业科技有限公司在黄峤镇峤山村建立 200 多亩红花种植基地；甘肃红星伟业农业科技有限公司对王家山镇 130 户贫困家庭、3 家农民专业合作社实施带动，形成了以“企业 + 合作社 + 农户”黑毛驴养殖基地。全区 15 个贫困村 122 个合作社，共带动 3 580 户贫困户发展产业，占全区贫困户数的 80%；农民专业协会 4 个，分别为黑毛驴、羊、猪、种植业，入会农民数量 360 人。

1.3 以产业化项目为支撑，强化产业扶持带动

积极申报农业产业化项目，为切实优化营商环境，区上主要领导以上率下，区直各部门积极跟进，引进了甘肃恒玉万头黑毛驴生态养殖及现代农业产业园项目、白银荔森现代农业示范园建设项目、德康集团100万头生猪养殖产业化扶贫项目、东祥三产融合发展肉牛产业示范项目；项目总投资13.8亿元，截至目前，完成总投资2.6亿元。按照“另辟途径、创新破题”的融资思路，探索建立增资入股融资、以商招商融资、多方资本融资、独立建设融资、奖补延伸融资5种融资组合模式，积极推荐特色工程贷款，累计向农村信用社推荐75家，放贷50笔，放贷金额20 549万元。

1.4 以品牌化建设为引擎，打造绿色有机农业

加大“三品一标”品牌认证力度，加强品牌意识。鼓励支撑特色产业的企业和合作社提高产品品质，规范生产运营，引导农业生产经营主体申报注册商标，积极申报无公害产品、绿色产品等品牌认证，加大品牌宣传。全区无公害农产品15个，绿色农产品20个，有机农产品4个，地理标志农产品4个（11家企业、13个合作社）和注册商标19个。全区“三品一标”农产品认证面积20.44万亩。2019年，1家企业（5个产品）正在申报绿色农产品认证，4个无公害农产品复查换证。同时，积极发挥农产品品牌效应，围绕“平川山羊肉”“平川甜瓜”“平川苹果”“平川黑驴”等国家地标产品品牌打造，通过举办中国驴业发展大会暨第三届国际黑毛驴产业发展论坛，依托“忠恒杯”（首届）平川区半程马拉松活动和中华人民共和国成立70周年农民丰收节活动，举办农产品展销。积极组织企业合作社参加农产品展销会，大力推动农特产品产销对接工作，夯实以十大产业紧缺优质特色农产品和特色良种为主体的甘味知名农产品品牌支撑根基，从而拓宽平川区农产品的销路，为带动周边贫困户发展特色种养产业发挥助力。

2 存在的困难和问题

2.1 龙头企业发展中存在的问题

2.1.1 企业自身不强

平川区龙头企业规模较小，竞争能力较弱。在全区现有龙头企业中，多数企业生产规模较小，积累能力不强，投入不足，企业的再发展受到制约。技术力量、管理力量不强，企业的创新能力、研发能力不高。产品加工缺少深度，产品的系列化、多元化不够，副产品开发滞后，从事农产品初级加工的比较多，从事精深加工的比较少，多数企业仍然停留在卖原料及初级产品层次，产品的科技含量和附加值不高，抵御市场的风险能力不强。

2.1.2 融资困难，贷款难

平川区农业投资主体单一，融资渠道狭窄；农业企业申请特色工程贷款有效抵押物不足，缺乏信用担保能力，普遍达不到银行发放贷款的信用等级。全区农业产业化龙头企业全部是中小企业，起步晚，起点低，发展时间短，资金积累少，经济实体较差，依靠自身力量发展壮大的能力严重不足，加工企业技改和种养企业扩大规模化受到比较大的制约。加之银行贷款设置的门槛高，程序繁杂，审批环节多，担保机制不健全，缺乏有效的担保

手段，所以银行贷款很难申请到位，从而制约了农业产业化的有效发挥。融资难，依然是制约农业发展的一个突出难题。

2.1.3 政策扶持有限

近年来，上级项目和资金扶持政策都向贫困县区倾斜，平川区未列入全省贫困县区之内，部分省市优惠政策享受不了，对企业资金和项目方面扶持培育极少，影响了企业的发展及带贫动力。产业基地规模化程度不高，产出效益较低，严重制约了平川区农业产业化进程。农业产业链条不健全，以种养殖低端产业为主，缺乏农产品精深加工产业，产业链条短，竞争能力弱。利益联结机制不紧密，入股分红机制和增收带富模式缺乏持久性、自发性、稳定性，龙头企业对农户的带动力不强。

3 下一步工作打算

3.1 培育新型经营主体，增强产业带富能力

充分发挥新型农业经营主体带动作用，大力推广订单式产业扶贫模式，帮助贫困户就业创业。加大品牌培育力度，打造一批市场欢迎、大众认可的“三品一标”产品，不断提高农产品竞争力。聚力重点龙头企业和主导产业方向，强化培育扶持，打造发展引擎。重点扶持东祥现代农牧科技有限公司，发展肉牛养殖产业；与四川德康公司合作，建设百万头生猪养殖基地；支持白银荔森农业科技有限公司、白银丰嘉晟现代农业科技园、枣树台现代农业示范园，围绕农业增效、农民增收、农村增绿，实现一二三产融合发展。依托产业化龙头企业，培育建立“1+*N*”产业体系，发展“牛、羊、果、蔬、薯、药、黑毛驴、小杂粮”八大特色产业，加快建成一批区域性、标准化、规模化农业产业基地。

3.2 健全利益联结机制，助力群众脱贫增收

积极引导有实力的龙头企业（合作社）与贫困户建立合股共营关系，在保障贫困户按股分红的基础上，尽量吸纳有劳动能力的贫困户参与生产经营，直接带动贫困户增收致富。学习借鉴先进地区好经验、好做法，再鼓劲、再加压，通过做实确权工作、抓好主导产业、规范入股分红、建立融资平台，持续推动农村“三变”改革，通过“三变”破解老难题、释放新活力、打破旧机制、形成新发展。

4 进一步建言献策

4.1 积极开展产销对接

围绕“平川山羊肉”“平川甜瓜”“平川苹果”“平川黑驴”等国家地标产品品牌打造，通过举办重要节会、积极组织参加省内外农产品展销洽谈活动等方式推动农特产品产销对接工作，夯实以十大产业紧缺优质特色农产品和特色良种为主体的甘味知名农产品品牌支撑根基。

4.2 延伸农业产业链条

推进东祥肉牛屠宰、德康肉食品加工厂等项目建设。借助承办第五届全国驴产业大会这一有利时机，加快黑毛驴集中交易中心、精深加工厂、黑毛驴全产业链服务体系、甘肃

恒玉万头黑毛驴生态养殖及现代农业产业园等项目建设。推动实现农业从量到质的转变、从种到销的转变、从地到人的转变、从粮仓到厨房的转变。

4.3 破解产业发展融资壁垒

按照“另辟蹊径、创新破题”的融资思路，继续探索增资入股融资、以商招商融资、多方资本融资、独立建设融资、奖补延伸融资等融资组合模式，重点拉长以农业金融保险、产业社会服务为一体的“三全服务”链条，拓宽龙头企业贷款渠道。

第二部分

体系建设

山东省植保体系现状与发展对策

李敏敏[1]　杨久涛[1]　国　栋[1]　史倩倩[2]　刘晓晨[3]　于　静[3]　徐兆春[1]

（1. 山东省植物保护总站　山东　济南　250100；
2. 青岛农业大学　山东　青岛　266109；
3. 山东省莱州市农业技术推广中心　山东　莱州　261400）

摘　要：山东是农业生产大省，也是农作物病虫草鼠害等有害生物多发、重发、频发省份。植物保护简称植保，是指应用适当的技术措施，防除影响植物生长的病虫草害，是公益性、公共性、社会性防灾减灾事业，直接关系到粮食安全、农产品质量安全、生态环境安全和农民增收。科学合理的植保体系对提升全省植保防灾减灾水平，增强重大病虫疫情监测预警和防控处置能力有重要意义。本文从山东省植保体系现状、存在问题进行阐述和分析，从而提出有针对性的建议和对策。

关键词：山东；植保；现状；问题；建议对策

山东是农业生产大省，全省农林牧渔业总产值连续多年居全国首位；下辖地级市 16 个，农业县级行政区 127 个，农业乡镇 1 521 个。

1　山东省植保体系现状

1.1　机构设置

山东省共设专门植物保护机构 149 个。其中，省级植保机构 1 个，为公益一类事业单位，独立法人；市级植保机构 19 个（其中包含 1 个植检站，1 个治蝗站，1 个部级监测站），均为公益一类事业单位，其中独立法人单位 6 个，其他 13 个为内设机构、非独立法人；县（市、区）级植保机构 129 个，其中公益一类事业单位 120 个、二类事业单位 1 个、其他类 3 个，独立法人单位有 68 个，其他 52 个为内设机构、非独立法人。全省共有乡镇级农技推广机构 1 517 个。

1.2　人员队伍

从山东省来看，2010—2020 年，省、市、县三级植保部门核定编制逐年压缩，尤其是县级植保部门 2020 年比 2010 年下降了 18.4%。36 ～ 50 岁工作人员所占比重最大，是植保工作的主力军。35 岁以下人员 10 年之间下降了 52.6%，老龄化趋势明显。人均年收入有所提高，但总体来说仍然偏低，尤其是县级部门。具体如下：2020 年，全省省、市、县三级植保机构共有编制 949 个，在岗 796 人，在岗率 83.9%。其中，省站编制 48 个，实际在岗 43 人，在岗率 89.6%；市级编制 145 个，实际在岗 114 人，在岗率 78.6%；县级编制 756 个，实际在岗 639 人，在岗率 84.5%。796 人中，从年龄来看，35 岁以下 100 人，占比 12.6%；36 ~ 50 岁 394 人，占比 49.5%；51 岁及以上 303 人，占比 38.1%。从专业看，植保专业技术人员 602 人、占比 75.9%。从职称看，副高以上 260 人，占比 32.7%。2015 年，全省省、市、县三级植保机构共有编制 1 091 个，在岗 877 人，在岗率 80.4%。其中，省站编制 51 个，实际在岗 41 人，在岗率 80.4%；市级编制 156 个，实际在岗 130 人，在岗率 83.3%；县级共有植保人员编制 884 个，实际在岗 706 人，在岗率 79.9%；从年龄来看，35 岁以下 168 人、占比 19.2%，36 ~ 50 岁 510 人、占比 58.2%，51 岁及以上 211 人、占比 24.1%；专业上，植保专业技术人员 662 人、占比 75.5%；职称上，副高以上 260 人，占比 29.3%。2010 年，全省省、市、县三级植保机构共有编制 1130 个，在岗 923 人，在岗率 81.7%。其中，省站编制 51 个，实际在岗 46 人，在岗率 90.2%；市级编制 152 个，实际在岗 125 人，在岗率 82.2%；县级共有植保人员编制 927 个，实际在岗 752 人，在岗率 81.1%。从年龄来看，35 岁以下 221 人，占比 24.0%；36 ~ 50 岁 605 人，占比 65.5%；51 岁及以上 123 人，占比 13.3%。专业上，植保专业技术人员 709 人，占比 76.8%。职称上，副高以上 252 人，占比 27.3%。人均年收入方面。省级植保人员由 2010 年的 7 万元左右提高到 2020 年的 12 万元左右；市级植保工作人员由 2010 年的 5 万元左右提高到 2020 年的 10 万元左右；县级植保工作人员由 2010 年的 4 万元左右提高到 2020 年的 7 万元左右。

1.3 经费保障

近 5 年，山东省平均财政拨付公用经费 2.24 亿元，其中，实际需要公用经费 2.77 亿元，实际支出公用经费 2.23 亿元，人员经费实际支出 5 577.7 万元。具体如下：省级财政，总计拨付公用经费 102.26 万元，实际需要公用经费 91.72 万元，实际支出公用经费 91.72 万元，人员经费实际支出 926.38 万元。市级财政，总计拨付公用经费 396.09 万元，实际需要公用经费 561.38 万元，实际支出公用经费 330.17 万元，人员经费实际支出 1 328.23 万元；县级财政，总计拨付公用经费 21 891.23 万元，实际需要公用经费 27 067.05 万元，实际支出公用经费 21 905.43 万元，人员经费实际支出 3 500.68 万元。总体来说，除省级部门外，市、县本级财政拨款不能满足实际需要公用经费需要，在一定程度上影响工作开展成效。

2 工作开展情况

山东省近 10 年平均农作物播种面积 19 501.3 万亩次，病虫草鼠发生面积 70 470 万亩次，防治面积 74 600 万亩次。全省各级植保部门，全年开展田间病虫草鼠害调查 16 734 天，田间病虫草鼠害调查 67 395 人次，发布病虫情报 2 157 期，开展新技术、新产品试验 570 个，办理农药经销许可 7 323 个，开展技术培训班 1 191 期，开展农药使用调查 2 198 次，田间技术指导 234 181 人次，办理检疫审批 8 309 批次。省级植保部门，全年开展田间病虫草鼠害调查 300 天，田间病虫草鼠害调查 600 人次，发布病虫情报 19 期，新技术、新产品试验40个，技术培训班12期，农药使用调查100次，田间技术指导600人次，办理检疫审批1 329批次。市级植保部门，全年累计开展田间病虫草鼠害调查2 683天，田间病虫草鼠害调查7 971人次，发布病虫情报334期，新技术、新产品试验99个，办理农药经销许可2 413个，技术培训班86期，农药使用调查240次，田间技术指导16 735人次，办理检疫审批242批次。县级植保部门，全年累计开展田间病虫草鼠害调查总计13 751天，田间病虫草鼠害调查58 824人次，发布病虫情报1 804期，新技术、新产品试验431个，办理农药经营许可证4 910个，技术培训班1 093期，农药使用调查1 858次，田间技术指导216 846人次，办理检疫审批6 738批次。

3 存在的主要问题

3.1 植保体系有所弱化

新一轮机构改革中，一些原为独立法人的市、县（市、区）植保站并入农业农村大中心，机构不再单设，由原独立法人机构变更为非法人机构。编制明显压缩，尤其是县级植保机构编制数量呈阶梯式下降。全省自下而上的独立的完整的植保体系遭到冲击，较改革前显著弱化，对行业管理、工作部署、任务落实、业务开展、技术推广、检疫执法等植保植检职能履行造成较大的困难和障碍。

3.2 职能分头承担现象突出

目前，山东省各地机构改革进展不一，植物检疫职能被条块化分割，多头承担现象十分突出。全省16个市中，只有10个市植保机构仍有检疫执法权，7个市承担检疫审批许可。其他市及其所辖县（市、区），有的植物检疫行政许可在行政审批局（中心），行政处罚在综合执法（局），仅有疫情监测预警、检验检测、技术推广等工作在植保机构或者农业农村局的其他部门（如农技推广中心、种子站、土肥站等），造成上下不一致、权责不清晰，易出现监管空白、执法“空档”，严重影响植物检疫工作开展。

3.3 人员力量相对薄弱

各地植保专业技术人员总体偏少，特别是县级机构，全省县级植保人员编制756个，实际在岗技术人员639人，平均30万亩1名专业技术人员，与农业农村部《关于加快推进现代植物保护体系建设的意见》（2013年印发）中“县级植保机构原则上每10万亩作物不少于1名植保专业人员”要求差距较大。并且在编不在岗的现象也不同程度存在。各地新成立的高新区、开发区普遍缺乏植保植检机构，工作易出现盲区。90%以上的乡镇农技服务机构归乡镇地方政府领导，没有专门的植保机构及植保技术人员。

3.4 技术职称偏低

山东省县级植保机构中副高级及以下职称人员占在岗人数的85%，技术力量薄弱。同时受编制、岗位、职称政策等制约，职称发展渠道不畅。新的技术人员无法补充，造成植保人员年龄结构不合理，36 ~ 50岁人员是基层植保队伍的主体，35岁以下仅占12.6%，有老龄化趋势。

3.5 工作保障不够

各地工作人员工资总体能得到保障，但多数县用于开展植保调查检测、检疫执法、技术指导、培训宣传、实验研究等工作经费偏少。车改以后，部分地区植保工作用车也得不到保障。病虫监测自动化、智能化设施设备建设完成后，由于缺乏运行经费和机制保障，与现实需求还有差距，亟待进一步完善。

4 发展对策建议

4.1 强化对植保植检工作的重要性认识

植物保护工作紧密关系国家生物安全、生态文明发展和粮食安全，是农业和农村公共事业的重要组成部分，是政府部门的一项基本职责，具有公益性、强制性、技术性、国际性特点，既是公共管理，又是公共服务。党中央、国务院一贯高度重视植保特别是重大病虫防控工作。但目前全社会对植保的重要性认识普遍不够，即使在农业农村系统内部，重视程度也需要进一步加强。

4.2 加强对植保体系建设的顶层设计

卫生防疫、动物防疫、植物防疫，是全球公认的三大生物安全防疫体系，植物检疫体系应参照卫生防疫、动物防疫进行整体性设计、布局和建设。植保体系建设全国是一盘棋。在新一轮的机构改革中，应借鉴人类疾病控制体系，建设自中央、省、市、到县的四级相对独立、完整、上下一致的植保植检工作体系，健全完善工作机构，提升重大病虫疫情监测预警防控及农业生物灾害应急处置能力，确保国家粮食安全和生物安全。

4.3 强化植保植检政策性保障

在人员编制上应按照统一的标准，如要求全省各地每 10 万亩耕地配备 1 名植保技术人员，确保满足植保植检工作需要。在经费保障、车辆使用、人员职称晋升、工作激励等做出制度性规定，确保植保植检各项工作正常进行。

推进基层农技推广体系建设的对策建议

——以六合区马鞍街道为例

朱训泳　刘学良　祁小林

（江苏省南京市六合区马鞍街道农业服务中心　江苏　南京　211525）

摘　要：加强基层农技推广体系建设，是发展现代农业的重要内容。文中以马鞍街道为例，简述基层农技推广工作现状，分析体系建设中存在的问题，提出积极引进人才、建立激励机制、理顺管理体制等对策建议，以期为各地基层推广体系建设提供参考。

关键词：马鞍街道；基层农技推广体系；存在问题；对策建议

农技推广工作是连接科研与生产的桥梁。现阶段农技推广的组织形式包括政府型、企业型和自发型，其体系构成包括中央级、省级、市区级和乡镇等机构。加强基层农技推广体系建设，是发展现代农业的重要内容。当前随着农村经济的快速发展，农业技术推广体系也取得了长足进步，但同时伴随出现一些新情况和新问题。马鞍街道地处江苏省南京市六合区西北部，由原城西、马鞍、马集、大圣 4 个乡镇合并而成，是南京市现代农业主导型街镇之一。区域总面积 256.8km^2，有耕地面积 12.45 万亩。常年以水稻、小麦、蔬菜种植为主，辅之以油菜、玉米、大豆等其他品种。全街道常规水稻种植面积达 8.75 万亩，小麦种植面积达 7.8 万亩，蔬菜种植面积达 1.03 万亩，是南京市重要的优质粮油生产基地，也是六合区主要“菜篮子”基地之一。近年来，随着社会经济的发展，国家多项惠农政策的落实，极大地调动了农民生产积极性，马鞍街道农业适度规模化经营得到了长足发展，全街道目前规模化种植面积已占农业种植面积 76.2%。但在农业规模经营发展过程中，存在着农业推广体系不适应、技术服务跟不上、队伍年龄结构偏大、缺乏有效激励机制的一系列问题不容忽视。新形势下，如何抓好基层农技推广体系建设，确保新技术、新模式推广应用，是当前农业部门面临的主要问题。因此，了解基层农技推广工作的现状，探讨目前基层农技推广体系建设的对策思路，对保障粮食生产安全、促进农业稳定发展和农民持续增收具有十分重要的意义。

1　基层农技推广工作现状

1.1　完善农技服务阵地，明确机构管理体制

马鞍街道是由原城西、马鞍、马集、大圣 4 个乡镇合并而成。在 2012 年，该街道按

照《六合区“五有”街镇农技推广服务中心建设方案》要求，实施街镇农技推广综合服务中心建设项目，对原农技推广服务机构的农业、林业、农机、水产等部门进行合并调整，成立了马鞍街道农业服务中心，修缮占地 300m^2 的办公场所，建设农产品质量安全检测站，购置了办公仪器设备，有了全新的农技服务窗口、先进的农业服务手段。同时，进一步明确机构管理方式，实行以街道办事处管理为主、区农业局业务指导的管理体制，农技人员工资由街道编制预算发放。

1.2 配备农技推广队伍，制定岗位职能责任

2012 年，街道按照六编办字〔2012〕36 号文件精神，开展定岗位、定职责、定人员的“三定”工作，核定编制 13 人。具体领导职数正副职 3 人，农业技术推广员 1 人、园艺技术推广员 1 人、林业技术推广员 1 人、项目管理员 2 人、农业产业化信息员 2 人、质量安全员 2 人、农机管理员 1 人；并制定岗位职责，推行“包村联户”农技服务制度，明确“八个一”工作目标。

1.3 建立科技示范基地，加快农业技术应用

目前，已建成河王湖优质水稻示范基地、鑫森蔬菜科技示范基地、勤丰茄果类蔬菜种植基地、水芹产业化示范基地、野茉莉种植基地、大学生村官创业基地、刘陆葡萄种植基地、龙虾生态养殖基地等 8 个科技示范基地，推广水稻 +*N* 栽培模式、水芹多茬栽培、设施蔬菜连作障碍防控和小龙虾生态养殖等技术，形成以水芹为特色的蔬菜产业，面积已达 3 000 亩；以五常稻米生产理念发展优质稻米为主的粮食产业，面积已达 3 万亩以上；以叶菜为特色的蔬菜基地，面积 1 000 亩；以茄果类蔬菜为主的特色园艺产业，面积 800 亩；建成茉莉花种植面积 1 000 亩，蝴蝶兰种植 3 万 m^2。到 2016 年底，建设城西、河王、巴山和泥桥商品化水稻育秧基地 4 个，推广水稻机插秧 3.6 万亩，完成计划 120%，促进街道水稻生产全程机械化，实现农机农艺融合协调发展。

1.4 实施农技推广项目，科技助力增产增收

近年来，按照基层农技推广体系改革与建设补助项目的实施方案，街道在 15 个村居分别建设村级规范化农业科技服务站，遴选农业科技示范户 325 个，组织 10 名包村技术指导员利用多种形式，分户指导科技示范户应用主导品种和主导技术。目前，街道主导品种、主推技术入户率和到位率达到 98% 以上，培育辐射户 4 500 余户，解决农技服务“最后一公里”的难题；共举办农业职业技能培训班 10 期，培训新型职业农民 1 582 人，促进农业增效、农民增收。

2 体系建设存在的问题

2.1 推广体系建设不全，人员不在岗现象突出

目前，马鞍街道农业服务体系还没有全面构成，依然保持线断、网破的局面。在各个村居，虽然建立村级农业科技服务站，但从事农业指导服务的人员，都是由村里副职干部兼任，村级还没有专职农技人员。2012 年，街道虽开展“三定”工作，配备农技推广队伍，但在编不在岗的人员较多。农服中心现有工作人员 7 人，其中属正式在编在岗 5 人，

仅占编制岗位 38.5%，其他属于农技推广机构编制的人员都被横向调到与农技推广工作毫不相干的其他部门，从事政府主体工作，如财税、安全、综治等。另外，由于管理体制原因，目前在岗的人员也常常被街道短期抽调，从事拆迁、维稳等阶段性工作，对本职技术服务工作仅是临时应付对待。

2.2 队伍年龄结构偏大，专业知识水平单一

在现有的农技岗位上，已出现年龄偏大、知识结构不适应的现象。首先是年龄结构偏大。在现岗职位中，技术人员年龄都在 40 岁以上，其中 50 岁以上 3 名，40 岁以上 2 名，农技推广队伍结构配置上出现年龄断层。其次，专业知识水平单一。目前，大多数基层技术人员常忙于政府阶段性行政事务，缺乏知识更新和短期进修深造机会，对现代农业新技术的熟悉程度和操作能力不够，不能满足广大农民群众对日益增长的农业新产品、新技术的需求和指导，影响和限制农业推广体系作用的发挥。2012 年，定岗的专业人员主要从事粮食作物栽培、育种和管理的技术推广工作，而从事园艺、蔬菜等经济作物和农产品加工的技术推广人员少，不能适应现代农业多样化发展的需要。

2.3 缺乏有效激励机制，政策落实相比滞后

缺乏有效的激励运行机制，“干多干少一个样、干与不干一个样”等不公现象普遍存在，导致技术人员的积极性和主动性得不到有效发挥。在职人员的工资绩效考核，是参照全街道的统一文件标准执行，没有差别化考核激励政策，这往往造成农技人员在年终考核中的相关待遇没有其他部门高。2012 年以来，农技人员的工资由街道统一发放，但在执行调资等政策方面，落实政策与其他部门相比显得滞后，特别是以职称定薪的人员，工资正常晋级调整，往往多年得不到落实。

2.4 机构管理机制不活，技术人员互动不畅

经过“三定”工作以后，街道农服中心隶属地方政府管理，区农业局仅能够开展业务指导，无人事、财物等管理权力，现行机构管理机制不顺不活。具体表现在：一方面基层农技人员的工作安排、职称评聘不受区农业局约束，农业局不能安排和干预街道农技推广服务部门的工作，从而影响到新技术的引进、试验、示范、推广；另一方面区农业局与基层农业部门技术人员不能相互流动，基层优秀农技人员不能选拔到区里，区里新聘人员难于下基层锻炼，不利于农技人员的整体水平提升。

3 加强基层农技推广体系建设的对策建议

3.1 加强体系建设，完善推广机构

针对目前街道农技推广体系与现代农业发展不相适应的实际，从解决体制弊端和沉积问题入手，2017 年 5 月 1 日起江苏省实施《中华人民共和国农业技术推广法》，该文件要求加强体系建设，解决人员脱岗问题。一是根据办法第十六条相关要求，因地制宜加强村农业技术服务站点建设，抓好服务人员配备。通过政策倾斜，建立健全村级农民技术员网络，争取每个行政村有一个农业技术员，解决农技推广工作“最后一公里”的瓶颈问题。建议区、街道根据招聘全科社工模式，通过公开招聘考试，选聘一批村居农技人员，完善

基层农技推广服务组织网络。同时，街道办事处通过政府购买服务、给予补助等方式，鼓励和支持村农业技术服务站点和农民技术人员开展农业技术推广。二是根据办法第十二条，专业技术岗位不得安排非专业技术人员；根据办法第三十二条（地方人民政府不得抽调或者借用农业技术推广人员从事与农业技术推广无关的工作）相关要求，街道政府应把“三定”中在编不在岗技术人员回到岗位从事农技服务工作，增强农技服务力量，推进农业新品种、新技术和新模式“三新”技术推广。

3.2 积极引进人才，提升服务能力

针对农技队伍年龄结构偏大问题，要根据街道现有农技人员的年龄梯度，编制人才引进的长期规划，及时调配均衡专业人员。进编人员通过区人事部门公开招考涉农专业大学生来解决，优先录用高效农业、农产品加工、市场营销等方面人才。针对专业知识水平单一问题，应根据办法第三十三条要求，重视和加强现有农技人员的培训和再教育力度，制订农业技术推广人员素质提升计划，不断改善农业技术推广人员的知识结构，提高农业技术推广的服务能力和水平。建议根据目前人员的学历结构、专业特长，制订中长期的知识更新计划，选拔骨干农技人员进行专业研修，培育全科农业技术人员。省市每年定期对在岗人员进行短期脱产轮训，主要针对当前农业领域的新知识、新技术以及新模式进行学习与培训。区农业部门每年定期举办应季农技大讲堂，邀请农村具有实践经验的乡土人才、种植能手，传授种植经验，交流职业技能，丰富基层农技人员的知识面。

3.3 建立激励机制，提高工作效率

针对缺乏差别化考核激励机制，应根据办法第三十四条要求，对基层农技部门建立专项考核制度，明确考核指标；对农技人员建立工作责任制度，建立健全绩效考评机制，按照省农委“八个一”规定，督促做好各项技术服务工作。要坚持客观、公正、重在激励的原则，对基层农技人员履职情况进行客观公正评价。具体由区农业局、区人社局制定考核办法，按照服务对象、农业局和所在街道办事处三方共同考核的要求，科学确定考核权重，以目标责任书为考核依据，量化考核指标，将考核结果向社会公开，接受社会监督，特别要尊重科技示范户和种植大户的考评意见。对农技推广人员根据工作目标、任务，服务农户满意度进行德能勤绩廉综合考评，考核结果与绩效工资挂钩，全面杜绝“干多干少一个样、干与不干一个样”等现象出现。针对工资待遇政策落实滞后的问题，政府部门应根据办法第十六条的相关要求，应当采取措施，及时落实政策，保障专业技术人员享受国家规定的待遇，保持国家农业技术推广队伍的稳定。

3.4 理顺管理体制，促进人才交流

针对目前基层农业部门管理机制不活的问题，建议改变以街道办事处管理为主、区农业局业务指导的体制，实行区农业主管部门和街道政府双重领导，以区农业局管理为主的管理体制。这样一方面让街道农技人员“吃自己的饭、做自己的活、在岗人员都能100%投入农技推广工作”，理顺管理体制，解决人员管理上的混乱局面。另一方面畅通上下人员流动渠道，促进人才相互交流，让区级新聘人员得到锻炼，全面提升农技人员的整体水平。

推进农技人员与乡村振兴的协同发展

王沛东[1]　郑铮铠[1]　吴水女[2]　俞玉梅[3]　郑永敏[4]

（1. 浙江省乐清市柳市镇农合联　浙江　乐清　3025604；

2. 浙江省开化县农业农村局　浙江　开化　3308243；

3. 浙江省开化县科协　浙江　开化　3308244；

4. 浙江省乐清市柳市镇综合服务中心　浙江　乐清　3025604）

摘　要：在党的十九大提出的乡村振兴战略背景下，通过对开化县乡村振兴的现状内容和目标的分析，结合开化县农业推广情况，特别是农技人员存在问题，提出了如何发挥农技人员和乡村振兴协同发展的观点，来推动开化县乡村振兴。开化农业推广现状跟全国基本情况相似且存在共性问题，因此需要将开化县作为一例分析：将开化县农技人员调查的实例数据，结合开户县乡村振兴目标，分别归纳出目前开化县农技人员在人员聘用、人员管理、农技人员绩效考评 3 个方面的缺点。在此归纳的 3 个缺点上，与农业推广方面：农业推广模式、农业产业规模、现今农业业主的自身素质、农业项目的资金拨付模式 4 个方面联合分析，致力于找到一条适合农技人员与乡村振兴皆合适的发展道路，并为今后有关农技人员的政策制定提供一定的理论依据与指导。

关键词：乡村振兴；农业推广；协同发展

面对农业农村仍然是高水平全面建成小康社会最大的短板，发展不平衡不充分问题依然突出，尤其乡村资源外流、活力不足、公共服务短缺、人口老化和村庄空心化问题较为严重。党的十九大提出的乡村振兴战略，是习近平“三农”思想的集中体现，是党中央“三农”政策的创新发展，是新时代“三农”工作的总抓手。浙江省委、市委以“美好乡村”为载体，迅速制定行动计划，落实乡村振兴战略，开化县对打造“三区一园”、建设钱江源头“大花园”、与全省同步建成全面小康具有十分重要的意义。作为开化县有自己的特点，当前如何结合新形势，分析开化的现状，选择自己优势，在乡村振兴中如何做出自己的特色，成为农业新亮点。笔者就在乡村振兴中如何发挥农技人员作用进行研究探讨。开化农业推广现状跟全国基本情况相似且存在共性问题，采用老一套农技推广理念去做。但是农业推广理论已经在不断创新和发展，如何把新的理论更好的应用实践中，随着时代进步，农业推广的组织结构、人员组成、推广内容、投资资金，都要做相应的变化，更需要通过农民与农业推广协同发展，政府与农业推广协同发展，大专院校科研院所与农业推广协同发展，来带领农民奔小康，来达到农民、农业、农村全面可持续发展，追求社会、经济、生态效益最大化的目标。农业推广如何促进一二三产业协同发展，促进农村经济和社会协同发展，促进人与自然协同发展，促进男女农民协同发展等措施来达到目标的实现，本文注重就农技人员与乡村振兴的协同发展提出观点。

1 开化县乡村振兴内容和目标

1.1 生态优

全县森林覆盖率达到81% 林木蓄积量达到1 280万m^3，县域Ⅰ、Ⅱ类出境水占比在90%以上，主要流域乡镇交接断面水质合格率达到100%，生态文明建设年度绿色发展指数、公众满意程度全省领先。

1.2 村庄美

村落与环境有机相融，民居建筑风貌相互协调，乡村基础设施配套齐全，建成美丽乡村示范乡镇5个，特色精品村12个，巩固提升风景线6条，创建乡村振兴示范村6个，建成省A级景区村庄160个。

1.3 产业特

农业供给侧结构性改革有效推进，以幸福产业为重点的乡村绿色产业体系基本形成，旅游业增加值占服务业比重30%，农业增加值年均增长2%以上，60%以上乡村形成“一乡一业、一村一品”发展格局。

1.4 农民富

农村居民人均收入年均增长9%以上、超过2万元，低收入农户人均年收入增长12%以上、达到1.5万元，城乡居民收入比控制在1.95∶1以内；农村居民受教育水平、健康水平、科学素质持续提高，传统文化得到继承和弘扬，自豪感、幸福感、获得感明显增强。

1.5 集体强

村党支部领导核心地位不断增强，村委会村监会、村经济合作社作用充分发挥，村级集体经济“造血”功架和政策体系基本形成，美好乡村建设走在全省前列，钱江源头“大花园”建设取得重大进展，与全省同步高水平建成全面小康社会。

2 农技人员存在的问题

2.1 农业推广管理与现在经济发展要求不相适应

农技推广人员在待遇上偏低，政府也缺乏调动农业推广人员从事本职工作的积极性，没有一个激励机制使农技人员产生更新知识的愿望，具备更好地为农民农业服务的本领。当前，我国科技队伍的分布和结构很不合理，一些部门和单位科技人员严重不足，而另一些部门和单位却存在科技人员积压或用非所学、用非所长的现象。

2.2 农民小规模农业经营和自身素质低下

采用科技成果积极性不高，也是导致科技转化率不高的一个原因，这使农民和非农产业人员收入产生差距，贫富两极分化加大，不符合中央精神。更需要对从事农业生产人员部分转移出去，来提高从事农业生产规模效益，如何发挥农技人员在这方面作用更显突出。

2.3 农业推广项目致力于树立典型，成功的案例才给予项目经费补助

也就是采用农业推广理论中的进步农民策略，农业推广本身存在项目在当地由于一些条件限制，不成功比较多，这往往没有得到补助，如跟着典型去做，推广了，也没有得到补助或补助少，这样就容易引起农民之间两极分化，不利于消除农民之间贫富差距和做到农民之间协同发展。

2.4 开化农技人员数据调查

2.4.1 开化县农技人员招聘录用员工

首先，招聘录用是组织人员管理的起始环节，对员工进行公开的考核或测试选拔，本身具有较强的科学性和客观性，有利于甄选出真正优秀的人员，确保组织内部员工具备良好的素质。其次，公开选拔聘用制度实际上是在组织用人制度中增加了公平竞争和公开监督机制，有利于杜绝任人唯亲和领导的主观随意性。最后，实施公开选拔聘用制度，可以促使组织本身对岗位设定、人员年龄、专业配置及知识结构等进行科学分析和优化组合，同时还可以促进员工发掘自身潜能，不断提高自身工作能力，从而起到调节和配置人力资源的作用。基层农技推广组织建立农技员资格准入制度，有利于把住人员的入口关，也有利于提高在职非专业技术人员的职业素质，从而提高推广队伍的整体素质。在被调查的12个基层农技推广机构中，通过开展推广技能测试（包括笔试、面试）对农技员进行公开选拔聘用，占全部调查样本的30.9%。其余8个推广机构主要采用个人申报和领导认定相结合的方法，没有采用任何形式的测试和考察。由此可见，在基层推广机构人员招聘与录用方面，公开、公平、公正的选人、用人机制还有待建立和完善。

2.4.2 开化县农技人员培训

人员管理机制中，培训是组织人力资源投资的主要形式，是保持工作人员与工作岗位相匹配的重要环节。首先，培训可以使员工更新观念，学习新的知识和技能，调整思想和行为，从而使组织能够更好适应环境的发展变化。其次，培训是提高员工素质的需要。现代社会知识更新的周期大大缩短，员工对于组织的需求已经从单纯的工资待遇逐渐转到个人发展上来。员工不仅希望从组织中得到维持自身和家庭生活的收入，更希望在组织中不断提升自身的能力和素质，而培训正是员工进入组织后提升人力资本的最好方法。最后，组织对于员工的培训是实现员工管理的一个重要部分，给予员工培训是激励人才和留住人才的重要手段。样本中有11个基层农技推广机构近年来对农技员进行了培训，占全部样本的92%。按照培训的形式不同，将培训分成有学位的再教育、技术培训以及外出参观考察3种形式，基层农技推广机构主要以技术培训的形式为主，大部分基层推广组织都采用了这种培训方式。仅有15.3%的基层农技推广机构开展了农技员有学位的再教育，30.7%的推广机构有外出技术考察的培训。进一步从推广培训的时间来分析技术培训，研究发现大部分基层农技推广机构全部组织过一周以内的技术培训，而1周以上的技术培训仅有小部分基层推广组织开展过。基层农技推广机构的技术培训类型较为单一且以1周以内的短期培训为主，而由于缺乏知识更新和进修深造的机会，农技员自身基本素质提高速度缓慢，对现代农业新技术的熟悉程度及操作能力普遍偏低。

2.4.3 开化县农技人员绩效考评

绩效考评是考评主体对照工作目标或绩效标准，采用科学的考评方法，评定员工工作任务完成情况、工作职责履行程度和员工的发展情况，并将评定结果反馈给员工的过程。绩效考评是组织人员管理的关键，是促进员工不断改进自身行为、提高个人素质，努力创造工作佳绩的动力源泉。在政府提供服务的过程中，由于缺少竞争环境和利润刺激，缺少市场交易和价格信号，普遍存在绩效低下的现象。绩效考评为管理者提供了一个被考核者工作的综合情况，反映了服务需求、服务质量的真实信号，在某种程度上起到了价格信号的功能作用。调查中，基层农技推广机构对农技员绩效考评内容的设定主要关注以下几个方面。如可以看出，目前农技员绩效考评内容的设定主要围绕农技员日常工作环节，并重点关注指导次数和技术推广行为产生的直接收益。此外，调查发现，作为人员考评依据的工作设计，其分户指导方案的制定以及工作总结的上交并没有纳入到农技员推广工作绩效考评中。考评内容权重方面，按照各基层农技推广机构考评内容权重由大到小排序，农技员入户到田指导次数是各地考评中置于权重第 1 位频数最大的指标，有个基层推广机构将其列为考评内容的第 1 位。第 2 位是主推品种和技术的落实面积，第 3 位是农户对于农技员推广服务的满意度。

3 乡村振兴中如何发挥农技人员创新点

3.1 借鉴发达地区经验

3.1.1 探索讲座等劳务雇佣机制

各级地方政府有条件的，可以在全国范围内请有影响有权威的农技人员进行科普讲座，例如，谈转基因的审核、绿色食品的标准、农药鉴定等消费者关心的事项，为消费者解决疑惑，净化市场环境。对前来讲座的农技人员给予一定的劳务奖励或工资。

3.1.2 做精产品监管，建设安全体系

有条件的地方政府，可在当地设立农产品展示窗口，做深农产品追踪，做精智慧监管，推进农产品质量安全监管平台建设，实现信息化监管。借助物联网技术，可以实现对展示窗口内的农产品做到追溯，让消费者安心购买，同时也能增强农民种植的积极性。

3.1.3 探索项目资金投入机制，壮大村集体经济

创新农业项目发展集体经济机制，项目资金先安排给村股份经济合作社，由村股份经济合作社转投农业项目，农技人员也可适当参股。村与业主共建项目、共享效益、共同发展。拓展农村集体产权改革，增加财产性收入。注重完善“八项制度”创新，不断扩大权能改革试点覆盖面；探索农村集体资产增资扩股试点，赋予农民更多的财产权利；推行村集体以“三资”作价入股方式合作联营，打造“企业 + 村集体 + 农户”的新模式；探索农村土地“三权分置”新模式，引导土地经营权有序转让。鼓励农业科研人员和农技推广人员离岗到省内农业生产经营主体从事科技服务，或在省内创办各类新型农业生产经营主体。

3.2 在振兴乡村中拓宽农技人员服务内容上做文章

中国农业推广工作都仅限制在农技推广工作上，在外国如家政教育和农民技能培训等

非学历教育和农村指导员等工作，都属于农业推广工作范围。在农技推广上单一的政府推广体系难以适应多元化、复杂的农业技术推广工作需要，引导企业、专业合作组织等非政府组织的共同参与，发展农业专业合作社和协会以及民营资本来推动区域农业推广事业发展。建立农地流转市场化机制，加快农民转移速度，加快农业生产的规模化经营。把资金更多用于建立农业推广风险基金，由多层次人员组成农业推广专家评估系统，对农业项目资金更多用于农民培训和示范以及补助试验不成功造成的损失和人工成本增加等的补助。利用信息技术构筑农业推广信息网络系统。利用农业推广平台更好地宣传党的政策，提高农民政治觉悟。

3.3 在振兴乡村探索支持农技人员政策上做文章

例如，如何发挥农技人员参与农业产业化建设，来调动农业推广人员积极性，来提高农业推广效率，加快农业科技成果转化，促使农业增效、农民增收、农村美好。

3.4 借鉴乐清市柳市镇农业发展经验

乐清市柳市镇拥有“中国电器之都”“中国百强名镇”等国家级名片。可见其轻工业之发达，在此背景下当地许多从事农业者开始从事低压电器生产等轻工业，当地对劳动力的需求相当大，吸引许多外来务工人员。本地人口与外来人口之比超过1∶1。在此背景下，柳市镇农业用地闲置情况十分常见，加之人口数量的膨胀，农产品的需求也相应增大，并且由于轻工业的发达土地污染现象急需农技人员解决。在充分结合当地实际情况后，柳市镇开辟出一条解决道路：① 农村荒地、闲置耕地通过竞标方式成片出让。具体耕种由业主招募外来务工人员耕种。解决土地闲置问题也解决无业外来务工人员，为当地提供许多就业机会。② 土地出让信息由农业分局发布，在成片种植的土地上，农业分局可以方便地对业主进行技术指导，也可以与业主合作试种一些经济作物新品种，以此获得项目经费支持。③ 在土地污染的背景下，迫使农技人员加深与科研院校机构的联系，并因此解决了许多实际问题，如控制水稻中镉含量的技术已经进入实践阶段。在合作之中能获得更多项目的支持，也使当地的农业向集约高效的方面迈进。在协调技术人员与乡村振兴的关系时，可以借鉴柳市镇的成功经验：通过招投标等合法方式出让荒地使用权，尽量使之成片集约式种植，并发布务工信息，吸引外来以及当地人口进行耕作劳动，增加就业岗位、吸引外来人口。在此基础上，农技人员可以结合当地实际，在种植新型经济作物、改善耕种环境、指导农业耕作技术等方面加深与农民和科研机构院校的联系，使当地农业向集约高效的方面发展。同时也可争取更多科研项目，打响当地特有名片。

乡村振兴背景下巴东县农技推广体系建设的思考

陈先强[1]　赵锦慧[2]

（1.湖北省巴东县农业技术推广总站　湖北　巴东　444300；
2.湖北省恩施州农业农村局　湖北　恩施　445000）

摘　要：本文介绍了巴东县基层农技推广体系的现状，分析其存在的主要问题，提出了在实施乡村振兴战略背景下加强县域农技推广体系建设的建议。

关键词：乡村振兴；农技推广现状；主要问题；体系建设

坚持农业农村优先发展，实施乡村振兴战略，产业兴旺是重中之重。推进乡村产业振兴，需不断深化基层农技推广体系建设与改革，从体制机制创新和提升技术推广能力入手，激发基层农技人员活力，提升农技推广服务效能，强化履职尽责，着力打造一支“懂农业、爱农村、爱农民”的农技推广队伍，解决好农业技术推广服务“最后一公里”的问题，为全县农业农村发展实现产业兴旺提供强有力的科技支撑和人才保障。

1　巴东县基层农技推广体系现状

1.1　农业生产现状

巴东县地处湖北省西南部、巫峡与西陵峡之间，是一个山高坡陡和农业基础设施建设较差的农业大县。全县现有耕地资源63万亩，其中低山、二高山和高山面积分别占28.1%、31.55%和40.34%，海拔高差大，气候条件优越，农业生产具有明显的山地垂直分异“层次结构”特点，宜种性农作物极为广泛。近年来，随着决战决胜脱贫攻坚的稳步推进和种植业结构的不断调整，茶叶、柑橘、药材、蔬菜、马铃薯等县域主导产业得到了跨越式的发展，农民增收效果明显。

1.2　乡镇农技推广机构现状

全县共设置了12个乡镇农业服务中心，自2013年恩施州委、州政府下发了《关于完善农村公益性服务“以钱养事”新机制的意见》（恩施州发〔2013〕9号）文件后，乡镇农技推广机构及人员全部实行了驻地乡镇与农业主管部门双重管理体制，参照事业单位标准落实了工资待遇和工作经费，农技推广服务能力显著增强，近年来农村产业发展成效明显，得到了各级各部门和广大群众的充分肯定。

1.3 乡镇农技人员现状

截至2020年7月，全县现有乡镇在岗农技人员141人。其中男性106人，占75.2%；女性35人，占24.8%。本科及以上学历32人，占22.7%；专科学历100人，占70.92%；中专学历9人，占6.38%。40岁以下1人，占0.71%；40～45岁51人，占36.17%；46～50岁47人，占33.33%；51～55岁31人，占21.99%；临近退休56～60岁11人，占7.8%。获得高级职称9人，占6.38%；获得中级职称79人，占56.03%；获得初级职称49人，占34.75%；4人仅取得技术员起点职称，占2.84%。

2 存在的主要问题

2.1 技术推广力量薄弱且分布不均

巴东县乡镇农技推广人员总量虽然不少但分布不均，如人数最多的野三关镇农技人员有34人，最少的大支坪镇农技人员仅有2人，由于基层农业技术推广力量的分布不均，致使部分乡镇技术推广工作难到位。特别是自1999年以来，乡镇农技推广部门再没有新进人员，其中又有部分45岁以下的农技推广骨干，通过各项招考放弃了本专业工作而转行（2014年乡镇农技推广部门执行2013年州委州政府9号文件时，经统计全县共有乡镇农技人员187人，至2020年6月现有农技人员141人，6年半净减少46人，减少了24.6%）。从现有农技人员的年龄结构上来看，已存在较为严重的人员老化断档和青黄不接现象，若不及时补充新鲜血液，在推进乡村振兴战略中，实现农村产业兴旺的目标将显得力不从心。

2.2 农技推广人员管理体制有待完善

农技推广人员是将农业科技成果直接传授给农民最重要的桥梁和纽带，在实践中还存在一些需要研究解决的问题：一是农技人员学非所用的问题比较突出，少数乡镇60%以上的农技人员长期被抽调安排专职或兼职从事其他工作，一定程度上削弱了基层农技推广的力量；二是服务功能有所弱化，由于促进基层农技推广事业的激励机制不够健全，农技推广人员工作积极性和创造性不高，人浮于事、被动应付、无所作为的问题时常存在。

2.3 农技推广资金投入力度有待加大

2014年以来，县财政加大了对农业技术推广的投入力度，保障了乡镇农业技术推广人员的基本工作条件和生活条件，但对农业新技术推广、试验、示范的投入仍显不足，基层农技推广部门不同程度地存在“有钱养人，无钱干事”的问题，在农业新技术、新品种和新模式的推广、试验和示范方面显得乏力。

2.4 农技推广人员知识老化

现有农技推广人员专业知识水平难以适应实施乡村振兴战略的需要。一是乡镇农技人员在新品种、新技术和新模式等方面的专业知识没有得到更新，特别是在农产品加工转化及产后营销服务能力方面严重不足；二是专业知识面狭窄。全县现有的农技人员中具备粮油、茶叶、蔬菜、水果、中药材等方面的全科型专业技术人才严重匮乏，在田间地头，面对群众多样化的技术需求，经常是束手无策。

2.5 岗位设置要与时俱进

按照省人社厅、省农业厅《关于湖北省农业事业单位岗位设置管理的指导意见》（鄂人〔2008〕17号）规定，县、乡农技人员岗位设置（高级5%、中级30%、初级65%）的结构比例，已经让绝大多数基层农技人员缺乏晋升空间，同时乡镇农技推广部门已20多年来未招录新人，县域内农技推广专业技术人员总数还在不断减少，中高级职数相对还会减少。85%以上的农技推广骨干已深感技术职称晋升无望，待遇上不去，思想消极缺乏工作激情，技术推广本职工作不同形式地存在着应付、机关化的倾向。

2.6 农资经营市场管理有待加强

随着农资市场的放开，全县农资经营销售网点快速增加，不法经营现象随之凸显，无证经营，唯利是图，销售假冒伪劣农业生产资料，坑农害农事件时有发生。种子、农药、农膜、化肥、兽药等主要生产资料的质量优劣，决定着农民能否增产增收，尽管县里成立有农业行政执法大队，但由于执法手段落后，县一级执法力量未派驻到乡镇，农资市场日常化监督与管理未达到全覆盖。

3 加强基层农技推广体系建设的思考

在推进乡村产业振兴的过程中，巴东县应不断深化基层农技推广体系改革，理顺体制机制，落实保障措施，加大宣传、培训力度，拓宽乡村人才发展空间，强化农技推广部门的使命担当，造就一支业务精通、服务优良的农技推广队伍，为实施乡村振兴战略做出贡献。

3.1 探索改进乡镇农技推广管理体制

一是在暂不改变现有乡镇农技推广机构设置的情况下，探索乡镇农技推广机构人员和业务经费由县级农业主管部门统一调配和管理，在重大农业技术推广项目中整合县域推广资源，促进各乡镇农技推广事业均衡发展；二是对被借调和抽调去做其他工作的农技人员，制定和出台相应的措施，让其归队，切实解决好农技推广人员在岗不在位、学非所用的问题；三是强化考评、规范管理。完善基层农技人员业绩考评管理制度，量化工作内容，明确服务要求，严格考核考评，注重考核结果运用，坚持正向激励，充分调动全县农技推广人员的积极性、主动性和创造性。

3.2 深化改革健全人才激励机制

一是呼吁省、州把《人力资源社会保障部　农业农村部关于深化农业技术人员职称制度改革的指导意见》尽快落实落地，适当提高县乡中、高级专业技术岗位职数，畅通基层农业技术人员职称晋升通道；二是建立人才激励机制，充分发挥职称评审聘用“指挥棒”作用，制定县直农技推广人才向乡镇一线流动的政策，鼓励和引导农技人员到田间地头，手把手、面对面地为农民服务，提高农业科技人员干事创业的积极性，为乡村产业振兴提供人才支撑。

3.3 强化科技培训提升素质

加强基层农技推广队伍和群众的教育培训，推动人才队伍建设，补齐农业科技人才短板，为乡村振兴产业发展增强后劲。一是紧跟现代农业发展趋势，加强现有在职农技人员的继续教育培训力度，着力解决专业知识老化和知识面窄的问题，提高农技推广服务水平和能力；二是广泛开展农民培训工作，本着注重实效的原则，统筹县域农技人员在关键农时季节，有针对性地进村入户召开现场培训会、屋场会、院子会传授农业科技知识，提高农民的科技素质和操作技能；三是及时招录部分涉农专业优秀毕业生进入农技推广机构，逐步解决农技推广人员年龄老化、队伍断层的问题，提高农技推广队伍的整体素质。

3.4 落实农技推广保障措施

一是按照《中华人民共和国农业技术推广法》的要求，财政部门要逐步增加对农业技术推广的投入，在保障和改善农业技术推广人员的工作和生活条件的前提下，统筹安排一定的专项资金用于农业新技术、新成果的试验示范和推广；二是鼓励支持新型农业经营主体、专业化服务组织等投入农业技术推广事业中，逐步形成多渠道、社会化的农业技术推广服务投入机制；三是突出重点，聚焦县域柑橘、茶叶、中药材、马铃薯等特色主导产业，在技术、资金、基础设施等方面给予重点倾斜和扶持。

3.5 建立示范样板提高技术到位率

围绕县域特色产业，精准培育新型经营主体，支持适度规模化经营。选择生产优势明显、交通条件方便的区域办好乡村产业示范样板，将适合当地推广的新品种、新技术、新模式展示给农民看。通过这种“做给农民看，引导农民干”的示范直观化推广模式，激发引领周边农户学科技、用科技的意识，提高农民对新品种、新技术和新成果的接受能力。

3.6 充分发挥农业行政执法的作用

3.6.1 规范执法程序

加快农业行政执法和社会化服务职能的剥离，充实县农业行政执法大队执法力量，改善执法条件，提高执法水平，严格执法程序和执法行为，建立健全运行高效、行为规范的农业行政执法体系。

3.6.2 加大执法力度

推动县农业行政执法力量下沉，确保每乡镇派驻 2 ~ 3 人执法人员，加强对种子、化肥、农药、兽药、饲料等重要农业生产资料的质量管理和监督，常态化地开展农资市场清理整治活动，从严从重查处各类坑农害农的不法行为。

3.6.3 抓好教育增强法制意识

有序组织集中培训，让农资经营户不断增强法制观念，提高诚信意识和守法经营的自觉性，为乡村产业振兴创造良好的发展环境。

3.7 营造良好的农技推广社会氛围

一是牢固树立科学技术是第一生产力的理念，按照生态环保、优质安全、节本增效的要求，大力推广和试验示范农业新品种、新技术、新模式，推进农业发展方式的转变，提高农业综合生产能力。二是充分利用电视、手机、报刊、网络等各种媒体，加强《中华人民共和国农业法》《中华人民共和国农业技术推广法》的学习和宣传，增强社会大众科技意识，为全县农业技术推广工作的顺利开展营造良好的社会氛围。

创新农技推广模式　助推产业转型升级

王必强[1]　冯向军[2]

（1. 宁夏回族自治区泾源县香水畜牧兽医工作站　宁夏　泾源　756400；
2. 宁夏回族自治区泾源县六盘山畜牧兽医工作站　宁夏　泾源　756400）

摘　要：概述了宁夏回族自治区泾源县基层农技推广的发展现状、主要做法和存在的问题，提出了加强基层农技队伍建设，完善基层农技基础设施建设，强化农技人员培训等助推泾源县农技推广产业转型升级的建议。

关键词：创新；农技推广；产业；升级

随着基层农技推广示范县改革建设和乡村振兴战略的实施，宁夏回族自治区泾源县的农业技术推广也发生了明显变化，涵盖了示范场地建设到基层人员知识更新，创新模式的不断推进有利于基层农技服务水平的不断提高。通过健全机构、稳定队伍、创新机制、优化模式等一系列措施，推动基层农技推广体系健康发展。

1　基本情况

泾源县位于宁夏回族自治区最南端，地处六盘山东麓，因泾河发源于此而得名，是国家级贫困县，也是革命老区、少数民族聚居区。全县辖 4 乡 3 镇 96 个行政村（其中贫困村 84 个），总人口 11.8 万人，其中农业人口 10.6 万人，占 90%；回族人口 9.3 万人，占 78.8%。辖区总面积 1 131km^2，其中耕地面积 57.9 万亩。县农业农村局管辖农技推广人员 186 人，其中本科以上 126 人，本科以下中专以上 60 人；研究员级 4 人，高级职称 32 人，中级职称 88 人，初级职称 66 人；肩负泾源县种植业、养殖业、蜜蜂产业、农机服务等产业的科技推广和服务工作。

2　农技推广的主要做法

2.1　创建基层示范站

泾源县利用基层示范县建设项目不断致力于“五星级”示范站建设。全县 7 个乡镇畜牧兽医工作站和 4 个农技推广服务中心服务辖区 107 个行政村的农业产前、产中、产后服务。目前已建立“五星级”乡镇畜牧兽医工作站 4 个，乡镇农技服务中心 2 个，同时给“五星级”服务站加挂益农信息社牌子，配备电脑、打印机等，不断完善办公条件，进一步完善村级“最后一公里”服务。同时逐年扩大村级动物防疫改良点建设，建成集改良、防疫、监测、诊疗和畜牧技术推广为一体的村级畜牧兽医服务室 45 个，改翻建乡镇畜牧兽医站 7 个，组建乡镇社会化服务队 7 个，为肉牛养殖提供了技术服务保障。

2.2　创建农业示范基地

利用农技推广项目不断创建农业示范基地建设，培育千头以上肉牛养殖园区 3 个、500 头以上养牛园区 4 个、百头以上养殖园区 25 个，创建市级和区级龙头企业各 5 家，成立合作社 215 家（其中国家级 7 家、区级 21 家、市级 26 家），发展家庭农场 69 家（其中区级 6 家、市级 8 家），打造养殖示范村 51 个，超过 1 200 户示范户，新型经营主体示范引领作用明显。全县合作社累计达 550 家，村均 5 家，带动农户 10 817 户，有家庭农场 69 家。培育规范合作社 12 家、家庭农场 6 家、农业社会化综合服务站示范点 3 个，产业协会 2 家，培育国家级示范合作社 7 家，区级示范合作社 21 家、家庭农场 6 家，市级示范合作社 26 家、家庭农场 8 家。在产业发展和脱贫攻坚工作中，农业示范基地等农业新型经营主体发挥着积极的示范带动作用。

2.3　组建农技推广队伍

组建技术服务团队对泾源县农业产业发展定期会诊把脉，全程全方位提供技术指导。组建肉牛绿色优质高效技术服务团队 1 个，种植业示范推广服务团队 1 个，蜜蜂高效养殖服务团队 1 个；同时加强高级职称骨干技术人员培训力度，省外集中培训和观摩学习不少于 7 天，通过学习把先进的技术和经验引进来，更好地应用于当地生产实践中，有力地推动产业的提质增效。

2.4　普及先进推广技术

结合肉牛产业、新型农民、阳光工程、退耕还林、基层科技示范县等培训项目，采取集中讲授、现场指导、外出观摩等方式，加大对全县种植养殖大户、新型农民培训，全年举办种养培训班 12 期，培训种养大户超过 800 人（次），扶持指导全县建档立卡肉牛养殖户 4 527 户，受益人口达 20 258 人，使全县农民科技种养技术水平得到全面提高，坚定了他们能种草、会养牛、养好牛的发展理念和信心。

3　存在的问题

3.1　基层农技队伍不健全

农技队伍中大多数工作人员已接近退休年龄，知识老化，不能适应现代农业快速发展，从事农业服务的人员又很少，很多农业院校毕业学生不愿意来基层一线工作，导致基层农技人员越来越少，远不能满足当地生产发展需要。

3.2　基层农技推广设施老化陈旧

现有的设施设备已不能满足基层农技人员开展工作的需要，部分站所办公设备老化，办公桌椅陈旧，存在“三无”（无光纤、无电话、无传真）现象，办公场所年久失修，极大地影响了办公效率和形象。

3.3　基层农技人员信息化水平低

基层农技人员大多数年龄偏大，学历较低，对信息化接触较少。部分高学历青年农技推广人员，虽然理论知识丰富，但实践经验不足或专业面较窄，难以为农户提供较全面的简便实用技术服务。基层农技推广队伍中，极度缺乏既懂农业技术又懂信息化的复合型人才。

4 对策及建议

4.1 壮大农技推广队伍

县级以上地方人民政府要高度重视基层农技人员队伍建设，采取有效措施建立健全机构，通过引进、招考、特岗等形式补充基层农技推广人员，进一步提高基层农技人员工资水平和待遇，享受农业有害津贴，更好地为乡村振兴战略和精准扶贫服务。

4.2 完善基础设施建设

为了进一步解决服务农民“最后一公里”问题，应配备科技服务直通车，建立农民田间学校，通过户户通网、通电话、通光纤，建立动植物疾病监测预警机制，实行农技人员带仪器深入牛棚羊舍、田间地头开展工作，鼓励农技推广人员利用即时通信软件、短视频等形式开展科技服务，实行资源共享。

4.3 强化信息化水平培训

把农技推广人员信息化水平培训列入全县新一轮农村实事工程，对全县所有农技人员普遍轮训两遍，加快知识更新步伐，提高信息化管理水平。选拔县乡两级农技推广人员攻读农业技术推广硕士。创新农业农村实用人才培养模式。进一步推广与西北农林科技大学、福建农林科技大学联营合作培训模式，提高农技人员的专业技术水平。利用农技推广App、智农云平台等线上平台加强学习，提高技能。完善“泾水人才”“乡土人才”评选机制，调动广大农技推广人员干事创业的机制，加快培养知识型、技能型、创新型新型基层农技推广大军，整体提升农业从业者接受科技、使用科技的能力。

5 结论

泾源县农技推广建设虽已初具模式，但仍有一系列的问题需要健全，应不断壮大农技推广队伍，加强基础设施建设，结合线上线下培训，提高农技人员信息化管理水平，充分发挥基层农技人员的优势，为乡村振兴绘就美好蓝图。

新冠肺炎疫情对农技推广工作的影响及应对策略

冯宇鹏　吕修涛　汤　松　梁　健

（全国农业技术推广服务中心　北京　100126）

摘　要：2019年底，新型冠状病毒肺炎疫情出现，之后呈现出快速发展态势，人们外出活动逐渐减少。但农事不等人，在做好疫情防控的同时，春耕备耕和夏粮田管也在全国范围内从南到北陆续展开。各级农业主管部门积极行动，主动作为，农业技术推广部门克服困难迅速响应，为全国粮食生产和农产品有效供给保驾护航。本文着重从疫情对农技推广的影响和应对策略进行了讨论，以期为应对当前疫情下的农业生产以及未来农技推广在应对类似事件时提供经验借鉴。

关键词：新冠肺炎疫情；农业技术推广；影响；应对策略

新型冠状病毒感染的肺炎疫情在我国发生以来，举国上下，同舟共济，众志成城，打响了一场没有硝烟的疫情阻击战。面对疫情的严峻形势，按照“坚定信心、同舟共济、科学防治、精准施策”的要求，全国上下一盘棋，一手抓疫情防控，一手抓恢复生产，多措并举，尽快恢复正常生产生活秩序，确保经济社会平稳运行成为首要任务。农业作为我国经济社会发展的压舱石、稳定器，如何应对突发疫情的风险挑战，如何稳住农业，确保粮食和重要副食品安全显得尤为重要。而对于农技推广体系，如何在疫情影响下更好发挥作用，做好全国春季农业生产工作，确保粮食稳产保供，是全系统面临的一大课题。

1　农技推广的地位与作用

农业技术推广在我国有着悠久的历史。从传说中的神农氏“始教耕稼”到秦汉以来设置的劝农使，都从不同角度体现了先人对农业技术推广的重视。流传至今的《农政全书》《氾胜之书》《齐民要术》等一大批优秀古代农书对于农业技术的推广和传承起到举足轻重的作用。与此同时，凝聚了劳动人民智慧的农业生产相关谚语，则依靠其朗朗上口、易于记忆等特点口口相传，指导着一代代先人顺应农时，辛勤劳作。1949年以来，农业技术推广工作立足于国情，搭建了把国家的政策方针、科学技术知识和实用技能传授给农业生产经营主体的桥梁。随着我国农业的发展，不仅解决了全国人民的温饱问题，而且正在逐步满足人们对更加多元化食物的追求。确保把饭碗牢牢端在自己手里，离不开农业体制机制的改革，也离不开农业科学技术的进步。无论是包产到户、三权分立政策的实施，还是绿色革命、农业机械化的普及，通过农业技术推广体系转移、传播到生产经营主体，从而提高农民素质，改变农民行为，进而达到了发展农业生产力的目的。

开展农业技术推广，通常采用手把手，面对面的访问咨询、示范展示、召开经验交流会和建立示范点等的现场方法，以及通过广播、电视、报刊、书籍等作为信息和技术的载体进行的非现场方法，由于接受农业技术的受众普遍抱有耳听为虚，眼见为实的心态，现场方法往往是农业技术推广效果最佳的办法。但是在疫情面前，采用手把手、面对面的农业技术推广显然面临种种限制。

2 疫情对农技推广工作的影响

2.1 对农情信息调度的影响

疫情发生以来，越冬作物逐步进入田间管理的重要时期，需要及时掌握土壤墒情、苗情长势、病虫害情况等信息，适时开展灌溉、追肥等农事活动。春播作物是否达到适宜播期、播种进展如何，播种面积有何变化等都直接影响全年粮食收成。由于疫情的影响，乡镇村社采取了相应的交通管制措施。在疫情面前，种情、肥情、墒情、苗情、病虫情等“五情”信息调度不同程度受到了影响，特别是信息化手段没有普遍应用的情况下。农情信息调度内容不全面、信息上报不及时，都对后期开展针对性的生产技术指导、政策意见制定带来一定的滞后性。

2.2 对春季作物生产的影响

一年之计在于春，农谚语“立春雨水到，早起晚睡觉”表明了抓好春季农业生产的重要性。疫情的发生对越冬作物的田间管理影响较大，对春播作物的影响也逐步显现。越冬作物主要以冬小麦和冬油菜为主，疫情发生以来正值冬小麦从越冬期到拔节期的转变阶段，也是冬油菜现蕾到抽薹期，各地需要根据苗青长势及时采取水肥化控等管理措施。疫情发生后，大多数乡村，特别一些离疫源较近和偏远的农村，采用了严格的道路管控措施。这些措施不仅导致农业生产经营主体无法及时下田劳作，贻误农时；同时也使本就相对欠缺的交通物流雪上加霜，导致春播作物所需农资无法及时送达千村万户，对春耕备耕造成不同程度的影响，特别是对于更紧迫的南方区域。

疫情对种植业防灾减灾也造成一定影响。从“立春”至“谷雨”，冬小麦由南向北开始返青、起身、拔节，这段时期也是冬小麦主产区气温波动较大的时期，“倒春寒”发生的风险较大。疫情的发生，导致一些田间灾害预防和补救措施无法及时开展，影响田间作物的生长发育，最终导致产量的降低，给稳定夏粮产量的目标带来很大的被动性。

2.3 对开展技术培训的影响

要确保粮食产量稳定在 6 500 亿 kg 以上，对于农技推广人员，就是要推广一批高产高抗优质新品种、应用一批绿色高质高效新农艺措施，巩固种植业结构调整成果，同时科学做好农业防灾减灾。要把新技术推广应用到广大农业生产经营主体田间地头的这个过程，最直接有效的方法就是集中种植户进行必要的现场培训和实地观摩考察。但是农事操作时不我待，疫情的发生，导致全国上下春耕备耕部署无法及时展开，针对不同区域不同作物苗情长势、天气变化等情况无法开展针对性地及时技术指导和培训。

3 疫情下农技推广工作的应对策略

疫情发生以来，各级农技推广部门积极行动，创新方法，多措并举，全国上下一盘棋确保疫情防控和农业生产两不误。

3.1 短期措施

3.1.1 多举措协调农资畅通

农资是进行农业生产的物质要素。农技推广人员在疫情期间转变角色、主动作为，通过前期摸排，变身“代购队、服务队、运输队”，积极承担起农资集中代购、运输，并送货上门，有效解决了农资下乡“最后一公里”的难点。如北京市平谷区大华山镇每村安排的一名农业技术员，在疫情防控期间，不仅指导农业生产，还协助统计村民农资需要，然后交由镇农业技术推广站进行统一采购、统一配送。这些举措不但减少了疫情期间人员的大规模流动，而且及时解决了农户农资购买难的问题。

3.1.2 利用好融媒体宣传渠道

随着信息通信基础设施的进一步完善，不仅电视、电话走进了千村万户，互联网也已经覆盖乡村，走进农家。疫情发生以来，正是借助广播、电视、电话、互联网的快速传播优势，把疫情信息传遍千家万户。同时农村大广播、卡口小喇叭响彻大街小巷，形成了严密的信息传播网、疫情防控网。农技推广工作也充分借助这些媒体渠道，采用融媒体多方位传播技术，指导农业生产。如广西壮族自治区上林县在原有 131 个气象喇叭基础上，紧急采购 320 套安装到偏远村屯，做好防疫宣传的同时，积极远程指导春耕生产。

3.1.3 推行规范防护错峰劳作

从疫情“阻击战”到“春耕备耕战”，乡村是与疫情战斗、与农时赛跑的主战场。各地区针对疫情发展形势和农事活动特点，在疫情期间严格疫情防控要求，同时多方位宣传疫情期间农事活动的防护要求，引导农户错峰下田开展劳作。在山东省邹城市严格按照疫情防控要求规范管理，推行田间管理戴口罩、错开时间分批下地开展春土豆种植，同时回村做好体温测量和个人消毒。

3.1.4 应用新型农业服务模式

面对春季农业生产的压力，积极探索“线上问诊”“线上春耕”，推广统防统治、代耕代种、土地托管等新型农业服务模式。安徽农业大学充分利用农业产业联盟等大平台，组织近百名农业专家通过信息化方式，对农业产业发展进行技术指导。山东省大型合作社则推出“订单送达”“托管服务”等模式，农户只需手机下单，合作社就带着农机和农资直接到地头，完成耕地、起垄、浇水、植保等全套服务，有效解决了农业生产时期的人员防疫问题。

3.2 长效机制

3.2.1 按照生产需求建立适当的防护物质储备

建议卫生部门在科学研判传染性疾病的基础上，结合乡镇村组卫生服务机构适当储备一批医疗防护物质，确保在疫情发生期间能够及时发挥作用。特别是当疫情发生在农忙季节时，要保证有足够的适用于疫情防护的口罩、消毒药剂、器械设备等可以直接使用，不影响农事生产活动。

3.2.3 按照安全规程建立顺畅的农资转运通道

根据不同区域，不同季节农资需求特征，采用大数据技术科学判断，结合农资生产厂家布局、中转储备基地和乡镇门店，建立多层次网络化的种子、化肥、农药、地膜等农业生产资料储备体系，确保必要时能够实现农资点对点保供运输，做到不误农事，为稳定粮食生产提供物资保障。

3.2.3 按照区域特点建立适宜的开工用工规范

在科学研判疫情基础上，针对不同区域科学分类、精准施策。建立不同防范等级的农业开工用工规范流程。针对区域疫情严重程度的不同，分类指导，确保疫情不扩散，农事活动不间断。同时针对不同的农事活动用工特点，针对性地开展用工防护，分散劳作，减少人员接触，降低疫情传播风险。

3.2.4 按照农时需求建立合理的宣传调度机制

充分利用互联网络的便捷技术，采用“云办公”的方式，通过开发应用全自动化的农情数据采集系统和相应的微信小程序、手机 App 等方法，完成农情调度和相关指导意见的制定编制。建立融媒体发布平台，充分利用广播、电视和互联网的无限空间、无限时间、无限作者、无限受众的特点把农事指南、技术指导、管理措施推送到千乡万村、百家万户。充分利用好现有的渠道机制，特别是把在疫情期间发挥独特作用的农村大喇叭利用起来，指导生产经营主体适时开展田间管理。同时发挥网格化管理的潜能，一方面把农技信息农业技术带到田间地头，另一方面把经营主体的需求反应上来。共同努力打赢疫情肆虐下的粮食稳产增收战。

稳定粮食生产、确保粮食安全始终是治国理政的头等大事。国务院总理李克强 2 月 18 日主持召开国务院常务会议，部署不误农时切实抓好春季农业生产。相信在党中央国务院的坚强领导下，在全国农业领域技术人员的多方位努力下，特别是农民朋友的全力参与下，一定能够做到疫情防控和农业生产“两不误、双丰收”。

农业产业技术体系推进技术集成创新和成果转化的探索*

牛　峰** 马玉华
（安徽省阜阳市农业科学院　安徽　阜阳　236000）

摘　要：2007 年，随着国家现代农业产业技术体系的启动，在安徽省阜阳市农业科学院建立了大豆、芝麻、甘薯 3 个国家级农业综合试验站。2009 年安徽省整合优质农业科研力量与科技资源，建立了“安徽省现代农业产业技术体系”，成立了小麦、玉米两个省级综合试验站。承担国家公益型农业科技研发、技术示范、成果转化、科技培训和应急性社会化服务于一体的重要任务。在创新产业发展模式、提升科技服务质量、特色农产品品牌建设及农业信息化、智能化建设等方面取得新的突破，为全省培育农业发展新动能提供了有力的科技支撑，取得了显著的社会效益。本文介绍了阜阳市农业科技取得的主要成就和应用典范，对现代农业产业技术体系运行思路进行了探讨。

关键词：农业产业技术体系；示范应用；成果转化；探索

阜阳市位于我国黄淮平原南端，位于东经 114° 52′ ~ 116° 49′，北纬 32° 25′ ~ 34° 04′，辖临泉、太和、阜南、颍上 4 县，颍州、颍东、颍泉 3 区和县级界首市，面积 10 118km^2，总人口 1 077.3 万，是安徽省人口最多的市。阜阳市地处暖温带南缘，跨湿润半湿润气候交界线，具有从暖温带向北亚热带渐变的过渡性气候特征，生态地理和气候区位优势明显。阜阳是国家大型商品粮、棉、油、肉生产基地，具有农产品集中产区优势的特征，粮食产量连续多年突破 50 亿 kg，占全省的 1/6、全国的 1%。自 2007 年农业部启动现代农业产业技术体系以来，以阜阳市农业科学院为技术依托单位，成立了大豆、甘薯、芝麻 3 个国家级综合试验站和小麦、玉米两个省级综合试验站。2012 年，农业部批准成立国家大豆改良中心安徽分中心、国家（阜阳）农作物品种区域试验站。以优势农产品和特色产业发展需求配置科技资源，较早建立了比较完善的国家和省级现代农业产业技术体系，承担着国家公益型农业科技研发、技术示范、成果转化和社会化服务于一体的重要任务。

---

* 基金来源：安徽省玉米产业技术体系；阜阳市社科基金项目（2020 年）。

** 第一作者：牛峰，研究员，主要从事玉米栽培育种及产业技术研究工作，E-mail: Niufeng-yumi@163.com

1 农业科技取得的成就和应用典范

一是对农业科技发展制约的关键技术联合攻关，提高了农业综合生产综合水平。二是通过国家和省级产业技术体系的研发，在实际生产上广泛应用大批新品种、新成果、新技术、新设备，农业现代化和产业化程度越来越高。三是农业科技的开展带动了农村经济快速发展，在保障农民收入和粮食安全的同时，提高了人民生活水平，加速了农科教、产学研和成果转化进程，理顺了农业科技推广运行机制。四是农业科技进步促进了基层技术人员、种植专业户和农民综合素质的提高，为现代农业发展，推进新农村建设注入了活力。五是培育了一批农业产业化企业和新型农业经营主体，实现了农业各个过程的技术对接，加速了农业各项进程，带动农产品基地的建设与市场的兴起。目前，阜阳市现代农业科技创新和推广体系日益完善，基本形成了现代农业产业技术、推广、农业经营体系，尤其在农作物新品种选育工作、农业科技推广、农业应用技术研究和服务地方经济等方面取得了显著成就。

近年来，阜阳农业科学院主持和参与了相关重大技术集成应用项目，取得了一些成功典范，并收到了显著的成效。① 阜阳市脱毒甘薯大面积综合配套技术推广应用。该项目推广面积共 360 万亩，增加产值 30 多亿元，获全国农牧渔业丰收奖一等奖。该项目由阜阳市农业科学院组织，与各县市区农业和科技部门共同实施，在实施过程中，针对该项目的关键技术环节，组装改进配套技术体系，形成了集病毒检测、组培、繁育、高产开发和推广应用于一体的科技推广运行模式，应用成效显著，实现了增收增效的目的。②“玉米振兴计划”和农业部玉米整建制高产创建等重大技术项目的实施推广。主持完成的“阜阳市夏玉米高产优化栽培技术研究及集成示范应用”项目，获 2011—2013 年度农业部农业技术推广成果三等奖，“夏玉米高产优化栽培技术研究及整建制推广应用”项目，2014 年获阜阳市科技突出贡献奖，先后主持制定安徽省地方标准“安徽省绿色食品原料（普通玉米）标准化生产基地管理准则”“皖北地区夏玉米简化高产栽培技术规程”“鲜食玉米与草莓轮作技术规程”，在临泉县谭棚连续三年创造了安徽省夏玉米高产纪录。③ 小麦高产攻关及研究。阜阳市以高产示范片为目标，实施推广优良品种、测土配方施肥、提高播种质量（农机和农艺结合）和进行病虫害综合防治等各项高产攻关技术。在品种类型更新、测土配方施肥、推广氮肥后移及普施拔节肥、“一喷三防”、播种一体化技术等栽培技术创新，粮食产量多年保持全省领先，奠定了“百亿江淮粮仓”地位。2007 年“国审小麦新品种阜麦 936 选育与应用”获安徽省科技进步奖三等奖，2010 年“优质高产小麦新品种示范与推广”获阜阳市科技进步一等奖。④ 大豆育种研究成绩突出。参加和主持国家重点研发计划、国家“863”计划、公益性行业科研专项、科技部星火计划、农业部“948”项目、安徽省科技攻关计划、省科技成果转化资金项目、省委组织部“115 产业创新团队”、国家大豆产业技术体系综合试验站、省及国家大豆品种区域试验等科研、开发项目 10 多项，选育出阜豆 9765、阜豆 9501、阜豆 9 号等 12 个品种通过安徽省审定，其中国审品种 2 个。获各类科技成果近 20 余项，荣获阜阳市科技进步突出贡献奖、一等奖、二等奖各 1 项，安徽省科学技术三等奖 2 项，全国农牧渔业丰收奖三等奖 1 项。这些技术成果的转化和应用为全省农业科技开发奠定了一座座丰碑。

2 现代农业产业技术体系运行思路的探讨

现代农业产业技术体系主要开展产业综合集成技术的试验示范；培训技术推广人员，开展技术服务，培养现代农业产业技术服务团队，为产业发展提供较有力的技术支撑；调查、收集农业生产实际问题与技术需求信息，检测分析突发情况，协助处理农业部交办的各项应急性任务。自 2019 年以来，安徽省 16 个产业技术体系围绕服务农业产业发展这一主线，坚持突出重点，突出特色，突出科技，以农业竞争力提升科技行动为抓手，在创新产业发展模式、提升科技服务质量、特色农产品品牌建设及农业信息化、智能化建设等方面取得新的突破，为全省培育农业发展新动能提供了有力的科技支撑。

2.1 根据产业和市场需求，集成应用、转化与推广有牵动性和突破性的重大技术项目

分析安徽省农业科技发展、市场及产业需求的情况，结合本地实际情况，进行论证，集成应用、转化与推广重大技术项目，及时处理当前农业面临的突出问题，解决当前实际需要，将技术成果与实际生产结合在一起，从而实现农业增效、农民增收和农村稳定。

2.2 结合粮食高产创建、农产品质量安全和产业结构优化解决技术难题和生产上的突出问题

按照“高产、高效、优质、生态、安全”的方向，向先进实用技术优化集成、关键技术创新研究与“三区”（核心试验区、技术示范区和技术辐射区）示范推广相结合的技术路线靠近。根据实际生产条件与技术基础，研究共性关键技术，通过“三区”建设、技术培训、示范推广和社会化服务全面提升生产技术水平，形成不同区域的高产高效技术规程。将先进实用技术与关键技术相结合，制定适应不同区域的技术规程，完善农业技术体系，确保农作物高产和稳产。

2.3 培养农业科技创新、技术推广和普及应用于一体的科技创新团队

围绕壮大优势产业、做强特色产业，将农机农艺融合、水肥一体化、病虫草害综合防控、产品加工等产前、产中和产后集成技术模式、示范应用。加大新品种、新技术、新装备、新模式的推广应用，利用产业技术体系的优势、农业科技资源的特点、创新体制，实现农业技术的创新与运用。充分发挥重点学科、重大农业科研项目和重点科研基地的重要作用，努力培养农业科技领军人才和应用创新人才，培养能带动农业农村经济发展的复合型人才。

2.4 科研与技术推广相结合，推动科技创新和技术推广，加速成果的转化

通过推动政产研学推深度融合，整合农业科技资源、开展协同创新，实现省、市、县三级不同层级专家学者技术人员的聚合，实现产前、产中、产后全产业链一体化聚合；科研、推广、培训的聚合；农业科技与产业的有效对接，为建设现代农业强省提供有效科技支撑。围绕农业为主导，技术创新与推广应用为主线，培养现代农业技术创新团队，创建现代农业科技综合示范基地和农业科技推广示范基地。

2.5 培育农业基地和区域化产品集散中心，推进农业产业化进程

农业产业技术体系有效整合农业科技资源，围绕产业需求确定研究课题，促进了农业

科技与产业的紧密结合，对我国农业发展起到很大的推动作用。示范基地是促进农业科技与农业产业紧密结合的重要纽带，是体系建设的重要一环。结合当地实际条件，以市场导向为方向、产业需求为核心、科技创新为手段，向推进农业结构战略性调整，建立现代农业生产示范基地，发展区域化、规模化种植，引导和发展农产品加工，促进市场的流通，推进农业产业化进程。

3 体会

3.1 发挥政府在农业科技发展中的重要作用

政府是农业科研的投资主体，政府在农业科技发展中发挥着重要作用。政府应调整农业科技投入比例和结构，增加农业科技总投入，将资金重点向公益性农业科学的基础研究、应用技术、高新技术和关键技术的研究与开发倾斜。农业科技发展可以消除由资源供给缺乏弹性对增长的约束。农业科技所具有的社会性与基础性，突显出政府在农业科技发展中的重要作用。

3.2 增加农业科技发展中重点领域投入

增加农业科技发展中重点领域的投入，开展国家重点项目，大力支持现代农业发展。政府应加大财政投入，重点支持农业科技创新。

3.3 鼓励农业科技引入市场，培育农业企业主体，放活经营性农业

政府给予一定的财政补贴，出台财政贴息政策，将农业产业化开发引入市场，从而将生产要素有机结合在一起。根据土地产权、经营流转机制改革，实行农业区域化布局、专业化生产和产业化经营，提升农产品科技含量，增加农产品附加值，实现农业生产的集约化、规模化和现代化。

3.4 培养农业生产与科技经营相结合的人才

农业科技的发展依靠农民的科技素质，注重行业调研，调整人才培养定位，依靠基础平台，健全农业技术服务体系。采用科技培训与实践相结合的方式培养优秀人才。在培养农业信息化复合型人才的过程中，应秉承查缺补漏的原则，设置各种流动训练方式与短期训练方式。定期开展培训工作，对于不同文化层次与信息的需求，有针对性地进行农业信息培训教育。努力培养和造就一批高素质的农业科技创新人才，对推动区域农业经济发展具有重要意义。

3.5 理顺农业科技服务机制，鼓励农业科技人员参与市场竞争

农业科技不仅在过去、现在和未来永远是我国农业生产发展的第一推动力。农业科技的发展归根结底是为了促进农业经济的快速、持续发展。农业科技既为食物安全和农业综合生产能力提供技术支持，又能满足工农互补和城乡统筹的需求。开发农业科技人员的潜能，把他们安置到能够发挥才能的岗位，营造有利于优秀人才脱颖而出的良好环境，鼓励农业科技人才深入农业生产基层，更好地服务于农业生产。遵循人才成长规律，结合基础研究、科技开发与推广，完善优秀人才的激励机制。

农业推广与乡村振兴建设

郑铮铠[*] 郑永敏[**]

[浙江省乐清市柳市镇农民合作经济联合会（农业公共服务中心） 浙江 乐清 325604]

摘　要：本文阐述乡村振兴建设目的、意义和要求，以及农业推广有关的概念，利用农业推广理论去推动乡村振兴的实践发展，以乡村振兴建设为指导，丰富和创新、发展农业推广理论和实践，使二者互相促进、协同发展。

关键词：农业推广；乡村振兴；理论指导；实践和创新

乡村振兴需要农业推广人员充分调动广大农民的积极性投身于乡村振兴建设热潮，乡村振兴建设实践更需要农业推广理论指导，农业推广理论需要乡村振兴指导推动来发展。建设乡村振兴特别是推进现代农业建设更离不开以农业推广人员为主力的科技大军，本文特在二者互相促进发展问题上进行探索。

1　乡村振兴建设的目的、意义和要求

党的十九大报告提出中国特色社会主义进入新时代。习近平新时代中国特色社会主义思想成为全党全国人民为实现中华民族伟大复兴的中国梦而奋斗的行动指南。报告提出了实施乡村振兴战略，坚持把解决好“三农”问题作为全党工作重中之重，坚持农业农村优先发展，按照产业兴旺、生态宜居、乡风文明、治理有效、生活富裕的总要求，建立健全城乡融合发展的体制机制和政策体系，统筹推进农村经济建设、政治建设、文化建设、社会建设、生态文明建设和党的建设，加快推进乡村治理体系和治理能力现代化，加快推进农业农村现代化，走中国特色社会主义乡村振兴道路，让农业成为有奔头的产业，让农民成为有吸引力的职业，让农村成为安居乐业的美丽家园，乡村振兴战略还写入了新党章。按照党的十九大提出的决胜全面建成小康社会、分两个阶段实现第 2 个百年奋斗目标的战略安排，明确实施乡村振兴战略的目标任务是，到 2020 年，乡村振兴取得重要进展，制度框架和政策体系基本形成；到 2022 年，乡村振兴取得阶段性成果，城乡融合的体制机制和政策体系全面完善；到 2035 年，乡村振兴取得决定性进展，农业农村现代化基本实现；到 2050 年，乡村全面振兴，农业强、农村美、农民富全面实现。

*　第一作者：郑铮铠，助理助师，主要从事农合联方面研究和数字农业推广工作。

**　通信作者：郑永敏，推广研究员，长期从事基层农业技术推广工作。

2 农业推广的发展

狭义的农业推广主要是指农业推广人员把高等院校和农业科研机构的农业科技成果及国内外引进的农业新品种、新技术、新方法等用适当的方法，介绍给农民，使农民获得农业上的新知识、并促进其使用，从而提高产量、改进品质，增加农民收入的一种社会活动。狭义农业推广也称为农业技术推广。广义农业推广是指除农业技术推广以外还包括教育农民、组织农民、培养农民义务领袖及改善农民实际生活质量等方面的一切农业、农村社会活动。农业推广的根本任务是通过扩散、沟通、教育、干预等方法，使我国的农业和农村发展走上依靠科技进步和提高劳动者素质的轨道，根本目标是发展农业生产、繁荣农村经济和改善农民生活。

3 农业推广的几个概念

农业推广学的理论，在早期的研究，主要是从农业推广的实践中总结出一些规律和方法，后来，逐渐把教育学、心理学、社会学、传播学、行为科学的一些原理和方法引入，对农业推广的一些问题进行研究，与农业推广问题互相融合，最后形成一些农业推广的基本原理和方法论，使农业推广学逐渐有了自身的理论和几个相关内容。

3.1 “技术传输”理论

早期农业推广的“技术传输”理论认为：农业推广工作者与目标客户（农民）之间的关系是简单的技术传输关系，推广工作被看成一种简单的干预手段，像“标枪”一样，把知识和动力投向目标客户，以此来传输知识。

3.2 “双向沟通”理论

该理论认为：双向沟通中的“信息”与“方法”是推广过程中的两大要素，共同决定着推广工作的成效，有时“方法”比“信息”更重要，因为信息是客观存在的，而同一信息可能会得到不同农民的不同反应，必须通过沟通做好人的工作，才能使其更好地利用信息。

3.3 “创新扩散”理论

“创新扩散”理论又称“革新传播”理论，20 世纪 80 年代开始，美国斯坦福大学教授罗杰斯（F.E.Rogers）在研究、总结瑞安和格鲁斯“采用过程”研究的基础上，创造性地提出了“创新扩散”理论以及由此推论得出的创新扩散的“进步农民策略”。这一理论的提出促进了推广学理论研究的进一步发展，并成为农业推广学理论的核心部分。

3.4 “目标团体”理论

同一群体中农民在心理特征、年龄组合、小组行为规范、获得资源的能力以及获得信息的能力等方面都存在差别，并非“同质”，而是“异质”的，即推广人员所推广的“创新”对这一群体中的一部分农民是适合的，而对另一部分农民则不一定是适合的。因此，农业推广应该将同一群体中的人根据各种因素分成有着不同特征的不同群体，而在每一个相对较小的群体中人们之间是相同或相似的，然后将这些不同的群体作为不同的“目标团体”，由此而提出了“用户导向”式推广模式。

3.5 农村精英

农村精英（乡贤）是指：拥有比较丰厚的经济资源、权力资源，或有较强的社会关系、较强的个人能力，普遍受到村民的尊重，具有一定的权威性和影响力的人，亦被村民称为“能人”。如村干部、家族长、大社员等。村干部是农村社会的体制精英，在农村诸精英中居于主导地位。所谓大社员是指那些不是村干部却胜似村干部的村民。这些人有良好的个人品德，或有较高的知识水平，或有较多的宗族血缘纽带的个人魅力，有很强的动员能力，并且在村级组织干部系列之外，不愿当村干部或任公职。

3.6 推广员

从事农业推广的人员，国家提供经费，保证他们从事农业推广工作，专业推广员主要从事专业技术推广，普及推广员主要从事家政教育和党政策宣传等。

4 利用农业推广理论推动乡村振兴建设实践

4.1 尊重农民愿意，充分发挥农民主动性

从各地实际出发，坚持把广大农民群众的根本利益作为振兴乡村建设的出发点和落脚点。着力解决农民生产生活中最迫切需要解决的实际问题，使乡村振兴带给农民实惠，受到农民拥护，只有“双向沟通”，才能知道农民需求，达到尊重农民意愿，让更多农民参为，才能更好发挥农民主动性。

4.2 因地制宜，分类指导

乡村振兴建设内容丰富、涉及面广，各村自然条件、发展基础、人文环境等不尽相同，村与村之间，农民和农民之间的发展存在不均衡性，有的差距还很大。要根据发达村与欠发达村以及不同类型农民不同情况和现实条件，对不同的“目标团体”进行分类指导，区别对待，循序渐进推进。

4.3 充分发挥农村精英作用

农村带头人是农村农民领袖，选举好农村带头人很重要，特别是配强村党支部书记。不断增强农村基层党组织的战斗力、凝聚力和创造力，健全村党组织领导的充满活力的村民自治机制，实行民主管理、民主监督，把群众的力量和智慧凝聚到推进新农村建设的伟大实践中来，在振兴乡镇建设中更要体现共产党员的先进性，为建设乡村振兴提供坚强的政治和组织保障。

4.4 重视农村指导员作用

农村指导员和驻村干部所做大部分工作内容也就是对农业推广指导员的要求。发挥他们的作用很重要，通过他们才能够把党的政策宣传好。

4.5 制定切实可行和适合当地发展规划

弄清村自然资源、气象、水系、地质和社会经济状况，对今后的农民生产、生活和生产力布局等提出指导意见，在充分尊重民意、吸纳群众智慧的基础上，确定本村未来的发展方向，尽快形成村建设的总体规划，真正以规划为龙头，对即将开展的新一轮建设进行

有效的指导，对一时无能力开发的资源实施必要的保护。

4.6 做好试验和示范

按照进步农民策略原理要求，在乡村振兴建设中重点是选择不同类型占总数10% ~ 20%村进行试验和示范。但在财力等方面重点支持，会促使富余人员更加富裕，所以要防止两极分化。

4.7 重视推广和应用

乡村振兴建设最终目的是使更多农民受益，主要把示范区的成果更好地向80% ~ 90%村推广和应用，带领农民共同奔向小康社会。

5 以振兴乡村建设为指导，发展农业推广事业

5.1 加大投入力度，提高农业推广人员待遇

多年来，特别是长期战斗在农业第一线农业推广人员，为推动农村经济的发展和农业新技术的传播应用，做出了重要贡献，是党和政府联系农民桥梁。特别要稳定基层农业推广队伍，实施平等待遇，促使安心本职工作，更要调动农业推广人员的积极性，推进农业推广人员继续再教育，加强现有推广人员的综合性、多学科方面知识培训，以在岗学习为主，学历教育和非学历教育相结合，促使他们不断更新知识，扩大知识面，提高农业推广人员素质和服务水平。充分发挥他们的特长为农业和农村、农民服务，为农民奔小康具备自身条件。

5.2 整合资源，建立乡村振兴发展中心

必须在科学整合现有机构和职能的基础上，拓宽基层农技人员服务内容，将基层农技推广机构的精力转到农村公共事业和公益服务上来。促农技推广向农业推广发展到全面为“三农”服务。如实施村账镇代理工作，为建设和谐相处、文明礼貌村民提供保障。为建立和完善信息网络服务，多渠道获取劳动力的市场需求，解决劳动力市场的农民信息不灵，自发转移带来的负面效应。为建立农村社会保障制度服务，解决农村劳动力转移的后顾之忧。为深化农村土地使用制度改革服务，使土地向经营能手集中，促进规模经营的发展。

5.3 加强农民非学历教育，加快农民转移速度

我国农民居住分散、人数众多、收入偏低，国家短期内不可能像经济发达国家那样，拿出更多钱来办农民教育，这就形成了两对矛盾：一是形势要求大力发展农民教育与经费不足限制农民教育发展的矛盾：二是农民急需提高素质而又难以离岗、离乡接受培训的矛盾。传统的围墙式教育难以很好地解决这两对矛盾，推广性教育正是解决这两对矛盾的良药。农业推广机构承担劳务培训的指导与劳务输出服务就业工作，政府除了赋予职能，增加适当的培训办公费用以外，不需要专项事业经费和人员编制。这就更有利于农村富余劳动力逐渐向城市转移，增加农民收入，提高城市化水平。

5.4 创新农业推广理论

按照科学发展观和5个统筹协调发展要求，农业推广工作要促进农民、农业和农村全

面协同发展。把协同理论应用到农业推广中，是解释农业推广过程的主体性、探究性、交际性与对话性切中时弊的新视角。实践证明，人类社会的合理发展，是人与自然、人与人之间的和谐发展，而人与人和人与自然这两个不同的系统之间是相互影响、相互作用的。农业推广是一个动态的复杂社会系统，农业推广内容更是一个开放的系统，需要各部门齐心协力，才能形成强大的合力，多元化的推广体系的建设更需要政府去协调和统筹管理，由从事科研、教学、推广、农民、企业有关人员代表组成，需要各方面协同和合作，加强联系，建立正常的双向沟通渠道，形成以各种利益为纽带的联合体。更需要理论的指导和人员的实践，充分发挥财政效应，才能更有效和更经济地去解决这问题，为乡村振兴做出更大贡献。

试析新时期上海市植物保护学会发展的机遇与挑战

——在上海都市现代绿色农业建设与长三角生态绿色一体化发展背景下

张正炜* 李秀玲

（上海市农业技术推广服务中心、上海市植物保护学会 上海 201103）

摘 要：上海市植物保护学会是我国成立较早的省级植物保护学会之一，是中国植物保护学会重要组成部分。学会业已走过了半个多世纪的风雨历程，在上海特殊的农业定位和城市精神的浸染下，学会形成了独特的组织结构和更加开放包容的组织理念。新时期，随着国家战略在长三角地区的薪新布局和上海自身都市现代绿色农业的发展，上海市植物保护学会又迎来了自己新一轮的发展机遇和挑战。

关键词：植物保护；都市现代绿色农业；长三角一体化

上海市植物保护学会（以下简称“学会”）于1959年冬由王鸣岐、杨平澜、梅斌夫、游庆洪等前辈发起并开始筹建，1965年1月17日正式成立。是我国成立较早的省级植物保护学会之一，至今已经历11届理事会，先后由王鸣岐、苏德明、陆有风、曲能治、朱伟祖、陈德明、李跃忠、郭玉人等植物保护领域知名的学者、专家担任理事长。学会设立了农作物植保（含病、虫、草、鼠、储粮）专业委员会、蔬菜植保专业委员会、园林绿化植保专业委员会、植物检疫专业委员会、农药及药械专业委员会5个专业委员会。目前学会注册会员320余人，分别来自上海120余家企事业单位，是上海地区会员覆盖面最广、交流活动最为活跃的农科学会之一，是推进上海都市绿色现代农业发展、参与上海郊区乡村治理、服务乡村振兴战略的一支重要社会力量。纵观中国科技社团发展的历史，每个社团的兴起和发展都肩负着一定的社会责任和历史使命。从鸦片战争以后以“强学会”为代表的推动全民族启蒙思潮的维新派学会的兴起，到“五四”运动前后由留学生主导的更多专业型科学学会的大发展，再到新中国成立以后、改革开放以来由我党领导的服务于国家建设和经济发展的各学科门类科技社团的全面繁荣……每一时期的科技社团发展无一不倾注着那个时代的知识分子对民族复兴、国家进步和社会发展的责任。新时期，随着国家

* 第一作者：张正炜，农艺师，主要从事植物保护与农业技术推广工作，E-mail：zhaengwei@163.com

战略在长三角地区的崭新布局和上海市都市现代绿色农业的发展，植保学会也迎来了自己新一轮的发展机遇。

1 新时期——浅谈学会的发展机遇

1.1 上海市都市现代绿色农业发展推进

2017年上海市第十一次党代会报告中提出，新时期上海农业要“加快转变农业生产方式，大力发展绿色农业和多功能都市现代农业”，并“着力提升农产品供给质量和农业劳动生产率”。上海农业牢固树立了以绿色发展为导向的新发展理念。2018年上海市制定实施《上海市都市现代绿色农业发展3年行动计划（2018—2020年）》，进一步优化农业功能布局，推进种植业布局调整。截至2019年已完成粮食生产功能区、蔬菜生产保护区、特色农产品优势区农业“三区”的划定任务。全市共划定粮食生产功能区80.32万亩、蔬菜生产保护区49.07万亩，划定特色农产品优势区13个，面积7.1万亩。136.49万亩农业“三区”的划定为上海都市现代绿色农业提供了广阔的发展空间。与此同时，上海积极推行绿色低碳循环生产方式。全市对夏熟作物进行调减，郊区已基本退出麦子种植，推广绿肥种植和深耕晒垡的面积达到120万亩以上。强化病虫害的统防统治和全程绿色防控，减少化肥和化学农药的使用，开展高效低毒低残留农药、高效植保机械双替代行动，建立高效植保示范点。继续完善本市农作物有害生物预警体系建设，提高病虫害监测水平，大力推进社会化专业化统防统治植保队伍建设，提高植保防治作业效率。努力实现主要农作物化肥、农药使用量负增长。上海农业供给侧结构性改革的推进给植保工作提出了新的要求，带领广大会员不断适应和服务于上海农业发展需要是学会首当其冲的时代任务。

1.2 长三角生态绿色一体化发展探索

绿色发展是新时期的主旋律。上海不仅肩负自身都市现代绿色农业的发展任务，更承担着探索长三角生态绿色一体化发展的国家战略任务。2018年习近平总书记在首届中国国际进口博览会提出将支持长江三角洲区域一体化发展并上升为国家战略。2019年11月横跨江浙沪两省一市的长三角生态绿色一体化发展示范区正式揭牌。长三角示范区坚持“生态绿色”的发展理念，是在长三角地区开展绿色发展实践的重要探索，是推进国家生态环境治理体系和治理能力现代化的重要举措，也是在全国乃至全球范围内率先建设成社会主义发展高地的重要典范。《长三角生态绿色一体化发展示范区总体方案》（以下简称《方案》）提出要“实现绿色经济、高品质生活、可持续发展有机统一，走出一条跨行政区域共建、共享、生态文明与经济社会发展相得益彰的新路径”。长三角城市群的中间地带恰是肩负区域重要生态功能的核心地区。在“生态绿色”的发展理念下，以往经济上的“价值洼地”被视为生态效应溢出的“水塔”。《方案》更是明确着力要将示范区打造成生态价值、绿色创新发展和绿色宜居的新高地。探索区域生态绿色一体化发展成为国家赋予上海及长三角地区的又一项重大战略任务，同样也是摆在学会和广大植保科技工作者面前的一项新课题。

1.3 国家治理体系和治理能力现代化建设

2013年党的十八届三中全会提出："全面深化改革的总目标是完善和发展中国特色社会主义制度，推进国家治理体系和治理能力现代化。"推进国家治理体系和治理能力现代化成为全面深化改革的总目标。随着国家行政体系改革的不断深入，"小政府、大社会"格局正在逐步形成，学术类社会组织独立于市场体系和政府体系之外，兼具人才集中、智力密集、运行灵活、组织网络健全的优势，越来越显示出独特和不可替代的作用。新时期，作为一个主要服务于农业领域、与生态密切相关的学术团体，学会在生态资源保护，绿色产业发展，农产品质量提升，农产品品牌创建，强化创新驱动以及农业政策实践探索方面都有很大的施展空间。积极参与社会治理，助力上海都市现代绿色农业发展，服务长三角生态绿色一体化发展的国家战略，上海市植物保护学会任重道远，大有可为。正如上海市植物保护学会第八、九届理事会理事长、上海市园林科学规划研究院总工程师李跃忠在学会成立40周年时曾经指出的："从大处说，植保工作关系到生态安全和国家安全；从实处看，植保工作与广大人民生活质量休戚相关……上海市植物保护学会的前途光明且远大！"言犹在耳！

2 新任务——试析新时期学会的发展要务

2.1 夯实学会交流与服务功能

在国家的科技创新体系中，学会是沟通政府部门、企业、大学、科研机构、教育培训机构以及其他相关公共部门等构成要素的桥梁，是党和国家联系科技工作者的纽带，肩负着团结引领广大科技工作者积极推进科技创新，促进科技繁荣发展，推动科学普及的重任。搭建交流平台，团结、联系和服务科技工作者是学会的基本职能。上海高校和科研院所云集，农业技术推广体系完善，并且有众多农资企业和大型国有农场，农业技术力量雄厚。学会有效地串联了上海的农业科技工作者，将各社会主体紧密联系和团结在一起。这是上海市植物保护学会创立的初衷和得以存续发展的基础。同时，上海的学术交流也非常频繁，是许多国际性学术会议的举办地。2018年亚太植保委员会"植物健康监测信息管理系统培训班"选择在上海举办。2019年，植保国际协会、植保中国协会和中国农药工业协会联合举办的农药包装废弃物管理国际研讨会也选择在上海召开。作为世界性的商业中心，上海展会业发达。许多跨国农化公司也多选择在上海发布新产品或进行产品推介。习主席亲自谋划的中国国际进口博览会也在上海落地，全世界的最新技术成果及商品都将通过上海这个平台进入中国市场。学会要充分利用地域优势，积极联系引导植保相关社会组织，通过学术交流、科技咨询服务、科普活动等搭建和形成科学技术的创新、传播和应用的平台和桥梁。

目前，互联网正加速向经济社会各领域传导渗透，科技社团应抢抓信息技术带来的发展机遇，坚持以人为本，以科技服务工作实际和广大科技工作者需求为导向，积极探索适合本行业发展、符合科技工作者业务需求的信息化发展之路。将互联网技术应用到科技社团建设中，是信息化时代影响下的大势所趋。学会要以建立健全会员信息管理系统为抓手，加快学会的信息化建设。信息时代交流手段日益便捷和丰富，特别是新兴自媒体的兴起大大缩短了科技社团与广大群众的距离。学会发展应当与时俱进，积极融入信息时代，提升学会服务能力和科普宣传能力。一方面，利用各种信息平台更好地联系服务广大会员，使学会与会员间的沟通交流更加顺畅、高效。通过网络交流、视频会议等方式加强工作联系。以学术交流为重点，建设网上科技社团和科技社区，打造网络科技工作者联系服务平台，塑造植保工作者之家，共建"互联网 +"学会，使学会活动与交流 24 小时在线。另一方面，积极打造信息化的科普窗口，通过运营新兴自媒体等手段提高学会的科普能力和科技推广能力。多手段、多渠道提高学会的知名度和影响力，树立学会良好的社会形象。

2.2　壮大人才队伍，凝聚科技力量

在我国国务院学位委员会和教育部最新颁布的《学位授予和人才培养学科目录》中，植物保护属于农学学科门类之中的 1 个一级学科，下设植物病理学、农业昆虫与害虫防治、农药学 3 个二级学科，是生命科学领域的传统优势专业。随着社会的发展和科技的进步，植物保护专业的就业领域不再仅仅局限于农业或林业生产。农产品安全与检验、食品药品安全监管、农药加工和经营管理、进出口检疫检验等领域都吸纳了大量的植保技术人才。特别是国际化的大都市上海，高校及科研院所云集，对外交流与贸易往来频繁，大型的农资跨国企业技术总部也多在上海设立。上海的植保人才和技术力量在全国来看都颇具优势，学会在会员队伍的发展上仍有很大空间。科技工作者是学会的主体，要面向社会各个层面，广泛发展会员，吸纳优秀人才，不断为学会发展注入活力。要树立学会良好社会形象，增强学会品牌效应就必须要严把学会会员入口关，坚持专业特色、科技导向。注重发展培养新鲜血液，增添学会的生机，为学会的长远发展储备力量。做好青年人才托举工作，推动青年创新人才脱颖而出。保持学会人才优势的同时要积极发挥学会人才的溢出效应，扩大学会影响力。通过举办培训和科普活动等手段服务绿色农业人才培养。贯彻绿色发展理念，把节约利用农业资源、保护产地环境、提升生态服务功能等内容纳入农业人才培养范畴，加绿色生产技术的研发、引进与推广。引导新型经营主体和职业农民队伍率先采用清洁生产技术，开展绿色生产。加强绿色农业科技领军人才队伍建设，培育一批市级绿色农业产业技术创新团队。

2.3　立足农业，服务"三农"，积极承接政府转移职能

党的十八届三中全会提出："全面深化改革的总目标是完善和发展中国特色社会主义制度，推进国家治理体系和治理能力现代化。"一方面国家鼓励政府向社会组织转移职能。2013 年国务院印发《国务院办公厅关于政府向社会力量购买服务的指导意见》（国办发〔2013〕96 号），落实国务院对进一步转变政府职能、改善公共服务做出的重大部署，明确要求在公共服务领域更多利用社会力量，加大政府购买服务力度。《政府购买服务管理办法》已经财政部审议通过，自 2020 年 3 月 1 日起施行。另一方面国家对学会承接政府转移职能寄予厚望，希望切实发挥科技社团在国家治理体系和治理能力现代化建设中的重要作用。2011 年，时任国家副主席习近平在中国科协第八次全国代表大会上指出，重视

发挥科协组织在推动科学发展、促进社会和谐中的独特作用，积极引导支持科协所属学会承接政府转移的社会化服务职能。2016年3月，中共中央办公厅印发了《科协系统深化改革实施方案》的通知，要求显著提升科技社团的发展和服务能力，扩大承接政府转移职能试点工作。在当前政府机构简政放权、深化社会体制改革的大环境下，党和政府对学会承接政府转移职能高度重视并寄予殷切希望。打铁还需自身硬。学会要不断提升自身的综合服务能力，完善学会治理结构、内部管理和监督制度，健全财务管理、会计核算和资产管理制度。为承接政府转移职能打好基础。学会要立足农业，以服务“三农”为切入口，从相对简单的科技评价、科技奖励和人才评价入手，特别是在农药推荐、绿色防控技术推广和农药包装废弃物管理等领域积极作为，以科技为引导，积极参与社会治理。学会要积极主动与政府部门沟通，切实提出可行的承接方案。在有委托任务的情况下全力以赴，确保完成政府转移职能工作，并做到在无相关委托任务的情况下积极作为，主动争取承接政府转移职能。

3 新挑战——兼论学会的发展前景

3.1 创新发展，建设特色品牌学会

改革开放以来，伴随上海城市化的发展，上海的农业也发生了翻天覆地的变化。上海市都市现代绿色农业建设先行先试，一直走在全国前列。随着我国城镇化的发展和农业科技水平的不断提高，国内越来越多的城郊农业面临转型。上海要为全国探索树立中国特色的都市现代绿色农业的发展模板就必须创新发展，广泛吸纳国际发达地区的都市农业发展的成功经验，结合自身情况探索适合自己的绿色发展道路。面对千载难逢的发展机遇，学会要积极引领广大农业科技工作者发挥学术优势提高社会治理的参与度，积极建言献策共同谋划上海市都市现代绿色农业发展蓝图。学会要敢于创新、勇于实践，努力探索新时期适应上海市都市现代绿色农业建设需要的组织架构和服务模式。敢于突破常规，寻找新时期农科学会崭新的发展道路，建设富有上海都市特色的植物保护品牌学会。并借助学会品牌影响力服务推动植保科技成果转化、技术产业化和产品推广，在市场经济中提高学会的生存能力。不断拓宽经费来源，提高学会活跃度，保障学会发展。

3.2 服务国家战略，助力长三角区域一体化发展

中国特色社会主义进入新时代，我国经济转向高质量发展阶段，对长三角一体化发展提出了更高要求。党中央、国务院做出将长三角一体化发展上升为国家战略的重大决策，为长三角一体化发展带来新机遇。长三角区域一体化离不开生态治理领域的协同合作，区域生态一体化是未来长三角区域一体化进程中的重要维度与内容。长三角区域生态一体化首要任务在于合力保护重要生态空间、生态系统、生态屏障。而农业又是生态的重要构成要素。2019年3月25日，金山嘉兴长三角“田园五镇”乡村振兴先行区建设全面启动，旨在推动毗邻地区农业协同发展由单座“盆景”向整体“风景”转变，复兴升级版的农耕文明、建设世界级的诗画江南。同年底，国务院印发《长三角区域一体化发展规划纲要》提出：“到2025年，生态环境共保联治能力显著提升。跨区域跨流域生态网络基本形成，

优质生态产品供给能力不断提升。”农业方面提出要“加强农产品质量安全追溯体系建设和区域公用品牌、企业品牌、产品品牌等农业品牌创建，建立区域一体化的农产品展销展示平台，促进农产品加工、休闲农业与乡村旅游和相关配套服务融合发展，发展精而美的特色乡村经济”。长三角地区农业历史悠久、一脉相承，特别是太湖流域自古便是鱼米之乡，承担政策探索任务的长三角生态绿色一体化发展示范区更是稻作文化的核心区域。同时，吴江、嘉善、青浦三地水网密布，独具自然生态与地域文化风貌特色的古镇密集，是环太湖旅游圈的金牌区域。稻米不仅仅是农业象征，也是文化符号，稻田更被称为季节性湿地，极具生态价值。建立生态绿色可持续的稻米生产方式是长三角绿色示范区保护农业生态，实现绿色发展的关键一环。农业的绿色升级和可持续发展亟须生态化的植保新理念和新技术。学会要加强与长三角地区兄弟学会的交流与合作，充分发挥桥梁纽带的优势，共同服务长三角地区优质稻米产区创建，助力“江南水乡”树立优质稻米的区域公用品牌。以业已建立的区域化病虫害预测预报体系为基础，构建一体化的生态绿色防控体系和重大病虫害统防统治机制，不断推进长三角地区农业一体化进程。同时，作为中国最大的外贸口岸，上海面临着巨大的检疫压力。伴随上海“五个中心”建设的推进，特别是在繁荣贸易和航运的同时如何确保我国生态安全，有效防范外来物种入侵威胁，是摆在上海植物保护科技工作者面前的又一道难题。学会作为前线检疫人员的技术依托，应在青年人才培养，前沿技术交流等方面给予支撑。有效整合在沪检疫技术力量，关注国际疫情动态和政策走向，服务上海贸易中心和航运中心建设，维护国家生态安全。

4 小结

学会要秉持为科技工作者服务、为创新驱动发展服务、为提高全民科学素质服务、为党和政府科学决策服务的职责定位。坚持党的领导，加强政治引领，把广大科技工作者紧密地团结在党中央周围。听党话、跟党走，新时期更要紧紧围绕党和国家工作大局和中央全面深化改革的总体部署，特别是要把握长三角生态绿色一体化发展和上海都市现代绿色农业建设的机遇。扎根“三农”，面向世界，服务长三角。当好桥梁纽带，强化公共服务，全面推动开放型、枢纽型、平台型学会建设，凝聚带领上海市植保科技工作者争做绿色发展主力军。面对新时期、新任务和新挑战，直面挑战、勇立潮头，推动上海市植物保护学会新时期不断取得新的更大的成就。

豫西丘陵山区农业技术推广中存在的问题及对策建议

张自由　吴立锋

（河南省三门峡市陕州区农业农村局　河南　三门峡　472100）

摘　要：本文分析了豫西丘陵山区农业技术推广中存在的问题，提出通过优化布局、做好示范带动、开展技术培训、发展生产托管、促进产业融合、农技与农业服务企业结合等对策建议，发展适地适度规模特色种植。这对农业技术推广人员做好基层农技推广有一定借鉴和指导意义。

关键词：农业技术推广；存在问题；对策建议

河南省三门峡市陕州区地貌分为山区、丘陵和原川 3 种类型。海拔 308 ~ 1 466m，相对高差为 1 158m。地形地貌造就了小气候生态环境的多样性，形成了多样的农作物结构。主要为小麦（油菜）– 玉米（大豆、油葵、谷子、鲜食红薯、蔬菜等）一年两熟；红薯、小杂粮等一年一熟；马铃薯、瓜菜一年一熟或两熟。昼夜温差大、富钾的红黏土土壤等资源优势适宜生产强筋小麦、高山蔬菜、优质鲜食红薯、小杂粮、瓜类等。当地生产的"清泉沟小米"是国家地理标志产品。近年来还推广了小麦、玉米、红薯、马铃薯、谷子、黑豆、红小豆、绿豆、油菜、油葵、西瓜、豆角、番茄等 30 余种优质品种，小麦"四好一巧"播种技术、玉米"一增四改"、谷子油菜机械精量播种及收割、油菜防冻、西瓜对爬等 20 多项实用技术，取得了较好的经济、生态和社会效益。结合丘陵山区特殊的自然资源和近年来农业技术推广实际，总结了豫西丘陵山区农业技术推广中存在的问题，并提出了对策与建议。

1　农业技术推广中存在的问题

1.1　农业风险大效益低，投入不足

农业生产效益受到天气因素、市场变化、人力投入等成本的影响，效益难掌控，收益不稳定。据多年调查，包括劳动力成本在内，小麦、玉米等作物亩收益 350 ~ 500 元；红薯、土豆亩收益 2 000 元左右，蔬菜、果树等经济作物效益较高，在 5 000 元上下，但年度间差异大。农产品短缺了，品种畅销，效益好；丰产了，价低难卖。导致农民从事农业生产积极性不高，科技投入、农资投入、现代装备投入、劳动力投入不足。粗放经营，农产品商品率低，品质差，收益不稳定。

1.2　生产规模小，农产品商品率低

家庭承包经营以家庭为主，耕地面积有限，生产规模小，农业规模效益很难发挥。据统计，陕州区承包到户地块 209 596 块，面积 489 563.33 亩，发放权证数量 63 317 份，平均每块地 2.3 亩、平均每户有耕地 7.7 亩。同时种植作物种类杂乱，有小麦、玉米、红薯、小杂粮等，小农经济明显，农业产品商品率低。

1.3　机械化程度低，技术应用不到位

普通作物的耕种收，基本实现全程机械化。在果菜区适合一家一户的微型农机如旋耕机普遍得到了应用。由于受地形限制，中小微型机械较多，大型农机使用少。陕州区拖拉机保有量达 9 143 台，其中小型、手扶拖拉机 8 062 台，占 88%；收获机械 1 080 台，其中联合收割机 592，台 55%；种植业机械 14 066 台，其中机引犁 6 274 台，旋耕机 405 台，免耕播种机 179 台，深松机 68 台，其他机械 7 140 台。经济作物机械化程度低，尤其是适合丘陵区的机械更缺乏，如起垄覆膜机、精量播种机、收获机等。关键技术机械化普及低，限制了新品种新技术应用。

1.4　经营主体对农业新品种新技术接受能力弱

农村经营方式为农村集体经营和家庭承包经营的双层经营体制，以家庭承包经营为主。有劳动能力的家庭成员为农业生产的从业者。随着城镇化的发展，农村进城务工人员不断增加，农业从业者多数是年龄偏大老年人、妇女等。2018 年在硖石乡东岭村、庙沟村和石门沟村进行了劳动力（18 ~ 60 岁）调查，抽查了 124 人，其中 50 岁以上 70 人占 56.5%，小学、初中文化水平。主体的文化素质、居住分散、接受能力参差不齐，限制农业技术及时应用。虽然有一部分返乡人员、致富带头人领办了一批农业企业、农民专业合作社、家庭农场等新型经营主体，全区农民专业合作社 860 余家。但数量少、经营不稳定。

2　针对农业技术推广工作的对策建议

2.1　细化区域布局，发展适地适度规模种植

结合当地地形、土壤、气候、传统种植结构等实际情况，优化不同生态类型的种植结构，发展适地适度规模种植。

2.1.1　调查研究，细化区域布局

农技人员要按照适地性种植的思路，深入农村，到田间地头、农户中调查了解该乡镇村作物种植结构现状、农事作业过程、小气候特点、土壤类型等资源要素，尽量细化到不同类型的地块，通过各方面分析比较，确定具有相对优势的作物结构。即稳产丰产，品质又有区域优势特色。为发展规模化种植打好基础。根据陕州区东部地区富钾的红黏土的土壤生产的农产品优质好吃的相对优势和水源缺乏干旱、土壤适耕期短等缺点，通过对生产中不同作物产量、品质和经济效益对比分析，重点发展耐旱的油菜、红薯、小杂粮、药材等作物，生产优质产品；在避风向阳的坡地，通过节水灌溉，种植早熟露地西瓜等效益高的作物；海拔 800m 以上地区发展高山蔬菜；丘陵间的川地种植设施蔬菜和一年两茬蔬

菜。塬上平地，推广强筋小麦，麦收后利用夏秋自然降水种植秋季马铃薯、鲜食红薯、延秋番茄等经济作物。

2.1.2　确定新品种、新技术

因地制宜制定切实可行的新品种、新技术推广计划。这些技术措施，能够弥补生产条件不足，促进优势更好发挥，使适地生产规模不断壮大。在陕州区引进双低油菜初期，通过和油菜老品种以及小麦产量、经济效益的对比，双低油菜的优质高产特性得到充分表现；在向阳坡地种植优质早熟西瓜比种植老品种、晚熟品种经济效益明显。

2.2　做好示范带动，推广标准化生产

根据区域布局，农技部门自建或合建主要作物优质高产示范田，同时利用基层农业技术推广体系改革和建设的科技示范户的示范田，作为新品种、关键技术的标准化生产展示田。树立宣传标牌，写明技术要点，一目了然。陕州区农业基层区域站建设有强筋小麦、优质谷子、双低油菜、鲜食红薯、优质早熟西瓜、优质高产蔬菜等示范基地，作为新品种及配套技术展示田。在收获前召开技术人员、农户、农资经营户等人员观摩会，如品种或技术观摩会、优质农产品品尝会等，农户看得见、感知强，效果极好。利用示范基地，示范带动新品种、新技术推广。在早熟优质西瓜推广中，在示范田地头，召开不同品种现场观摩品尝会，促进节水技术、平衡施肥技术、田间管理技术等标准化技术的普及应用。

2.3　开展技术培训，提高经营主体农业技术能力

根据农业生产实际情况，适时把农户集中起来，进行种植产业培训，系统学习耕作知识、农作物生长发育规律、病虫害绿色防控技术、土壤肥料知识等农业理论知识，提高种植户对农业对象的认知水平，在生产实际中能合理使用各项技术措施，达到提质增效目标。尽力培育新型经营主体，树立标准化生产、规模化经营、产业化发展的理念，提高农业经营收益。2013 年以来，陕州区农技推广站和西北农林科技大学联合，在油菜成熟季节，开展新品种、机械收获等新技术观摩培训，取得了较好的效果；在推广优质西瓜和鲜食红薯时，在成熟季节，召开西瓜品尝会、红薯品尝会，增加种植户的感性认识。农业科技网络书屋是农业知识、农产品信息等平台，也是各地农技人员、种植户相互交流的平台。积极组织农技人员、种植户参与，利用平台提高业务素质。同时可以将实践经营以发贴、论文等发布出去，和全国各地相互交流。理论和实践想结合，丰富理论知识，增强实践操作经验。

2.4　发展生产托管，加快规模化经营

农业生产的一些技术的落实、规模化种植需要机械设备来实现。根据区域化农业生产耕种收管的需要，成立与农业生产相互配套的农机合作社，发展生产托管，农机农艺融合，促新技术的推广，加快规模化生产。在陕州区油菜主产区的西李村乡陈庄村，通过鼓励和政府支持，新型经营主体购买了油菜免耕精量播种机、收割机。一方面落实了精量播种、合理密植、机收技术，另一方面加快了油菜生产规模化，解决了油菜间定苗、收割费工的难题。

2.5 促进产业融合，发展农业产业化

一是与农超市、农贸市场对接，大力宣传优质产品优势特点，力争优质优价，通过销售倒逼标准化技术、绿色生产技术应用。大营镇城村葡萄生产基地、张湾乡新桥村鲜食玉米种植区和三门峡市千禧超市、市区农贸市场联系，及时将农产品供应市场，促进基地各项技术的落实。二是发展休闲观光农业，挖掘农业生产休闲观光的这一用途，发展生产体验、收获采摘，满足城镇居民对农家生活体验的需求，促使农业生产者自觉应用先进的管理技术。在西李村乡油菜主产区，开展以油菜花为媒的乡村游；菜园乡过村的桃花节；大营镇的葡萄、草莓采摘园等有效地促进当地特色农产品的销售，也增强了农民科学种植的积极性。

2.6 农技与农业服务企业结合

农业企业在新品种、新产品开发上投入了很大的人力、财力。投入市场的农资产品对农业增产增效有一定程度的作用。农技人员应该在调查试验示范的基础上，了解其机理、使用方法。在推广过程中，和他们合作，利用他们的人力财力网络，为农业增收发挥作用。近年来，和杨凌农业高科技发展股份有限公司合作推广陕油 0913、陕油 19 等双低油菜品种；与山西三联现代种业科技有限公司示范运旱 618 优质强筋小麦；与宁波微萌种业有限公司联合应用早熟西瓜及配套栽培技术等，都取得了很好的效果。良种良法的大面积应用增加了农民经济效益。

3 结论

从解决农业技术推广“最后一公里”技术棚架问题出发，结合豫西丘陵山区生态小气候环境多样性的等特点，针对农业效益低风险大、生产规模小产品商品率低、技术应用不到位、经营主体接受能力弱等问题，通过技术培训、示范带动，提高农民科学种植水平；优化布局、发展生产托管、一二三产业融合，促使家庭承包经营和标准化规模化现代农业生产相融合。发展适地种植、适度规模的特色农业产业，取得了较好的经济效益、生态效益和社会效益。

创新合作社社会化服务新模式的实践与探索

郝来成　朱岁层　朱德昌

（陕西省宝鸡市眉县农业技术推广服务中心　陕西　眉县　722300）

摘　要：陕西省眉县猴娃桥果业立足农业，坚持创新，开展贯穿产前（技术培训、农资调配、签订协议）、产中（技术指导、农资配送、检查督促）、产后（适时采摘、分级挑选、组织销售）的猕猴桃全程产业化延伸服务，打造出“产前+产中+产后+四托管+品牌服务”的社会化服务新模式，实现了与现代农业发展的有机衔接，对促进农业增效和农民增收起到了明显的推动作用。

关键词：创新；合作社；社会化服务；模式；实践；探索

陕西省眉县猴娃桥果业专业合作社以开展社会化服务为宗旨，以解决农业生产问题为准则，以猕猴桃标准化生产十大关键技术为指导，积极开展科技培训，建立基地，大力开展社会化服务，铸造猕猴桃优质品牌，以品牌促销售，用先进实用的农业技术带动百余户贫困户共同致富，已成为眉县产业特色明显、运作管理规范、示范带动作用大、社会影响力强的民营科技组织，为全县猕猴桃产业发展做出了积极贡献。

1　服务特点

服务对象为合作社全体社员。服务内容为猕猴桃产业全程社会化服务。服务形式为“四送”：送技术、送物资、送协议、送订单。服务技能为猕猴桃标准化生产十大关键技术。

2　实践做法

2.1　及时做好产前服务

2.1.1　建设高标准基地

从2015年开始，在23个村建立标准化示范基地5 600亩，严格按照标准规范种植，以基地示范引导大田，推动产业健康发展。

2.1.2　开展技术培训

聘请西北农林科技大学刘占德、刘存寿、安成立教授，眉县农技中心主任郝来成研究员、眉县果技中心主任屈学农研究员等专家为合作社技术顾问，猕猴桃一线实战专家吕岩老师为技术总监，组织并带领16名乡土专家为讲师团，利用冬闲季节逐个镇、村对果农进行培训。曾受本县横渠镇政府委托，承担全镇16个中心村的贫困户实用技术培训，将近1个月内开展培训19场次，培训贫困果农3 040人次，圆满完成培训任务。每年早春组织乡土专家深入示范基地，开展以扶贫为内容的科技之春培训活动，年均举办技术培训班保持在200场次以上，参训果农达2.3万人次。

2.1.3 签订协议书

合作社与示范基地果农签订猕猴桃基地标准化种植协议书，明确甲乙双方的权利与义务、违约责任、变更与解除及其他事宜，使猕猴桃标准化种植技术以合同的形式得到确定，责任得到落实。

2.1.4 开展农资配送

每年早春坚持将国家驰名企业生产的复合肥、有机肥等萌芽肥及防治猕猴桃溃疡病的药剂统一送到各示范基地村，社员分户领取。

2.2 扎实抓好产中服务

2.2.1 培训到田间

坚持创新培训方式，除冬季培训在会议室内讲课，生长季节均到果园实地演练，直观、明了，社员果农席地而坐，老师与学员交流互动气氛活跃。

2.2.2 网络语音培训

利用网络优势，采取语音培训形式，每年聘请陕西省猕猴桃实战专家技术总监吕岩老师在果农（社员）群中进行3 ~ 5次语音培训，突出合理负载、配方施肥、病虫防治等关键技术，与果农互动。

2.2.3 组织参观学习

每年组织社员开展互相参观学习2 ~ 3次，学习先进经验，开阔眼界。

2.2.4 创办微信公众号与简报

创办了“华果猴娃桃”微信公众号，年均发布信息30期以上。建有“果农微信群”，入群果农社员309人，并建有专家团队微信群。办起《华果简报·猕猴桃专版》，免费发给全县果农，已办8期，印制5万份以上。

2.2.5 坚持测土配肥基地送肥

在基地推行“五统一”：统一目标、统一培训、统一投入品（统一用肥方案、技术指导、配送农资、检查督促）、统一管理、统一销售。大力推广配方肥、增施有机肥。2016年邀请县农技中心对基地土壤采土化验；2018年和2019年先后将1 000亩、240户土样送到西北农林科技大学以及北京的检测机构进行检测，请专家制定施肥方案，合作社补贴检测费用2.4万元。基地累计推广配方肥2万亩，果园生草1.2万亩。通过测土配肥实施，使社员亩增收500元以上。按照统一投入品的要求，在猕猴桃生产过程中，根椐其不同时期的需肥规律，及时为基地社员配送果特系列叶面肥、水溶肥、NEB恩益碧、碧护、复合肥、有机肥、农药等生产资料，送肥送药到村到户，方便社员，服务生产。

2.2.6 “三逐”指导搞服务

每年分3期，组织16名华果乡土专家，深入23个基地村逐基地、逐农户、逐果园指导督促猕猴桃管理；宣传推广猕猴桃各期配方施肥、碧护套餐、NEB施用；严格执行眉县猕猴桃标准化生产十大技术要点，为果农答疑解惑，近年来每年现场服务咨询果农3 600人次以上。

2.3 认真干好托管服务

推行扶贫果园托管模式，对包抓的8个村157个贫困户的猕猴桃园进行技术指导、农资配送、资金赊欠、果品销售“四托管”服务方式。聘请刘占德教授与乡土专家对贫困户猕猴桃园进行现场会诊，逐果园查找影响产量和质量的原因，提出有针对性的对策与措施，建立乡土专家“一帮十” 责任制。所需农资由合作社先行垫支，配送到户。果品达到收购标准的优先收购。

2.4 切实搞好产后服务

2.4.1 签订收购协议书

2019年1月逐基地与22个村、240个农户签订了2019年绿色标准、有机标准合作收购协议书。

2.4.2 创办网红视商

2019年率先举办了眉县猴娃桥网红猕猴桃3期视商培训班，成功举办了网红眉县直播全国暨眉县第一届猕猴桃果园现场直播线上线下互动宣传促销分享大会。2020年眉县特聘农技员、猴娃桥果业理事长朱继宏又有新创举，已举办网红直播带货培训班两期，这是抓住电商新兴业态推销农副产品、推动乡村振兴的具体行动，是开展电商扶贫的有力举措，有利于推动眉县“直播＋电商”的普及与发展。通过直播带货培训，为眉县培养了一批带货网红主播。

2.4.3 实行销售托管

2019年共收购销售贫困户猕猴桃24万kg，占到年销售总量的25%；对贫困户社员种植的绿色猕猴桃以6.4元/kg收购，是市场收购价的2倍，不仅解决了贫困户果品销售难的问题，还使贫困户社员总增收81.6万元，户均增收3 000 ~ 5 000元。

2.5 扎实做好品牌服务

2.5.1 用标准化生产为品牌建设提供技术支撑

在猕猴桃标准化生产上，创新制定了华果猴娃桥果业专业合作社猕猴桃标准综合体技术标准，此标准在宝鸡乃至陕西应属首创。合作社以此标准指导猕猴桃标准化生产，标准化生产技术得到全面应用，另外，还创新制定了绿色、有机标准种植规程。

2.5.2 用产品追溯为品牌建设提供质量保证

合作社建立了产品可追溯体系，实现从生产到销售全过程的有效监控，保证了产品的质量安全，使自己的产品有了“身份证”。基地使用统一内容格式的标识，对生产的品种、数量、时间、批次等进行详细记录，在包装物上系挂统一标识。收购产品时详细记录基地交售的产品标识内容。

2.5.3 用市场推广为品牌建设提供营销保障

积极参加政府组织的各种品牌宣传推介活动，积极参加大型展会或展览，展示猴娃桥牌猕猴桃品种，宣传推介，签订订单。强化品牌打造，充分利用政府搭建的各类平台宣传产品。近年来，先后与嘉兴、上海、苏州、南昌、合肥、深圳、长沙、福州等市的11家果商，以及多地的46个新零售电商建立了密切的贸易关系。

充分利用中国农民合作社杂志、中国农经、人民日报海外版官网海外网、农业科技报等超过60家新闻媒体开展猕猴桃市场推广与新媒体营销活动。坚持以品牌引领销售，在2019年猕猴桃销售不畅的情况下，销售猕猴桃600万kg，创造了历史新高。

2.5.4 用品牌建设促进贫困户增收

2019年分别与横渠镇的万家塬村、曹梁村、文谢村等8个村，2020年与11个村签订了《眉县社会组织结对帮扶村级集体经济组织协议》，开展结对包抓贫困村活动，是前几年的7～10倍。与包抓的8个村467个贫困户签订了《眉县社会组织参与脱贫攻坚帮扶协议》，明确了帮扶措施。为贫困户捐赠农资2.06万元，先后向横渠镇万家塬村41户贫困户赠送有机肥50袋、果树剪50把，为槐芽镇红崖头村88户贫困户每户赠送有机肥1袋、果树剪1把，为汤峪镇郝口坡村76户贫困户赠送价值3 040元的猕猴桃褐斑病防治药剂，在眉县第1期网红直播带货培训班上，为贫困户免除学费1 000元。

以品牌引领销售，带动猕猴桃优势特色产业发展壮大和贫困农户增收。2019年果品销售市场疲软，但合作社销售逆市上扬，形势喜人。有机和绿色猕猴桃产品共为合作社264户社员增加收益247.2万～297.6万元，户均增收9 400～11 300元，其中，有机猕猴桃使32户社员户均增收5.17万～5.85万元。为83户贫困户提供了多个环节的劳务岗位，共为贫困户增加现金收入41.5万元，人均5 000元。

推行扶贫“送股分红模式”，将建档立卡的56个贫困户吸收为合作社社员，入股资金均由合作社垫支，配送每户贫困户干股0.1股，价值100元。在合作社平等按股参与分红。

向市县医护人员、执勤交警、民警、基层环卫工人及武汉科技报社捐赠价值近18万元的猕猴桃。

3 主要成绩

近年来，合作社取得的荣誉和成绩包括农业农村部管理干部学院第4、5、6届“农合之星”全国优秀合作社，第24、25、26届中国杨凌农业高新技术成果博览会后稷特别奖，2018中国果品商业价值464.34万元品牌，入选2019中国品牌食材榜，第5届中国果业品牌大会暨第3届中国（长沙）果品产业博览会产品金奖，被中国果品流通协会授予企业信用评价AAA级信用企业，“2019品牌农业影响力年度盛典”中国十大产业扶贫典范，中国十大乡村振兴典范，2018年陕西省农民合作社示范社，2017年陕西省猕猴桃优质品牌，世界猕猴桃大会暨中国陕西眉县第6届猕猴桃产业发展大会参展奖，2017年宝鸡市优秀农民专业合作社，宝鸡市星创天地，宝鸡市十佳农民合作社，宝鸡市扶贫示范社，入围2019农民合作社500强，被眉县县委、县政府授予2019年社会扶贫先进集体荣誉称号。

“互联网＋种植服务”标准化模式的实践与思考

冷　鹏[1]　崔爱华[1]　董金峰[2]　党彦学[1]　杨加鑫[3]

（1. 山东省临沂市农业科学院　山东　临沂　276000；
2. 山东丰信农业服务连锁有限公司　山东　济南　250101；
3. 山东临沂丰邦植物医院有限公司　山东　临沂　276000）

摘　要：“互联网＋”为现代农业发展的新旧动能转换带来了全新的思维方式，如何打通农技服务“最后一公里”已成为现代农业发展亟待解决的问题。以“互联网＋种植服务”标准化模式为案例，探讨了推动农技服务标准化创新发展的路径，提出了“互联网＋种植服务”标准化创新发展的建议。

关键词：互联网＋；农技服务；标准化模式

目前，我国农业科技的创新主体、市场主体与推广主体互相分离的现象仍然存在，这严重影响了先进技术在农业生产中的转化应用，制约了现代农业的发展。在这个背景下，中央提出要加快发展多种形式的适度规模经营，发挥其在现代农业建设中的引领作用，另外，加快培育新型农业服务主体，实现服务集中型规模化、规范化经营，来解决“怎么种好地”的问题。山东丰信农业服务连锁有限公司通过互联网技术，利用信息化手段，使用标准化工具，集农业的全产业链、服务链、技术链、资金链和价值链于一体，创建了多元化农技推广服务新模式，为农技服务插上信息化、标准化的翅膀。

1　标准化模式的内涵

“互联网＋种植服务”标准化的关键是建立服务标准化体系，其核心是服务流程再造，内涵是充分利用移动互联网、大数据、云计算、物联网等新一代信息技术与种植业技术服务的跨界融合，整合金融、物流等社会资源，提升种植业服务水平，提高生产流通效率。通过标准化，实现互联网与种植业产业链相关的农户、企业、土地资本、市场信息、技术人才、体制法律等关键点的有机联络，是一种智能化、精细化的新型管理模式，也是农技服务的新模式，能促进农业现代化水平明显提升。

2 丰信农业"互联网 + 种植服务"标准化模式实践

2.1 互联网 + 种植服务的丰信模式

山东丰信农业服务连锁有限公司（以下简称丰信农业）专注种植服务领域多年，借助于互联网、大数据和人工智能，创立了"互联网 + 种植服务"标准化技术体系，实现了农业产业链信息的智能收集、分析与决策，专家"双线"指导，农户的精准化种植和智能化管理决策，是基于信息化提升农业竞争力的一类"互联网 + 农业"新模式，破解了农业服务"最后一公里"的难题。

2.2 实施路径

丰信农业与山东省临沂市农科院等科研院所开展紧密合作，构建了包含 65 项关键指标的农作物种植数据模型，开发了 20 种标准化作物种植技术方案，建立了种植信息化数据标准和技术服务标准体系。通过搭建"线上 + 线下"高效运营的一站式种植服务平台，向种植户提供轻简高效的全程化种植服务；通过智能开方服务体系实现了专业化生产，有效掌控农业产业链的关键环节——农产品质量安全控制，实现了农产品品质的稳定可控和生产的标准化；所有农户经营管理的数据扩充了第三方大数据，实现了标准化、数据化、可持续的生产。

2.3 运营设置

丰信农业设立了作物研究院、商学院、供应链中心、客服中心、信息中心、商务中心等部门，通过线上与线下手段，支持线下服务团队。作物研究院是根据大数据和线下服务团队对农户做的调研，结合作物生长规律和需求，研究制定作物种植整体服务方案。商学院负责对线下各级服务队伍进行培训。供应链中心负责采购优质及性价比合理的农资产品，组合包装发送给农户。客服中心负责对线下服务过的农户进行回访，调查意见与需求，及时反馈信息以改善服务。信息中心负责研发线上工具，结合大数据为线下服务及服务方案的制定提供科学依据，提升服务效率，增强农户体验。商务中心负责帮助线下快速建立服务团队，支持线下服务团队标准、高效地开展种植服务工作。

2.4 主要做法

丰信农业通过 10 年的创新实践，建成了线上 + 线下高效运营的互联网高速路，建立了种植信息化数据标准和技术服务标准体系，搭建了"天上有网、地里有人"的立体化、一站式种植服务平台，精准满足种植户需求，精准配置种植资源。具体包括如下内容。

2.4.1 作物种植技术数据化标准化，实现服务轻简落地

作物种植是复杂的系统工程，单靠一项技术、一个农资产品、一个品种难以实现。丰信农业以免疫健康栽培为目标，收集整理种植业的 65 项关键指标数据，结合智能算法技术，构建了作物种植技术数据平台、作物生长及服务模型，创立了从植物营养、植物保护到田间管理的作物全生命周期种植技术方案，并配套农资产品，实现技物协同应用，实现预防为主、治疗为辅的作物健康种植管理。农技服务员按照服务标准指导种植户，种植户只需按标准流程完成农活即可，便于掌握，从而更高效、轻简地管理农田作物。

2.4.2 搭建移动互联网服务系统，实现服务快速便捷

丰信农业借助互联网搭建了“丰信 App+ 丰信网 + 呼叫中心 + 微信服务端”四位一体的信息化快捷高效互动系统。农户可通过线上服务系统随时随地反映问题。公司相关部门人员可以即时与农户快速对接，及时解决农户反映的问题和种植中的需求，并能随时通知农户天气变化预警、病虫害预测预报、田间管理注意事项等信息。

2.4.3 组建高效的村级服务队伍，实现服务精准入户到田

丰信农业制定并输出了“互联网 + 种植服务”的标准化服务体系，有创业意愿的农民可以下载使用丰信 App，可申请成为丰信农业村级服务站点种植服务专员，在线上接受丰信农业的服务标准培训，之后在田间地头提供跟踪服务，随时观察作物长势，开展田间管理，及时发现异常情况，向线上专家系统上报，并快速制定应急措施，真正让农户体验到“零距离、零门槛、零时差”的全方位立体化服务和帮助。同时，通过建设线下村级种植服务队伍，“农户服务农户”，可以实现农技服务的快速落地，又是公益服务的补充延伸，有助于解决专职农技人员不足，技术服务难以进村入户到田的问题。

2.5 服务流程

线下村级服务店长调研农户种植过程中的需求，农田土壤情况、病虫害发生情况等影响作物产量和品质的各种因素，并通过手机 App 上报到系统。作物研究院的专家结合大数据与村级店长上报的农事调研信息，使用公司研发的成熟模板制定科学管理服务方案。供应链中心专家采购相关农资并组合，及时发放到农户手中。线下服务团队根据方案要求，在选地、选种、整地、育苗、施肥、用药、土壤酸碱度、地温、病虫害发生观察、收获、储藏、出售等多个节点对农户进行指导。客服团队对农户进行电话或网络回访，调研需求，收集问题。农户遇到病虫害及田间管理方面的问题，可以直接进入丰信会员之家公众号进行问诊，或者通过村级店长上报，线上专家根据图像及描述，确定解决方案并发送至农户。总部及县级团队可以联系下游粮油菜加工企业以及种子种苗生产企业，与农户建立合同关系，发展订单生产。商学院根据每个服务环节的调研情况，定期或不定期开展培训，确保店长的服务质量。

2.6 标准化服务经验与成果

丰信农业先后主导起草了 3 项国家标准、7 项地方标准，在规范产业项目建设、运营、管理等环节建立了 42 项标准化体系工具，为农业服务的标准化、系统化、规范化发展做出了重要贡献。自 2015 年 7 月对外开放至今，丰信农业建立标准化县级种植服务运营中心 113 个、乡镇服务体验中心 835 个、村级服务站点 3 630 个，覆盖千万亩以上耕地。2018 年，丰信农业获得山东省服务名牌，农化服务明星单位等多项荣誉。2018 年 12 月 29 日，在新华网、环球时报社和中国亚洲经济发展协会联合主办的 2018 中国经济高峰论坛暨第 16 届中国经济人物年会上，丰信农业凭借创新发展模式荣获“新时代中国经济创新企业”和“新时代中国经济优秀人物”两项大奖。

3“互联网＋种植服务”创新建议

3.1 重视农技服务的互联网融合创新，明确可行性途径

政府应重视农技服务的新旧动能转换，推动有关部门、行业、企业联合作战，依托地方特色产业优势，针对技术服务的“痛点”、产业发展的“瓶颈”、农民增收的“盈利点”开展头脑风暴，科学规划，制定可行性报告。新型经营主体和龙头企业要明晰转型升级方向，明确风险点和规避办法，在确保核心竞争力的前提下，整合更多的资源，推动自身发展壮大。

3.2 加强农技服务人才队伍建设，构建人才支撑体系

为满足快速发展的新型农业经营主体和产业经济的内在需求，政府部门和涉农企业都需要大量的复合型人才，因此，需要加强人才队伍建设，构建“外来智库＋管理人才＋经营人才＋技术服务人才＋互联网人才”5个层面的人才支撑体系，相应地，企业也要提供与事业发展相匹配的薪酬待遇、职业规划设计等支撑。

3.3 加强网络基础设施建设，为“互联网＋种植服务”的发展奠定基础

部分农村的互联网基础设施不够完善，甚至田间信号极差，严重制约了互联网与种植业的融合发展。政府应主导加强网络资源基础性配置，建设覆盖本区域的农业信息技术系统、生产经验、管理服务平台，建设并依托“互联网＋种植服务”示范点，以点带面，提升互联网系统性服务能力。

在信息化高速发展的今天，各行业都在充分利用互联网来发展、壮大自己。政府和企业应积极发展“互联网＋种植服务”型的智慧农业，通过农业电子商务促进工程、农业电子政务管理工程、农业信息服务示范工程的建设为农业产业链创新发展提供技术和资金支持。加强种植业的信息、金融、技术服务，在农产品生产、推广、销售、售后服务等环节中和互联网、人工智能密切高度融合，提升全产业链运营的决策水平，提高农业生产效率；并保障农产品质量安全，提升产品的国际竞争力。

巴彦淖尔市旗县农技推广体系建设思考

陈广锋[1] 刘宇杰[2] 李晓龙[3] 闫 东[4] 白云龙[4] 白勇兴[2]
李 颖[3] 杜 森[1]

（1. 全国农业技术推广服务中心 北京 100125；
2. 内蒙古自治区杭锦后旗农牧业技术推广中心 内蒙古 杭锦后旗 015400；
3. 内蒙古自治区巴彦淖尔市农牧业技术推广中心 内蒙古 临河 015000；
4. 内蒙古自治区土壤肥料与节水农业工作站 内蒙古 呼和浩特 010020）

我国是农业大国，“三农”发展对社会稳定及经济发展有着重要作用。1949 年以来，我国粮食产量总体趋势稳步增长，农业科技发挥了巨大作用，作为科技与生产纽带的农业技术推广队伍功不可没。在乡村振兴战略实施和农业绿色发展的新阶段，加强基层农技推广体系建设，不断提升技术服务能力，是推动农业现代化发展至关重要的环节。笔者通过对内蒙古巴彦淖尔 7 个旗县的农技推广部门开展调研，分析工作现状、存在问题，提出加强农技推广体系建设的相关建议。

1 旗县农技推广机构现状

巴彦淖尔市是西北地区典型的农牧业大市，农耕历史悠久，农牧业资源得天独厚，“八百里河套米粮川”享誉国内外。全市耕地面积超过 1 100 万亩，水浇地近 1 000 万亩。2017 年粮食总产 33.85 亿 kg，是我国重要的商品粮生产基地。巴彦淖尔市辖 1 区、2 县、4 旗，各旗县农技推广部门的工作人员平均数量为 18 人，女性稍多于男性，平均比例 1∶0.88。其中临河区、杭锦后旗、五原县农技中心为正科级单位，现有工作人员分别为 17 人、26 人、17 人，平均值达到编制人数的 98.4%，基本是满编运行。磴口县、乌拉特前旗、乌拉特中旗农技中心为副科级单位，现有工作人员分别为 10 人、29 人、23 人，平均值达到编制人数的 92.5%。乌拉特后旗农技中心为股级单位，现有工作人员 5 人。上述数据表明巴彦淖尔市旗县农技推广部门机构较为健全、人员基本满编。

2 存在问题

2.1 工作任务重

巴彦淖尔市旗县农技推广部门多为旗县农业农村局二级单位，需“一对多”承担上级各种业务工作。以杭锦后旗农技中心为例，该单位 26 名工作人员，全旗共有耕地 137 万亩，农业户口 20 万人，近 6 万农户需要服务，平均 1 名农技人员服务 7 700 名农民。美国是世界上最大的农产品出口国，得益于其农业机械化、规模化作业，从事农业生产的仅有 300 万 ~ 400 万人，折合 1 名农技人员只服务 170 ~ 240 人。在业务工作上，2019 年杭锦后旗农技中心需对接来自省、市的 6 家上级单位，承担耕地质量提升、化肥减量增效、农作物秸秆综合利用等项目，自主实施 103 项田间对比试验和 21 项技术集成的试验示范；另外，还需配合旗政府、农业农村局完成其他临时性工作，单位整体工作任务重、涉及面广。

2.2 老龄化突出

旗县农技中心工作人员的年龄分布情况如图 1 所示，50 岁以上的人数占总调查人数的 30%，个别旗县占到总人数的 50%；40 ~ 50 岁占比 40.4%，最高的旗县占到 80%；30 ~ 40 岁人员占比 27.7%，30 岁以下的工作人员仅占 1.8%，71.4% 的旗县农技中心没有 30 岁以下的工作人员。2014—2018 年，巴彦淖尔市各旗县农技中心平均入职 0.86 人。人员老龄化问题突出，严重缺少生力军补充。进一步调查原因得知，应届毕业生本身报考数量就较少，少数新入职人员还易被上级单位借调，或再报考到行政部门，导致旗县农技推广体系人才队伍得不到有效补充，年龄断层现象普遍。

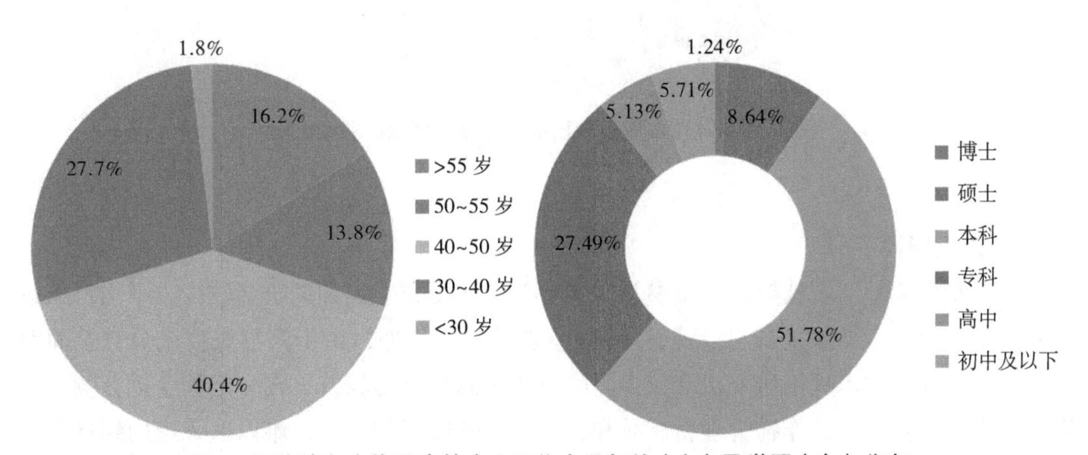

图 1　巴彦淖尔市旗县农技中心工作人员年龄（左）及学历（右）分布

2.3 学历偏低

巴彦淖尔市旗县农技中心工作人员的学历以本科为主，占 51.8%，其次是专科，占比 27.5%，研究生学历的仅占 10%（图 1）。此外，不同旗县之间，农技推广人员学历差异较大。临河区是市辖区，农技中心工作人员硕士学历占比 35%，排在所调查旗县中首位；其次为杭锦后旗农技中心，硕士学历人数占比 11.5%，其余大部分以专科学历为主，占比 69.2%；五原县和乌拉特中旗农技部门工作人员硕士学历人数分别排第 3（5.9%）和第 4（4.4%）；磴口县及乌拉特后旗农技中心没有研究生学历的工作人员。旗县农技系统缺乏高学历人才原因主要有两个：一是旗县地点偏僻且资源少，和市区相比，旗县地理位置、医疗教育、伴侣就业等资源不占优势；二是入职途径窄且流失严重，旗县农技部门自 2014 年就没有了人才引进（储备）入职途径，事业单位招聘则需报市里统筹，并且入职后的高学历人员易再报考其他单位，或被上级借调流失。

2.4 职称偏低

巴彦淖尔市各旗县农技推广部门工作人员职称以农艺师为主，占比 35.0%。其次为高级农艺师，占比 33.2%，中级和初级职称人数分别占 13.9% 和 12.6%，正高级职称人数仅占总人数 5.4%（图 2）。其中临河区农技中心正高级职称人员占比最高，为 23.5%，其次依次为五原县、乌拉特中旗和杭锦后旗农技中心，占比分别为 5.9%、4.4% 和 3.9%，磴口县、乌拉特前旗和乌拉特后旗农技部门无正高级职称工作人员。

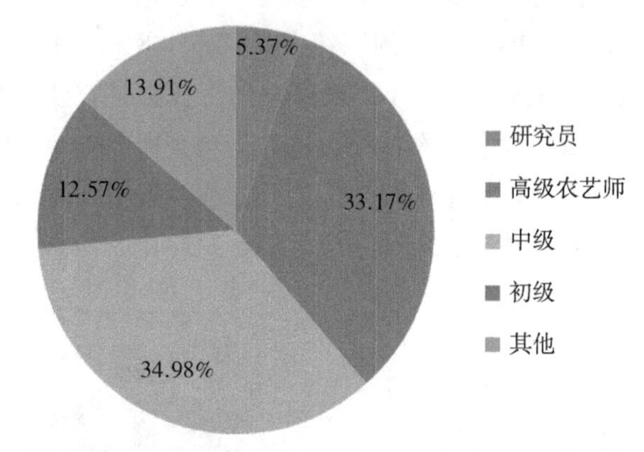

图 2 巴彦淖尔市旗县农技中心工作人员职称分布比例

2.5 知识更新慢

调查发现，基层农技推广人员参与知识更新、接受技能培训的机会较少，平均每人每年外出学习机会仅 1.57 次，且不同体系间差别较大。另外，由于旗县农技人员直接面对生产一线，参与学术理论研究机会较少，科技成果总结能力较差，在一定程度上影响了他们对农业生产新技术、作物管理新产品和技术推广新模式的了解，难以熟练应用到日常工作中，一定程度上影响了基层农技推广工作效率。

3 加强基层农技推广体系建设的建议

党的十九大报告提出要培养造就一支懂农业、爱农村、爱农民的“三农”工作队伍，基层农技推广部门是“三农”工作队伍的重要组成部分，具有上联政府、下联农民的优势，不仅在传播农业技术上，在传递党的“三农”政策上也起到了重要作用。要充分认识加强基层农技推广体系建设的重要性和紧迫性，使基层农业技术人才队伍不仅精于技术，更心怀全局，这样才能肩负起乡村振兴所赋予的重任。

3.1 创新人才招聘及选拔机制，优化队伍结构

因地制宜提高工作待遇，吸引应往届毕业生及高素质农业从业者入职。坚持“人岗匹配、需求导向”的原则优化选拔制度，保障基层符合条件的农业技术人员享有正常的职称

晋升途径，对表现优秀、实绩突出者予以优先提拔重用，鼓励其在基层服务中建功立业、脱颖而出，提高队伍活力。

3.2 深化基层农技推广体系改革，加强机构建设

充分履行基层农技推广机构公益性职能，改善工作条件。建立公益性推广与经营性服务融合发展机制，在保障农技人员工资基础上提供下乡工作经费，支持农技人员进入家庭农场、合作社、农业企业，提供技术增值服务并合理取酬，激发工作积极性。

3.3 加大农技推广队伍技能培训，提高综合素质

结合产业发展需求，统筹利用各类培训资源，按照建设“一懂两爱”“三农”工作队伍具体要求，对农技人员系统性开展理论与实践相结合的技能培训，支持多形式的学历再提升。重视节水减肥、绿色防控、栽培管理等领域新技术、新产品和新模式的示范推广，提升农技人员对作物全程绿色生产技术的掌握能力，服务农业绿色发展。

3.4 强化一主多元农技推广体系，满足发展需求

基于我国农业生产实际状况，以农技推广机构为主干，统筹好科研教学单位、农村新型经营主体、社会化服务组织等多元力量，形成层次分明、各有侧重、相互补充、有机统一的“一主多元”新型农技推广大体系，满足农业多样性、多层次、专业化服务需求，提升作业效率。

当前机构改革与植保工作持续推进的思考

——以云南省文山州为例

胡文兰* 农 彬[2] 赵发祥[3] 李斗芳[4] 李晋海[5] 黄新动**

（1.云南省文山州植保植检站 云南 文山 663099；
2.云南省广南县农业农村绿色发展中心 云南 广南 663399；
3.云南省西畴县种植业服务中心 云南 西畴 663599；
4.云南省麻栗坡县农业技术服务中心 云南 麻栗坡 663699；
5.云南省丘北县农业绿色发展服务中心 云南 丘北 663299）

农业植物保护工作是农业技术推广工作的重要组成部分，是农业稳定增产、农民持续增收、农产品质量安全和农业可持续发展的重要保障。文山壮族苗族自治州（以下简称文山州）属于云南省“边、少、穷”的农业地区，笔者以文山当前植保体系机构改革现状为例，分析植保工作中存在的问题，并为持续推进植保工作提供策略与思考。

1 文山州植保体系机构改革现状

1.1 植保机构职能职责

文山州下辖8县市，州级及县市及均成立植保植检站，隶属于同级农业农村局。2014年底，根据中央和云南省有关改革文件精神，文山州分类推进事业单位改革工作领导小组审定全州植保植检机构为公益一类事业单位。职能职责：贯彻执行《农药管理条例》和《植物检疫条例》；组织实施全州农作物病虫鼠害的预测预报；开展农作物病虫草鼠害的综合防治技术研究和技术推广；组织全州植物有害生物调查，确定文山州植物检疫对象分布，负责对检疫对象的封锁、控制和扑灭工作；组织实施农药新品种和植保新技术的试验示范及推广应用；开展农药残留监测和无公害农产品生产的研究；负责全州农药经营、使用的监督管理和农药经营人员的上岗培训；是履行国家《农作物病虫害防治条例》《植物检疫条例》《农药管理条例》等农业法律法规最主要的职能机构。

多年来，在当地党委、政府、农业行政主管部门的领导和指导下，全州植保部门科技

* 第一作者：胡文兰，推广研究员，主要从事农作物病虫草鼠害研究及防控示范推广工作，现就职于文山州农业环境保护和农村能源管理站，E-mail：37731705@qq.com

** 通信作者：黄新动，推广研究员，长期从事农作物病虫草鼠害研究及防控示范推广工作，现就职于文山州农技推广中心，E-mail：1051760779@qq.com

人员积极配合，共同努力，以“防病治虫、虫口夺粮保丰收、防灾减灾、促进农业增产农民增收”为目标，以“科学植保、绿色植保、公共植保”理念为引领，认真贯彻“预防为主、综合防治”的植保方针，履行职责职能，大力加强植物检疫和农药管理法律法规宣传，加强农作物病虫害监测预警，推进专业化统防统治和绿色防控工作，为全州农业安全生产起到保驾护航的作用。“十三五”期间全州年均发生农作物病虫草鼠害 1 720 万亩次，组织防治 2 258 万亩次，年累计挽回粮、经作物产量损失 26.3 万 t，年均粮食总产量 164.48 万 t，植物保护发挥了不可替代的作用，为文山州粮食连年获得丰收做出了重要贡献。

1.2 现机构改革撤并和人员情况

当前农技推广体系机构改革，部分县级植保植检站被撤并，人员重组，全州 9 个植物保护机构，已撤并 4 个，编制由机构改革前的 98 个减少到 86 个，实有人数 81 人，而实际在岗人员只有 40 人。由于抽调现象严重，1 个机构实有在岗工作人员少则 1 人，多则 5 人，职能弱化和人员削减明显（表 1）。

表 1 2020 年云南省文山州植保机构人员情况统计

州县市	机构名称	编制数	实有人数	在岗人数	机构改革、撤并情况	机构是否为独立法人	人员抽调情况
州属	文山州植保植检站	19	19	12	未撤并	是	抽调、下派、驻村 7 人
文山市	文山市植保植检站	11	11	5	未撤并	是	抽调、下派、驻村 6 人
砚山县	砚山县植保植检站	6	6	3	未撤并	是	抽调、下派、驻村 3 人
西畴县	西畴县种植业服务中心植保室	11	10	4	撤并划转县种植业服务中心	否	抽调、下派、驻村 6 人
麻栗坡县	麻栗坡县农业技术服务中心	5	5	3	撤并县农业技术服务中心，加挂植保植检站的牌子，保留公章	是	抽调、下派、驻村 2 人
马关县	马关县植保植检站	9	6	3	未撤并	是	抽调、下派、驻村 3 人
丘北县	丘北县农业绿色发展服务中心植保室	8	8	4	撤并县农业绿色发展服务中心，加挂植保植检站牌子，无独立财务账户	否	抽调、下派、驻村 4 人
广南县	广南县农业农村绿色发展中心植保室	6	6	1	撤并县农业农村绿色发展中心，保留植保植检站的公章和牌子	是	抽调、下派、驻村 5 人
富宁县	富宁县植保植检工作站	11	10	5	未撤并	是	抽调、下派、驻村 5 人
合计		86	81	40			

2 面临的问题

长期以来，植物保护在保障农业生产方面发挥了重要的作用。而如今，随着机构撤并和人员的急剧减少，植物保护工作面临的问题日益突显。

2.1 植物保护工作重要性有逐步弱化趋势

植物保护是农业生产中一项重要的防灾减灾措施，而植保工作又是一项技术性很强的工作。当前机构改革中，由于对植保工作重要性认识不足，农业行政主管部门未遵从和参照国家、省、州植保体系一条线对应改革，而是把植保站与其他农业站所撤并，人员重组，机构编制缩减，职能弱化。

2.2 植保技术人员抽调现象严重，队伍力量薄弱

文山州总土地面积 3.15 万 km^2，辖 8 县市 115 个乡镇 940 个村委会，有农业人口 310 万人，有耕地面积 347 万亩，每年在地农作物、水果、中药材总种植面积超过 739 万亩，年发生农作物病虫草鼠害超千万亩次，防治任务艰巨。而全州植保工作人员编制仅 86 人，乡村无植物保护机构，更无专业植保队，平均每个植保工作人员对应 3.4 万个农民和 8.2 万亩作物的病虫草鼠害防治，力量薄弱。现有的 81 名植保工作人员中，被抽调、下派、驻村 41 人，实际在岗只有 40 人，面对日益繁重的植保植检工作任务，现有技术人员难以满足植保工作的需要。如广南县 2020 年要推进全县的脱贫攻坚，完成脱贫任务，于是大部分植保工作人员都下沉到基层搞扶贫产业，涉及植保工作的办公室只保留 1 人，1 人负责全县的植保植检工作，可料想工作的艰难。乡镇无固定植保员，基层植保技术人员呈现青黄不接现象，人才断层较明显。

2.3 人员编制缩减，岗位结构比例不合理

机构撤并后，人员编制大幅缩减。广南县把植保、检测、土肥、农环、能源 5 个单位合并，原 5 个站总人员编制为 58 个，现编制 31 个，减少 27 个，减少了 46.5%。在技术岗位设置上，高级职称只按 20% 比例设置岗位，超编人数多，大多数高级职称人员将面临高职低聘，待遇降低，大大挫伤了其工作积极性。合并后，除了从事植物保护工作外，还要承担绿色发展中心的其他工作，表面上看，植保技术人员在业务上“无所不能”，人少事多，事实上已不能全面开展病虫害的监测预警，新技术新措施试验示范也难以实施，对植物检疫工作力不从心，对大面积病虫防控没有时间指导。

2.4 植物检疫省间调运签证权执行主体不明，植物检疫执法工作难以开展

《植物检疫条例实施细则（农业部分）》规定：“省间调运种子、苗木等繁殖材料及其他应施检疫的植物、植物产品，由省级植物检疫机构及其授权的地（市）、县级植物检疫机构签发植物检疫证书”。由于机构改革，部分县级植保植检站被撤并，新机构又不明确承担植物检疫职能，植物检疫执法主体不明确，导致无法办理植物检疫省间调运签证委托手续，难以确保省间调运应施检疫植物、植物产品和繁殖材料工作顺利进行，植物检疫工作处于半停滞状态。

2.5 工作协调难，压力大

植物保护工作中的植物检疫和农药监督管理，是重要的农业技术执法工作，但由于体制和机构改革的原因，职能职责不明确，工作推诿扯皮现象突出。如西畴县将原植保植检站撤并划转西畴县种植业服务中心，成立植保室。其职能职责为：组织全县植物有害生物调查，划定植物检疫对象分布区域，开展对检疫对象的封锁、控制和扑灭工作。涉及产地检疫、调运检疫等植物检疫行政执法工作未明确由哪个机构负责。农药监督管理属于行政职能，但有的县由执法大队履职，有的由植保站负责，执行主体资格不清，各行其是，主次不分，部门间协调不一致。州、县、乡之间工作协调和沟通难度更大，执法监督检测力量薄弱，行政执法压力大，工作难以开展。

2.6 经费不足或下达时间晚，影响项目推进

一是植物保护经费作为国家确定的灾害预算项目，但由于投资体制和投资方向的改变，原来固定的经费安排科目变为资金跟着项目走，全州从上级得到的植保专项经费逐年减少，完全不能满足现今植保工作任务的需要。二是植保经费下拨时间晚，通常是经费下拨的时候已错过农作物病虫害防治最佳时期。三是对植保项目经费的监管要求只能专项专用，对植保植检统筹性不够灵活。四是无植保工作经费，州及县市已多年没有把植保工作经费纳入财政预算，有的县市植保技术人员下乡差旅费都没有保障，影响了植保工作的正常开展。

3 对策建议

植物保护是保障农业生产安全的一项重要措施，在当前机构改革形势下，植保工作仍然要坚持“公共植保，绿色植保”的理念，贯彻执行“预防为主，综合防治”的植保方针，要克服和解决出现的困难和问题，要建立健全有利于植保工作的体制和机制，努力提高植保工作水平。笔者就当前文山州植保系统存在的困难和问题，提出如下对策和建议，以供参考。

3.1 提高思想认识，进一步重视植保植检工作

各级政府要把植保工作纳入重要议事日程，组织协调相关部门抓好植保工作。在机构改革中应遵从和参照国家、省、州植保系统的垂直管理，而不是擅自把植保站与其他农业站所撤并，重组人员或缩减机构编制等，不能弱化植保植检机构和力量，而要更进一步提升和加强植保植检工作。

3.2 加强队伍建设，稳定工作人员，提高业务素质

要稳定现有植物保护队伍，尽量不抽或少抽调植保系统工作人员，特别是基层工作量大，要在乡镇设专门的植保员，壮大和稳定植保队伍。在机构和人员编制不能增加的情况下，从提高现有人员素质和工作能力入手，采取在职进修、在岗培训的办法，提高他们的业务能力。要建立激励机制，鼓励植保科技人员发挥自己的特长，积极为农业生产防灾减灾多作贡献。要结合文山州实际，借鉴外地成功经验，建立乡村植保服务队，通过服务队把植保科技送到广大农民手中，尽快提高植保新技术的转化率、入户率。

3.3 合理设置植保技术人员岗位结构比例

现行的岗位结构管理实行评聘分开，应调整并合理设置岗位结构比例，或者出台一系列优惠政策，将技术人员聘用到相应的岗位上来，这样才能调动技术人员的积极性，安心投身于植保植检工作中，为农业安全生产尽责尽力。

3.4 规范植保植检行政执法，进一步明确植保植检行政执法工作职能职责

加大执法监管工作力度，为植物保护防灾减灾保驾护航。首先，农业行政主管部门要规范和理顺行政执法主体，明确植物检疫省间调运签证权执行机构，明确农业综合执法内容。其次，依照《植物检疫条例》和《农药管理条例》的规定严格执行植物检疫和农药监督管理，保障农业生产安全，为植物保护防灾减灾保驾护航。

3.5 落实工作经费，确保植保工作正常运转

一是要增加植保项目经费，每年安排一定数额的资金，用于植保部门开展植保科技试验示范推广工作，弥补病虫害预测预报经费的不足，支付乡镇植保员的报酬，满足基层植保员工作开展所需经费，确保植保网络的正常运转。二是在经费使用管理上增加一定灵活性，合理应用于植保植检项目上。三是加快经费划拨速度，赶在农作物病虫草鼠高发前及时拨付资金，提高资金的使用效益。

当前结构调整存在的问题及建议

孟令勇
（河南省濮阳县农业技术推广站　河南　濮阳　457100）

结构调整作为农业发展的突破点，对促进农业经济发展起到了积极的推动作用。但在实践中发现，一些工作与上级提出的发展要求还有较大差距。通过近期调查，对结构调整中的问题进行了分析，以期为制定更科学的发展规划和落实各种措施提供参考，从而加快结构调整步伐，尽早实现乡村振兴。

1　存在问题

1.1　优势产业没有优势

小麦是濮阳的区域优势产业，虽然在绿色创建和高产创建方面有了一定的成就，但还未取得大的突破，未在全省层面闯出一条自己的路，小麦品质、市场影响等不及附近的延津，更别说在全国层面的发展了；水稻产业曾经也是沿黄区域的名片，近几年发展却出现了倒退迹象，种植面积从 10 年前的 20 万亩以上降到了现在的 10 万亩以下，产品特色和区域优势锐减。

1.2　规模种植没有规模

在各项产业发展过程中，相关的规模数据不断上升，但仔细分析不难发现，这些多是零星数据的汇总，与常说的规模经营不是一回事，如优质小麦种植面积几十万亩，其实就是汇总而已，没有 1 个乡镇在优质麦上规模种植几万亩的，即使有也是本乡镇的汇总而已。规模上不去，形不成有效的产业，带动不了多少生产效益，没有真正形成“一村一品”“一镇一特”“一县一业”的格局，在一定程度上存在多而不优、杂而不亮、大而不强的现象。

1.3　特色经营没有特色

近几年，各地加快了结构调整力度，特色种植养殖百花齐放，初始对经济发展起到了良好的带动作用，但随着时间推移会发现，相当一部分的特色产业在全省或全国并不鲜见，引进的食用菌、药材或果蔬等常常是外地的翻版，模式无创新，经营无创新，多数仅发展了初级的生产，即发展到了初级加工，未形成高产品价值或高品牌价值。尤其在大宗农产品生产上，仍存在农药、化肥滥用的问题，在耕地质量保护和提升方面还未采取有力措施。在产品的供应上，仍以普通的大路货为主，个性化的高端农产品较少，做不到特色突破就很难做大特色产业。

1.4 本地龙头企业没有带动

一些地区的龙头企业曾经也是地方政府扶持的对象，但却不能很好地带动本地农户的生产。主要表现有三：一是龙头企业带动能力弱或经营管理存在问题不能带动；二是一些龙头企业生产量大，本地生产不适应企业发展规划，企业在全国乃至全世界范围内找原料来源，忽视了本地原料订单基地的建设；三是产量不高等因素影响了农民的种植积极性，订单失去实际意义，原有的“公司 + 基地 + 农户”模式停留在了纸面上。

1.5 产业链条没有延伸

从种植和养殖现状看，多数还处于农产品初级阶段，种植方面模式单一，养殖方面大部分畜禽产品都以活体形式进行销售，绿色、有机、种养结合、循环经济没获得突破和规模。虽然个别进入二产阶段，但品种单一，产品的多样化、科技化有待提升，市场未获得充分挖掘。绿色、有机等高端生产涉足少，产业链条未延伸更多附加产业，受市场因素制约较大，存在“赚一年赔三年”的现象。

2 形成原因

2.1 规划不到位

农业产业结构调整是涉及面很广的系统工程。在以往生产过程中，认为单纯地改换种植作物就是结构调整，这是一种狭义的调整，短期内可能有一定效果，对小范围群体有增收效益，但抗风险能力较低，持续增值能力低。如果缺乏科学的发展规划，没有长期发展思路，到头来只是一哄而起，而“遍地开花”的发展内在动力肯定扛不住集中优势的抱团发展，结局有可能只是“一哄而散”，导致调结构却不增效。

2.2 技术不到位

生产中一些关键技术落实不到位，表现在整地、播种、管理等环节粗放，施肥、用药不科学，均影响产量增加。防治病虫害还存在预防不及时、用药量偏大等现象，和农业农村部提出的减肥、减药相悖。在加工、深加工方面，设备和工艺落后，势必影响到产品质量的提高和产品附加值的增加，这种生产形式和当今人们生活需求不相适应，肯定会遭淘汰。

2.3 合作不到位

突出表现在经营主体与基地农户之间的合作、新型经营主体之间、农业技术与经营主体之间的合作等，产业带动方面存在推广生产技术规程难、产品质量不合格导致订单无法落实等问题，甚至一些农户在没有市场、没有订单、没有销售信息的情况下盲目种植、养殖，到头来产品没销路，影响收益。各主体之间信息不沟通，各自为政，“有利不同享、风险不同当”，即使短时间内有收益，长期发展也没规模。这种现象不仅在一产明显，在二产同样存在，“同行是冤家”这种旧思想是严重障碍。

2.4 扶持不到位

结构调整其实也是生产革命，不论是狭义的种植养殖，还是一二三产业的发展，都有一定的市场风险，尤其是目前提出的规模化种植和养殖、特色化经营等内容，风险等级逐渐加重。如何引导经营主体有效地规避市场风险，增强经营信心，需要在政策、资金、技术等方面对这些经营主体加以引导和培育，但事实上由于种种原因，流转手续复杂、费用偏高、投入产出不成比例等现象较为严重，往往出现虎头蛇尾的现象，要么就是昙花一现，持续发展势头不强。

3 发展建议

3.1 做好发展规划

3.1.1 围绕市场搞调整

要根据市场变化引导和组织农民调整产品，做到产品围绕市场转。要想长期发展，必须树立协调发展理念，要想科学调整，必须要通盘考虑，放眼未来，不能局限于小范围的短期调整，要构建结构调整的大格局。

3.1.2 科学规划

聘请或组建专业规划团队，深入到每个乡镇实地勘察调查，充分考虑各乡镇资源、区位、人才、资金等因素和周边县区产业发展现状，在此基础上科学规划“一乡一业、一村一品”。并坚持先点后面、示范引领，从不同区域的实际出发，明确不同区域、不同阶段乡村振兴的发展要求和具体目标，分梯次、有重点、多样化推动产业结构调整，从而在全县范围科学确定 3 ~ 4 个主导产业。

3.1.3 整合资源

产业发展规划与村庄建设规划、土地利用规划、环境保护规划要有机衔接，在各专业规划编制中，协调安排农村一二三产融合发展的空间布局、用地规模、生态要求，统筹推进乡村旅游、生态养生、休闲农业、电子商务等新业态。

3.2 建好发展机制

3.2.1 财政资金支持机制

建议按照“渠道不变、统筹使用”的原则，建立涉农资金统筹使用机制，将每年的涉农项目资金重点用在全县确定的 3 ~ 4 个主导产业上。在资金使用上，以扶持龙头企业、合作社、家庭农场等新型农业经营主体为主，扶持农户为辅。

3.2.2 金融支持机制

要抓好国家、省金融服务“三农”发展政策的落实，建立金融管理部门牵头涉农金融贷款联席会议制度，推进农信担保、农业保险等部门与银行部门合作，简化涉农贷款程序，创新贷款模式，扩大贷款规模。

3.2.3 农业招商机制

要根据全县招商引资优惠政策科学细化农业产业招商具体优惠政策，并根据确定的主导产业有针对性地招商引资，重点招引农产品精深加工企业，对于新招引农产品加工企业原则上集中在本县庆祖食品加工园区建设。

3.2.4 科技人才支持机制

要加大与农业科研院所、农业高校的沟通，根据产业发展需要，吸引更多农业院校到本县建立试验站、示范基地、专家小院、科技示范村等。同时鼓励农业科技人员采取挂职、兼职等形式来乡镇、村、企业、园区等生产一线，助力发展智慧农业。通过政府引导和资金撬动，引导百亩以上园区开展技术升级工程，提高生产标准化水平，降低生产成本。

3.3 加强组织领导

3.3.1 建立组织

成立产业推进工作领导小组，建立市县级领导联系产业和核心企业制度，做到每个主导产业都有市县主要领导专抓、专管。市县直有关部门、各乡镇都要建立相应组织机构，做到乡村振兴“有人抓、有人管、有人干”。

3.3.2 明确责任

建立市县党政领导班子和领导干部推进农业产业发展的责任机制，将各项工作任务分解到乡镇政府和相关职能部门，将5年目标任务分解到每个年度，通过定期分步督查和工作实绩考核，推动建立层层抓落实的责任体系。

3.3.3 建立联席会商机制

建立部门联席会议制度，就工作中遇到的问题及重大事项开展会商、研究，从大局谋划发展现代农业。要组织相关单位和乡镇走出去，学习考察国内外先进做法和经验，进一步解放思想，转变观念，推进农业高水平发展。

第三部分

绿色发展

四川省绿色防控替代化学防治的思考

徐　翔　尹　勇*

（四川省农业农村厅植物保护站　四川　成都　610041）

摘　要： 2015年以来，四川省紧紧围绕“一控两减三基本”工作主线，全力实施农药减量控害行动和绿色防控替代化学防治工程，有效遏制了化学农药用量不断攀升的势头。本文在分析深入推进绿色防控势在必行的基础上，总结了目前四川省病虫害绿色防控的现状和主要问题，提出了加强科技支撑，加强基础建设，加强示范引领和加强政策支持等针对性的对策建议。

关键词： 绿色防控；减量控害；建议

习近平总书记强调“绿水青山就是金山银山”要坚持节约资源和保护环境的基本国策，推动形成绿色发展方式和生活方式。2017年，中央出台了《关于创新机制体制推动农业绿色发展的意见》，四川省也据此制定了具体实施方案，要求深入持续推进病虫防控绿色化减量等化学农药减量控害、减施增效行动，为保障全省农业生产安全、农产品质量安全和生态环境安全提供坚实支撑。推动农业绿色发展，必须深入推进农作物病虫害绿色防控。为此，在深入调研分析全省农作物病虫害绿色防控现状的基础上，针对目前存在的问题，重点从科技支撑、基础建设、机制体制等方面提出建议，力争为推动实现全省农业绿色发展做出更大贡献。

1　深入推进绿色防控势在必行

近年来，四川省农作物病虫害绿色防控覆盖率不断提高，2019年达38.6%，比2015年提高了15.6个百分点，但距农业绿色发展的要求还有较大差距。

1.1　病虫害防治仍以化学防治为主

2014年之前四川省化学防治面积占比超过90%，生物防治、物理防治占比均不足5%。从2015年起，四川省持续推进农药使用量零增长行动和农药减量控害行动，全省化学防治面积逐年下降，2019年，全省化学防治面积占比下降至72.3%，生物防治占比已提高至18.6%，但化学防治占主导地位的问题仍未逆转。

1.2　单位面积化学农药使用强度大

若以耕地面积10 103.1万亩为基数，2019年全省平均施药强度为0.43kg/亩。以农作物种植面积1.45亿亩为基数，折合亩平均单季作物使用农药296.2g，单位面积农药使用量为美国的2.3倍、欧盟的2倍，其中杀虫剂使用量最大，单位面积用量为美国的14.7

倍、欧盟的9.3倍。四川省不同农业区单位面积用量差异较大，据统计，成都平原区农药总投入量最高，为农药总投入量最低的攀西山地区的3倍左右。

1.3 生物农药占比依然较小

2019年，全省农药使用量为4.29万t，其中杀虫剂使用量占45.48%，比全国高13.38个百分点；高效低毒低残留农药占比71%，比农药使用量高于四川省的江苏省低12.5个百分点；短稳杆菌、金龟子绿僵菌、甘蓝夜蛾核型多角体病毒、印楝素、枯草芽孢杆菌等生物农药占比仅8.5%。

2 绿色防控现状与问题

自2015年以来，四川省深入贯彻落实部、省《到2020年农药使用量零增长行动方案》，紧紧围绕“一控两减三基本”工作主线，全力实施农药减量控害行动和绿色防控替代化学防治工程，有效遏制了农药用量不断攀升的势头，2015—2019年累计减少农药使用量7 200万，连续5年实现了农药用量负增长。但四川省绿色防控推广仍存在一些问题。

2.1 技术研究相对薄弱

近年来，四川省不断引进、筛选绿色防控新产品、新技术，在柑橘、茶树、水稻等10余种作物上开展色诱、灯诱、性诱等绿色防控试验示范50余项，开展了猕猴桃溃疡病、荔枝蒂蛀虫等10余项疑难病虫绿色防控研究，制定、修订了茶树、油菜、草莓等农作物病虫害绿色防控技术规程，但尚未开展中药材、柠檬、桑树等优势特色产业病虫害绿色防控研究。2018年起，又在全省不同生态区开展了水稻、茶叶、柑橘全程绿色防控试验示范，探索了一批病虫害全程绿色防控解决方案，但绿色防控技术集成化水平和关键技术产品配套等方面仍存在较多问题。

2.2 体系建设亟待加强

随着机构改革的推进和轮岗交流力度的加大，全省植保队伍不稳、保障不力的问题突出。近5年，全省植保系统人员逐年减少，2019年仅有2 776人，较2014年减少676人，本科学历以上仅占31.9%。推广人员不足、学历水平偏低，严重制约了绿色防控技术的推广应用。按照全省1.01亿亩耕地计算，平均每名技术人员需要服务3.6万亩耕地和3万户农户，与病虫防治需求严重不匹配。

2.3 推广机制有待完善

目前四川省绿色防控技术以农业部门示范推广为主。2019年全省共建立绿色防控示范区（包括农药减量控害、科学用药等）1 219个，示范区2 400万亩，核心示范面积380万亩。示范区量小面窄，缺乏规模效应，引不起政府和社会的重视，加之绿色防控成本高于化学防治，业主应用积极性不高。另外，绿色防控技术推广组织形式与生产经营方式不适应，有限的植保技术人员面对千万农户开展技术服务，不能很好地提供全方位、多层次的示范、宣传、指导服务，产业化推广广度和深度不够，推广工作中存在着不同程度的上层热下层凉、业内热业外凉的现象。

2.4 政策支持力度不足

2015年以来，四川省累计从中央、省级财政中切块5.89亿元（占比76.5%）用于支持开展农作物病虫害绿色防控。但从省级到市、县级都缺乏专项支持，据统计，2019年全省各市县用于支持病虫害绿色防控的资金投入不足2 000万元。以绿色为导向的补贴机制和绿色农产品优质优价的机制尚未建立，农业企业和种植大户对病虫绿色防控缺乏持续投入的意愿。

3 对策与建议

3.1 加强科技支撑

3.1.1 加大技术研究力度

加大对天敌昆虫开发、生物农药研制、天敌产品产业化生产和绿色防控产品田间应用等技术研究的支持力度，为形成具有四川特色的病虫害绿色防控技术体系奠定坚实基础。抓好技术模式的集成和标准化研究，制定出台一批绿色防控技术规程和标准，切实解决当前推广应用普遍无规范可依，无标准可遵循的问题。

3.1.2 加强技术集成示范

以“川粮（油）”“川果”“川菜”“川茶”和“川桑”等特色产业为重点，强化科研、教学、推广单位之间的协作，组织开展联合攻关。大力开展绿色防控技术体系集成创新，形成以作物为主线、以生态区域为单元的全程绿色防控技术模式。

3.1.3 健全产学研用一体化创新机制

加强资源集成，强化科研、教学、推广单位之间的协作，组织开展联合攻关，以作物为主线，开展适应不同生态环境的区域技术模式研究，探索绿色防控替代化学防治的有效方式方法，使技术体系模式化、区域化、轻简化和标准化。加强农机、农技、种子、土肥、水产、畜牧等部门之间的统筹协调，主动加强与绿色防控技术的融合，推介一批优质安全、节本增效、绿色环保的绿色防控主推技术。

3.2 加强基础建设

3.2.1 加强病虫监测预警能力建设

抓住新一轮植保工程建设契机，在50个全国农作物病虫监测预警区域站、65个省级病虫重点测报站和粮经作物主要产区，以物联网、大数据技术为基础，重点建设一批自动化、智能化田间监测网点，配备现代新型智能监测工具，实现病虫害发生数字化监测、网络化传输、可视化预报，提高监测预警的时效性和准确性，为病虫害精准防控提供科学依据。

3.2.2 打造天敌繁育中心

目前，四川省已在成都市蒲江县建成了西南地区首家标准化天敌工厂，生产的赤眼蜂、捕食螨已开始应用于水稻螟虫和柑橘害螨的防治。建议下一步整合相关项目，加大对天敌工厂的支持力度，扩大天敌繁育种类，将该天敌繁育中心打造为集院士专家工作站、天敌昆虫研究所、天敌繁育工厂和生物防治试验示范基地于一体的西南天敌繁育中心，为全省进一步推动害虫生物防治提供物资保障和技术支撑。

3.2.3 加强植保队伍建设

建立跨部门、跨学科、跨行业的植保科技创新团队，重点开展影响产业发展的新病虫害发生流行规律、暴发成灾机理等基础性研究。与人事、科教等部门协作，加快培养一批学术精湛、作风优良的植保专家队伍，一批业务精通、爱岗敬业的行业管理和技术指导队伍，一批技术实用、扎根基层的“土专家”，全面提高全省植保技术水平。

3.3 加强示范引领

3.3.1 建立示范园区

依托本省“绿色植保示范县”建设和全国农作物病虫害“绿色防控示范县”创建工作，结合全省现代农业园区，建设“全程绿色防控”示范园区，加强组织领导和宣传引导，形成上下联动机制，深入推进绿色防控替代化学防控工程，促进防控策略由单一病虫、单一作物防治向区域协防和可持续转变。

3.3.2 强化宣传培训

以新型农业生产经营主体及专业化服务组织为重点，培育一批绿色防控技术骨干，提高绿色防控产品田间到位率和应用效果。以全社会关注农产品质量安全为契机，通过多形式、多渠道广泛宣传应用绿色防控技术的重要意义；及时总结提炼各地推广绿色防控的好典型、好做法、好经验，并通过现场会、观摩会、专题会、农民田间学校等形式积极宣传推广，促进绿色防控技术应用，形成全社会关心、支持绿色防控工作的良好氛围。

3.3.3 抓好主体带动

支持种植大户、新型家庭农场、农民专业合作社、行业内龙头企业等新型经营主体在优势区建设规模较大、设施完备的示范基地，实施绿色防控替代化学防治工程，通过展示新技术，推广新模式，示范带动绿色防控技术更大范围应用。扶持一批管理规范服务高效的植保专业服务组织，开展绿色植保直通式服务，提供全程病虫绿色防控技术，辐射带动分散小农户应用病虫绿色防控技术，全面助推全省病虫绿色防控的开展。

3.4 加强政策支持

3.4.1 优化补贴机制

建议省级财政设立农作物病虫害绿色防控专项，根据不同农业区域、不同农作物确定试点范围和重点，在成都平原、川西南山地区等试点县重点开展菜果茶生物防控补贴试点，其他粮食和经济作物产区重点开展绿色防控补贴试点，重点对生物农药、天敌昆虫、理化诱控进行补贴，额度不低于物资购置成本的1/3。探索形成政府资金正向引导、经营主体愿意投入、广大农民积极参与的长效投入机制，各地要制定相应扶持措施，积极探索绿色防控技术补贴和物化补贴模式，鼓励社会资本参与绿色防控技术集成推广应用，建立多元化投入机制，实现农作物病虫害全程绿色防控大面积推广、可持续推进。

3.4.2 创新推广应用机制

以现代农业园区建设为契机，加强部门协同，将病虫害绿色防控作为现代农业园区建设的重要内容，将病虫害绿色防控覆盖率作为现代农业园区的重要考核指标，合力推进绿色防控技术推广应用。要把社会化服务作为实施绿色防控的重要抓手，搭建公共服务平台，撬动社会资本，加快构建社会化服务基地，开展病虫害绿色防控社会化服务，改变植保社会化服务组织就是“打药队伍”的形象。

3.4.3 推动形成优质优价机制

以绿色防控促进品牌创建，创响一批地方特色突出、特点鲜明的区域品牌和企业品牌，提升产品知名度和附加值，利用“互联网 +”等技术手段，对采用病虫绿色防控技术生产的绿色优质农产品进行大力宣传，用社会公众看得见、听得懂、信得过的方式，做好品牌推介，推进优质优价机制形成。

周至县猕猴桃病虫害绿色防控工作进展及建议

金平涛

（陕西省周至县植保植检站 陕西 周至 710400）

摘 要：通过2018年以来实施农药减量提质增效工作，开展猕猴桃病虫绿色防控，推广应用集成技术，明确增产、提质及减量效果，并针对存在问题提出建议措施，以期促进和保障猕猴桃支柱产业持续稳定健康发展，促使果品生产转型升级，农药使用减量提质增效。

关键词：猕猴桃；病虫害；绿色防控；进展；建议

陕西省周至县南依秦岭，北临渭水，气候温和，雨量充沛，土壤肥沃，是猕猴桃培育和栽植的最佳适生区。经过40年的全力发展，相继选育出秦美、哑特、翠香、华优等优质品种，同时引进海沃德、红阳、徐香、金艳等优良品种，形成主辅产品层次分明、红黄绿果肉色彩各异、早中晚熟合理搭配的多样化产业格局。现已成为周至县兴县富民的支柱产业，2020年全县猕猴桃栽植面积达43.2万亩，挂果面积39万亩，产量53万t，一产产值超32亿元。从2018年实施猕猴桃病虫害绿色防控农药减量提质增效工作以来，认真贯彻“科学植保、绿色植保、公共植保”工作理念，积极做好猕猴桃病虫害绿色防控技术推广应用，努力实现农药减量提质增效目标，各项工作取得明显成效。

1 猕猴桃病虫发生和防治基本情况

2019年猕猴桃病虫总体上中度偏轻发生，其中溃疡病及花腐病、灰霉病中等发生，局部偏重发生；褐斑病、叶蝉偏轻发生，局部中等发生；金龟甲、小薪甲、蝽、斑衣蜡蝉、叶螨、叶蝉等轻发生。发生面积118.3万亩次，防治153.2万亩次。

2 绿色防控农药减量提质增效主要推广技术

针对猕猴桃生产中的主要病虫害，全面实施“病虫基数控制、部分害虫诱杀、植物免疫诱导、安全药剂防治、高效药械应用”五大绿色防控集成技术。根据猕猴桃不同生育期的病虫害发生情况和为害特点，依据防治指标，确定关键生育期的主要病虫防控对象，应用防治方案和应急预案，做好研究如何科学组合、对症用药，应用高效施药器械精准施药，将对控制病虫为害、压低来年病虫基数，保障猕猴桃生产安全和果品质量安全。

3 具体工作开展情况

3.1 领导重视支持

周至县被确定为2013年和2014年全国猕猴桃病虫害绿色防控示范区，2014年陕西省科技示范推广专项资金“猕猴桃病虫害绿色防控技术集成示范与推广”项目的批准实施，从2018年开始实施猕猴桃病虫防治农药减量提质增效工作，全县高度重视，县农业局成立绿色防控示范工作领导小组，周至县植保植检站认真实施，制订了周至县猕猴桃病虫害绿色防控示范区实施方案，落实单位技术骨干专人负责。省植保站、市植保站和县农业农村局先后多次到示范区进行调研，指导猕猴桃绿色防控示范工作开展，对在示范区开展的诱虫灯示范和猕猴桃园外围种植芫荽和胡萝卜诱集蝽等试验进行指导。

3.2 强化技术指导

及时分析监测数据，结合猕猴桃物候期，制定切实可行的防治技术措施，定期向示范镇、村、户发布病虫情报信息，全年发布《病虫情报》7期，准确率在95%以上。年初编制《猕猴桃全生育期药剂组合技术方案》，发放给示范区果农2 000余份；整合项目实施，利用县农业科技入户项目，防治关键时期，组织百名农技干部“进村入社”，深入果园生产一线，开展灵活多样和通俗易懂的技术培训和现场指导，解决果农绿色防控中的技术难点，充分发挥科技示范户的辐射带动作用。

3.3 加强宣传培训

利用电视、网络、短信等媒体快速可视化发布病虫发生及防治技术信息，为广大果农防治工作提供指导。开通技术咨询热线电话：029-87112453，植保技术人员的手机号码成为服务果农的科技“110”，随时解答绿色防控应用技术，使果农时时清楚知道新技术应该何时用，怎么用。竖立核心示范展示牌2个，展示和宣传猕猴桃绿色防控集成技术内容。强化绿色防控技术培训和宣传，采取集中培训、现场指导、印发资料等多种形式，加大示范区果农绿色防控技术培训力度，提高先进技术实践效果的普及率和到位率。2020年开展猕猴桃绿色防控技术培训10场次，培训群众1 200人次，印发绿色防控技术资料2 000余份。利用西安市农民科学种植技能大赛周至猕猴桃专场比赛活动，着力推广猕猴桃科学种植技能，宣传规范化操作规程，普及猕猴桃病虫害绿色防控技术。

3.4 注重技术研究和总结

以猕猴桃重点生育期关键防控对象为重点，制订药剂组合方案，核心区开展示范；开展绿色防控技术试验研究，猕猴桃园外围种植芫荽和胡萝卜诱杀蝽、猕猴桃应用氨基寡糖素和碧护试验示范、杀虫灯诱杀金龟子示范、电动喷雾器施药试验等。加强调查，建立实施档案，注重图片资料的积累，对相关调查数据和资料分类整理，进行总结分析，编印《猕猴桃病虫害绿色防控技术手册》3 000册。

4 目前工作取得的成效

4.1 主要病虫害得到有效控制

示范区主要病虫害防控效果显著，溃疡病、叶斑病及蝽、金龟甲、小薪甲、桑盾蚧、斑衣蜡蝉、叶螨等全生育期病虫均能控制在防治指标以内，未发生为害损失，核心示范区果园病虫防控率达90%以上，为害损失控制在5%以内。果品采收前调查，示范园和农民自防区蝽为害果率分别为7%和28%，示范园较农民自防区蝽防控效果提高21个百分点；12月中旬越冬调查，全县溃疡病平均病园率6.7%，平均病株率0.5%，主要在红阳等易感溃疡病猕猴桃品种上，而在示范园的详细调查，没有发现感病猕猴桃植株。杀虫灯诱杀害虫示范效果明显，诱杀金龟甲等鞘翅目害虫70%，桃蛀螟等鳞翅目害虫约10%，蝽等半翅目害虫及土蝗、蟋蟀等直翅目害虫约20%。设灯区比未设灯区金龟甲、蝽的虫口减退率约为48%。种植诱集作物诱杀蝽类示范结果表明，果园外围种植芫荽、胡萝卜等植物诱集蝽类害虫然后集中杀灭，能有效降低园内蝽为害率。5月23日全县猕猴桃园调查，平均虫园率46.5%，平均百株有虫3头；而示范园内蝽很少见到。示范区较农民自防区减少了1次用药。

4.2 切实落实"科学植保"，实现了农药减量提质增效

在药剂防治过程中，充分考虑作物生育期、果园生态环境、药剂特性等因素，适当放宽防治指标，防治决策上充分考虑猕猴桃植株受害补偿和自我修复能力，不追求100%防治效果，科学减少施药次数和施药量。通过各项绿色防控技术的集成、优化和推广应用，明显提高项目实施区的病虫害防治技术水平。核心示范区较果农常规防治区农药使用量减少26%，防治成本降低24%。其中，用药次数减少3次，用药种类减少1/3，每种农药用量减少37.5%以上，最大限度地减少了农药使用量，降低了防治投入，病虫危害损失率控制在10%以下，果品的农药残留控制在允许水平之内。果实采收前调查，核心示范区商品果率为86%，平均亩产2 140kg，较农民自防区商品果率增加12%，商品果亩增产340kg，亩增收1 496元。

4.3 初步形成猕猴桃全生育期病虫害绿色防控技术方案

在总结生产实践中有效技术措施的基础上，试验示范诱杀技术，集成农业、物理、生物和化学等技术，初步形成了猕猴桃全生育期病虫害绿色防控技术体系，明确了以农业技术措施如多芽少枝修剪技术、定量挂果不留双连果控制猕猴桃小薪甲、单枝上架、配方施肥等为基础，实施果实套袋和病虫基数控制、害虫诱杀、免疫诱抗应用、科学药剂组合和高效施药为核心的绿色防控技术，辅以"人工授粉、疏花疏果、沼果结合"等规范化栽培管理技术，综合配套应用，有效控制了猕猴桃病虫为害。总结试验示范成果，编印出版了《猕猴桃病虫害绿色防控技术》。

5 绿色防控存在的问题与建议

5.1 存在问题

5.1.1 技术推广机制不完善

农业植保技术推广工作是“公共植保、绿色植保”，需要全社会、各阶层和各部门的共同参与，更要国家项目帮助和经费支持推动，才能在生产上广泛应用。另外，当前农村主体是果农个体经营，栽植面积相对较小，存在品种、技术和管理不统一的问题，尽管成立了专业合作社和协会等，但植保技术部门、专业合作社、果农、企业4方未能形成强大的合力与凝聚力，没能搭建形成成熟的技术推广机制。

5.1.2 果农认识不到位

一是农民绿色防控新技术的科学素质有待提高，他们不是很了解绿色防控技术的有效性和经济合理性，也就不愿积极采用；二是绿色防控新技术较为系统，果农只愿意接受操作程序简单的技术；三是绿色防控新技术的使用成本偏高，果农十分关注所采用新技术的直接经济投入成本，产品质量意识不是很强，技术使用的直接经济成本影响果农对新技术的采用率。

5.1.3 技术体系还需进一步完善

虽然做了大量绿色防控技术的集成、优化、示范与推广工作，操作技术日趋成熟，但距离现今实际猕猴桃生产需要仍有差距，针对果农需要、市场需要、适应生产环境的简便易行、经济实用的绿色防控技术还需不断完善和提高。

5.1.4 绿色防控产品品牌未与市场形成有效对接

绿色防控工作虽然在全社会有了一定的认知度，但还不高，没有形成共识，市场品牌还没有完全培育起来，使得猕猴桃优质优价的激励机制尚未完全建立，应用绿色防控技术进行病虫害防治的果品的售价与普通果品基本一样，一定程度上制约了绿色防控新技术的大面积应用。

5.1.5 政策支持力度还显不足

绿色防控当前只是农业部门的行为，还未获得政府的强力专项扶持，未建立对绿色防控技术应用的补贴政策、未建立对相关企业的优惠政策、未提供给力的专项资金支持，这与绿色防控工作的实际工作开展还有较大的差距。

5.2 绿色防控建议

5.2.1 加强宣传培训推广力度

通过试验、示范展示和宣传培训等活动，设计相应的绿色防控技术指导和培训农民项目，强化培训农民，使农民掌握绿色防控新技术的原理和使用方法，增强果农科学技术素质，让农民能够清楚明白采用绿色防控新技术的经济、生态和社会效益。

5.2.2 优化完善技术工作措施

进一步加强猕猴桃病虫害绿色防控技术的研究与集成，形成简便易行实用的规范技术，并探索技术补贴和劳动力投入补贴机制，从而提高绿色防控新技术应用率。建立面向果农的绿色防控新技术支持与咨询网络，提供及时的技术指导与服务，将绿色防控新技术推广活动集中于那些家庭中的生产决策者。

5.2.3 进行示范推广工作创新

绿色防控新技术的示范与推广不同于传统的农业技术推广工作，只有从推广政策、机制、方式和方法上不断创新，因地制宜开展推广活动，才能大力推进绿色防控工作。如由于生物农药售价高、效果慢、使用技术性强，果农不能完全认可，如国家能建立药剂补贴政策或机制推动，再通过示范宣传加以引导和推广，才能在猕猴桃生产上广泛应用。或列支财政专项资金，实施“猕猴桃病虫害绿色防控技术集成示范与推广”项目等，推动猕猴桃病虫害绿色防控工作开展。

5.2.4 构建品牌推动效应

建立优质优价的激励机制，将猕猴桃果品质量与安全指标和经济效益有效挂钩，确保果农积极主动地实施绿色防控技术，促进绿色防控工作深入持续开展。

5.2.5 典型示范辐射带动

推动猕猴桃生产规模化标准化经营，充分发挥农民合作社、家庭农场、种植大户，农民技术带头人的示范引领作用，形成一定的种植规模，建立统一的组织实施主体，发挥绿色防控技术的实践效果，这是周至县今后进一步推动工作开展所必须考虑和面对的问题。

南京市六合区稻田农药减量控害的实践与探讨

朱训泳[1]　郭吉山[2]　王克春[3]　张晓艳[2]

（1. 江苏省南京市六合区马鞍街道农业服务中心　江苏　南京　211525；
2. 江苏省南京市六合区植保植检站　江苏　南京　211500；
3. 江苏省南京市六合区农业农村局　江苏　南京　211500）

摘　要：近年来，六合区依托《到2020年农药使用量零增长行动方案》，开展稻田农药减量控害工作，农药减量工作成效显著。特总结该区稻田农药减量控害的主要路径，分析在推进工作中存在的问题，提出完善病虫测报体系、探索农药统一配送、加强用药知识培训等对策思路。

关键词：水稻；农药减量控害；现状；存在问题；对策思路

江苏省南京市六合区地处长江中下游，为典型的稻麦茬口种植区，常年水稻种植面积为48万亩左右。近年来，随着社会经济的快速发展，农业集约化程度不断提高，人们逐渐意识到农药的过量使用是造成农业面源污染的主要原因之一。2015年，农业部和江苏省分别出台《到2020年农药使用量零增长行动方案》，要求转变病虫害防控方式，以绿色生态为导向，推进绿色防控、统防统治，建立资源节约型、环境友好型病虫害可持续治理技术体系，明确提出到2020年实现农药使用量零增长的目标。六合区按照行动的总体思路、原则和目标任务，结合地方实际，着力以水稻生产为重点，开展稻田农药减量控害工作。通过健全病虫监测体系、强化科学用药、推进绿色防控、实施统防统治、加强植物检疫等路径，实现农药使用量“零增长”目标。自2015年以来，农药使用量逐年下降，2019年全区的农药年度使用量比2015年减少22.1%，农药减量工作成效显著。

1　稻田农药减量控害的主要路径

1.1　抓好病虫监测体系，实现精准用药

病虫预测预报决定着稻田病虫用药时间、用药量及防治效果，其中加强监测体系建设是保障。近年来，六合区积极推进农业有害生物预警控制体系建设，通过加强测报队伍，建立区级病虫测报点，实现稻田病虫发生精确监测预警，及时把控防治时机、精准合理用药。一是加强测报队伍建设。按照基层植保机构人员配备要求，区农业局从农业院校招聘作物病虫测报专业人才1名，充实区作物病虫测报力量，夯实测报工作基础。同时要求各

街镇农业部门确立1名植保员，构建基层病虫测报网络。二是抓好基层病虫测报点建设。为及时掌握全区水稻病虫发生信息，区植保站在马鞍街道、横梁街道、金牛湖街道设立3个区级病虫测报点，配备自动虫情测报灯、自动计数性诱捕器等现代监测工具，实现病虫发生自动化监测、网格化管理，提高监测预警的时效性和准确性。每年在水稻各生长时期，根据田间调查和测报数据，结合往年的情况，科学地预测和分析水稻病虫发生趋势，及时准确地做好病虫害预测预报，实现精准用药。

1.2　实行“药、械”协调融合，强化科学用药

重点抓好“药、械”要素之间强化融合，提升科学用药水平。一是实现病虫防治工作前移，多举措降低用药频度。在推广高效低毒低残留农药的基础上，采用药剂浸种、土壤处理等预防措施，实现病虫防治工作前移，减少中后期农药施用次数。近年来，全区实施生物农药补贴项目，结合休耕轮作，多举措减少化学农药施用。重点以推广稻田耕沤灭螟、打捞病体残渣、轮作倒茬、以菌治虫、稻田养鸭等绿色防控为抓手，降低用药频度，促进水稻用药减量增效。二是利用农机补贴项目，推广新型高效植保机械。充分利用粮食生产全程机械化示范区项目建设，加大对大型植保机械补贴力度，推广自走式喷雾机、无人机等高效植保机械，以及低容量喷雾、静电喷雾等先进施药技术，淘汰效率差、效果差的老式施药器械，提高工作效率、农药利用率和防治效果。

1.3　建立防控示范，推进绿色防控

通过建立防控示范区，推广水稻绿色防控集成技术，以点带面，带动大面积减少农药用量和施药次数，推进绿色防控，提高农药利用率，实现农药减量增效。近年来，先后在马鞍、雄州、横梁、冶山、竹镇等街镇建立水稻病虫害绿色防控示范区，推广选用抗（耐）病品种、适期播种、健身栽培、工厂化集中育秧、性信息素诱杀、杀虫灯诱杀、稻鸭共作、生物防治等集成技术示范，减少化学农药用量，取得较好的经济效益和生态效益。通过示范表明，绿色防控示范区水稻病虫害防治效果达到95%以上，与非绿色防控示范区对比，病虫害防治成本降低约20%以上，农药使用量可减少30%以上。

1.4　发展合作组织，实施统防统治

通过发展植保合作组织，开展统防统治，不但在病虫防治上专业化、精准化，同时省工省药节本，实行达标防治，减少农药使用次数，解决农民防病治虫认识不足、效率不高、不能适期用药等问题。近年来，六合区在政策资金、项目投入等多方面培育支持植保合作组织发展，推进专业化统防统治与绿色防控融合。通过“全程承包、代防代治、技物结合”等服务形式，提高统防统治的效果及覆盖面，实现在全区水稻绿色防控示范区统防统治覆盖率达100%，农作物统防统治覆盖率达64.5%。截至目前，全区植保专业合作社近20家，从事专业化防治人员300多人，拥有植保机械203台（套），其中担架式弥雾机140台，自走式喷雾器37台，小型无人植保飞机26台。植保合作服务面积，从2013年的3 000亩发展到2019年的4.2万亩，稳定合作的水稻规模经营户达200户以上。防治效果比农民自防提高10%以上，减少用药1 ~ 2次。

1.5 加强植物检疫，源头控害减药

加强植物检疫，阻截外来有害生物入侵，源头控害保生产。一是加强重大植物疫情阻截带建设。在全区竹镇镇、马鞍街道建立 2 个植物疫情监测点，健全疫情监测制度，落实监测责任人，提升疫情监测预警水平。二是加强检疫宣传工作。充分利用每年 9 月开展的全省农业植物检疫宣传月活动，通过官方媒体、自媒体平台等多种渠道进行广泛宣传，引导行业学法、知法、守法、用法，努力营造全社会支持农业植物检疫的良好氛围。三是强化种苗检疫监管，有力阻截有害生物扩散与危害。对近年新入侵到该区部分街镇的水稻细菌性条斑病疫情，区植保部门一方面加强种子批发市场、种子销售经营单位的检疫管理，每年 3 月种子供应季节在全区范围内开展春季种子市场检疫执法大检查，以确保农作物种子不携带检疫病虫，切实维护广大农民利益。另一方面积极指导农民采取药剂浸种、清除田间周边稻草、籼改粳等非化学防治措施进行综合控制，使该病害疫情得到有效的控制。2019 年，仅在马鞍、冶山、横梁、竹镇等街镇出现发病中心，零星发病田块面积 279 亩，未出现大面积为害损失。

2 存在问题

2.1 病虫测报体系建设尚存不足

病虫测报手段还较落后，除 3 个区级病虫测报点外，其他街镇还没有配备自动虫情测报灯、诱捕器等现代监测工具，监测手段及覆盖面已不能满足现代稻作技术要求。在人员配备上，除区级较为完整外，街镇虽按要求配备有 1 名植保人员，但他们都是兼职，其主要精力大多集中在街镇中心工作上。在病虫测报点设置方面，由于农村城市化进程推进，原马鞍街道病虫测报点已紧邻城市，易受灯光、区域小气候及品种布局的影响，所调查的数据已不具有布局设置的代表性。

2.2 农药经营管理亟待加强

随着粮食适度规模化经营的发展，农药经营格局呈多元化，造成农药经营管理方面难度加大。一是种子经营企业把稻种与农药搭配销售，并提供稻田病虫防治配方及使用频次，造成农药质量难于把控，存在过量用药、超期用药等现象。二是农药经营单位多，从业人员复杂，相互竞争激烈。部分经营者为了追求高额利润，不按区植保部门的配方推荐用药，而自行增加农药的品种和用量，造成重复用药、超量用药，给农户增加经济负担。三是进货渠道多，一药多名。目前全区农药进货渠道包括从农药生产企业直接进货、农药批发商直接送货上门及外省市种植大户从自己老家直接带货等。农药进货渠道多，往往造成质量良莠不齐，部分品种可能含有隐性成分，而无法进行及时监管。部分企业为了变相涨价，编造五花八门的商品名，使相同成分的药剂有多种名称（一药多名），造成农户无法正确识别，出现盲目用药、过量喷药现象。

2.3 农户对绿色防控的认识待提高

由于文化水平限制，部分农户对绿色防控的认识还不足，受传统农业生产习惯影响，对化学农药的依赖程度较高，习惯使用多种类和大剂量的农药控制病虫害。对科学用药、

精准防治知识不足，施药方法不科学，操作不规范，造成农药浪费、环境污染和农药残留超标。他们不按病虫防治适期对标用药，凭老经验见虫即打、见病害普遍出现才防治，往往错过防治关键节点，造成防治效果不好，而频繁高剂量乱用药。部分种植户在使用农药时只注重速效性，不愿意使用生物农药。为追求高产出、高效益，他们不按区植保信息配方进行用药，随意高频度滥用农药，导致病虫抗药性上升，给农药减量工作带来较大压力。

2.4 科学用药面临新挑战

近年来，随着粮食适度规模经营的快速发展，全区水稻种植模式、栽培方式发生改变，呈现机插秧、直播稻、旱育手插等方式并存。不同的栽培方式，其病虫发生规律也不同，给防治上造成不一致，统一精准用药面临新挑战。同时，随着外来规模种植户的加入，水稻种植品种呈多元化，常出现跨区域引种现象。一方面存在检疫性外来有害生物入侵隐患，另一方面是水稻品种过多，主体品种不突出，往往造成生育进程不一致，给病虫预测预报、适期安全用药带来较大困难。

3 对策思路

3.1 进一步完善病虫测报体系，助力农药减量增效

通过绿色防控项目实施，在建立防控示范区的雄州、冶山、竹镇等街镇增设区级病虫测报点，配备自动虫情测报灯、诱捕器等现代监测工具，强化病虫测报手段，扩大测报覆盖面，满足现代稻作技术要求。在人员配备上，按照农业部（农农发〔2013〕5号）《关于加快推进现代植物保护体系建设的意见》的文件要求，强化植保机构的公益属性和公共服务职能，加强病虫害监测预警、综合防治、植物检疫、农药应用指导等专业人才队伍建设。重点农业乡镇配备不少于1名植保员，逐步建立村级农民植保员队伍，加强植保公共服务队伍建设，让街镇植保人员专职专心从病虫事测报工作。在病虫测报点设置方面，根据原马鞍街道病虫测报点的现实情况，建议在该街道选择具有代表性的水稻示范片重新布点，进行相似环境条件同位移置，规避城市化进程影响，确保布局设置的代表性。

3.2 加强农药经营管理，探索农药统一配送

加强农药经营管理是实施农药减量控害的重要措施。区级相关部门按照新修订的《农药管理条例》和《农药经营许可管理办法》相关要求，严把农药经营许可关口，控制每个街镇农药经营单位数量，淘汰一批软硬件不达标、经营层次低的农药经营门店，避免恶意竞争引发的过量用药。区农业行政执法部门要切实加强农药市场监管，强化对农资生产企业、批发单位和农药经营门店的执法检查，查处非法添加隐性农药成分、一药多名等行为，净化农资经营市场，避免盲目用药、重复喷药，提高农药整体质量水平。建议探索制定农药统一集中配送政策，通过公开招标形式，选定农药配送主体，采用直营、加盟等连锁经营方式，实行统一采购、统一配送、统一标识、统一价格、统一包装物回收处置、统一财政补贴，实现“零差价”农药配送与技术服务全覆盖。供应的农药品种目录由区植保部门定期更新推荐，从而实现源头把控供应农药品种，逐步淘汰中毒以上的毒性农药和高

用量农药，促进农户规范科学用药。

3.3 加强用药知识培训，提高控害减药水平

通过新型职业农民培育，培养一批懂技术、会操作的新农民，提高用药效率。积极开展植保合作组织技术骨干培训，实行课堂与田头观摩示范相结合，提高施药人员的用药水平。一是充分利用新型职业农民培训工程的实施，增强种植户安全用药意识，改变他们传统用药习惯，由过去被动防治变为主动防治，达到掌握科学用药、适期用药、精准防治，提高控害减药水平。二是利用绿色防控示范区示范引导，提高农药利用率，实现农药减量增效。在水稻生长的关键阶段，组织种植大户观摩防控示范区，了解水稻病虫害绿色防控集成技术，引导应用生物防治、健身栽培、稻鸭共作等技术，避免高剂量用药、违规农药引起的环境污染和农药残留超标等问题。三是进一步推进稻麦科技入户工程的实施，以示范户配方用药，辐射大面积对症下药、适时用药，减缓病虫抗药性，降低用药强度。

3.4 进一步推进绿色防控示范区建设，应对减量控害新挑战

进一步推进绿色防控示范区建设，以绿色防控集成技术为主线，通过推广水稻生产全程机械化、统一供种等方式，应对减量控害新挑战。一是积极申报水稻绿色防控、高产创建项目，实现绿色防控示范区在各个街镇全覆盖。以项目推进水稻工厂化集中育秧、机插秧等栽培方式的在水稻种植区域大面积推广，逐步淘汰直播稻、旱育手插等种植方式，实现全区水稻病虫防治时期一致，精准化防治覆盖面增大。二是利用水稻绿色防控、高产创建项目的实施，确立全区水稻主推品种，对推广的优良品种，安排专项资金，实行良种补贴、统一供种，杜绝水稻品种过多、主体品种不突出的现象，确保达到精准测报、高质量用药。

干旱山区高效节水灌溉项目技术实践研究与推广

陈　宏
（四川省会理县农业农村局　四川　会理　615100）

摘　要：四川省凉山州会理县农业农村局驻村扶贫工作队通过在会理县域内干旱山区贫困村推广微滴灌高效节水（肥）灌溉农业技术，突破了严重缺水的短板制约难题，帮助贫困村（户）依托山地林果业实现脱贫致富。经项目试验示范总结和县域内外反复调研论证，该项技术在助推县域农业高质量发展及助力脱贫示范产业增产增收实践中取得了值得肯定的成绩。

关键词：会理县；干旱山区；山地果园；微滴灌；示范

为破解干旱山区贫困村因严重缺水制约脱贫产业发展的难题，会理县农业农村局专家团队和驻村扶贫工作队于2018年积极申报了凉山州农业科技创新项目“干旱地区高效节水肥微滴灌设施化农业技术推广应用（脱贫科技项目）”。现将项目概况与实践总结如下。

1　项目概况

凉山州农业科技创新项目“干旱地区高效节水肥微滴灌设施化农业技术推广应用（脱贫科技项目）”编号为18NYCX0016，项目拟建水肥一体化微滴灌种植青花椒现代农业产业示范园区（村级）1个，园区内主要连片种植500亩以上青花椒，另种植100亩石榴、100亩杧果。该项目实施地为会理县新安傣族乡莲花村，该村海拔950 ~ 1 790m，属金沙江沿线干热河谷地带的二半山区。项目通过微蓄微灌、生草栽培、生物覆盖等现代农业技术在山地果园的集成应用，大幅提高水资源的利用率，且能够有效保持土壤结构疏松，使地表温下降2 ~ 3℃，耕作层有机质和含水量相应提高，较果园植被改善前，连续干旱7 ~ 15天土地综合生产效益较常规种植模式提高35%以上。

2　项目预期成果及资金来源

本项目属于高度整合集成应用新农业技术（国内），切合当地干旱缺水、光热资源与土地资源丰富的区域实际。在前期充分调研论证基础上，项目组认真摸索总结实践实战经验技术，最终形成一套趋于成熟的干旱区农业实用技术体系，该项目预期成果包括打造村级青花椒现代农业产业示范园区1个及其子项目（拓展研究课题）、编撰结题论文2篇

（理论成果），本项目不属于产学研联合体。项目经费预算为 20 万元，由凉山州财政全额拨付科技扶贫惠农款 20 万元予以支持。

3 项目试验示范研究成果

成功申报立项后，项目组即在项目村确定 10 户果农的果园作为试验示范数据采集基地。项目组在选定的 10 片试验示范地块中高标准安装微滴灌设施设备，其中 6 户种植青花椒、试验地块总面积 120 亩，石榴和杧果各 2 户种植、试验地块面积均为 30 亩，本次试验示范总面积为 180 亩。项目组对节水灌溉试验示范地块的灌水时间（精确到分钟）、灌水量（精确到千克）、所需劳力时间等相关数据进行准确详细记录，并不定期对试验示范地块管理情况进行督查及实时采集相关数据。以石榴为例，果品成熟后，项目组随机抽取 5 株进行采样，分别对平均百叶重、单株坐果数、单果重、单株产量、裂果数、果实纵径及横径、果实百粒重、可食率、可溶性固体物含量等指标进行研究分析，得出的具体数据作对比分析如下：① 用水量，试验组较传统灌溉方式平均每亩节水 28.353t，节约用水率 25.47%。② 灌水所需劳动力时间，试验组较传统灌溉方式平均每亩节约劳动力时间 1 238.28 分钟，节省劳动力时间比例为 94.20%。③ 综合试验数据研究分析（主要研究成果）：与传统灌溉方式对比，平均每亩节水 25.47%、节约灌溉劳动力时间 94.20%；平均百叶重增加 15.60%；平均单株坐果数增加 5.11 个、增长率 7.54%；平均单果重增加 37.52g、增长率 8.43%；平均单株产量增长 2.44kg、增长率 7.66%；平均单株裂果数减少 0.25 个、减少率 7.82%；平均果实横径增加 0.18cm、增长率 1.95%；平均果实纵径增加 0.23cm、增长率 2.45%；平均果实百粒重增加 4.4g、增长率 9.31%；平均可食率增加 6.13%、增长率 12.15；平均可溶性固体物含量降低 0.08%、下降率 0.54%。经综合数据分析，每 100 株盛产石榴果树较传统灌溉方式增产 246kg、增收 738 元（以近 3 年均价计）。另外，据 2019 年不完全统计，青花椒示范基地较传统灌溉方式节水率达 38.5%，平均增产 30% 以上，好果率从 48% 左右增至 85% 左右，每亩增收效益平均达 580 元以上；杧果试验示范地块较传统灌溉方式节水率达 42%，平均增产 30% 以上，好果率从 54% 左右增至 85% 左右，每亩增收效益平均达 620 元以上。由此可见，干旱山区果园推广微滴灌技术增收效益明显。

4 经费投入明细

直接投入费用 19.85 万元，具体明细为：新修 3 个 200m^3 蓄水池，6 万元；购买 11 000 株优质青花椒苗 3.85 万元（3.5 元 / 株）；购买提苗肥和农药总计 2 万元；建设 100 亩集中连片果园、安置微滴灌设施每亩补助参建农户 500 元，总计 5 万元；培训及其附加费支出 2 万元（举办 4 次以上科技培训，含购置宣传资料、授课老师补助、参训群众误餐补助等）；差旅费 1 万元（主要用于项目有关的工作衔接差旅支出）。此外，间接费用支出 0.15 万元，主要用于项目的绩效考核支出等其他情形。项目结题验收后，实际超支部分按照谁受益、谁承担的原则，由项目村农户自行补足。

5 实践小结

当前，国内广大农业区主推的节水灌溉包括微喷灌、微滴灌、管道输水灌溉等几种模式。经本项目试验示范观察、实践论证认为：① 干旱区采用不同的节水灌溉模式实际节水（肥）效果差异较大，比较而言，以膜下微滴灌、地下渗灌模式节水效果最佳，尤其适合于久旱无雨、气温偏高、风速较高的山区和二半山区。② 山地果园高效节水灌溉系统宜采用主管垂直防线、支管等高线水平放线、配套高位水池或水泵增压，工作压力保持 1.0 ~ 2.5Pa，覆盖半径 30cm、70cm、150cm 不等，喷头流量为 35L/h 或 60L/h，可保证灌溉精准，有利于精准调节灌水量及覆盖范围，并可根据地形、区域气温、风力风速等因素灵活掌控喷头插土深度，充分发挥抗风、抗蒸发、抗氧化老化、防堵塞等优势作用。③ 常见故障排除主要是出水不畅须注意清洗过滤器，喷水不均要增大给水压力及调整支管坡度，滴头堵塞要选择适宜水源（水质），及时检查、清洗或更换被堵塞的微管（滴头、喷头），也可用清洁酸液冲洗或高压水疏通。④ 主体设备要注意经常检查喷头、毛管等易损坏部件，及时处理以保证正常运行；林果地除草、深施肥时应注意保护支管及喷头防止意外损坏；地面布管的要注意防止人畜踩踏等损坏管网；霜冻季、高温季应对裸露的塑胶部件作掩盖保护处置。⑤ 干旱农业区高效节水（肥）灌溉是本项目建设的关键点，传统沿用化肥与新型优质水溶肥、农家有机肥的合理混搭使用，则更有利于促进果树根系远距扎根吸水（肥），具有促进壮根壮苗（株）作用，同时还能有效提升植物自身抗旱能力。

砀山县化肥使用零增长的主要技术及对策

于德科　董思永　洪　勇

（安徽省砀山县土壤肥料服务中心　安徽　砀山　235300）

摘　要：根据农业农村部《到2020年化肥使用量零增长行动方案》要求，安徽省砀山县根据本县农业生产特点及实际情况，积极采取相应技术措施，推进了测土配方施肥工作、施肥方式转变、新型肥料新技术应用和有机肥资源利用，提高了耕地质量水平，至2019年基本实现化肥使用量零增长。

关键词：砀山县；化肥使用；零增长；技术；对策

1　砀山县农业基本情况

砀山县位于安徽省最北端，地处苏、鲁、豫、皖四省七县交界处；东连本省萧县，东南部、南部、西南部、西部分别与河南省永城市、夏邑县、虞城县接壤；西北部与山东省单县，东北部与江苏省丰县毗邻。县境地处北纬34° 16′ ~ 34° 39′，东经116° 29′ ~ 116° 38′。砀山县属暖温带半湿润季风气候，地貌为黄泛冲积平原。全县辖13个镇、3个园区，155个村、社区，32.6万户，总面积1 193km^2。总人口100万，其中农业人口83.6万人。砀山县2019年末实有耕地56.2万亩、果园71.6万亩，两项共计127.8万亩，占土地总面积的71.46%。砀山县土壤类型为潮土类。主要种植小麦、玉米、大豆、棉花、果树、蔬菜、西甜瓜等作物，其中梨树种植面积40万亩、桃树种植面积20万亩，瓜菜种植面积25万亩。各类养殖专业户2 800户，是2019年生猪调出大县，生猪饲养量92万头，牛饲养量4万头，羊饲养量120万只，家禽饲养量2 800万羽，全县年畜禽粪便排放总量达180万t。

2　推进化肥使用零增长的工作内容

2.1　推进测土配方施肥工作

砀山县自2006年实施测土配方施肥项目，在总结经验的基础上，创新实施方式，加快成果应用，在更大规模和更高层次上推进该项工作。

2.1.1　拓展实施范围

除继续做好粮食作物测土配方施肥工作外，扩大在设施农业、果树、瓜菜等园艺作物上的应用，基本实现全县127.8万亩耕地及主要农作物测土配方施肥全覆盖。

2.1.2 强化农企对接

充分调动企业参与测土配方施肥的积极性，筛选出一批（10家）信誉好、实力强的企业开展全面合作，采取“按方抓药”“中成药”“中草药代煎”“私人医生”等模式推进配方肥进村入户及到田行动。2019年全县推广施用配方肥10.5万t。

2.1.3 创新服务机制

积极探索公益性服务与经营性服务结合、政府购买服务的有效模式，支持专业化、社会化服务组织参与测土配方施肥工作，向农民提供统测、统配、统供及统施的服务工作。创新肥料配方制定发布机制，根据土壤监测及肥效试验，经专家论证及时调整肥料配方并适期发布。同安徽农业大学环境资源学院合作，完善测土配方施肥专家咨询系统，利用手机App等现代信息技术助力测土配方施肥技术推广。

2.2 推进施肥方式转变

充分发挥种粮大户、家庭农场、专业合作社等新型农业经营主体的示范带头作用，强化技术培训及指导服务，大力推广先进适用施肥技术，促进施肥方式转变。

2.2.1 推进机械施肥技术

按照农艺农机融合、基肥追肥统筹的原则，加快施肥机械推广应用，积极推进化肥机械深施、机械追肥、种肥同播等施肥技术，减少养分挥发和流失，提高肥料利用率。2019年小麦推广化肥深施40万亩，机械追肥25万亩，种肥同播5万亩；玉米化肥深施25万亩，机械追肥20万，种肥同播24万亩；果树化肥深施40万亩，机械追肥15万亩；瓜菜化肥深施20万亩，机械追肥5万亩。

2.2.2 推广水肥一体化技术

结合高效节水灌溉，示范推广滴灌施肥、喷灌施肥等技术，促进水肥一体下地，提高肥料和水资源利用效率。粮食作物推广水肥一体化技术2万亩，果树推广8万亩，瓜菜推广5万亩。

2.2.3 推广适期施肥技术

合理确定基肥施用比例，推广因地、因苗、因水、因时分期施肥技术，提高肥料利用率，从而达到节肥目的。积极推广小麦、玉米、瓜菜叶面喷施和果树根外施肥技术，减少化肥土壤施用数量。

2.3 推进新型肥料新技术应用

立足农业生产需求，与安徽农业大学及安徽农业科学院合作，追踪国际前沿技术，及时引进新型肥料及新技术。

2.3.1 加快新产品推广

示范推广缓释肥料、水溶性肥料、液体肥料、叶面肥、生物肥料、土壤调理剂等高效新型肥料，2019年安排各类新型肥料试验示范15个，不断提高肥料利用率。

2.3.2 集成推广高效施肥技术模式

结合高产创建和绿色增产模式攻关及标准化果园、菜园创建，按照土壤养分状况和作物需肥规律，分区域、分作物制定科学施肥指导手册，集成推广一批高产、高效、生态施肥技术模式，起到辐射带动全县的作用。

2.4 推进有机肥资源利用

适应现代农业发展和本县农业经营体制特点，积极探索有机养分资源利用的有效模式，本县主要推广以下几种模式："有机肥 + 配方肥"模式，推广配方施肥，增施有机肥，减少化肥用量；"有机肥 + 水肥一体化"模式，在增施有机肥的同时，推广水肥一体化技术，提高水肥利用效率；"绿肥 + 配方肥 + 机械深施"模式，通过有机肥替代化肥，减少化肥施用量。同时利用项目资金加大政府补贴力度，鼓励引导农民增施有机肥。

2.4.1 推进有机肥资源化利用

支持规模化养殖企业利用畜禽粪便生产有机肥。本县的兴达养殖场为生猪大型养殖场，利用农业生态循环项目资金，扩建生物有机肥厂，现年生产能力达到 1 万 t。积极推广规模化养殖 + 沼气 + 社会化出渣运肥模式，目前本县已建再建大型沼气工程 5 处，发酵罐 3 500m^3、沼液池 5 000m^3，目前日处理养殖场生产排放的粪便污水 300t，平均日产沼气 2 000m^3，年产沼气 70 万 m^3，年产有机肥 4 万 t。同时支持农民利用散养畜禽积造农家肥，大力推广施用商品有机肥。

2.4.2 推进秸秆还田技术

推广秸秆粉碎还田、快速腐熟还田、过腹还田等技术，推广腐熟剂施用、土壤翻耕、土地平整等功能的复式作业机具，使秸秆取之于田、用之于田，2019 年本县秸秆还田率在 90% 左右。

2.4.3 果园内种植绿肥

本县由于果园面积较大，充分利用果园树行间隙，推广种植绿肥。主要种植白三叶草、毛叶苕子、矮化油菜等覆盖土壤，防止表层土壤养分蒸发和水土流失，培肥地力。并配套果园施肥机械，减轻劳动强度，提高施肥效率，营造良好的果园生态环境，美化果园景色，实现果业、旅游开发与环境保护的良性互动。2019 年利用果园种植绿肥面积约 8 万亩，通过翻压提高土壤养分，减少化肥施用量。通过该项措施，每亩果园可少施复合肥约 25kg。同时，在花生、大豆和苜蓿等豆科作物上推广应用根瘤菌剂，促进固氮肥田。

2.5 提高耕地质量水平

加快高标准农田建设，完善水利配套设施，改善耕地基础条件。实施耕地质量保护与提升行动，改良土壤、培肥地力、控污修复、治理土壤盐渍化、改造中低产田，普遍提高耕地地力等级。本县建立国家级耕地质量监测点 1 个，省级监测点 3 个，市级监测点 20 个，县级监测点 30 个，基本覆盖不同土壤类型、不同作物、不同种植方式及不同区域。2019 年，本县耕地基础地力较 2015 年提高 1.0 个等级，土壤有机质含量提高 0.3 个百分点，耕地酸化、盐渍化、污染等问题得到有效控制。通过加强耕地质量建设，提高耕地基础生产能力，在减少化肥投入的同时保持粮食、瓜果和农业生产稳定发展。

3 主要做法

3.1 领导重视并加强组织保障

以高度负责的态度，统一思想，积极组织实施化肥零增长行动，以点带面分步实施，全方位行动带动主要农作物化肥使用量增幅降低。2015 年 5 月，砀山县成立了砀山县化肥使用量零增长行动工作领导小组，由主管农业的副县长任组长，县人民政府办公室主任、县委主任、县环境保护局局长任副组长。成员由相关局局长及各乡（镇）乡（镇）长组成。领导小组办公室设在县农委，由县农委主任任办公室主任，在办公室主任的统一领导下，具体负责组织实施本工作。同时成立砀山县化肥使用量零增长行动专家组，负责全县化肥使用量零增长行动技术指导。并建立相应工作考核制度，每年对乡镇化肥使用量零增长行动开展情况继续考核评比，有力推进化肥使用量零增长行动开展。

3.2 通过提高肥料利用率促进主要农作物化肥使用量增幅降低

以测土配方施肥项目的实施和成果转化运用为切入点，积极开展肥效田间试验，探索肥料利用率的提升途径，加大推广宣传力度，全面带动主要农作物化肥使用量增幅降低。砀山县自 2006 年实施测土配方施肥项目以来，主要围绕“测土、配方、配肥、供肥、施肥指导”5 个环节，开展野外调查、采样测试、田间试验、配方设计、配肥加工、示范推广、宣传培训、数据库建设、效果评价、技术研发等工作。至 2019 年累计完成各类田间试验 450 个。在示范推广过程中，以核心样板为点，以千亩、万亩为面，为农民提供统测、统配、统供、统施的“四统一”服务。通过近 15 年来的努力，筛选出了 7 类主要作物及果树 18 个施肥配方，实际应用到农业生产中。据调查统计，7 类主要作物及果树的肥料利用率都有不同程度的提升，以小麦为例，2019 年肥料利用率为 N 40.42%、P 25.82%、K 52.76%，均高于全国平均水平。

3.3 通过项目示范带动促进主要农作物化肥使用量增幅降低

2019 年砀山县实施化肥使用量零增长行动，围绕“精、调、改、替”四大技术路径抓好化肥减量增效技术的推广。在扎实开展测土配方施肥的基础上，推广新肥料新技术，强化农企合作，发展社会化服务组织，加快推进科学施肥技术到户、配方肥到田。在耕地质量提升项目基础上，结合农技推广补助项目、小麦高产攻关、玉米振兴计划、秸秆综合利用、现代农业项目、数字化果园建设及标准化果园菜园创建，采购部分有机肥、秸秆腐熟剂、绿肥种子及水分一体化器械，发放到示范区农户手中，同时向农民提供统测、统配、统供及统施服务，按照土壤养分状况和作物需肥规律，分区域、分作物制定科学施肥指导手册，示范区平均每亩化肥施用量较一般农户降低 25kg（实物量）。通过这些示范点，辐射带动全县主要农作物化肥使用量增幅降低。

3.4 利用各类农民培训提高化肥增幅降低意识

以新型职业农民培训、高产创建培训、产业扶贫培训、现代农业项目培训及标准果园菜园创建为切入点，以点带面辐射带动主要农作物化肥使用量增幅降低意识的提高。2019 年砀山县在生产第一线共投入科技人员 180 人，召开现场会 45 场，举办培训班 25 期，培训技术骨干280人，培训农民1.5万，发放各类资料4.5万份，悬挂宣传条幅60条，黑板报250块。通过宣传培训指导施用配方肥，同时在各肥料经销网点的配合下，引导农民需求配方肥品种由原来的中低含量配方向高含量配方转变，配方肥的施用在本县形成了良好氛围，主要农作物化肥使用量增幅降低意识得到了较大提高。

3.5 营造绿色环保理念，促进有机肥利用

以营造绿色环保理念为切入点，大力宣传畜禽粪便养分利用，树立全肥（大量元素和微量元素）观念，全面推进有机肥替代化肥，增加资源利用率，带动主要农作物化肥使用量增幅降低。有机肥料具有原料来源广、量大、养分全、含量低、肥效迟而长、改土培肥效果好等特点。常用的有机肥有绿肥、人畜粪尿、厩肥、堆肥、沤肥、沼气肥和废弃物肥料等。2019年全县畜禽粪便排放总量达180万t，这些有机肥资源基本均得到利用，平均用量达1 300kg/亩。

3.6 大力发展循环农业，推进农作物秸秆还田

以发展生态农业和循环农业为切入点，全面推进农作物秸秆还田，带动主要农作物化肥使用量增幅降低。农作物秸秆是一项宝贵的生物资源，直接或过腹还田可改善土壤物理性状，提高土壤肥力，增加种植业收入，同时可以减轻焚烧秸秆带来的污染，保护生态环境。2019年全县秸秆资源量22.5万t，还田18.0万亩，其中直接还田16.2万t，过腹还田1.8万t、其他方式还田2.25万t。通过广泛宣传，农作物秸秆直接或过腹还田的数量和面积在逐步增大，秸秆焚烧现象基本杜绝，生态意识在农村得到加强，村容村貌逐步改善。

菜豆化肥农药减施栽培技术*

瞿云明[1**]　饶　聪[2]　廖连美[1]　马瑞芳[3]

（1. 浙江省丽水市莲都区农业技术推广中心　浙江　丽水　323000；
2. 浙江省丽水市莲都区土肥能源发展中心　浙江　丽水　323000；
3. 浙江省丽水市农林科学研究院　浙江　丽水　323000）

摘　要：为加快化肥农药减量增效技术的推广，促进菜豆化肥农药减施栽培技术的规范化，经连续两年试验研究，编制了《菜豆化肥农药减施栽培技术规程》，并通过了浙江省丽水市莲都区质量监督局组织的专家评审。该规程规定了菜豆生产中化肥农药减施栽培技术的术语和定义、产地环境、化肥减施技术、农药减施技术，可有效指导菜豆生产中化肥农药减施的工作。

关键词：菜豆；化肥；农药；减施增效；技术规程

菜豆是我国重要的豆类蔬菜，也是浙江省的重要豆类蔬菜。作为全国蔬菜重点生产县的莲都区，年播种菜豆面积约533hm^2，产值近3 000万元。但因受土地资源和生产条件等因素限制，菜豆连作障碍加剧，病虫害发生严重，导致农药化肥使用频繁，农残检出时有超标，质量安全尚存隐患。

针对菜豆产业生产现状，丽水市莲都区农业技术推广中心于2018—2020年在本区高山菜豆主产区峰源乡尤源基地开展了菜豆化肥农药减施增效技术研究，在此基础上编制了《菜豆化肥农药减施增效技术规程》，并通过了莲都区质量监督局组织的专家评审。即将发布的标准可实现菜豆化肥农药减施栽培技术的规范化，有效减少菜豆生产上滥用农药多施化肥的现象，增加农民收入，确保菜豆安全生产，促进菜豆产业的可持续发展。

1　适用范围

规定了菜豆生产中化肥农药减施增效的术语和定义、产地环境、化肥减施技术、农药减施技术。适用于丽水市及相似生态区域的菜豆化肥农药减施增效的栽培。

2　术语和定义

2.1　化肥减施

利用商品有机肥、农家肥、沼渣、沼液、生物菌肥、氨基酸肥、腐殖酸肥等替代补

*　基金项目：丽水市重点研发计划项目（2017ZDYF10）；浙江省蔬菜产业技术团队项目（2019TDJSJD-33）。
**　第一作者：瞿云明，推广研究员，主要从事农技研究和推广工作。E-mail: 897715636@qq.com

充，配合测土配方施肥、水肥一体化等的施肥技术措施，减少施用以氮、磷、钾为主的化学肥料。

2.2 农药减施

利用生物农药、动植物源农药等替代补充，配合农业防治、物理防治、生物防治等的农作物病虫害综合防控措施，减少施用化学农药。

2.3 缓释肥料

通过养分的化学复合或物理作用，使其对作物的有效态养分随着时间而缓慢释放的化学肥料。

2.4 土壤肥力

土壤持续供给植物正常生长发育所必需的水分、养分、空气和热量的能力。

2.5 测土配方施肥

以土壤测试和肥料田间试验为基础，根据作物需肥规律、土壤供肥性能和肥料效应，在合理施用有机肥的基础上，提出氮、磷、钾及中微量元素等肥料的施用时期、数量、方法。

3 产地环境

宜选择田块平坦、排灌方便、地下水位较低，土层深厚疏松、肥沃的壤土或沙壤土。土壤环境、环境空气、农田灌溉水质应分别符合 GB 15618—2018《土壤环境质量标准　农用地土壤污染风险管控标准（试行）》、GB 3095—2012《环境空气质量标准》、GB 5084—2005《农田灌溉水质标准》的规定。

4 化肥减施技术

4.1 化肥替代技术

4.1.1 有机肥替代减施技术

结合深翻整，亩施商品有机肥 300 ~ 600kg 或腐熟优质农家肥料 2 000 ~ 3 000kg。有机肥包括商品有机肥和农家肥，应符合 NY 525—2012《有机肥料》的要求，商品有机肥直接施用，农家肥充分腐熟后施用。

4.1.2 秸秆（绿肥）还田技术

推广菜豆与水稻、玉米、绿肥轮作，秸秆（绿肥）还田种植模式。依植物种类及成熟度不同，每亩还田量水稻秸秆以 500 ~ 700kg 为宜，玉米秸秆以 1 000 ~ 2 000kg 为宜，绿肥以 1 500 ~ 2 500kg 为宜。还可利用夏季 6—8 月高温季节的闲田，以每亩播种玉米（甜玉米、普通玉米）1.5kg 或墨西哥玉米 2 ~ 4kg，甜高粱、高丹草、苏丹草 1.5 ~ 2kg 为宜，高密度种植 C_4 类禾本科牧草秸秆还田。秸秆（绿肥）还田后，应酌情减少基肥施用量。

4.1.3 缓释肥替代减施技术

根据土壤供肥能力、基肥施用量及菜豆需肥特性，合理使用选择适宜的缓释肥种类，替代部分速效化肥。缓释肥料质量应符合 GB/T 23348—2009《缓释肥料》的要求。

4.1.4　生物肥替代减施技术

根据土壤肥力、基肥施用量选购适宜的生物肥种类，深施基肥时，每亩增施黄腐酸钾 20kg、生物有机肥 50kg；或施基肥后使用枯草芽孢杆菌、地衣芽孢杆菌等农用微生物菌剂，按照产品使用说明兑水后喷洒或浇灌于土壤或植株根部，以能渗入土壤 20cm 为宜。菜豆根瘤形成较晚、数量较少、固氮能力较弱，可用植物动力 2003、肥力高等固氮菌拌种，促使根系提早形成更多根瘤。生物肥料包括农用微生物菌剂、生物有机肥、复合微生物肥料，应分别符合 GB 20287—2006《农用微生物菌剂》、NY 884—2012《生物有机肥》、NY 798—2015《复合微生物肥料》的要求。

4.2　优化化肥减量技术

4.2.1　优化施肥方式

基肥以有机肥为主，配施磷钾肥，早施深施；追肥以复合肥为主，常规施肥采取沟施，水肥一体化滴灌施肥按配方定量，少量多次。肥料使用应遵守 NY/T 496—2010《肥料合理使用准则　通则》的要求，不得使用未经国家或省级农业部门登记的化学和生物肥料，禁止使用重金属含量超标的肥料。

4.2.2　测土配方施肥

以每生产菜豆 1 000kg 需氮 3.4kg、磷 2.3kg、钾 5.9kg 计算，按 NY/T 1118—2006《测土配方施肥技术规范》的要求，测试确定土壤提供的养分，综合土壤养分校正系数及肥料养分利用率，确定肥料施用的数量、时期、方法。

4.2.3　水肥一体化优化技术

视田间植株长势滴灌追肥。始收后每亩施 57% 高钾型水溶性复合肥（$m_N : m_P : m_K$= 17：4：36）5 ~ 8kg；采收盛期每亩施 8 ~ 12kg，灌水量 $10m^3$，每隔 10 ~ 15 天施肥 1 次。采收后期，根据植株长势及肥水酌情施肥或不施肥。滴灌的含腐殖酸水溶性肥料应符合 NY 1106—2010《含腐殖酸水溶肥料》的要求。

4.2.4　根外追肥

在菜豆生长期，根据营养诊断补充养分，可适量补充中微量元素。幼苗期、伸蔓期可对叶面喷施 0.1% ~ 0.2% 硼砂或 0.05% ~ 0.1% 钼酸铵水溶液，补充植株体内硼或钼的不足。盛产期可对叶面喷施 0.2%KH_2PO_4 或 0.5% 尿素水溶液 2 ~ 3 次。叶面肥料质量应符合 GB/T 17419—2018《含有机质叶面肥料》或 GB/T 17420—1998《微量元素叶面肥料》的要求。

4.3　农艺措施减施化肥技术

4.3.1　轮作倒茬

与非豆科作物实行两年以上轮作，以优化土壤微生态，避免土壤养分失衡，减少缺素症和连作障碍发生。

4.3.2　深耕深翻土壤

上茬作物收获后，用机械深翻耕作层，以提高土壤的透气性和土壤微生物的活性，促进土壤养分的有效分解。深翻深度以 25 ~ 40cm 为宜。

5 化学农药减施技术

5.1 化学农药替代减施技术

5.1.1 生物防治技术

保护和利用瓢虫、草蛉、食蚜蝇、蜘蛛等捕食性天敌和赤眼蜂、丽蚜小蜂等寄生性天敌，优先选用生物农药防治病虫害。根腐病可选用中生菌素、宁南霉素防治；炭疽病、灰霉病可选用多抗霉素、农抗 120 防治；细菌性疫病可选用春雷霉素、中生菌素防治。豆荚螟可选用苏云金杆菌、白僵菌（老熟幼虫入土前使用）或释放赤眼蜂（产卵始盛期使用）防控；蓟马、蚜虫、夜蛾类害虫可选用多杀霉素、苦参碱防治；小菜蛾可选用多杀霉素、苏云金杆菌防治；叶螨可选用印楝素防治。

5.1.2 物理防治技术

5.1.2.1 色板诱杀

在田间间隔悬挂黄、蓝板（规格 25cm × 30cm），每亩安置 30 ~ 50 片。黄板安置于植株上方 0 ~ 15cm 处，蓝板安置于植株下方 0 ~ 15cm 处。黄板诱杀蚜虫、斑潜蝇、飞虱成虫，蓝板诱杀蓟马。

5.1.2.2 杀虫灯诱杀

每 15 ~ 30 亩安置 1 盏杀虫灯（规格 220V、15W），离地高度 1.2 ~ 1.5m。

5.1.2.3 诱捕器诱杀

在豆荚螟、斜纹夜蛾等害虫高发期，每亩悬挂性诱捕器 4 ~ 8 个，或用糖醋液诱捕器 5 ~ 10 个，离地高度 1.5m，对害虫进行专性诱杀。性诱捕器专一性强，其诱芯不易保存，应根据不同害虫选用相应诱芯。

5.2 施药方法优化减施农药技术

选对药剂和剂型，做到对症下药，合理交替轮用和混配，优先选用生物农药，适当选择高效、低毒、低残留的环境友好型农药。根据病虫消长规律，优化防治策略，准确把握防治适期。根据病虫分布规律，应用低量喷雾、静电喷雾等先进施药技术，对田间作物适宜部位安全、高效施药，能局部用药的绝不大面积普遍用药，严格控制施药次数、浓度、范围、用量。农药使用应遵守 GB/T 8321《农药合理使用准则》、NY/T 1276—2007《农药安全使用规范　总则》、NY/T 5081—2002《无公害食品　菜豆生产技术规程》的要求。

5.3 农艺措施减施农药技术

5.3.1 抗病品种选择

依据当地气候、消费习惯和市场需求，选用优质、高产、耐热、抗病、商品性好、市场适销对路的品种，如丽芸 2 号、浙芸 5 号、浙芸 9 号等。种子质量应符合 NY 2619—2014《瓜菜作物种子　豆类（菜豆、长豇豆、豌豆）》的要求。

5.3.2 种子处理

播种前挑选整齐一致、饱满、健康的种子晾晒 1 ~ 2 天，再用 70° C 热水烫种 1 ~ 2

分钟，然后进行药剂处理。预防炭疽病、枯萎病、猝倒病、根腐病、立枯病等真菌类病害的，可用占播种量 0.1% 的 99% 恶霉灵可湿性粉剂或占播种量 0.6% ~ 0.8% 的 25g/L 咯菌腈悬浮液拌种。预防细菌性疫病的，可用占播种量 0.3% 的 50% 福美双可湿性粉剂或 70% 敌磺钠可湿性粉剂拌种。

5.3.3　土壤消毒

播种 5 天前，每亩用 99% 恶霉灵可湿性粉剂 200g 和 45% 敌磺钠可湿性粉剂 2kg 兑水 1 000kg，或用 99% 恶霉灵可湿性粉剂 125g 和 25% 咪鲜胺乳油 1 250mL 兑水 1 000kg，混匀后用喷水壶均匀喷洒，消毒土壤。还可使用棉隆、石灰氮（氰氨化钙）、中农绿康、含氯消毒剂等土壤消毒剂，抑制土传病原活性，减轻其为害。

5.3.4　土壤酸碱度调节

如土壤 pH ≤ 4.5，结合整地施用生石灰。一般亩施 50 ~ 100kg 生石灰，以中和土壤酸性，创建适宜菜豆根系生长的土壤环境，并消毒土壤。

5.3.5　深沟高畦种植

深沟高畦种植利于雨季防涝，保持畦土常处于干爽状态，增强土壤透气性，减少根部及茎基部病害及沤根现象发生。整地后作高畦，畦高 25cm，畦宽 0.7 ~ 0.9m，沟宽 30cm，主沟深 30cm，次沟深 25cm。

5.3.6　畦面覆盖栽培

畦面覆盖栽培具有保湿、防草、保持土壤疏松的作用，能促进根系健壮生长，提高植株抗病能力。主要覆盖方式有地膜加秸秆覆盖、地膜覆盖、秸秆覆盖 3 种，可根据条件灵活选用。对病毒病常发地块，可覆盖银灰色地膜，驱避蚜虫，降低为害虫源，减轻病毒病的发生。

5.3.7　生育环境调控

在合理密植、培育壮苗的基础上，适时整枝，摘除老叶、黄叶，做好园地清洁措施，促进田间通风透光，减轻病虫害的发生。发现病害时，及时去除病枝叶、病荚等，并及时集中烧毁或深埋，防止病害再传播蔓延。设施栽培采取放风和辅助加温等措施，调节温度和湿度，以适应植株不同生育时期对环境的要求，避免低温和高温障碍。其他田间栽培管理应遵守 NY/T 5081—2002《无公害食品　菜豆生产技术规程》的要求执行。

关于改良次生盐渍化蔬菜土壤的建议

瞿云明[1] 廖连美[1] 朱军霞[2] 饶 聪[3]

（1. 浙江省丽水市莲都区农业技术推广中心 浙江 丽水 323000；
2. 浙江省丽水市莲都区新农村建设和发展研究中心 浙江 丽水 323000；
3. 浙江省丽水市莲都区土肥能源发展中心 浙江 丽水 323000）

摘 要： 针对浙江省丽水市山地蔬菜土壤次生盐渍化的问题，以生态农业的视角，从思想观念、财政投入、土地流转三方面提出了政策建议及技术路径，以践行“绿水青山就是金山银山”的理念，加快实现丽水“乡村振兴”的目标。

关键词： 生态农业；次生盐渍化；土壤改良；肥力提升

土壤次生盐渍化是由于人为活动不当，使原来非盐渍化的土壤发生了盐渍化或增强了原土壤盐渍化程度的过程，已成为当今世界土壤退化的主要问题，也是影响农作物产量的主要环境因素。当土壤表层含盐量超过 0.6% 时，大多数植物已不能生长；土壤中可溶性盐含量超过 1.0% 时，只有一些特殊适应于盐土的植物才能生长。在蔬菜生产中，主要由于过量施用化肥及不合理灌溉而导致易溶性盐分在土壤表层积累产生土壤次生盐渍化，进而导致蔬菜作物产量、品质降低，不仅造成了水分、肥料的大量浪费，还产生了突出的生态与环境问题。一般情况下，土壤次生盐渍化在设施栽培中比较常见，但随着蔬菜产业的发展，蔬菜种植趋向高强度和集约化，露地蔬菜种植也出现不同程度的土壤次生盐渍化危害。

丽水市是浙江省陆地面积最大的地级市，其中山地占 88.42%，耕地占 5.52%，是个“九山半水半分田”的地区。多年来，丽水生态农业在“绿水青山就是金山银山”的“两山”战略指导思想领引下，打造全国生态保护和生态经济双示范区，取得了有目共睹的成效。但作为农业支柱产业之一的蔬菜产业，因生产历史长，连作、复种指数高，轮作尚不合理，并存在偏施、过量施化肥，忽视土壤培肥和改良等问题，出现了较为严重的土壤次生盐渍化、酸化的趋势，且盐渍化与酸化具有一定的同步性。

1 存在的问题

从课题组成员调查的 18 个村蔬菜基地，测定的 170 个样点看，有 60.6% 的样点为盐渍土，其中，设施菜地样点中 93.8% 为盐渍土，露地样点中 31.1% 为盐渍土。表明蔬菜土壤总体上已趋于次生盐渍化，其中设施菜地已次生盐渍化，并日趋严重；露地蔬菜土壤也时有存在。蔬菜土壤的次生盐渍化程度与土壤环境、蔬菜种植历史年限、连作年限、复种指数、轮作水平、土壤培肥、肥料投入量及种类、雨水淋洗强度有关，土壤次生盐渍化伴随着土壤酸化。调查分析表明，不合理的施肥和灌溉、忽视土壤培肥和改良是蔬菜土壤次生盐渍化发生的主要原因。

蔬菜作为经济效益较高的经济作物，在伴随着城市化发展占用耕地、蔬菜产业发展又需优质土地的情景中，众多生产者以追求利益最大化的思想导向下，连作、高度集约化、高复种指数、高肥料使用量的生产常态；偏施化肥、过量施化肥以及忽视土壤培肥和改良成为普遍现象。年复一年，导致土壤次生盐渍化加重、土壤酸化、土壤板结、有机质减少等恶变，妨碍了蔬菜根系的正常吸水，产量降低、品质劣变等。其中土壤次生盐渍化是蔬菜连作障碍和大棚设施栽培中最普遍和突出的问题，成为丽水蔬菜生产上的主要土壤障碍因子，发生程度严重的作物不能正常生长，导致耕地缩减。

2 建议

2.1 提高认识，强化使命担当

各级政府和有关部门要坚持科学发展观为指导，从战略的高度，充分认识保护耕地及环境的重要意义，要进一步解放思想，转变观念，以“绿水青山就是金山银山”的丽水使命担当为共识。广泛开展多层次、多方位、多形式的宣传教育，广泛动员公众参与农业环境保护，树立环保理念，增强保护农业环境的紧迫感和责任感。同时，加强对农民及农民专业合作社等农业生产经营主体的技术培训，提高生产技术水平和技能，引导改变观念，走出认识和实践上的误区，认识到自然环境对人类的重要性，实现人与自然相互依存，和谐共荣发展。

2.2 增加财政投入，加大技术推广

发展生态农业要遵循种养结合的农业规律和“源于土地，还与土地”的原则，要发挥农业生产经营主体的参与主体作用。政府及部门应进一步完善扶持生态农业发展的财政、税收政策，采取财政补贴、税收减免、贷款贴息、购买服务、设备配套、产品补贴等方式扶持农业生产经营主体从事退化土壤改良及肥力提升工程。财政投入应重点投入以下方面。

2.2.1 完善农业基础设施

进一步完善蔬菜基地的路、沟、渠及排、蓄、灌等农业基础设施，加快建设喷滴灌或水肥一体化等现代节水灌溉施肥系统，以促进高效节水灌溉技术的推广，改善农业生产条件，提高农业综合生产能力。

2.2.2 推广秸秆综合利用

积极探索秸秆肥料化、饲料化等农业循环经济发展模式，建立“社会化服务 + 市场化运营”的模式，依托专业性的社会化服务组织完成农作物秸秆的回收利用工作，促进秸秆的肥料化、饲料化利用，提高蔬菜土壤中使用秸秆有机肥的数量，达到优化土壤环境的物质循环，改善土壤结构、提升土壤肥力，增加土壤保水、保土、保肥性能；实现减少化肥使用。

2.2.3　推广深耕深松机械化技术

针对目前多数种植蔬菜土壤耕作层偏浅的现状，在蔬菜主要产区，推广深耕深松机械化技术，提高土壤耕作层的深耕深松厚度，改善土壤耕作层的性状，减轻表层土壤盐渍化程度，并促进作物良好成长和发育。

2.2.4　推广生物除盐技术

种植除盐 C_4 作物是生物除盐技术中较理想的一类措施，其原理是通过种植除盐 C_4 作物，吸收土壤中的大量盐分后，将植株部分或者全部从种植区域转移到其他地域，从而降低原种植区域的土壤盐分。种植甜玉米、墨西哥玉米、甜高粱、高丹草、苏丹草等 C_4 作物具有良好的除盐效果，可在短期（53 天）实现次生盐渍化菜田表层土壤盐分降低 20.7% 以上，且可作为绿肥和牧草，最终还田为有机肥，对改善土壤质地、增强土壤保肥供肥能力、减少化肥投入。

2.2.5　提高蔬菜测土配方施肥技术覆盖率

深化测土配方施肥技术在蔬菜生产上的应用，开展免费测土配方服务活动，坚持精准测土、科学配肥、减量施肥相结合，提高蔬菜测土配方施肥技术的覆盖率。

2.2.6　进一步推广蔬菜标准化生产

以蔬菜标准化生产，规范无公害蔬菜生产施肥行为。以有机肥为基础，有机肥与化肥配合，纠正生产上施“大肥”“偏施化肥”“过量施化肥”的传统，控制土壤盐分的投入。

2.2.7　进一步推广水旱轮作制度

推广蔬菜与水稻、蔬菜与茭白、蔬菜与莲藕等水旱轮作制度，可改善农田生态环境，有利于增强微生物活性和繁殖能力，提高土壤肥力，改善作物生长发育，提高产量和品质。可减少盐渍化菜地耕层 0 ~ 20cm 土壤中半数以上的盐分，同时，改善土壤结构，增加土壤的通气性，提高地力水平。

2.2.8　开展技术研究

加快次生盐渍化蔬菜土壤改良及肥力提升技术的研发，特别是加大蔬菜测土配方技术、蔬菜秸秆肥料化利用技术与模式的研究。同时，鼓励科技人员将取得的科技成果应用到生产实践。

2.3　加快土地流转，促进蔬菜生产机械化

土地细碎化是浙江农业的特点之一，丽水尤是如此，这严重制约了水、机械、化肥等投入品使用效率的提高，也制约了土壤改良及肥力提升。因此，加快土地流转，促进蔬菜生产机械化，降低生产成本，增加生产效益，方可为土壤改良及肥力提升创造条件。

黑龙江省方正县土壤污染防治与农业可持续发展技术对策

翟宏伟*

（黑龙江省方正县农业技术推广中心　黑龙江　方正　150800）

摘　要：如何处理好土壤污染与防治的关系是实现农业可持续发展的关键。分析了土壤污染的类型和探讨土壤污染与防治的关系，提出了土壤污染的防治对策。

关键词：农业；农药；化肥；土壤污染；对策

土壤污染是指土壤中某些或某种有害物质含量过高，致使土壤功能受到损害，理化性质变坏，微生物的生命活动受到破坏，肥力下降，导致农作物生长发育不良，造成减产。土壤一旦遭受污染，将直接影响农作物的生长及农作物产量和农产品质量，同时还通过食物链和饮水间接危及人体健康。因此，保护土壤不受污染和防治土壤污染，对保证农作物产量、农产品质量等具有十分重要的意义。

1　农用土地土壤污染防治的必要性

1.1　保障国家粮食安全的需要

随着土壤污染的持续加重，一方面导致农用土地面积不断减少，另一方面导致农用土地的质量不断下降，影响了土地的生产能力，因此，土壤污染会直接导致粮食产量的降低，对粮食安全构成很大威胁。通过土壤污染防治，加强污染土壤的治理，保护有限的农用土地，是保障国家粮食安全的一个重要途径。

1.2　确保人体健康的需要

土壤污染严重影响食品安全，威胁人们身体健康。农产品中的有机氯残留、重金属残留以及硝酸盐积累等均与土壤污染有密切的关系。因土壤污染造成有害物质在农作物中积累，使得农产品质量日益恶化，土壤中的污染物通过粮食、蔬菜、水果、奶、蛋、肉等进入人体，引发各种疾病，危害人体健康；此外，许多低浓度有毒污染物属环境激素类物质，其影响是缓慢的和长期的，对后代有着很大的潜在威胁。

1.3　保护生态环境的需要

在所有的生态或环境体系中，土壤是生物安全和生态安全的最基础性、也是最根本性

*　作者简介：翟宏伟，高级农艺师，从事农技推广与植物保护工作。E-mail: fangzhengzhibao@163.com

的因素，因此，对于土壤保护就变得更为重要。土壤污染直接影响土壤生态系统的结构和功能，进而影响植物的生长，并通过食物链的形式对其他动物带来危害。被污染的土壤中的有害物质经过降雨的浸淋，就被雨水冲进水源，增加了水体的酸度，使水生生物大量死亡；土壤中的化学肥料会使水体富营养化严重，含氧量下降，导致水生生物窒息死亡；渗入地表深处的有害物质污染了地下水，进而污染了井水、河水等饮用水源。

2 农用土壤污染的类型

2.1 农药污染

农药的有害成分一旦进入农业环境之中，其毒性和高残留性就会发挥作用，造成严重的大气、水体及土壤污染。在生物圈中，农药在植物体内富集或残留于植物表面，通过植物、昆虫、鱼类、鸟类及气、水流通的作用，转化和富集。一方面害虫逐步地产生了抗药性，使农药的需求量日益增加，出现恶性循环；另一方面，益鸟、益虫被大量杀灭，生态失衡，造成新的、更大的虫害暴发。直接将农药施入田（地）里，下雨时，雨水会将大部分农药冲走，进入水源、水沟及河道，造成水源、水体污染，而这些被污染的水又被人们生活饮用及生产利用，从而产生循环污染和危害，可谓害上加害。农药通过多种途径进入人体，影响人的神经、肝脏、肾脏等器官，引起慢性中毒，诱发癌症等多种病症。

2.2 化学肥料污染

化肥的施用促进了粮食的高产，然而在大量使用的同时造成大量流失，化肥流失造成地下水中的硝态氮含量超标，影响土壤自净能力，从而导致化肥对土壤的污染。长期大量使用化肥，造成许多农田土壤板结，施肥效果明显下降，最终造成农产品产量下降或品质下降，从而严重影响农业的可持续发展。化肥流失造成地表和地下水污染，地表径流把化肥中的氮带入江河湖泊，使微生物严重增生，水体黏稠发臭，造成富营养化，导致水中含氧量下降，水生生物减少或死亡。

2.3 城市污水与畜禽粪便污染

城市污水如未经污水处理设施而直接排入农业环境，其气味难闻，吸引蚊蝇大量聚集，严重影响了周围居民的生活质量，损害了人们身心健康，恶化了农村环境卫生状况。附近地区地下水中的硝酸盐、氨氮超标；河道水体发臭变黑，富营养化，蚊蝇滋生，严重污染周围的环境。畜禽粪便污染造成了水体富营养化，水质恶化，致使土壤板结和盐渍化。畜禽养殖对土壤的污染源主要是粪便，尤其是畜舍及畜牧场附近，因粪肥长年大量堆积或粪水渗透，造成 N、P、K 等物质浓度过高形成对土壤的污染。还通过污染水源流经土壤造成水源污染型土壤污染。畜牧业生产中大量使用抑制有害菌的微量元素添加剂，如硒、铜、铅、砷等金属元素，而这些无机元素在畜体内的消化吸收利用极低，在排放的粪尿中相当高。长期使用此类添加剂，会造成土壤污染。另外，抗生素类药物一般有 60% ~ 90% 随动物粪便排出体外，被土壤吸附后降解较慢，容易在土壤中累积，对人类健康造成潜在威胁。

2.4 农作物秸秆污染

水稻秸秆焚烧、弃置乱堆必然会污染环境，大量剩余秸秆堆放在田间地头，最终被付之一炬，不仅浪费了宝贵的资源，而且烟雾弥漫，造成了严重的空气污染，秋季玉米和水稻等农作物收获后，尚未干燥的玉米秸和稻草大量不能充分燃烧，产生大量的烟雾弥散于空气中，使空气中的二氧化碳、一氧化碳浓度急剧升高。到了傍晚时分，空气湿度加大，烟雾扩散减慢，全部积聚于低层，能见度大大降低。另外，烟雾还严重刺激人们的眼睛和喉咙，使人流泪、喉痛、呼吸困难，甚至呕吐，严重时还会导致呼吸系统疾病，极大影响人们的身心健康。

3 对策

加强农业科技的攻关和推广工作，大力发展生态农业加大先进农业生产技术的科研攻关力度，积极推广先进的耕作制度和使用高效、低毒、低残留的新农药，推广病虫草害综合防治和合理施肥及秸秆综合利用技术，努力实现农业产业结构合理化、生产技术生态化、生产过程清洁化、生产产品无害化，开展生态农业建设是控制农业环境污染的有效途径。

3.1 农药对农业环境污染的防治

3.1.1 加强技术培训，科学施用农药，淘汰高毒农药，发展绿色化学农药

农民对农药知识和植保技术的缺乏，以及自我保护意识的淡薄，是造成农药危害的主要原因。一方面，通过技术培训，传授农药应用技术，提高农民素质，做到科学用药。加强对安全、合理使用和轮换使用农药的指导，从农药剂型、用量、施用方法及药械等方面进行改进，提高农药的有效利用率，降低农药在非靶标环境中的投放量。另一方面，选择高效、安全、生物活性高的新型农药以提高防效。绿色农药包括生物农药（微生物农药、植物源农药、基因工程农药等）、化学合成类绿色农药及半合成类生物农药。今后化学农药的发展方向是化学合成类绿色农药，即绿色化学农药，其特点：① 超高效，药剂量少而见效快；② 高选择性，仅对特定有害生物起作用；③ 无公害，无毒或低毒且能迅速降解。采取综合防治的方法研究新的杀虫除害途径，制定农药安全性评价和安全使用标准，安全、合理地使用现有农药，发展高效、低毒、低残留的农药。

3.1.2 实施综合防控技术，提高测报水平，减少化学农药的使用

首先必须加强基层植保部门的工作力度，尤其要重视对新的虫害发生和防治技术的研究，调查研究各种病虫害的起因和发生的条件，密切注视害虫发生趋势动态，及时准确发布害虫发生趋势短期预报。根据对有害生物监测预报，针对有害生物的生育、生理特点、生活习性及其薄弱时段，抓住防虫的有利时机，适时对症下药，其次是混合和交替使用不同的农药，以防止产生抗药性并保护害虫的天敌；另外，还要注意改进农药使用性能，改进农药在使用中的某些缺点：加强生物防治并推广生物农药和无公害的农药。推广使用高效低毒低残留安全新农药、新技术等综合防治农作物病虫草鼠的措施，最大限度降低危害。例如，在水稻上推广杀虫灯、稻鸭共作、保护利用天敌和科学合理交替使用农药的综合治理技术。

3.2 化肥对农业环境污染的防治

测土配方施肥、平衡施肥、养分控施技术的运用，施肥种类的多样化以及施肥方式的科学化是农田养分管理计划的关键环节，也是控制农业环境污染的主要技术。

3.2.1 测土配方施肥和平衡施肥技术的实施是控制肥料污染的关键

测土配方施肥是运用现代测试手段，对农田土壤取样测定土壤养分含量，再根据土壤养分状况，按照种植作物需要的营养，提出肥料的种类、数量配方，推荐给农户，指导农户科学施用配方肥。即农业技术专家通过对土壤养分的诊断，按照作物需求确定肥料种类、数量，制成施肥建议卡，推荐给农户。在具体施用时，农业技术专家到田间根据土壤结构、肥料品种和特性、作物生长和天气情况，确定施肥的种类配比和用量，按方配肥，科学施用，指导农户科学施用。

平衡施肥即有机肥与无机肥平衡施用，氮、磷、钾素平衡施用，大量元素与中微量元素平衡施用。根据历年土壤质量、肥料运筹试验及作物需肥特性，在施用有机肥的基础上，调整不合理的施肥结构，建立平衡配套施肥模式，提高肥料利用率。控制和减少氮肥总量，增加磷、钾肥用量，协调氮、磷、钾施用比例，同时配施硅、锌、硼等中微量元素肥料。针对当前有机肥用量偏少的施肥现状，增加有机肥的投入，使有机肥与无机肥搭配施用，减少化肥施用量，降低养分流失的风险性。肥料的控释或缓释技术使养分平衡由静态扩展到动态、由横向扩展到纵向，使养分平衡的实施更完全。控释肥具有养分有效供应期长、利用率高等优点，生产上使用控释肥能明显减少施肥次数，降低肥料用量，减轻养分流失对环境的污染。

3.2.2 有机肥的无害化处理是控制农业环境污染的前提

施在地里的有机肥一定要经过无害化处理，如高温堆肥，池塘和地角的沤制肥，沼气肥，这些都是经过无害化处理过的，可以直接施在地里。还有各种畜、禽的厩肥，这种肥从圈里取出，一定要经过堆沤，腐熟再用，绝不能将新鲜的粪尿浇在菜地里。有机肥的无害化就是采取措施除去有机肥中对农业有害的物质，有机肥中的有害物质通常是人、畜、粪尿中残留的病菌，寄生虫卵以及秸秆中的病虫害，一般采用高温和发酵的方法除去，因为这两种方法都能做到无害又保持肥效。在高温堆肥的过程中，第1周的温度可达30～40℃，以后继续升温可至60℃。这种高温可保持1周，在这段时间内上述病、虫害均可消灭，达到有机肥无害化的效果。另一种发酵除害一般采用沼气发酵，在缺氧密封的池中完成，发酵后的液体和渣都可做肥料。

3.3 城市污水无害化处理后灌溉农田是防治农业环境污染的有效途径

城市污水中主要污染物是粪便中的寄生虫卵和细菌，但污水中含有丰富的氮、磷、钾养分和有机质，只要合理利用，城市污水也是郊区的一项重要肥源。污水在使用前一定要经过无害化处理，根据试验，用沉淀池将污水沉淀2小时后，就可以除去80%的寄生虫卵。经过沉淀的水即可浇灌农田。浇灌前一定要了解污水中的氮、磷、钾养分的大致含量，以便控制浇灌的数量。浇灌量因地、因时、因作物而有所不同，例如，在砂土和砂壤土上施用效果好，在黏土上施用效果较差；大苗可以多浇，小苗应少浇，开花期可不浇，成熟期不浇；粮食作物可多浇，瓜果菜作物可少浇。菜地浇灌注意不要大水漫灌，应采用沟或畦灌，也可和清水一起混灌，蔬菜收获前半个月不要浇灌污水。

另外，污水沉淀的沉渣，多由粪便和有机物构成，也是一种肥料，不过这种沉渣一定要和高温堆肥一起经过高温无害化处理后才能使用。这种肥料施用在粮食或蔬菜作物上都有明显的增产效果。

总之，良好的土壤环境是确保农作物产量和质量的基础条件，保持优良的土壤条件才能提高农产品质量，发展优质高效农业。加强土壤保护和土壤污染防治，不断改良土壤和营造优良的土壤条件是实现农业提质增效的有效途径。

南乐县农业废弃物资源化利用

魏静茹　焦相所

（河南省南乐县农业农村局　河南　南乐　457400）

摘　要：当前农业废弃物造成的资源浪费、污染环境，严重制约了农业的可持续发展。近年来，国家高度重视农业废弃物资源化利用，在农业农村部的统一部署下，各级农业部门开展了多项行动，旨在推进农业废弃物资源化、全量化、无害化处理利用。南乐县作为一个农业县，是河南省重要的商品粮基地和畜禽养殖基地，农业废弃物量大且利用水平低，与创建生态文明先行示范区、发展现代农业等要求极其不相适应。为此，南乐县农业农村局联合濮阳市农业畜牧局、濮阳市委调研室就如何建立有效的区域性农业废物资源化利用体制机制共同开展了调查研究，调研组一行深入南乐县农业龙头企业、蔬菜种植合作社、养殖企业等进行调研、座谈，通过问题分析，提出了利用重点、利用方向及关键措施，初步形成了推进区域性农业废弃物利用的思路及路径，对于南乐县及濮阳市整体推进农业废弃物资源化利用具有指导意义。

关键词：农业废弃物；资源化；利用

农业废弃物是以农作物秸秆、养殖粪污等为主的农业生产剩余物，一方面处理不好易造成污染，如秸秆焚烧易造成空气污染，养殖业 COD 贡献率占全国排放总量的 45%（2010 年）等；另一方面是一种放错地方的资源，如秸秆生产 L- 乳酸、生产沼气、生产有机肥等。近年来，国家高度重视农业废弃物资源化利用工作，农业部自 2015 年在全国开展了农业面源污染攻坚战，提出“一控两减三基本”目标。近年来，河南省南乐县认真按照国家、省、市工作要求，扎实推进农业废弃物资源化利用工作，取得一定成效，但农业废弃物利用不足、污染环境等问题仍较为突出。在当前国家高度重视大气、水、土壤污染治理形势下，如何结合南乐县农业农村实际，进一步加快利用步伐，形成具有濮阳市特色的废物利用、循环发展的模式机制。为此，南乐县农业农村局与濮阳市农业农村局、市委办公室组成专题调研组，通过与基层干部群众座谈、进场进园区入户走访等方式，对农业废弃物资源化处理利用进行了深入调研。

1 南乐县农业废弃物资源化利用的需求和市场

1.1 农业废弃物资源量巨大

南乐县是一个农业县，农业废弃物资源量巨大。

1.1.1 农作物秸秆

2019年全县耕地65.62万亩、年产秸秆约67.5万t，其中小麦、玉米2个主要农作物秸秆量62.1万t、占总量的95.5%。据调查，南乐县主要利用途径有粉碎还田、饲料、收储外销、秸秆发电、秸秆制糖和L-乳酸等，其中：按照农业农村部指导适宜亩还田量0.3t，全县所有农田秸秆还田需19.7万t秸秆；2019年全县大牲畜及羊年可消耗秸秆8.6万t左右；秸秆外销、秸秆制糖和L-乳酸、秸秆发电等在10万t左右，约有29.2万t秸秆未得到有效利用。

1.1.2 畜禽粪污

根据第2次污染源普查结果，2017年南乐县养殖场粪便总产生量为27.07万t，粪便总利用量为17.58万t，利用率为64.94%。其中规模养殖场粪便年产生226 542t，年利用135 379t，利用率为59.75%；规模以下养殖场粪便年产生44 112t，年利用40 408t，利用率为91.60%。畜禽尿液是畜禽养殖业污染物产生和排放的又一主要来源。从普查结果来看，2017年全县畜禽养殖业畜禽尿液的年产生量为70 237t，其中规模养殖场年产生45 957t、规模以下养殖场年产生24 280t。全县畜禽养殖业畜禽尿液的年利用量为53 754t，其中：规模养殖场年利用31 902t，规模以下养殖场年利用21 852t。

1.1.3 蔬菜秸秆

近年来，南乐县蔬菜种植面积不断扩大，特别是设施农业2019年底达到115 000万亩，在满足“菜篮子”需要的同时，又产生了大量蔬菜秸秆无法处理，焚烧或弃置路边沟渠会造成环境污染。据调查，每亩蔬菜秸秆产量在0.3t左右，2019年全县蔬菜瓜类种植面积19.5万亩，每年可产秸秆5.85万t，多数蔬菜秸秆未得到有效利用。

1.2 对农业废弃物处理利用要求迫切

一是有机肥需求增大。南乐县把“六优四化”作为现代农业发展的重点方向，即优质小麦、优质花生、优质大豆、优质瓜菜、优质草畜、优质林果，布局区域化、生产标准化、发展产业化、经营规模化。南乐县制定了化肥使用量零增长行动实施方案，明确提出“争取农作物化肥用量零增长，化肥利用率达到40%”等目标。在当前化肥使用过量、有机肥使用缺口较大的情况下，以农业废弃物生产有机肥，是发展“六优”农产品的现实需要。二是粪污利用要求迫切。2017年，濮阳市启动水污染防治攻坚战，印发了《关于打赢濮阳市水污染防治攻坚战的实施意见》等“1+2+6”系列方案，要求加强养殖场粪污处理，减少农村农业面源污染，开展畜禽粪污资源化利用符合养殖粪污处理要求。

2 南乐县农业废弃物资源化利用的重点及方向

2.1 农作物秸秆资源利用

2017年，农业部印发《区域农作物秸秆全量处理利用技术导则》，省发改委、省农业厅印发《河南省“十三五”秸秆综合利用实施方案》等，均提出因地制宜、农用优先、多元利用、市场导向等指导原则，发展秸秆产业，基本得到资源化利用。为此，应着重抓好以下方面。

2.1.1 建设秸秆收储运体系

由于秸秆分布广、季节性强，收集难度大，造成利用难。只有把秸秆有效收集储存起来，才可进一步利用，提高附加值，形成产业。以收储公司或合作社为主体，按照“区域收储中心+乡村收购网点+秸秆经纪人”的运作模式，实行市场化、产业化发展，建成覆盖全市的收储运网络。目前，南乐县已有秸秆收储网点35个。

2.1.2 适量秸秆粉碎还田

秸秆直接粉碎还田是最为便捷的处理利用方式，但是南乐县亩均秸秆产量在0.615t，按照农业部指导适宜亩还田量0.3t，剩余0.315t秸秆需要其他利用。鉴于小麦、花生、红薯等秸秆经济价值较高，应重点粉碎还田玉米秸秆等。

2.1.3 大力发展秸秆饲料

通过氨化、青贮等手段，最终实现过腹还田，促进牛羊养殖业和循环农业发展。要充分结合南乐县养殖业结构调整，发展秸秆青（黄）贮、颗粒饲料等，优先保障南乐县畜牧业饲料供给。

2.2 畜禽粪污资源利用

习总书记提出“以沼气和生物天然气为主要处理方向解决畜禽养殖场粪污处理和资源化问题”的重要指示，农业农村部印发了《关于认真贯彻落实习近平总书记重要讲话精神加快推进畜禽粪污处理和资源化工作的通知》，着力推动现代农业种养结合农牧循环发展。为此，南乐县应着重抓好以下方面。

2.2.1 建立畜禽粪污资源化市场利用机制

养殖粪污处理利用设施一次性投入较大，对于一些中小型养殖企业难以投资，应对其粪污进行集中收集处理。根据养殖量和分布情况，依托大型种养企业或社会化服务组织，建设区域粪污处置中心，形成粪污收集、存储、运输、处理和综合利用全产业链。通过粪污收集处理，探索建立粪污排量动态监测、粪污有偿排放等机制。

2.2.2 推进畜禽粪污能源化利用

按照全县年产粪便455万t计算，年可产沼气近1 785万m^3，按每吨鲜猪粪产沼气60m^3计算。利用沼气可实现在农村地区集中供气，其相对于管道天然气优点在于可再生、建设成本低、运行成本低等优点，并可分布式能源布局，符合农村地区开展清洁能源替代行动的现实需要。

3 南乐县农业现状具有现代农业发展的优势

3.1 粮食作物种植面积大，具备传统农业特点

南乐县农作物播种面积119.08万亩，以小麦、玉米种植为主，开展了小麦、玉米万亩高产示范方创建活动，粮食单产保持较高水平。

3.2 现代设施农业态势逐渐形成

蔬菜、瓜果等经济作物发展迅速，设施农业总面积达到10.56万亩、占耕地面积的16%，是濮阳市主要菜篮子基地。沃圃生、日福莱、依禾、联富、马村等现代农业园区不断发展壮大，代表了农业结构调整的方向。百亩以上园区32个，成功创建南乐蔬菜市级现代农业产业园。与河南农业大学“强强联手”，全国最大的优质番茄科研生产小镇落地生根。全国首个农业信息化中心正常运行，推动生态农业“质效双升”。同时，还可兼顾农作物秸秆收储、有机肥生产、农膜回收、全生物降解地膜试验推广、废弃农药包装物回收等，全面解决农业废弃物处置利用问题。

3.3 处理利用方向及重点

以秸秆全量化和粪污资源化处理，以及优质粮食和果蔬生产为目标，开展农业废弃物收集、农户集中供气、秸秆发电、秸秆L-乳酸、聚乳酸等内容建设，探索建立“政府引导、企业主体、市场运作、专业管理”的农业废弃物处理利用机制，推进农业与环保协调发展，最终实现农业废弃物资源化、无害化和全量化处理利用。

3.3.1 建设农业废弃物收集处置中心

根据农业废弃物资源量进行合理布局，河南未来乐农再生资源有限公司，建设7个区域性粪污处理中心，分别位于张果屯镇后孙黑村、元村镇古寺郎村、千口镇良善村、福堪镇张韩平村、谷金楼乡闫李谷金楼村、西邵乡五花营村、寺庄乡张浮丘村，每个处理中心建设3万m^3发酵设施，每个区域性粪污集中处理中心周边配套建设1 000亩大田和500亩设施农业，消纳产生的沼液、沼渣等产品；同时生产清洁能源沼气，达到农村环境治理、能源再生与资源循环利用的多重目的，实现农业生产和农村生活环境的可持续发展。预计2021年可全部建成。项目建成后，预计每年可资源化利用畜禽排泄物450万t以上，年处理农作物秸秆和生活污水约286万t。对没有处理设施的养殖粪污进行集中收集，就近运送到废弃物收集处置中心进行处理利用。消纳周边秸秆有效缓解了禁烧压力和农村环境治理问题。同时，利用沼肥发展有机种植，在全县合理布置沼液储存池，对大田或设施农业实行肥水一体化浇灌。可满足全县乃至其他县区用肥需要，将促进全市农业无公害生产。

3.3.2 开展乡村农户集中供气

河南未来乐农再生资源有限公司，区域性集中处理中心生产沼气经提纯：一是周边农户天然气管网已经接通，可供给农户集中供气，可满足周边5.2万户农户生活用能，将可解决该区全部农户生活用能需要，实现农村清洁用能目标要求；二是已与南乐县热力普惠有限公司签订合作协议，直接向其提供生物质天然气，实现沼气产业化发展。

3.3.3 秸秆工业化生产提高产值

宏业生物科技股份有限公司典型模式，是《农业农村部办公厅关于公布第2批全国农产品及加工副产物综合利用典型模式目录的通知》(农办加〔2018〕11号)批复的典型模式，这批典型模式生产工艺先进，产品市场竞争力强、前景广阔，企业经济效益和生态环保效果显著，对当地农民增收作用明显，是推动当地农业供给侧结构性改革、促进农村一二三产业融合发展的重要抓手。该模式以秸秆、玉米芯等为原料，将分离的纤维素用于生产乙酰丙酸，半纤维素用于生产糠醛，纤维素、木素混合物、锅炉灰用于生产有机肥和发电供热。年加工原料6万t，实现产值1.24亿元，利润1 076万元。

3.3.4 探索废弃物生产高端产品新模式

河南星汉生物科技有限公司是河南省安装集团有限责任公司与郑州大学合作组建的有限公司，公司主要从事农作物秸秆收储及加工。利用玉米等农作物秸秆为主要原料，生产乳酸、乳酸钙、乳酸乙酯等产品及副产品、衍生品的生产与销售，聚乳酸研发、生产、销售。这是全县生物基材料产业链的重要环节。项目正常运营后年消化秸秆5万t，是目前国内仅有两个生物基材料产业集群，南乐县国家级生物基材料产业集群就是其中之一。

南乐县种植业污染情况调查与分析

魏静茹

（河南省南乐县农业农村局　河南　南乐　457400）

摘　要：2017年南乐县农业种植业污染源普查，采取典型地块调查的方式，全县12个乡镇共调查典型地块119个，共涉及98个村的119户农户。在调查的基础上认真分析了总氮、总磷、氨氮、产排（流失）情况，种植业氨气、农药施用、VOCs产排情况，对地膜、化肥和农药施用普查结果进行了详细分析并与濮阳市整体情况、第1次全国污染源普查数据进行了比较。对存在的问题进行了总结和分析，提出了种植业污染源治理对策。

关键词：种植业；污染源普查；污染物排放；治理对策

2017年对河南省南乐县农业种植业污染源普查，采取典型地块调查的方式，全县12个乡镇共调查典型地块119个，共涉及98个村的119户农户。在调查的基础上认真分析了总氮、总磷、氨氮、产排（流失）情况，种植业氨气、农药施用、VOCs产排情况，对地膜、化肥和农药施用普查结果进行了详细分析并与濮阳市整体情况、第1次全国污染源普查数据进行了比较。对存在的问题进行了总结和分析，提出了种植业污染源治理对策。

1　普查总体情况

从表1调查农户的种植规模来看，调查50亩以上（含50亩）的规模种植户21户，占调查总户的17.65%；50亩以下的种植户98户，占82.35%。

表1　全县种植业典型地块调查数量情况

县　区	典型地块调查数量 / 个		调查农户种植规模 / 个	
	任务数	调查数	50亩（含50）以上	50亩以下
南乐县	119	119	21	98

从图1典型地块分布图可以看出，全县典型调查地块分布均衡，布局合理，涵盖了主要粮食生产区，能够充分满足种植业调查需要。南乐县典型地块共调查119个农户，涉及黄淮海半湿润平原区小麦－玉米轮作、露地蔬菜、其他大田作物、保护地和园地5种种植模式，其中：共调查小麦玉米轮作种植模式42个、占调查总数的35.29%，露地蔬菜模式30个、占25.21%，保护地14个、占11.76%，其他大田作物模式21个、占17.65%，

园地模式 12 个、占 10.09%。小麦玉米轮作和露地蔬菜模式两项占到调查模式的 60.05%，符合南乐县以小麦、玉米种植为主的农业生产方式。

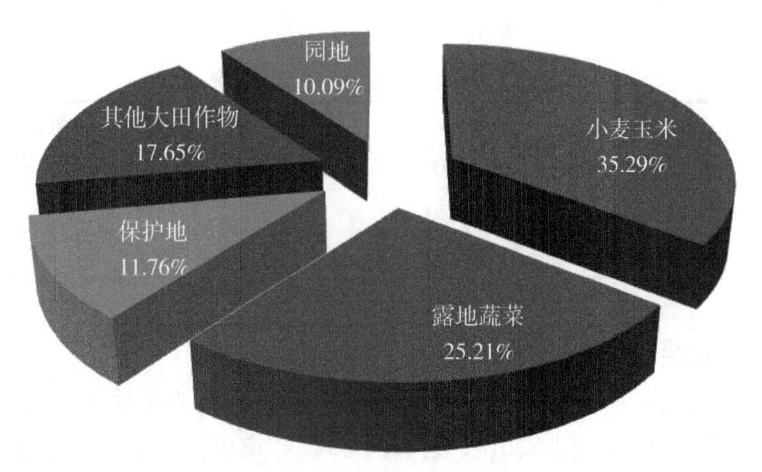

图 1 各调查种植模式占比情况

2 种植业主要污物物产排情况

2.1 总氮产排（流失）情况

农业种植业不产生总氮。根据普查结果，2017 年全县农业源种植业总氮流失总量为 277.14t。种植业总氮流失量情况如表 2 所示。对比第 1 次全国污染源普查数据，2017 年南乐县总的总氮流失量和氮肥施用量的比例为 1.22%，南乐县较全国氮肥流失比例 2.91% 下降 1.69 个百分点、比河南省 4.83% 下降 3.61 个百分点，如果再加上本次普查核算的含氮复合肥数据，氮肥流失比例将会更小，说明南乐县在总氮流失治理上取得了一定成效。

表 2 种植业总氮流失情况

县　区	氮肥施用量 /t	总氮流失量 /t	氮肥流失比例 /%	单位耕地面积流失量 /（kg/ 亩）
南乐县	22 757	277.14	1.22	0.378
濮阳市	106 688	1 685.11	1.58	0.386

2.2 总磷产排（流失）情况

农业种植业不产生总磷。根据普查结果，2017 年南乐县农业源种植业总磷流失总量为 21.20t。从表 3 中可以看出，濮阳市的总磷流失量和磷肥施用量的比例为 0.27%，南乐县的比例为 0.15%，磷肥流失比例低于全市均值。对比第 1 次全国污染源普查数据，南乐县较全国磷肥流失比例 0.16% 低出 0.01 个百分点、比河南省 4.83% 下降 4.68 个百分点。如果再加上本次普查核算的含磷复合肥数据，磷肥流失比例会有所减小，但仍与全国均值基本持平，说明南乐县在总磷流失治理措施上还有很大的提升空间。据典型地块调查肥料施用情况，存在两个方面原因，一方面，单一磷肥的施用比例下降；另一方面，南乐县治理氮肥流失取得一定成效。

表 3　南乐县种植业总磷流失情况

县　区	磷肥施用量 /t	总磷流失量 /t	磷肥流失比例 /%	单位耕地面积流失量 /（kg/ 亩）
南乐县	14 422	21.20	0.15	0.028 7
濮阳市	47 979	131.85	0.27	0.030 0

2.3　氨氮产排（流失）情况

种植业不产生氨氮。根据普查结果，2017 年南乐县农业源种植业氨氮流失总量为 15.49t。根据《濮阳市统计年鉴 2018》公布的 2017 年南乐县耕地与园地总面积，计算出南乐县单位耕地面积的氨氮流失量。从表 4 可以看出，2017 年南乐县单位耕地面积氨氮流失量为 0.021 3kg/ 亩。

表 4　种植业氨氮流失情况

县　区	氨氮流失量 /t	单位种植面积流失量 /（kg/ 亩）
南乐县	15.49	0.021 3
濮阳市	94.58	0.021 3

2.4　种植业氨气产排情况

根据普查结果，农业源种植业氨气排放量 2 290.20t。从表 5 可以看出，2017 年濮阳市总的氨气排放量和含氮化肥施用折纯量的比例 8.07%，南乐县为 9.55%，高于全市均值。从数据分析来看，超过全市均值的原因主要是含氮复合肥用量占总氮肥用量比例较低，需要改善氮肥施用结构。

表 5　南乐县种植业氨气排放情况

县　区	含氮化肥施用折纯量 /t			氨气排放量 /t	氨气排放比例 /%	单位耕地面积排放量 /（kg/ 亩）
	合　计	氮肥施用折纯量	含氮复合肥施用折纯量			
南乐县	23 984	16 516	7 468	2 290.20	9.55	3.12
濮阳市	163 581.6	103 460.9	60 120.7	13 208.71	8.07	3.03

2.5　种植业农药施用 VOCs 产排情况

根据普查结果，2017 年南乐县农业源种植业农药施用 VOCs（挥发性有机物排放潜力）为 106.65t。根据普查结果中农药施用 VOCs 和农药施用量，计算出 2017 年全县总的农药施用 VOCs 和农药施用量比例为 19.57%。从表 6 可以看出，南乐县的比例高于全市均值，说明南乐县需要加大农药施用 VOCs 治理措施。

表 6 南乐县种植业农药施用 VOCs 情况

县 区	农药施用量 /t	VOCs/t	VOCs 比例 /%	单位耕地面积 VOCs/（kg/ 亩）
南乐县	545.00	106.65	19.57	0.145
濮阳市	4 056.86	486.59	11.99	0.111

3 地膜、化肥和农药应用普查

3.1 地膜使用与回收情况

根据普查结果表明，2017 年，全县种植业地膜使用量为 956t，累计残留量为 165.79t，地膜回收总量 260t，地膜回收比例为 27.20%。地膜使用、回收及残留情况如表 7 和图 2、图 3 所示。从表 7 和图 2 可以看出，南乐县单位耕地面积地膜使用量和残留量均高于全市均值，说明南乐县在地膜回收治理措施上还需改进和提高。从表 7 和图 3 中可以看出，南乐县单位地膜覆膜面积残留量为 0.127kg/ 亩，高于全市均值，说明南乐县回收措施及治理效果还需改进和提高。

表 7 南乐县地膜使用量和残留量情况

县 区	年使用量 /t	累计残留量 /t	回收量 /t	回收比例 /%	单位耕地面积使用量 /（kg/ 亩）	单位耕地面积残留量 /（kg/ 亩）	单位覆膜面积残留量 /（kg/ 亩）
南乐县	956.00	165.79	260.00	27.20	1.465	0.254	0.127
濮阳市	2 483.09	429.26	1 237.96	49.86	0.594	0.103	0.053

图 2 单位种植面积地膜使用量和残留量情况

图 3 单位地膜覆膜面积残留情况

3.2 化肥施用情况

根据普查结果，2017 年，南乐县化肥施用量为 58 500t，氮肥施用折纯量为 16 516t，含氮复合肥施用折纯量为 7 468t。根据《濮阳市统计年鉴 2018》公布的南乐县耕地和园地面积，计算出南乐县单位耕地面积化肥及含氮化肥施用情况。从表 8 可以看出，2017 年南乐县单位耕地面积化肥使用量为 79.738kg/ 亩，高于全市均值。2017 南乐县单位耕地面积含氮化肥施用折纯量为 32.69kg/ 亩，低于全市均值。

表 8 南乐县化肥及氮肥、含氮复合肥施用折纯量

县 区	化肥使用量 /t	含氮化肥施用折纯量 /t			单位耕地面积化肥使用量 /（kg/ 亩）	单位耕地面积含氮化肥施用折纯量 /（kg/ 亩）
		合 计	氮肥施用折纯量	含氮复合肥施用折纯量		
南乐县	58 500	23 984	16 516	7 468	79.738	32.69
濮阳市	296 098	16 3581.6	103 460.9	60 120.7	67.814	37.46

3.3 农药使用情况

根据普查结果，2017 年全县用于种植业上的农药使用量为 545t。根据《濮阳市统计年鉴 2018》公布的南乐县耕地和园地面积，计算出南乐县单位耕地面积农药使用量。从表 9 可以看出，2017 濮阳市单位耕地面积农药使用量为 0.929kg/ 亩，南乐县为 0.743kg/ 亩，低于全市均值；2017 濮阳市单位播种面积农药使用量为 0.5kg/ 亩，南乐县为 0.417kg/ 亩，低于全市均值。

表 9 南乐县农药使用情况

县 区	年使用量 /t	单位耕地面积使用量 /（kg/ 亩）	单位播种面积使用量 /（kg/ 亩）
南乐县	545	0.743	0.417
濮阳市	4 056.86	0.929	0.500

4 总结和分析

4.1 全县种植业总氮、总磷和氨氮流失有所改善，但流失量仍较高

相比第 1 次全国污染源普查，2017 年南乐县总氮单位耕地面积流失量较全国高出 30.95%、比河南省下降 6.13%；总磷单位耕地面积总磷流失量比全国降低 95.18%，比河南省降低 3.24%；氨氮单位耕地面积氨氮流失量比全国降低 74.40%，比河南省降低 8.39%，说明南乐县在总氮、总磷和氨氮流失治理上取得了一定成效。但是，单位耕地总氮流失量仍较高，这与南乐县土壤质地以壤土和黏土为主、耕作方式以旋耕耕作方式为主等因素有关。

4.2 全县化肥施用比例有所降低，施肥结构有所改善，但施用化肥量仍较大

对比第一次全国污染源普查数据，2017 年南乐县氮肥流失比全国单位耕地面积氨氮流失量 0.083kg/ 亩降低 74.40%，比河南省 0.041kg/ 亩降低 48.39%。

4.3 全县农药使用量增幅有所下降，但使用量仍较大

根据本次普查数据，2017 年全县总的农药施用 VOCs 和农药施用量比例为 19.57%，高于全市均值，说明南乐县需要加大农药施用 VOCs 治理措施。

4.4 全县地膜用量逐年增加，但残留量大，回收利用能力不足

对照第 1 次全国污染源普查数据，地膜单位耕地面积使用量较全国 0.335kg/ 亩，高 77.12%，说明南乐县在经济作物种植和设施农业发展上具有一定基础，也是河南省重要的蔬菜种植产区。这主要是由于南乐县特别是 2009 年以来大力发展设施农业和生态农业，促使了地膜用量不断提高。

4.5 种植业污染源治理对策

4.5.1 大力推进化肥减量施用

推进测土配方施肥技术，逐步实现主要农作物测土配方施肥全覆盖；加强滴灌施肥、喷灌施肥等“水肥一体化”技术推广与应用，提高水肥利用效率；转变施肥方式方法，推广新肥料、新技术和新方法；推进秸秆、粪便还田利用，开展周期性深耕，提高耕地质量水平。

4.5.2 大力推进农药减量使用

加强病虫监测网络建设，及时准确测报病虫信息，科学指导群众开展病虫防治；加快病虫害专业化统防统治，推广先进植保机械防治、统防统治与绿色防控的技术集成融合配套模式。

4.5.3 加大全生物降解地膜试验推广应用

从 2018 年开始，南乐县农用地膜开始了全生物降解地膜与聚乙烯吹塑地膜对比试验、示范，试验农作物是日光温室栽培辣椒、番茄、草莓等，露地栽培大蒜、娃娃菜、大豆、甘蓝菜，全生物降解地膜也起到了增温、增产、保墒、抑制草生长等作用。生物降解地膜应恰当地选择地膜类型，既能保证农作物全生育期地膜起到升温、保墒的作用，又能在生育后期地膜强度降解到位，以免影响后茬作物生产。综合考虑降解程度、地膜成本等因素选择地膜配方和厚度。南乐县计划在试验、示范成功的农作物是大面积推广全生物降解地膜，从源头上解决地膜应用引起的土壤污染。

农药包装废弃物回收处理现状和建议

王广辉　廖　伟　李永博

（河南省螺河市郾城区农业农村局　河南　漯河　462300）

摘　要： 随着现代农业的不断推进，农药废弃物如何处理已经成为影响到整个农业生态环境安全的重要问题。本文从废弃物包装回收的现状出发，分析了产生问题的原因并针对性提出了相应对策，以期为减少农药包装废弃物造成的环境污染提供参考。

关键词： 农药；包装废弃物；污染；回收

农药包装废弃物主要是指实际使用农业生产产生的、不再具有使用价值而被废弃的农药包装物，包括用塑料、纸板、玻璃等材料制作的与农药直接接触的瓶、桶、罐、袋，以及过期农药及其包装物。我国是农药生产和使用大国，每年农药原药的消费量为 50 万 t 左右，所需的农药包装物高达 100 亿个（件），其中，被随意丢弃的农药包装废弃物超过 30 亿个（件）。因为得不到妥善处理，不仅成为环境和水体的污染源，也影响了农民的生产和生活，如不加以控制与管理，势必会成为又一个不可忽视的农业生态污染源，急需加强农药包装废弃物回收处理的监督管理。

1　农药包装废弃物回收现状

废弃农药塑料（玻璃）包装物内残留的农药，有的易挥发，随着气流和风进行扩散，造成大气污染；有的毒性稳定，半衰期长，在土壤中降解困难，可以在土壤中长期存在不消失，污染土壤时间长；有的经雨水冲刷流入水渠或河道，渗入地下，污染水质。其中，农药塑料袋主要包括 PE（聚乙烯）瓶、PET（聚酯）瓶和多层复合高阻隔瓶，均不属于可降解材料，在自然环境下不易降解，有些材料甚至需要上百年的时间才能降解；而废弃的农药玻璃瓶破碎后，碎玻璃给人畜生命安全带来隐患。此外，废弃农药包装物散落在农田、果园、河流、水渠中，加剧损害了农村脆弱的生态环境，而且废弃的农药包装物上残留的不同毒性级别的农药本身也是潜在的危害。

2　原因分析

2.1　农户防治病虫害观念落后，环保意识淡薄

由于对农药包装废弃物认识危害性认识程度不高，对废弃农药瓶（袋）如何处置的宣传很少，多数农民环境保护意识低下；而且随着种粮比较收益的下降，农民的种粮积

极性不断降低，农民在防治病虫害方面不愿投入过多的精力和资源，使用后的农药包装废弃物往往随意丢弃的现象比较普遍，据统计，43% 的农户施药结束会将空包装带回，38% 的农户随手丢弃在地头，13% 则会被扔在河边，只有少数（6%）农户将其带到垃圾站。

2.2 经销商缺乏回收农药包装废弃物的思想意识，农药包装废弃物回收处置工作未落实到位

一是《农药管理条例》和《农药包装废弃物回收处理管理办法（征求意见稿）》中均有明确规定，农药生产者、农药经营者有责任和义务回收农药包装废弃物，但因执法力度不严，未能取得实效。二是各方资金投入少，农村缺少回收管理人员、回收装置和转运车辆等，虽然《农药包装废弃物回收处理管理办法（征求意见稿）》中规定农药使用者应当妥善收集农药包装废弃物，不得随意丢弃，但由于使用后的农药瓶（袋）存在“用不上、留不得、卖不掉”的窘境，大多数农民往往一扔了之。

2.3 没有形成有效的管理办法，相关的政策法规不健全

一是由于缺乏规范农药包装废弃物的回收、处置工作，对于乱扔农药包装废弃物的行为也没有处罚办法，导致大量含有农药的包装袋、包装瓶等农药包装废弃物被遗落在田间地头。二是政策法规的不健全使得废弃物包装回收局面混乱，仅有的少数法规提到关于农药包装废弃物的回收处置办法，但都过于松软，执法力度不够。三是回收农药废弃包装物成本高，回收处理被遗落在田间地头的农药包装废弃物费用甚至超过生产使用包装的费用。四是我国的回收体系尚未建成完善，此外，由于农药的特殊性，大部分农药包装回收再利用受技术限制而只能一次性使用，收集及回收后的利用难度大。

3 对策建议

3.1 加强宣传引导

坚持从农村、农民、农业的实际出发，创新农村环境保护宣传教育的形式，充分利用互联网、微信、电视广播、印发公告、通知、宣传单、悬挂横幅、喇叭广播等形式，因地制宜开展形式多样的宣传教育，让农药生产者和销售商充分认识到其在农药包装废弃物回收方面应承担的法律责任；同时加强对农民科学用药的培训，提高其用药水平。让农民认识到随意丢弃农药废弃物对环境的严重危害，逐步转变农民的思维模式，约束乱扔的随性行为，自觉维护环境卫生，形成良好的回收秩序；此外，农药生产企业协助经销商将收集的农药包装物运输并按一定区域集中存放，以利于集中统一处理；进而形成生产者守法生产、经营者依法经营、使用者科学用药的良好局面，从源头上杜绝乱丢乱弃现象。

3.2 制定相应政策法规，健全管理制度

在深入调研的基础上，制定符合我国国情和行之有效的法律法规，使农药生产者、经营者和使用者有章可循，切实把农药废弃物的处理纳入法制化轨道。探索建立以政府为主导、企业为主体、农民参与的回收处理体系，强化对农药包装废弃物按危废程度进行分类化管理。此外，还要鼓励农药生产者使用易回收、易处置的包装物，优先选用可降解或易

于降解的新材料，逐步淘汰铝箔等不易降解的包装物，从源头上减少农药包装废弃物。

3.3 多方联动，形成合力

强化政府政策引导、财政资金扶持力度。积极探索建立农药生产企业主体、销售商和农户回收、专业公司处置的农药包装废弃物回收处置模式，可以考虑采取政府引导、财政补贴、农业部门领导执行、发动群众、商业运作等措施，积极处理现有农药包装废弃物。此外，还可将企业是否具有回收能力与农资公开招标采购挂钩；对专业处置公司在物流运输、土地使用等方面予以扶持等。与此同时，还要积极探索建立农药包装废弃物回收网络体系，以此改善废弃物回收困难的现状。

3.4 强化监督检查

各级政府和有关部门应高度重视农药包装废弃物回收处理，将农药包装废弃物回收处理工作纳入乡村生态环境建设目标考核，明确市、县、镇、村在农药包装废弃物回收利用和处理各个环节的任务、责任和途径，做到有章可循、有法可依，推进农药合理使用和农药包装废弃物的无害化处理。明确监督责任主体，加强执法监管工作，对不履行农药废弃物回收义务的从业者和相关责任人，依法予以严惩，督促指导农药生产企业、经营主体依法生产经营，真正把农药包装废弃物回收处理纳入法制化轨道。

农药包装废弃物回收处理是一项系统工程，涉及农药生产、经营企业和广大农药使用者。在浙江、湖北、上海、山东等地开展过许多有益的探索，并出台了相关治理方案，在一定程度上减少农药包装废弃物随意丢弃现象。但因农药包装废弃物种类繁多、回收难度大、回收利用率低、农药使用主体分散且环保意识薄弱，农药包装废弃物的回收利用工作不尽人意。从已有实践经验来看，可以考虑按照“谁购买谁交回、谁销售谁收集、谁生产谁处理”的原则，加快建立“政府主导 + 财政补助 + 市场化运行”的回收模式的农药包装废弃物回收处置体系。各级农业部门和环保部门应当建立数据信息共享平台，定期监控农药包装物收集、转运、处置等情况，对可能出现的新情况新问题要及时研究解决，快速处置，保障农药包装废弃物回收和无害化处理机制有效运转。

稻田农药包装废弃物现状及管理对策建议

向爱红

（湖南省洞口县原种场　湖南　邵阳　422300）

摘　要：随着人民群众对生活品质日益增长的需要，政府对农业环境保护工作的重视，农药废弃包装物污染不容忽视，回收处置必须加强。现就农药包装废弃物的管理提出建议与措施。

关键词：稻田；农药包装；管理

水稻病虫害是影响水稻生产的重要因素，由于增产和保产的目的，湖南省洞口县大多数常规耕作稻田中，仍大量使用化学农药来控制病虫害，农药、化肥、人工合成物质等的使用，使稻田生态系统所受的人为干扰加重，稻田的病、虫、草、鼠、水生生物及相关天敌的动态都受到明显的影响。稻田的自然控害作用降低，增强病、虫、草的抗药性，使病虫草害的控制不得不反复依赖不断替换、升级的化学农药，其结果必然带来环境污染、影响稻米品质，很不利于水稻生产的可持续发展。随着人们对食品安全、环境安全等要求的不断提高，近年来，国内外对农药包装废弃物回收处理技术方面的研究不断增强。

1　农药包装废弃物现状

农药包装废弃物是指因农业生产产生的、不再具有使用价值而被废弃的农药包装物、包括用塑料、纸板、玻璃等材料制作的与农药直接接触的瓶、桶、罐、袋等农药包装物。农药包装废弃物也包括禁止使用但仍有库存的农药，过期失效的农药、假劣农药。农药施用后剩的残液，盛装农药容器的冲洗器，农药包装物（瓶、桶、袋）、被农药污染的外包装物或其他物品等。农药废弃包装物中塑料制品所占比例为 80%，其次是玻璃制品，所占比例 12%，铝箔袋所占比例为 7%，纸袋、金属瓶均约为 1%。洞口县位于湖南省中部偏西南，雪峰山东麓，资水上游。水稻是洞口县重要的粮食作物之一，同时，水稻是也是洞口县产量最大的粮食作物。2020 年全县粮食播种面积达 138 万亩，总产量 48.25 万 t。其中水稻种植面积达到 105 万亩。年生产 42 万 t。全县 80 万人口的主要口粮就是大米。耕种时节，本人到农资经销店，附近的田间地头走动时发现，道路边、水渠边、水井旁、田埂边都有农民在使用完农药后随便丢弃农药塑料袋，塑料瓶，玻璃瓶等农药包装物。有些农民在施药过程中，将喷洒剩余的药液、容器冲洗随便倒在地上或倒在水井边或倒入水渠；被禁止使用但有库存的农药，过期失效的农药或假劣农药越积越多，有不知情的农资商将其悄悄流入市场。

2 农药包装废弃物的危害

2.1 难降解

农药包装物多以玻璃、塑料等材质为主，这些材料在自然环境中难以降解，一些含高分子树脂的塑料袋被日复一日地埋在土壤里，在自然环境下不易降解，可残留 200 ~ 700 年，给土壤环境造成了化学污染残留，极大影响农作物生长。农药包装废弃物在土壤中形成阻隔层，影响植物根系的生长扩展，阻碍植株对土壤养分和水分的吸收，导致田间作物减产。资料显示，每亩塑料残留量 15kg，可使油菜，小麦，稻谷分别减产 24%、26%、30%，玻璃空瓶随意丢弃在田间头，破碎片划伤耕牛或田间工作人员，给人畜生命安全带来隐患。

2.2 污染地下水

废弃的农药、包装残留的农药，在酷热的夏季，极易自然挥发，或经雨水冲刷渗入地下。由于有些农药的毒性十分稳定，可以几年甚至十几年存在于土壤之中不消失，这样就会导致农药污染水质、污染土壤，成为毒害人类和污染环境的隐形杀手。农药废液直接倒入农田，会造成对土壤污染，进而影响作物生长。有调查发现，在母田喷洒多效唑，有农民甚至把剩余的药液直接倒在母田一角，导致母田污染秧苗，使其生长受到影响，表现比其他区域秧苗矮小。残留在包装物中的农药（特别是塑料和铝箔材质装中残留的农药量比较大）遇到降雨或浇水时，其中的农药就会被稀释而释放出来，进而进入地下水系（饮用水源），污染水源水域，会造成牲畜中毒、鱼虾死亡，并极大地影响着水稻生长品质进而威胁居民身体健康。

3 农药包装废弃物是农业面源污染的重要组成

农药废弃物散落在农田，地头，河流，池塘边等处，构成了无数个大大小小的污染源，这些小污染源分布的广泛性和随意性，非常符合面源污染源的规律。广义的面源污染是指溶解的和固体的污染物从非特定的地点，在降水的冲刷作用下，通过径流过程而汇入受纳水体，并引起水体的富养经或其他形式的污染。相对于点污染而言，对农业面源污染的控制难度要大得多，主要原因是面源污染的不确定性。由此可见，对农药废弃物的治理应该纳入农业面源污染综合治理的范围内。

4 现有的农药包装废弃物管理的法规

《中华人民共和国农业法》第 66 条规定：排放废水，废气和固体废弃物造成农业生态环境污染事故的，由环境保护行政主管部门或农业行政主管部门依法调查处理；《基本农田保护条例》第 23 条规定：县级以上人民政府农业行政主管部门应会同同级环境保护行政主管部门，对基本农田环境污染进行监测和评价；另外，已颁布的《农药管理条例》第二十六条规定：使用农药应当遵守农药防毒规程，正确配药、施药、做好废弃物处理和安全防护工作，防止农药污染环境和农药中毒事故。第三十九条：处理假农药、劣质农药、过期报废农药、禁用农药、废弃农药包装和其他含农药的废弃物，必须严格遵守环境保护法律、法规的有关规定，防止污染环境。

5 农药包装废弃物管理的对策建议

5.1 完善《农药包装废弃物回收管理办法（试行）》

广泛开展农药包装废弃物回收处置工作试点，从法律法规制度上入手，全面开展农药废弃物现状调查，专门制定出台符合实际、易于操作的农药废弃物管理办法，规定农药包装物的生产和使用、管理主体、权利义务、经费投入、回收处置的具体方式、监督管理措施、法律责任等方面的内容，使处理农药包装废弃物有章可循。

5.2 加强宣传和培训农药安全使用，增强农民的环保意识

开展安全使用农药的宣传，示范农药包装废弃物回收，参与农户施药作业，现场指导农户如何正确使用农药和对农药包装废弃物的处理，通过对田间、水沟等地进行排查，捡拾以前农户随地丢弃的农药包装废弃物集中处理。张贴农药废弃物随意丢弃危害的标语，向广大农药经营者和使用者宣传相关法律法规并发放相关宣传资料，让农药使用者充分了解到农药包装废弃物随意丢弃的危害性，动员广大农药经营者和使用者积极行动起来收集田间地头的农药废弃物，统一存入，统一销毁。对不遵守者而造成严重危害者，除进行批评教育以外，还要绳之以法。

5.3 加大生产企业处置农药包装物的激励机制

需要加大、加强相关部门采取相应的经济补偿或政策措施，鼓励农药生产或经营企业科学处置农药包装废弃物。鼓励生产企业对农药废弃物进行回收，集中处理，是减少农药包装废弃物产生的有效措施。

5.4 采取有效措施，积极处理现有农药废弃物

采取政府引导，财政补贴，农业部门领导执行，发动群众，商业运作等措施，积极处理现有农药包装废弃物，是减少农村农药污染压力的重要措施。

5.5 采用先进的处理工艺，科学处理农药包装废弃物

农药废弃物的工业化处理，涉及处理设施，处理工艺和处理后产生的气体再污染等一系列问题，因此，需要开展这方面的深入研究。除了引进先进的处理工艺外，还需研究符合中国实际的工业化处理技术，避免处理农药废弃物过程中再次产生污染。

6 结语

农药废弃物处理是一个系统工程，它涉及农药生产和经营企业，更涉及广大农村的千家万户。世界各国的农业生产持续性，要保证农业的安全生产和粮食供应，农药的用量还会增加，农药废弃物的产量也会随之增多，食品安全已经成为政府和公众普遍关注的民生问题，当前，农业面源污染也已成为政府和公众普遍关注的民生问题，也正在成为农业环境治理的重点领域。农药废弃物的管理也逐渐引起了政府和公众的重视，可以相信，随着

科学技术的发展，人们环保意识的增强，科学使用农药，规范管理农药包装废弃物也将成为改善农村生态环境，建设生态文明，脱贫攻坚，推进农村经济社会可持续发展的重要举措。

含超高效固氮菌的生物有机肥替代化肥的效果与推广前景

武玉国[1,2] 王洪祥[2] 张 振[2] 王开元[2] 姜莉莉[3] 王开运[1]
（1. 山东省农业大学超高效固氮菌研发中心 山东 泰安 271018；
2. 山东省丰田宝农业科技有限公司 山东 泰安 271000；
3. 山东省果树研究所 山东 泰安 271000）

摘 要：空气中氮气含量达78%，利用高效能微生物固氮替代合成氨，满足农作物生长所需氮素营养是最节能、经济和环保的途径。本文介绍了含超高效固氮菌、解磷菌和解钾菌等菌群的生物有机肥替代化肥改良土壤，提高农产品产量和品质的效果，展望其在推动现代农业持续发展中的推广应用前景。

关键词：固氮菌；解磷菌；解钾菌；生物有机肥；替代化肥

我国农业上因长期大量使用化肥和农药，近年来土壤酸化和盐渍化日益突出，质地劣化，生态功能不断减退，化肥用量和作物增产不再显示同步正向关系，农业的可持续发展受到严重制约。创造含超高效固氮菌的生物有机肥是为人类提供高质量绿色食品的核心基础，在高品质农产品生产中替代化肥，从而减少合成氨对能源的消耗、二氧化碳的排放，改良土壤，农作物健壮生长，发病率降低，农药用量大大降低，实现化肥和农药双减量，农业生态环境优化。

1 含超级固氮菌生物有机肥开发应用效果

1.1 含超级固氮菌生物有机肥的功效

用本科研团队自主选育的超高效能固氮、解磷、解钾和拮抗菌组成生物有机肥的功能菌群，以天然腐殖酸等矿质材料为载体，创制了完全替代化肥的“丰田宝”（鑫丰田宝）生物有机肥，丰田宝生物有机肥可根据各种农作物对氮、磷、钾等养分需求，通过超高效固氮菌从大气中获得氮素；解磷、解钾菌从添加的矿质磷和钾，以及土壤中解离出速效磷和速效钾和微量元素。丰田宝生物有机肥肥效持久，一次施肥，满足蔬菜、果树和农作物全生长期养分需求。同时，丰田宝生物有机肥还具有提高作物抗病性、增产、优质、改良土壤、环境友好和实现可持续发展等多种功效。完全替代化肥、生产“准有机”农产品，为农产品优质安全和全民大健康贡献力量。

1.2 丰田宝生物有机肥在蔬菜上使用方法和效果

1.2.1 在大棚番茄上完全替代化肥的效果

2011—2019 年，山东省泰安市岱岳区房村镇番茄大棚中连续使用“丰田宝”生物有机肥 9 年，种植了 18 茬，每茬亩施 1 000kg，移栽时穴施，全季节仅浇清水，番茄生长健壮，发病期延迟到中后期，叶部病害发病程度降低，基本无枯萎病和根腐病等根部病害发生，杀菌剂用量减少 60% 以上；番茄亩产量平均 12 760kg，较施用化肥和普通有机肥的对比地块增产 17.6% ~ 38.2%，品质优良。同时，土壤有机质提高 1 倍以上，土壤 pH 为 6.5 ~ 6.9，盐分降至 0.2% 以下，土壤中蚯蚓数量达 18.4 头 /m^2，土壤中芽孢杆菌的丰度提高 37.3%，真菌的丰度降低 42.5%，土壤肥力显著提高。2015—2019 年，山东省寿光市番茄大棚中连续使用“丰田宝”生物有机肥 5 年，种植了 10 茬，每茬亩施 800 ~ 1 000kg，移栽时穴施，全季节仅浇清水，番茄基本不发病，杀菌剂用量减少 70% 以上；番茄亩产量平均 15 200kg，较施用化肥和普通有机肥的对比地块增产 21.9% ~ 40.6%，品质优良，番茄产品经农业部蔬菜品质监督检验中心（北京）检测，所涉及农药吡虫啉、多菌灵、异菌脲、百菌清和烯酰吗啉均未检出，产品中的农药残留量低于国家绿色食品的检测限。山东省广饶县冬暖式大棚，建设在盐碱地上，土壤盐一般为 0.6% ~ 0.9%，常规种植番茄成活率低，苗期生长缓慢，产量低，农户效益差。2018 年以来在盐碱土壤中施用“丰田宝”生物有机肥种植番茄，每年种植 1 茬番茄，每株穴施 600g 左右，生长期达 8 个月，番茄不打顶，收 12 ~ 14 穗果实，番茄生长至中后期，每半个月左右随浇水冲施 1 次“慧动力”（氨基酸和灵芝多糖水剂），每次用量 1kg。亩产量可达 1.75 万 ~ 2.0 万 kg，比传统施肥增产 40% 以上，实现盐碱地改良和增产增收双突破。

1.2.2 在大棚番茄上替代化肥 50% 的效果

2016—2019 年，山东省禹城市番茄大棚中连续使用“丰田宝”生物有机肥 4 年，种植了 8 茬，每茬亩施 400 ~ 500kg，移栽时穴施，番茄采收第 2 穗果时，再随浇水补施水溶肥，替代有机肥和 50% 化肥用量，土壤改良效果好，根系发达，生长健壮，发病较轻，杀菌剂用量减少 40% 以上；番茄亩产量平均 10 550kg，较施用化肥和普通有机肥的对比地块增产 16.4% ~ 28.7%，品质较高。

1.2.3 在大棚黄瓜和西葫芦上完全替代化肥的效果

2014—2019 年，山东宁阳县华丰镇黄瓜大棚连续使用“丰田宝”生物有机肥 6 年，种植了 12 茬，每茬亩施 1 000 ~ 1 200kg，黄瓜亩产量平均 13 500kg，较施用化肥的对比地块增产 18.6% ~ 35.2%，品质优良。同时，土壤改良效果好，基本克服了黄瓜种植的连作障碍。山东莘县连作种植西葫芦 30 年的大棚，土壤酸化、盐渍化严重，几乎不能再继续种植，2016 年秋移栽时每株穴施“丰田宝”生物有机肥 500g，西葫芦生长旺盛，结瓜多，瓜条直，表面光亮，品质好。自 2016 年以来每年实行西葫芦和芸豆套种种植，芸豆每株穴施 150g，两茬蔬菜均获得稳产高产，实现了可持续生产，农户增收幅度大。

1.2.4 在其他大棚蔬菜和西瓜上完全替代化肥的效果

山东寿光市纪台街道办事处彩椒种植大棚，长期施用化肥，土壤 pH 值 3 ~ 4，2016

年“丰田宝”生物有机肥后，土壤 pH 当年恢复到 6.5，以后一直维持在 6.8 ~ 7.1，彩椒长势好，生长期达 8 个月年以上，每亩年收入 8 万 ~ 12 万元。

山东临朐县蒋峪镇贺家洼村，自 2016 年开始使用“丰田宝”生物有机肥替代化肥种植豇豆，每株穴施 200g，植株长势好，基本无病害，收获的豇豆最长的 85cm，普通种植的豇豆最长不超过 70cm，农民说从未见过这么长的豇豆，被称为最省工、最安全和增产效果最高的放心肥料。山东济阳县仁风镇 2016 年开始使用“丰田宝”生物有机肥替代化肥种植西瓜，每株穴施“丰田宝”生物有机肥 500g，西瓜长势好，产量高，含糖量 12.2%，口感好，连作种植西瓜腐霉根腐病发病很轻，发病率仅为 0.89%，防治效果达 88%；药剂套餐处理的发病率为 2.24%，防治的效果为 69.5%；对照的发病率达 7.33%。药剂套餐处理和对照的西瓜含糖量为 9.1%，施用“丰田宝”生物有机肥的西瓜含糖量较其他对比的提高 3.1%，口感佳、品质好、售价高、增收。近年来山东昌乐、昌邑、莘县、滨州和泰安的大棚和露地优质西瓜基地，已大面积推广“丰田宝”生物有机肥替代化肥，改良土壤，克服连作障碍，提高品质，增产增收成效十分显著。

1.3 丰田宝生物有机肥在果树上使用方法和效果

1.3.1 在柑橘和香橙上完全替代化肥的效果

2017 年 3 月以来重庆市江津区在长叶香橙使用“丰田宝”生物有机肥替代化肥，亩环状沟施 300kg，每年施用 1 次，与用菜籽饼和复合肥的常规施肥相比，前者根系发达，养分供应均衡，植株生长健壮，新生花芽饱满，坐果率高，果实膨大快，增产 20% 以上，糖度 16.8% 左右，品质很好，商品价值高；成熟果实在树上挂果时间可达 1 年，不仅节省果实冷藏保鲜环节，也不影响果树第 2 年结果。施“丰田宝”的果树，叶部病害发病晚且程度轻，农药用量节省 50% 以上。“丰田宝”生物有机肥在长叶香橙上应用，增产、提高品质、改良土壤和保持植株健康生长的效果十分突出。同时，“丰田宝”生物有机肥替代化肥在江西南丰的赣南脐橙、四川省雷波县的雷波脐橙、四川眉州的粑粑柑、广西武鸣县的沃柑和砂糖橘等，均规模化推广，增产和提高质量的效果均表现很好。

1.3.2 在大棚柑橘上完全替代化肥的效果

2017 年 12 月以来，浙江省象山县在大棚种植的红美人柑橘上用“丰田宝”生物有机肥替代化肥，亩环状沟施 400kg，每年施用 1 次，常规施肥相比，前者根系发达，养分供应均衡，植株生长健壮，果实均匀，表面光亮，增产 18% 以上，糖度 22 左右，品质很好，商品价值很高。“丰田宝”改良土壤和保持植株健康生长的效果也很好。

1.3.3 在葡萄上完全替代化肥的效果

山东省寿光、平度、淄博和济宁等大棚葡萄上，2015 年开始用“丰田宝”生物有机肥替代化肥，亩沟施 400kg，每年施用 1 次，常规施肥相比，前者根系发达，养分供应均衡，植株生长健壮，果穗大、果粒均匀，成熟度整齐，表面光亮，增产 25% 以上，品质很好，商品价值很高，货架期长。浙江省杭州市富阳区、余杭区，嘉兴市等地大棚葡萄，2017 年 3 月以来用“丰田宝”生物有机肥替代化肥，亩沟施 300kg，每年施用 1 次，常规施肥相比，前者根系发达，植株生长健壮，结果整齐，在阳光玫瑰葡萄品种增产达 20%

以上，品质很好，果农增收效益很高。近两年来，四川凉山、云南宾川、湖北襄樊等地，大棚和露地葡萄都在推广“丰田宝”生物有机肥替代化肥，改良土壤，提质增效效果十分显著。

1.4 在中药三七上替代化肥克服连作障碍的应用效果

云南省文山市七麟三七农业科科有限公司，利用“丰田宝”生物有机肥替代化肥改良土壤，配合土壤消毒技术，克服连作障碍，突破了老地不能连续种三七的难题。土壤熏蒸揭膜散气后，亩撒施或穴施“丰田宝”生物有机肥 200 ~ 300kg，移栽三七苗，三七幼苗生根快、根系发达、生长健壮、抗病性强。以后每年向根部撒施 200kg，或适当补施水溶肥，生长至 3 年收获的三七产品个头大、品质高。

2 生物有机肥的推广应用前景

2.1 植物生长必需的营养元素

植物生长必需的营养元素有 16 种之多，并分为大量元素：碳、氢、氧、氮、磷、钾；中量元素：钙、镁、硫；微量元素：硼、锌、铁、铜、锰、钼、氯等。缺少了其中任何一种，植物的生长发育就不会正常，而且每一种元素不能互相替代。其中氢、氧、氮、碳主要来源于空气，其他元素来源于土壤。在漫长的原始农业和有机农业时代，植物营养主要靠自然界的获取，或仅补充少量农家肥，主要营养供应不足，农产品产量长期维持在较低水平，生产效益极低。我国自 20 世纪 50 年代开始，特别是 20 世纪 80 年后随着化肥工业的大发展，农产品产量取得快速增长。但是，近年来化肥增量、产量变化不大甚至减产的现象逐渐显现。近年来调查发现，大棚蔬菜、果园土壤酸度十分严重，土地盐渍化和板结，根系不发达，营养供应不良，植物亚健康生长，易发病，对农药的依赖性强，产品和环境污染风险增大。长期过量施用化肥的副作用现象日益突显，化肥中的酸根与土壤中矿质元素的无效结合，形成假性缺素症。田间观察和检测土壤发现，大棚和果园土壤中矿质元素总含量普遍较高，可利用的水溶元素较低，如土壤中全钾含量高达 3% 左右，而可利用水溶钾的含量仅有 0.4% ~ 0.8%；土壤中全磷含量高达 2% 左右，而可利用水溶磷的含量仅有 0.1% 左右。因此，大量使施用化肥维持农作物高产不是长久之计，不仅浪费了大量资源，也增加了环境污染。证明全面落实农业农村部提出 2017 年重点落实有机肥替代化肥方案，将首先《开展水果蔬菜茶叶有机肥替代化肥行动方案》势在必行。

2.2 生物有机肥替代化肥的现状

我国是一个农业大国，也是世界上化肥依赖性最大的消费国。长期大量使用化肥，易产生明显的环境和生态不利现象，直接影响我国的农业可持续发展。在欧美发达国家农业生产中，微生物肥料的施用量已占到了肥料总量的 20% 以上，目前我国微生物肥料的产量在整个肥料行业中所占的比重为 2% 左右，较发达国家的差距甚远。其原因是我国生物有机肥研发与应用时间较短，许多生产企业尚缺乏高水平的专业研发人才、优良的菌种资源、严格的发酵工艺、科学的产品配方和规范的应用对比试验，多数产品的应用效果不太令人满意，甚至有的产品中还含有劣质有机物或矿渣，增加了土壤的面源污染风险。未来国内外和企业间在此领域的竞争主要是高效或超高效功能菌专利技术的竞争，国家和有关部门应及早重视功能菌种的发掘、资源保护、开发和专利保护，扶持企业和科研单位对现有高效功能菌种的保护和有效利用。

2.3 本团队在生物有机肥研发和替代化肥应用方面的贡献

生物有机肥和微生物肥料替代化肥的主要目标是替代合成氨，我国对合成氨的需求量巨大，能源消耗多，对环境的影响大。以芽孢杆菌等天然自生固氮菌为主生产的微生物肥料和生物有机肥，因微生物的种类、功能、活性、环境适应性、含量、载体的成分和含量，产品的物理性能、用量和施用方法等不同，其固氮能力差异巨大，绝大多数产品尚无完全替代氮肥的能力，仅有个别含有超高效固氮菌的产品，在用量和产量匹配、土壤湿度和温度适合的条件下可完全替代化肥。山东农业大学超高效固氮菌研发中心历经15年，用天然固氮芽孢杆菌选育成固氮能力达到62.7 ~ 67倍的超高效固氮菌株。同时，利用降解农药的芽孢杆菌，分别选育了解磷菌和解钾菌高效菌株。以此为功能菌，用天然腐殖酸、磷矿粉、钾矿粉等载体，创造了能完全替代化肥的“丰田宝”生物有机肥。该产品已在两家合作企业规模化生产，在全国大面积推广应用，并取得十分理想的效果。“丰田宝”生物有机肥最适于蔬菜、水果、中草药等高品质和高效益作物，以及饮用地下水采集地和地表水水源地周边农田，还适合以化肥减量、改良土壤和提高品质为目标的各种农作物，推广应用前景极大。

浅谈发展循环农业的技术对策

廖 伟 王光辉 沈新磊 杨世杰 王 丽

（河南省漯河市农业农村局 河南 漯河 462000）

摘 要：发展生态循环农业是加快农业经济增长方式转变，实现资源节约、高效、循环利用，促进农业可持续发展的必由之路。本文综述了生态循环农业的概念、发展模式和当前生态循环农业发展中存在的问题，并提出现阶段发展循环农业的相关对策。

关键词：生态循环农业；可持续发展；问题；对策

十九大报告指出：实施乡村战略，要坚持农业农村优先发展，加快推进农业农村现代化。近年来，我国现代农业建设取得了一系列巨大成就，但与此同时，也面临着资源高消耗和过度利用、生态退化、环境恶化、农村生活条件差等一系列问题，如农业投入品超量使用、传统生态农业体系被破坏、农副产品资源利用率低，造成严重的资源浪费和环境污染问题。面对这种严峻形势，必须牢固树立“绿水青山就是金山银山”理念，切实践行尊重自然、顺应自然、保护自然的生态文明理念，把生态建设放在突出地位。生态循环农业是以农业资源的高效循环利用为核心，按照“减量化、再循环、再利用、可控制化”为原则，通过转变农业发展方式，充分合理利用资源，促进农业生态环境保护，增加农产品经济效益、农村资源循环利用、提升农业生态环境的新型农业发展模式。我国作为传统的农业大国，仅作物秸秆 1 项，每年产生的总量超过 9 亿 t，全国每年产生畜禽粪污总量达到近 40 亿 t。2020 年中央一号文件指出：大力推进畜禽粪污资源化利用和推进秸秆综合利用。要深入推进农业绿色化、优质化、特色化、品牌化，调整优化农业产业布局，推动农业由增产导向转向提质导向。因此，发展生态循环农业是转变农业发展方式，全面提升现代化农业建设水平，推动新常态下农业供给侧改革，实现农业可持续发展的必由之路。

1 主要模式

随着农村经济社会的发展，我国现代农业建设步伐快速推进，各种循环农业模式纷纷涌现，不仅减轻了农业的面源污染，还实现了产业结构优化，节约农业资源，提高农民的收益的目的。归纳起来，当前我国主要的循环农业发展模式主要包括以下几种。

1.1 创意农业循环经济模式

以农业资源为基础、以产业融合为路径、以娱乐休闲为载体，以农林牧副渔生产和农村文化生活为依托，将传统农业的第一产业业态升华为一二三产业高度融合的新型业态，拓展了农业功能，将以生产功能为主的传统农业转化为兼具生产、生活、观光旅游、农耕文化体验为一体的综合性产业，实现了盘活农村资源、促进农业转型、扩大农村就业、提高农户收益、繁荣乡村经济的目的。

1.2 立体复合循环模式

该模式通过种植业、养殖业的深度融合，利用各种植物在生长过程中的时间差，在不同空间关系上充分利用光、热、水、肥、气等资源，来组成各种植物高产优质生产系统，获得最大经济效益，如桑基鱼塘。通过池塘养鱼、塘四周植桑、桑园养鸡、鱼池淤泥及鸡粪作桑树肥料，蚕蛹及桑叶喂鸡，蚕粪喂鱼，使桑、鱼、鸡形成良好的生态循环。

1.3 畜禽粪便为纽带的循环模式

围绕畜禽粪便燃料化、肥料化综合利用，应用畜禽粪便沼气工程技术、畜禽粪便高温好氧堆肥技术，配套设施农业生产技术，特色林果种植技术，构建“畜禽粪便 - 沼气工程 - 燃料 - 农户”“畜禽粪便 - 沼气工程—沼渣沼液 - 果（菜）”“畜禽粪便 - 有机肥 - 果（菜）”产业链。

1.4 种养加功能复合模式

以种植业、养殖业、加工业为核心，结合土地承载和畜禽排泄物的消纳能力，采用清洁生产方式，实现农业规模化生产、加工增值和副产品综合利用。如“奶牛 - 牧草”“稻鸡轮作”“稻鸭共育”等模式，积极开发农业生态功能。通过该模式的实施，有效有整合种植、养殖、加工优势资源，实现产业集群发展。

1.5 以秸秆为纽带的循环模式

即围绕秸秆饲料、燃料、基料化综合利用，构建“秸秆 - 基料 - 食用菌”“秸秆 - 成型燃料 - 燃料 - 农户”“秸秆 - 青贮饲料 - 养殖业”产业链。可实现秸秆资源化逐级利用和污染物零排放，使秸秆废弃物资源得到合理有效利用，解决秸秆任意丢弃焚烧等带来的环境污染和资源浪费问题，同时获得清洁能源、有机肥料和生物基料。

2 存在问题

当前，我国在推进生态循环农业发展方面成效显著，涌现出了一大批可操作、可复制、可推广的示范样板，但在发展生态循环农业过程中，也存在不少问题和不足。

2.1 财政资金支持不够

近年来，上级财政在生态循环农业方面的项目支持和补贴在不断加大，但市、县两级用于开展农业生态循环农业方面的资金比较少。项目扶持也主要集中在农业废弃物资源化利用（重点秸秆还田、畜禽粪污治理等），而在生态循环农业的模式创新、技术配套、推广普及等方面扶持较少，需进一步加大财政资金的支持力度。

2.2 生态循环发展层次不高

一是农业生产仍处于重开发，轻保护的阶段，对生态环境产生的危害还不到位，还处于不断加大投入以提高产出的阶段，未进入从生态环境安全、持续利用的角度来考虑农牧业协调发展；二是生态循环农业建设主要着眼于生产环节，没有提高到产业和区域性的层次，缺乏整体规划和全面布局；三是在实际工作中生产主体仍然把追求产量、谋求经济效益最大化等传统目标摆在首位，没有把生态循环理念真正落实到行动上，生态循环农业发展内生动力不足；四是农业资源利用效率不高，农业内部的产业循环链接广度和深度不够，产业链条不完整，增值空间不大，对农民增收贡献有限，更无力壮大集体经济和增加农民就业。

2.3 思想认识上不足

农业生产经营方式还没有从根本上转变，粗放经营等传统方式依然存在，农药、化肥等农业投入品过量使用，部分地区耕地已出现土壤板结、酸化、农药残留超标等现象；此外，农业生产过程中造成的面源污染没有彻底解决，部分地区还没有实现清洁生产和农作物秸秆、农村生活垃圾和污水、畜禽粪便等废弃物的循环利用。

2.4 缺乏劳动力和专业人才

随着经济飞速发展和城市化不断扩大，青壮年劳动力纷纷涌入城市，造成农村劳动力短缺。而留守的从业者大多为老年人，缺乏专业知识，接受新技术能力差，对先进的农业生产技术缺乏学习的动力，不利于生态循环农业技术的推广应用；其次是技术指导力量薄弱，我国农技推广人员专业性强，分类较细，而生态循环农业涉及种植、养殖、资源化利用等多个门类，现有的农技推广体系和模式无法适应其内在发展需求。

3 对策建议

3.1 加大财政投入力度，确保生态循环农业有序开展

政府要切实加大对生态循环农业方面的政策扶持和资金投入，积极探索“以政府投资为引导，社会资金广泛参与、农民群众自主投入”的多渠道筹资融资机制。如设立政府奖补资金，加大“以奖代补”“以奖促治”等政策扶持力度，加大对生态农业、循环农业和功能农业投入，重点支持具有带动示范作用的大型养殖企业开展生态循环农业建设，以点带面，不断扩大推广面积，提升农业生态环境保护要求，促进农业可持续发展。

3.2 强化宣传，提高对发展循环农业的思想认识

一是充分利用报纸、广播、电视、新媒体等途径，加强农业环境保护的科学普及、舆论宣传和技术推广，让社会公众和农民群众认清农业环境污染的来源、本质和危害，让广大群众理解、支持、参与到生态循环农业工作中来。二是深入开展生态文明教育培训，切实提高农民节约资源、保护环境的自觉性和主动性，为推进生态循环农业发展创造良好的氛围。

3.3 重点突破，补齐生态循环农业发展短板

一要坚持不懈开展农药化肥减量行动，鼓励使用生物农药、高效低毒低残留农药和有机肥料，推广农作物无害化防治技术，指导农民多施有机肥，实施测土配方施肥。二要因地制宜，找准产业切入点，突出特色。如以农村人居环境整治为依托，结合农村垃圾分类、厕所革命，推动农村粪污垃圾的处理和利用，在清洁环境的同时实现农村资源的循环利用。三要加强关键技术的研发，提升循环农业整体生产经营过程中的科技水平，如废弃

物综合利用技术、节约型农业等使用技术研究，为循环农业经营主体提供多样化、便捷的适用技术，建立相对完善的循环农业发展的技术创新体系与推广体系。

3.4 加强技术培训，提升生态循环农业的技术含量

创新推广模式，优化培训内容，将生态循环农业科技创新与推广服务作为农业推广工作的中心任务，结合农村劳动力素质提升培训工程、新型职业农民培训工程、科技入户工程，加大培训力度，提升技术创新与成果转化力度。以专业大户、合作社技术骨干为重点，加快培育一批生态循环农业科技示范户，带动生态循环农业技术的示范辐射，充分发挥示范带动作用。因地制宜地制定人才培养计划和政策，充分利用高等院校科研院所的力量，培育留得住的乡土人才，使其成为生态循环农业技术的创新人、推广员和应用者。为发展生态循环农业提供人才支撑。

浅议辽宁省水稻生长动态监测的作用*

赵 琦**

（辽宁省现代农业生产基地建设工程中心 辽宁 沈阳 110034）

摘 要： 及时了解掌握水稻生长情况，对水稻生产及口粮安全具有重要作用，辽宁省水稻生长动态监测工作是通过了解水稻生长及环境变化来辅助水稻生产的一项基础性工作，对提高科学种稻水平、提升资源利用效率、发展现代化农业均具有重要作用。

关键词： 水稻；生长动态监测；作用

水稻生长动态监测是通过及时了解水稻生长情况，从而辅助水稻生产的一项基础性工作。通过在全省水稻种植代表性区域设置监测点，对水稻长势、气温、降水、土壤墒情及栽培管理措施等多方面进行持续监测，整合分析监测数据，掌握监测区域水稻种植和生长情况，从而起到辅助农业生产，以及为农业部门决策提供可靠数据的作用。

1 辽宁省水稻生产情况

2019 年辽宁省水稻种植面积 760.65 万亩，总产量达 484.3 万 t，种植面积和总产常年位列全国中上游水平。全省水稻种植区域主要集中在北部、中部、东南部沿海地区。西部和东部山区也有少量种植。近年来，伴随气候异常导致的极端天气时有发生，病虫害发生率、发生种类也有增加的趋势。目前虽然水稻抗逆性品种在不断增加，但这些灾害每年也对水稻生产造成巨大影响，对粮食安全造成威胁。

2 全省水稻生长动态监测概况

辽宁省水稻生长动态监测工作始于 2013 年，由原辽宁省农业技术推广总站根据全省水稻种植区划和生产情况布局等因素，结合水稻及其他农作物生长动态监测经验，牵头各市农技推广部门开展的一项实时性基础性工作。通过连续多年的监测工作，制定了《辽宁省水稻生长动态监测技术规程》，用以规范和指导水稻生长动态监测工作的开展。每年由原辽宁省农业技术推广总站负责制订全年监测计划、方案和进行数据统计汇总，市、县农

* 基金项目：国家重点研发计划资助，“辽宁玉米粳稻丰产增效综合保障与服务系统构建应用及技术经济分析与生产评价”（2018YFD0300309-04）。

** 作者简介：赵琦，农艺师，主要从事现代农业发展重大问题调查研究及种植业新技术、新模式的引进、示范、推广等方面工作。E-mail：2008chuanhai@163.com

业技术推广部门负责实施，监测人员全部由具备一定专业水平和工作能力的人员组成。

2.1 监测地点设置

辽宁幅员辽阔，地形、地貌分布复杂。为全面了解水稻种植情况，在全省东、西、南、北、中设置动态监测点。随着监测范围的不断扩大，监测点增加到7个，其中，中部地区选择沈阳新民市、辽阳灯塔市；北部地区选择铁岭市铁岭县和昌图县；东南沿海地区选择丹东东港市，西南部地区选择锦州凌海市、北镇市。在最大程度上反映出全省各水稻生产类型区域的种植规律和生产情况，以提供更加科学准确的指导数据。

2.2 水稻品种选择

水稻监测品种选择以种植面积较大，具代表性的地区主栽品种为主，品种数量2 ~ 3个。这样既可反映相似品种在不同区域的表现差异，也可反映不同品种在相近区域的生长表现。如中部地区选择适宜中晚熟稻区种植的沈农9816、辽粳401；东南沿海稻区土质多为盐渍土，选择适宜的晚熟品种港优1号、盐丰47；北部地区选择适宜中熟稻区种植的铁粳11号、北粳1号；西南地区选择适宜种植的晚熟品种盐丰47。

2.3 监测方法

围绕水稻全生育期开展监测，调查内容包括基础数据和重点数据，以人工观察法为主。基础数据调查包括气温、降水量、土壤墒情等。重点数据调查包括水稻物候期、长势进程、产量构成等。长势进程监测贯穿水稻完整生育期，每隔7天调查1次，包括出苗期到完熟期的各生育期时间、株高变化、叶龄变化、关键节点栽培管理措施等。

3 水稻生长动态监测对水稻生产的作用

3.1 为农业部门决策提供数据支持

水稻生产关系粮食安全，实时掌握水稻生长、生产等情况，可以为全省种植结构调整提供数据支撑，对农业供给侧结构性改革起到积极促进作用。如将非优势作物种植区调整为水田，将普通水稻品种调整为口感好、销路好的优质品种等。从监测数据看，监测点年均上报数据达1 000多条，能较翔实地提供监测区域的水稻生长及环境等情况。

3.2 辅助水稻生产

作物的长势不仅与作物的水、肥、营养状况有关，更与土壤、气候等条件息息相关。了解掌握一定区域的作物长势和进行生产决策就不能不统筹考虑这些因素。掌握了这些条件因素，对科学运用新技术，针对不同区域水稻生长情况因地施策，实施分类指导作用重大，能够避免凭经验指导、决策滞后等弊病。通过连续监测数据的积累，建立全省水稻生长动态监测数据库，进行大数据分析，可以对水稻产量、产品贸易等情况起到预判作用，逐步实现水稻生产提前决策、科学决策。

3.3 预警作用

及时掌握土壤墒情、气象条件等数据，结合近年水稻生产情况，及时制定相应技术指导意见，避免和减轻灾害影响，增强抵御风险能力，做到“早预测，早防范”。针对近年来出现频繁的倒春寒、春旱、涝灾、早霜冻等灾害性天气实行重点监测，减少因灾损失。

防范可能出现的灾害天气，第一时间向各地发布预警及应对措施意见。通过对历年监测数据分析，找出影响水稻产量和品质的不利因素，提出指导意见，减轻水稻生产波动变化，为农业生产提供保障。

4 思考与建议

设施农业中，为使作物在最经济的生长条件下，获得较高的产量、品质和经济效益，达到优质高产目的，调控技术十分关键。水稻生产无法做到设施农业具备的监测控制水平，受天气等自然因素影响较大，如何在利用自然的同时避免或减轻自然带来的影响，是农业工作者一直为之努力的方向。水稻生长动态监测不仅系统建立起全省各稻区水稻长势和生长环境数据档案，而且为农业部门及时了解掌握全省水稻生长、生产情况提供了数据支撑。辽宁省水稻生长动态监测工作经过多年开展，虽然监测范围和监测数据越来越完善，监测水平得到不断提高，但还存在一些不足。一方面是资金支持力度不够。经费有限使监测工作无法覆盖全省全部典型稻区，无法体现全省水稻整体生长、生产情况。另一方面是监测手段落后。目前较先进的监测手段有卫星遥感监测、远程监测等。2009 年河南省已开展小麦苗情远程监控与诊断管理系统的研究与示范应用，而目前辽宁省还主要以人工监测为主，缺少先进监测手段，降低了时效性。监测数据只限于气温、降水、水稻长情等常规数据，缺少生理性状等监测数据。

习近平总书记强调，必须大力发展现代化农业，要遵循规律、科学发展。现代农业离不开现代化农业监测手段，建议农业相关部门增加资金投入力度，不断完善提高全省水稻生长动态监测水平，整合农技推广、气象、植保等多部门协同推进，探索建立适合辽宁省水稻生产发展的监测信息平台。鼓励农业科技企业参与到监测平台建设、监测设备研发等工作中来，政企强强联合，优势互补，使资源共享，增强监测数据时效性、准确性，带动水稻产业不断发展。希望拿起手机，可随时通过 5G 信号查看水稻等作物生长情况的那一天尽快到来。

强措施　补短板　夯实广东农业绿色发展基石

曾　娥[*]　饶国良　林日强　林碧珊　汤建东　刘一锋　曾招兵
（广东省耕地肥料总站　广东　广州　510500）

摘　要：农业绿色发展是农业现代化的必由之路，耕地、肥料、水资源是农业生产的基础，做好土肥水技术推广工作是农业实现绿色可持续发展的基石。本文分析了广东省农业绿色发展面临的耕地质量不高、肥料施用不合理、灌水方式不科学等方面的短板问题，针对存在的问题，探讨了破解短板问题的对策建议，提出了耕地要用养结合、肥料要减量增效、用水要节约高效的实现路径和技术措施，最后总结了多年来广东省在做好土肥水技术推广工作取得的显著成效，为推进广东农业实现可持续绿色发展奠定了坚实基础。

关键词：农业；绿色发展；土肥水技术

推进农业绿色发展，是贯彻十九大精神、落实新发展理念的必然要求，是加快农业现代化、促进农业可持续发展的重大举措。广东依托广东省耕地肥料总站一类事业单位的公益性职能，充分发挥总站在全省土肥水技术推广工作中的带动作用，紧紧围绕广东在“土、肥、水”三大基础农业资源上的突出短板问题，全面实施耕地质量建设、化肥减量增效和农田节水等技术的应用及推广工作，为推进广东农业绿色可持续发展提供基本保障。

1　广东省“土、肥、水”方面存在的突出的短板

1.1　耕地短板

随着工业化发展、城镇化进程快速推进，广东省耕地数量急剧减少，人均耕地仅有0.35亩，仅为全国人均水平的24%。人多地少，耕地长期高强度、超负荷利用，耕地质量问题日益突出。广东省耕地质量问题表现为“三大、三低”，“三大”表现：一是中低产田比例较大，中低产田占耕地总面积的75.23%；二是酸化面积较大，酸化面积占耕地总面积的55%以上；三是镉污染耕地面积较大，全省耕地重金属镉地累积指数1.74，远远超过全国平均水平0.63。“三低”表现：一是旱地有机质含量偏低，旱地约占全省耕地

* 第一作者：曾娥，广东省耕地肥料总站，副科长，高级农艺师。E-mail：zengeivy@126.com

27%，土壤有机质平均含量 1.97%；二是补充耕地等级低，2008—2015 年新增补充开发的 220 多万亩耕地，质量水平与目前耕地相比地力水平相差 2 ~ 3 个等级；三是基础地力低，水稻的基础地力贡献率为 50% 左右。

1.2 肥料短板

广东省肥料施用主要存在 4 个方面突出问题。一是亩均化肥施用量偏高。2015 年广东省化肥亩均用量达 51.4kg，不仅远高于世界平均水平（每亩 8kg），也远高于全国平均水平（每亩 21.9kg）。二是不同区域和作物施肥不均衡。珠三角和粤东高产地区、潮汕平原水稻高产区和茂名市等经济园艺作物种植面积较大的区域施肥量偏高，蔬菜、果树等附加值较高的经济园艺作物过量施肥比较普遍。据调查，蔬菜每亩施用化肥 35.1kg，香蕉 153.1kg，柑橘 73.7kg，荔枝 46.5kg，均高于全国平均水平。三是有机肥施用量偏少，资源没有得到充分利用。据估算，全省每年可产生畜禽粪便 3 000 万 t 左右，农作物秸秆年产量约 4 693 万 t，但畜禽粪便利用率不足 40%，农作物秸秆养分还田率仅为 45% 左右。农田养分投入中，有机肥不足 10%，而全国平均为 30%。四是施肥结构不平衡，施肥方式落后。据全省耕地质量监测结果，2016 年，水稻化肥投入养分量为 24.5kg/ 亩，有机肥投入养分量只有 1.3kg/ 亩，化肥与有机肥之比为 19：1，水稻“重化肥轻有机肥”现象明显，蔬菜、水果施用磷肥比例偏高，珠三角不少土壤的有效磷含量达到丰富水平，已经出现施磷减产的现象，钾肥和中微量元素肥料仍偏不足；传统人工施肥方式仍然占主导地位，化肥撒施、表施现象比较普遍，而较为先进的施肥方式如机械施肥、水肥一体化等推广面积偏少，2015 年水肥一体化面积仅有 46.7 万亩。

1.3 水资源短板

广东省地处热带亚热带区，多年年平均降雨量在 1 800mm 左右，人均年占有水资源量为 1 820m^3，只处于全国中等水平，接近国际公认的 1 700m^3 的严重缺水警戒线。降雨时空分布不均，汛期降雨径流占全年的 70% ~ 85%，水资源存在季节性、区域性、水质性缺水问题。广东农业用水主要存在 3 个主要问题。一是灌溉不科学，水资源浪费。广东省水资源利用率仅为 20% ~ 30%，其中农业用水占一半左右，农田灌溉水利用率只有 40% 左右，农业用水尚以大排大灌为主，且与作物的需水规律不吻合。二是灌溉方式落后，费时费工。传统的拖灌、淋灌等种植灌水作业是在田间进行，需要大量人工完成。三是肥料流失，容易造成农业面源污染。传统大水大肥的栽培模式，容易造成地表径流，极易将肥料中的氮等养分流失，肥料的流失容易造成对土壤及水体的污染。

2 积极发挥职能部门作用，多措并举，破解短板问题

2.1 破解耕地短板，加强耕地质量建设，走用养结合的发展道路

广东省在严格保护耕地数量的同时，积极推进耕地质量的建设，大力实施耕地质量保护与提升行动，在实现路径上，突出“改、培、保、控”四字要领。“改”：改良土壤。针对全省主要耕地土壤障碍因素，改良酸化、盐渍化、潜育化、板结化土壤，改善土壤理化性状。“培”：培肥地力。通过实施秸秆还田、绿肥种植，实现用地与养地结合，持续

提升土壤肥力。“保”：保水保肥。通过耕作层深松耕，打破犁底层，加深耕作层，推广保护性耕作，增强耕地保水保肥能力。“控”：控污修复。禁止有毒有害伪劣农用物资进入农田，控制农膜残留，控施化肥农药，阻控重金属和有机物对耕地的污染。在推进工作上，重点落实以下技术措施。

2.1.1 开展酸化耕地综合治理

重点在全省粮食主产功能区，蔬菜、水果主产功能区，实施酸化耕地综合治理项目，采取以施用石灰和土壤调理剂为主，搭配秸秆还田或种植绿肥等辅助措施，实施后项目区土壤 pH 提高 0.2 以上。

2.1.2 推广以稻草还田为主的秸秆还田技术

重点在粤东北、粤西粮食发展功能区和作物秸秆来源丰富的地区，大力推广秸秆覆盖农作物还田、粉碎还田、快速腐熟还田、过腹还田等技术，研发具有秸秆粉碎、腐熟剂施用、土壤翻耕、土地平整等功能的复式作业机具，加快秸秆资源利用，项目区秸秆还田率达到 95% 以上。

2.1.3 因地制宜种植绿肥

充分利用果茶园和冬闲田土肥水光热资源，重点在粤东北山区及新增补充耕地项目区，开展绿肥种植项目，引导农民施用根瘤菌，促进花生、大豆等豆科作物固氮肥田。

2.1.4 探索重金属污染耕地阻控修复

重点在珠三角和粤北矿区周边农田，开展重金属污染耕地阻控修复项目，采取钝化剂、阻隔剂、筛选重金属低累积作物品种等综合技术模式，项目实施后土壤重金属活性明显降低，农产品达到国家安全食用标准。

2.2 破解肥料短板，打好科学施肥技术组合拳，推进化肥减量增效

以测土配方施肥、果菜茶有机肥替代化肥为工作主线，实施化肥减量增效行动，在实现路径上，突出“精、调、改、替”四字要领。“精”：精准施肥。根据不同区域土壤条件、不同作物产量潜力和养分综合管理要求，合理制定各区域、各主要作物单位面积施肥限量标准，减少盲目施肥行为。“调”：调整化肥使用结构。大力推广高效新型肥料如控（缓）释肥料和具有科学配方的液体肥料，优化氮、磷、钾配比，促进大量元素与中微量元素配合，促进肥料产品优化升级。“改”：改变施肥方式。淘汰表施、撒施和穴施等落后的施肥方式，研发推广适用施肥设备，提倡机械深施、水肥一体化、叶面喷施等先进施肥方式。“替”：有机肥替代化肥。通过合理利用有机养分资源，用有机肥替代部分化肥，实现有机无机相结合，提升耕地基础地力，用耕地内在养分替代外来化肥养分投入。在推进工作中，重点落实以下技术措施。

2.2.1 推广测土配方精准施肥

配方肥是测土配方施肥技物结合的重要载体，是应用测土配方施肥技术最简单、最有效的形式。针对农户长期习惯施用高浓度、等比例三元复合肥的状况，在作物生长期间，指导农民施用含磷量较低的专用配方肥，降低磷养分的投入量，优化肥料养分结构，将施肥总量降下来。

2.2.2 推广有机肥替代化肥

大力开展果菜茶有机肥替代化肥行动，在推进6个国家级试点县开展果菜茶有机肥替代化肥示范的同时，在全省建设一批万亩果菜茶标准示范园，按照“一控两减三基本”的要求，集成一批可复制、可推广、可持续的有机肥替代化肥的种植模式，创建一批果菜茶产品知名品牌。力争3 ~ 5年，初步建立起有机肥替代化肥的组织方式和政策体系，集成推广有机肥替代化肥的生产技术模式，构建果菜茶有机肥替代化肥长效机制。

2.2.3 进一步改进施肥方式

在果树、蔬菜等用肥量大的经济园艺作物上，加大滴灌施肥、喷灌施肥等水肥一体化示范推广力度，扩大技术应用面积，提高肥水利用效率。按照农艺农机融合、基肥追肥统筹的原则，针对山区果园茶园肥料施用难的问题，大力推广肥料机械深施技术，加快研发适用施肥机械，提高施肥效率，减少养分挥发和流失。示范推广缓（控）释肥料、水溶肥料、生物肥料、土壤调理剂等高效新型肥料，不断提高肥料利用率。

2.3 破解水资源短板，大力推广农田节水技术，提高水利用效率

广东省以增强农业节水抗旱综合能力为核心，重点发展滴灌、微喷灌等精准灌溉节水技术。在实现路径上，突出“节、集、转、治”四字要领。“节”：节约用水。重点是加强土壤墒情监测工作，以土壤墒情指标为依据，进行科学合理灌溉；“集”：集成各种技术措施。重点集成建设蓄水池、施用保水剂、地膜或秸秆覆盖等节水模式，蓄住天然降水，减少田间水分蒸发，防止地下水分渗漏；“转”：转变灌溉方式。淘汰沟灌、大水漫灌等落后的灌溉方式，采用滴灌、微喷灌等精准灌溉方式，省力省工，精准满足作物生育期兑水分的要求；“治”：治理田间排灌系统。修建田间灌溉排水渠道，完善田间小气候环境，及时排出地面水、调节地下水、控制土壤水，做到灌溉、排水系统相互配套。在推进工作中，因地制宜分区域落实以下技术措施。

2.3.1 推广打井治旱节水

在雷州半岛干旱区建立打机井、建设蓄水池，田间配套滴灌、微喷灌设施，应用地膜和秸秆覆盖技术等节水灌溉技术，减少水分蒸发，保持土壤墒情。

2.3.2 推广集雨增水节水

在粤北石灰岩干旱区进行坡改梯、修建田头蓄水池、集雨补灌工程技术，应用秸秆或地膜覆盖、施用土壤抗旱保水剂等节水技术，提高自然降水利用率。

2.3.3 推广水肥一体化

在珠江三角洲灌溉区以精准灌溉、精准施肥为主要内容，充分展示现代农业的特点，同时提高水肥利用率和经济效益。

2.3.4 推广测墒节水灌溉

在粤东、粤西水浇地灌溉区，通过土壤墒情监测，以土壤墒情指标为依据，优化灌溉，合理减少灌溉次数，提高灌溉水利用率。

3　夯实基础工作，土肥技术推广初显成效

3.1　耕地质量建设不断深入，质量得到提升

扎实推进耕地保护与质量提升项目实施，通过推广落实秸秆腐熟还田、种植绿肥、增施有机肥、酸化土壤改良、重金属污染修复等技术措施，提升耕地质量。2015 年至今，广东省共投入专项资金 1.44 亿元，建设推广秸秆腐熟还田 232.75 万亩，绿肥种植 50.98 万亩，增施有机肥 21.8 万亩，酸化土壤改良 93.26 万亩。实施秸秆腐熟还田后，土壤有机质平均提高 1.1g/kg，全氮提高 0.2g/kg，速效钾提高 9mg/kg；绿肥翻压还田后，有机质平均提高超过 2.0g/kg，提高幅度超 10%；增施有机肥后，土壤有机质含量提高 0.3 个百分点；实施酸化土壤改良后，土壤 pH 平均提高 0.25，有效缓解耕地酸化程度；项目区水稻平均亩增产稻谷 28 ~ 47kg，增产率达 5.5% ~ 10.9%，亩节本增收 48 ~ 148 元。2012—2016 年在清远市佛冈县开展 3 000 亩重金属污染农田修复示范，示范区稻田实施修复技术前 80% 以上稻米不合格，实施修复技术后 72% 稻米合格；果园修复后 90% 以上商品果达到国家食品安全标准。通过项目实施，土壤理化性状得到改善，土壤肥力进一步提高，同时焚烧稻秆的现象被有效遏制，耕地质量得到明显提升，耕地综合生产能力得到显著提高。

3.2　化肥减量增效持续推进，使用量不断减少

深入实施测土配方施肥，以配方肥应用为重点，推动蔬菜、水果、水稻主产区和特色作物化肥减量增效。2015 年至今，全省推广测土配方施肥技术面积 1.66 亿亩次，开展田间肥效试验 1 070 个，全省化肥施用量连续 3 年实现了负增长。通过实施测土配方施肥，水稻、蔬菜和果树分别实现亩均减少不合理施肥 2.08kg、3.42kg 和 5.0kg；水稻氮、磷、钾化肥的施用比例由 1∶0.41∶0.51 调整为 1∶0.3∶0.75。聚焦柑橘、蔬菜、茶叶优势产区、核心产区和知名品牌生产基地，加强畜禽粪便资源利用，大力推进果菜茶有机肥替代化肥。湛江廉江市在红橙上大力推广“猪 - 沼 - 果”等模式，畜禽粪便使用量大幅增加，红橙产量高品质好，收购均价达到每千克 16 元，仅清平镇 1 镇红橙产值就近 7 亿元；惠州惠阳区在蔬菜主产区示范推广使用商品有机肥，在亩施 300kg 有机肥的条件下，减少化肥用量 20%；梅县区、惠东县、廉江市 3 个试点县创新农业生产废弃物利用模式，在大型柑橘橙园区或生产基地集成推广畜禽粪便堆肥还田、商品有机肥施用、沼渣沼液还田、生猪粪便生物转化、种植绿肥或自然生草覆盖等技术模式，有机肥使用量提高 32.02%，化肥施用总量减少 20.67%，辖区内畜禽粪污综合利用率提高 5% 以上。

3.3　节水节肥集成模式普及应用，水肥利用率提升

大力推行水肥一体化技术，集成减量增效技术模式。2015 年至今共推广示范水肥一体化技术面积 1 250 万亩次，建设“有机肥 + 水肥一体化”项目示范区面积 4.9 万亩，农民落后施肥方式得到转变。梅州平远县八尺镇 200 亩脐橙采用滴灌水肥一体化技术后节水 50%、节肥 33.3%、省电 37.5%、省药 11.1%，亩节省劳动力成本 280 元，亩平均节本 420 元，增产 20% ~ 25%，亩增产经济效益 1 350 元；韶关乐昌市柑橘园水肥一体化示

范基地应用滴灌水肥一体化技术后亩节肥 38.9%，节药 20.0%，节省劳动力成本 200 元，比常规灌溉施肥亩产值增加 2 030 元，亩收入增加 2 325 元；阳江阳西县儒洞林场华翔果场 130 亩荔枝运用滴灌水肥一体化技术后，亩节水 50%、节肥 50%，比传统灌溉施肥方式节省劳动力 90%。惠州惠东县在冬种马铃薯上推广配方肥 + 有机肥技术模式，底肥每亩施用有机肥达 0.5t 以上；惠州龙门县石龙头果场绿盛柑橘专业合作社 60 亩柑橘园，使用有机肥 + 水肥一体化技术模式，采用挖沟机械开沟深施有机肥（每亩 1.2t）做底肥，施用柑橘配方肥，实施水肥一体化技术，比传统施肥方式每亩可节肥 1/3 以上，节水 1/2 以上。

4 结语

2020 年全国两会期间，习近平总书记在政协联组会上指出，加快推动“藏粮于地、藏粮于技”战略落地实施。广东省围绕耕地、肥料、水资源三大基础农业资源上的突出短板问题，紧抓耕地质量建设，走用养结合的发展道路，通过推广酸化耕地综合治理、秸秆还田、绿肥种植、重金属污染耕地阻控修复等技术措施，提高耕地产出率，弥补耕地数量的减少，真正实现了“藏粮于地”；通过大力推广测土配方施肥、有机肥替代化肥、水肥一体化等节水节肥技术模式，有效遏制了广东化肥施用量快速增长的趋势，进一步提高了水资源和肥料利用效率，达到了农业生产科学、合理、高效的目的，真正实现了“藏粮于技”。

濮阳市小麦绿色生产高质高效技术模式

马俊革　葛　娜

（河南省濮阳市农业技术推广站　河南　濮阳　457002）

摘　要：河南省濮阳市小麦高产区连续3年示范推广优质、高产、多抗小麦品种与配套措施如良种良法配套技术、农机农艺融合配套技术、节本增效技术、病虫害绿色防控技术等，增产效果明显，并降低了农药、化肥施用量，示范带动了均衡增产和可持续发展，实现了小麦生产提质增效。

关键词：栽培技术；绿色防控；提质增效

濮阳市位于河南省东北部，耕地面积424万亩，2018年小麦收获面积347.5万亩，总产158.9万t，平均亩产457.3kg；其中优质专用小麦54.6万亩。

濮阳市农业资源丰富，农业生产条件优越，是重要的优质小麦生产区和商品粮生产基地。农田有效灌溉面积达到340.4万亩，占耕地总面积的80.3%。规划建设高标准粮田274.64万亩，至2017年已建成高标准粮田227.9万亩，占规划建设面积的83%，耕地质量有所改善。当地气候温和，光照充足，昼夜温差大，雨量适中，全年平均日照时数为2 430.4小时，日照率58%，是河南省日照最高值区，非常有利于粮食作物优质高产。

濮阳市积极发挥区位优势，不断推进科技进步和供给侧结构性改革。小麦等主要粮食作物良种基本实现全覆盖，科技贡献率不断提高；农机总动力达到409万kW，小麦机播机收率稳定在98%以上；粮食连年丰产，质量持续上升，结构更趋合理，产业化水平明显提高。

当前，濮阳市小麦生产技术方面也存在一些亟待解决的问题，主要是高产、优质、多抗的专用小麦新品种缺乏，品种更新换代周期长；节本降耗、节水灌溉、农机农艺配套、绿色投入品及病虫害绿色防控、秸秆综合利用等方面的技术成果需要加强配套和推广。因此，发展优质小麦生产，必须坚持创新驱动，注重提质增效，推进技术集成创新，深入开展绿色高质高效技术模式的研究和推广，示范带动均衡增产和可持续发展。

该模式立足濮阳市小麦生态和生产条件，贯彻以“质量兴农、绿色兴农、品牌强农”为核心的农业发展要求，集成应用优质、高产、多抗小麦品种和良种良法配套技术、农机农艺融合配套技术、节本增效技术、病虫害绿色防控技术等，适合在濮阳市小麦高产区示范推广。

1　示范效果

小麦绿色高质高效技术模式示范面积累计达到45万亩。2017年示范田平均亩产

542.3kg，与对照田相比，平均每亩增产 43kg。按 2.4 元 /kg 计，每亩增收 103.2 元，同时每亩节约肥料、病虫害防治费用 15 元，总计增收节支 118.2 元。

2018—2019 年计划推广该模式 50 万亩，在每个县建设百亩示范方和技术示范田 2 处以上。根据河南省农业技术推广总站《关于印发粮食作物绿色高产高效集成栽培技术模式示范推广专项任务清单和绩效目标的函》，试验示范田主要经济技术指标为：产量较周围大田增加 5% 以上，粮食生产成本降低 5% ~ 10%，试验示范田化肥、农药施用量降低 2%，粮食品质达到国家粮食收购标准。

2 关键技术

2.1 核心技术

选用优良品种 + 规范化播种 + 配方施肥及氮肥后移 + 病虫害绿色防控 + 后期一喷三防。

2.2 全环节技术要点

2.2.1 品种选择

以优质、高产、抗逆性好的半冬性品种为主，如百农 207、周麦 22、周麦 27、矮抗 58、百农 4199、濮兴 5 号等；强筋小麦选用新麦 26、郑麦 369、郑麦 7698、丰德存麦 5 号、郑麦 583 等。密切关注品种的抗病、抗旱、抗冻能力，要与当地易发、多发的自然灾害相适应。

2.2.2 种子处理技术

做好种子包衣、药剂拌种，可以防治或推迟小麦根腐病、茎基腐病、纹枯病等病害的发生时间，减轻秋苗发病，压低越冬菌源，同时控制苗期地下害虫为害。提倡进行种子包衣或药剂拌种以预防苗期病虫害。根茎部病害发生较重的地块，可选用 4.8% 苯醚·咯菌腈悬浮种衣剂按种子量的 0.2% ~ 0.3% 拌种，或用 2% 戊唑醇种衣剂按种子量的 0.1% ~ 0.15% 拌种，或用 30g/L 苯醚甲环唑悬浮种衣剂按种子量的 0.3% 拌种。地下害虫发生较重的地块，可选用 40% 辛硫磷乳油按种子量的 0.2% 拌种，或用 30% 噻虫嗪种子处理悬浮剂按种子量的 0.23% ~ 0.46% 拌种。病、虫混发地块用杀菌剂 + 杀虫剂混合拌种，可选用 32% 戊唑·吡虫啉悬浮种衣剂按种子量的 0.5% ~ 0.75% 拌种，或用 27% 苯醚甲环唑·咯菌腈·噻虫嗪悬浮种衣剂按种子量的 0.5% 拌种，对早期小麦根腐病、茎基腐病及麦蚜具有较好的控制效果。

2.2.3 精耕细作

精细整地是小麦栽培的基本技术环节，也是其他栽培措施发挥增产潜力的基础。目前，小麦生产已发展到“七分种、三分管”的新阶段，而“七分种”最关键的措施是麦田整地。要综合应用深耕深松、秸秆还田、耙细耙实等农机农艺配套技术，提高整地质量，杜绝土壤耕耙不实和播种过深的问题。具体包括：

（1）确保秸秆粉碎还田。要根据前茬玉米的种植规格、品种等条件选择适宜的玉米联合收获机，选用秸秆粉碎性能高的机具，确保作业质量；在粉碎秸秆的基础上，再用玉米秸秆还田机打 1 ~ 2 遍，确保将玉米秸秆打碎、打细，秸秆长度在 5cm 以下。

（2）合理深耕。深耕可以掩埋作物秸秆、杂草和病虫有机体，打破犁底层，疏松耕层，改善通透性，有效减轻病虫草害的发生程度，提高土壤渗水、蓄水、保肥和供肥能力，促进好气性微生物活动和养分释放，是抗旱、保肥、保墒、提高水肥利用率的重要技术措施。要加大机械深耕翻的推广面积，每隔 2 ~ 3 年深耕 1 次，其他年份采用旋耕或免耕等保护性耕作播种技术，节本增效。

（3）耙耢镇压。耙耢可破碎土垡、疏松表土、平整地面、踏实耕层，使耕层上松下实，从而减少蒸发、抗旱保墒。因此，在深耕或旋耕后应及时耙地，耙透耙实，避免因麦田表层土壤松暄而导致播种过深，从而形成深播弱苗，冬季易受冻导致黄弱苗或死苗。镇压有压实土壤、压碎土块、平整地面的作用，可使种子与土壤紧密接触，利于根系及时喷发与伸长，提高麦苗的抗旱能力和田间水分利用效率，麦苗整齐健壮。因此，各类麦田都要注意镇压环节。

（4）科学确定畦田规格。实行小麦畦田化栽培，有利于浇水和省肥、省水。应充分考虑农机农艺结合、夏秋一体化的要求，根据下茬植物机械种植规格的要求，确定好适宜的畦宽、播种行数和行距。进行规模化集中种植的地块，也要充分考虑灌溉条件等因素，一般灌溉条件好的地块尽量采用大畦，灌溉条件差的采用小畦。

2.2.4　足墒播种

小麦播种时耕层的适宜墒情为土壤相对含水量的 70% ~ 75%，播种前墒情不足时要提前浇水造墒。在适期内应掌握宁可适当晚播，也要造足底墒的原则，做到足墒下种，确保一播全苗。灌溉与土壤条件好的地区，可在前茬作物收获前 10 ~ 14 天浇水，或者在收后浇水造墒；来不及浇水或者条件较差的地块，可以采用先筑畦播种，后灌水蛰实的方法，地表墒情适宜时应及时划锄破土出苗。

2.2.5　适期播种

适期播种可以充分、合理利用自然光热资源，是实现全苗、壮苗、夺取高产的重要环节，要以培育冬前壮苗为标准，紧密结合品种特征特性和气象条件，严格把握播期。半冬性品种适宜播期为 10 月 5—15 日，强筋小麦新麦 26 等品种可以在 10 月 10—15 日播种。

2.2.6　适量匀播

播量合理是构建合理群体结构、协调群体与个体、小麦生长发育与环境条件关系以及形成高产的基础。一般亩播量 8 ~ 10kg 为宜，最大播量不能超过 15kg。应用小麦宽幅播种机械有利于种子分布均匀，减少缺苗断垄、疙瘩苗现象，改善传统播种机密集条播导致的籽粒拥挤、争水争肥争营养、根少苗弱等状况。小麦播后镇压是提高小麦苗期抗旱能力和出苗质量的有效措施，要注意给播种机械加装镇压装置，播种深度 3 ~ 5cm，播种机不能行走太快，以每小时 5km 为宜，以保证下种均匀、深浅一致、行距一致、不漏播、不重播。

2.2.7　配方施肥

在秸秆还田和施用有机肥的基础上，实施配方施肥，全面补施微肥。一般亩产 600kg

以上的高产田块，每亩总施肥量为氮肥（N）14 ~ 16kg、磷肥（P_2O_5）6 ~ 8kg、钾肥（K_2O）3 ~ 5kg。其中氮肥40%底施，60%在拔节期施用。测土配方施肥能够提高肥料利用率，减少肥料用量，提高作物产量，改善农产品品质，节省劳力，节支增收。

2.2.8　氮肥后移

小麦“前氮后移”技术要根据小麦春季苗情、墒情合理应用。对地力水平较高、返青期土壤墒情适宜、群体在80万左右的麦田，要在小麦拔节中期追肥浇水，以获得更高产量；对地力水平一般、群体略小的麦田，要在小麦起身至拔节初期进行肥水管理。一般结合浇水亩追尿素15 ~ 20kg。

2.2.9　病虫害绿色防控

要抓住病虫发生的关键时期，以主要病虫为目标，选用对路药剂，精准、综合用药，争取实现一喷多效。小麦播种前要抓好种子处理，杜绝“白籽”下地；返青拔节期应以防治纹枯病、茎基腐病、根腐病等根茎部病害以及苗期蚜虫和麦蜘蛛为主；抽穗扬花期以防控小麦赤霉病和吸浆虫为主，兼顾叶锈病、白粉病；后期加强麦蚜防控。其中，要高度重视小麦赤霉病的防控，以预防为主，小麦抽穗至扬花期若遇降雨或持续2天以上的阴天、结露、多雾天气时，及时施药预防。对高危地区的高感品种，首次施药时间可提前至破口抽穗期，或者在小麦抽穗达70%、小穗护颖未张开前进行首次施药预防，并在小麦扬花期再次喷药。

2.2.10　一喷三防

一喷三防的作业时间最好在晴天无风上午9 ~ 11时，或下午4时以后。每亩喷水量不得少于30kg，要注意喷洒均匀。小麦扬花期喷药时应避开开花授粉时间，一般在上午10时以后进行。施药前应留意气象预报，避免药后24小时内降雨而导致“一喷三防”效果降低。

2.2.11　适时收获

蜡熟末期是适宜收获期。小麦成熟后要适时收获，预防阴雨等不利天气造成麦穗发芽而影响食用品质和外观品质。优质专用小麦要同一品种单收、单打、单储，确保品质稳定。

4　注意事项

4.1　品种特性

根据品种的抗病性、抗倒性、耐寒性以及分蘖成穗特点，应用合理的栽培管理措施，良种良法配套。

4.2　土壤特性

根据土壤的质地、肥力等特点，选择合适的耕作机具、耕作方法和肥水管理措施，因地制宜，扬长避短。

4.3　生产条件

根据当地农业灌溉条件、气候特点等，立足防灾减灾，打好播种基础，实现健身栽培，具体问题具体分析，趋利避害。

土壤酸化对微生物的影响

官春强

（安徽省国壬农业科技有限公司　安徽　合肥　230000）

摘　要：土壤酸化破坏了土壤中微生物的生存环境，导致菌群失衡，土传病害泛滥，不仅严重影响了生态环境，对作物产量和质量也产生加大影响。本文从土壤酸化导致的微生物菌群失衡引发的土传病害、土壤中养分转化和吸收、重金属污染问题3个方面进行了探讨，最后提出了1项解决方案。希望本文对土壤修复有所贡献。

关键词：土壤酸化；微生物；土传病害；养分转化；重金属污染

我国土壤酸化问题非常严重，占全国土壤总面积的21%左右，并且集中在粮食或经济作物的主产区。土壤酸化会引起一系列物理、化学和生物学性质的变化，破坏了互生、共生和相生相克的平衡关系，从而引起的生物菌群失调，进而导致土传病害泛滥，农作物病虫害频发。如导致作物根结线虫大范围暴发，且没有有效药物能够根除；还有作物“癌症”之称的根腐、青枯、黄萎、茎基腐、枯萎、黄化等病害，日趋严重。土传病害比较严重的区域，主要是经济作物区域或是单一品种作物的种植之乡，一旦防治失败会造成农作物减产甚至绝产，严重影响到农民的生活，同时会破坏当地的生态环境，造成生态隐患。正如中国农学会葡萄分会名誉会长晁无疾所说：“作物最大的病虫害是人，是人破坏了作物生长所需的生态平衡的环境，所以才导致作物出现这样或那样的问题。”

1　酸性土壤对微生物菌群的三大影响

1.1　对土传病害的影响

土传病害是指病原体如真菌、细菌、线虫和病毒随病残体生活在土壤中，条件适宜时从作物根部或茎部侵害作物而引起的病害。国内外专家研究表明：土壤中某些抗生性生物菌能够分泌大量的抗生素，这些抗生素能够杀死或抑制某些病原菌，从而防治和减少土传病害对土壤和作物的危害。但研究发现偏酸性的土壤，更有利于病菌的生长和侵染，能促进病害的发生与流行。如王涵等研究发现，土壤酶活性受pH影响很大，脲酶、过氧化氢酶、多酚氧化酶和蛋白酶活性均呈现酸化抑制的规律。土壤酸化引起土壤动物数量减少，土壤中酶活性降低，也更容易诱使根结线虫的发生和泛滥，有研究表明，线虫会导致作物根系破坏，不仅导致作物抗倒伏能力差，还使作物无法正常吸收土壤养分，导致作物严重减产。土壤pH的波动会影响病原菌的活动以及病害发生情况。大多数细菌、藻类和原生动物的最适宜 pH 为 6.5 ~ 7.5，放线菌在 pH4.0 ~ 10.0 可以生存，酵母菌和霉菌最适宜在 pH 为 5.0 ~ 6.0 的弱酸性环境生存；但是随着 pH 的升高或降低，生物活性都急剧降低甚至死亡。土壤酸化后，有利于病菌的滋生繁殖，特别是根际有害微生物大量繁殖，这些病害控制较为困难，如十字花科的根肿病，茄果类蔬菜的青枯病、黄萎病，辣椒落花、落果、落叶，黄瓜镰刀菌枯萎病容易大发生。番茄病害的发生与土壤偏酸性有极大关系。因此，土壤 pH 是影响土壤微生物数量的重要因素。

1.2 对养分转化的影响

土壤中有机物和肥料等物质是不能被土壤和作物直接吸收利用，必须在土壤生物的作用下，经过复杂分解转化为各种养分，才可以被土壤和作物吸收利用。只有微生物菌能够将有机物质和无机物质互相转化，实现生命物质的能量循环。因此，微生物是物质在生物和非生物之间反复运转和交换的过程“转化器”。除了微生物分解土壤中有机质、促进土壤营养循环外，土壤中的蚯蚓、蚂蚁等动物为土壤营造的孔洞、通道、颗粒对土壤中空气和水的传输产生了重要影响。因此，只有保持土壤中的生物多样性才能保证整个土壤圈的正常运转。研究发现，随着土壤酸化加剧，土壤有益微生物种群个体变小，生长繁殖速度降低。如分解有机质和蛋白质的主要微生物类群芽孢杆菌、放线菌、甲烷极毛杆菌和有关真菌数量显著降低，严重影响到营养元素的良性循环。随着土壤 pH 的升高，土壤中细菌和放线菌的数量呈现出上升趋势。土壤中氨化细菌适宜的 pH 为 6.6 ~ 7.5，硝化细菌适宜的 pH 为 6.5 ~ 7.9，随着土壤酸化的加剧，土壤中氨化细菌和固氮细菌的数量也将大幅度降低，使土壤微生物的氨化作用和硝化作用能力下降，造成氮肥的流失和挥发。土壤酸性严重的会造成 70% 氮素的浪费，也使 60% ~ 80% 的磷、钾、钙等生成不溶性物质，从而不能被作物吸收。微生物菌群不仅能分解转化营养物质，还能制造生产营养物质、刺激素和其他有益物质，如根瘤菌生产氮素，分泌物合成酶，氨基酸和生长素等物质。因此微生物不仅决定着农产品的产量，还决定着农产品的质量。李庆军等研究表明，苹果果实单果重、可溶性固形物、可溶性糖、果品色泽和果实风味 5 项果实品质评价指标与土壤酸度的相关系数分别为 0.971 1、0.954 8、0.962 9、0.984 2 和 0.949 4，土壤 pH 越低，5 项指标表现值越低。可见，土壤酸化使果实品质明显降低。

1.3 对重金属的影响

当不同的物质进入土壤后，微生物参与系列生化反应，如凝聚与沉淀反应、氧化还原反应、络合 - 螯合反应、酸碱中和反应、水解、分解化合反应等过程，最终将有机物转化为可供土壤和作物吸收利用的有益元素和物质。具有净化土壤环境、调理土壤结构的作用。对进入土壤中化学成分的净化，主要是微生物细胞内积累的方式，借助细胞内的物质，将土壤中的化学物质进行有机的结合，然后在细胞内形成沉淀物质，从而达到吸附的作用。对土壤中重金属，通过微生物生命活动所产生的一系列胞外酶的化学反应，对土壤中的重金属离子进行氧化或者其他变化，使其从有毒状态向无毒状态进行转变，从而完成土壤的修复过程。和传统的土壤修复方法相比，利用微生物将土壤中具有强毒性的转化为毒性较低的，是目前效果最好、使用最为方便的一种方式。

综上所述，微生物菌群在酸性土壤修复、病虫害防治、营养物质转化和重金属治理等方面都起到至关重要的作用，因此，各国科研人员都在筛选提取不同靶标的功能性菌株，应用在农业种植和环境保护领域。

2 土壤修复探讨

目前，全国各地的瓜、果、蔬菜种植区域内，普遍存在着土壤酸化和土传病虫害难以防治的现象。对于土壤修复，目前主要使用化学制剂虽然可以短期改善土壤环境，但化学制剂具有毒性，环境污染大，从综合效果来看，其负面影响远大于正面作用。对于病虫害来说，多次使用化学药物后，病虫害易于产生抗药性，防治效果逐年降低。微生物修复土壤和治理病虫害是一种新型的技术，其具有较多的优点，深受社会的广泛关注。如何将微生物合理应用到土壤修复工作和治理病虫害中，是目前环境部门应该深思熟虑的问题。随着分子技术和生物技术的快速发展，给微生物修复技术奠定了良好的基础，促进其使用和推广。

由于土壤酸化导致的重金属超标、营养元素失衡、土传病害猖獗、土壤板结和有机碳缺乏等问题，是互生、共生和相克相济的关系。如果不全面系统地采取措施，只解决其中一两个问题，肯定是效果不理想的。因此，目前酸性土壤的农业生产，亟须既能迅速提高有益微生物活性和数量，又能同步综合改良酸性土壤理化性状的技术。由此，本课题小组提出“有机碳＋有机硅＋植源碳酸钾＋功能性生防菌＋有益物质”的迈德森技术方案（已经申请发明专利），其5项主要成分和作用机理如下。

2.1 改性有机硅新材料

（1）强疏松土壤作用。有机硅新材料在水的作用下，与土壤胶体发生聚合反应，迅速使土壤胶体形成团粒结构，达到破除土壤板结，提高土壤容重，增强土壤的通透性和土壤含氧量，疏松土壤的独特效果。这种环境显著提高了微生物菌群的数量和活性，增强土壤和根系的呼吸能力，以及提高营养成分的转化等。

（2）有机硅新材料能够钝化重金属生物活性，降低重金属对土壤和作物生长的危害，提高农产品的食品安全。

（3）有机硅新材料能够显著降低铝离子活性，并且有机硅与土壤中的阳离子发生作用，提高酸性土壤的pH，为微生物创造良好的环境。

2.2 水溶性有机碳

迅速为土壤微生物和农作物补充碳元素，为微生物提供了粮食。有效改善土壤的物理性状和化学性质以及生物特性，促进土壤胶体的恢复、微生物的繁殖和元素的转化等。

2.3 植源碳酸钾

（1）提高土壤的pH是检验改良酸性土壤结果的最主要指标。植源碳酸钾的pH高达8.5 ~ 11，可显著提高土壤pH，引起土壤的物理性状、化学性质和生物性质等系列变化。这可提高微生物菌群的活性，更有利于微生物的繁殖。并且对土壤和环境安全，无毒副作用。传统施用石灰等化学碱性物质，经实践证明证实，属于饮鸩止渴行为，能够对土壤和环境以及生物等产生危害，甚至出现报复性的土壤酸化，造成再次治理的难度更大的隐患。

（2）植源碳酸钾能够钝化酸性土壤中重金属的活性，提高农产品的食品安全。

2.4 功能性生物菌株

本技术方案优选云南农业大学何月秋教授的“土传三号”功能性菌株，其在防治土传病害和根结线虫两个方向分别获得国家自然科学基金项目和科技部国际科技合作项目的支持，成果获国家发明专利银奖。该菌株能有效防治根结线虫和土传病害的发生。补充的功能菌株能够综合调节土壤物理和化学特性，修复土壤机能，提高土壤 pH。

2.5 有益物质

调理土壤物理性状和化学结构，提高土壤微生物菌群的活性，平衡作物对土壤营养元素的吸收转化，综合提高土壤地力。本方案施用后，能够迅速安全地提高酸性土壤的 pH，快速破除土壤板结，使土壤形成团粒结构，修复土壤物理和化学以及生物结构，为生物菌群和物质转化提供适宜的条件。上述作用是同步进行，相互促进，综合发挥作用，能够从本质上一次性改良酸性土壤的物理、化学和生物性质，达到修复酸性土壤，健康作物，优质高效的目的。

3 总结

有益微生物菌群特别是功能性菌株，对酸性土壤修复、土传病虫害防治、营养物质转化等都发挥着重大作用。因此综合改良酸性土壤的物理性状和化学性质，改善土壤生态环境，为微生物菌群提供适宜的生存环境，才是实现土壤修复、作物优质和高产的基础。

土壤污染防治问题探究及对策分析

魏静茹　赵玉群

（河南省南乐县农业农村局　河南　南乐　457400）

摘　要：土壤是一种有限的资源，土壤一旦损毁和退化，它在长时间内将无法恢复。土壤影响到我们吃的食物、饮用的水、呼吸的空气、我们的健康和地球上所有生物的健康。目前土壤污染问题日趋严重，土壤污染防治意义重大，通过对土壤污染产生的原因和防治问题分析，提出相应的解决对策，有效防范风险，切实维护人民群众的根本利益。

关键词：土壤污染；污染防治；防范风险；利益

土壤污染物种类是多种多样的，针对土壤污染的防治问题，前提是要搞清楚污染物的分类及特性，对症下药，方能治本。土壤污染物常见的有石油烃、多环芳烃、氯化物（PCE、TCE）和溴化物、重金属、放射性金属（铀、钍等）、粪便类，还有农业方面的杀虫剂除草剂、垃圾渗滤液以及现在的微量医药化学成分，比如抗生素等。其中工业排放废水、废弃物导致的土壤污染是主要根源。多数污染物不仅污染土壤，还会随着雨水径流或者利用自身的流动性进入到更深的地下水中，造成双重污染。目前土壤污染治理的方法趋于完善，学术界、工业界都已经建立起成熟的针对各种污染物的修复技术，最重要的几个技术：微生物降解、化学氧化（H_2O_2、臭氧等）、化学还原（0价铁等）和热解。但有的土壤污染是不可逆的，需要防患于未然，进行相应的问题探究和对策分析。

1　目前土壤污染防治现状

据国家环保部《全国土壤污染状况调查公报》显示，全国土壤环境状况总体不容乐观，部分地区土壤污染较重，耕地土壤环境质量堪忧，工矿业废弃地土壤环境问题突出。全国土壤总的点位超标率为16.1%，从土地利用类型看，耕地、林地、草地土壤点位超标率分别为19.4%、10.0%、10.4%；从污染类型看，以无机型为主，有机型次之，复合型污染比重较小，无机污染物超标点位数占全部超标点位的82.8%；从污染物超标情况看，镉、汞、砷、铜、铅、铬、锌、镍8种无机污染物点位超标率分别为7.0%、1.6%、2.7%、2.1%、1.5%、1.1%、0.9%、4.8%；六六六、滴滴涕、多环芳烃3类有机污染物点位超标率分别为0.5%、1.9%、1.4%。污水灌溉、化肥、农药、农膜等农业投入品的不合理使用，是导致耕地土壤污染的重要原因。土壤污染同每个人的切身利益息息相关，土壤污染防治意义重大，势在必行。

2 土壤污染原因分析

2.1 有机污染源头

土壤有机污染物首要是化学农药。当前很多运用的化学农药约有 50 多种，其间主要包括有机磷农药、有机氯农药、氨基甲酸酶类、苯氧羧酸类、苯酚、胺类。此外，石油、多环芳烃、多氯联苯、甲烷、有害微生物等，也是土壤中常见的有机污染物。当前，我国农药生产量居国际第 2 位，但商品结构不合理，质量较低，商品中杀虫剂占 70%，杀虫剂中有机磷农药占 70%，有机磷农药中高毒种类占 70%，致使很多农药残留，带来严重的土壤污染。

2.2 重金属污染源头

运用富含重金属的废水进行灌溉是重金属进入土壤的一个重要路径，重金属进入土壤的另一条路径是随大气沉降落入土壤。重金属首要有汞、铜、锌、铬、镍、钴等。因为重金属不能被微生物分化，并且可为微生物富集，土壤一旦被重金属污染其天然净化进程和人工管理都是十分艰难的。此外，重金属能够被生物富集，因而对人类健康有较大的潜在损害。

2.3 放射性元素污染源头

放射性元素首要来自于大气层核实验的沉降物，以及原子能和平利用进程中所排放的各种废气、废水和废渣。富含放射性元素的物质不可避免地随天然沉降、雨水冲刷和废弃物堆积而污染土壤。土壤一旦被放射性物质污染就难以自行消除，只能天然衰变为安稳元素，而消除其放射性。放射性元素可经过食物链进入人体。

2.4 病原微生物污染源头

土壤中的病原微生物，首要包含病原菌和病毒等。来自于人畜的粪便及用于灌溉的污水（未经处理的日子污水，特别是医院污水）。人类若直接触摸富含病原微生物的土壤，也许会对健康带来影响；若食用被土壤污染的蔬菜、生果等则直接遭到污染。

3 土壤污染防治存在的问题

3.1 全社会土壤污染防治意识不强

人们没有真正意识到土壤污染防治的重要性，只是狭隘地理解为生活污水、工厂排污、农药化学物质等导致的土壤污染，意识懒散，保护意识不强，水平不高，部分群众利用未经处理的生活污水进行农灌，部分农用地废弃农膜、生活垃圾未及时清理。农民缺乏耕地保护意识，大多数农民自主创业及外出务工等方式来获取生活保障，这就导致了越来越多的土地没有人打理甚至是低价出售、粗放利用等，这些对土地的间接性忽视更加加剧了农业用地土地质量的降低，一些土地承包者滥使农用化学物质和其他投入品，致使水土流失、土地沙化、土地贫瘠，耕地质量下降明显。

3.2 土壤污染具有隐蔽性和滞后性

大气、水和废弃物污染等问题一般都比较直观，通过感官就能发现。而土壤污染则不同，它往往要通过对土壤样品进行分析化验和农作物的残留检测，甚至通过研究对人畜健康状况的影响才能确定。因此，土壤污染从产生污染到出现问题通常会滞后较长的时间，因此，土壤污染问题一般都不太容易受到重视。

3.3 土壤污染地域差异明显

在地理坐标上，我国土地面积跨域大，且土壤丰富，在土壤污染问题上存在明显的地域差异。在农业发达的西北地区，土壤环境较好；在工业密集和经济发达的中南地区，土壤污染严重，且以重金属污染为主，中南地区的土壤本身具有丰富的重金属，加上人类文明活动的影响，导致土壤中的重金属超标。故我国的土壤污染呈现出地域差异。

3.4 复合污染和污染扩散现象普遍

复合污染是当前我国土壤污染的主要特征，主要因有机和无机污染相互作用导致。有机污染主要因农业生产活动所引发的土壤污染，主要以有机固体污染和有机废水为主，无机污染主要以重金属污染为主，包括镉、汞、砷、铬、镍等。当前我国的土壤污染呈现出明显的扩散趋势，具体表现为：农业污染向农业扩散、城市污染向农村扩散、地表污染向地下扩散。这些现象在一定程度上增加了土壤污染防治的难度。

4 土壤污染防治对策分析

4.1 制定相关的土壤污染治理法律法规

《土壤污染防治法》是一部重要法律，首先要深刻认识土壤污染防治的重大意义，加强土壤污染治理和修复，着力解决土壤污染危害农产品安全和人居环境健康两大突出问题，有效防范风险，切实对土壤等资源实行预防为主、保护优先、集约利用，走出一条以生态优先、绿色发展为导向的高质量发展新路子。其次要推进土壤污染防治与大气、水等污染防治协同联动，从工业、农业、生活等领域全防全控，有效切断土壤各类污染源。

4.2 利用土壤修复技术

土壤修复是指通过物理、化学和生物的方法转移、吸收、降解和转化土壤中的污染物，使其浓度降低到可接受水平，或将有毒有害的污染物转化为无害的物质，土壤修复技术根据修复原理分为物理修复、化学修复和生物修复，由于土壤污染的复杂性，有时需要采用多种技术联合修复。

4.2.1 物理修复

目前常用的技术包括客土法、换土法、深翻耕法、电动修复、热脱附、土壤气相抽提等。优点是修复效率高、速度快；缺点是往往成本偏高等。

4.2.2 化学修复

主要包括土壤固化稳定化、土壤淋洗、氧化还原法等。优点是修复效率较高、速度相对较快；缺点是容易破坏土壤结构、因添加化学药剂易产生副毒产物、造成二次污染等。

4.2.3 生物修复

主要包括植物修复技术、微生物修复技术和动物修复技术，通常采用生物联合修复技术。优点是不破坏土壤有机质，不对土壤结构做大的扰动，成本低；缺点是修复周期长，不适宜对高浓度污染土壤的修复。

4.3 提升资金投入，改善土地质量

近几年来，党和政府越来越重视耕地质量的下降问题，耕地质量的好坏直接关系到农产品质量的安全水平，针对当前状况，各地区应根据本地实际情况，采取多种措施改善和提高耕地质量水平，减少农业投入品对耕地质量的破坏，积极开展农村清洁工程和美丽乡村建设工作，实现清洁生产、清洁田园的目标。

4.4 加强社会监督，提升民众土地保护意识

土地资源管理部门可以通过广告及标语展示等不同的方式加强对土地资源保护的宣传，增强民众对保护土地资源的认识；另外，可以进行土地资源保护宣传演讲，提升民众对土地资源保护的社会责任感。地方政府部门要将土地资源保护工作公开化，提升社会监督力度，建立完善的群众监督机制，并且要保证举报信箱、电话、平台等监督举报渠道的有效利用，同时对举报者信息建立良好的保密制度，以确保举报者的自身利益，对如实举报的进行奖励，对举报内容核查属实的破坏土地资源现象进行严厉处罚。

4.5 加大土壤污染防治宣传、教育与培训力度

发挥舆论导向作用，充分利用广播电视、报刊杂志、网络等新闻媒体，大力宣传土壤污染的危害以及保护土壤环境的相关科学知识和法规政策。把土壤污染防治融入学校、工厂、农村、社区等的环境教育和干部培训当中，引导广大群众积极参与和支持土壤污染防治工作。

5 结语

综上所述，土壤污染防治工作面临着各种各样的困难，尤其是社会土壤污染防治意识、法律法规、防治技术和资金等方面，所以必须要提高社会意识、完善法律法规、创新防治技术、保障资金，增强科技制程能力，确保土壤污染防治的有效性，建立土壤污染防治长效机制，为人民群众交一份满意的答卷。

密山市推进农业“三减”做法与对策

田荣山　王艳玲　王振兰
（黑龙江省密山市农业技术推广中心　黑龙江　密山　158300）

摘　要：2015 年，农业部印发了《到 2020 年化肥农药使用量零增长行动方案》，黑龙江省提出了农业“三减”（减农药、化肥和除草剂）实施方案。密山市根据方案要求积极开展“三减”行动，本文围绕当地农业“三减”开展情况，提出了具体做法与对策，以期更好推动化肥、农药零增长，促进节本增效、节能减排，保障国家粮食安全、农产品质量安全和生态环境安全，实现农业可持续发展。

关键词：化肥；农药；除草剂；三减；做法与对策

密山市位于黑龙江省东南部，地理坐标为东经 131° 13′ 36″ ~ 133° 08′ 02″，北纬 45° 00′ 54″ ~ 45° 55′ 05″，其东部与虎林市接壤，西部与鸡东县相接，北部与七台河市、宝清县为邻，南部与俄罗斯水、陆相望。全市辖 8 乡 8 镇，154 个行政村，土地面积 761.74 万亩，耕地面积 286.4 万亩，系全国 100 个产粮大县之一。先后被授予全国粮食生产先进县、绿色食品及无公害农产品整体推进县、优质农产品产业带建设示范县等称号。20 世纪以来由于长期不合理的大量使用化学肥料和农药，化肥、农药利用率降低，土壤对农作物的供肥、供水、供气能力降低，同时应对不良气候的能力，土壤污染的缓冲能力，病虫害的抗御能力也随之降低，土壤中有效微生物菌群与有益微量元素平衡失调，有机质不断减少，进而导致土壤不断酸性化、生产能力降低、水体污染及农产品不安全等一系列问题。分析原因：一是随意性。农民不是“按需配肥”“对症用药”，而是盲目加大化肥、农药使用量。二是农药、化肥利用率低。化肥利用率仅为 35% 左右，农药平均利用率仅为 38% 左右。三是　农药、化肥使用方法不当。不能在防治适期用药，不了解用药“靶标”，喷药机械落后导致防效差。农民轻听轻信经销商推销，随意购买肥料农药，随意施用和喷洒，加上对有机肥认识不足，重视不够，很少施用。

随着农业部化肥农药零增长及黑龙江省农业“三减”行动方案的持续推进，密山市在实施农业“三减”工作中，通过政策扶持带动引领、科技进步支撑提升及示范培训推广应用等，取得了较好的效果。2019 年化肥使用总量 43 778.39t（折纯），较 2017 年的 46 413.64t，降低 2 635.25t。亩施化肥 15.3kg（折纯），较 2017 年的 16.2kg，降低 0.9kg。化肥综合利用率接近 40.2%。经调查分析，2019 年密山市农药常用品种 140 余种，使用总商品量约 852.35t，其中除草剂 579.15t、杀虫剂 284.85t、杀菌剂 108.0t，折百量约

358.18t，整体用量呈下降趋势。经统计，密山市2019年平均农药折百使用量较实施“三减”前，平均降幅约3.1%。

1 政策扶持带动引领

1.1 实施测土配方施肥项目

密山市现有耕地面积286.4万亩，主要以种植玉米、水稻、大豆为主。2005年开始实施推广测土配方施肥新技术项目，10多年来，全市16个乡镇共实施测土配方施肥2 348万亩次，采集化验土样34 554个，发放测土配方施肥建议卡8万余份，发放技术资料8万余份，经与常规施肥进行对比，平均亩节约化肥3.51kg，共节约化肥用量8.24万t，到目前为止已经累计实施面积267万亩，测土配方施肥覆盖率达全市耕地总面积的93.2%。

1.2 实施黑土地保护利用项目

2018年秋季，全市开始实施黑土地保护利用试点项目，3年定点实施20万亩，落实在全市13个乡镇，两个全民单位，其中旱田14.3万亩，水田5.7万亩。两年来，全市积极推进黑土地保护利用试点项目，坚持黑土保护的基本原则，针对“三提两改”的具体目标，结合密山市的实际情况，严谨科学的制订适合密山“肥沃耕层构建”的黑土区保护利用技术模式。主要采取白浆土改良保护模式；米－豆轮作保护利用模式；米－米－豆轮作保护利用模式；米－豆－豆轮作保护利用及种养循环生产5个模式。以3年为1个轮作周期，通过玉米全量秸秆粉碎直接深混还田、玉米全量秸秆粉碎覆盖免耕、大豆田施黄腐酸有机肥及根瘤菌剂接种、水稻全量秸秆粉碎直接还田加施尿素或水稻全量秸秆粉碎直接还田加施尿素及有机肥、大豆轮作、测土配方施肥等黑土地保护综合配套技术体系，力争3年时间，使试点区域种植制度更加合理，耕地质量稳步提升，保护机制不断完善，加快建成土壤肥沃、生态良好、设施配套、产能稳定的农业生产基地。在具体目标上，实现“三提两改”，到2020年，耕地质量平均比2017年提高0.5个等级以上；土壤有机质含量平均比2017年提高3%以上；秸秆综合利用率达到87%以上；养殖废弃物综合利用率达到77%以上。土壤物理结构改善，化学指标处于合理区间，土壤养分趋向平衡，土壤健康指标安全，微生物群系不断恢复。到2020年黑土耕层厚度达到30cm以上，土壤pH稳定在6 ~ 7.5，农田生态涵养能力不断提升，产地环境更加清洁，测土配方施肥技术覆盖率达到95%以上，化肥利用率达到42%，主要农作物化肥使用量实现负增长。

1.3 积造施用有机肥培肥地力

推行畜禽粪便无害化发酵技术扶持大型养殖企业和规模化养殖场建设粪便处理设施，鼓励社会资本投资建设有机肥处理厂。密山市全年生猪饲养量48.71万头，肉牛饲养量6.93万头，绵山羊饲养量21.02万只，家禽饲养量317.80万羽。规模化养殖场18家，其中生猪养殖场12家，肉牛养殖场3家，利用作物秸秆与畜禽养殖废弃物，按照无害化有机肥生产标准，全年积造有机肥10万t，主要用于有机水稻、绿色食品生产基地以及蔬菜生产等。每亩施用量1.2t，施用面积8.3万亩。通过近几年有机肥的施用，可以明显改善土壤结构，增强土壤肥力，增加土壤温度、透气性及保水能力，提高土壤有机质含量，恢复土壤生物群落，化肥利用率提高近一个百分点，亩减少化肥用量10%左右。有机肥的生产和施用，实现了畜禽粪便资源变废为宝，变害为利，促进有机绿色食品生产和农业可持续发展。

1.4　实施秸秆还田项目

2019年密山市以提高秸秆综合利用率和耕地质量为目标，稳步提升秸秆还田比例，围绕秸秆肥料化、饲料化发展秸秆还田，利用畜禽粪污和秸秆积造有机肥，促进秸秆过腹利用，提高耕地质量，增加土壤肥力，提高肥料利用率。玉米产区重点推广翻埋、碎混、免耕覆盖还田。水稻产区重点推广翻埋还田和本田腐熟。大豆产区重点推广深松或耙茬还田。全市玉米、水稻秸秆翻埋还田面积147.9万亩，玉米秸秆覆盖免耕面积2万亩，水稻秸秆腐熟还田面积2.3万亩。全市秸秆肥料化利用率达到60%。饲料化利用率达到6.9%。

1.5　实施深松轮作休耕补贴项目

建立“三三”耕作制度，实施土壤深松深耕，提高土地产出能力。对实施深松整地秸秆还田的规模经营主体给予补助，推广玉米秸秆覆盖还田、秸秆碎混还田、秸秆翻埋还田耕种技术和水稻秸秆粉碎还田技术。积极推进米、豆等和其他经济作物的合理轮作。2019年全市深松整地面积3.54万亩，实行耕地轮作休耕试点16.5万亩。

1.6　推进绿色统防统治技术

通过实施航化作业提高农药利用率。2019年7月中旬水稻抽穗前，在5个乡镇实施防治稻瘟病航化作业4.5万亩，按照技术要求精准施药，提高农药利用率，减少了农药流失，提高药效。推广生物药剂和“一喷多防”“一喷多效”药剂，减少化学农药的用量。优先选用1 000亿活芽孢/g枯草芽孢杆菌和7%春雷·井冈霉素生物药剂，指导关键时期科学施药。水稻在分蘖末期或孕穗末期（破口期），对种植感病品种、偏施氮肥、密植地块等发病风险较高的地块务必喷药保护。使用常规背负式喷雾器施药，要确保亩喷液量15kg以上和中下部叶片着药，航化作业亩喷液量须保证至少1L。稻瘟病实施绿色统防统治范围16个乡镇，面积10.25万亩，统防统治防效达91.3%。

2　科技进步支撑提升

2.1　新型肥料及生物农药得到推广应用

高效缓释肥料、水溶性肥料、液体肥料、叶面肥、生物肥料、有机无机复混肥料、土壤调理剂等大面积推广应用，减少纯化肥用量。对大豆根瘤菌、黄腐酸、植物酵素、细胞酶等推广应用给予适当的补贴。据调查，全市新型肥料应用面积达到50多万亩，应用率达到全市总面积的18%以上。重大病虫稻瘟病等统防统治全部采用生物农药枯草芽孢杆菌及春雷霉素防治，示范推广先进的仿生技术，水稻二化螟采用性诱进行防治。2019年全市对草地贪夜蛾、二化螟、黏虫、玉米螟及大豆食心虫5种害虫进行了性诱监测，全市16个乡镇共设草地贪夜蛾性诱器111个，其他害虫每个性诱监测设3个网点，仿生性诱防治二化螟面积1.2万亩。

2.2 农机农艺结合，现代农业机械进入农业主战场

多年来，密山市农业机械得到了跨越式发展，有了质的飞跃。全市农机总动力提高到66.8万kW，拖拉机保有量达到3.9万台，配套农具保有量达到6.5万台，联合收割机保有量达到3 377台，水稻插秧机保有量达6 827台。全市农机大户发展达到263个，拥有现代农机作业合作社4个。全市农机田间作业综合机械化程度达到96.1%。50马力（1马力≈735W）以上拖拉机和复式作业机具正在逐步取代小型拖拉机等作业机具。过去小型拖拉机每天灭茬旋耕作业50亩以下，现在100马力拖拉机每天灭茬旋耕作业100亩以上，玉米自走式收获机每天可以作业上百亩。建立农机农技相结合的示范基地，以农业示范园区和科技示范田为载体，以农机合作社、种植大户、家庭农场、农事企业为依托，通过创新农业经营主体，积极推进规模经营，建立多个农机与农技相结合的试验示范基地，积极培育农机农技融合的典型，发挥典型的引领作用，提高广大农民农机农技技术融合的积极性和自觉性。推广水稻机械侧深施肥、叶面喷施、分层施底肥、侧深追肥、水肥一体化等减肥增效施肥技术，转变传统施肥方式，提高肥料利用率。随着科技发展，一大批现代的直升机、无人机进入农业主战场，施用肥料和农药效率和效果极大增强。

2.3 创新配方肥料推广方式

主动与密山市区域内生产资料企业倍丰集团、密供测土配肥有限公司、中豆中玉农业有限公司等联系，建立配肥站，开展科研合作，推广测土配方施肥技术。充分利用双方的技术资源，优势互补，资源共享，本着“数据共享，科学配肥，合理施用，服务农民”的协作原则，联合新型农业经营主体，农民合作社、家庭农场、种植大户及涉家企业，共同开展测土配方施肥服务。目前能够覆盖全市16个乡镇。通过这些农事企业主动配肥服务和农民利用测土配方施肥建议卡购买配方肥料，配方肥使用达到全市种植面积55%以上。

2.4 推广标准节药喷头及喷头体

为实现农药“三减”，积极做好节药喷头及喷头体更换的推广工作，以责任制形式下发到各乡镇，进行电视讲座，入村入户拿着样品进行讲解，真正让农民知道在当前全部更新现有农机具资金条件不允许条件下，通过大范围更换标准及进口喷头和喷头体，是最有效最经济的节药减药的好办法，节约农药10%。采用省级财政补贴50%，农民自筹50%资金，加大推广普及力度。近几年全市推广节药进口标准喷头及喷头体1.7套。

3 示范培训推广应用

3.1 建立农业“三减”示范园区

坚持政府主导，基地带动，吸收广大农户、种植大户、合作社积极参与，逐步构建整村，整乡推进的长效机制。2019年密山市建立35个农业“三减”示范园区，示范面积45.1万亩，主要采取更换喷头，绿色防控，更换除草方式，施用有机肥或生物有机肥，测土配方施肥等技术措施，减少化肥用量10%以上，取得了较好经济效益、社会效益和生态效益。密山市盈收水稻合作社，兴凯湖荣腾鸭稻米合作社，分别建立有机种植基地1.1万亩和4 000亩。裴德镇康华中草药有机种植基地面积达到3 000亩。

3.2 加强宣传培训和技术指导

发挥农技推广队伍主力军作用，制定全市农业“三减”技术实施方案及相关技术规程，利用网络直播、QQ 群、微信群、短信、培训班、田间地头现场指导讲解、印发资料、咨询等多种形式，示范培训普及推广应用。广泛开展统防统治绿色防控等实用技术培训，实行全程技术指导。全年共举办电视讲座 4 次、网络短信 144 条、集中培训班和田间地头培训 32 次、发放相关的技术资料 6.8 万份、咨询人数 6.78 万人次，防控技术的入户率和到位率达 97.8%。为 87 名监测调查员配备了相应的数字调查设备，使其整体素质水平得到较大提升。

3.3 健全完善植保监测队伍

按照农业厅有关文件精神，在密山市 87 个（农场 5 个）监测点各配备 1 名农民监测员。到 2019 年，全市共建立大田病虫害监测点 87 个，基本实现对全区域农作物重大病虫害监测的全覆盖。监测的作物以水稻、玉米、大豆、马铃薯等为主，病虫害以稻瘟病、纹枯病、大斑病、玉米蚜、黏虫、大豆食心虫、马铃薯甲虫等为主。监测员劳务工资由省级统筹解决。年初和每位监测员签订协议，明确自己的监测任务、范围、面积及责任等事项，年末经中心领导和植保站根据监测任务完成情况严格考核，按优良中差进行评价，最后确定发放补助标准，达到有据可查、有据可依，按劳分配，奖罚分明的目的。全年共进行集中培训 3 次，田间现场培训若干次。市植保站人员分成两组深入各乡镇，进行实地操作讲解培训，分别建立了农作物病虫和马铃薯甲虫两个微信监测群，由植保站人员随时随地进行病虫害的识别与调查方法的讲解，监测员有问题也可以在群里进行沟通交流。

3.4 及时发布病虫预测预报做到精准施药

利用在线监测管理系统平台，发挥全市 87 个监测点的作用，规范开展农作物重大病虫害系统监测，由中心植保专业部门和专家组及时全面掌握其发生区域及发生趋势，为统防统治工作提供基础信息保障。全年发布病虫情报 13 期，向政府领导及上级部门提供情报 120 份次，向乡镇及有关单位下达病虫情报 200 余份次，完成省下达的上报表格任务 400 多份次。为领导决策提供可靠依据，为各种病虫的及时有效防治提供可靠保证，避免了农民盲目施药、打“太平药”的现象，提倡精准施药、科学用药，降低农药用量，对推动全市农药“三减”工作发挥了重要作用，也为全省植保工作提供了有力的数据支撑。

土壤酸化原因及修复方案探讨

官春强[1]　高　云[2]

（1. 安徽省国壬农业科技有限公司　安徽　合肥　230000；
2. 中国科学院合肥研究院　安徽　合肥　230000）

摘　要： 介绍了土壤酸化的原因，包括酸雨、作物自毒、耕作方式不合理、营养素添加不合适等，据此提出土壤修复应该多管齐下，分步骤完成，先解决面积占最大比例的轻微和轻度污染的酸性土壤开始，积累经验和技术，为后续改善土壤酸性严重的区域提供经验；综合补充有机碳和中微量元素以及其他活性物质，尤其是使用安全无毒副作用的生理碱性的肥料，最后提出了整套解决方案。

关键词： 土壤酸化；有机碳；碱性肥料；土壤修复

2016 年 5 月 28 日，国务院印发《土壤污染防治行动计划》，简称“土十条”，土壤污染与修复成为国家级重点课题。根据国内外经验和我们面临土壤污染的严重性，未来数年，全国将迎来土壤修复高峰。这对于深受“毒地”危害的农民，特别是经济作物种植者和土地流转大户而言，无疑是利好消息。

虽然土壤修复是利国利民的好事，但是土壤污染有水质污染、大气污染、固体污染和农业污染等多种类，解决方法各异，且见效甚慢。在发达国家土壤修复治理起步早，进展也很缓慢，更别说我国土壤修复治理工作处于刚刚起步阶段。针对我们面临的严峻现状，本课题组提出“预防再污染，控制已污染，聚焦突破点，循序全修复”的二十字指导方针。目前，在“预防再污染和控制已污染”方面，政府积极行动，全国人民积极配合，土地保卫战已经打响；至于“聚焦突破点，循序全修复”，由于修复土壤技术要求高，工程量浩大，见效慢，因此，我们不能全线出击，必须聚焦突破点，才能带动土壤修复工作的全面胜利。

根据国土资源部与环保部 2014 年联合公布的《全国土壤污染状况调查公报》，全国土壤耕地污染超标率高达 19.4%。轻微、轻度、中度和重度污染点位比例分别是 13.7%、2.8%、1.8% 和 1.1%，主要污染物为镉、镍、铜、砷、汞、铅、滴滴涕和多环芳烃。重金属镉污染加重最为明显，全国土地镉含量增幅最多已超过 50%。从污染分布状况来看，南方土壤污染重于北方，长三角、珠三角、东北老工业基地等部分区域土壤污染问题较为突出，西南、中南地区土壤重金属超标范围较大。公报还显示，重金属污染超标区域基本呈土壤酸化板结，特别是经济作物种植区，土壤酸化尤为严重，引发严重的生产、环境、经济和食品安全等问题。

1 酸性土壤成因

本部分只探讨土壤正常酸化的原因，关于排污或其他意外污染不在本探讨范围内。下面将从营养元素补充不合理、自毒、耕作方式不合理和雨水（环境）等方面进行探讨。

1.1 营养元素补充不足

每季农田在收获农产品时，都带走大量的有机碳和其他各种营养成分，按照“元素归还学说”，作物产出多少，就应向土壤补充多少营养，其中归还最多的营养应该是碳元素。但在实际生产中，土壤却得不到及时的全面补充，特别是占土壤和作物最大比例的碳元素补充的极其稀少，造成土壤中缺乏的更缺乏，多余的更多余，形成恶性循环，土壤逐步丧失自我修复的能力，从而加重土壤酸化。

1.2 自毒

根据“植物酸生长理论”研究，植物在生长过程中，根系会分泌大量的能够酸化土壤的 H^+ 离子，而且植物生长越旺盛，产量越高，生长量越大，分泌的酸性物质就越多，土壤酸化的速度就越快。同时，土壤中微生物的繁殖和有机物分解过程中，都产生大量的有机酸。因此，土壤自毒现象也加快了土壤酸化症状。

1.3 不合理的耕作模式

1.3.1 常年单一种植

现在北方大田作物主要种植小麦和玉米，南方主要是水稻轮种或水稻油菜轮种等，种植结构单一。经济作物区也是由于种植技术、经济收入、集中销售等原因，每个区域主要种植单一品种作物，这种种植模式导致作物重茬和土壤退化现象严重。

1.3.2 土地无轮休时间

土地使用者追求利益最大化，因此，最大限度利用土地种植作物，根本没有留给土壤自我修复的时间，造成土壤养分失衡和菌群失调恶性循环，严重透支土壤的生理机能。如果有“茬口安排”，即便是有半季的农田休息时间，土壤能够进行自我修复，也能极大减轻土壤恶化现象。

1.3.3 土壤耕作层太浅

据本课题组调查，近 20 年来，大部分土地的耕作层在 18cm 以内，有的甚至还不到 15cm，而大部分须根系作物根系多集中于 15 ~ 25cm 的耕作层内，主根系作物可达 50 ~ 60cm，甚至更深。耕作层浅会造成作物根系上移，减少根系吸收更多营养的机会，抗高温或低温等抗逆性下降，也使局部土壤养分严重失衡，酸化加速等现象。

1.3.4 用肥方式错误

偏重氮磷钾等几种化学元素的补充，造成土壤电位“阳盛阴衰”和元素失衡。地面撒施肥料，造成作物根系上移和局部土壤养分严重失衡，以及养分的大量挥发或固定浪费，不能被有效地吸收，加重了土壤酸化板结。

另外，近些年夸大事实的不合理宣传，有将化肥“污名化”之嫌。化肥并不是土壤污染物，是营养元素的提供者，即便是化肥里面有辅料，也是无毒无害的天然物质，如高岭土等，当然假冒伪劣肥料不在本讨论范畴。过量使用化肥造成土壤性能和农作物生理机能受损是事实，可这不是肥料的“罪过”，是人为连续、大量和单一用肥所致。就好像假如我们只吃米饭或馒头，不吃肉、鱼、蔬菜、水果等，造成身体营养不均衡，不能说是米饭或馒头的责任。而且农业部2015年印发的是《到2020年化肥使用量零增长行动方案》，并不是被歪传的“化肥零使用方案”。零增长或减少化肥使用量，其目的是鼓励正确施用化肥。正确使用化肥要做到“五合适”：品种合适、养分合适、用量合适、时机合适、施法合适。

1.4 雨水（环境）

一般雨水pH约为5.6，而近些年随着企业和车辆等人类活动的增多，空气污染越发严重，雨水的pH常常到达4.8或以下。导致我国大部分地区的土地都遭受着酸雨危害。特别是酸性红壤土的南方区域，受雨水数量多、温度高和持续期长等因素影响，土壤的酸化速率加剧，进而严重危害到作物的生长和土壤的性能。

2 土壤修复

2.1 改良土壤应该从修复酸性土壤开始

土壤中重金属的溶解度与土壤溶液pH的高低有很大关系，土壤pH越高，重金属越容易转化为难溶性的化合物，重金属的溶解度越低，活性就越低。研究还表明，提高酸性土壤的pH，不但能显著降低污染土壤中重金属的活性，减少作物对重金属的吸收，并且还抑制了重金属向植物地上部分的迁移。

酸性土壤还能造成土壤中生物菌群失衡、营养元素的流失和拮抗，导致作物出现缺素症和利用率低下，以及土壤微生物菌群失调、作物抗逆性衰减等现象。最让农民关注的是土壤病虫害的猖獗，根结线虫无法防治，茎基腐、枯萎等土壤病害防不胜防。以前的化学药剂防治毒性高，对环境污染重，防治效果逐年减小，病虫害的抗药性明显增强。因而对农作物造成严重的影响甚至绝产。

2.2 改良土壤从占面积比例最大的轻微和轻度区域开始治理

轻微和轻度土壤污染占全部土壤污染的85%，其土壤改良难度系数相对较小，更容易积累经验，也能更快、更大限度地减少耕地污染带来的损失。同时，解决了土壤污染轻的区域可掌握改良土壤污染技术，为剩下约15%的土壤重污染区域提供经验。

2.3 土壤修复突破点

土壤和作物的主要成分是水和碳，后者在植物和土壤中占比高达55% ~ 58%。多年以来，科技界和肥料界认为植物能够从空气中吸收足量的碳元素，而土壤和作物根系对碳没有需求，其实这是一个误区，仅依靠空气中的碳元素根本不能够满足作物的生长需求，而且土壤和作物根系也需要大量的碳元素。因此，根据木桶原理——“最小养分律”，碳元素是土壤和作物营养需求“最宽的短板”。

土壤酸化症状与有机碳含量密切相关。随着有机碳含量的提高，土壤酸化症状明显减低，作物的抗逆性和长势明显提高。补充碳元素主要通过有机肥，但是一般有机肥中的碳元素绝大部分是惰性和不可水溶的，有效水溶性的有机碳含量非常低，有的甚至不到

1%，需经过长时间的分解转化才能逐渐被利用，因此普通有机肥很难有明显的肥效。为土壤补充高含量水溶性的有机碳是当务之急，在研发方面需要加大力度，这是解决土壤酸化板结问题的有效途径。

3 土壤修复方案

面对现实状况，已知造成土壤酸化板结的原因，就可以有针对性地制定改良酸化板结土壤方案。本课题组经过多年研究，研发出土壤综合生态防治技术方案：有机碳 + 有机硅 + 植源碳酸钾 + 功能菌 + 有益物质的迈德森配方制剂技术。就其中的要点与大家分享。

（1）必须是系统、全面的多种技术组合。不能只解决 1 个点的问题，要充分对环境，土壤、作物和社会负责，做到“长治久安”。

（2）必须是安全、无毒、无副作用，不能因为改良土壤再引起其他问题。比如使用石灰改良酸性土壤，引起土壤更加板结和对微生物群的伤害等问题。

（3）必须是纯生物源的碱性肥料，切实提高土壤的 pH。

（4）尽快向土壤中补充“最宽短板”的碳元素和适量补充其他多种物质，加快土壤修复进程。

（5）尽快疏松已经板结的酸化土壤，提高土壤生物活性，增强土壤自我修复能力。

本课题组受托以安徽省国壬农业科技有限公司的迈德森生物菌剂为试材，在安徽省宿州市做了一组土壤理化指标和产量对比，部分数据如下：试验作物：小麦、玉米；试验面积：3 亩；对比面积：3 亩；产品含有机碳 13%、pH8.5、有效硅 1.2%、活性钙 3.5%、碳酸钾 4.5%、中微量元素 2%、生物菌 2 亿 /g 等。

表 1 为使用迈德森生物菌剂的土壤和未使用该菌剂土壤的理化指标和产量对比。从中可以看出，使用该菌剂后，土壤孔隙度和 pH 均有所升高，连续使用 5 年后，pH 由 4.8 升高到 5.95，小麦亩产量由 432kg 升高到 576kg，玉米亩产量由 471kg 上升到 635kg。由此可见，使用生理碱性的、有机碳含量高的产品，可改良酸性土壤理化指标，提高作物产量。

表 1 使用迈德森生物菌剂土壤的理化指标和种植作物产量

项目	区域	年份				
		2011	2012	2013	2014	2015
土壤容量	实例区	1.47	1.42	1.36	1.34	1.31
	对照区	1.47	1.47	1.48	1.49	1.50
孔隙度 /%	实例区	43.3	45.3	46.6	47.0	48.0
	对照区	43.3	42.8	42.9	42.5	42.2
pH	实例区	4.8	5.116	5.45	5.60	5.95
	对照区	4.8	4.78	4.75	4.73	4.68
小麦亩产量 /kg	实例区	432	524	—	551	576
	对照区	432	446	—	427	451

（续表）

项目	区域	年份				
		2011	2012	2013	2014	2015
玉米亩产量 /kg	实例区	471	522	560	616	635
	对照区	471	486	430	456	466

注：2013 年因为当地天气原因，小麦在即将收获时遇到持续梅雨，小麦在穗上开始发芽或霉变，故放弃测产。

4 小结

综上所述，针对引起土壤酸化的原因，应该多管齐下，先解决面积占最大比例的轻微和轻度污染的酸性土壤开始，改善不合理的耕作模式，综合补充有机碳和中微量元素以及其他活性物质，尤其是使用安全、无毒副作用的生理碱性肥料。

有机肥氮替代化肥氮对甜玉米产量及品质的影响*

冯　剑** 胡小斌 何臻铸 王　华 万惠燕
（广东省东莞市农业技术推广管理办公室　广东　东莞　523010）

摘　要：研究有机肥氮替代不同比例化肥氮对甜玉米产量及品质的影响，为广东省甜玉米主产区有机－化学肥料的合理施用提供一定参考。以甜玉米品种超甜金银粟2号为供试材料开展田间试验，共设置5个处理：CK（不施氮肥）、CF（单施化肥氮）、MF1（20%有机肥氮+80%化肥氮）、MF2（40%有机肥氮+60%化肥氮）、MF3（60%有机肥氮+40%化肥氮），研究不同处理下甜玉米产量和品质的变化。结果表明：①有机肥氮替代化肥氮可提高甜玉米鲜穗产量。同CF处理相比，MF1～MF3处理甜玉米鲜穗产量均有不同程度的提高，以MF1处理增幅最大，为11.74%，随着替代比例的升高，鲜穗产量呈现降低的变化趋势，但MF1～MF3处理间未产生显著性差异。②有机肥氮替代化肥氮可改善甜玉米品质。与CF处理相比，有机肥氮替代化肥氮处理增加了甜玉米籽粒淀粉含量和可溶性糖含量，随着替代比例的增加淀粉含量逐渐升高，最大值为6.00%（MF3处理）。同时，相比于CF处理，有机肥替代处理可溶性糖含量分别提升了13.52%、15.76%、11.73%。供试条件下，在甜玉米生产上有机肥氮替代化肥氮比例以20%～40%为适宜范围。

关键词：有机肥替代化肥；氮；甜玉米；产量；品质

甜玉米作为玉米的一个品种，具有果蔬兼用、营养丰富、效益高等特点，深受广大消费者和种植户的青睐。广东省作为甜玉米主消费区，进一步促进了广东省甜玉米产业的发展。玉米作为生物量较大的作物，适宜的养分供给是其高产优质的保障，实际生产中往往存在重氮肥、轻有机肥施肥现象。在农业生产上有机肥不仅能提升土壤肥力，改善作物根系环境，还能提高作物品质，氮作为影响作物生长的重要营养元素，对玉米生物量、产量及品质的形成起着重要调节作用，而氮肥的不合理使用不仅会降低氮素利用率，还会导致一系列环境问题。已有研究表明，有机肥替代化肥可提高氮利用效率及作物产量，但过高的替代比例并不利于作物产量及品质的形成。目前，针对广东省甜玉米主产区有机肥氮替

*　基金项目：省、市地力监测点建设项目（B02080003）。

**　第一作者：冯剑，硕士研究生，农艺师，主要从事养分资源管理与新肥料研制工作。E-mail：723435279@qq.com

代化肥氮相关研究鲜见报道，且有机肥替代化肥对农业可持续发展具有重要意义。本研究通过开展大田试验，旨在探究有机肥氮替代不同比例化肥氮对甜玉米产量及品质的影响，探明有机肥与化肥的适宜配比用量，以期为广东省甜玉米有机－化学肥料合理施用提供一定参考。

1 材料与方法

1.1 试验材料

试验于2019年8—10月在东莞市高埗镇冼沙村进行，供试土壤质地为轻壤土，前茬作物为水稻，0～20cm耕层土壤基本农化性状：土壤pH5.69、有机质9.63g/kg、碱解氮52.06mg/kg、有效磷173mg/kg、速效钾186mg/kg。供试肥料：尿素（46%）、过磷酸钙（12%）、氯化钾（60%）、精制有机肥（N：5.73%；P_2O_5：1.30%；K_2O：1.69%；有机质：39.03%）。供试玉米品种为超甜金银粟2号。

1.2 试验设计

试验共设5个处理：CK（不施氮肥）；CF（单施化肥氮）；MF1（20%有机肥氮+80%化肥氮）；MF2（40%有机肥氮+60%化肥氮）；MF3（60%有机肥氮+40%化肥氮），每个处理3次重复，随机区组排列，小区面积10.55m^2，每垄双行，行距40cm，株距33cm，密度为3 286株/亩。各处理肥料养分施用量详见表1。化肥氮分3次施入，20%做基施，45%拔节期追施，35%抽雄期追施。各处理磷肥和钾肥用量均保持一致，有机肥、磷肥、钾肥作基肥一次性施入。试验于2019年8月17日播种，8月24日移栽，10月18日收获。

表1 不同处理肥料养分施用量

处理	化肥养分用量/（kg/亩）			有机肥养分用量/（kg/亩）
	氮（N）	磷（P_2O_5）	钾（K_2O）	氮（N）
CK	0	6	12	0
CF	24	6	12	0
MF1	19.2	6	12	4.8
MF2	14.4	6	12	9.6
MF3	9.6	6	12	14.4

1.3 样品采集与测定

生长期分别在每小区选取植株样品5株进行测量株高、茎粗、SPAD值，玉米收获时，分别在每小区采集植株样品5株，将玉米植株齐地收割，按叶片、茎秆、穗部营养体（苞叶、穗轴和籽粒）依次分开，现场测定鲜穗产量。采集的鲜玉米穗测定籽粒的可溶性糖、淀粉含量等品质性状。样品理化性质的测定：土壤pH采用电位法测定；有机质采用重铬酸钾容量法－外加热法测定；碱解氮采用碱解扩散法测定；速效磷采用 0.5mol/L 碳酸氢钠浸提－钼锑抗比色法测定；速效钾采用 1mol/L 中性醋酸铵浸提－火焰光度法；籽粒的可溶性糖和淀粉含量用蒽酮－硫酸比色法测定。

1.4 数据处理与统计

采用 DPS14.10 统计软件和 Microsoft Excel 2010 对试验数据统计分析及绘制图表。

2 结果与分析

2.1 对甜玉米叶片 SPAD 值的影响

如图 1 所示，CF ~ MF3 处理叶片 SPAD 值均高于 CK 处理，较 CK 处理分别增加了 15.46%、11.66%、10.98%、9.64%，与 CF 处理相比，MF1 ~ MF3 处理叶片 SPAD 值均有所下降，有机肥氮替代化肥氮在一定程度上降低了叶片 SPAD 值，随着替代比例的增加叶片 SPAD 值呈逐渐降低的变化趋势。

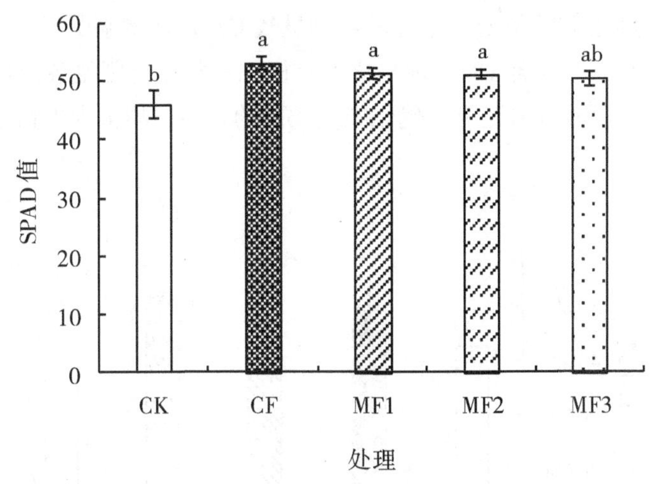

图 1 不同施肥处理对甜玉米叶片 SPAD 值的影响

注：不同小写字母表示处理间差异显著（$P<0.05$），下同。

2.2 对甜玉米鲜穗产量的影响

由图 2 可知，氮肥的施用可明显增加甜玉米鲜穗产量，CF ~ MF3 处理鲜穗产量均与 CK 处理达到显著性差异，在施氮处理中，MF1 ~ MF3 处理甜玉米鲜穗产量均高于 CF 处理，增幅分别为：11.74%、8.95%、7.27%，有机肥氮替代化肥氮各处理较单施化肥氮处理更利于鲜穗产量的形成，替代比例以 MF1 处理鲜穗产量最高，为 1 364kg/ 亩，在等氮量条件下，随着替代比例的增加，鲜穗产量呈现降低趋势。

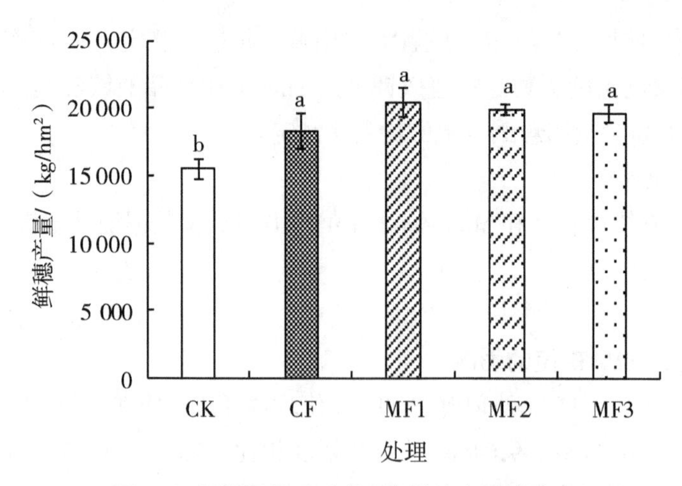

图 2　不同施肥处理对甜玉米鲜穗产量的影响

2.3　对甜玉米生物量的影响

如图 3 所示，施用氮肥各处理甜玉米生物量较 CK 处理增幅明显，且均与 CK 处理达到显著性差异。与单施化肥氮 CF 处理相比，有机肥氮替代化肥氮各处理均不同程度的增加了甜玉米生物量，随着有机肥氮替代化肥氮比例的升高，甜玉米生物量呈现逐级递减变化趋势。

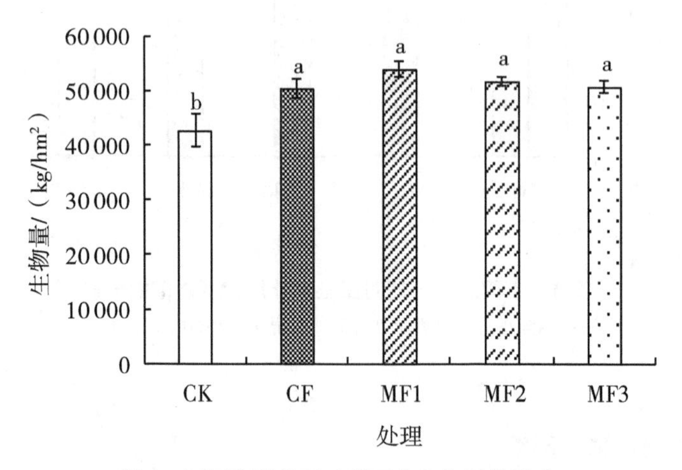

图 3　不同施肥处理对甜玉米生物量的影响

2.4　对甜玉米可溶性糖含量的影响

由图 4 可知，不同施肥处理甜玉米籽粒可溶性糖含量在 11.4% ~ 14.2%，不同处理间籽粒可溶性糖含量存在一定差异，有机肥氮替代化肥氮处理可溶性糖含量均高于单施化肥氮处理，随着有机肥氮替代化肥氮比例的升高，可溶性糖含量呈先升高后降低的变化趋势，以 MF2 处理最高，为 12.90%，但处理间未产生显著性差异。

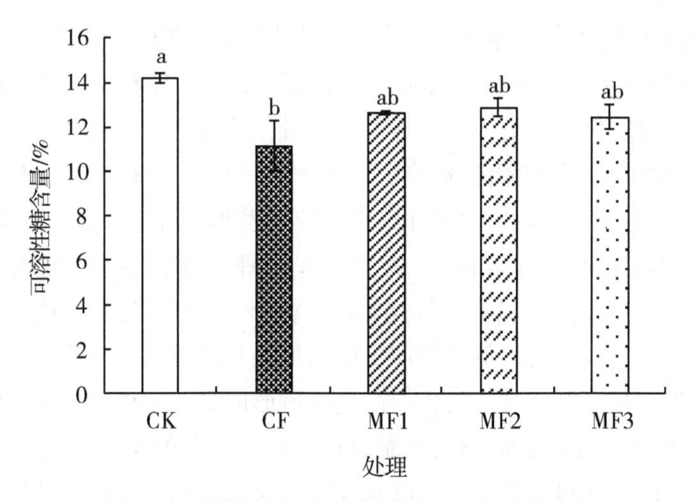

图 4　不同施肥处理对籽粒可溶性糖含量的影响

2.5　对甜玉米籽粒淀粉含量的影响

不同施肥处理甜玉米籽粒淀粉含量存在一定差异（图5），淀粉含量表现为：MF3>MF2>MF1>CF>CK，CF、MF1、MF2、MF3处理淀粉含量较CK处理分别增加了1.41%、2.18%、2.18%、6.01%，随着有机肥氮替代化肥氮比例的增加，淀粉含量呈逐渐升高趋势，有机肥的施用促进了淀粉含量的增加。

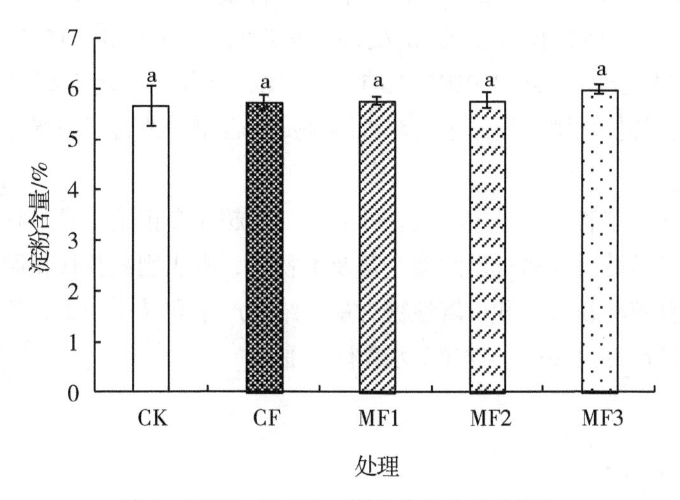

图 5　不同施肥处理对籽粒淀粉含量的影响

3　讨论

3.1　不同施肥处理对甜玉米产量、SPAD值的影响

甜玉米作为生物量较大的作物，对养分的供给有着较高的需求量，氮肥的施用是保障作物优质高产的重要措施。在农业生产上，氮肥的供给主要通过肥料投入，化肥具有肥效快、易吸收，有机肥具有养分全、长效性等特点，有机肥化肥结合使用可平

衡养分供给更利于作物生长。本试验条件下，各施肥处理玉米产量、生物量表现均为：MF1>MF2>MF3>CF>CK，氮肥的施用明显的增加了玉米产量和生物量，相比单施化肥处理，有机肥氮替代化肥氮能提高玉米产量及生物量，这与前人研究结果相一致。周芸等研究结果表明，有机肥等氮替代化肥随着替代比例的增加，玉米产量呈先升高后降低的趋势，替代比例以30% 产量最高。谢军红等研究结果表明，对玉米增产效果较好的处理中，有机肥氮替代化肥氮比例以50% 和37.5% 为适宜水平。本试验中，随着替代比例的升高鲜穗产量逐渐降低，但差异不显著，替代比例以20% ~ 40% 为宜，这与前人研究结果存在一定异同之处，适宜的替代比例差异产生原因可能与区域土壤性质、玉米品种、有机肥种类及替代比例设置梯度等因素有关，使产量峰值形成时的替代比例不一致，具体原因有待进一步研究。叶绿素含量是植物光合能力和氮营养状况的重要反映指标，本试验研究结果表明，氮肥的施用明显提高了玉米叶片叶绿素含量，相比单施化肥氮处理，有机肥氮替代化肥氮各处理均降低了叶片叶绿素含量，且随着替代比例的增加叶绿素含量逐渐降低，这与李玲玲研究结果相一致。

3.2　不同施肥处理对甜玉米品质的影响

研究表明，施用有机肥对玉米籽粒可溶性糖含量具有明显提高效果，周芸等研究结果表明，相比于单施化肥氮处理，有机肥氮替代20% ~ 40% 化肥氮可显著提高玉米籽粒可溶性糖和淀粉含量，随着有机肥等氮替代比例的增加，淀粉、可溶性糖含量不断增加。本试验研究结果表明，不同施肥处理籽粒可溶性糖含量表现为：CK>MF2>MF1>MF3>CF，MF1-MF3处理籽粒可溶性糖含量较CF处理分别提高了13.52%、15.76%、11.73%，各处理籽粒淀粉含量表现为：MF3>MF2>MF1>CF>CK，淀粉含量随着等氮替代比例的增加而增加，有机肥氮替代化肥氮提高了可溶性糖和淀粉含量，改善了玉米品质，这与前人研究结果相一致。

综合而言，在广东省甜玉米主产区，针对甜玉米超甜金银粟2号品种，本试验研究结果表明施用氮肥可显著提高甜玉米鲜穗产量及生物量，有机肥氮替代化肥氮可增加鲜穗产量、提高甜玉米籽粒淀粉含量和可溶性糖含量，结合产量和品质因素，等氮量条件下，有机肥氮替代化肥氮比例以20% ~ 40% 为适宜范围。

"化肥定额制"测土配方施肥技术在长兴实践

潘建清

（浙江省长兴县农业局　浙江　长兴　313100）

摘　要：2019年以来，浙江省长兴县坚持化肥定额制主线，创优创新长兴测土配方施肥工作，主攻技术、服务和信息管理等，解决测土配方施肥工作"最后一公里"问题。

关键词：化肥定额制；测土配方施肥；长兴特色

长兴县隶属于浙江省湖州市，地处长江三角洲杭嘉湖平原，太湖西南岸，与苏、浙、皖三省交界。介于东经119° 33′ ~ 120° 06′，北纬30° 43′ ~ 31° 11′，总面积1 430km²。全县辖4街道9镇2乡2区，总人口62.94万人。2019年，长兴县农林牧渔业生产总值为62.6亿元；全县农业龙头企业、专业合作社、家庭农场等新型农业经营主体超过1 300家，涉及粮油、花卉苗木、商品蔬菜、名优水果、优质茶叶和高效竹林等主要特色产业，总面积突破120万亩，其中粮食作物播种面积45.66万亩；全年粮食总产量19.54万t，油料作物产量0.93万t，蔬菜、果用瓜产量37.83万t。

长兴测土配方施肥工作始于2006年，近5年来，长兴测土配方施肥推广面积累计达498.3万亩次，其中粮油作物347.52万亩次，经济作物150.78万亩次；总增产6.5万t，总减不合理施肥（纯量）4 849.35t，亩均节本增效56.36元，总计节本增效28 084.2万元。特别是2019年以来，坚持"化肥定额制"这条主线，创优创新长兴测土配方施肥工作，集成并应用科学施肥技术，包括芦笋、葡萄等经济作物有机肥替代化肥、水肥一体化技术和单季稻一次性施肥技术等，有效地解决了测土配方施肥工作"最后一公里"问题，形成长兴特色，成效显著：一是全县重点农业乡镇共建立了6 500亩单季稻化肥定额制测土配方施肥技术示范方（一次性施肥技术示范方），均产655kg，较示范方所在地均产高出5%以上；纯氮肥量平均16.5kg/亩，较单季稻纯氮定量指标17kg/亩减少2.94%；二是全县超过8 000亩芦笋化肥定额制测土配方施肥技术全覆盖并应用有机肥替代技术，均产1 550kg，纯氮肥量平均26.3kg/亩，较芦笋纯氮定量指标28kg/亩减少6.07%；三是全县超过3万亩葡萄测土全覆盖，成功开发葡萄智能施肥App，并全面推行水肥一体化技术，据统计，纯氮肥量平均14.6kg/亩，与葡萄纯氮定量指标15kg/亩相比减少2.67%。

1 主攻新技术，构建测土配方施肥技术长兴特色

2019 年研究并推出长兴主要农作物肥料配方 12 个，涉及作物水稻、小麦、油菜和葡萄等（表 1）；基于肥料偏生产力探索芦笋化肥定额制施肥技术，形成长兴特色的芦笋化肥限量标准，结合浙江省化肥定额标准（浙江省财政厅关于试行农业投入化肥定额制的意见 浙农科发〔2019〕23 号文件），推出长兴化肥限量标准 1 套（表 2）；制定并发布单季稻一次性施肥技术规程市级地方标准：《单季稻一次性施肥技术规程》湖州地方标准 DB3305/T 152—2020（表 3）；归纳并创新长兴特色科学施肥法 3 种（表 4）；全面构建了具有长兴特色的测土配施肥技术。

表 1 2019 年长兴主要农作物肥料配方

作物名称	土壤管理	配方肥养分比例	合理施肥建议
水稻	秸秆还田	① 18-10-12（含氯） ② 21-10-15（含氯） ③ 20-8-12（含氯） ④ 25-10-16（含氯）	目标产量 600kg，纯氮用量 15.5kg。其中基肥：商品有机肥 100kg，配方肥 20 ~ 25kg；分蘖肥：尿素 10 ~ 15kg；穗肥：尿素 5 ~ 10kg，钾肥 3.5 ~ 5kg。
小麦	秸秆还田	① 16-16-8（含氯） ② 18-16-6（含氯）	目标产量 350kg，纯氮用量 12 ~ 13kg。其中基肥：商品有机肥 100kg，配方肥 20 ~ 25kg；麦抢肥：尿素 10 ~ 12kg；穗肥：尿素 5 ~ 7.5kg，钾肥 3.5 ~ 5kg。
油菜	秸秆还田	① 16-16-8（含氯） ② 18-16-6（含氯）	目标产量 150kg，纯氮用量 14 ~ 15kg。其中基肥：商品有机肥 200kg，配方肥 20kg，过磷酸钙 20kg，硼肥 0.5kg；冬腊肥：尿素 10 ~ 12kg；苔肥：尿素 7.5 ~ 10kg，钾肥 2.5kg。
葡萄	深翻、秸秆覆盖保温	① 17-8-20（不含氯） ② 20-5-20（不含氯） ③ 15-5-20（不含氯） ④ 18-10-18（不含氯）	目标产量 1 200kg，总施肥量纯氮 11.5 ~ 12.5kg，$N:P_2O_5:K_2O$ 约为 5 : 1 : 7。其中基肥：平衡施肥，以腐熟有机肥为主配施配方肥，占总肥量的 60%；早春肥：以氮肥为主，占总肥量的 10%；膨果肥（6 月）：氮磷钾配施，占总肥量的 10%；着色肥（7 月上旬）：以磷钾为主，占总肥量的 20%。

表 2 2019 年长兴主栽作物化肥限量指标

作物名称	县定最高限量（折纯）/（kg/ 亩）		省定最高限量（折纯）/（kg/ 亩）	
	纯氮	总肥量	纯氮	总肥量
单季稻	17	26	17	26
油菜	12	21	12	21
小麦	10	18	10	18
葡萄	15	38	15	40
芦笋	28	65	—	—
茶叶	12	20	25	28

表 3　单季稻一次性施肥指标

耕地地力等级（国标）	土壤质地	产量水平 /（kg/ 亩）	氮肥推荐用量 /（kg/ 亩）	其中缓、速氮肥比
3 等	黏土	675 ~ 700	16.5 ~ 17	5 : 5
	黏壤土	650 ~ 675	16 ~ 16.5	6 : 4
	沙壤土	625 ~ 650	15.5 ~ 16	6.5 : 3.5
4 等	黏土	650 ~ 675	16.5 ~ 17	5 : 5
	黏壤土	625 ~ 650	16 ~ 16.5	6 : 4
	沙壤土	600 ~ 625	15.5 ~ 16	6.5 : 3.5

注：当产量水平低于 600kg/ 亩时，根据当地实际施肥量合理调整氮肥施用量；如目标产量 550kg/ 亩，施氮总量应为 12.5kg，缓速氮肥比例根据土壤质地而定。

产量水平 /（kg/ 亩）	P_2O_5 推荐用量 /（kg/ 亩）	
	土壤有效磷含量≤ 10mg/kg 的区域	土壤有效磷含量 >10mg/kg 的区域
650 ~ 700	4.0 ~ 5.0	3.5 ~ 4.0
600 ~ 650	3.8 ~ 4.5	3.0 ~ 3.5

注：在除去缓控释肥中磷素肥后的不足部分用其他磷素化肥补足基施。

产量水平 /（kg/ 亩）	K_2O 推荐用量 /（kg/ 亩）	
	土壤速效钾含量≤ 80mg/kg 的区域	土壤速效钾含量 >80mg/kg 的区域
650 ~ 700	5.5 ~ 7.5	5.0 ~ 6.0
600 ~ 650	5 ~ 6.5	4.5 ~ 5.5

注：严重缺钾地区建议每亩施用 K_2O 6 ~ 9kg；在除去缓控肥中钾素肥后的不足部分用其他钾素化肥补足基施。

表 4　长兴特色科学施肥法

序号	名称	案例	主要效果
1	机械化施肥法	单季稻一次性机械化施肥法；单季稻侧深施肥法；设施栽培如葡萄、芦笋和蔬菜机械中耕松土减肥法	通过机械化实现化肥深施，结合测土配方施肥技术，减少化肥流失，降低化肥总用量；同时因机械应用率提高，实现了化肥减量和节本稳产
2	有机肥替代施肥法	纯有机肥替代法；生物有机替代法；秸秆粉碎直接还田法	通过有机养分替代，增加有机质，改善土壤的理化性状，并充分应用测土配方施肥技术，减少纯化肥的投入
3	缓控肥施肥法	单季稻基肥缓速搭配减肥法；大棚设施作物基肥速改缓减肥法	通过应用缓控肥，充分发挥缓控作用，又结合测土配方施肥技术，积极发挥用水调肥的功能，减少追肥使用次数，水稻和大棚设施作物各可减少 1 次和 2 次追肥，减少总氮量 5% 以上

2 创建“双法一平台”体系，构建测土配方施肥服务长兴特色

2.1 会员制

长兴县农业农村局直接对县域内一定规模、诚信经营的农资经营企业授权为化肥定额制测土配方施肥技术应用的一级会员（每年 3 ~ 4 家）；二级会员由全县规模种植主体中产生，凡二级会员须在一级会员处采用实名登记购买配方肥、下载智慧施肥 App。年终，由一级会员择优推荐一定数量符合化肥定额制测土配方施肥技术应用的二级会员，再经县农业农村局审核后，对实施化肥定额制好的二级会员实行物化奖励，通过奖励政策引导全县规模种植主体全面应用化肥定额制测土配方技术。

2.2 企业直通

企业以自创的新产品或新技术为支点，结合长兴测土配方施肥的成果，在合适的作物上制定标准的科学化肥法，努力打造一个可复制、可推广、可联动的现代农业科技创新推广体系 + 农业社会化服务体系相融合的一体化肥经营服务平台。具体做法：开展新肥料竞赛，强化化肥定额制测土配方施肥技术运用（如惠多利长兴分公司开展的水稻新肥料竞赛活动模式）；企业在种植大户里引进新工艺、新技术，推广化肥定额制测土配方施肥技术（如杭州新原起生物科技有限公司在芦笋生产中推广微生物菌剂减少化肥使用模式）；企业建立“种植俱乐部”实行科学施肥管理，通过“种植俱乐部”为种植户提供了信息交流、技术学习、经验分享等种植活动的良好平台，加快推广化肥定额制测土配方施肥技术成果运用（如浙江农里生物科技公司在茶叶生产中打造茶叶种植户俱乐部助推茶叶测土配方施肥技术应用）。

2.3 “四合一”运作平台

为了确保长兴县测土配方施肥工作的有序开展，不断提高测土配方施肥技术和配方肥推广应用面，长兴土肥系统继续强化与全县重点种植专业合作社、化肥生产单位和化肥农药经销单位合作，建立健全技术、示范、生产、销售“四合一”联合运作机制（图 1），

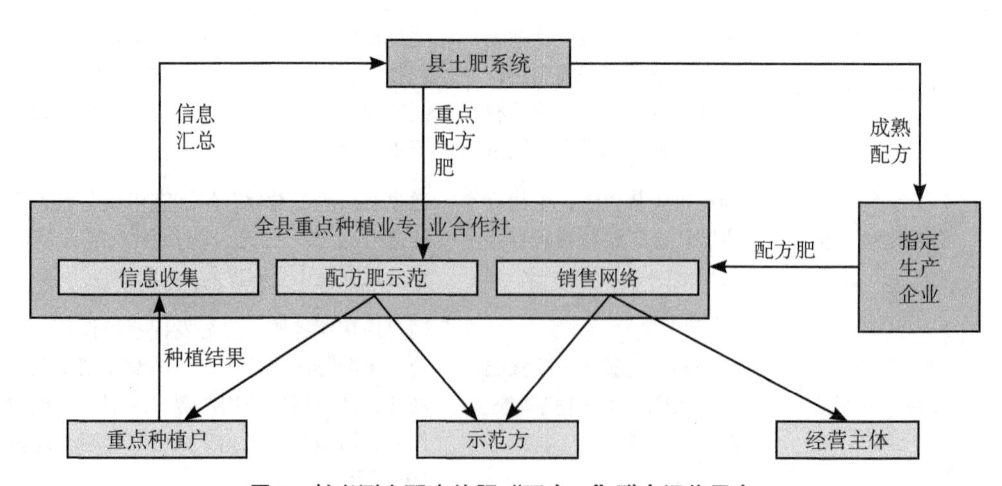

图 1 长兴测土配方施肥“四合一”联合运作平台

规范县级配方肥供应点的运用机制，不断提升长兴测土配方施肥应用水平。全年销售配方配 1.1 万 t，减少不合理化肥施用量 288t。

3 加快数据成果转化，构建测土配方施肥规模主体数据库管理长兴特色

汇总分析长兴超过 10 年来的测土配方施肥、耕地质量监测和耕地质量调查评价以及田间试验等数据，加快数据成果转化，同时实行周期性对规模种植主体免费开展测土配方服务，全力构建“一户一业一方”数据库。2019 年重点对全县 50 个县级规模生产主体通过免费测土，构建规模生产主体信息和土壤养分数据库；同时充分发挥“智慧施肥”App 功能，通过施肥咨询、主体推介、定额施肥反馈三大板块，实现“一户一业一方”的精准施肥（图 2），并积极开展智能化施肥服务（图 3），全面提升长兴测土配方施肥技术推广应用水平。

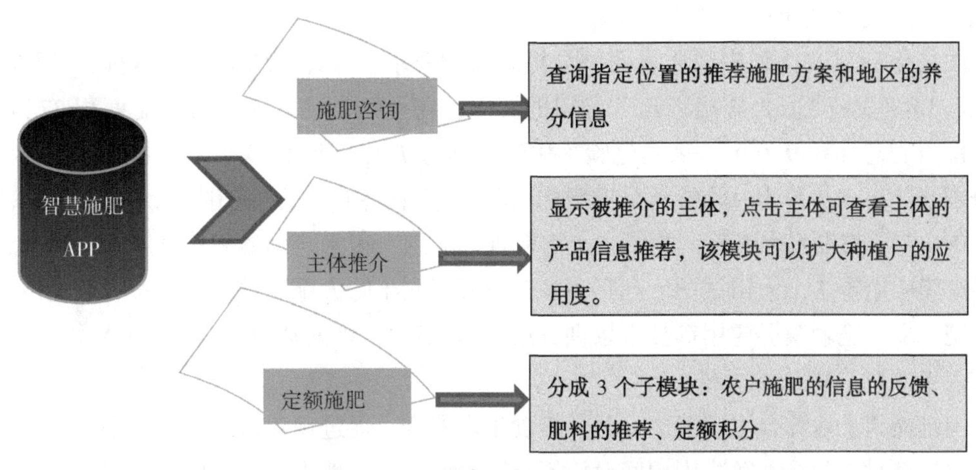

图 2 “智慧施肥”App 运作图解

图 3 芦笋设施地全程智慧施肥

平川区黄河流域生态高效循环农业发展专项规划

柯　梅

（甘肃省白银市平川区农业农村局　甘肃　白银　730900）

1　平川区黄河流域生态高效循环农业发展现状

1.1　实现推广减量节本增效技术

1.1.1　耕地质量提升与化肥减量增效

围绕化肥零增长和耕地质量保护与提升行动要求，按照“常态化”运行、“配方肥”下地、“示范片”到村、“培训班”到田的要求，在全区推广测土配方施肥面积 27 万亩，推广配方肥总面积 9 万亩，采集化验（化验指标为 7 项）土样 59 个。在本地灌区、旱作区分别开展小麦、玉米、马铃薯配方肥和西甜瓜专用豆粕有机肥施用技术示范，总示范面积 1 000 亩；布设保水剂不同用量、土壤调理剂应用、玉米与马铃薯秸秆腐熟剂筛选、新型降解膜应用等 7 个大田试验。在平川区广泛开展测土配方施肥技术、秸秆有效还田、土壤培肥、配方肥触摸屏应用等技术培训，培训 20 场次，培训基层群众 1 000 人次。

1.1.2　开展低产田改造工程

围绕提高土地综合生产能力，确保粮食生产安全，促进现代农业发展这条主线，以粮为主要扶持对象，重点解决因田间设施不全、土壤贫瘠、地力障碍等因素造成的低产歉收的集中连片中低产田。按照农业农村厅关于“十三五”以来建成高标准农田建设项目评估工作的要求，全区现有 43 个项目，对不属于或不符合高标准农田建设标准的项目予以剔除，最终确定了 33 个项目符合高标准项目入库标准，报甘肃省农业农村厅备案。截至目前，全区完成高标准农田 29 760 亩。同时，区在水泉镇、王家山镇、共和镇、宝积乡、黄峤乡、种田乡 6 个乡镇 9 个村 9 个片区发展高效节水灌溉面积 15 820 亩。有效推进了全区农田整体生产水平。

1.1.3　实施统防统治技术

平川区推广的大田农作物统防统治工作，建立统防统治体系，定期开展苹果蠹蛾、小麦锈病、果斑病、马铃薯早疫病、黄瓜花叶褪绿斑驳病等病虫害疫情调查与监测防控工作。主要农作物病虫害专业化统防统治覆盖率达到 40% 以上。2019 年并以草地贪夜蛾防控工作为重点，及时报告情况，制定技术应急防控方案，能够抓准病虫防症下药，适时统一防治，取得良好的成效。统防统治极大地提高了农药利用率，保障农药使用安全，有效解决病虫害问题，同时也提高了农产品品质，获得农民一致好评。

1.2 开展农业面源污染治理

1.2.1 加强农村畜禽养殖废弃物及秸秆资源化利用

以畜禽规模养殖场为重点，组织整区推进，创建养殖废弃物及秸秆资源化利用示范区。加强畜禽养殖污染防治，提升养殖废弃物综合利用水平，实现环境保护和畜牧业协调发展。强化宣传教育，提高养殖场（户）环保意识，2019 年发放宣传资料 7 500 余份。强化排查指导，对污染治理不达标的养殖场（户），进行粪污无害化处理技术指导，主要以掩埋发酵模式、分场分户或联合建造粪污沉淀池模式为主，以简便快捷的方式，做到畜禽养殖粪便“日产日清”。同时，积极推广粮改饲全株玉米青贮技术，推广一批秸秆收、储、运、用和秸秆资源化利用的示范模式，推进农村清洁能源开发利用，畜禽养殖废弃物综合利用率达到 76%，2019 年完成秸秆青贮 7.2 万 t、秸秆打捆 4 500t。

1.2.2 开展农业废弃物综合利用

完善市场化回收机制，提升废旧农膜资源化利用水平，促进农膜残留问题得到有效管控。进一步健全全区废旧农膜回收加工网络体系、建设废旧农膜回收网点 13 个，废旧农膜回收加工企业 1 家，以旧换新农膜 41t，废旧地膜回收量 824t，废旧农膜回收率达到 80%。持续提升尾菜处理利用水平，以沿黄灌区蔬菜生产区、流通集散地、仓储库区为重点，加强尾菜处理利用关键技术攻关，大力推广田间尾菜堆肥、直接还田等肥料化处理利用技术。2019 年完成尾菜处理 0.65 万 t，尾菜处理利用率 37.57%。

1.2.3 开展农村新型清洁能源利用

一方面，运用各类媒体开展宣传，在提高农民对使用新能源意识的同时，积极组织培养能源建设及使用方面的人才，使推广使用农村新能源落到实处。另一方面，通过项目建设新能源开发利用。平川区大力推广沼气、太阳能、土炕、小火炉清洁化改造。规模化大中型沼气工程项目 6 个，间隙运行 4 处（博康、志合成、黄河饲料、众鲜）；户用沼气池 5 700 多个；推广太阳能热水器 705 台，农户自己安装 3 000 台，太阳灶 1 107 台，节柴灶 213 台、太阳能路灯 2 200 个；炕、小火炉清洁化改造项目完成改造 6 000 户，其中土炕改造 3 528 户，小火炉改造 2 418 户，2019 年完成改造 6 000 户，其中土炕改造 4 100 户，小火炉改造 1 900 户。全区应用农村新能源呈现出良好的发展态势。

2 存在的问题

2.1 生态循环理念缺乏

广大农民对发展生态循环农业的重要性认识还不够，存在着只顾眼前利益而忽视对农业生态环境保护的倾向。相关部门对发展生态循环农业的宣传引导力度不够，这些观念的缺失导致了在农业生产过程中资源短缺、生态破坏和环境污染等问题长期得不到根本解决。

2.2 资金投入力度不够

农业是弱质产业，农民是弱势群体，广大农业生产经营者资金实力有限，一时难以筹措到足够的生态循环农业发展资金。加之生态循环农业投入大、运行成本高、见效慢，种养者不愿投入。虽然区级财政近年来对发展生态循环农业的投入有较大幅度的增加，但比之实际需求仍有较大的距离。

2.3 农技力量薄弱

生态农业是一全新的业态，但目前这方面的技术力量严重不足。乡镇农技人员队伍老龄化，后续农技力量也较薄弱，一些生态循环农业已有的技术得不到很好的推广应用；对生态循环农业发展的技术研究和探索不够，一些生态农业急需的技术无法得到很好的满足；生态循环农业的执行者——农民，大多文化技术水平较低，无法很好地实施发展生态循环农业的各项技术措施。

2.4 农业废弃物回收利用率低

由于目前农业生产仍以千家万户经营为主，农户环保意识不强，农业废弃物回收相对比较麻烦。加上缺乏专门的回收机构，致使农业废弃物回收利用率低，一定程度上造成了对环境的污染。

3 总体要求

3.1 指导思想

以习近平新时代中国特色社会主义思想为指导，全面贯彻党的十九大精神和习近平总书记视察甘肃重要讲话及黄河流域生态保护和高质量发展座谈会精神，坚持把新发展理念贯穿始终，以农业供给侧结构性改革为主线，以实施乡村振兴战略为统领，坚持农牧结合、产加配套、粮饲兼顾、种养循环和三产联动融合发展，按照绿色兴农、质量兴农、品牌强农要求，大力实施特色农业战略、品牌农业战略和农业现代化战略，加快推进农业循环经济发展，着力构建循环农业产业体系。提升农业发展质量和生态服务功能，最大限度地提高资源利用效率，实现经济、生态和社会效益的统一，助推黄河流域平川段生态保护和高质量发展。

3.2 基本原则

3.2.1 坚持生态优先与绿色发展为导向

牢固树立节约集约、循环利用的资源观，把保护生态环境放在优先位置，坚守耕地红线、水资源红线和生态保护红线，按照环境承载能力优化农业结构和生态布局，推进农村一二三产业融合发展，提高农业生产与资源环境承载的匹配度，把绿色发展导向贯穿到循环农业发展全过程，促进农业可持续发展和资源永续利用。

3.2.2 坚持依法监督与主体责任相统一

坚持以农民主体、市场主导、政府依法监管为基本遵循，充分发挥政府在现代生态循环农业发展中的引导作用，加强政策引导、财政激励、执法监管。强化污染治理的生产者主体责任，引导农业生产主体、社会化公共服务组织自觉加强农业资源保护和生态环境改善，推动实现资源有偿使用、环境保护有责、产品优质优价的激励机制。

3.2.3 坚持技术创新与制度创新相协同

坚持治标与治本相结合，在推进循环农业过程中，既要注重建设以绿色生态为导向的科技创新推广体系，强调推广面，减少量、提高率等技术层面量化目标的实现，更要注重以资源管控、环境监控和产业准入负面清单为主要内容的循环农业发展制度体系，建立法律约束、生产准入、机制创新等常态化长效运行的制度体系，全面激活循环农业发展的内生动力。

3.2.4 坚持节能减排和循环再利用并举

突出生产、消费两个环节，坚持资源开发利用与节约减排并举，进一步优化产业结构，加快农业发展方式转变，大力实施农业清洁生产，努力减少资源消耗和废弃物排放，不断促进废弃物循环利用和再生利用，实现产业内部资源利用高效化，促进农业持续稳定发展。

3.2.5 坚持全面小康与循环产业结合

围绕省市推进全面小康决策部署，把发展富民产业作为实现全面小康的治本之策，推动“一户一策”落地见效，结合全区“两园两率两节点”产业脱贫行动，坚持把产业项目和政策资金等要素向“两园”聚集并倾斜，采取党政引导、龙头带动、群众主体、社会参与、金融支持的联动机制，助推全区实现全面小康。

3.3 发展目标

到2020年底，基本实现“一控两减三基本”的目标，即控制农业用水总量，减少化肥、农药使用量，基本实现畜禽粪便及病死动物、秸秆、废弃农膜等资源化利用和无害化处理。农业废弃物资源化利用率显著提升，农业投入品使用全面减量节约，农产品质量安全水平不断提高，农业资源保护水平与利用更加高效，产地环境更加清洁，生态环境不断改善。全区创建种养结合循环农业发展示范乡镇1个以上，农产品加工产值达到3亿元以上，农产品加工转化率达到62%，秸秆综合利用率达到86%以上，废旧农膜回收利用率达到80%以上，尾菜处理利用率达到50%以上，规模化畜禽养殖场粪便处理利用率达到75%以上，农田灌溉水有效利用系数提高到0.59，主要农作物化肥、农药使用全面减量化，化肥、农药使用率达到40%，耕地质量提升和化肥减量增效技术推广面积达到20万亩以上，绿色防控技术覆盖率达到30%以上，年新修梯田1万亩，草原植被覆盖度达到50%。

4 规划重点任务

4.1 优化农业生态布局，加快构建循环农业模式

依据自然条件、功能定位和特色优势，以干旱山区、井灌区、沿黄灌区、西格拉滩等现代循环生态农业发展模式，突出打造牛、羊、黑毛驴、瓜菜、林果、马铃薯、小杂粮、中药材“八大特色”产业，按照“确定主导产业、优化产业布局、依靠龙头企业、发展规模经营”的总体思路，科学布局种养产业、农作物秸秆收集处理、有机肥加工等配套服务设施，整体构建循环农业模式。

4.1.1 以干旱山区为主的生态绿色农业模式

以复兴乡、种田乡、黄峤镇等乡镇的20个村（王家山镇部分旱地），全力打造旱作农业示范区，充分利用光照足、温差大、病虫害少等独特优势，打造绿色、有机农业品牌，以梯田、雨水集流为主的农业基础设施建设，巩固退耕还林还草成果，开展小流域治理，注重改善生产条件和生态环境，以扶贫开发为载体，发展全膜双垄沟播玉米、穴播洋芋种植及以紫花苜蓿为主的饲草种植，做大做强马铃薯、小杂粮、中药材、玉米、草畜等产业发展，结合产业特点，在王家山镇、种田乡和复兴乡结合当地养殖黑毛驴产业和设施养羊，大力推广玉米秸秆打捆、青贮玉米秸秆的饲料化利用。积极推广保护性耕作、全膜双垄沟播等旱作农业技术，充分利用丰富的秸秆和牧草优势，大力发展草食畜牧业，增强农村经济发展活力。

4.1.2 以井灌区为主的节水循环农业模式

以宝积镇、共和镇、黄峤镇21个村，推广节水高效高产农业，重点发展苹果、花椒树、西甜瓜、番茄和枸杞种植、反季节瓜菜生产和畜禽规模养殖。进一步培育壮大经济林果、大田瓜菜、畜禽养殖等生态高效特色产业，激活加工、物流和休闲观光等重点关联产业；依托关键产业、核心优势，选取具有发展潜力、带动性强的主导产业来构筑农业产业链，通过项目招商引资，创新农业经营机制，搭建以企业为核心纵向延伸的农业产业链；以政策为引导，以垂直或者水平方式整合各种相关要素，促进农业产业链向农业产业集群转变升级，通过产业集群式发展，形成全区高效高产农业产业体系的整体优势。加快构建井灌农业区特色优势产业循环体系，提升流域生态治理和产业开发水平，实现生态产业化、产业生态化。

4.1.3 以沿黄灌区为主的高效循环农业模式

以水泉镇、王家山镇的20个村，以高效立体农业为主的沿黄灌区，充分利用光、热、水资源的有效组合优势，在新品种培育、高效栽培、健康养殖、动物疫病和植物病虫害防控、生态环境建设、资源高效利用、关键农业设施、农产品精深加工、标准化生产和主要生产环节农机装备的研发和技术推广，以发展节水型、生态型、高效型特色农业为主，引进推广农畜优良品种，积极发展节水高效种植、草食畜牧、特色林果产业，将沿黄灌区建设成全国农业节水、循环经济示范区。以特色村镇和田园综合体为载体，依托绿色生态资源，借山造势、借水造景，多层次开发、多业态打造，加快培育以休闲农业和乡村旅游为核心的产业融合体，带动生态农业、生态加工、生态旅游协调发展，推动构建灌溉农业区立体复合型循环农业体系。

4.1.4 以西格拉滩为主的现代循环农业模式

认真实施甘肃中部生态移民扶贫开发供水工程，其中为西格拉滩灌区5.97万亩土地提供灌溉用水，加快推进集约化利用，重点培育新型经营主体，发展设施养殖、优质瓜菜、现代农业等产业和休闲农业，着力打造无公害、绿色和有机农畜产品生产基地，重点推广“秸秆（尾菜）–畜禽养殖–沼气–有机肥–果园（菜园）–特色农产品”等循环农业模式。

4.2 围绕四大循环模式，实施农业资源综合利用工程

优化种养结构，采取工程措施和生物措施，推动投入品减量化、生产清洁化、废弃物资源化、产业模式生态化，夯实循环农业支撑体系。

4.2.1 化肥农药减量增效工程

在王家山、水泉、宝积、共和等乡镇灌溉区大力推广保护性耕作、深松深耕等技术，在设施蔬菜、果树等经济作物区广泛推广应用水肥一体化技术。推广高效低风险残留农药，规范限量使用饲料添加剂，减量使用兽用抗菌药物。深入推进病虫害绿色防控，推广大型施药器械和航空植保机械，提高农药利用率。到2025年，主要农作物有害生物监测预报正确率达到85%以上，短期预报达到95%以上；主要农作物病虫害专业化统防统治覆盖率达到40%以上。

4.2.2 农业水资源高效节约利用工程

沿黄灌区加大渠道防渗等节水灌溉工程建设，在具备实施高效节水区域，逐步推广喷灌、滴灌，完善灌溉用水计量设施，并积极推广垄膜沟灌、膜下滴灌、农业物联网水肥一体化自动控制技术。因地制宜建设区域性供水、打坝淤地、修建梯田等工程，推广保墒固土、生物节水、全膜双垄沟播种植、农田护坡拦蓄保水等技术，提高水源涵养能力；大中型灌区骨干工程续建配套节水改造基本完成，强化小型农田水利工程建设和大中型灌区田间工程配套，增强农业抗旱能力和综合生产能力。到2020年，发展高效节水灌溉面积累计达到6万亩，农业灌溉水有效利用系数提高到0.59。

4.2.3 耕地质量保护与提升工程

强化农田生态保护，深入实施土壤污染防治行动计划和耕地质量保护提升行动，加强农业面源污染防治，统筹整合测土配方施肥、保护性耕作、秸秆还田等项目，大力实施高标准农田和梯田建设，积极开展土壤改良、地力培肥、控污修复、休耕轮作、畜禽养殖污染防治，推动用地养地有机结合，实现化肥农药减量、耕地休养生息永续利用。到2020年，全区建成高标准农田8万亩，基础地力提升面积2万亩，在旱作农业区梯田建设完成梯田面积1万亩。建设深松整地示范作业面积1.5万亩，保护性耕作面积1万亩，土壤盐碱化和土壤退化趋势得到有效遏制。

4.2.4 “粮改饲”工程

为推动粮饲兼顾、种养结合高效循环农业发展，优化农业产业结构，提升现代畜牧业发展水平，在王家山镇、水泉镇、共和镇以青贮玉米为突破口推动粮改饲，引导农户种饲用玉米、紫花苜蓿等优质饲草作物。以种田乡、复兴乡、黄峤镇发展种植紫花苜蓿饲草料基地，推动饲草料品种专用化、生产规模化、销售商品化。健全完善草产业“种、管、收、储、运”生产服务体系，引导区域牛羊养殖向全株青贮饲喂适度转变，农业种植结构向粮经饲统筹方向转变，推动玉米从跨区销售转向就地利用，实现区域内种养良性循环，促进种养结合机制新突破，着力提高种养综合效益。到2020年底，力争“粮改饲”面积达到2万亩，建成饲草加工基地3处。

4.2.5 农作物秸秆综合利用工程

以秸秆饲料化利用为主导，以肥料化、基质化利用为补充，以能源化利用为辅助，探索建立完善秸秆收储运体系，统筹推进农作物秸秆资源综合利用，推动形成粮草兼顾、草畜平衡、循环发展的新型种养结构。扶持秸秆饲料生产加工规模企业和专业大户，加快建设青贮氨化窖池和秸秆饲料储备库，夯实秸秆饲料化利用的发展基础。结合乡村环境整治，积极利用秸秆生物气化（沼气）、热解气化、固化成型及炭化等发展生物质能，合理安排秸秆发电项目，优化农村能源结构。因地制宜推广快速腐熟还田、过腹还田、机械直接还田。到 2020 年，秸秆综合利用率达到 86%、饲料化利用率达到 67%，基本形成布局合理、多元利用的秸秆综合利用产业化格局。

4.2.6 畜禽粪污循环利用工程

以农用有机肥和农村能源为主要利用方向，以沼气和生物天然气为主要处理方式，推广粪污全量收集还田利用、专业化能源利用、固体粪便肥料化利用、肥水肥料化利用、污水达标排放等经济实用技术模式，建立完善粪便储存、回收和利用体系，在畜禽养殖集中区建设一批畜禽粪污处理和有机肥生产设施，整区推进畜禽粪污就地就近资源化利用。到 2020 年，全区粪污收集和处理机械化水平进一步提高，畜禽养殖废弃物利用率达到 75% 以上，规模养殖场粪污处理设施装备配套率达到 95% 以上，大型规模养殖场粪污处理设施装备配套率提前一年达到 100%，实现生态消纳或达标排放。

4.2.7 农产品加工业下脚料和废弃物循环利用工程

在全区农产品加工环节的下脚料和废弃物循环利用，推广副产品加工过程的废物处理和综合利用关键技术，大力开展以节能、降耗、减污、增效为目标的清洁化生产，重点实施尾菜、秸秆、畜禽皮毛骨血等下脚料和废弃物的回收、利用与无害化处理，拓展延伸特色优势产业链条，降低废弃物排放量，提高农产品加工废弃物资源化利用水平。到 2020 年，全区尾菜处理率达到 50% 以上，畜禽屠宰企业废弃物综合利用率达到 52% 以上。

5 进一步建言献策

5.1 加强组织领导

为确保现代生态循环农业各项工作任务落实，成立区政府分管领导任组长的现代生态循环农业发展建设工作领导小组，领导小组下设办公室，具体负责组织协调和实施等日常工作。各乡镇要按照属地管理原则，承担推进现代生态循环农业的主体责任，尽快制定实施计划，创新体制机制，优化资源配置，加大支持和推进力度；区农业农村局要发挥牵头协调作用，加强服务与分类指导，做好现代生态循环农业的政策扶持和产业引导工作，区发改委、财政局、环保局、水务局、林草局、科技局、质监局、国土资源平川分局、供销社等部门要各司其职，密切配合，合力推进我区现代生态循环农业建设。

5.2 强化政策保障

区财政要加大投入力度，编制现代生态循环农业示范项目库，列入生态循环农业专项、现代农业发展等资金支持。进一步整合政策性资金用于农业环境综合治理、畜牧业整治和农作物秸秆综合利用等。综合利用税收、金融、价格、补贴等措施，引导工商资本投资有机肥加工、农膜回收、秸秆利用等领域。

5.3 推进技术创新

加大技术推广、教育培训，加强减量化、清洁化、资源化生产技术的集成和攻关，建立基层农技农经服务体系、培育多元的循环农业服务组织、创新循环农业社会化服务方式，重点研究开发资源利用、无害化处理以及节材、节水、节地、节能生产技术和农业污染防治减排等技术。加快培育一批现代生态循环农业生产经营和服务主体，加快推进资源节约集约、清洁生产可控、生态种养融合、废弃物资源化利用与无害化处理等生态循环农业技术的转化应用。

5.4 注重宣传引导

加强现代生态循环农业宣传，引导广大干部、群众转变思想观念适应新常态，充分利用各种媒体宣传引导现代生态循环农业发展理念、典型模式、成功经验，营造政府部门积极倡导、人民群众自觉参与、社会各界普遍关注的良好氛围。

第四部分

技术推广

丘陵地区鲜食甘薯水肥一体化生产技术集成

孙明海　崔维娜　徐庆民　来敬伟　郭月玲　王德民
（山东省邹城市农业技术推广服务中心　山东　邹城　273500）

摘　要：丘陵地区鲜食甘薯生产受品种、薯苗质量、土壤贫瘠、水资源缺乏影响较大，通过集成对路品种，培育健康种苗、科学栽插、增施有机肥、水肥一体化管理、病虫绿色防控、收获贮藏技术，提出了甘薯增产提质生产关键技术，实现了“健康种苗+科学栽插+水肥一体管理+绿色防控+收获贮藏”全程规范化生产，有效提高了丘陵地区鲜食甘薯产量质量。

关键词：丘陵；鲜食甘薯；水肥一体化；生产技术

甘薯是鲁西南丘陵区主要作物之一，随着消费需求多元化，甘薯逐渐由淀粉加工向鲜食、食品加工、保健等多功能转变，特别是鲜食甘薯近年来发展迅速，生产取得显著经济效益和社会效益，生产绿色高质产品成为甘薯生产的主要目标，也是丘陵山区乡村产业振兴的有效途径。鲜食甘薯产品要求薯形匀称、薯皮光滑、肉色美观、熟食味佳、耐贮耐运，对生产过程水肥供应要求严格，种植品种单一、退化严重、技术管理粗放，丘陵地区土壤营养贫瘠，水源缺乏，降水季节间、年际间变幅大，是限制产量质量的关键因子。2016年以来，笔者针对性开展了鲜食甘薯新品种引进示范、培育健康种苗、科学栽插、发展水肥一体化、安全贮运等环节关键技术研究与开发，推广对路品种，采用健康种苗，减氮增钾水肥结合，栽培与病虫防控结合，贮藏增值，解决了当前鲜食甘薯生产管理粗放、产量品质贮藏性降低、效益低下难题，创新集成了一套适合丘陵山区鲜食甘薯生产的水肥一体化栽培技术规程，在生产中大面积推广应用，对于甘薯提质增效意义重大。

1　选择适宜地块

选择土层较厚、排灌良好的壤土或沙壤土，3年以上未种过薯芋类作物，或实行与花生、小麦、玉米等禾本科作物轮作，破除土壤连作障碍，减轻SPVD、黑斑病等发生程度。

2　科学选用品种

根据市场需求、土壤肥力、水浇条件、栽培技术水平，选择高产、多抗、商品性好，通过国家或地方审定（鉴定）的优质专用甘薯品种。选用品种薯形美观，表皮光滑而且鲜艳，薯肉黄色、橘红色或紫色，熟食味佳，鲜薯含糖量3%以上。鲁西南地区种植肥水较好地块选用齐宁18、济薯29等，土壤瘠薄地块选用济薯26，肥沃轻砂壤土可种植烟薯25、普薯32等。

3 培育健康种苗

健康种苗是鲜食甘薯生产提质增效最基础、最关键的技术之一，是后期栽培管理不可逆转的措施。健康种苗标准：具有本品种特性，苗龄30 ~ 35天，百株重1 000g以上，节数为5 ~ 7节，节间长3 ~ 5cm，茎粗≥0.5cm，顶3叶齐平、叶色浓绿、无气生根、全株无病斑。

3.1 洁净苗床，集中育苗

选择远离甘薯主产区5km以上，排灌方便、土壤疏松、肥沃，至少3年没有种过薯芋类作物的地块，附近没有密集设施蔬菜种植，除草剂使用较少。采用大拱棚集中育苗，膜上覆盖60目纱网防虫传毒。选用耐老化、防雾、流滴膜作棚膜，苗床土与腐熟后的农家肥以及适量的硫酸钾复合肥混合均匀，平铺苗床厚5 ~ 8cm，每平方米施有机肥5 ~ 7kg+复合肥（$N:P_2O_5:K_2O=28:6:6$）100 ~ 150g。苗床用1.8%阿维菌素乳油800 ~ 1 000倍液与50%多菌灵可湿性粉剂500 ~ 600倍液喷施。

3.2 选用试管苗或脱毒种薯

种薯快繁可使用试管苗繁殖，一般大田用苗用脱毒种薯繁殖。种薯无病虫、无冻伤、机械损伤，品种特性明显。排种前用58%甲霜灵·锰锌可湿性粉剂600倍液浸种10分钟消毒。

3.3 合理排种，加强苗床管理

济薯26等萌芽性较好的品种采用平排法，种薯首尾相连，间距5 ~ 6cm，用种量20 ~ 25kg/m^2；烟薯25等萌芽性较差品种采用斜排法，首尾相压不超过1/4，间距3 ~ 4cm，用种量25 ~ 30kg/m^2。育苗前先覆盖棚膜2 ~ 3天，棚温上升到28℃以上时铺排种薯。排薯后浇透水，覆土2 ~ 3cm，覆盖地膜保温10 ~ 13天，使床温迅速上升到29 ~ 32℃，提高地温，确保快出苗、出壮苗。中期保持温度27 ~ 30℃、土壤湿度70% ~ 80%，催炼结合，平稳长苗。栽插前3 ~ 4天降温至20 ~ 25℃通风炼苗，通风口由小到大，采苗前1 ~ 2天夜晚不再关闭通风口，培育壮苗。

3.4 高剪苗采苗

在离地表面3 ~ 5cm处，用消毒后的剪刀剪苗，避免拔苗造成种薯伤口，减少黑斑病等传染，促进剪苗后的基部出芽，增加苗量。剪苗后2小时内不要浇水，促进采苗伤口愈合。

4 深耕整地，规范起垄栽插

4.1 深耕起垄

丘陵山地土层较浅，要深耕整地，培创深厚疏松的土壤条件。耕翻深度20 ~ 30cm，深耕结合起垄，加大垄距、提高垄高，垄距 90 ~ 95cm，垄高 25 ~ 30cm，达到垄距均匀，垄面平整，垄沟深窄。

4.2 增施底肥

丘陵山地土壤养分不足，耕翻时亩施充分腐熟的有机肥 3 000 ~ 4 000kg 或生物有机肥（有机质≥ 45%，$N+P_2O_5+K_2O$ ≥ 5%）40 ~ 50kg 培肥土壤，禁止使用未经腐熟牲畜粪肥和有机肥，以免出现烧苗、烧薯，加重病害发生程度。肥力较高地块，每亩施用 52% 硫酸钾 15 ~ 20kg，一般肥力地块不需补施钾肥。钙质元素不足的棕壤土地块亩施氰氨化钙或生石灰 20kg，改善酸度过重土壤，杀死地下害虫虫卵，提高植株抗逆性。

4.3 适期适法栽插

4.3.1 栽插时间

根据品种特性和市场需求合理确定栽插时期，早收地块 4 月 15 日前后，日平均气温稳定在 15℃时栽插，一般春薯 5 月上中旬适期晚栽，避免过早栽插生育期延长，薯块过大或病薯、畸形薯增多，商品性降低；夏薯抢时早栽，减少小薯数量，提高商品薯率。

4.3.2 栽插方法

栽植以船型栽插、斜插法为宜，春薯地表以上不超过 4 个叶（包括顶叶），夏薯 1 ~ 2 个叶，其余部分连同叶片全部埋入土中，栽插深度为（5 ± 2）cm，每穴浇水 500 ~ 700mL，水干后用细土封掩。

4.3.3 合理密度

掌握“肥地宜稀，薄地宜密”原则，丘陵旱薄地密度适当提高，水浇地种植密度适当降低。春薯亩栽插密度一般 3 000 ~ 3 500 株，夏薯亩栽插密度 3 500 ~ 4 000 株。

4.4 布设肥水一体化设施，覆盖地膜

合理布设水肥一体化设施，高质量覆盖地膜是水肥一体化技术成功的关键。选用 ϕ16mm 单翼迷宫式或贴片式滴灌带，薯苗栽植后立即顺垄铺设，开孔方向朝向薯苗，单支滴灌带长度≤ 80m；主管用 ϕ650mmPE 滴灌管，按照滴灌带间距开孔用旁通开关与滴灌带连接牢固。布设滴灌设备后，垄沟用厚度（0.01 ± 0.002）mm 黑色地膜覆盖，除草保墒增温，边覆膜边掏苗，用土压实薄膜四周，避免薯苗烫伤。机械栽插可使用黑白双色地膜，起垄、铺管、覆膜、栽插一次性完成。为适应甘薯种植区水源缺乏条件，滴灌设备按 20 ~ 25 行分组安装，便于后期追施肥水。水源不充足时可用水车拉水，将肥料按目标用量兑入水中，使用电瓶车电瓶做动力实施追肥浇水。

5 水肥一体轻简化管理

水肥一体化管理，按照需水、需肥规律，适时水、肥、药耦合一体化施入，平衡各生育期需水需肥量，控制前期旺长，补充后期需肥高峰期供肥，节水节肥节能高效，提高甘薯产量质量。重点抓好分枝结薯期和薯块膨大期两个关键时期，简化管理措施，优化水肥供应。

5.1 苗期

甘薯栽插后 30 ~ 45 天，进入分枝结薯期，结合浇水追肥 1 次。每亩用水溶性肥

（N：P_2O_5：K_2O=16：6：36）5 ~ 7.5kg，用水量 5 ~ 8m^3，促进甘薯结薯和秧蔓生长。

5.2 薯块第 2 次膨大期

8 月上旬后薯块进入第 2 次膨大期，是甘薯需肥、需水高峰期，进行水肥一体化 2 ~ 3 次，间隔 10 天左右。共亩追施高钾型水溶性肥（N：P_2O_5：K_2O=7：6：40）20 ~ 30kg，用水量视田间水分状况而定，干旱严重时亩用水量 8 ~ 10m^3，正常年份亩用水量 5 ~ 8m^3。

5.3 化学调控旺长

春薯栽植后 50 ~ 60 天，夏薯栽植后 35 ~ 40 天出现旺长趋势，亩用 5% 烯效唑可湿性粉剂 80 ~ 100g 与 50% 多菌灵可湿性粉剂 80 ~ 100g 和 98% 磷酸二氢钾 40 ~ 50g 混合，兑水 30kg 左右，喷洒茎叶控制旺长，避免早衰。旺长严重地块，间隔 3 ~ 5 天再喷次，连喷 2 ~ 3 次。尽量减少将药液喷到地面上，避免土壤中积累残留危害下茬作物。

6 绿色防控病虫草害

甘薯主要病害有病毒病、腐烂茎线虫病、根腐病、黑斑病、白绢病等病理性病害和生理性黑斑等生理性病害，主要害虫有金针虫、蛴螬、斜纹夜蛾等，杂草单、双子叶共生，苋、马齿苋、铁苋菜和莎草科等杂草防治难度大。应遵循病虫预防为主、综合防治、绿色防控，封闭除草，全面控制病虫草害。

6.1 栽插后封闭除草

栽插覆膜后，按实际喷洒面积计算，亩用 96% 精异丙甲草胺乳油 90 ~ 100mL 或 330g/L 二甲戊灵乳油 150 ~ 200mL+240g/L 乙氧氟草醚乳油 20mL，喷施垄沟封闭除草。

6.2 生态防治

实行净地、净薯、净苗，与非薯芋类作物轮作 3 年以上，培育健康种苗，高剪苗采苗，适时栽插和收获，强化田间管理，减轻病理性、生理性病害发生。

6.3 物理防治

4 月下旬至 5 月上旬，田间安装频振式杀虫灯，诱杀蛴螬、金针虫、地老虎、斜纹夜蛾、银纹夜蛾等鞘翅目、鳞翅目害虫成虫，降低田间落卵量，减轻幼虫为害程度。

6.4 化学防治

6.4.1 栽插期防治

移栽前薯苗用 50% 多菌灵乳油 50g 与 30% 三唑磷乳油 500g 与过筛的细土掺和均匀，加水适量，搅拌成泥浆蘸根，预防甘薯根腐病、黑斑病，防治地下害虫。栽植时亩用 10% 噻唑膦颗粒剂 1 ~ 1.5kg+70% 吡虫啉水分散粒剂 100g 定植浇穴后穴施，防治甘薯腐烂茎线虫、地下害虫。也可在栽植时亩用 25% 噻虫·咯·霜灵悬浮种衣剂 100g+20% 噻唑膦水乳剂 500g 兑水穴施。

6.4.2 生长期防治

根据害虫种类和发生程度，选用 20% 氯虫苯甲酰胺悬浮剂 8 ~ 10mL 或 4.5% 高效氯氰菊酯乳油 25 ~ 30mL，兑水 30 ~ 45kg 叶面喷雾，防治斜纹夜蛾、银纹夜蛾等。

7　适期收获，安全贮藏

7.1　收获

根据甘薯不同用途、市场需求、价格效益适时收获，早春栽植掌握栽后120天左右收获，春薯10月择期收获，夏栽留种薯栽地温12℃、气温10℃时收获完毕，保证薯块生活力，较少贮存期损失。鲜食甘薯收获时剔除破伤、病虫危害薯块，用周转箱盛放，避免表皮破损，影响商品性和耐贮力。

7.2　贮藏

使用大型恒温库或井窖贮藏。入库前贮藏库用50%咪鲜胺锰盐可湿性粉剂500～600倍液消毒。入库选择无病、无损伤、无冻害薯块，用50%咪鲜胺锰盐可湿性粉剂500～600倍液杀菌，窖温保持在10～14℃，湿度80%～90%，低于9℃易产生冷害。不同品种甘薯由于贮藏温度、湿度存在差异，要分开贮存，提高贮存安全性。

认真应对新形势　科学推广新技术

王志伟
（河南省清丰县农业技术推广服务中心　河南　清丰　457300）

摘　要：笔者根据近20年的基层农技推广工作经历，结合生产实际讲述了当前农业生产的现状，农业技术推广工作中存在的问题，并分析了问题存在的原因，提出了解决问题的有关措施，对于当前开展基层农技推广工作具有一定的指导意义。

关键词：农业；现状；技术；推广

家庭联产承包责任制，分田到户，分地到人，在当时的社会环境下，确确实实起到了良好的效果，大大提高了当时农民的种粮积极性和我国的粮食生产，为国家的发展起到了不可磨灭的贡献。随着社会的发展，科技的进步，目前的中国经过几十年的发展，已有了翻天覆地的变化，农业生产机械化程度不断提高，农民生活的幸福感不断增强，生活质量日益提升。

1　农业生产现状

1.1　农业生产者的日趋老龄化

伴随着生活水平的提高，环境的改变，越来越多的年轻人走出了农村，迈入了城市，逐渐融入了城市生活圈，再也不想回到农村，过那种面朝黄土背朝天的生活。现在劳作在土地上的主力军主要是60后、70后，随着这些人年龄的增长，耕作在田野里的人们年龄越来越大，人数越来越少，这就导致了这样一个问题的诞生“将来的土地谁来种？”。

1.2　地块零散，随意种植，严重制约了农业生产机械化程度再提高

目前农业生产从播种到收获基本上实现了全程机械化，阻碍农业生产机械化程度再提高的就是一家一户的小农生产模式，地块小，耕种作物不同，耕种时间不同，收获时期差异等等因素。农业生产道路上的这种状况倒逼着土地的加速流转，几十年来的一家一户的耕种模式已不能适应社会的发展，终将退出历史的舞台。随之而来的将是土地的大面积流转，农场主的诞生。

1.3　农业生产管理粗放，科学化程度地

“庄稼活，不用学，人家咋着咱咋着！”这种思想由于受文化水平、年龄等方面的因素影响，在农业生产中还存在一定的比例。在开展农业生产技术指导服务过程中，常常遇

到这样的情景“人家地里打的什么药，我打什么药，人家地里用的什么化肥，我用什么化肥”，化肥一炮轰，病虫害治疗重于预防等错误认识，农业种植科学化程度较低，这种现象固然与农民自身的因素有关，但同样与农业技术推广人员亦有一定的关系。

2　农业技术推广存在的问题

2.1　基层农业技术人员的工作能力薄弱

目前，从事基层农业技术推广工作的人员，因受方方面面的因素影响，呈现出整体文化水平偏低，农业技术水平不高，传播农业技术能力不强等现象，一定程度上制约了农业新技术的传播应用。就河南省清丰县农业技术推广服务中心在职人员来说，拥有全日制中专（含非农业专业）文化水平的人员仅占到全体人员的1/3，拥有全日制大专及（含非农业专业）以上文化水平的人员更是凤毛麟角，少之又少。整体人员文化水平的不高，专业化程度的偏低，在一定程度上制约了人员能力的再提升，影响了农业技术的推广。

2.2　技术推广无人去听

目前农业技术推广仍需要基层农业技术人员深入到村头巷尾、田间地头为农民讲解，推广，可是农业技术推广这种授课式的推广模式是否真的适应当前农村呢？收效甚微，可以说已不能适应当前农村的发展，因为当前从事农村农业生产的人员主要是文化水平低，年龄偏大的群体，农忙时节没时间去听课，学技术，不忙的时候，还想出去打份零工挣钱，一天100多元，甚至200多元，他们可不想因学习技术增收节支那么点儿不确定的小钱而去耽误挣很快到手的现钱，从而导致了农业技术推广无人听的窘现象。

2.3　农业技术理论性强，实用性弱

现在从事基层农业技术推广工作人员的技术来源主要是书本、媒体等，这些技术一般理论性较强，实用性相对较弱，在农业生产中遇到具体的问题起不到及时解决问题的作用，不能针对问题达到精准施策，例如，在花生生产中遇到棉铃虫，理论上用甲氨基阿维菌素苯甲酸盐喷施即可防治，可是同一种药用在不同的地块效果有好有坏，这就需要在实际应用中需要分析虫龄大小、农药成分、含量、精准施药，可是从书本上很难获得具体的介绍，这就需要生产实践经验。再如，玉米苗期喷施除草剂，在玉米3 ~ 5叶期喷施，对玉米较为安全，可是这3 ~ 5叶是否包括子叶，没有具体的论述，直接导致了技术推广时的模棱两可，实现不了需求技术与提供技术的无缝对接，从而影响了服务效果。

2.4　“动力不足”亦是制约农业技术推广的因素之一

曾经有这样一句话形象地体现了农技人员的工作面貌“远看像要饭的，近看像卖炭的，走到跟前一看是农技站的”，这句话说起来可能有点言过其实，不过也能体现出基层农技人员的艰辛。基层农技工作者的工作主要在农村，在田间地头，冬季寒风吹，夏季太阳晒，接触的人员主要是从事农业劳动、文化水平不高的广大村民，工作环境不好，工资福利待遇又相对较低，而且提升工资的唯一途径职称晋升相对较难。工作环境差，待遇提

升难导致了基层农技人员的工作积极性不高，一定程度上阻碍了农业生产技术的推广应用。这些问题作为不争的事实已摆在面前，那么基层农业技术人员应该如何认清形势，学好本领，做好农业技术推广工作？

3 学习提高 科学推广

作为基层农技推广工作人员，应时刻关注国家的大政方针，吃透弄明农业发展方向，认真分析农业发展形势，顺势而为，结合实际，努力学习，提高本领，认真做好广大农业生产者的服务员。

3.1 加强学习，提高服务水平

3.1.1 改变认识，由被动学习变主动学习

学习是一项苦差事，尤其是对于参加工作的人员，更是不愿意再去遭受这份罪，可是不学习，就会落伍，就会被时代所抛弃，这是放之四海而皆准的道理，基层农技人员亦是如此，不学习就跟不上农业发展的步伐，就满足不了时代发展的要求，所以说，农技人员要主动去学习，去提高自身的能力，不能使自己成为时代发展的弃儿。

3.1.2 加强技术培训，提高基层农技人员的理论水平

技术培训要采取那种理论加实践的培训，培训不易多，不宜烂，要有针对性地进行培训，什么病用什么药，什么时期该如何管理，就这么简单，要培训那些实用性强，应用性广的知识，要精化、细化，不要泛泛而谈，讲者若是长篇大论，学者往往是空空如也，最后是讲的也没讲明白，学者学的个稀里糊涂，很难达到预期效果。培训要深入生产一线，深入田间地头，这样去学习，直观，印象深刻，效果显著。

3.1.3 深入生产一线，提高基层农技人员的实践能力

基层农技人员在为农民服务的过程中仅有理论是远远不够的，要深入生产一线，亲身参与到农业生产中去，通过经历生产中各种问题并结合理论解决问题的这一实战过程，才能更好地提高自身的实战能力，才能成为合格的技术指导员。

3.2 顺应形势，提高认识，科学推广新技术

3.2.1 积极主动开展技术推广工作

农业技术推广人员首先要端正思想，转变思路，努力提高，克服困难，以认真负责的态度积极投身到农业技术的推广服务工作中去。思想不端正直接影响着工作的积极性，工作是否积极、是否负责直接影响着工作开展的成效。

3.2.2 顺应国家政策，做好土地流转的推手

土地流转是我国农业生产的大势所趋，是农业现代化的前提和基础，农业技术人员要顺应国家政策，认真做好农业土地流转的推手，加快农业土地流转的步伐，从而加快新技术、新产品推广的进程，进一步为提高科学成果的转化率打下良好基础。

3.2.3 选好培训对象

技术培训对象的好坏直接决定着培训效果的好坏，现在在农村举办一些农业技术的培训，往往需要一些“小恩小惠”才能组织起来培训班，由这些“小恩小惠”吸引来的培训

者，培训的效果能有多好，可想而知。记得有一次农业技术推广员在一个村中搞培训班，通过村内大喇叭广播说："凡是参与培训者均有小礼品一份。"不用太久，就有好多老人向村委会大院走来，有抱孩子的，有带针线活的，有掐草辫子的，可以说，这些人把当下农村老人的闲时生活体现得淋漓尽致，这些老人们来到后先问有什么礼品，培训过后领到小礼品带有小高兴地散去，领不到礼品的都会不高兴地离开，若问他们学到什么，答不出来，原因就是他们不是奔着农业技术而是奔着礼品来的，要是没有礼品，很少会有人参加培训。想一想，多年来，农业技术推广人员开展的技术培训，因没有礼品而举办培训班失败的事例比比皆是。所以说，农业技术推广人员在举办农业技术培训班时，一定要选好培训对象，宜精不宜烂，不要一味地追求参与培训人数的多少，一定要选择哪些乐意学习农业技术的生产者，主要选择那些种地能手，承包土地的种粮大户，农业种植合作社人员，对这些人进行技术培训，往往可以起到事半功倍的效果。

3.2.4　改变培训方式

农业技术的培训方式多种多样，以往的培训主要采取集中培训的方式，就是召集一些人坐在一起，一人讲，百人听的模式。可是随着农业劳动生产者的老龄化，以及土地流转的日趋扩大化，这种培训模式已经不能适应当前的形势，所以要选择适应当前形式的新的培训模式——化整为零，灵活开展精准培训，就是要做到农技推广服务对象要精准，技术内容要精准，培训方式要灵活。对那些新型服务主体，要有针对性地进行培训，生产者用什么就讲什么，需要什么就培训什么。技术人员要变"技术咨询找上来"为"技术服务走下去"，进行上门培训，下地指导，深入到田间地头，现场说教，现场解决问题，精准指导。使这些受培训的生产者成为第一个敢吃"螃蟹"的人，新技术、新品种首先让他们应用，由他们起到示范带动的作用，让周围的群众从他们身上看到有"利"可图，自愿去效仿学习。从而起到以点带面，以面盖全的效应。

3.2.5　搞好试验示范，做好技术推广

目前，推广一项新技术是一个很有难度的事情，毕竟现在留守在村中的老人与土地打了一辈子的交道，在作物种植上自然有一番自己的理论和方法，新品种、新技术他们很难接受，他们依然是使用固有的种植技术进行作物生产。比如来讲，麦田蚜虫防治，使用了好长时间的氧乐果依然备受欢迎，高效低毒的农药不易被接受，这就跟农民的思维、认识分不开。这就需要农技推广人员创新培训形式，去改变他们的固有思维定式，让他们认为新品种可种，新技术可用，那么该怎么去改变呢？最好的也是行之有效的方法就是搞好试验示范，定期带着这些老农们去试验田观摩，让他们看到你的新品种、新技术比他们的老品种、老方法产的粮食又多又好。现在好多种子公司在推广一个新品种时，就是采取的这种推广模式，先找一部分农户试种，然后再组织周边邻村的群众前去观摩，大力宣传，很快，这个好的新品种就被推广开了。效果看得见，自然会改变，新品种、新技术也就顺理成章的推广下去了。同时通过在试验田的工作实践，也提高了农业技术人员的实战经验，丰富了头脑，工作开展起来能更加得心应手。

4 建议

那么政策制定者又该如何为广大基层农技人员搭好平台，促进学习，改善待遇，提高工作积极性，有效促进现代农业的健康发展？建议那些政策制定者多多关注一下基层农技人员的工作待遇情况，为他们的工作学习搭建平台，为他们的待遇改善提供宽松条件，有助于调动他们的工作积极性，共同推动农业向好向快发展。

水稻超干种子耐热性与应用探究

叶世青

（江西省安远县农业农村局　江西　安远　342100）

摘　要：对水稻超干种子的烘干方法进行筛选，并对不同状态种子的耐高温能力比较，探索了超干种子耐藏性、破除种子休眠、灭杀种传病害的效果。结果表明：水稻超干种子安全有效烘干方法是先低温（45℃）后高温（65 ~ 75℃）两段法；水稻种子耐高温能力从强到弱依次为超干种子＞干种子＞潮种子＞鲜种子＞湿种子＞露白种子；水稻超干种子制备后立即用种子害虫咬不破不透气材料进行密封保存，可以长时间储存，并保证种子发芽率不下降；利用水稻超干种子耐热性，采用高温干热破除种子休眠和灭杀种传病虫害效果极显著。

关键词：水稻；超干种子；高温；发芽率；害虫

水稻是世界上重要的粮食作物，全球半数以上人口以稻米为主食，水稻也是我国主要栽培的作物之一。有关水稻超干种子耐藏性与应用等研究报道不少，但是关于水稻超干种子耐热性与应用研究较少。针对这一情况，笔者对水稻超干种子的烘干方法，水稻不同状态种子耐高温干热能力及水稻超干种子保存方法进行研究，并对利用水稻超干种子耐热性破除种子休眠，灭杀种传病害等方面进行探索试验，以期掌握水稻超干种子耐热特性和应用技术。

1　材料与方法

1.1　种子状态分类及制备

鲜种子是指水稻成熟后刚收割，经除杂质秕粒后，但没有进行干燥处理含水量在25% 左右的种子；干种子是指鲜种子经干燥处理，使种子水分降在 10% ~ 13% 的种子；超干种子指干种子进一步干燥，使种子水分降至在 5% ~ 7% 的种子；潮种子指干种子在高湿环境吸潮后，使种子水分升至 15% 左右的种子；湿种子指干种子在水中吸收水分，使种子水分升至 25% 左右的种子；露白种子指干种子浸种处理后，经培育已破胸刚露出种根的种子。试验的水稻种子来源相同，质量一致。从江西安远水稻种植农户处购买刚收割但没有进行干燥处理的种子，并放在冰箱 4℃气温冰箱冷藏室作鲜种子；鲜种子在太阳下自然晒干作干种子或从种子店直接购买作干种子；干种子在恒温干燥箱内先设置 45℃烘 6 小后再设置 65℃烘 12 小时，经此处理成超干种子；干种子放在容器内上层有网孔的隔板上，容器底面盛有少量清水，保持容器内湿度在 95% 左右，然后把容器放在设置30℃恒温干燥箱内吸潮 3 天处理成潮种子；干种子放在容器内，加水浸没，并放在设置

30℃恒温干燥箱内浸种 6 小时处理成湿种子；用湿种子装在布袋内，外包裹塑料膜但能透气不密封，放在设置 30℃种子培育箱内培育 30 小时处理成露白种子。

1.2 水稻超干种子的烘干方法筛选试验

1.2.1 试验材料

2014 年 8 月从安远县欣山镇农民处购买泰香稻、大禾谷收割 1 个月的干种子各 2kg。

1.2.2 试验设计

设计 6 个处理：T1 种子在 45℃干烘 6 小时；T2 种子在 65℃干烘 12 小时；T3 种子在 75℃干烘 3 小时；T4 种子先在 45℃干烘 6 小时，后在 65℃干烘 12 小时；T5 种子先在 45℃干烘 6 小时，后在 75℃干烘 3 小时；T6 对照（CK）不进行处理直接进行种子水分和发芽率测定。每个处理重复 3 次。

1.2.3 试验方法

按方法制备好干种子、潮种子，每次处理试验从预备好种子材料取 30g 装在网袋内，挂牌登记放在恒温干燥箱内按设计处理温度和时间进行烘干处理。处理时间到达马上取出，立即放在干燥器内冷却 30 分钟后进行种子水分和发芽率测定。

1.2.4 种子水分和发芽率测定

烘干处理后的种子按国标 GB/T 3543—1995《农作物种子检验规程》的方法进行种子水分和发芽率测定。水分采用高温烘干法，在 130 ~ 133℃烘 1 小时计算水分，种子水分（%）=（样品及铝盒的烘前重量 − 样品及铝盒的烘后重量）/（样品及铝盒的烘前重量 − 铝盒的重量）× 100。发芽率采用 4 次重复，每次重复数 100 粒种子置于培养盒纸床上，放在种子发芽培养箱设置 30℃做发芽培育试验，14 天后计算发芽率，种子发芽率（%）= 正常幼苗 / 供检种子数 × 100。

1.3 水稻超干种子耐高温干热能力试验

2014 年 7 月从安远县欣山镇农民处购买泰香稻、大禾谷 2 个品种刚收割早稻的鲜种子各 15kg。

1.3.1 试验设计

参试材料泰香稻、大禾谷种子。种子状态分别为超干种子、干种子、潮种子、湿种子、鲜种子、露白种子，处理温度设置 35℃、45℃、55℃、65℃、75℃、85℃、95℃、105℃ 8 个水平。共有 96 个处理，每个处理重复 3 次。每个处理烘干时间为 24 小时。

1.3.2 试验方法

按方法制备好 2 个品种各种子状态，按设计温度分 8 个批次分别从预备好的种子状态取 30g 种子装在网袋内，并挂牌登记，后立即放入已加热到设定处理温度的恒温干燥箱内进行高温干热处理 24 小时，后立即进行种子发芽率测定。

1.4 超干种子耐受高温程度对比试验

1.4.1 试验材料

2014 年 11 月从安远县欣山镇农民处购买 2014 年 7 月生产的泰香稻、大禾谷 2 个品种干种子各 15kg。

1.4.2　试验设计

参试材料泰香稻、大禾谷种子。种子状态设置超干种子、干种子2个水平，处理温度设置55℃、65℃、75℃、85℃、95℃、105℃ 6个水平，处理时间设置6小时、24小时、48小时、72小时、96小时5个水平。共有120个处理，每个处理3次重复。

1.4.3　试验方法

按设计处理温度将处理种子分6个批次在恒温干燥内进行高温干热处理，将该处理温度的5个处理时间、2个水稻品种的2种种子状态计20个处理作同一批次；每个处理分别从制备好种子状态材料中取30g，装在网袋内并挂牌登记，然后立即放入已加热到设计处理温度的恒温干燥箱内，当箱内温度稳定在处理温度 ±2℃开始计算时间，处理时间到达规定处理时间时取出参试种子放在盘中冷却，后立即进行发芽率测定。

1.5　水稻超干种子耐贮藏效果试验

1.5.1　试验材料

2015年9月从安远县欣山镇农民手中购买2015年7月生产的泰香稻、大禾谷2个水稻品种种子各15kg。

1.5.2　试验设计

共设5个处理：A1制备超干种子后立即装在广口玻璃瓶，盖好瓶盖用凡士林密封不透气贮藏2年；A2制备超干种子立即装在广口瓶内，盖好瓶盖（能透气）贮藏2年；A3超干种子制备后立即装在纸质档案袋内封口贮藏2年；A4为对照（CK1）抽取样品后的干种子不进行任何处理立即测定种子水分、发芽率、活虫密度、虫蛀率；A5对照（CK2）抽取样品后的干种子装在纸质档案袋内封口贮藏2年。每个处理3次重复。

1.5.3　试验方法

每个品种随机抽样品15kg种子用分样器均匀分成3份，每份作一个重复，每个重复再用分样器均匀分成5份作5个处理。A4对照CK1的3次重复分样后的干种子直接测定各检测项目；A5对照CK2的每个品种3次重复分样后的干种子分别直接装在3个纸质档案内后封口并贴标签；A1、A2、A3　3个处理3次重复分别装在布袋内挂牌登记放在恒温干燥箱内先设置45℃烘6小时后设置75℃烘3小时得到超干种子，立即分别装在广口瓶内或纸质档案内按处理设计要求制备好各处理并贴标签，然后把A1、A2、A3、A5放在室内木架上自然条件下贮藏2年后在2017年9月对A1、A2、A3、A5首先立即进行活虫密度测定，再从检测活虫密度后的种子立即抽取样品进行种子水分、发芽率、虫蛀率测定。活虫密度测定：用种子害虫套筛分别把各处理全部种子过筛，分别查找出玉米象、麦蛾、谷蠹等害虫的活成虫数和活幼虫数，活虫密度（头/kg）=（活成虫数 + 活幼虫数）/所检样品总重量（kg）；虫蛀率测定：各处理随机抽取30g种子样品计算种子总粒数，凡是发现1粒种子谷壳被害虫咬成1个虫眼或几个虫眼或看谷壳无虫眼剥开谷壳看米粒有虫蛀痕迹都算1粒虫蛀，虫蛀率（%）= 虫蛀粒数 / 所检种子总粒数 ×100。

1.6 利用水稻超干种子耐热性破除种子休眠试验

1.6.1 试验材料

2017 年 7 月从安远县欣山镇农民处刚收割的泰籼禾、新香稻、科辐稻、早糯白等地方常规休眠水稻品种各购买干种子 2kg。

1.6.2 试验设计

设计 5 个处理，B1 超干种子在 75℃干烘 12 小时，B2 超干种子在 75℃干烘 24 小时，B3 超干种子在 85℃干烘 12 小时，B4 超干种子在 85℃干烘 24 小时，B5 对照（CK）各品种种子不进行处理直接进行发芽率试验。每个处理 3 次重复。

1.6.3 试验方法

从试验样品种子中随机抽取 30g 种子装在网袋内并挂牌登记，放入恒温干燥箱内，先设置 45℃烘 6 小时再设置 65℃烘 12 小时得到超干种子，然后立即把恒温干燥箱的温度重新设置在该设计处理温度，当箱内温度达到稳定在设计温度（±2）℃的开始计算时间，到达规定处理时间时取出参试种子放在盘中冷却，后马上进行发芽率测定。

1.7 利用水稻超干种子耐热性灭种传病害田间试验

1.7.1 试验材料

2015—2017 年采用农民随机市购当地推广杂交水稻品种，中优 39、两优培九、新两优 6380、欣两优 254 等作材料。

1.7.2 试验设计

在安远县欣山镇选择 3 户农民的早中晚稻进行 32 次秧田秧苗对比试验；每次试验设计 2 个处理：① 用水稻超干种子进行高温干热处理，然后单独浸种催芽播种到秧田鉴定种传病害；② 对照（CK）用干种子直接浸种催芽播种到秧田鉴定种传病害。随机排列，未设重复，试验面积依各户播种量大小而定。

1.7.3 试验方法

将承担试验农民的每个品种在种子浸种前均匀分成 2 份，其中 1 份干种子放在恒温箱内（可自制恒温箱）先设 45℃干烘 6 小时后设计 65℃干烘 12 小时得到超干种子，再设置 85℃干烘 24 小时进行高温干热灭杀种传病害，种子取出冷却后装在容器内加水浸没放在恒温箱内设置 30℃浸种 12 小时，倒水后把种子装在透气布袋内，继续放在 30℃恒温箱培育 48 小时露出根芽在湿润秧田进行播种育秧。另 1 份干种子直接在恒温箱进行浸种催芽后在湿润秧田进行播种育秧。每次 2 个处理播种在同一块秧田内，要筑小田埂进行单灌单排，施肥打药相同，只打防虫害农药，不打防治病害农药。

1.7.4 发病率及防效测定

在移栽前对两个处理进行仔细检查，调查秧苗感染苗瘟、恶苗病或细菌性褐条病情况，用铁线围成直径 40cm 的圆圈随机套取 5 处秧苗进行调查总株数（同一粒种谷主茎及分蘖只算一株），同一粒秧苗的主茎或分蘖上发现感染病症如一个病斑或较多病斑只算一株发病。结果计算：发病率（%）= 发病株数 / 调查总株数 ×100；病害防效（%）=（对照发病率 – 处理发病率）/ 对照发病率 ×100。

2 结果与分析

2.1 水稻超干种子适宜烘干方法

从表1可知，5种烘干处理后的种子水分均比CK极显著降低，T2 ~ T5能使2个品种的干种子水分烘干至超干种子水分要求，T4、T5处理还能使2个品种的潮种子的水分烘干至超干种子水分要求。表1还可知，5种烘干处理方法对2个品种干种子的发芽率影响不大，与CK相比差异不显著；而对2个品种潮种子的发芽率存在较大影响，潮种子经T2和T3处理后其发芽率与CK相比极显著降低，其他3处理与CK相比差异不显著。由此可见，先低温后高温的两段法烘干方法是超干种子制备比较安全的方法，即在45℃温度烘6小时；然后在65℃左右烘12小时或75℃左右烘3小时能使种子水分降至5% ~ 7%，且保持种子发芽率不下降。

表1 2个品种2种种子状态在不同烘干方法处理后的种子水分和发芽率比较

处理	泰香稻干种子 /%		泰香稻潮种子 /%		大禾谷干种子 /%		大禾谷潮种子 /%	
	水分	发芽率	水分	发芽率	水分	发芽率	水分	发芽率
T1	11.6Dd	90Aa	12.3Dd	88Cc	10.9Cc	92Aa	12.1Ee	93Bb
T2	6.6BCbc	88Aa	8.1Bb	82Bb	6.4Bb	93Aa	7.7Cc	90Bb
T3	6.8Cc	89Aa	8.9Cc	51Aa	6.5Bb	91Aa	8.3Dd	83Aa
T4	6.3Aa	90Aa	6.6Aa	90Cc	6.1Aa	90Aa	6.4Aa	92Bb
T5	6.5ABab	89Aa	6.8Aa	89Cc	6.4Bb	91Aa	6.7Bb	91Bb
T6（CK）	12.5Ee	90Aa	15.6Ee	88Cc	11.8Dd	92Aa	14.9Ff	91Bb

注：同列数据不同大小字母分别表示处理间差异达到0.01和0.05水平显著，下同。

2.2 水稻超干种子耐高温干热能力

从表2可知，水稻不同状态种子耐受高温干热能力存在极明显差异，从强到弱依次为：超干种子 > 干种子 > 潮种子 > 鲜种子 > 湿种子 > 露白种子；在处理24小时条件下，种子发芽率没有发生明显下降表明两个品种能耐受相对高温，超干种子是95℃，干种子是75℃，潮种子大禾谷是65℃、泰香稻是55℃，鲜种子是55℃，湿种子大禾谷是55℃、泰香稻是45℃，露白种子大禾谷是45℃、泰香稻是35℃。

表2 2个品种6种种子状态在不同处理温度干烘24小时后的发芽率比较 单位：%

种子状态	泰香稻处理温度 /℃								大禾谷处理温度 /℃							
	35	45	55	65	75	85	95	105	35	45	55	65	75	85	95	105
超干种子	89	88	90	89	88	89	88	0	90	92	91	90	92	90	91	42
干种子	88	89	88	90	87	0	0	0	92	90	93	91	90	43	0	0
潮种子	90	88	89	68	23	0	0	0	91	90	92	91	75	0	0	0
鲜种子	87	90	89	42	0	0	0	0	93	91	90	59	0	0	0	0
湿种子	88	88	72	11	0	0	0	0	91	93	89	24	0	0	0	0
露白种子	89	76	0	0	0	0	0	0	92	87	0	0	0	0	0	0

从表3可知，2个品种的超干种子和干种子在高温干热处理下的发芽率存在极明显差异。相同处理时间条件下，超干种子耐受处理温度比干种子更高，如在处理6h条件下，种子发芽率没有发生明显下降，2个品种超干种子耐受相对高温，如泰香稻是95℃、大禾谷是105℃，而2个品种干种子是75℃。在相同处理温度条件下超干种子所耐受处理时间比干种子更长，如在85℃处理条件，超干种子在96h处理下发芽率泰香稻是87%、大禾谷是92%，而干种子在6h处理下发芽率泰香稻是0%、大禾谷是60%。2个品种间，大禾谷超干种子耐受高温干热能力比泰香稻强。

表3　2个品种超干种子和干种子在高温干烘后的发芽率比较　　单位：%

种子状态	处理时间/小时	泰香稻处理温度/℃						大禾谷处理温度/℃					
		55	65	75	85	95	105	55	65	75	85	95	105
超干种子	6	90	89	88	89	88	41	92	91	90	93	94	90
	24	88	90	89	90	89	0	93	90	92	90	91	42
	48	89	88	88	89	69	0	90	92	91	93	90	0
	72	90	89	90	88	37	0	91	93	90	91	81	0
	96	88	90	89	87	0	0	92	90	92	92	48	0
干种子	6	88	89	90	0	0	0	91	90	92	60	0	0
	24	89	90	87	0	0	0	90	91	90	43	0	0
	48	90	88	76	0	0	0	92	90	91	0	0	0
	72	90	89	46	0	0	0	90	92	93	0	0	0
	96	88	90	38	0	0	0	92	91	90	0	0	0

2.3　超干种子应用效果

2.3.1　超干种子贮藏效果

从表4可知，不同处理的活虫密度、虫蛀率、水分、发芽率存在极显著的差异。A1处理未发现种子害虫，种子水分仍然保持较低，其种子虫蛀率和发芽率与CK1相比没有显著差异，与CK2相比虫蛀率极显著降低而发芽率极显著提高。A2处理未发现种子害虫，是由超干种子在高温干烘彻底灭杀种子害虫，而贮藏期间由玻璃瓶密闭外面种子害虫不能入侵，所以虫蛀率比对照CK1没有显著差异，比对照CK2极显著降低，但由广口瓶能透气，在种子平衡水分原理作用下，超干种子吸潮后种子水分极明显升高，因此，A2处理的种子水分比对照CK2无显著差异，种子发芽率比对照CK1极显著下降，比对照CK2极显著提高。A3处理由于害虫咬破纸袋而入侵生育繁殖致使活虫密度和虫蛀率比对照CK1极显著提高，平衡水分原理作用下超干种子水分升高和害虫伤害致使种子发芽率比CK_1极显著下降。由此可见，水稻超干种子在密封不透气不被种子害虫入侵条件下，可以贮藏2年且保持较高的种子发芽率。

表 4　不同处理后水稻种子的活虫密度、虫蛀率、水分、发芽率比较

水稻品种	处理	活虫密度 /（头 /kg）			虫蛀率 /%	种子水分 /%	种子发芽率 /%
		玉米象	麦蛾	谷蠹			
泰香稻	A1	0Aa	0Aa	0Aa	0.2Aa	7.8Aa	86Dd
	A2	0Aa	0Aa	0Aa	0.2Aa	12.4Bb	47Cc
	A3	62Bb	32Bb	9Bb	41.3Bb	12.3Bb	19Bb
	A4（CK1）	2Aa	1Aa	0Aa	0.2Aa	12.9Cc	89Dd
	A5（CK2）	74Cc	43Cc	19Cc	52.1Cc	12.5Bb	11Aa
大禾谷	A1	0Aa	0Aa	0Aa	0.1Aa	6.9Aa	90Dd
	A2	0Aa	0Aa	0Aa	0.1Aa	11.8Bb	58Cc
	A3	46Bb	23Bb	6Bb	34.7Bb	11.9Bb	24Bb
	A4（CK1）	2Aa	0Aa	0Aa	0.1Aa	12.6Cc	92Dd
	A5（CK2）	58Cc	37Cc	11Cc	43.1Cc	12.0Bb	19Aa

2.3.2　利用水稻超干种子耐热性破除种子休眠效果

从表 5 可知，4 种处理都能破除种子休眠提高种子发芽率。4 个休眠水稻品种的休眠程度存在极显著差异，破除种子休眠效果也存在极显著差异，其中泰籼禾休眠程度较轻，4 种处理后的种子发芽率差异不显著，而且每种处理后的发芽率都比中重度休眠品种高；其他 3 个品种属于中重度休眠，每个品种在 4 种处理后的发芽率存在极显著差异，在不伤害种子情况下，相同处理温度，随处理时间延长更能显著破除种子休眠，相同处理时间，随处理温度升高更能显著破除种子休眠；休眠重籼稻品种在不伤害种子情况下，处理温度高和处理时间长破除种子休眠效果更好，如 85℃处理 24 小时对籼稻中重度休眠超干种子进行高温干热处理比 75℃处理 12 小时效果更明显。

表 5　休眠水稻品种超干种子在高温干热处理后的发芽率

处　理	发芽率 /%							
	泰籼禾	比 CK ±	新香稻	比 CK ±	科辐稻	比 CK ±	早糯白	比 CK ±
B1	90Bb	+22**	77Bb	+30**	55Bb	+36**	66Bb	+33**
B2	91Bb	+23**	88Dd	+41**	61Cc	+42**	70Bc	+37**
B3	89Bb	+21**	83Cc	+36**	63Cc	+44**	78Cd	+45**
B4	90Bb	+22**	88Dd	+41**	76Dd	+57**	83De	+50**
CK	68Aa	—	47Aa	—	19Aa	—	33Aa	—

注：** 代表比 CK 达极显著水平。

2.3.3　利用水稻超干种子耐热性灭杀种传病害效果

从表 6 可知，高温干热处理水稻超干种子对防治种传病害效果极明显，其中苗瘟效果达到 56.3% ~ 75.5%，恶苗病防治效果达到 84.9% ~ 100%，细菌性褐条病防治效果达到 68.4% ~ 100%。

表 6　高温干热处理水稻超干种子灭杀种传病害的效果

杂交组合	类型	处理	发病率 /%			防效 /%		
			苗瘟	恶苗病	细菌性褐条病	苗瘟	恶苗病	细菌性褐条病
中优 39	早稻	高温干热	0	0	0	—	—	—
		CK	0	2.3	0	—	100	—
两优培九	中稻	高温干热	1.9	0.8	0	—	—	—
		CK	6.4	5.3	0	70.3	84.9	—
新两优 6380	晚稻	高温干热	1.2	0	0	—	—	—
		CK	4.9	0	1.7	75.5	—	100
欣两优 254	晚稻	高温干热	1.4	0	1.2	—	—	—
		CK	3.2	0	3.8	56.3	—	68.4

3　结论与讨论

水稻超干种子指种子含水量在 5% ~ 7% 的种子，水稻干种子在室内贮藏，由于种子平衡水分作用下适应环境其水分一般保持在 11.5% ~ 13.5%。水稻种子属于淀粉类种子，其主要成分淀粉是一种亲水物质，用常规晒干很难将它的含水量降到足够低以得到超干种子，因此，水稻超干种子制备比较实用方法是采取高温烘干。实际中如知道种子水分在标准水分在 13% 以内，可采用一段烘干法即在 65℃干烘 12 小时或在 75℃干烘 3 小时可使种子水分下降到 5% ~ 7%，但兑水分高种子如在吸潮种子水分（15% 左右）的种子采用一段烘干法则不安全，所以实际中不知种子水分含量采用两段法即先低温后高温的办法，先在 45℃干烘 6 小时，后在 65℃干烘 12 小时或 75℃干烘 3 小时就能使水稻干种子及潮种子得到超干处理使种子水分降为 5% ~ 7%。大量种子采用上述两段法进行超干处理要求实际烘干时间更长、效果更好。

不同品种、不同状态种子其耐受高温干热能力不同。水稻超干种子耐受高温干热能力跟品种、种子贮存环境及时间、种子水分等因素密相关，贮存期越长、种子水分越高，耐受高温干热能力越弱甚至消失。本研究结果表明，耐受高温干热能力从强到弱依次为超干种子 > 干种子 > 潮种子 > 鲜种子 > 湿种子 > 露白种子。2 个品种超干种子在 55 ~ 85℃干热处理 6 ~ 96 小时条件下发芽率均没有明显下降，大禾谷品种超干种子在处理时间为 6 小时能耐受高温是 105℃。水稻超干种子耐高温干热能力的机理有待今后进一步探索。

种子害虫指为害种子的昆虫，水稻种子在贮藏过程都会发生玉米象、麦蛾、谷蠹等害虫的为害，而其致死温度 60 ~ 65℃。水稻超干种子制备后已将种子害虫全部灭杀，水分降低在 7% 以内，立即用害虫咬不破材料密封包装，能有效防止外面的空气水分和害虫入侵，这样既能长时间储存，也保持种子发芽率无明显下降。

水稻种子特别是新收种子普遍存在休眠现象。目前采用常用双氧水、赤霉素、硝酸钾等激素和化学药剂处理种子，破除种子休眠，但无利用水稻超干种子耐热性破除种子休眠的报道。本研究表明，对有休眠籼稻种子先用45℃干烘6小时，后用45℃干烘12小时得到超干种子，然后轻度休眠种子再用75 ~ 85℃干热处理12 ~ 24小时均能破除种子休眠，而对重度休眠种子再用85℃干热处理24小时更有效。本次试验所采用材料是籼稻品种种子，但此方法是否有效破除粳稻种子休眠有待今后进一步研究。

种子都会带有多种病菌虫体，甚至是检疫性病虫害，农民多数采用农药浸种消毒灭杀种传病虫害。有研究表明，种子所带的病虫源在75 ~ 85℃干热处理24 ~ 48小时可达到灭杀效果；但在75 ~ 85℃干热处理24 ~ 48小时，干种子的种子活力会严重丧失，失去种用价值，而超干种子的种子活力无明显伤害，仍保持原种用价值，但要注意不要超过超干种子耐高温干热能力期限，超过期限也会造成严重伤害。本试验结果表明，利用水稻超干种子耐热性进行高温干热处理种子，灭杀水稻秧苗的苗瘟、恶苗病、细菌性褐条病等种传病害效果极明显。

水稻覆膜抗旱栽培新技术

赵桂涛[1*] 杨洪国[1] 王世伟[1] 孙士满[2] 孙 卿[1] 张 雷[1] 赵 理[1**]

（1. 山东省临沂市农业技术推广服务中心 山东 临沂 276000；
2. 山东省沂南县绿园家庭农场 山东 沂南 276300）

摘 要：在水资源日趋紧张的背景下，水稻生产也亟待解决抗旱、节水与高产、优质、高效的矛盾。本课题组研究发明了1种水稻覆膜抗旱栽培新技术，采用普通地膜覆盖、免开孔直播，可以解决当前直播稻节水抗旱栽培技术模式存在的缺陷不足，能有效降低水稻灌溉量至100m³/亩左右、有效解决了直播稻除草问题，在具备一定水源条件的旱地、丘陵、滩涂、沙漠等地带具有巨大的推广前景。

关键词：水稻；覆膜；栽培；新技术

水稻是我国主要的粮食作物之一，2017年全国种植面积4.6亿亩，仅次于玉米居第2位，在国家粮食安全中占有举足轻重的地位。我国淡水资源相对贫乏，人均占水量居世界第109位；且时空分布不均，降水东南沿海多、西北内陆少，山区多、平原少。近年来，水资源日趋紧张，1953—2013年60年间，全国有2.3万条河流断流干涸。部分地区受干旱缺水影响水稻种植面积下滑，山东省水稻种植面积从1972年的451.7万亩下降到2017年的163.3万亩；其中，临沂市稻作面积最大年份1966年种植面积145.5万亩，到2016年下降57.9万亩。水稻生产亟待解决抗旱、节水与高产、高效的矛盾。

水稻抗旱节水栽培途径主要有：工程节水如减少地下渗漏、拦截降水；农艺节水如旱育秧苗增强抗旱能力、旱播水管等；生物节水如培育抗旱品种；化学节水如应用抗旱剂等。近年来，各地形成了多种水稻抗旱节水栽培技术，以覆膜栽培为主要手段，归纳起来可以分为覆膜开孔移栽、覆膜开孔直播及这两种的改进技术，在各地得到了一定的推广应用，但这些技术无一例外均需要先覆膜、后开孔，水稻密度每亩2万墩，开孔数量多势必造成保墒效果和地膜压草效果变差。宋培凡、刘勤、吴良欢等覆膜栽培技术中起垄种植、种植在垄顶（同垄台、垄面），是由于当地水稻播种期气温较低，低洼冷凉地需要栽植在温度更高的垄顶，而山东省覆膜水稻适播期温度适宜，苗期更需避免高温，可见现有水稻节水抗旱技术不能满足全省水稻生产需要。在这种背景下，本课题组发明了一种水稻覆膜

* 第一作者：赵桂涛，高级农艺师，主要从事农业技术试验示范推广工作。
E-mail：zhgt2044@126.com

** 通信作者：赵理，农艺师，硕士，研究方向为水稻栽培。
E-mail: 13705390470@163.com

抗旱栽培新技术，与当前主要水稻节水抗旱栽培技术最大的不同是免开孔（采用普通地膜覆盖、无需打孔破膜），经过试验研究，能够解决当前直播稻栽培技术模式存在的立苗难、杂草防治难、易受干旱等缺陷不足。采用本技术，可在具备一定水源条件的旱地、丘陵、滩涂、沙漠等地带栽培水稻，能有效扩大水稻种植面积，对于优化粮食结构、保障国家粮食安全、改善修复生态环境具有重要意义。

1 水稻主要抗旱节水栽培技术

1.1 覆膜开孔移栽

在耕整地、施肥的基础上，先覆膜，之后破膜开孔移栽。如四川省推广吕世华的“大三围”水稻覆膜节水综合高产技术，主要采取旱育壮秧、开厢覆膜、打孔移栽等措施；黑龙江省推广宋培凡的水稻大垄覆膜综合配套技术，主要采用旱育稀植、起垄泡田、垄上覆膜、破膜移栽等措施，水稻栽植在垄上（台）；刘勤的有机水稻覆膜种植技术及覆膜插秧全程机械化技术，主要措施是水田起垄、机械覆膜、机械插秧。均为先覆膜后开孔移栽，开孔破膜数量高，膜孔周围及稻棵间蒸发量仍然非常大，保墒、控草效果不佳。

1.2 覆膜开孔直播

在耕整地、施肥的基础上，先覆膜，之后破膜开孔直播（穴播）。如浙江、云南等省推广吴良欢的水稻覆膜旱作节水节肥高产栽培技术，主要有翻耕作垄、施肥覆膜、破膜直播等措施，提出直播早稻可以采用“先播种再破膜放苗的方式”，单季稻可在 5 月下旬破膜直播（穴播 2 ~ 3 颗种子）或移栽，晚稻破膜移栽，栽植在垄面（台）；新疆天业集团推广的水稻膜下滴灌技术，主要是采用膜下滴灌播种机，铺滴灌带、铺膜、点种、覆土一次完成，通过覆膜及膜下滴灌实现节水抗旱。覆膜直播较覆膜移栽稻省去了育秧过程，是一种节水、节本、增效的栽培模式，具有不占用秧田、省工省时、适宜机械化和规模化种植等特点，提高了土地的利用率、降低了生产成本、提高了生产力，进而备受关注。覆膜开孔直播比开孔移栽孔径有所减小，但开孔数量多，也存在种子与膜孔错位，导致出苗困难问题，保墒、控草效果也不佳。

1.3 其他改进技术

部分地区在上述覆膜节水抗旱栽培技术的基础上有所改进，如李宝辉、董广林采用液体膜替代地膜，减少了地膜覆膜工序，但液体膜存在成膜时间短、成膜质量不稳定、抗旱除草效果差等问题；万振家、金成仙等采用降解孔膜覆盖，初步解决了以往先覆膜后打孔播种或先播种后覆膜出苗后破膜放苗用工多的问题，解决了普通地膜残留难以回收问题，但也存在膜孔错位、控草效果差、保墒效果降低等问题；任文涛引进韩国的“水稻粘籽机”和“湿法铺膜机”，进而改进集成的“水稻降解薄膜粘籽直播技术”，也存在需要粘籽薄膜规格与地形不匹配、预先粘籽的品种覆盖区域、本地生产设备资金投入巨大等问题。

2 水稻覆膜抗旱栽培新技术优点

水稻主要抗旱节水栽培技术与本技术主要措施对比见表 1。

表 1 当前主要水稻抗旱节水栽培技术与本技术主要措施对比

分类	技术名称	是否打孔	稻作方式		
覆膜 + 开孔移栽	"大三围"水稻覆膜节水综合高产技术	打孔	厢式	育秧 + 移栽	先覆膜
	水稻大垄覆膜综合配套技术	打孔	垄上	育秧 + 移栽	先覆膜
	有机水稻覆膜种植技术、全程机械化技术	打孔	垄上	育秧 + 移栽	先覆膜
覆膜 + 开孔直播	水稻覆膜旱作节水节肥高产栽培技术	打孔	垄上	直播	先覆膜
	水稻膜下滴灌技术	打孔	厢式	直播	先覆膜
本技术（免开孔）覆膜 + 直播	水稻抗旱节水栽培新技术	免打孔	垄沟	直播	先播种后覆膜

2.1 打孔与免打孔覆膜的比较

现有生产中的覆膜移栽和覆膜直播技术均需要开孔（打孔、扣膜、破膜或采用预打孔的地膜），需要额外的开孔器具或机械，增加了投入和工序，同时由于水稻田间密度大，按亩栽植 2 万墩稻苗、开口平均孔径 2cm 计算，每亩开孔面积达 25m^2，如此巨大的裸露面积，显著影响保墒及除草效果。而本试验总结的水稻覆膜抗旱栽培新技术，无需打孔，靠水稻苗自然生长逐步钻出地膜，水稻植株和地膜孔紧密贴合，且开孔随着水稻生长逐步扩大，保墒、除草效果显著优于传统的开孔移栽及开孔直播。

2.2 稻作方式比较

现有生产中水稻覆膜栽培技术均为先覆膜后栽插或播种，覆膜之后无论人工、机械作业或机械同步作业，均对地膜有损坏；本技术先直播后覆膜，适宜于机械作业，有利于保持地膜的完整性。吕世华等人的"大三围"水稻覆膜节水综合高产技术采用厢式免耕、新疆天业集团的水稻膜下滴灌技术不用起垄，宋培凡、刘勤、吴良欢等覆膜栽培技术中水稻种植在垄上，本技术水稻种植在垄沟。垄沟墒情始终好于垄上，且垄沟具有集雨、集水的优点，在地膜覆盖的情况下，小雨或少量灌溉也会集中在垄沟底部，顺着稻株与地膜之间的缝隙下渗，补充水稻根系周围土壤墒情，对水稻生长非常有利，垄沟种植的抗旱保墒作用显著优于垄上及平播，种植在垄沟更有利于节水抗旱。在水稻苗期至封垄之前，阳光直晒地膜，高温天气膜下温度非常高，膜下高温空气上升，垄上温度高于垄沟，垄上稻苗极易烫伤，而垄沟膜上有覆土，温度较低，对稻苗有利。

3 水稻覆膜抗旱栽培新技术要点

3.1 播前准备

3.1.1 整地施肥

选择远离污染源、地势平坦、有一定水浇条件的旱地、丘陵、滩涂、沙漠等地带，每块稻田四周打畦埂高 30cm，用于截留降水。埂内侧与垄垂直方向设置灌水沟深 20cm，方便灌水。前茬收割后，旋耕灭茬两遍，将秸秆打细打碎，旋耕深度 15cm 左右，然后耙细整平。结合整地亩基施充分腐熟的猪粪 1 500kg+ 缓控释肥（$N:P_2O_5:K_2O$=27：10：8）60kg+ 氯化钾（60%）10kg。

3.1.2 品种选择与种子处理

选用高产优质、抗逆性强、综合性状好的优良品种水稻品种，春播可选用中晚熟品种，如临稻 16 号、阳光 200、阳光 900、圣稻 24 等；麦茬直播应选用早熟品种，如郑旱 9 号、临旱 1 号、津原 85 等；优质稻可选用长粒香等品种。经盐水或泥水选种去掉秕谷，捞出稻谷用清水洗 2 ~ 3 遍；每 5kg 稻种可用浸种灵 2mL，兑水 10kg 浸泡，常温浸种 3 天后捞出，在阴凉处晾干 1 天后播种。

3.1.3 地膜选择

选用幅宽为 100cm、厚度为 0.008mm，底面为黑色、上面为银灰色的银黑地膜或降解地膜。

3.2 播种阶段

3.2.1 起垄

机械或人工开沟起垄，垄高 15 ~ 20cm，垄距 30cm。垄沟沟底宽 8cm；垄顶略平，方便覆膜压膜或黏膜。

3.2.2 带水播种

垄沟浇足水，待水下渗后，用机械或人工撒播，将浸种催芽后的种子均匀撒到垄沟。按干种子计算，亩播种量为 4.5kg 左右。

3.2.3 覆盖地膜

播种后立即覆膜，相邻地膜可用土压膜，也可用黏合剂粘贴。覆膜之后立即镇压，保证地膜与沟底紧密贴实。在垄沟底地膜上面覆盖 1 ~ 2cm 厚的疏松土层。

3.3 田间管理

3.3.1 追肥管理

苗期不需追肥；拔节期结合浇水亩随水追施或借雨追施尿素 7.5kg 左右；抽穗期喷施叶面肥。

3.3.2 水分管理

苗期不需浇水；中期（拔节至抽穗），即进入雨季，降雨基本能够满足生长需水，在拔节期结合施肥浇水 1 次；后期（抽穗至成熟），在抽穗期、灌浆中期各浇水 1 次，每次亩浇水约 $33m^3$。

3.3.3 病虫害防治

在水稻4叶期防治1次飞虱、蓟马、叶蝉等；在拔节期防治1次螟虫、飞虱、蓟马、叶蝉以及稻瘟病、纹枯病等；在水稻破口期和灌浆期，各防治1次穗颈稻瘟病、纹枯病、稻飞虱、稻纵卷叶螟等。

3.4 收获

黄熟期至完熟期，植株上部茎叶及稻穗完全变黄，籽粒坚硬充实饱满，有80%以上的米粒已达到玻璃质时收获。做好生产记录，建立档案并保存。

4 讨论与总结

4.1 水稻免打孔穿出地膜的思考

落实好本技术各项措施，水稻可以免打孔自然穿出地膜。水稻发芽之后有胚芽鞘的保护，初出叶不展开，整个胚芽呈锥状，且在膜下土壤与薄膜紧密贴合、膜下空气很少的情况下，水稻胚芽能轻松穿过地膜、继续钻出土壤，之后露出地面见光、遇到空气之后，初出叶才会展开。稻苗自然钻出膜孔，稻株与膜孔紧密贴合，田间地膜开孔率较其他开孔移栽、开孔直播都小，田间地膜覆盖率最大化，保墒和除草效果最佳。地膜阻止了土壤水分蒸发，带水播种的情况下，膜下土壤湿润，墒情足够整个水稻苗情生长需要。调查发现，水稻苗情生长良好，播后15天达到2叶1心，播后22天有分蘖发生。试验田只有少数杂草在覆土不严地方长出，部分膜上土壤生长有少量杂草。

4.2 在旱作区发展水稻种植可行性

采用本技术，可在具备一定水源条件的旱地、丘陵、滩涂、沙漠等地带栽培水稻。以本课题组所在的临沂市为例，境内山丘平原各占1/3，北部以山区丘陵为主，南部以平原为主，北部山区丘陵以旱作农业为主。北部山区丘陵种植旱作物，遇到降水，田间不能积水，主要考虑排水，降水大部分以地表径流形式流走，耕作层土壤表层只能含蓄很少一部分，尽管降水很多，山区依然越来越旱。1951—2016年，65年间临沂市平均年降雨量在864mm，而降水主要集中在汛期，6—8月（汛期）常年降水量在525mm（数据来源于临沂市气象局）。而一旦采用打畦埂围堰拦截到汛期525mm降水，在地膜拦截土壤蒸发跑墒的情况下，能够完全为水稻生长所用，只需补充灌溉85mm左右，即可满足水稻全生育期腾发量（610mm左右）；折灌溉量每亩56.7m^3，考虑渗漏、灌溉损耗情况，每亩灌水100m^3左右能完全满足水稻全生育期水分需求。在旱作区，靠自然降雨及山间井水、泉水、塘坝灌溉，较平原地河流下游水质优良，无污染；另据吴叔康、吴良欢等人研究表明，覆膜旱作稻米质也比较好，垩白率、垩白度明显下降，精米率、直链淀粉含量等主要米质指标较普通大米均有不同程度提高，口感也较佳；李克武、易杰忠等人研究显示水稻在覆膜旱作栽培方式下综合米质有一定程度的变优。因此，覆膜旱作稻尤其适宜于优质稻米生产。

4.3 应用本技术发展覆膜水稻的意义

以在临沂周边地市发展150万亩覆膜稻田计算，全年可拦截8.64亿m^3降水，即可超过山东省第2、临沂市第1的大Ⅱ型水库岸堤水库的库容量。稻田拦截降水，减少了地表径流，减轻了水土流失，减轻了肥料淋溶损失和污染。大面积稻田蓄积的降水对地下水位起到极大的补充作用，对于修复华北地下水超采漏斗区具有非常重要的意义。据田生昌等人研究种稻对周围旱地土壤盐分和土壤水分含量的影响，提出当地下水位处于上升期时，距稻田不同距离的土壤均处于脱盐状况；李毅等人研究，地膜覆盖具有抑盐作用。因此，本技术同样适宜在沙漠边缘、滩涂的次生盐碱化地区的水稻种植。同时，大面积稻田蒸腾作用旺盛，如同森林一般，能极大的补充大气水分，增加空气湿度，增加降雨，改善或修复当地及周边地区生态环境。

4.4　应用本技术种植水稻效益分析

采用本技术免打孔覆膜直播种稻，与移栽稻相比，每亩增加了60元左右的地膜费用，但免去了秧田阶段的整地、播种、秧田管理和本田阶段的插秧、水层管理，节省了大量用工、用水，仅插秧环节每亩即可节省人工费200元。且先直播后覆膜、免打孔设计易于机械实现，便于大规模机械化作业；较其他打孔覆膜种稻技术省去了打孔环节，且提升了地膜覆盖的保墒和除草效果，能有效扩大水稻种植面积，对于优化粮食结构、保障国家粮食安全、改善修复生态环境具有重要意义。

水芹高效创新栽培模式及配套技术

朱训泳　徐　敏

（江苏省南京市六合区马鞍街道农业服务中心　江苏　南京　211525）

摘　要：常规水芹栽培模式，土壤利用率低，种植效益不高，制约着水芹产业发展。文中介绍水芹高效创新模式及配套技术，以期为水芹种植地区效益提高、产业发展提供技术支撑。

关键词：水芹；高效创新；栽培模式；技术集成

水芹又名蜀芹、刀芹等，是伞形科水芹属多年生水生蔬菜，以嫩茎及叶柄供食用。江苏省南京市六合区马鞍街道大圣地区种植水芹有百年历史，栽培方式上有深水栽培、湿润浅植等，已实现周年生产供应。但随着新一轮农业种植结构的调整，该地区因水芹长期实行周年单茬栽培，造成种植效益不高，土壤利用率低，已影响水芹产业进一步发展。近年来，该街道农业部门针兑水芹种植模式进行研究，探索出水芹－早熟毛豆轮作栽培、水芹深水三茬栽培、水芹－小龙虾间作种养3种模式。通过大面积推广示范表明，3种创新栽培模式，不但打破传统栽培模式、促进农业结构的调整，而且提高土地利用率，减轻连作障碍，丰富蔬菜市场，提高种植效益。

1　水芹－早熟毛豆轮作栽培

1.1　茬口安排及效益

水芹栽培方式为湿润浅植，于7月上旬定植，8月中下旬开始采收至12月末，一季共收5茬，平均每茬亩收净菜800kg，总产值1.8万元，净收入1.2万元以上。毛豆在3月下旬至4月上旬播种，6月中旬上市，6月下旬结束，亩产量一般在600kg，产值在0.48万元，纯收入0.4万元以上，经济效益较好。

1.2　水芹栽培方法

1.2.1　品种及设施选择

品种选用伏芹1号、湖南深山水芹均可。由于水芹生产季节处于高温时段，应采取遮阳措施降低畦面温度、促进水芹发芽生长。遮阳棚应采用跨度8m的标准化镀锌钢管搭建，以便人工调控和管理。

1.2.2　施肥与定植

播前亩施优质腐熟有机肥2 500kg用作基肥，充分耕翻整平，使泥土松软，土肥混匀为好。建立薄水层，整做畦面宽1.4m，灌排沟宽0.3m，深0.2m，并与四周沟相通。在种植前1周进行催芽，选择节间紧密、腋芽较多的为种茎，堆放通风凉爽处催芽。待种株腋芽开始萌动，出现短根时即可排种。在排种前，把种芹切成0.3m的小段，排放在畦面上，种茎间距离5cm左右。一般亩用种量为800kg。

1.2.3　田间管理

排种后，保持畦面湿润；当母茎萌发出新苗放叶时，要适时搁田，以控制水分，利于根系生长。在苗芹的生长中后期，若天气炎热，实行簿水勤灌、日排夜灌，畦面上经常保持3 ~ 5cm水层。在排种后15天施肥1次，亩施入腐熟畜粪600kg。夏季水芹生长期短，病虫害发生较少。如蚜虫过多，可灌水漫苗杀虫。

1.2.4　采收上市

在出苗后40 ~ 50天，水芹长至0.3m高时即可采收。一季可收5茬，亩总产量可达4 000kg。每茬水芹收获后，再亩施入腐熟畜粪1 000kg，保证下一茬水芹正常生长。

1.3　早熟毛豆栽培

1.3.1　精细播种

选择株形紧凑、熟性早的品种，如宁蔬60、辽鲜1号等。在1月，对水芹田进行清沟排水，深翻冻垡，并在播前深耕1 ~ 2次。在深耕时，重施基肥，亩施腐熟有机肥1 500kg+尿素10kg+45%硫酸钾型复合肥30kg。施后耙平做畦，开好三沟，保证排水通畅。播种密度行距0.3m，穴距0.25m，每穴播2 ~ 3粒，亩需种8kg。

1.3.2　田间管理

早熟毛豆一般中耕除草2 ~ 3次，每次中耕时向根际培土，有利于保护主茎和防止倒伏。在开花初期，根据苗情亩适量追施45%复合肥10kg。早熟毛豆蛋白质含量较高，播后苗出土前不宜浇水。水分管理应采取“干花湿荚”的原则，花期如遇阴雨天多，应及时开沟排水，减轻病害的发生。

1.3.3　病虫防治以烂根病、炭疽病为主

烂根病在苗期发现病株时，及时拔除，也可用72%克露可湿性粉剂600 ~ 800倍液喷施植株基部，隔7天喷1次，连喷2 ~ 3次。炭疽病可在发病初期用30%爱苗乳油3 000倍液进行防治。

1.3.4　适时采收

鲜食毛豆一般6月中旬上市，6月下旬结束。以豆荚转浅绿色、籽粒已充分饱满时，及时采收。

2　水芹深水3茬栽培

2.1　茬口安排及效益

第1茬一般在7月中旬排种，9月中旬可分批采收。第2茬在9月下旬排种，11月中下旬可分批采收。第3茬在11月中下旬排种，一般在翌年2月下旬至3月上中旬陆续采收上市。第1茬水芹亩产量3 000kg，亩效益6 000元；第2茬水芹亩产量3 500kg，亩效益3 500元；第3茬水芹亩产量3 000kg，亩效益4 500元；3茬水芹合计亩效益14 000元。

2.2 第 1 茬水芹种植

一般在 7 月上旬即可进行选种催芽。将留种田的种株连根拔起，选择茎秆粗壮、无病害的植株作种株，切除梢部不够成熟部分，理齐种茎并扎捆，选阴凉处交叉堆放。当各节叶腋生出新根芽，长度达 1 ~ 2cm 时，取出种苗放于水中，漂掉烂叶即可排种，亩用种量 800 ~ 1 000kg。排种后应保持田面湿润，沟中有水；待大多数母茎上的腋芽萌生的新苗已生根放叶时，需排水轻搁田 1 ~ 2 天，以促进根系发育。水层管理应遵循浅 – 露 – 浅 – 深原则，在水芹生长后期，保持植株露出水面 10cm。在苗高 10cm 时，亩追施 45% 复合肥 10kg，隔 10 天再施 1 次。在病虫防治方面，全生育期易发生蚜虫为害，用吡蚜酮防治为好。第 1 茬水芹生长期 40 ~ 50 天采收，在 9 月 20 日前结束上市。

2.3 第 2 茬水芹种植

前茬收获后，亩施优质有机肥 1 500kg。利用上茬水芹留下的根茎，进行催芽排苗；当新苗生根期间，应保持畦面湿润；当苗高达 8 ~ 10cm 时排干芹田水，轻搁田 5 ~ 7 天，促进根系发育，然后复浅水 3 ~ 5cm；在株高达 15cm 时，根系基本形成，灌深水 5 ~ 8cm，随植株生长逐步加深水层，保持植株露出水面 10 ~ 15cm。在生长过程中需要重施 1 次分枝肥，亩追施尿素 15 ~ 20kg+ 磷酸二氢钾 5kg。在病虫防治方面，注意蚜虫、斜纹夜蛾的防治。在排种后 55 ~ 65 天即可陆续采收，在 11 月底前结束上市。

2.4 第 3 茬水芹种植

在上茬水芹采完后，及时清田施肥，留下根茎。在生长过程中，需要追肥 2 ~ 3 次。一是幼苗生长到 2 ~ 3 片叶时，追施 1 次提苗肥；二是在生长期，重施 1 次分枝肥；三是翌年 2 月中下旬，亩追施尿素 10 ~ 15kg。当苗高达 10cm 时排干芹田水，轻搁田 5 ~ 7 天，促进根系发育；在株高达 13 ~ 15cm 时，根系已基本形成，灌深水保持植株露出水面 10 ~ 15cm。入冬后水芹生长停止，水层加深到离叶尖 4 ~ 6cm，待冬后晴天转暖时逐步排水至正常水位。采收上市，气候正常年份在翌年 2 月下旬至 3 月上中旬陆续采收上市；若遇暖冬年份，翌年 1 月中下旬至 2 月陆续采收上市。

3 水芹和小龙虾栽培模式

3.1 茬口安排及效益

龙虾 3 月中旬开始养殖，6 月开始上市，8 月上旬捕获结束。而水芹采取深水栽培，于 8 月中旬种植，当年 10 月中旬开始采收，到翌年 3 月上旬采收结束。水芹与龙虾在生长时间上互不影响，可提高土地（水面）利用率，增加种、养效益。亩产水芹 4 000kg 左右，亩产值 8 000 元，亩纯效益 5 000 元，与单纯种植水芹相比基本持平。同时亩产龙虾 60kg，亩产值 1 600 元，亩纯效益 1 000 元。每亩总效益达 6 000 元，增加效益 1 000 多元。

3.2 龙虾养殖技术

3.2.1 及时清塘

上季水芹采收时，采取刀割留根措施，通过水芹根系及后生嫩芽为龙虾提供栖息条件和食料。在水芹采收结束后，亩用生石灰 80 ~ 100kg 彻底清塘，以杀灭病原体和敌害生物。在虾苗放养前 1 周，注意加注新水。

3.2.2 饲养管理

亩投放 3 ~ 5cm 的幼虾 4 000 尾。放养规格要求整齐一致，并且一次性放足。日投喂量为虾体重的 4% ~ 6%，每天投喂 2 次，以傍晚 1 次为主，占全天投喂量的 60% ~ 70%，采取定时、多点投喂的方法，避免相互争食，促进均衡生长。从 6 月开始加强对池塘的注水，使水位稳定在 1.2m 左右，高温季节水位控制在 1.5m 左右。养殖过程中每 20 天左右施用 1 次生石灰和磷酸二氢钙以改善水质，抑制和杀灭病原菌，促使龙虾脱壳。

3.2.3 捕捞销售

虾苗经过 2 个月左右的饲养，有一部分龙虾达到商品规格，要及时捕捞。根据茬口要求，在水芹种植前排干池水，将余下龙虾全部捕获。

3.3 水芹栽培要点

3.3.1 排种定苗

在 8 月中旬前后排种，排种前施足基肥，亩排种量为 800kg。在排种后 25 天左右，幼苗已长到 10 ~ 12cm，此时种茎已枯烂，将幼苗掰下纳入土中。在排种 35 天左右，可进行定苗匀苗，并对过高的苗进行深插，使水芹苗基本生长一致。

3.3.2 田间管理

在定苗后，应灌水 6 ~ 8cm。以后随着植株的长高，逐步加深灌水，使田间水位保持植株有 3 ~ 5 张叶片露在水上，其余部分浸没在水中。在水芹生长期需要追肥 3 次。第 1 次在排种缓苗后，追施 1 次提苗肥，以人粪尿为主，亩用 2 000kg。第 2 次在排种后 35 天定苗匀苗后，重施 1 次分枝肥，亩追施 45% 复合肥 10kg。第 3 次看苗施肥，在第 2 次施肥后 10 天，对于长势弱的地块进行补施。每次施肥前田间排干水，施后 1 天及时复水。

3.3.3 采收上市

在 10 月上旬至翌年 3 月，根据市场行情，分批采摘水芹整理，满足市场需求。一般亩产水芹 4 000kg 左右，亩产值 8 000 元，亩纯效益达 5 000 元以上。

水产科技推广对渔民收入影响分析

——以湖北省为例

郭红喜　周　琰　柯彦若

（湖北省武汉市农业科学院农村发展研究中心　湖北　武汉　430065）

摘　要： 当前大多数学者认为，加强水产科技推广是增加渔民收入的重要手段。为定量分析水产科技推广对渔民渔业收入的影响，本文选取水产推广站数量、推广人员规模、推广经费、技术指导面积和渔民公共信息服务5个反映水产科技推广效能的影响因素，基于湖北省2007—2017年渔业时间序列数据，建立多元线性回归模型，并以江苏省、湖南省作为参照，分析这些因素对湖北省渔民渔业收入的影响。结果表明：湖北省渔民渔业人均收入与渔民公共信息服务、水产推广经费和水产推广人员规模高度相关，其影响程度依次递减。据此，提出提高推广信息化水平、增加推广经费、充实推广人才队伍等针对性政策建议。

关键词： 水产科技推广；渔民收入；多元线性回归；影响因素

湖北省位于长江中游地区，历来被称为"千湖之省""鱼米之乡"，是内陆最大的渔业养殖区之一，同时，湖北省内涉渔高校、科研机构众多，科研资源和实力位居全国前列。然而，湖北省渔业发展水平依然不高，渔业经济效益和渔民人均收入依然较低，在长江干流流域9个省（市）渔民收入中，湖北省只位于中下游水平。湖北虽是水产大省，但离水产强省如广东、江苏等还有一定差距，近年来湖北省渔民收入虽然有所增长，但增幅并不明显。另外，渔业发展对渔民收入的增长贡献依然巨大，是渔民增收的主要突破口，根据相关研究发现，渔业在种养业里的贡献率和增幅均位居首位，分别达到56.8%和20.7%。可见，提高渔业发展水平，是促进渔民增收得有效途径。通过文献资料整理发现，罗继伦等学者认为科技推广对渔业发展具有重大推动作用，能显著提高渔民收入，并建议湖北省应加快实施科教兴渔战略。邹志清等学者认为提高渔民收入，必须加强水产技术推广人才队伍建设，提高渔民职业技能培训水平。骆乐等学者认为政府财政经费支持科研机构、高校、推广机构开展水产技术推广，对渔民进行指导，能迅速提高渔民技能，增加其收入。姜作真等学者认为水产技术推广站的数量、经费投入和人员规模是影响新技术推广实际效果的重要因素。此外，孙建福等认为渔业公共信息服务水平代表了信息化服务水平，可以提高当地渔业发展水平，从而影响渔民增收。然而，上述学者的研究多为定性研究或简单描述性介绍，少有定量分析，无从得知各影响因子对于渔民渔业增收的影响程度大小。因此，本文通过建立多元线性回归方程，旨在分析科技推广过程中不同影响因子对湖北省渔民收入的影响程度，并找出最重要的影响因子，并基于此提出针对性的政策建议。

1 研究方法

1.1 模型构建

利用多元线性回归分析方法，对湖北省水产科技推广与渔民增收关系进行分析，选取推广站数量、人员规模、经费、技术指导面积和公共信息服务5个方面对渔民渔业人均收入增长因素进行实证分析。假设因变量和自变量符合经典多元线性回归模型的假设条件，用最小二乘法建立经典多元线性回归模型：$y=\alpha_0+\alpha_1x_1+\alpha_2x_2+\alpha_3x_3+\cdots+\alpha_ix_i+\varepsilon$。考虑到变量之间因单位不同导致的数据值差异过大，为排除数据内在增长趋势，对自变量和因变量取对数，建立双对数多元线性回归方程：$\ln y=\beta_0+\beta_1\ln x_1+\beta_2\ln x_2+\beta_3\ln x_3+\cdots+\beta_i\ln x_i+\varepsilon$，其中：$y$代表因变量，$\alpha_i$、$\beta_i$代表系数，$x_i$代表自变量，$\varepsilon$代表误差项。

2.2 变量选取

本文采用渔民渔业人均收入作为因变量（y），包括渔业经营收入、渔业工资性收入和渔业补贴，用以反映渔民收入情况。在选取数据时，去除了渔民收入中的财产性收入、其他经营收入和其他工资性收入，排除了其他因素对渔业收入的干扰，能更真实地反映水产科技推广对渔民收入的增加情况。科技推广活动包括机构、人员、经费、基地以及信息服务等，根据相关研究成果，本文选取水产推广站数量（x_1），水产推广人员规模（x_2），水产推广经费（x_3），水产技术指导面积（x_4），渔民公共信息服务（x_5）5个指标作为自变量（表1）。

表1 变量选取表

指标	变量名称	变量说明
y	渔民渔业人均收入	渔业经营收入、渔业工资性收入和渔业补贴之和
x_1	水产推广站数量	全额拨款站数量
x_2	水产推广人员规模	水产技术推广实有人数
x_3	水产推广经费	人员经费、业务经费、项目经费之和
x_4	水产技术指导面积	水产技术指导面积
x_5	渔民公共信息服务	手机用户覆盖户数

2.3 数据来源

数据源自2008—2019年《中国渔业统计年鉴》，根据年鉴数据统计起讫日期说明，为力求数据完整性，本文实际采用2007—2017年数据。

2.4 分析过程

本研究首先对湖北省为例，进行变量间相关性分析，筛选自变量，对构建模型进行

OLS 参数估计，得到湖北省回归方程，并进行显著性检验、DW 检验、多重共线性检验，并通过逐步回归方法解决多重共线性问题，其次以江苏省、湖南省为参照，构建新的多元线性回归方程，检验湖北省回归模型的可信度。

3 结果与分析

3.1 相关性分析

以湖北省数据为例，利用 SPSS 21.0 对变量进行相关性检验，表 2 结果显示，选取的自变量 P 值均小于 0.05，说明自变量与因变量呈显著性相关。

表 2 Pearson 相关

变量名称	内容名称	水产推广站数量	水产推广人员规模	水产推广经费	水产技术指导面积	渔民公共信息服务
渔民渔业人均收入	Pearson 相关性	−0.684*	−0.648*	0.904**	0.810**	0.941**
	显著性（双侧）	0.020	0.031	0.000	0.002	0.000
	N	11	11	11	11	11

注：*、** 分别代表在 0.05 和 0.01 水平（双侧）上显著相关。

3.2 回归分析

3.2.1 模型建立

以湖北省数据为例，对构建模型运用 OLS 进行参数估计，SPSS 计算得到回归方程：$\ln y=-6.014+0.308\ln x_1+0.567\ln x_2+0.555\ln x_3+0.051\ln x_4+0.308\ln x_5$。

（1）显著性检验：由表 3 可以看出，调整 R^2=0.996，说明模型 1 拟合效果很好，表 4 结果显示 5 个自变量的 Sig. 值均小于 0.05，说明回归方程是显著的。

（2）自相关检验：DW 值等于 2.693，明显高于 2，说明自变量残差之间可能存在一定程度负相关。

（3）多重共线性检验：表 4 显示，水产推广经费 VIF 值 11.847，大于 10，说明自变量之间存在多重共线性。

表 3 模型 1 汇总

模型	R	R^2	调整 R^2	标准估计的误差	Durbin–Watson
1	0.998[a]	0.996	0.991	0.0374 217 060 528 19	2.693

表 4　模型 1 系数

模型		非标准化系数		标准系数	t	Sig.	共线性统计量	
		B	标准误差	试用版			容差	VIF
1	（常量）	-6.014	1.859		-3.235	0.023		
	水产推广站数量	0.308	0.109	0.133	2.837	0.036	0.393	2.542
	水产推广人员规模	0.567	0.084	0.347	6.778	0.001	0.328	3.049
	水产推广经费	0.555	0.178	0.315	3.119	0.026	0.084	11.847
	水产技术指导面积	0.051	0.023	0.177	2.207	0.078	0.133	7.499
	渔民公共信息服务	0.308	0.022	0.939	13.913	0.000	0.189	5.305

3.2.2　模型修正

为解决湖北省模型中的多重共线性问题，本文采用变量逐步回归重新建立方程，利用SPSS计算得到回归方程：$\ln y=-4.402+0.507\ln x_2+0.729\ln x_3+0.284\ln x_5$。

（1）显著性检验：表5结果显示，调整 $R^2=0.979$，说明模型2拟合效果很好；水产推广人员规模、水产推广经费、渔民公共信息服务Sig.值均小于0.05，说明自变量均能显著影响渔民渔业人均收入。

（2）自相关检验：DW值为2.330，趋近2左右，明显优于修正前的模型。

（3）多重共线性检验：表6结果显示，移除水产推广站数量和水产技术指导面积指标后，其余自变量VIF值均小于10，通过检验。

表6报告了本模型中对湖北省渔民渔业人均收入的影响程度从大到小依次为：渔民公共信息服务、水产推广经费和水产推广人员规模。

表 5　模型 2 汇总

模型	R	R^2	调整 R^2	标准估计的误差	Durbin-Watson
2	0.993[a]	0.986	0.979	0.057 994 908 522 553	2.330

表 6　模型 2 系数

模型		非标准化系数		标准系数	t	Sig.	共线性统计量	
		B	标准误差	试用版			容差	VIF
2	（常量）	-4.402	1.514		-2.907	0.023		
	水产推广人员规模	0.507	0.126	0.310	4.014	0.005	0.345	2.897
	水产推广经费	0.729	0.131	0.413	5.548	0.001	0.372	2.689
	渔民公共信息服务	0.284	0.032	0.864	8.760	0.000	0.212	4.722

3.3　参照对比

以江苏省、湖南省为参照，基于两省2007—2017年时间序列数据，利用SPSS计算得到如下回归方程：$\ln y=-18.349+0.918\ln x_2+0.430\ln x_3+1.450\ln x_5$ 和 $\ln y=6.908-0.650$

$\ln x_2+0.596\ln x_3+0.189\ln x_5$。表 7 报告了湖北省、江苏省对渔民渔业人均收入的影响程度从大到小依次为：渔民公共信息服务、水产推广经费和水产推广人员规模；而湖南省水产推广经费对渔民渔业人均收入的影响程度最高，其后依次为渔民公共信息服务、水产推广人员规模。

表 7　模型系数估计对比

省份	模型	非标准化系数		标准系数	t	Sig.	共线性统计量	
		B	标准误差	试用版			容差	VIF
湖北省	（常量）	−4.402	1.514		−2.907	0.023		
	水产推广人员规模	0.507	0.126	0.310	4.014	0.005	0.345	2.897
	水产推广经费	0.729	0.131	0.413	5.548	0.001	0.372	2.689
	渔民公共信息服务	0.284	0.032	0.864	8.760	0.000	0.212	4.722
江苏省	（常量）	−18.439	7.273		−2.535	0.039		
	水产推广人员规模	0.918	0.379	0.597	2.424	0.046	0.209	4.774
	水产推广经费	0.430	0.130	0.625	3.316	0.013	0.357	2.799
	渔民公共信息服务	1.450	0.443	0.882	3.275	0.014	0.175	5.712
湖南省	（常量）	6.908	2.900		2.382	0.049		
	水产推广人员规模	−0.650	0.261	−.344	−2.494	0.041	0.328	3.053
	水产推广经费	0.596	0.103	0.500	5.763	0.001	0.827	1.209
	渔民公共信息服务	0.189	0.075	0.347	2.508	0.040	0.325	3.077

4　结论与讨论

本文基于 2007—2017 年湖北省、江苏省、湖南省渔民渔业人均收入以及相关数据建立多元线性回归模型，遴选出最显著的变量进行线性回归分析。总体来看，湖北省渔民渔业人均收入与水产推广人员规模、水产推广经费和渔民公共信息服务高度相关，其影响程度依次为：渔民公共信息服务、水产推广经费和水产推广人员规模。

通过对比江苏省、湖南省数据发现：影响渔民渔业人均收入的自变量与湖北省保持高度一致，仅参数有一定差别。主要表现在两个方面。一方面湖北省渔民公共信息服务对渔民渔业人均收入影响程度仅次于江苏省，大幅高于湖南省，这可能与湖南省渔民收入较低，智能手机等信息化终端设备使用率不高有关，仅以 2017 年为例，湖南省渔民渔业人均收入仅为 1.21 万元，远低于湖北省的 1.88 万元和江苏省的 2.11 万元，相反湖北省、江苏省由于渔民收入水平较高，通过手机等终端互联网设备接受水产信息化服务水平相对较高。从侧面印证了高水平的渔民公共信息服务，有利于渔民收入的提高。另一方面，湖北省水产推广经费、水产推广人员规模对渔民渔业人均收入影响程度低于江苏省和湖南省，说明这些因素促进渔业增收的效果低于江苏省和湖南省，因此，在今后湖北省水产科技推广过程中，要进一步加大推广经费投入和人员队伍建设，以期提高此两项因素对渔民增收的促进效果。

水产推广站数量和水产技术指导面积两项指标，从相关性来看能显著影响渔民渔业人均收入，但由于存在多重共线性问题，在采用逐步多元回归模型后，移出了模型。还有一些指标我们一般认为会影响渔民收入，如渔民技术培训人次、发放水产技术资料数量等，但通过我们前期相关性检验筛查发现，其与渔民渔业人均收入相关性不显著，对渔民增收影响程度较低。这表明湖北省渔民可能更多的通过手机、互联网等信息化技术手段获取水产技术信息，传统的水产技术培训、资料发放等形式的技术推广模式，对促进渔民增收效果较小。

在论文撰写的过程中发现，相关年鉴统计的水产技术推广相关数据仅限于政府下设的各级推广机构，企业、社会团体从事的各项技术推广活动并未纳入统计，但在实际生活中，渔业企业和各级水产协会每年都开展了一定量的水产技术推广活动。由此产生的对渔民渔业收入的影响因素，由于数据缺失，并未纳入本研究范围。

5 对策与建议

一是要提高水产科技推广信息化水平。加快水产科技推广信息化建设，利用信息化技术手段促进科技与渔业生产力的紧密结合，推动各级水产推广机构服务功能的改进。同时，必须加大各级水产推广机构信息化服务平台整合力度，将水产信息、技术资料、培训课程等统一纳入信息化服务体系，适时开展在线鱼病诊断、水产线上论坛、专家直播授课等互联网云服务模式，为渔民建立多种信息化交流途径，解决渔民在水产养殖过程中的难题。另外，还要进一步提高水产技术推广人员、渔民和其他水产从业者的整体信息化技术水平，提高水产技术信息化服务效能。

二是要加大水产科技推广经费投入力度。水产科技推广活动的公益性属性决定了政府是其投资主体，财政资金拨款是其主要来源，而我国政府对水产技术推广服务的资金投入占渔业总产值比例远低于全球平均水平，有必要通过立法来确保财政支出中水产科技推广资金投入占比的逐年提高。同时，政府部门应该制定水产科技推广补贴政策，提高补贴范围和标准，加强对基层推广人员、高效技术、课程培训和示范基地建设的财政直补力度。另外，还应多渠道拓展资金来源，创新金融支持水产科技推广事业发展的体制机制，鼓励社会资本加大对水产科技推广的资金投入等。

三是要充实水产科技推广人才队伍。体制内水产科技推广人员仍旧是推广体系的骨干力量，对未来湖北水产业发展起着引导性作用。应当积极探索体制内选人、用人机制，剥离非技术人员和低学历人员，科学合理定编定岗，不断充实水产科技推广人才队伍，尤其是要加大基层水产推广人才队伍建设。同时，要制定水产科技推广人才培养计划，向国内外引进优秀人才进入水产推广服务队伍。另外，要保障水产推广人员工资和待遇稳步增长，尤其是一线人员的津贴补助，制定合理的人才评价机制，激发水产推广人员的创造性和积极性。

新时期农业生物灾害防控战略研究

杨久涛[1] 朱晓明[2] 李敏敏[1] 张方明[1] 国 栋[1] 尹姗姗[1]
刘 杰[2] 袁子川[1] 徐兆春[1]

（1. 山东省植物保护总站 山东 济南 250100；
2. 全国农业技术推广服务中心 北京 100026）

摘 要：农业有害生物是威胁农业生产安全的重要因素。本文概述了山东省农业生物灾害的发生规律和防控现状，系统分析了农业有害生物发生新形势、新特点，从作物门类齐全、地理位置特殊、异常极端气候增多、耕作制度变化、新兴物流管控难度加大5个方面深入剖析重发原因，提出要从提高政治站位、倡导公共植保理念、突出植保体系建设、创新现代服务模式、倡导绿色发展、提升植保装备水平、增强服务手段、强化法制建设、推进植保科研、凝聚发展合力10个方面着手，全方位提高农业生物灾害治理能力和水平，着力促进乡村振兴齐鲁样板建设，全面保障农业生产安全、农产品质量安全、农业生态安全和农业产业安全。

关键词：山东；农业生物；灾害；发生原因；防控对策

山东是农业生产大省，也是农业有害生物多发、重发、频发省份，农业生物灾害对粮食安全和重要农副产品长期稳定供给及生态文明建设构成严重威胁。进入21世纪以来，山东省农业有害生物发生危害面临新形势、呈现新特点。当前，山东正处于传统农业向现代农业转型升级的关键阶段，新旧发展动能加快转变，农业供给侧改革深入推进，新"六产"蓬勃发展，同时生物安全已纳入国家安全体系，植保战线必须认真研判新形势、迎接新挑战，充分认识生物灾害治理的长期性、复杂性，科学谋划新思路、新对策，着力保障和促进乡村振兴齐鲁样板建设，全面保障农业生产安全、农产品质量安全、农业生态安全和农业产业安全和国家生物安全。

1 山东农业有害生物发生种类与威胁

1.1 有害生物种类

通过多年的系统研究，初步查明山东省农业有害生物为3 866种［其中，植物病害1 505种，害虫1 555种，杂草785种，有害啮齿类动物（害鼠/野兔）16种，软体动物

（蜗牛 / 蛞蝓）5 种]，常年发生 1 700 余种，其中可造成一定损失的有 200 多种，可造成严重为害的目前有 30 余种。其中不乏东亚飞蝗、小麦条锈病、黏虫、水稻“两迁”害虫、玉米南方锈病等流行性、迁飞性、暴发性重大病虫害。全省年均发生面积 25 005 万亩次左右，造成潜在经济损失约 700 亿元，高于洪涝、干旱两大灾害的总和，是农业生产最为重要的自然灾害之一。每年组织开展综合防治 7 000.05 万亩左右，可挽回各类农作物损失 2 500 万 t 左右，但仍造成损失 300 万 t 左右。在监测防范常发生物灾害的同时，要通过检疫手段防范外来有害生物入侵和传播。目前，列入检疫管理的全国农业植物检疫性有害生物名单有 33 种、山东省补充检疫性有害生物名单有 13 种。其中，在山东省适生的有 42 种，已经在全省发生但封锁在某一区域有 19 种，尚未在山东省发现但有传入风险且威胁极大的有 17 种。特别是苹果上的毁灭性害虫——苹果蠹蛾，20 世纪 50 年代传入新疆库尔勒，目前已越过天然屏障河西走廊，逼近黄土高原苹果产区；北边也从俄罗斯传入到辽宁省渤海湾周边，距山东省仅几百千米之遥，一旦侵入，苹果产量、质量会明显降低，国内国际贸易受限，对苹果产业将是严重打击。

1.2 威胁与为害

联合国粮农组织研究报告，在不防治的情况下，我国六七十年代病虫草鼠为害的产量损失率为 34.4%，现在已达到 42.1%。新形势下植保工作的目的不仅是保障农业生产安全，还要努力保障农产品质量安全、农业生态安全和农业贸易安全。如果病虫害和检疫性有害生物监测防控不到位，一旦暴发成灾，不仅直接影响农业生产，危及国家粮食安全，而且影响人民生活秩序、人身健康和生态环境，甚至成为引发社会危机的公共突发事件。因此，植保工作和人们的生产、生活、生态息息相关，是农业和农村公共事业的重要组成部分，是重大民生工程。

2 新时期农业有害生物发生呈现新特点

2.1 常发性有害生物总体平稳可控

基于多年科学综合治理，特别是科学采用种子、土壤、秧苗处理等预防措施，果树蔬菜等作物病发前及时开展保护性处理，抗虫棉及抗病毒番茄等广泛种植、突发病虫应对及时有效等，常发性有害生物发生总体平稳可控，局部密集发生为害时及时管控。如农区害鼠中等偏轻发生，基本上没出现大的鼠害灾情；麦蚜、玉米螟及各类地下害虫发生程度和面积基本稳定；棉田棉铃虫不再猖獗为害，但为害花生、玉米明显上升；东亚飞蝗发生势态平稳；灰飞虱及其传播的病毒病为害逐年减轻；番茄黄化曲叶病毒病基本得到控制等。

2.2 迁飞性和流行性病虫暴发频繁

当前已进入迁飞性或流行性病虫频繁暴发期。如黏虫暴发频率增多，2013 年二、三代黏虫分别在潍坊、烟台等局部暴发为害；2017 年在威海、潍坊、济南等多地高密度点片式暴发，高密度发生面积超过 19.5 万亩；小麦赤霉病已由偶发病害演变成为常发主要病害，每年都不同程度发生，2012 年小麦赤霉病在局部暴发，仅次于大发生的 1998 年（发生面积 162.47 万公顷），全省 10 个市发生 1 600.05 万亩，2013 年轻于 2012 年，但仍重于常年，发生面积 1 008 万亩，全省平均病穗率 2.28%，最高 30%；小麦条锈病不再像以前鲜见发生，断断续续时有发生，2017 年流行发生，全省见病面积达到 3 195 万亩，发生面积 2 172 万亩，17 市均不同程度发生，发病县（市、区）102 个，平均病田率 41.38%，严重地区病田率 80% ~ 100%，发生范围和面积均超过大发生的 1990 年。2020 年该病再次普遍发生，遍及 16 市 103 县；玉米南方锈病 2015 年流行发生，发生面积 2 500.05 万亩，2018 年再次大面积发生。

2.3 新发病虫不断出现并发展蔓延

近年来，山东省先后发现二点委夜蛾、白眉野草螟、瓦矛夜蛾、玉米顶腐病、小麦黄花叶病、草地贪夜蛾等新发病虫以及检疫性害虫甘薯小象甲，一些病虫加快扩散蔓延。如 2011 年突发二点委夜蛾，为害 1 200 余万亩夏玉米；玉米顶腐病自 2010 年起，开始发生并呈上升趋势；小麦黄花叶病在鲁西南、鲁中为害面积逐步扩大；2010 年，白眉野草螟在莱州麦田发生，现已传播到潍坊高密、青岛即墨等地；2013 年 4 月荣成市发现瓦矛夜蛾为害，现已在多地发生；2019 年草地贪夜蛾入侵山东并在 14 市 51 个县（市、区）发生。除此以外，部分林业病虫转移为害严重，近年先后发现苹毛丽金龟甲为害小麦，美国白蛾、白星花金龟子、绿刺蛾等林业害虫为害玉米的现象；南方水稻害虫——大螟进入山东省，为害小麦、玉米；双斑萤叶甲已传入山东省，为害玉米；方翅网蝽加速在果树上蔓延；吸浆虫有北移东扩趋势等。

2.4 部分潜隐或次要病虫为害明显上升

微小型害虫越来越猖獗，以前基本不防治的各类蓟马，在玉米、瓜类等多种作物上发生为害加重；烟粉虱在葫芦科、豆科、茄科等作物上持续高密度发生；红白蜘蛛在果树、棉花等作物上越来越重；番茄黄花曲叶病毒病基本得到控制，但各类作物病毒病总体仍处于高发态势；线虫病、土传病害仍然严重威胁设施蔬菜生产；由于土壤酸化、盐渍化，肥水管理欠科学，各类作物生理性病害及根部病害明显上升发生等。

3 农业有害生物发生趋重原因探析

山东省农业有害生物发生的新情况、新特点，是多种因素综合共同作用的结果。

3.1 多样作物门类为有害生物发生发展提供丰富食源或寄主

山东省属于暖温带半湿润季风气候区，气候温和，四季分明。全省耕地面积 11 200.05 万亩，农作物总播种面积 16 300.05 万亩，常年粮食播种面积 10 000 万亩以上，蔬菜面积 200 万 hm^2，水果面积 949.95 万亩，是全国粮食作物和经济作物重点产区，素有“粮棉油之库，水果水产之乡”之称。小麦、玉米、地瓜、大豆、谷子、高粱、棉花、花生、烤烟、麻类产量都很大，在全国占有重要地位。物产资源丰富，被称为“北方落叶果树的王国”。各种果树 90 种，分属 16 科 34 属；中药材 800 多种，其中植物类 700 多种。多样且丰富的作物种类为病虫害的发生提供了有利条件，使山东的病虫害物种种类繁多、总发生规模大。

3.2 特殊地理位置成为多种病虫迁飞流行目的或途经地

山东处于北纬 34°25′ ~ 38°23′，作为南北通道关键区域，是黏虫、小麦条锈病、水稻“两迁”害虫、玉米南方锈病等多种跨区域迁飞性、流行性病虫害的途经之地或目的地，遇到合适条件容易造成暴发流行。其中，就黏虫来说，既是南方越冬代黏虫北迁东北、华北繁衍的目的地和途经之地，也是三代黏虫南迁北纬 33° 以南区域越冬的途经之地，若环境气候适宜，每年有两次集中暴发为害的风险；另外，由于山东在大气环流的位置影响，多数夏秋季在浙江、福建登陆上岸的台风或春季发生的东南风，气流到山东后风力往往有所减弱，其裹挟的玉米南方锈病、赤霉病等易随风沉降，条件适宜极易侵染蔓延暴发为害。近年来小麦条锈病、黏虫、玉米南方锈病等病虫的暴发流行均与台风有着密切的联系。

3.3 异常气候和极端天气频发利于病虫向暴发灾变方向发展

气候变化尤其是农业气象灾害和极端天气的趋多趋重，致使部分病虫害的发生趋于严重。如气候变暖，有利于害虫安全越冬，其起始发育时间提前，发育的速度加快，发育的历期缩短。有的代数明显增减。从而导致为害时间延长，为害程度加重。如，2017 年受暖冬影响，菌源地发病早、发病重，菌源充足，加之山东省 3—5 月温湿度有利于小麦条锈病菌侵染，导致小麦条锈病在我省扩散流行。另有研究发现，气候变暖后，山东半岛等地有些害虫的发生代数均在原来的基础上不同程度增加，害虫的虫口密度增加，作物损失更大，对害虫的控制也更加困难。风是农作物病虫害的传播媒介之一，雨又能够制造伤口，风雨交加的天气有利于病菌的传播与侵染，全省近年多次发生夏、秋季连续超常降雨现象，这是导致玉米顶腐病、茎枯病，露天蔬菜各类叶部病害，花生叶斑病、茎枯病，各类作物蜗牛发生明显上升的主要因素。

3.4 耕作制度变化加剧新病虫侵入蔓延和影响原有病虫发生

设施蔬菜的大规模种植，为病虫害提供了适宜的越冬场所，如烟粉虱和美洲斑潜蝇，温室提供了周年繁殖的条件，加速了其猖獗为害；黄瓜霜霉病病原是一种严格寄生菌，随着设施黄瓜的周年生产导致了黄瓜霜霉病的常年发生；蔬菜灰霉病在通风、干燥的环境条件下少有发生，但在大棚、温室内极易发生，严重为害番茄、茄子、黄瓜等多种蔬菜；由于耕作面积有限，连年重茬种植使土传病原菌在土壤中大量积累，土传病害十分严重，如瓜类枯萎病、蔓枯病，茄子黄萎病、青枯病，番茄枯萎病、青枯病等病害严重发生。秸秆还田在有效提升地力的同时，但也显著增大了病虫发生的概率。秸秆还田导致田间菌源逐年积累，菌源量越来越大，使多种土传病害及小麦纹枯病、全蚀病，玉米叶斑病等多种弱寄生性病害发生面积增加、发生程度加重。秸秆还田导致农田生态小环境发生变化，使得一些次要虫害上升为主要害虫，如秸秆较多的玉米田造成了具有孔隙的田间生态环境，是二点委夜蛾聚集为害的重点区域。

3.5 频繁的农业贸易和新兴物流加大检疫性有害生物防控难度

山东是实行农业对外开放较早的省份之一，农产品贸易总额不断增长，自 2000 年超过广东成为农产品出口第一大省以来，已连续 20 年位居全国农产品出口首位，占比 1/4 强。

随着国际贸易的日益频繁，新兴物流业迅速发展，种苗及农产品的调运渠道由原来的铁路、交通、邮政、民航扩展到了新型物流行业，给植物检疫管理带来了很大的难度。外来有害生物入侵的频率逐渐增大，20 世纪 70 年代我国仅发现 1 种，80 年代发现 2 种，90 年代迅速增加到 10 种，2000 年至今发现了 30 多种，山东省也相继发现了小麦腥黑穗、三裂叶豚草、银胶菊、加拿大一枝黄花、银毛龙葵、大豆疫病、黄瓜绿斑驳花叶病毒病、瓜类果斑病等 10 多种外来有害生物。

4 新形势下有害生物灾害应对策略

4.1 提高政治站位，增强生物灾害防控思想自觉和行动自觉

新时代的农业生物灾害防控，是国家粮食安全的重要保障，是生态文明建设的重要组成部分，是国家生物安全的重要方面，而不简简单单是农业生产的一个环节。党中央高度重视农业生产和重大病虫害防控工作，习近平总书记多次做出重要指示，明确要求做好重大病虫害防控，保障农业生产安全。山东省全省植保人员要把思想和行动统一到党的部署和要求上来，不断强化“四个意识”，坚定“四个自信”做到“两个维护”，紧紧围绕实施乡村振兴战略的总体要求，坚持问题导向、目标导向，科学谋划农业有害生物预警防控工作，加快推进农业农村现代化。

4.2 更新植保理念，落实政府主导和属地管理责任

农作物病虫害是生物灾害的重要组成部分，发生、传播规律和防控措施与人畜疫病有共同之处，有很强的突发性、暴发性、流行性和破坏性。因此，因为植保工作在性质上是公共的，在职能上是绿色的，必须提倡公共植保理念，坚持“预防为主、综合防治”的方针和“政府主导、属地责任、联防联控”工作机制，上升为政府行为，纳入政府议事日程，强化行政管理职能，建立应急防控机制，建立确保公共植保体系有效运行的长效机制。农业生物灾害的防控需借鉴人类卫生防疫和疾病控制体系建设、兽医管理体制改革的成功经验，按照国家生物安全的管理要求建设完善监测预警和防控体系。

4.3 强化法制建设，依法推进实施防病治虫

“全面推进依法治国，是解决党和国家事业发展面临的一系列重大问题，解放和增强社会活力、促进社会公平正义、维护社会和谐稳定、确保党和国家长治久安的根本要求。”依法“防病治虫”就是用法律形式进一步规定植保各项工作职责和投入保障机制，把病虫监测预警、应急防控、植物检疫、投入品管理等植保工作纳入政府公共管理的范畴。目前，国家已经出台《农作物病虫防治条例》，要加强条例宣贯，推进依法防病治虫。山东省应不失时机加快植物保护立法进程，积极做好《山东省农业植物检疫条例》的立法调研和起草工作；抓紧制定完善《山东省重大农业植物疫情突发事件应急预案》《山东省重大农业有害生物突发事件应急预案》《山东省农作物病虫害专业化统防统治管理办法》等，完善农药销售市场的监督管理制度，构建生物灾害防控法律体系的四梁八柱，使公益性植保工作真正纳入依法管理轨道，依法推进有害生物防控规范有序开展。

4.4 创新服务模式，大力发展植保社会化服务

病虫情报是重要的农业信息服务，是服务主管部门决策和指导农业生产者进行病虫害防治的重要信息载体。预警预报要一手抓智能化、物联网建设；一手抓基层服务点建设。抓好业有害生物疫情监测预警能力提升工程实施，高质量建成山东全域的农业有害生物疫情智能监测网络。同时，可在各类经营主体、统防统治组织、农资经销商、科技带头户中培养发展一批基层植保员或测报员，在各类种苗繁育经营企业发展一批兼职检疫员，组建基层监测信息网络。加大力度实施统防统治能力提升工程，扶持发展专业化统防统治。探索建立政府购买病虫防治服务机制，拉动植保社会化服务发展。研究建设智能化病虫防治作业平台系统，施药机械配置智能化监测设备，及时监控防控开展及进展情况，确保防控成效。

4.5 倡导绿色发展，深入推进病虫草鼠害绿色防控

绿色防控不仅是试点和示范的问题，更是个战略转变问题。应尽快创设建立绿色防控产品补贴制度，扶持生物农药、生物防治、生态防治和灯光诱杀、色板诱杀、性诱剂诱杀、食诱剂诱杀和使用低风险化学农药防控病虫等“三生四诱一低”技术措施推广应用，着力在地域上整建制、生育期全程化推进绿色防控病虫，促进农业绿色发展。同时推进绿色防控与统防统治融合，鼓励植保专业化服务组织在积极参与应急统防统治的同时，拓展杀虫灯管理、诱虫板部署、天敌释放等非农药防治业务。提高科学用药水平，建立各类农药抗性分析数据库，建立抗药性监测点和低抗农药筛选试验点，动态监测使用农药的抗药性水平，抓好高抗农药替代，确保应急防控成效。

4.6 提升装备水平，推广应用新型高效施药机械

“工欲善其事，必先利其器”，植保最重要的装备就是施药机械，开发研制和推广应用更多的“高工效、低喷量、精喷洒、低污染”的新型植保机械是当务之急。要以农药减量增效为重点，推广应用高效施药机械，加快发展航化作业。推动由小型背负式手动、电动器械向大型自走式器械、飞行器方向转变，由人背器械到器械背人，最终实现病虫草鼠害防治的智能化、无人化，特别是智能化。高标准建设统防统治社会化服务组织，扶持社会化服务组织配置高效、高质量施药机械，加快制定完善植保机械使用技术规范，提升“应急”成效和服务质量。

4.7 推进科研创新，为植保持续发展提供新动能

科学技术是第一生产力。先进充足的技术储备是支撑植保事业持续健康发展的不竭动力。在技术内容上，要突出加强对气候变化及耕作栽培制度变革情况下，农作物有害生物发生为害规律的研究，着力解决迁飞性、流行性、暴发性及检疫性与新发病虫防控关键技术；要围绕质量安全问题，加强农药减量控害节本增效技术研究，抓好土壤农药残留微生物治理技术的研究；要加强生物技术、信息技术等高新技术在植保中的应用研究，不断用高新技术改造、提升植保技术。在技术模式上，一要抓好技术的系统集成应用，二是要规范化和标准化。同时，创新工作机制，强化服务职能，不断提高植保科技入户率、到位率。

4.8 推进联防联控，凝聚植保持续科学发展合力

农业有害生物繁多纷杂、植保工作点多面广。在植保技术推广工作中，要坚持“一主多元”原则，创新体制机制，搭建合作平台，统筹各种资源、团结各方力量、发动各类市场主体，逐步建立以公益性农技推广体系为主导、社会化农业服务组织为有益补充、农科教企联合协作，其他社会力量广泛参与，公益性服务与经营性服务相结合、植保专业性服务与综合性服务相协调的“一主多元、网状立式”植保服务体系，形成齐抓共管的工作局面，齐心合力共同做好植保工作，逐步迈向有害生物持续治理。

5 展望

《农作物病虫害防治条例》已于2020年5月1日起实行，《中华人民共和国生物安全法》也即将出台，把生物安全纳入国家安全体系管理。在党中央、国务院和省委、省政府的坚强领导下，农业生物灾害防控体系、应急机制、治理能力必将进一步完善和加强，重大病虫疫情必将实现长期高质量可持续治理，农业生产安全、农产品质量安全、农业生态安全、农业产业安全和人民群众生命健康必将切实保障。广大植保系统人员也将直面挑战，勇于担当，发扬斗争精神，增强斗争本领，为实现“两个一百年”奋斗目标、实现中华民族伟大复兴的中国梦而顽强奋斗。

未雨绸缪　抓好三峡地区 柑橘黄龙病防控工作

王前涛　杨玉丽　史明会　刘晓娜　任智强

（湖北省宜昌市农业技术推广中心　湖北　宜昌　443000）

摘　要：当前以宜昌为核心的三峡地区未发现柑橘黄龙病及传播媒介柑橘木虱，但防控形势日趋严峻，通过对湘桂赣3省考察，加深了对柑橘黄龙病为害的认识，要未雨绸缪，建立严密的监测预防体系，种苗繁育体系，检疫监管体系，保障三峡地区柑橘产业安全。

关键词：柑橘黄龙病；监测；种苗繁育；检疫

湖北省宜昌市位于长江上中游优质柑橘产业带，是全国市、州最大的宽皮柑橘生产基地。柑橘产业是三峡地区农民增收致富和脱贫的重要支柱产业，为未雨绸缪，抓好柑橘黄龙病防控工作，2019年9月2—7日，宜昌市农业农村局组织辖区市县相关植保植检专家考察了湖南永州市道县、广西桂林市永福县、江西赣州市大余县和兴国县等地柑橘黄龙病监测防控情况，当地经验对指导三峡地区柑橘黄龙病监测防控工作具有重要借鉴意义。考察组在湖南永州市道县，参观上关街道办事处万亩脐橙基地黄龙病防控现场和白芒铺镇小甲村柑橘黄龙病防控示范区，田间识别黄龙病发病症状，了解道县柑橘检疫性病害发生概况及防控工作经验。在砂糖橘主产区广西桂林市永福县，主要查看了柑橘黄龙病（木虱）田间自动化监测站和渔洞村柑橘合作社，了解永福县柑橘品种演进更替历史及与检疫性病害发生的关系。在江西赣州市大余县参观当地规模化精细化管理的蒙氏果业脐橙基地后，到赣州市兴国县高兴镇老圩村国家区域性柑橘良种繁育基地，学习柑橘无病种苗标准化系统繁育苗圃基地建设，了解当地政府保证资金投入、落实种苗补贴政策、全域禁止柑农自繁自育柑橘苗木、实行无病种苗补种的做法。

1　主要经验教训

1.1　柑橘苗木、接穗调运是新病区柑橘黄龙病的主要来源

据道县、永福县、赣州市介绍，当地首先监测到柑橘黄龙病的大多是从疫区调运柑橘苗木、接穗的新发展果园或品改果园。受市场行情刺激，在当地苗木不能满足老园区品改和新建柑橘园大量用苗用穗需要时，农户私自从疫区购买调运苗木失控，缺乏监管，导致黄龙病传入当地。各地政府下大决心解决无病苗木自繁自供问题，赣州市实行定点育苗制

度，统筹国家项目资金，在全市建成8家苗木繁育单位，以满足全市接穗和小苗供应，苗木繁育全过程在40～50目网室隔离条件下进行，苗木出圃前检测黄龙病3次，保障苗木质量和纯度。达到规模的生产基地采取培育大苗上山种植的模式，按200～300亩面积配套建1个假植网棚，苗木在网棚内假植1～2年，待黄龙病病树清理和木虱防除到位后再种植。

1.2 柑橘木虱能否建立种群和顺利越冬对柑橘黄龙病是否流行有直接相关性

柑橘黄龙病流行有两个紧密相关的关键因素，即黄龙病病树和柑橘木虱，单有黄龙病病树仅会对已感染的黄龙病树有影响，农户砍树即可控制；单有柑橘木虱只是刺吸少量汁液，对树体为害很小；当柑橘木虱随带病苗木、接穗调入并在当地建立种群，顺利越冬，木虱周年繁殖，虫口达到一定数量便造成黄龙病流行扩散。受暖冬性气候影响，湖南、广西、江西柑橘木虱自然状态下适生区域不断北扩，部分县市均经历过由零星发生到全域流行的时期，其邻近县市发生风险不断增大。走访农户现场了解防控柑橘木虱普遍用药10次左右，部分橘园最高打药15次，既增加人工、药剂等生产成本，又增加了农残风险。较宜昌柑橘总体用药水平增加1.5～2倍。

1.3 市场行情好坏直接影响农户防控积极性，并间接影响黄龙病防控效果

永福县是柑橘黄龙病老病区，近30多年遭受过3次黄龙病大流行，种植品种经历了由传统蜜柑到椪柑，再到砂糖橘的更替，蜜柑价格低迷时农户施肥、打药积极性不高，柑橘木虱数量激增，导致黄龙病流行，于是改种椪柑品种，同样椪柑价格不好时，农户管理积极性不高，黄龙病再次流行，再次大量砍树，现在主栽品种为砂糖橘。砂糖橘在当地种植已有10余年历史，属迟熟品种，配合冬季树上保鲜措施，可以春节上市，出园价5～8元/kg，效益可观，经销商在田间收购时发现黄龙病果园会大幅压价，所以农户防控黄龙病积极性非常高，用药次数有保证，砂糖橘上市前会主动巡园，一旦发现会提前果断砍树、挖树并及时补种，保持园相平稳，近年来黄龙病控制的比较理想。赣南脐橙即使市场低迷时价格也在2～3元/kg，效益仍然可观，农民防治积极性也比较高，黄龙病防控效果较好，近3年种植面积稳中有升。

1.4 砍病树、防木虱、用好苗“三步法”是预防柑橘黄龙病的有效措施

目前，柑橘黄龙病无有效治愈药剂，预防是关键。湖南、广西、江西多地多年证明：彻底清除病树、补种无病种苗、及时防治木虱“三步法”是预防柑橘黄龙病的有效措施。赣州市经历了2013年柑橘黄龙病大流行后，政府主导每年争取中央、省、市专项资金推动“三板斧”工作落实。建立国家级高标准种苗繁育基地，采穗圃、母本园、苗圃、过渡网棚体系完整，苗木繁育能力大幅提升，能够满足本市无病柑橘苗木的需要。每年结合植物检疫宣传月、冬春季普查等摸清全市染病树数量，组建砍伐队，坚决砍除病树。深入开展市、县、乡三级柑橘黄龙病防控宣传和技术培训，全年打药10～15次，全市柑橘黄龙病蔓延的态势得到有效控制。以赣州市大余县蒙氏果业基地为例，蒙氏果业2015年接手一片面积约500亩的柑橘黄龙病为害严重橘园，按照“常年全园巡查，常态化清除病树；建设防虫网棚，补种假植脱毒大苗；统一控放梢，减少柑橘木虱食物源，统一清园，药剂防治木虱”

的措施基本重建，目前橘园树势健壮、产量稳定，病株率持续下降到 0.25%，效果好。

2 考察的主要收获

2.1 黄龙病发生为害可造成严重经济损失

赣州地处江西南部，具有种植脐橙得天独厚的气候条件和丰富的山地资源，是我国最适宜脐橙种植的地区之一，2012 年底赣南脐橙总面积达 178 万亩，总产量达 125t，2012—2013 年柑橘黄龙病暴发全市共发现病树 160 多万株，砍树 110 多万株，整体发病率在 1% 以上，到目前仍然在艰难恢复中。如大余县 70 年代建立了赣州最早的园艺场开始种植脐橙，在柑橘黄龙病暴发前有柑橘种植面积 6.25 万亩，2012 年大暴发蔓延到所有的 11 个乡镇，许多果园因柑橘黄龙病造成毁园，2012 年当年就砍除病树 4.6 万株，2013 年砍除 60 万株，2014 年砍除 40 万株，7 年来砍除病树 158 万株，目前大余县仅保有和新种脐橙 3.68 万亩。

2.2 黄龙病一旦发生发展很快，并呈现逐渐北扩趋势

湖南道县 2014 年脐橙果园发现大面积黄化衰退树、红鼻子果等典型症状的柑橘黄龙病，并在田间监测到柑橘木虱，判断主要从邻近道县 60 ~ 100km 的广西传入，2014 年发病 4.5 万亩，2015 年发病 5.25 万亩，2016 年发病 6 万多亩，呈持续扩大上升态势。黄龙病主要通过柑橘木虱和带菌接穗苗木进行传播，近年来，随着全球气候变暖，柑橘产区冬季平均气温呈显著上升趋势，造成柑橘木虱种群扩大，其地理分布不断北移，邻近宜昌的湖南省湘中以南和湘西南 300 余万亩柑橘生产区已成为黄龙病发生高风险区。

2.3 提早应对黄龙病传入可以有效控制为害

目前还没有治疗柑橘黄龙病的有效药物、抗原和抗病品种，黄龙病无法全面根治，但在生产实践中，只要措施得当和严格落实，柑橘黄龙病是可防可控的。针对宜昌市尚未发现柑橘黄龙病的情况，未雨绸缪，争取政府重视，强化部门协调和保障工作落实，植保植检部门要发挥职能作用，重点抓好监测、种苗、检疫等技术管理工作，同时加强宣传，提高社会对黄龙病的认识和关注。

3 加强宜昌及三峡地区柑橘黄龙病防控工作的建议

当前，三峡地区柑橘黄龙病防控形势同样比较严峻。一是从发生区域上看。三峡地区（宜昌、重庆）外，江西、湖南、四川等省均有发生柑橘黄龙病，最近区域已到达湖南省怀化市，离宜昌直线距离仅 250km，中间只隔着张家界。理论上分析，宜昌市南部方向的宜都市、枝江市、五峰县等地区传入风险高。二是从气候条件上看。宜昌市属于亚热带季风性湿润气候，光照充足，热量丰富，雨量充沛，特别是三峡库区、清江库区自蓄水以来，有效积温升高，对柑橘木虱周年生活有利，一旦传入，容易定殖为害，秭归、兴山、长阳等地风险高。三是从品种结构上看。宜昌种植的主导品种脐橙、椪柑、蜜橘均属易感柑橘黄龙病种类，但脐橙最易感病。近年来宜昌市大力推进品种改良，枝江等地大规模发展优质橙类，三峡库区、清江库区大量品改，优质脐橙面积越来越大，

黄龙病风险亦随之加大，一旦感染柑橘黄龙病，多年辛苦将付诸东流。按照“预防为主，综合防控”的原则，为确保宜昌市柑橘产业持续健康发展，确保柑橘种植户持续稳定增收，建议如下。

3.1 建立严密的监测预防体系

主要突出距离和气温两个主要因素，实施严格的疫情监测。一是突出重点抓“两线”，一线是沿宜昌市南部的五峰、宜都、枝江、当阳、夷陵区，特别是湖南方向的宜都、五峰、枝江；另一线沿宜昌市三峡库区和清江河谷地带的长阳、秭归、兴山，选点建立监测点。二是建立健全市县级植物检疫检测实验室，配齐必要的设施设备，改变过去由田间观察为主为以实验室检测为主、田间观察为辅的科学判断方式，以市柑橘研究所实验室检测为主，依托华中农业大学等机构建立全市疫情监测评价体系。

3.2 建立标准的苗木繁育自供体系

调研全市柑橘苗木生产现状，以自繁自足为基本原则，加大力度建设无病毒苗木繁育及供应体系，严格管理柑橘苗木，按照农业农村部《柑橘无病毒苗木繁育规程》和《柑橘苗木脱毒技术规范》培育和推广无病毒苗木，以县（市）为单位建设，一般一个县（市）建设一家柑橘苗木生产繁育基地。

3.3 建立严格的检疫监管体系

充分发挥植保检疫队伍作用，抓好风险关口，落实管控措施，实施严格的检疫执法：一是把好调入关口，严禁从四川、江西、湖南等疫区调运柑橘苗木、接穗，杜绝病苗、病穗传入宜昌市；二是把好田间核查关口，对于新发展和品改的橘园，特别是私调私种橘苗，要常态化跟踪检查；三是把好物流关口，针对少数柑农通过快递物流邮寄苗木存在监管盲区的问题，由政府主导，协调铁路、邮政、公路、物流等行业主管部门，建立联动机制，强制要求备案，支持配合农产品调运检疫，形成政府主导、部门协作、多方参与的植物检疫工作格局；四是把好处置关口，对发现的疫苗疫树“发现一处、铲除一处”，及时销毁和砍除。

3.4 建立完善的组织保障体系

柑橘黄龙病防控是一种需要“大范围联合作战”的重大植物检疫性病虫害，需要全市植保植检队伍提升工作能力，协同作战。建立并保持一支由市、县专职检疫员为主体、乡镇村监测调查员为补充的植物检疫工作队伍，以适应新时期植物检疫工作的需要。各级政府加强对检疫工作的组织领导，将植物检疫工作经费和重大疫情的防控经费纳入财政预算。建议市政府每年从柑橘产业发展基金中安排柑橘疫病虫综合防控专项资金，主要用于市县监测点建设、疫情苗木处置、培训学习和宣传等方面，严防危险性病虫疫情发生。各主产县市区也要加大经费投入。

3.5 试点检疫性重大病虫害防控责任追究制度

建立全市植物疫情发生与防控评价体系，落实地方政府和检疫部门防控责任，将新发生疫情和疫情新发展的情形纳入地方自然资源和生态环境审计范畴，定期或不定期对地方政府及相关部门负责人进行专项审计，对失职人员依法问责追责。

让数据说话的四位一体农化服务模式

杨依凡[1,4]　邓兰生[1]　涂攀峰[2]　曾　娥[3]　陈煜林[1]　张承林[1]

（1. 华南农业大学资源环境学院　广东　广州　510642；
2. 仲恺农业工程学院园艺园林学院　广东　广州　510225；
3. 广东省耕地肥料总站　广东　广州　510500；
4. 广东东莞一翔液体肥料有限公司　广东　东莞　523135）

摘　要：结合笔者多年来在生产一线推广应用液体肥料和水肥一体化技术的经历，提出了数据－问题－方案－示范四位一体的农化服务推广模式。在农化服务过程中通过借助农化工具和数据来发现问题，再制定因地制宜的本地化解决方案，最后通过示范、培训、观摩，以点带面影响和服务更多种植户。新的推广模式将农化服务从对专业农技人才的依赖，转变为更加数据化和标准化，让农化服务有了更强的可操作性和实用性。

关键词：农化服务；液体肥料；水肥一体化；技术推广；培训示范

由于化肥长期过量和不平衡施用，致使近些年肥料的增产效益出现递减趋势，同时带来的土壤盐化、酸化、板结等问题却日益严重。在化肥零增长的政策背景下，更加节能增效的新型肥料迎来了快速发展，但新型肥料的应用技术却是种植户的盲区和迫切需求。只有通过大量的农化服务工作，让新型肥料的应用技术更多地得到普及和落地，才能真正做到肥料的减量增效。目前的农化服务在文化理念方面还多以产品宣传和概念营销为主，忽视服务的本质，往往得不到种植户的认可，种植户也不能得到有效的服务。例如，目前国内农资企业提供的农化服务很多还是沦为产品促销的工具，或者沦为出现质量事故时危机公关的工具。甚至还有一些农资“忽悠团”，传播极其不专业的“伪技术”，让种植户购买了大量的假冒伪劣农资产品而深受其害。近些年，众多有竞争力的农资企业也逐渐意识到农化服务的重要性，但企业往往很难招聘到高层次的技术服务人才，再加上技术服务很难直接快速地带来经济效益，所以企业很难投入太多成本去做农业“公益”服务。其次，基层的农技推广部门也在重视开展一些农化服务，比如区域性的技术培训和知识普及，但农技推广部门往往与市场和生产一线有一定距离，很难有足够的时间做到扎根一线，实践的缺乏也让种植户觉得有些技术无法真正落地。种植户对于农化服务的需求非常大也是迫在眉睫，到底依靠谁来做？又有哪些行之有效的方法来真正将农化服务落地呢？笔者结合自身在四川省和云南省推广液体肥料和水肥一体化技术的案例，浅谈如何通过让数据说话的农化服务模式来让更多的种植户直观地接受并应用新的水肥管理技术，让农化服务不再依赖高层次的人才，通过工具和数据就能做到直观、高效地影响和服务更多的种植户。

1 理论结合实际——发掘田间种植问题

种植户因为没有理论知识作为依托，在实际生产中往往依靠经验或盲目跟风，很难真正找到农业种植中的问题本质。而对于有着专业农技基础的农化服务人员则能将田间实际情况结合理论，最终找到问题的本质原因和解决方案，还能做到举一反三。农化服务工作的开展，首先需要一帮有专业理论又热爱农业的农化技术人员真正驻扎到田间，融入当地。例如，中国农业大学通过科技小院的模式组织农业专业的研究生来到农村一线长期驻扎，与农民同吃同住同劳动，融入农村，才能真正发现问题并解决问题。而目前我国的农业院校每年都有大量的农业专业研究生，但像科技小院这样深入一线，把论文写在土地上的农化服务人员非常少。

笔者从华南农业大学毕业后，在云南省宾川县驻扎 4 年，围绕葡萄的施肥问题，首先开展了一系列的田间调查。宾川县位于横断山与云贵高原交界处，积温高、光照强度大、日夜温差大、降雨量少，非常适合葡萄的种植。截至 2018 年，宾川县葡萄种植面积达 18.3 万余亩。由于宾川县境内水资源较为缺乏，山地葡萄灌溉多以喷灌和滴灌为主。但笔者通过实地调研发现当地的种植户在使用滴灌进行葡萄水肥管理过程中普遍存在的问题：① 过量灌水、过量施肥，肥料利用率低，导致土壤和根系损害大；② 葡萄的施肥时间间隔没有标准，3 天 1 次或 20 天 1 次都有；③ 不知道各个时期要用什么样的肥料配方；④ 不知道肥水用什么样的浓度效果会更好，常担心肥料浓度高会烧根；⑤ 不清楚怎么合理使用滴灌系统来滴水滴肥，从而达到高效吸收的目的。要想改变当地种植户根深蒂固的传统观念并不容易。如果种植户在思想上都不能被说服，那么行动上更加是迈不开脚步的。这就要求我们不仅要能发现问题所在，更重要的也更加难的是怎么让种植户也能意识到问题的所在，下面列举几种笔者实践中行之有效的方法。

1.1 打比方——悟出问题

无论是千人培训还是田间地头的小规模讲解，就算是真理，如果不讲究表达的方法和技巧，种植户会觉得难懂而不能接受，最后有理也说不清。所以与其把自己脑中的道理强加给别人，不如用他们自己生活中的比方来说服他们自己。例如，为了让种植户更容易理解施肥，我们把水肥比作饭菜，把根系比作嘴巴，把土壤比作肠胃。肠胃不好，再好吃的饭菜也难以被吸收。所以谈水肥管理的前提是需要先重视土壤，把土壤调理好。

1.2 眼见为实——看到问题

在培训会上，为了让种植户更形象地理解滴灌系统的压力不足会影响施肥的均匀性，笔者用长气球作为道具，通过现场吹气球的方式，让种植户亲眼感受到：当吹的力气不够时（水泵提供的压力不够时），长气球只是前端吹鼓起来（水肥供应前端充足），尾端却是瘪的（水肥供应尾端不足）。当吹的力气足够大时（水泵提供的压力和扬程足够大时），才能让长气球的前后粗度均匀（才能让田间滴灌带的水肥供应前后一致）。

1.3 让数据说话——用数据说话

当地的葡萄种植户普遍存在过量施肥的情况，以致土壤盐化非常严重。那么到底应该施多少量的肥？如何让种植户意识到肥料过量的问题呢？首先要有理论支撑，根据国际肥料工业学会出版的《世界肥料使用手册》，可计算出每生产 1 000kg 葡萄需要吸收的营养元素分别是：氮（N）3.14 ~ 3.36kg、磷（P_2O_5）0.72 ~ 1.4kg、钾（K_2O）5.86 ~ 5.92kg，这样根据种植户的实际产量，以及使用的肥料品种及具体含量，就有了相应肥料的使用量的标准和依据。但是实际生产中种植户为了追求丰产和心理上的踏实，施肥量要超出理论施肥量 2 倍甚至 4 倍。为了让种植户更好地意识到过量施肥的危害，笔者通过为种植户免费提供测土服务的方式，先提前告知合适的范围标准，再使用农化服务工具分别检测土壤的 EC 值（说明无机盐的含量超标问题）、pH（说明酸碱度问题）、田间含水量（说明水气不平衡问题）、有效氮磷钾（说明施肥不平衡问题）等。例如取葡萄地垄下 10cm 的土壤，水土混合后取饱和上清液，正常的土壤 EC 范围在 0.2 ~ 1.5mS/cm，但通过检测发现某些长势较差的地块土壤 EC 达到 4.3mS/cm，已经达到盐土的指标了。这样直观的方式让种植户亲眼看到田间的数据，从而意识到问题的严重性，才能让种植户心服口服，做出改变。

1.4 本地化方案

针对宾川县当地的水肥管理问题进行归纳和梳理后，笔者通过理论结合实际的调查和田间试验，对当地科学水肥管理方案做出了如下总结：前提要有正确的土壤，在正确的时间，用正确的肥料配方，使用正确的浓度，最后让肥水到达正确的位置（根区范围）。这与国际植物营养研究所（IPNI）和国际肥料工业协会（IFA）提出的“4R 养分管理”的理念基本一致。笔者在 4R 养分管理的基础上根据实地情况创新性地增加了一个对的土壤的重要前提。具体的本地化水肥管理方案的细节如下。

1.4.1 对的土壤

土壤质量本身不能直接被测量，但可以用测量特定的土壤性状（如 pH 或有机质含量）或用观察土壤条件（如肥力、结构或可蚀性）的办法加以估计。例如，笔者针对当地的土壤主要问题，通过土壤的 pH、EC、含水量、速效氮磷钾的含量等数值来作为发现土壤问题的评判指标，并通过参照国内外的相关数据库逐步完善各个指标的本地化标准范围。例如，根据土壤酸碱反应分级：pH6.5 ~ 7.5 为中性；pH5.5 ~ 6.5 为酸性；pH4.5 ~ 5.5 为强酸性。当通过土壤 pH 计检测到当地土壤 $pH<5.5$ 的情况，则可以认定为土壤偏酸性，同时建议种植户将底肥中的酸性肥料磷酸一铵替换成磷酸二铵，并使用草木灰或石灰来按照具体的公式进行计算施用量来改良。针对当地土壤有机无机不平衡的问题，笔者通过使用土壤 EC 计，当检测的土壤 EC ≥ 1.5mS/cm 时，则认定为盐度较高，建议采取起垄膜下滴灌的方式，控制化肥的投入总量并增施生物有机肥。同样针对长期水气不平衡的问题，笔者通过水分监测仪来测定数据来指导种植户合理灌水时间。对于土壤水分检测结果超标的，建议当地种植户少量多次，每次的滴灌施肥水的时间控制在 2 个小时之内（10 ~ 20m^3 水）。

1.4.2　对的时间

人要一日三餐，那么农作物应该几日一餐呢？其实作物和婴儿一样都是少食多餐才能吸收效率最好。但考虑到现实中诸多因素制约，很难做到太频繁施肥。所以一般建议种植户以土壤的湿度的数据为重要参考指标，一旦土壤含水量偏低就可以灌水并同时加上适量肥料。土壤的干湿度则可以通过简单便携的土壤湿度计去进行数据监测。

1.4.3　对的肥料

除通过预期产量来确定肥料的投入总量外，还要按葡萄在不同时期的需肥规律来分配不同时期的肥料配方。不同作物在不同时期的需肥规律模型已经被科研工作者研究得比较透彻，但种植户却很少会查阅和了解到这些数据和信息。这就需要农化服务工作者结合当地的气候和生长物候期，提供给种植户相应时期需要的肥料配方。还可以通过叶分析技术，取葡萄果穗相邻的叶柄进行榨汁并做养分检测，快速诊断植株养分的丰缺，及时调整施肥配方，做到营养平衡，精准施肥。目前，常用的养分速测方法有色卡比色法、离子电极法、Cardymeter 速测仪法、试纸条 - 反射仪法、手持式 SPAD-502 型叶绿素仪法等。其中，Cardymeter 速测仪测定结果无论与常规的连续流动分析仪还是火焰光度计的测定结果均达到高度相关，相关关系极显著。Cardymeter 仪完全可作为一种快速营养诊断分析方法，该方法快速、准确、简便。笔者通过 Cardymeter 仪在宾川红提的膨大期通过大量的采样检测叶柄中速效氮和钾的含量数据，发现膨大期长势正常的植株的硝态氮含量大部分在 800 ~ 1 300mg/kg，钾含量在 2 500 ~ 4 500mg/kg。且叶柄中速效氮含量和钾含量的比值与果实田间的膨大表现出一定的相关性，一般硝态氮 / 钾的比值越小膨大速度越慢。例如，在宾川县的桥甸镇检测到一份叶样的硝态氮含量是 800mg/kg，但钾含量达到 4 600mg/kg，硝态氮与钾的比值接近 1/5.8，田间的葡萄表现出膨大较慢，有僵果的症状。而另一份叶样的硝态氮含量是 1 100mg/kg，而钾的含量只有 3 100mg/kg，硝态氮与钾的比值接近 1/2.8，但田间葡萄的膨大速度明显较快。

表 1　不同果实膨大表现下的叶分析结果

种植户	田间表现	硝态氮含量 /（mg/kg）	磷含量 /（mg/kg）	钾含量 /（mg/kg）	硝态氮 / 钾
李槐兵	幼果膨大较快	1 100	10	3 100	1/5.8
方　志	幼果膨大较慢	840	15	4 500	1/2.8

1.4.4　对的浓度

肥料只有溶于水，以离子的形式才能被作物吸收。如果施肥时水量不够，会因为浓度过高而烧根。如果施肥时水量太多，肥料的淋洗又会让肥效大打折扣。如果施肥的浓度有了一个可以看得见的标准，那么这个问题就会迎刃而解了。笔者通过使用电导率笔去测量肥水的 EC，再告诉种植户不同作物适宜的 EC 范围，种植户就可以轻松掌握，再不用凭经验去摸索肥料的使用量和担心肥水浓度过高了。通过查阅并参照国内外的相关数据库，结合田间的实际情况，建议从滴灌带滴出来的肥水建议在 1.5 ~ 4mS/cm 比较合适。目前国产的电导率的测定仪有中国科学院南京土壤研究所的 SY 型数字电导仪，上海任氏电子有限公司的任氏系列，上海理达仪器厂的 DDS 系列等。

1.4.5 对的根区位置

肥水通过质流、扩散和截获 3 种方式才能被根系吸收。所以肥水要尽量送到须根系主要分布的区域，才能吸收利用率更高。针对不同地区的土壤的质地不同，根区的分布范围和深度会有所差异。所以，最好的办法就是把当地的土壤分成几大类并进行实地试验，可通过土壤 EC 计去监测肥水是否到达主要根区以及到达的最佳灌溉时间，从而最终确定本地化的滴水滴肥时间的合理方案。例如，在宾川的葡萄区，笔者调查发现大量的白根和须根的根区范围主要分布在距离土壤表层 30cm 以内，大量试验表明按照当地土壤质地的渗水速度，建议滴灌的时间应控制在 30 分钟以内，但因为气候干燥加上葡萄的需水量较大，每次灌水的总量为 1 ~ 2 个小时。所以推荐当地的葡萄种植户应该根据土壤的质地和干湿情况先滴清水 10 ~ 100 分钟，再打开肥料开关，让肥水 30 分钟左右施完，保障肥水到达主要根区，最后滴清水清洗滴灌管 5 ~ 10 分钟。这样的方案管理下来，水量的供应有了保障，肥料又刚好到达根区不容易产生淋洗，滴灌管也得到了冲洗而不容易堵塞。通过两三年来的农民培训会不断地灌输正确的滴水滴肥理念，笔者通过随机抽样调查发现约有 60% 的种植户已经基本掌握量了较为准确的滴水滴肥时间的科学方案，使得肥水能更好地到达根区位置。

2 通过示范观摩放大影响力

首先要选择思想上乐于接受的这部分人，通常通过培训就能筛选出谁到底是思想上比较超前，乐于接受新事物和新技术的人。其次要在当地选择一些有代表性和有影响力的农户，这样才能做到模范带头作用。选好示范户后，要和他充分沟通，讲解清楚示范的目的和意义。思想的统一是行动的前提，必须要与示范户建立信任。其次要做好科学的示范方案。一个科学严谨的示范方案决定了示范是否能获得理论上的成功，这是示范开展的科学基础。在做膨大期的精准施肥示范方案时，笔者首先了解常规对照的施肥方案，分析常规方案的优劣势。例如常规方案会用某品牌的有机水溶肥（$N:P_2O_5:K_2O=20:20:20$）粉剂 8kg，施肥成本约 220 元。则可以换算出常规施肥方案中的氮、磷、钾、有机质、中微量元素的实际投入量，有了参照再去挑选合适的肥料产品及原料产品就可以配置出在各个元素方面都不低于常规施肥方案的示范方案量。这样示范田的方案首先在前期设计上就做到量理论上取胜。其次示范方案要结合实际，例如，要参照当地的施肥成本，考虑当地的人工投入情况，要确保示范方案成功后能够被广泛接受和最终推广。好的示范通过观摩的方式能够更加简单直接地达到说服别人的目的。首先要将示范田和对照田的差异直观地展现出来，例如，通过现场测产、直观比较、相关含量检测、田间实操等方式。其次要在观摩的现场开好现场的培训讲解会，既让参与者看到了效果，又学到了背后的技术，回去就能真正应用起来。最后还要采集现场的数据及影像资料，做到多媒体宣传传播。新的模式和技术一定是能先影响一部分人去尝试并改变，然后再带动更多人参与进来。

3 结论

未来有竞争力的农资企业逐渐会从简单的产品销售过渡到通过农化服务去真正为种植户提供解决方案。但农化服务需要大的人力、物力投入，对于企业来说短期内不容易看到效益，很难做到长期广泛有效地开展农化服务。所以还需要相应政府部门能共同参与进来，提供一定的补贴和物资的硬件支持，比如技术培训补贴、农化工具补贴等。同时科研院校的专业人员是农化服务的中坚力量，学习科技小院模式，让更多的研究生把专业理论带到田间地头，真正做到把论文写在田地里，让有质量的农化服务广泛落地。

农化服务的方法需要模式化、简单化和可复制化。笔者几年来探索出数据－问题－方案－示范，四位一体的农化服务推广模式。即运用科学的农化工具和数据，去帮助农户共同发现问题并提出本地化的解决方案，再依托方案做好示范点，最后通过观摩和培训影响更多人。一旦有了工具、数据标准和行之有效的本地化方案，就会将农化服务也标准化、程序化，也让农化服务有了更强的可复制性。这样一来，就大大降低了农化服务对于服务工作者的专业水平的过高要求，可以让更多的人都能参与到服务队伍中来，从而让农化服务能够广泛推广落地。

农化服务的对象也需要进行合理分类并做到精准施策。不同类型的种植户对农化服务的实际需求是不同的，因而要采取对应的不同服务方式，否则农化服务要么达不到实际效果要么服务效率低下。例如可根据户均种植面积进行区分，例如户均面积不足 10 亩的传统农民更需要做的是去培训当地的农资商或服务商，并协助当地农资商为种植户提供简单可复制的解决方案。户均面积能达到 10 亩及以上的职业农民不仅需要简单的方案，还对理论培训有一定的需求。超过 100 亩的职业农民需要对基地管工进行理论及实操培训，以及田间检测、实地指导服务，还需要因地制宜的科学详细的解决方案。针对服务对象的分类并量体裁衣才能让农化服务更加精准高效。

药肥型石灰氮及在设施蔬菜连作障碍上的绿色消减技术*

吴跃民　贾　倩　王女华　张红艳

（辽宁省现代农业生产基地建设工程中心　辽宁　沈阳　110000）

摘　要：本文从发展绿色农业、开发绿色农资、推广绿色技术的视角，对石灰氮这一有百多年历史的农化产品进行了既全面又深入的剖析，详尽阐述了其集肥料、农药和植物生长调节剂于一体且绿色多效的突出特性及作用机理，进而着重针对日趋加重的设施蔬菜连作障碍问题，提出了集成应用药肥石灰氮与秸秆生物反应堆、绿色消减设施蔬菜连作障碍的 9 项技术操作要点。

关键词：石灰氮；设施蔬菜；连作障碍

石灰氮是氰氨化钙、氧化钙和游离碳素等构成的混合物，呈灰黑色。1901 年由德国人 Albert Frank 以碳化钙（电石）和氮气为原料化学合成而发明。先是作为制备氰酸的原料，之后被用作氮肥，进而又发现其农药功效。1908 年东京帝国大学农学院麻生庆次郎引进日本并命名为“石灰窒素”。1957 年，石灰氮在日本获农药登记，截至 2017 年 4 月，登记适用作物包括水稻、莲藕、蔬菜、豆类、薯类、麦类和桑。在我国获农药登记的石灰氮产品，目前只有“荣宝”牌 50% 氰氨化钙 1 种。

1　石灰氮的特点与效用

石灰氮是典型的肥药一体的化学合成品，因其特殊的化学组分而具有多方面特点和效用。

1.1　肥料特点与效用

1.1.1　特殊复合肥

石灰氮含氮 20% 左右，与硫铵相当。其所含的钙素换算成生石灰，约占 60%。还含有 15% 的碳素。因此是氮钙碳三元复合肥。多数蔬菜是喜钙作物，周年生产的设施蔬菜大棚，容易氮、磷过量积累而钙不足，用石灰氮做基肥，比用常规大化肥、复合肥更适合。

* 基金项目：2017 年农业技术试验示范与服务支持（农业科技成果转化与推广应用）项目（编号：091721301064072003）；2018 年农业技术试验示范与服务支持（农业科技成果转化与推广应用）项目（编号：091821301064072002）。

1.1.2 无酸根、强碱性肥

大多数化肥都带酸根，长期施用特别是在棚室内，易致土壤酸化、盐渍化。而石灰氮既是无酸根肥料，又是强碱性肥料，pH 为 12 左右。施用石灰氮，不但不会使土壤酸化、盐渍化，还能矫正土壤酸化、盐渍化，促进团粒结构的形成。

1.1.3 缓释、"长劲儿"肥

石灰氮施入土壤后，遇水分解出单氰氨，单氰氨又可聚合成双氰氨，单氰氨或双氰氨与水化合为尿素，再水解出铵态氮。单氰氨、双氰氨都抑制硝化细菌活动而延缓铵态氮向硝态氮转化，使石灰氮的氮肥肥效长达 3 ~ 4 个月。

1.1.4 "健美"肥

因为氮肥缓释特点，用石灰氮做基肥，可避免蔬菜过快过多吸收氮肥，同时还提高土壤中铵态氮与硝态氮比例，利于作物均衡吸收。其所含钙素不仅能避免相应的生理性病害，还能改善内外品质、延长货架期。

1.1.5 高效、绿色、安全肥

用石灰氮处理的土壤，氮素长时间以铵态氮形式存在，缓慢且较少转化为硝态氮，因此不易被淋溶移失，蔬菜根层以下（30 ~ 90cm）有效氮含显著减少，蔬菜吸收的硝态氮也相应减少。

1.2 农药特点与效用

决定石灰氮药效肥效的主要成分是氰氨化钙。获农药登记的石灰氮，含氰氨化钙 40% ~ 55%。

1.2.1 消杀

石灰氮对土壤菌、毒、虫、草的消杀机理主要有三方面：一是水解产生单氰氨、双氰氨的化学消杀；二是强碱水解热、有机物腐解热和闷棚时太阳热的"三热"巴氏消杀；三是旺盛有氧腐解结合淹水条件的窒息消杀。并且，石灰氮的消杀不是单纯、单向的灭生，而是既有抑制（线虫等）又有促进（微生物和原生动物），能显著提高土壤中放线菌数与真菌数比值（A/F）和细菌数与真菌数比值（B/F），并使根际真菌数明显减少，从而有效抑制土传病害。

1.2.2 解毒

除了消杀解毒之外，施用石灰氮的土壤，由于钙素占位、pH 升高、"三热"作用，以及有机物有氧发酵腐解彻底等，都能起到钝化重金属活性、减轻乃至消除有害物质毒性的作用。

1.2.3 绿色

石灰氮水解后形成的单氰氨溶液在国外常用于水果落叶剂和无毒除虫剂。施入土壤的石灰氮，在土壤及所栽植物中，最终无任何有毒残留。

1.3 调解剂特点与效用

1.3.1 酸碱度调节剂

石灰氮中的氰氨化钙、氧化钙均水解出氢氧化钙，能中和有机物腐解过程中产生的有机酸，减轻土壤酸化。合理增加施用量可使土壤 pH 趋向中性或弱碱性而抑制有害菌滋生蔓延、利于有益菌群居优势地位。

1.3.2 有机物腐解剂

促进有机物腐解的微生物，多喜好中性或微酸性条件及适宜的 C/N。含氮相当于硫铵且呈强碱性的石灰氮，既能调节秸秆等有机物还田时的 C/N，中和腐解过程中产生的有机酸，也可避免出现用硫铵、碳铵等调节 C/N 时加剧酸化而不利于微生物活动的情况。强碱能破坏秸秆等有机物的硅氧结构，使纤维变松脆而易于腐解。因而，石灰氮是优良的有机物腐解剂。这一点对畜禽粪便的便捷高效利用意义重大。理论上讲，畜禽粪便都应充分腐熟后再施用。而现实中，因为露天堆沤占地、捂揭翻倒费工、恶臭气味扰民等原因，多数畜禽粪便是直接施用，也由此带来后续菌虫草为害、高温与有毒气体烧苗等诸多弊端。如果生粪与石灰氮配合施用，可确保在土壤中安全、快速、彻底发酵，既能避免露天堆沤时的热量、养分散失，又能避免在土壤中有氧发酵不良而产生亚硝酸气、氮氧化物（如 N_2O）、甲烷等有毒或强温室效应气体。近年来，随着各地大田作物秸秆还田力度的普遍加大，秸秆腐烂不及时不彻底影响播种、C/N 过高导致作物“氮饥饿”、一些病虫害越冬基数升高等问题也随之增多。合理配施石灰氮，则可有效克服这些弊端。

1.3.3 破眠剂

据众多试验研究，石灰氮处理可为休眠植物提供相当于 1 000 小时的蓄冷量。对多数休眠植物，起破眠作用的主要是石灰氮水解产生的单氰氨。利用石灰氮的这一特性，不仅可以按需使葡萄、樱桃等果树发芽早、齐、壮而提前上市、提高产量和效益，还可以使一些杂草种子在冬前发芽、进而用冬寒达到除草效果。

1.3.4 脱叶剂

用适量石灰氮水溶液喷洒或先喷水再撒施，可使果树、棉花、马铃薯等作物的茎叶在短时间内凋萎脱落，既方便采收，又避免使用其他化学药剂的毒性对环境及产品品质的影响。

2 设施蔬菜连作障碍绿色消减技术

我国从 20 世纪 60 年代中期将石灰氮用作稻田基肥、酸性土壤改良等，其后不久，化学工业迅速发展，石灰氮如昙花一现，淹没在各种化肥农药之中，被人们淡忘。对其特征特性与功用研究不够，作为工业原料、农药中间品的需求旺盛，环境友好、绿色环保尚未引起足够重视等，也影响了石灰氮在我国农业上推广应用。进入 21 世纪，环境问题、农业可持续发展日益受到关注，集肥料、农药、调节剂于一身的石灰氮再度成为国内外专家深入研究的对象，其安全、低毒、无残留、无污染等优点得以进一步验证，是当之无愧的绿色安全农化产品，是名副其实的可持续农业资材。在对农产品质量安全要求苛刻的日本，尤其备受推崇。2015 年起，我们组织在夏季休茬的蔬菜塑料大棚、日光温室上示范推广药肥型石灰氮即荣宝牌 50% 氰氨化钙，普遍取得了防治多种病虫、节肥省药、增产提质增效的显著作用。尤其对连作障碍严重、“久治不愈”的老旧棚室，可起到“起死回生”的显著效果。

2.1 棚室土壤“十化”

连作障碍是指同一作物在同一地块上连续种植以后出现生长发育不良、易侵染病虫害、产量降低、品质变差等现象。连作障碍在周年无休的设施蔬菜生产中尤为突出，并集中表现在棚室土壤理化、生物性状恶化上，可概括为“十化”即盐渍化、酸化（pH下降）、单一化（微生物种群失调）、热化（有机物腐熟不充分不彻底、二次发酵烧苗沤根）、虫化（根结线虫等加重为害）、药化（农药沉降积累）、毒化（重金属等污染）、僵硬化（耕层板结）、乞“钙”化（钙素不足）、两极化（大量元素过剩、中微量元素及有机质匮乏）。

2.2 绿色消减

绿色消减是指利用对农产品和生产环境（包括有益和无害生物）都安全无污染的技术与产品，消除或减轻由于连作引发的一系列土壤病态或亚健康状态即前述“十化”现象，确保不影响连作作物健康生长发育，实现预期产量和品质目标。

2.3 连作障碍绿色消减技术

是药肥型石灰氮处理土壤技术与全层翻埋式秸秆生物反应堆技术两强集成、绿色高质高效作用显著的综合性技术。药肥型石灰氮的绿色多效性如前所述。秸秆生物反应堆技术则具有“五个三”的突出作用，即“三个提高”（棚地温度、二氧化碳浓度和作物抗性），“三个节约”（水、肥、药），“三个增加”（产量、产值、效益），“三个改善”（品质、土壤、环境）和“三个防治”（蔬菜病害、玉米螟等虫害和秸秆等废弃物污染），是公认的一技多效、一举多得的绿色高质高效技术。药肥型石灰氮处理土壤技术与全层翻埋式秸秆生物反应堆技术互补性强，集成应用于设施蔬菜棚室，可收到一加一大于二的协同效应：既能有效提高棚室内地温、气温、二氧化碳浓度，增加棚室土壤有机质含量，促进棚室作物生长发育，又能缓解乃至消除棚室土壤连作障碍，实现消杀、提pH、改土、促氮效、助益菌、补钙素、腐有机质、充气体、控硝酸盐、钝化重金属、处理废弃物、节水肥药、优品质、增效益多重目标。

2.4 操作要点

2.4.1 清平

将棚室内前茬作物生产残留的地膜、吊绳等杂物清出，枯枝败叶、藤蔓残果等可就地留用。其中茎秆较硬的茄子等，可不拔秧，用灭茬机直接打碎。茎秆细软的芸豆等，可拔后铡成10cm左右碎断备用。棚室地面要整平，避免高低不平。超长棚室尤其注意整平。

2.4.2 配足

药肥型石灰氮用量，一般每亩60 ~ 80kg，配合秸秆、稻壳等有机物（包括前茬可还田部分）1 ~ 2t，粪肥（未腐熟的堆肥、生畜禽粪均可）5 ~ 10m^3。

2.4.3 撒匀

将药肥型石灰氮与有机物均匀铺撒于整平的棚室地面。相对于秸秆等有机物，药肥型石灰氮数量较少，一次性铺撒，不容易撒匀。应采取分次铺撒、渐次找匀，以利其效用均衡发挥。

2.4.4　翻够

一是够深，即耕翻深度至少 20cm，力争达到 30cm。二是够细，即耕翻仔细、均匀，尽可能使药肥型石灰氮颗粒与土壤微粒充分接触。三是够平，即避免耕翻后地面出现高低、坑洼现象。

2.4.5　浇透

务必一次性浇透水，使棚室土壤达到水分饱和状态，这样有助于覆膜后地温上升、热量蓄积与传导，提高药肥型石灰氮与秸秆反应堆的协同效用。先覆盖后浇水的，注意不要将两膜接合处冲开。

2.4.6　捂严

提倡用整幅农膜覆盖地面，并将四周压严。用多块农（地）膜覆盖的，压接缝处的土块（堆）不宜过大，否则影响膜下土壤升温。仔细检查棚室、大棚膜和覆地膜的破损、透露处并修补严实，确保整个大棚处于密闭状态。

2.4.7　焖住

保持大棚密闭状态 3 ~ 4 周。要确保期间至少有连续 1 周的晴朗天气，使地面温度升高并持续，药肥型石灰氮水解出的单氰氨浓度也相应提高，处理效果就越好。

2.4.8　晾好

达到大棚密闭时限后，撤掉覆地膜，打开棚室进出口和棚膜放风口，晾晒 5 ~ 7 天，之后按下茬种植计划正常安排棚室作业。

2.4.9　减肥

药肥型石灰氮的氮含量相当于硫铵，且持效期可长达 3 ~ 4 个月。同时还含丰富的钙素，因此在棚室作物施肥管理上，要酌情减少相应量的氮肥、钙肥施用，既经济又安全。

以自贡丘区为例探析破解粮食生产难题对策

曾荣耀[1]　范昭能[1]　李　慧[1]　郭燕梅[1]　徐　胜[1]　童小兰[2*]

（1. 四川省自贡市农业技术推广站　四川　自贡　643000；
2. 四川省自贡市贡井区政府采购中心　四川　贡井　643020）

摘　要：立足自贡典型丘区实际，结合当地“三农”现状，深入分析粮食生产面临“谁来种”“不愿种”“不好种”“不敢种”等问题，合理提出粮食生产发展对策，以期为丘区现代粮食产业发展提供具有借鉴意义的参考。

关键词：丘区；粮食生产；发展对策

近年来，四川省自贡实施“藏粮于地、藏粮于技”战略过程中，突出问题导向破解粮食生产难题，努力探索现代粮食产业发展之路，实现了粮食产量和质量齐升，全市一半以上区县保持全省产粮大县地位，粮食生产年总量已连续 13 年保持增长，“两再一豆一薯”（“中稻 + 再生稻”、高粱 + 再生高粱、秋大豆和秋冬马铃薯）特色粮食产品美誉度、知名度和附加值快速提升。笔者对自贡粮食生产面临的制约问题进行了剖析并提出了对策，以期为丘区现代粮食产业发展提供具有借鉴意义的参考。

1　主要问题分析

纵观粮食产业发展，劳动人口缺乏、比较效益偏低、生产条件较差、农业风险较高是我国农业面临的共性问题，在自贡这种丘陵地区尤为突出，引发的诸多问题急需关注。

1.1 “谁来种”问题急需关注

据统计，近年自贡市农村劳动力转移 87.83 万人，占农村劳动力总数 136.94 万人的 64.1%。且主要为 18 ~ 55 岁的青壮年，留乡务农的年龄多超过 55 岁。

1.2 “不愿种”问题急需关注

据调查测算，在自贡市稻谷以亩产 550kg、售价 2.6 元 /kg 计算，除去亩成本 1 263 元，亩纯收益仅 167 元，年种植 50 亩水稻纯收益至多 1 万元。而农民外出务工一般每人年纯收入超过 1.5 万元（春节期间调查农民外出务工纯收入 2 万 ~ 3 万元）。

1.3 “不好种”问题急需关注

自贡受地形地貌条件影响，田块小、不规则、坡地多，面临诸多农业机械化瓶颈，全程机械化水平还不够高，农业生产仍主要依靠肩挑背扛的劳动方式进行，生产条件恶劣和生产方式落后现状没有根本改变。

1.4 “不敢种”问题急需关注

自贡市农业基础设施条件尚不完善，农业受自然灾害风险影响较大，易发减产减收。而主要农产品价格波动频繁且与农业投入品价格上涨幅度严重不匹配，致使务农面临亏损风险。

2 破解难题对策

2.1 壮大新型主体，解决好“谁来种”问题

2.1.1 大力培育新型经营主体

用活促进返乡下乡创业措施，引导返乡下乡创业者创办（领办）家庭农场、农民合作社、农业企业、农业社会化服务组织等新型经营主体和服务主体，推动种粮大户等新型经营主体成为破解粮食“谁来种”的新生力量。支持新型主体自身建设和参与农业社会化服务、承担农业公益性服务项目，切实解决“耕、种、管、防、收”各环节中小农户“做不了”或“做不好”的难题，引领返乡下乡创业者带领小农户步入现代粮食生产轨道。

2.1.2 积极创造主体发展条件

应用农村土地承包经营权确权颁证成果，深入推进农村土地“三权分置”，不断放活农村土地经营权，鼓励发展农村土地股份合作社，推行土地预流转新机制，进一步促进农村土地经营权适度规模有序流转，为种粮大户等新型农业经营主体发展粮食适度规模经营创造基础条件。

2.1.3 加大地方政策扶持力度

财政预算每年安排一定的专项奖励资金，对当年粮油领域新评定的国家级、省级龙头企业、示范农民合作社、家庭农场分别给予奖补。设立地方政府粮食类新型农业经营主体和服务主体奖补政策，发挥政策叠加效应，增强发展粮食生产的内生动力。

2.2 提升种粮效益，解决好“不愿种”问题

2.2.1 推进示范创建

立足特色产业，结合实际集中资源创建粮食绿色高质高产高效示范片，采用领导抓点示范做法，立起创建示范牌、明确抓点领导、列出创建标准、组成技术服务组，推广先进适应优良品种，创新集成推广机育秧机插秧、病虫绿色防控、测土配方施肥等新技术，充分发挥典型的示范带动作用，以点带面实现大面积增产增效。

2.2.2 推进复合发展

加快发展粮经复合产业，推行稻菜轮作、鲜食糯玉米套作小红椒、高粱 + 大头菜或马铃薯等粮经复合高效种植模式，充分利用川南秋冬季节温光资源在砂性土壤区域扩大种植优质秋冬马铃薯，探索稻鱼、稻鳅、稻虾、稻蛙等稻田综合种养模式，推行“生态健康养殖 + 粪污综合利用 + 粮食绿色种植”可持续发展模式，复合“粮油 +”模式，实行多元叠加、多业复合，形成“1+1>2”的效应效益，提升粮经复合产业化水平和综合规模效益。

2.2.3 推进功能拓展

积极发展农旅结合、农事体验、文化传承等新业态，把现代粮油园区建设与基地景观

化、城郊特色农业、优美田园风光和人文历史景观相结合打造，建设粮食观光基地等休闲观光平台，创建一批国、省级农业主题公园、休闲农庄和乡村旅游示范点，常年举办草雕节、农耕文化、打谷节、高粱节等活动，促进产业融合发展，赋予传统粮食生产新功能，提高粮食生产综合效益。

2.3 改善基础条件，解决好“不好种”问题

2.3.1 推进两区建设

大力实施“藏粮于地、藏粮于技”战略，把粮食生产功能区和现代农业园区建设作为加快转变农业发展方式推进粮食转型升级的主抓手，突出区域内良田沃土和生态屏障的保护，守住耕地红线，夯实粮食生产基础，提升粮食生产能力。

2.3.2 建设高标农田

全面理顺高标准农田建设机制，围绕“两区”和永久基本农田保护区布局，统筹规划布局高标准农田、高效节水灌溉示范区，形成高标准农田建设与保障粮食产能和发展现代农业有机相融的格局。

2.3.3 强化农机发展

支持绿色高效机具示范推广，促进农机装备总量提升。实施主要农作物生产全程机械化推进行动，开展水稻、油菜、马铃薯等农作物全程机械化示范园区创建，大力推进产前产中产后全程机械化，提升全市主要农作物耕种收综合机械化水平。投入专项资金用于农村机电提灌建设，新增恢复灌面。切实解决“机不能耕、旱不能灌、涝不能排”问题。

2.4 防范化解风险，解决好“不敢种”问题

2.4.1 加强防范化解自然灾害风险

牢固树立“预防为主、常备不懈”的应急理念，进一步完善自然灾害和抗震救灾应急预案，强化应急管理。密切关注气象和地震动态，指导农户因灾施策，强化防灾救灾，加强春播春管，稳定大春粮食播种面积和产量。动员农户积极参加政策性种植业保险，扩大保险覆盖面，增强农户防御风险和灾害救助能力。

2.4.2 加强防范化解病虫为害风险

准确掌握重大病虫发生动态，及时发布病虫情况信息，力争早发现、早预警，做到关口前移。大力推行专业化统防统治，推广低毒农药和先进施药技术，提高防治效果。对病虫菌源区和重发区，强化属地管理，严格检疫监管措施，搞好地区间联防联控和群防群治，坚决遏制暴发流行，实现虫口夺粮，力争病虫害损失不超过4%。

2.4.3 加强防范化解市场波动风险

开展粮食市场监测，定期发布粮食市场行情分析报告，指导农户根据市场行情调整粮食品种结构，规避增产不增收风险。建立紧密的利益联结机制，总结推广优质稻、酿酒高粱、秋冬马铃薯订单生产保护价收购模式，引导加工企业与农户签订订单生产购销合同，推行以质论价、保护价基础之上随行就市收购方式，以订单生产购销为纽带保证农民粮食种得好、卖得出、效益高，有效缓解价格“天花板”、成本“地板”的双重挤压。

豫西丘陵种植业节水技术路径探索

张自由[1]　张燕燕[2]　王秀梅[1]

（1. 河南省三门峡市陕州区农业农村局　河南　陕州　472100；

2. 河南省三门峡市气象局　河南　三门峡　472000）

摘　要：文章分析了豫西丘陵自然降雨、库水、井水等水资源现状及存在的降雨少且季节分布不均、种植业用水匮乏、灌溉方式落后等问题，提出通过适地种植生物节水、精耕细作农艺节水、推广水肥一体化工程节水、集存雨水循环利用、完善灌溉系统节约用水等节水技术路径，以提高种植业用水利用率。

关键词：豫西丘陵种植业；节水技术；路径

河南省三门峡市气候类型为暖温带大陆性季风气候，光照充足，气候温和，四季分明，年平均气温13.9℃，年日照时数2 354.3小时，无霜期219天，年均降雨量549.7mm，且时空分布不均匀，春旱、初夏旱、伏旱、秋旱时常发生，素有“十年九旱”之称。如何根据当地水资源状况，提高种植业用水利用率是农业部门、气象部门等技术人员一直探讨的问题。特根据近年来的生产实践，总结了有效的节水技术路径。

1　种植业用水资源

1.1　降雨特点

1.1.1　雨量相对集中

三门峡市陕州区历史平均降雨量549.7mm，其中夏秋两季雨量共463mm，占全年雨量的84.2%，春季和冬季雨量共86.7mm，占全年雨量的15.8%。虽不同年份降雨量有差异，但雨季相对集中在夏秋两季。如2014—2018年降雨最多的年份是2015年，夏秋两季降雨量547.1mm，占年全年降雨量（720.9mm）的75.9%；最少的年份是2018年，夏秋两季降雨量385.9mm，占全年降雨量（525mm）的73.5%。

1.1.2　月份分布不均

5—10月降雨相对偏多，7—9月雨量最多，其他月份雨量偏少。2014—2018年降雨统计显示：1月雨量为0.3 ~ 12mm、12月雨量为0.1 ~ 4.5mm；2016年与2018年全年降雨量最多的月份出现在7月，分别为114.9mm、131.4mm，全年最多雨量在8月的是2015年（149mm），2014年和2017年9月的雨量最多，分别为202.4mm、130.1mm。

1.2　库水灌溉情况

全区共有水库16座，总库容3 877万m^3，有效灌溉面积8.43万亩。其中中型水库

1 座为涧里水库，总库容 1 609 万 m^3，有效灌溉面积 3.46 万亩；小型 Ⅰ 类水库 7 座，分别是后河水库、金山水库、石门水库、吊坡水库、张家河水库、九峪沟水库、塔山水库，有效灌溉面积 4.39 万亩；小型 Ⅱ 类水库 8 座，分别是村头水库、芬沟水库、确沟水库、甘壕水库、西沟水库、风潭水库、位村水库，小岭沟水库，有效灌溉面积 0.58 万亩。

1.3 井水灌溉现状

据不完全统计，全区可利用配机电井 743 眼，发展井灌面积 4.35 万亩。主要分布在海拔 500m 以下的大营镇、原店镇、张湾乡、西张村镇、菜园乡等乡镇，形成了大营镇、西张村镇、菜园乡 3 个万亩井灌区和张湾千亩井灌区。

2 种植业用水存在的问题

2.1 自然降雨少且季节分布不均

春旱、初夏旱、伏旱、秋旱时常发生，十年九旱是陕州区主要气候特点。据统计，近 5 年来，春旱出现 4 次、初夏旱 2 次、伏旱 3 次、秋旱 2 次。2015 年雨量相对充足，基本满足了小麦、油菜等作物生长发育需要，产量创历史最高，但当年 1—2 月雨量少，对小麦、油菜越冬和返青有一定影响；夏秋两季由于温度高蒸发量大，出现了初夏旱、伏旱、秋末旱等旱情，影响春播作物抽穗和夏播玉米灌浆。2018 年春季雨水比 2015 年同期少 50.3mm、5 月比 2015 年少 42.5%，出现较严重的春旱、初夏旱，影响了小麦、冬油菜中后期生长，春作物播种墒情不足。夏秋连旱，致使秋作物几乎绝收。

2.2 种植业用水匮乏

陕州区耕地面积 48.95 万亩，库水和井水灌溉面积 12.2 万亩，仅占总耕地面积的 24.9%，85.1% 的耕地为旱作农业区或靠天吃饭，自然降雨是种植业用水的主要来源。降雨量多少、季节分布直接影响农作物的产量和品质。小型 Ⅱ 类的 8 座水库大部分建于 20 世纪 70 年代，管理差，淤积严重，基本失去使用效益。其他库水也往往在需要用水时，常常水源不足，影响正常浇灌。

2.3 灌溉方法落后

传统灌溉方式为大水漫灌，每次亩浇灌量都在 $80m^3$ 以上。用水量大，因渠道渗漏、蒸发、土壤渗透等浪费多，土壤易板结，作物利用少，利用率不足 50%。膜下沟灌、喷灌、滴灌、渗灌等节水灌溉方式，用水量在 $30m^3$ 以下，能有效满足作物生长发育需要，利用率在 90% 以上。节水灌溉方式仅在设施农业上应用，露地生产几乎没有使用。

3 种植业节水技术路径

3.1 适地种植，生物节水

3.1.1 作物布局要区域化

按陕州区气候特点、土壤特性，顺应自然降雨规律，做好作物区域布局，发展适地性种植，使作物需水高峰期和雨季重合，利用好自然降雨，发展旱作农业。按照高产或优质的要求，合理安排种植模式和茬口，选择抗旱、耐旱作物和品种进行种植。如小麦（或油菜）—鲜食红薯（或豆类、瓜菜等）种植模式，即秋季播种优质小麦或双低油菜，来年夏季收获后，栽植麦茬鲜食红薯、麦茬番茄、茄子、西葫芦等作物；发展地膜覆盖早熟西瓜（或土豆、鲜食甜糯玉米）–甜糯玉米（早熟土豆、鲜食红薯等）间作轮作模式，即种植一年两熟早熟土豆、春秋两季鲜食糯玉米、早熟西瓜与鲜食红薯或甜糯玉米间作套种等。使后茬作物生长需水高峰期和雨季相遇，可以充分利用雨季的雨水满足生长发育需要。

3.1.2 选用抗旱品种

作物在品种选用上，要种植抗旱品种。如 2019 年春季严重干旱情况下，洛旱 6 号、7 号、运旱 618、运旱 20410、济麦 44、灵黑 1 号、灵绿 1 号等表现出较强的抗旱特性，亩产在 300kg 以上。玉米可种植适合机械收割的籽粒玉米陕单 636 以及青贮玉米、鲜食甜糯玉米等特色玉米品种。红薯可栽种优质高产淀粉型品种如商薯 19、济薯 25、秦薯 4 号等，适合烤蒸的济薯 26、烟薯 25、西瓜红、秦薯 5 号、龙薯 9 号、川薯 294、胜利百号等。油菜品种有陕油 0913、陕油 19、陕油 1903、甘杂 1 号。优质早熟土豆品种有希森 3 号、希森 6 号等。适合露地种植的优质早熟西瓜品种如“逾辉”等。

3.2 精耕细作，农艺节水

精耕细作，蓄住用好天上水。豫西丘陵耕地多分布在塬上、坡上，在加大小流域治理力度的前提下，耕地、起垄、种植等按照和坡向垂直方向安排种植，尽量蓄住降雨，防水土流失；通过增施农家肥，改善土壤结构，提升地力，增强土壤蓄水保墒能力；在雨季前，对能深翻的地块，适当深犁，疏松土壤，吸纳雨水，雨后及时采取耙磨、中耕松土、作物秸秆覆盖保墒等有效措施，保墒防蒸发，保存好土壤墒情，尽力做到蓄住保住用好自然降雨。

3.3 水肥一体化，工程节水

改变灌溉方式。摒弃传统的大水漫灌，因地制宜灵活运用现代农业科技进行沟灌、滴灌、渗灌、地面喷灌等有效的节水农业措施，进行水肥一体化作业。根据各自条件，宜沟灌则沟灌，宜滴渗灌则滴渗灌。如陕州区西李村乡陈庄村农户，利用丘陵坡地的高差，创造性地将水肥一体化技术应用到红薯、西瓜生产中，即在种植地块高处挖小型蓄水坑或蓄水池或安放储水桶，红薯和西瓜种植行铺设滴灌带，利用自然高度差形成的压力，自流滴灌供应红薯和西瓜生长兑水肥的需要。该方法省事节水有效，大力推广。在有水源的灌区，可采用沟灌或铺设滴灌带或安装喷灌设施等节水技术，进行土壤补水，杜绝大水漫灌。对于设施农业，全面推广水肥一体化技术。在灌溉时间、用水量和次数上，改“浇地”为“浇作物”，要根据农作物生长发育规律，在需水敏感期和高峰期，结合施肥，科学合理灌溉，满足生长发育要求，提高水肥利用率。

3.4 集存雨水，循环利用

公路两边、农村晒场、村部、农户集中聚住区等空旷易收集雨水的地方，修建集雨水窖；在设施大棚集中区，规划和建设集雨曹和蓄水池或蓄水坑，在降雨集中季节，将多余雨水临时收储，既防内涝又备干旱时之需。陕州区张湾乡春花农民专业合作社在 7 000m^3 的联动大棚上，设计建设的雨水槽通过管道和 500m^3 蓄水池连接，将雨水储存起来，每年可蓄雨水二池 1 200m^3，在旱时可自流灌溉农田，循环利用雨水。

3.5　完善农田灌溉系统，降低水消耗

保护好利用好地面水和地下水资源。及时修补完善损坏的灌溉渠道，清理主支渠道淤泥杂物，保持畅通，防水在输送过程中渗漏流失。有条件的地方，最好使用管道输水到田间地头。对财政或社会资金支持的水利项目，要充分利用财政资金和社会资金，建设好水源到田间地头的支渠和到作物根部的微渠系统，减少水分消耗和浪费，节约水资源，使效益最大化。

4　结论

根据农作物生长发育需要，利用好生物、农艺、工程等节水技术，提高水利用率。充分考虑各地气候、土壤、水利、种植结构等农业资源要素，做好作物、品种布局，发展适地种植、适水种植；着眼种植周期，围绕蓄水、保墒、提高水利用率这一中心，在田间管理上，科学安排各项农事耕作措施，播种前，要对土壤进行深翻、精细耙磨、平整土地，增施农家肥等耕作，提高蓄水保墒能力；播种期，通过薄膜覆盖种植行，提温保墒；在作物生长季节，采用中耕松土除草、镇压、作物行间秸秆覆盖等措施防蒸发；因地制宜采取沟灌、喷灌、滴灌、渗灌等水肥一体化先进技术，提高水分利用率。

菜用型甘薯周年绿色优质高效栽培技术*

朱伯华[1**] 郑 彬[2] 田仕本[2] 龙 钲[3] 吕慧芳[2] 杨新笋[4] 张 凯[1] 龚 伟[1]

（1. 湖北省武汉市农业技术推广中心 湖北 武汉 430016；
2. 湖北省武汉市江夏区农业农村局 湖北 武汉 430200；
3. 武汉世真华龙农业生物技术有限公司 湖北 武汉 430064；
4. 湖北省农业科学院粮食作物研究所 湖北 武汉 430064）

摘 要： 菜用型甘薯因营养丰富、口感好、产量高、抗逆性好，近年成为湖北省武汉市主栽叶菜类品种之一。根据菜用型甘薯栽培条件，通过选用优良品种，应用越冬育苗技术、高产栽培技术、绿色防控技术等，可实现周年绿色优质高效栽培，经济效益可观。

关键词： 甘薯；菜用型；绿色；优质；高效；栽培技术

菜用型甘薯又称菜用甘薯、叶用薯、叶菜用红薯、茎叶菜用甘薯、茎尖菜用甘薯等，是指以幼嫩茎叶供食、地上分枝多、再生能力强、茎叶生长快、茎端茸毛少、无苦涩味、口感嫩滑、营养丰富的甘薯品种，主要以蔓茎生长点以下长约12cm的鲜嫩茎叶作为蔬菜食用。菜用型甘薯的鲜嫩茎尖富含维生素、胡萝卜素、蛋白质、膳食纤维及多种矿物质，营养丰富，且在田间生长过程中，不使用或很少使用农药，是理想的绿色保健型蔬菜，愈来愈受消费者青睐。自2006年以来，武汉引进筛选及示范推广了福薯18、鄂菜薯1号、鄂薯10号等菜用型甘薯品种，并研究、应用高产栽培、早春保温栽培、绿色防控等优新技术，完成越冬保苗难、繁苗难等关键技术难题的攻关，实现菜用型甘薯周年优质高效栽培，并由零星种植发展为规模化、产业化。产品表现为口感好、生产期长、产量高、抗病性强、商品性好，可补“春淡”“伏缺”“秋淡”等蔬菜淡季供应以及安全越冬保苗，成为武汉市主栽叶菜类品种之一，经济效益可观，栽培水平居全国前列。2017年3月，武汉市叶用薯生产基地成为全国甘薯生产技术培训现场。

* 基金项目：国家甘薯现代产业技术体系建设项目（CARS-11-C-15）；湖北省农业科技创新中心项目（2007-620-001-03）；美洲甘薯资源引进与利用（2013-Z6）；公益性科技研究项目（2012DBA53001）；科技部国际合作专项（2011DFB31620）；湖北省农业科学院青年基金项目（2014NKYJJ34）；湖北省农业科学院甘薯特色学科项目湖北现代农业甘薯产业发展专项资助。

** 第一作者：朱伯华，正高职高级农艺师，主要从事农业新品种、新技术、新模式的研究与推广应用。E-mail：hua661188@163.com

1　品种选择与栽培条件

根据当地气候条件，选择地上分枝多、再生能力强、茎叶生长快、茎端茸毛少、茎叶柔嫩口感好、色泽鲜绿的品种。湖北省生产上应用较多的品种有福薯 18、鄂菜薯 1 号、鄂薯 10 号等。

菜用型甘薯生长对温度和肥水要求较高。一般温度高于 15℃才开始生长，适宜生长温度范围为 18 ~ 35℃，10℃以下茎叶生长明显受阻，霜冻易冻伤植株地上部或导致全株死亡。有机质丰富、土层深厚疏松、保水保肥良好的壤土或轻沙壤更适宜其生长。生长过程中要保持土壤湿润，茎叶生长盛期要求田间持水量保持在 80% ~ 90%。菜用型甘薯适于在湖北的平原、丘陵地区以及气候条件相近地区种植。

2　越冬育苗技术

由于菜用型甘薯以采摘嫩茎叶为商品，不易形成块根，且种薯块根小，难以保存，繁殖系数也小，第 2 年出苗较慢。采用大棚越冬育苗比早春播种种薯育苗产量高。近年来经过不断试验，武汉采用大棚越冬育苗和工厂化扦插育苗等薯苗越冬早春育苗的方法繁育鄂菜薯 1 号等菜用型甘薯，繁殖系数高，效果好。

2.1　大棚越冬育苗技术

2.1.1　苗床准备

选择地势较高、土壤肥沃、土质疏松、背风向阳的设施大棚田块作苗床。8 月下旬清理田园、翻耕晒田，9 月上旬结合整地施足基肥。一般每亩撒施商品有机肥 200 ~ 300kg、矿质钾镁肥 10kg，深翻 20 ~ 25cm。精细整地作畦，每厢面宽 1.2m，厢高 20cm，厢沟宽 30cm。每厢中安装 3 根地热线，距厢边留 20cm，中间间隔 40cm。在苗床四周开好围沟，定植前每亩用 50% 多菌灵 1kg 与细土混匀，撒施厢面进行消毒。

2.1.2　定植

9 月中旬选择健康、茎秆粗壮、叶色深绿的菜用型甘薯薯藤，剪成 15cm 左右，留 3 ~ 4 节，基部斜剪成马蹄形，斜插入土 2 ~ 3 节，株距 15 ~ 20cm，行距 25cm，扦插后浇足定植水。

2.1.3　管理

定植后第 7 ~ 10 天，每亩浇施稀薄人粪尿 1 000kg 或尿素 10kg 提苗，发现缺苗要及时补苗。定植第 20 天和 30 天，结合中耕除草培土，每亩浇施稀薄人粪尿 1 000kg 或尿素 10kg，硫酸钾 2kg。培土最好用肥沃疏松细土拌腐熟堆肥，可与施用液态肥料结合进行，先培土后施肥，以利新根早发、多发。立春后喷施 1 ~ 2 次叶用肥。

当温度高于 30℃时要打开大棚膜通风降温。当夜间最低温度低于 10℃时，覆盖大棚膜。在覆盖大棚膜前用 50% 多菌灵 500 倍液对苗床进行消毒；当夜间最低温度低于 5℃时，搭建小拱棚，也可用地膜；当温度低于 2℃时，每天 20:00 至次日 8:00 开启地热线增温；当温度低于 –2℃时，每天 18:00 至次日 10:00 用地热线增温，延长增温时间。若遇上长期低温阴雨寡照天气，用白炽灯进行补光增温。

薯苗长成 5 ~ 6 片叶时，摘心促发分枝。其后长出的分枝不再摘心。

2.2 工厂化扦插育苗技术

2.2.1 种薯苗母体培养

菜用型甘薯种薯苗扦插培养的时间根据栽培季节而定。武汉地区一般于 10 月选择健康、茎秆粗壮、叶色深绿的薯藤，剪成 15cm 左右，留 3 ~ 4 节，作为种薯苗，扦插在一次性营养钵（4cm × 8cm）中，每钵 3 ~ 4 株。采用连栋大棚栽培，1 月底至 2 月初可再剪 15cm 左右扦插 1 次。

2.2.2 基质的制备

基质为国产珍珠岩和草炭，将 50L 珍珠岩 +100L 草炭 +5kg 经消毒的有机肥混合均匀，用灭病威（多硫悬浮剂）500 倍液消毒。将消毒后的基质填入硬质穴盘，并将穴盘整齐排列在苗床上，清水浇透后，用薄膜覆盖保湿，待扦插。

2.2.3 扦插条的处理

从大棚越冬培养的菜用型甘薯种薯苗母体中，选择茎秆粗壮、叶色深绿、节间腋芽发达、生长点完好的主蔓或侧枝作扦插枝，用已消毒的刀片切下，顶尖芽切下 4 ~ 5cm，其他每段长 2 ~ 3cm，应包含 1 片大叶和腋芽。

2.2.4 扦插苗床管理

扦插前要检查穴盘中基质墒情，如果基质干燥需浇透水，插入刚切好的扦插条，扦插深度 1cm，加温并覆盖遮阳网以遮光保温。扦插后大棚内白天温度保持在 25 ~ 30℃，夜间 18 ~ 20℃，空气相对湿度保持在 90% 以上，避免阳光直射，遮光率一般保持在 70%，禁止通风。扦插 5 天后，用 0.3% 的 20-10-20 水溶性肥料浇灌 1 次。当长到 3 ~ 5 个节位时，白天温度保持 25 ~ 28℃，夜间 15 ~ 17℃，每隔 5 ~ 7 天喷施 1 次叶面肥。

2.3 薯苗处理

采用保温设施越冬早春繁育的菜用型甘薯苗，应在定植前 7 天开始炼苗，即采取控水、揭膜、降温等措施，提高扦插苗的抗逆性，提高移栽后的成活率。定植前，将选好的长势健康、叶色深绿、茎秆粗壮的薯藤剪成小段，每段留 4 ~ 5 节，用生根剂、嘧菌酯和海藻肥的混合溶液浸泡 5 ~ 10 分钟，抑制病菌入侵，提高根系萌发能力。

3 优质高产栽培技术

3.1 精细整地，施足基肥

选择地势平坦、土壤肥沃、土层深厚、排灌方便的壤土或沙壤土，以前茬为豆科或 3 年内未种过甘薯的田块为好。结合整地，施足基肥，一般每亩施用腐熟农家肥 3 000kg，或饼肥 200 ~ 300kg，或用充分发酵的干鸡粪 2 000kg 均匀撒施，再深耕 20 ~ 30cm，再配施高氮、高钾的三元复合肥 50kg。按 1.5 ~ 1.6m 开厢，厢沟宽 30cm，畦高 20cm，整平畦面。

3.2 适时定植，合理密植

武汉采用设施大棚栽培可于2月底至3月初定植，小拱棚栽培于3月下旬定植，露地栽培于4月上中旬至5月定植，夏薯于6月上旬至7月中旬定植，一般定植时间不能迟于8月中旬。定植苗应带有4～5节位。菜用型甘薯春季采用大棚栽培可提早上市，经济效益较好。

合理密植能有效提高菜用型甘薯的前期产量。一般株距17～22cm，行距20～25cm，每亩定植密度约1.7万株。扦插时，顺自然生长方向，斜插入土2～3节，露出土面1～2节，尽量使露出地面的腋芽处于朝天面。定植后将土压实，浇足定根水。

3.3 查苗补苗

定植后3～5天，及时检查薯苗生长情况，如发现过于弱小的薯苗或缺苗、死苗，及早拔除或补栽，补栽时选用大苗、壮苗。

3.4 水分、温度管理

因以鲜嫩茎叶供食，故菜用型甘薯兑水分要求较高，一般要求田间持水量在80%～90%，采取小水勤浇或沟灌保持，但沟灌时水不能漫至畦面，有条件的可采用喷灌，以保持田间湿润为宜。多雨季节要及时清沟排渍，做到雨停水干，厢面无积水。

该类甘薯的茎叶适宜生长温度范围为18～35℃，叶片光合作用最适温度为23～33℃。早春提早或秋延后栽培，在大棚等保护地设施进行保温栽培，夏季高温期采用遮阳网进行遮阳降温栽培，可提高菜用型甘薯的品质，延长采收期，从而提高产量和经济效益。

3.5 科学追肥，促进早发快长

在施足基肥的基础上进行合理追肥。追肥以氮肥为主，适当增施钾肥，以促进茎叶生长。定植后7～10天，每亩施用稀薄人粪尿1 000kg或尿素10kg提苗。定植后20～30天，结合中耕除草，每亩施用稀薄人粪尿1 000kg+尿素10kg+硫酸钾5kg浇施促蔓。采收3～4次后，在采收后亩施尿素5kg兑水1 000kg浇施，以促进分枝和新叶生长。

3.6 及时摘心，适当调整

3.6.1 摘心

当扦插的薯苗长出5～6片舒展叶时，及时摘心，促进腋芽形成侧枝。

3.6.2 适当修剪

修剪从第3次采摘后开始，以后每采摘3～4次修剪1次。修剪时应保留株高10～15cm内的分枝，每穴从不同方向选留健壮萌芽4～6个，剪除基部生长过密和弱小的萌芽以及多余的老残茎叶等。

4 病虫害绿色防治技术

菜用型甘薯病虫害少，受害轻。但通过多种技术配套栽培后，其茎叶较脆嫩，加上长期连作，少数地块也易发生甘薯麦蛾、斜纹夜蛾、甘薯天蛾、蚜虫等虫害以及甘薯蔓割病、病毒病等病害。

4.1 虫害防治措施

4.1.1 农业防治

轮作换茬，清理田园，减少虫卵源。在虫口密度不高或各代幼虫初发时，可采用人工手捏虫苞、摘虫卵或捕捉幼虫等措施。

4.1.2 灯光诱杀

利用食叶性害虫成虫的趋光性，在发蛾盛期可采用黑光灯等诱杀成虫，或采用防虫网隔离等措施减少田间虫源。

4.1.3 药剂防治

虫口密度大时，采用生物农药防治甘薯麦蛾、斜纹夜蛾、甘薯天蛾等鳞翅目幼虫，每亩喷施 16 000IU/mg 苏云金杆菌可湿性粉剂（即 *Bt* 生物制剂）1 000 倍液 60 ~ 75kg，每隔 5 天喷 1 次，连喷 3 次。防治蚜虫及地下害虫可利用植物源农药 0.38% 苦参碱乳油 300 ~ 500 倍液喷雾或灌根。

4.2 病害防治措施

4.2.1 培育无病壮苗

从无病区选留无病种薯和种苗，最好选用脱毒种苗。

4.2.2 种苗消毒

用 50% 多菌灵或 50% 甲基硫菌灵 500 倍液浸种 2 分钟以上，晾干后种植。

4.2.3 药剂防治

大田发现病株时可用 50% 多菌灵 1 000 倍液喷雾防治。若病株受害严重，应立即拔除烧毁，并用 50% 多菌灵 1 000 倍液喷施消毒。

4.2.4 栽培管理

收获时彻底清理病残植株，注重轮作换茬，加强水肥管理，注意排水和通风透气，适当增施草木灰和石灰，使植株生长健壮，增强抗病力。

5 适时采收

利用育苗床或早春大棚栽培，可在 3 月采摘幼嫩茎叶提早上市，市场行情好，经济价值高。采收标准：茎叶鲜嫩、质地脆嫩、色泽鲜绿，长 20cm 左右。当薯藤开始封行，达到 10 ~ 12 片舒展叶时，开始采摘鲜嫩茎叶上市。每次采摘后，应在枝条上留 2 ~ 3 个节间，以利再生新芽。以后每隔 10 天左右采收 1 次，可持续至初霜期（11 月上中旬）。采收宜在清晨或傍晚温度较低时进行，此时收获的茎尖比较脆嫩，品质好。根据市场行情分期、分批采收，采收后及时上市。

郑州市优质强筋小麦生产现状及建议

杨　科

（河南省郑州市农业技术推广站　河南　郑州　450007）

摘　要：为适应农业供给侧改革，河南省提出推进“四优四化”调整农业结构的发展战略，大力发展优质专用小麦。优质强筋小麦产业的发展对小麦产业结构的调整意义重大。通过分析郑州市优质强筋小麦产业的现状和问题，从标准化、规模化、市场调节等方面提出了建议。

关键词：优质；强筋小麦；综述

优质强筋小麦是指面筋数量较高、筋力较强、品质优良具有专门加工用途的小麦。它是制作高品质面包、挂面、方便面、饺子等主食的重要原料。随着我国经济水平的提升和面食消费的升级，消费市场和食品加工企业对优质强筋小麦需求日益增加。目前，我国农业供给侧结构性改革已逐步展开，小麦产业中优质强筋小麦是我国小麦种植结构调整的重要方向。为全面了解郑州市优质专用小麦标准化生产情况，为今后发展优质专用小麦奠定科学理论基础，便于指导与服务生产，笔者对优质麦主产市新郑市、荥阳市的集中产区进行了实地调查，对郑州市优质强筋小麦发展现状进行了分析，针对存在的问题提出了一些对策和建议。

1　郑州优质强筋小麦生产现状

1.1　总体情况

近年来，郑州市积极推进小麦品质结构调整，大力发展优质强筋小麦。2016 年全市种植优质强筋小麦 9.7 万亩左右，产量在 4.8 万 t 左右，主要分布在荥阳市、新郑市，该区域地势平坦，气候适宜，土壤多系褐土或黄壤土，水资源丰富，灌溉条件良好，肥力水平较高，适合优质强筋小麦生长。主要推广品种有新麦 26、西农 979、郑麦 9023、郑麦 7698、郑麦 0943、郑麦 366、郑麦 101、丰德存 5 号等。

1.2　产销情况

目前，郑州市优质强筋小麦已初步形成了专种、专收、专储、专用和经营规模化、产销加一体化的产业格局，多以种子企业繁育优良种子和面粉加工企业订单生产为主。比较有代表性的有“荥阳市新田地模式”。据调查，2016 年优质强筋麦新麦 26 平均售价 2.48 元 /kg，西农 979 平均售价在 2.4 元 /kg，较普通小麦每千克高 0.2 ～ 0.4 元。在同等产量水平下，每亩纯收益较普通小麦增加 40 ～ 80 元。

2 存在的主要问题

2.1 区域化、规模化程度不高

一是种植面积较小，全市优质强筋小麦生产占全市比例较低，约占4.7%，有面积但形不成商品量。二是集中连片少，大面积区域化、规模化生产的地区较少（万亩以上），与普通小麦相比生产比较分散，给收购和农民销售带来许多不便。

2.2 良种、良法不配套

在实际生产中，部分地区用常规技术措施来管理优质专用小麦生产，措施不配套，针对性差，往往存在播种过早、群体过大，倒伏、病害偏重发生，病虫害防治不及时，施肥不尽合理等现象，致使小麦产量不高，品质降低。

2.3 生产投入不足

由于郑州市不是粮食生产核心区，所以没有被河南省列入小麦供给侧改革试点，郑州市目前也未出台推动优质专用小麦发展的相关政策措施。

3 相关建议

3.1 搞好技术服务，做到标准化生产

一是按照强筋小麦品种与气候，土壤等自然生态因素的关系，确定郑州市小麦品质区划。二是加强种子工程建设，从品种适应性、商品用途、产量、质量、纯度等多方筛选，严格把关，使其生产品种达到优质麦质量标准。三是开展技术培训与技术宣传。通过多种形式的宣传，广泛调动农民发展优质专用小麦的积极性；培训中应突出优质生产技术与普通生产的不同特性和关键性技术，着重强调适期适量播种，加大推广精播匀播技术、前氮后移技术和后期一喷三防技术。四是开展试验研究，增强发展后劲。加强与河南省农业科学院、河南农业大学、河南省农业技术推广总站等院所单位协作，建设一批优质专用小麦试验示范田，试验、推广、转化各项新技术、新成果，辐射推广优质专用小麦节本增资简化栽培技术。

3.2 稳定面积，提高质量，搞好规模生产

以新郑、荥阳等地为重点强筋小麦种植区，建立“企业＋基地＋农户”的产业化开发链条，确定重点乡（镇）、村庄，做到品种定位、地点定位、技术人员定位；以乡镇或村为单位建立生产基地，将优质专用小麦高产配套栽培技术在基地内应用，确保供种、病虫害防治、肥水管理、机收机播“四统一”，实现基地的专用小麦规模化种植、标准化生产、产业化开发，达到优质麦一村一品种，千亩成方、万亩成片的规模化种植格局。

3.3 注重市场调节，实现优质优价

发展优质小麦，农民既是受益者，又是市场风险的承担者。优质小麦标准化生产必须适应市场要求。政府应当在充分尊重农民意愿的基础上，通过广泛的宣传和典型示范引导带动，增强服务职能，使优质麦生产逐步走向市场运作。郑州市优质麦主产区的实践表明，通过近几年的政策引导和示范带动，已出现了良好态势。但是，由于郑州市不在全省

8个试点范围内，今后若没有强有力的措施和完善的服务措施，优质麦生产将有可能出现滑坡。建议各级政府在引导的同时，应对发展优质麦的农民种子价格补贴，尽可能实现统一供种。同时，也可实行优质优价收购，建议单价提高0.2元，以抵消因产量偏低、管理成本高的因素，使得亩收入较普通小麦略高，提高农民种植积极性。

3.4 加强协调，搞好基地与市场的有效对接

随着郑州市农业结构调整的不断深入和优质麦生产的不断发展，政府和业务部门要进一步增强服务意识，完善服务体系，搞好产前、产中、产后服务。一是对推广的优质麦品种，不仅要经过田间试验，而且要经过质量化验分析，经过企业的认可，企业需要什么品种，就种什么品种。二是政府和职能部门要经常为企业和种植大户、农民合作社等新型经营主体牵线搭桥，加强沟通，使广大农民发展什么优质麦心中有数，以便合理安排生产。

随着城乡人民生活水平和加工能力的显著提高，市场对优质专用小麦的需求量逐年增加，必将拉动优质专用小麦的快速发展。目前，郑州市优质专用小麦生产刚刚起步，发展潜力较大，前景广阔。我们要认清形势，抓住当前农业供给侧结构调整的良好机遇，充分发挥全市小麦生产的优势条件，适应市场需求，坚持优质高效，增强信心，克服困难，推动全市优质专用小麦的种植再上新台阶。

农林特产固体废弃物食用菌栽培基料化技术集成

常 堃[1] 蔡 婧[1] 肖能武[1] 黄治平[2] 黄 进[1] 张丹丹[2] 刘 杰[1]
（1. 湖北省十堰市农业科学院 湖北 十堰 442000；
2. 农业农村部环境保护科研监测所 天津 300191）

摘 要： 利用农林特产固体废弃物可用作食用菌栽培基料的特点，提出将废弃物进行食用菌基料化的高效利用技术与推广思路，介绍了湖北省十堰市开展相关的资源化利用技术集成示范与推广情况，为丹江口水源涵养区农业绿色高效发展提供借鉴。

关键词： 绿色；高效；农林特产固体废弃物；食用菌栽培；丹江口

食用菌富含人体必需的多种氨基酸，具有高营养、低脂肪的特性，深受人们喜爱；食用菌产业有利于推动精准扶贫，在多地发展迅猛。但随着食用菌产业的快速发展，也产生了大量的菌渣等废弃物。

湖北省十堰市是南水北调中线工程核心水源区，是国家重要生态功能区，也是国家集中连片扶贫攻坚的主战场。控制水源区农业面源污染是保障一江清水永续北送的重要举措，也是确保十堰市农业绿色高效发展的首要条件。十堰市现有耕地 262 万亩，园地 135 万亩，林地 1 142 万亩，草地 5 万亩。种植粮食作物 414 万亩（其中玉米 124 万亩），经济作物 298 万亩（其中烟草 11 万亩，药材类作物 113 万亩，食用菌 4 万亩）。每年产生大量农作物秸秆、烟秆、树枝、菌渣以及中药材黄姜、虎杖等加工后的废渣，由此产生的环境问题日益突出。例如，农作物秸秆被大量遗弃，所含有机物质在自然条件下分解，产生腐殖质，这些可通过多种途径进入水环境中，是水环境污染因子 COD 的实际及潜在的广泛来源；药渣作为废弃物集中堆放或掩埋会占用大量土地，产生大量有害腐败气体，对地下水也会造成污染，药渣腐败后会引发蚊、蝇、鼠、虫的滋生，成为疟疾、血吸虫病、乙型脑炎、霍乱、痢疾、伤寒、肝炎等多种传染病的温床；菌渣的传统处理方法为丢弃或燃烧，燃烧只能快速取得其 10% 左右的热能，是对生物量的不合理利用，同时其含有的丰富蛋白质和其他营养成分被随意丢弃，不仅造成资源浪费，也造成了环境污染。鉴于此，开展了将农林特产固体废弃物（以下简称废弃物）进行食用菌栽培基料化的技术集成，现介绍如下。

1 技术集成

1.1 主要技术

1.1.1 废弃物用于食用菌常规栽培

十堰市食用菌产业主要以香菇、木耳等木腐菌为主，其主要栽培原料木屑来源越来越紧张。项目组开展了香菇、木耳的新型栽培原料替代研究，先后试验利用烟秆、桑枝、玉米秆、玉米芯栽培香菇，利用黄姜渣、烟秆栽培黑木耳。研究结果表明：烟秆以 10%、20%、30% 占比来替代木屑，除菌丝满袋时间稍长外，香菇的农艺性状、产量与常规栽培处理相比均无明显差异；玉米芯配方在菌丝生长、转色、生物学效率、产量与常规栽培处理效果相当；玉米秆配方生物学效率与常规栽培处理效果相当。培养料中添加 20% 黄姜渣后，黑木耳产量与常规配方相当，且生长速度明显优于常规配方。

1.1.2 废弃物用于食用菌工厂化栽培

食用菌工厂化生产具有自动化程度高、菌渣收集处理方便的优势。目前十堰市有 2 家食用菌工厂化企业，主要从事代料杏鲍菇工厂化生产。项目组开展了虎杖渣、黄姜渣在杏鲍菇工厂化生产栽培中的应用试验，结合菌丝长速、产量及农艺性状等方面对配方进行综合评价，结果表明，用 20% 的虎杖渣部分替代木屑进行杏鲍菇生产，产量和生物转化率与常规差异不显著，但可显著降低生产成本，17% 的黄姜渣部分替代木屑取得比常规更好的效果。

1.1.3 菌渣多级循环利用

食用菌产业作为十堰市精准扶贫的有利推手，发展速度迅猛，目前十堰市食用菌年产量约 1.5 亿袋，也产生了大量菌渣。针对菌渣利用效率不高，存在一定程度资源浪费和环境污染的问题，项目组先后研究了杏鲍菇菌渣再次利用工厂化栽培杏鲍菇、香菇废菌渣再次利用工厂化栽培杏鲍菇、杏鲍菇菌渣再次利用栽培黑木耳及姬菇等，结果表明，上述处理的产量与常规配方无明显差异，提高了菌渣的利用率，同时在一定程度上降低了食用菌生产成本。有研究表明，菌渣所含有机质、N、P、K 等养分均达到国家有机肥标准，施用菌渣有机肥可有效改善土壤质量，增加土壤中大团聚体的含量及其水稳性，改善土壤理化性状，培肥地力，从而减少化肥使用量。

1.2 基料配方

利用废弃物栽培食用菌的基料配方相关参数如表 1 所示。

表 1 农林特产固体废弃物栽培食用菌的配方

废弃物	食用菌	基料配方
玉米秆或玉米芯	香菇	玉米芯或玉米秆 30%、木屑 49%、麸皮 20%、石膏 1%
桑枝	香菇	桑枝 10% ~ 20%、木屑 59% ~ 69%、麸皮 20%、石膏 1%，含水量约 55%
烟秆	香菇	烟秆 10% ~ 30%、木屑 49% ~ 69%、麸皮 20%、石膏 1%，含水量约 58%

（续表）

废弃物	食用菌	基料配方
黄姜渣	杏鲍菇	黄姜渣 17%、木屑 18%、玉米芯 30%、麸皮 20%、玉米粉 8%、豆粕 5%、石灰 1%、石膏 1%，含水量 62% ~ 65%，pH 为 6 ~ 7
黄姜渣	黑木耳	黄姜渣 20%、木屑 66%、麸皮 10%、黄豆粉 2%、石灰 1%、石膏 1%，水适量
虎杖渣	杏鲍菇	虎杖渣 30%、木屑 10%、玉米芯 25%、麸皮 20%、玉米粉 8%、豆粕 5%、石灰 1%、石膏 1%

1.3 技术集成

以食用菌栽培为纽带，实现农林特生产全过程固体废弃物资源化利用，工艺路线见图 1。

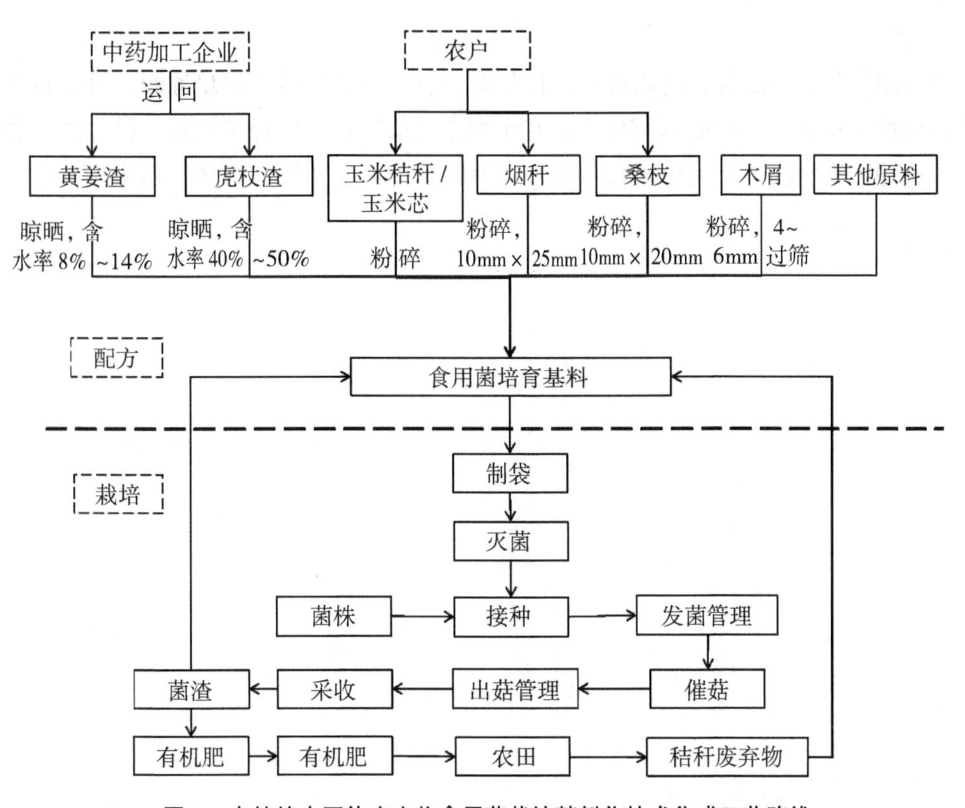

图 1　农林特产固体废弃物食用菌栽培基料化技术集成工艺路线

2　讨论与小结

2.1 讨论

十堰市农民组织化程度较低，主要包括网络农户（订单农户）、农业合作社、家庭农场（内含专业大户）、小散农户。全市现有各类农业新型经营主体 8 582 家，网络农户 10.8 万户。大量生产规模小的农户处于分散经营状态，农户异质性分化明显。

食用菌产业具有周期短、投资少、增收快、覆盖广等优点，对于农业结构的调整与优化，促进农业增效和农民增收发挥了重要作用。研究表明，目前我国农技服务在供求双方存在偏差，小规模农户、专业大户、家庭农场、农民专业合作社和农业企业的推广途径契合指数分别为 11.60%、20.42%、19.84%、19.13% 和 20.64%，契合度水平都不高，农业技术与农户的需求意愿存在较大差异，而技术属性是农户对技术选择的重要影响因素。农林特产固体废弃物用作食用菌栽培基料可以降低成本，减少木材砍伐量，在农户分化背景下，该项基料化集成技术受到十堰市有一定产业规模、热爱农业生产、希望在农村创业的专业大户、农业专业合作社成员、农业企业骨干、农业家庭农场主负责人、社会化服务组织成员以及村组干部的青睐，由于该技术能够充分评估不同农户的技术需求，从农户需求视角出发，切实解决农户实际问题，从而能够作为主要推广技术和新型职业农民培育工程教学中重点培训内容之一。

2.2 小结

以食用菌栽培为纽带，将农林特产固体废弃物部分替代传统栽培原料，开展食用菌栽培基料化技术集成与大规模示范生产，在十堰市已取得良好的经济效益、社会效益和生态效益。这种废弃物高效利用模式可为丹江口水源涵养区农业绿色高效发展提供参考。

丹江口库区春栽香菇菌棒越夏技术

常 堃 蔡 婧 李 军 李为民 张九玲 肖 艳
李世华 刘 杰 田继成
（湖北省丹江口库区十堰生态农业研究院 湖北 十堰 442000）

摘 要：针对丹江口库区春栽香菇菌棒越夏中存在养菌棚降温效果有限、种植户管理技术参差不齐、规范度不高等问题，根据栽培环境和场地条件提出4种春栽香菇菌棒越夏技术方法，形成了丹江口库区春栽香菇菌棒越夏技术体系。该技术体系已在丹江口库区得到大面积应用。

关键词：春栽香菇；菌棒；越夏；丹江口库区

食用菌营养十分丰富，含有人体需要的多种氨基酸及微量元素，特别是所含菌类多糖，具有抗病毒、抗肿瘤、增强肌体免疫力的功效，是目前全世界极为推崇的高蛋白、低脂肪、食疗兼用的绿色食品。香菇产业在以市场为主要因素的驱动下发展迅猛，规模和产量位于食用菌产业中的首位。发展香菇已经成为丹江口库区发展现代农业、调整农业结构、增加农民收入、产业扶贫的主要抓手。

春栽香菇是丹江口库区代料香菇生产的主要模式，栽培规模逐年攀升。春栽香菇菌棒越夏是春栽香菇的关键环节，越夏管理的好坏直接影响产量和效益，做好越夏管理是春栽香菇生产的重中之重，一般采用室内和室外两种方式。室内方式通常在有降温设施的培养室中进行，投入成本高，运行成本更高，只适用于实力雄厚的菌棒厂；普通栽培户只能选择在养菌棚中进行越夏的室外模式，为了安全越夏，养菌棚中摆放香菇菌棒数量十分有限，同时受养菌棚降温效果有限，种植户管理技术参差不齐，规范度不高等因素影响，生产中经常出现菌棒越夏高温烧菌现象，导致整个香菇生产失败，造成极大的经济损失。因此，保障香菇菌棒安全越夏十分必要。以下就对香菇菌棒越夏技术做一介绍。

1 高海拔区越夏技术

海拔700m以上地区夏季昼夜温差大，白天高温期相对较短，进行春栽香菇越夏时，可以选择直接上架越夏的模式，层架高度为5 ~ 7层，同时养菌棚外搭设双层遮阳网，遮阳网与大棚，遮阳网之间间距均在50cm以上。养菌期忌阳光直射，一是会导致袋温升高而烧菌，二是紫外线也会杀伤菌丝；忌高温，35℃以上高温会杀死香菇菌丝，且菌丝呼吸增强，消耗大量营养，导致菌丝极度衰弱，秋季不易出菇。根据养菌区夏季温度情况增减养菌层数，还要注意养菌时勤通风，保障香菇养菌温度在安全范围内。

2 菌棒室内越夏技术

无控温设施养菌室需要提前进行消毒，保障养菌室清洁卫生、干燥，空气相对湿度不超过70%，通风，避光。菌棒呈“#”形堆放5～6层，堆间有走道，室温保持30℃以下，超过28℃时要通风降温，空气相对湿度70%以下；有控温设施的养菌室要利用紫外灯、臭氧发生器等设备进行提前消毒，并保持养菌室内地面墙壁清洁、卫生、无积水，养菌时菌棒摆放要留5cm以上通风道，要注意安装进风系统（进风系统需加装空气过滤系统）和出风口（出风口处要加设保护网，防止老鼠进入养菌室），保障养菌期充足的氧气供应，防止缺氧导致二氧化碳中毒。定期检查养菌室，及时清理污染菌棒。

3 大棚养菌技术

养菌大棚高3m，宽6～8m、长20～50m，棚间距1.5m，棚四周排水通畅。大棚上搭建两层遮阳棚，遮阳网与大棚，遮阳网与遮阳网之间间距在50cm以上，由立柱和粗钢丝或钢架搭制。

大棚场地提前3天消毒，地面撒生石灰粉（50kg/亩），空间用气雾剂（15g/m^3）熏蒸。养菌环境温度低于15℃时，菌棒并列码放成排，高8～12层，2～4排紧靠成1组，上面覆盖农膜保温、保湿；养菌环境温度高于15℃时，单排码放，排间距20cm；养菌环境温度高于20℃时，进行1次翻堆，上、下、里、外菌棒调换并将菌棒呈“#”形码放5～7层，每层2棒。当菌棒内部温度达28℃时，及时降低菌棒密度和高度。菌丝生长旺盛、气温高时多通风，通风要与温度管理相协调，既保持适宜的温度，又能提供足够的新鲜空气。勤检查，勤清理，及时清除污染菌棒及杂物。

4 菌棒室外越夏技术

收集直径5cm左右的钢管、竹竿等具有一定支撑能力的条状物，将其截成3～6m长。随着环境温度的升高，在3月下旬至4月上旬，将春栽香菇菌棒摆放于条状物上。摆放方式：香菇菌棒与条状物呈“梯子”形摆放。最底层平行摆放2～3根条状物（条状物间距以能将香菇菌棒垂直放置，且菌棒两头有5～10cm露出为标准），菌棒间距在5cm以上，第1层摆放好，再平行摆放2根条状物在第1层菌棒上，条状物与菌棒呈垂直摆放，第2层菌棒摆放如第1层，根据场地条件可摆放2～6层，成1排，2排成1堆，排与排间距（以两排菌棒两头之间距离为准）5cm以上，堆与堆间距15cm以上。菌棒摆放完后在距地3m以上距离架设双层遮阳网，遮阳网与遮阳网间距40cm以上。摆放地面如为水泥地面，在夏季高温时可从清晨开始往地面洒水，不可将水直接浇到菌棒上；如为土地则禁止浇水降温。养菌可选择大棚外的空旷场地、空置的框架厂房或是出菇大棚中进行，摆放层数与场地条件如表1。

表 1　菌棒摆放层数与场地条件

摆放层数	场地条件
4 ~ 6层	通风良好，层高 4m 以上的空置框架厂房
2 ~ 6层（高温期不能超过 4 层）	露天场地，需要架设遮阳网和挡雨设施
2 ~ 4层，出菇大棚下 3 ~ 5 层可摆放菌棒（高温期只能摆放在下 3 层）	出菇大棚过道

以上 4 种香菇菌棒越夏技术体系基本覆盖了丹江口库区香菇春栽菌棒种植区，可供相关区域个体农户、种田大户、家庭农场或合作社等不同生产主体根据实际生产情况灵活选择应用。

大棚茄子节水节肥增效种植技术

张自由[1]　白春花[2]

（1. 河南省三门峡市陕州区农业农村局　河南　陕州　472100；
2. 河南省三门峡市陕州区春花农民种植合作社　河南　陕州　472100）

摘　要：分析大棚嫁接茄子引进示范效果，总结选好品种、施好底肥、防好病虫、整地起垄、适时定植、棚里温湿度管控、肥水管理、整枝吊蔓、病虫害绿色防控和适时收获等技术规范。

关键词：大棚茄子；节水节肥增效；种植技术

2017年河南省三门峡市陕州区农业农村局和三门峡市陕州区春花农民专业合作社在大棚中引进示范了茄杂二号、黑宝、黑霸王共3个超高产茄子新品种3 000株，取得良好的示范效果。2018年3月从博爱县购进3个茄子新品种嫁接种苗4万株，在27亩大棚内进行示范种植；同年6月又购进茄子新品种嫁接种苗2万株，在13亩大棚内进行示范栽培。通过示范发现：新品种喜水、喜肥，平均亩产15 000kg，是当地主栽茄子品种大红袍的2倍，高产优势明显；早熟性强，上市时间早，平均比大红袍早上市半月左右；品质优良，质硬肉细，籽粒少，炒食不变形，味道清香带甜；商品性好，果实圆、黑紫色，表面油亮。现对其种植技术做详细介绍。

1　定植前准备

1.1　选好种

优质高产品种是农业高效的基础。大棚栽植茄子要选择优质、高产、耐热、早熟的嫁接品种，如茄杂二号、黑宝、黑霸王。这些品种具有早熟、高产、品质优、口感好、适应性强等优点。有条件的可以自己育苗嫁接，普通种植户最好到育苗工厂预订。要选择均匀一致、健壮的茄苗，要求苗龄60 ~ 70天，株高约15cm，5 ~ 7片真叶，叶色绿浓，叶片肥厚，茎精壮节间短，根系发达完整，无病虫害。

1.2　施好肥

以腐熟有机肥为主，配合一定数量的生物菌肥、复合肥做底肥。每亩施腐熟猪、牛、羊粪4 ~ 5m^3，生物菌肥50kg，复合肥（15-15-15）20kg，耕地前撒施畦里地面或集中施于种植带中，深翻入土。对施用未腐熟的圈肥的地块，配合使用生物菌肥，加速农家肥的养分分解，利于作物的吸收利用，效果更好。

1.3 防好病虫

对地下害虫发生严重的地块，亩撒施辛硫磷颗粒剂 2 ~ 3kg 处理土壤，防治效果很好；在移栽前 1 周左右，可用硫黄熏蒸大棚，密闭 3 天，能有效防治各种越冬病虫，降低病虫基数，减轻病虫害发生概率，获得事半功倍的效果。

1.4 整地起垄

定植前 1 个月以上，要均匀撒施准备的腐熟或半腐熟的猪牛羊圈粪、堆沤肥和生物菌肥做底肥，深耕 25 ~ 30cm，晾晒垡，盖好棚膜，提高温度，增加湿度，促进粪肥进一步分解。在定植前 7 天左右撒施复合肥、辛硫磷，耙细、耙匀、耙平，将肥料与土壤最大程度混合均匀。整畦起垄，垄高 10cm 以上，宽 80cm，垄间距离 60cm。垄上搂平，垄中间搂好浇水沟或在种植行铺设滴灌带，采取膜下沟灌或滴灌，用 100cm 宽地膜盖好，待栽植。

2 适时合理定植

早春定植时间为 2 月底至 3 月初，采取宽窄行密植栽培，即垄上栽两行，行宽 60cm，株距 40 ~ 45cm，每亩定植 2 000 株左右。相邻行间的苗穴位置要错开成三角形，以充分利用空间。在规划好的定植穴地膜上，用刀片划十字口，挖穴定植，破孔应尽可能小，定植深度以与秧苗的子叶下方平齐为宜或者用简易栽苗器栽植，省工省时，效果也很好。定苗后要将孔封严。封口前根据土壤墒情浇定根水。该品种属于早熟品种，密度要适当加大以确保产量和品质。

3 田间管理

3.1 苗期管理

移栽后每 3 天检查幼苗成活情况，发现死苗要及时补栽，保证苗全苗齐。早春气温低且不稳定，昼夜温差大，保持大棚里温度相对稳定是苗期管理的重点。白天棚里温度超过 25℃时，要及时放风降温，夜间低于 15℃时要盖草毡保温。加强中耕除草，疏松土壤，提高地温。若遇干旱，采用膜下小水沟灌或滴灌，尽量不要大水漫灌，防止降低地温。

3.2 温湿度管控

秧苗定植后有 5 ~ 7 天的缓苗期，基本不通风，控制棚内气温在 24 ~ 25℃，地温 20℃左右；缓苗后，棚温超过 25℃时应及时通风，棚内最高气温不要超过 28 ~ 30℃，地温以 15 ~ 20℃为宜。生长前期当遇低温寒潮天气时，采取覆盖草帘等措施保温。进入采收期后，气温逐渐升高，要加大通风量和加强光照。当夜间最低气温高于 15℃时，应采取夜间大通风；进入 6 月下旬后，为避免 35℃以上高温危害，可撤除棚膜转入露地栽培。

3.3 整枝吊蔓

3.3.1 吊蔓

当植株长高到 50cm，门茄坐果后，选择相对向上生长的两分枝作为主枝，分别进行绑蔓吊蔓，随着植株生长及时将枝条缠绕到吊绳上，进行固定。

3.3.2 整枝

每层分枝保留对叉斜向生长或水平生长的两个对称枝条，对其余枝条尤其是垂直向上枝条一律抹除。摘枝时期是在门茄坐稳后将其下发生的腋芽全部摘除，在对茄和四母茄开花后又分别将其下部的腋芽摘除，四母茄后还要及时打顶摘心，保证每个单株收获 5 ~ 7 个果实。整枝时，可适度摘除一部分衰老枯黄叶或光合作用弱的叶，平衡营养生长和生殖生长，改善通风透光条件。摘叶方法：当对茄直径长到 3 ~ 4cm 时，摘除门茄下部的老叶；当四母茄直径长到 3 ~ 4cm 时再摘除对茄下部的老叶。

3.4 水肥管理

茄子根系发达，生长旺盛，耐肥但不耐旱和涝，必须加强肥水管理。果实发育的前、中、后期，应对应“少、多、少”的肥水管理原则。进入结果期后，在门茄开始膨大时可追施较浓的粪肥；结果盛期，每隔约 10 天浇水 1 次，隔 1 次水追 1 次肥或每采摘 1 次果实追施 1 次肥，追肥应在前批果已经采收、下批果正在迅速膨大时进行。一般每亩每次追施高氮高钾复合肥或冲施肥 10 ~ 15kg，或者稀薄粪肥 1 000 ~ 1 500kg。化肥应与稀薄粪肥交替使用。还可根据植株长势对叶面喷施高效氨基酸复合液肥 500 倍液。

要采取地膜下小水沟灌冲肥或膜下滴灌进行浇水冲肥。一方面可满足茄子生长对肥水的需求，另一方面可避免因膜外大水漫灌增加棚里湿度和降低旱地温的不利影响。尤其是早春时节，有利于棚里温度的回升，同时可降低棚里湿度，减轻病害的发生概率。

3.5 病虫害防治

为害茄子茎叶果实的主要病虫害有蓟马、叶螨、白粉虱、灰霉病等。要遵循“预防为主，综合防控”的防治原则，根据主要病虫发生种类及发生规律，防治要着眼于茄子生长发育整个生育期、贯穿于每个农事操作，创造利于茄子生长发育、不利于病虫害发生的条件，以压低病虫种群数量。采取绿色防控办法，以精准管控温湿度、适时管理水肥提高其利用率为主，辅助黄蓝板诱杀等物理方法，必要时采用高效、低毒药剂防治。

精细水肥管理，增强抗病耐病能力。浇水施肥时间和用量力求精确，管理措施要精细，适时、适量、及时。浇水要少量多次，提高水肥利用率。调控棚里温湿度，结果前要增温控湿，结果期要控温控湿，使棚内温湿度有利于茄子生长，不利于病虫发生。在病虫发生高峰前可选用阿维菌素、高效氯氰菊酯、吡虫啉等高效、低毒农药进行喷雾防治。

4 适时收获

采收期的迟早不仅影响产品品质，而且影响产量及经济效益。要根据品种、果实、市场等情况确定采摘期。早熟品种从开花到采摘约 20 天，该时期茄眼不明显或消失，茄面光滑发亮；市场行情好时可适当提早。

建设现代化病虫测报　推动农药用量零增长

张振铎[1]　李海涛[2]　段晓秋[3]　纪东铭[4]　刘　瑶[1]　杨丽莉[1]

（1. 吉林省农业技术推广总站　吉林　长春　130033；
2. 吉林省洮南市农业技术推广中心　吉林　洮南　137100；
3. 吉林省乾安县农业技术推广中心　吉林　乾安　131400；
4. 吉林省四平市植物保护站　吉林　四平　136000）

摘　要：构建现代化病虫测报体系是转变病虫害防控方式、实现减药控害的必要条件。首先分析了病虫测报对农药用量零增长的推动作用，接着提出了通过建设现代化病虫测报体系推动农药使用量零增长的思路，最后阐述了病虫测报推动农药用量零增长的途径，旨在发挥病虫测报对减药控害的支撑作用，为实现农药使用量零增长开阔思路，促进农业绿色持续创新发展。

关键词：病虫测报；监测预警；农药零增长；减药控害

农业部在2015年制定了《到2020年农药使用量零增长行动方案》，提出了以“控、替、精、统”四字为重点，坚持综合治理、标本兼治技术路径，这是“十三五”期间植保工作的方向和目标。植保工作主要分为病虫害测报和防治两个必经环节，病虫测报是植物保护的第一环节，是植保工作的起点及制定防治决策的前提和依据。因此，要实现农药用量零增长，必须贯彻预防为主的植保方针，构建现代化病虫监测预警体系，把好减少农药用量、降低环境压力、促进农业绿色发展的第一关，才能实现农药减量控害。如何建设现代化病虫监测预警体系，在借鉴众多研究成果的基础上，经过进一步分析探讨，提出了现代化病虫测报体系的建设思路，以便尽快建成适合现代农业生产的互联互通、运转高效、保障有力的现代化病虫监测预警体系，为农药使用量零增长、农业绿色持续发展奠定坚实基础。

1　病虫测报对农药零增长的推动作用

1.1　提供数据支撑

病虫测报通过为减药控害决策提供数据支撑，为减药控害取得成功奠定了基础。病虫测报是在为减药控害工作做准备，要想把减药控害工作落到实处，必须从农田生态系统的整体出发，依靠测报员细致的调查监测，查清病虫害发生的系统情况，才能制定出切实有效的防治决策。只有先对病虫害“敌情”有一个全面、精细的调查，掌握了病虫害种类、虫口密度（病害发生率）、害虫龄期（病害严重度）后，才能界定出防治的区域，从而在合适的时机选择恰当的防治技术，使用最少的物力、财力、人力，做出精准防治，获得最好的效果、效率和效益，实现减药控害，促进人与自然和谐发展，达到经济效益、社会效益和生态效益的最大化。

1.2 提高方案实施效果

病虫测报通过提高减药控害具体方案的实施效果，推动了统防统治工作的开展。新常态下，青壮年农民外出打工挣钱，提高收入反哺农业，但是病虫害防治问题解决不好，农民就不敢远离农村，放不下农田这个生存保障。病虫测报技术复杂、专业性强，要求测报技术人员有扎实的专业基础、丰富的经验、较强的责任感和奉献精神，一般社会化服务组织较难培养出这样的人员，如果对于病情虫情一知半解，没有清楚地掌握防治对象的特点，那么就难以制定出科学合理的方案，不能高效发挥各种预防治理措施的优势，难以取得好的结果，达不到减药控害的目标，无法实现资源节约、环境友好型绿色可持续治理。农民群众不满意，购买服务的热情自然会下降，社会化服务组织的发展道路也不会太长，统防统治会受到不利影响。

2 如何建设现代化病虫测报体系

2.1 调查规范实用化

迄今为止，我国已经制定了 19 种病虫害测报技术规范的国家标准和 31 种病虫害测报技术规范的行业标准，使各级测报人员在调查监测病虫害时有据可依。但是这些测报技术规范制定之初，多是按照科学研究的标准和框架制定的，涉及了病虫害发展变化的全过程，涵盖了病虫害发生消长的主要细节及影响因素，符合严谨细致的科学理念。但是当前遇到了新问题或新情况，首先是测报队伍人员不足且缺乏交通工具导致了下田调查困难；其次是繁杂的调查内容和项目造成测报员劳动强度过大；再次是很多调查项目和指标在后续的测报流程中用不到；最后是病虫害发生规律的科学研究有不少新突破，有些病虫害的发生规律已经基本清晰，再为摸索病虫害发生规律而大范围开展普查已经没有必要。因此，在以后制定或修订病虫害调查规范时，要以测报工作实际需要为主线，以解决测报工作实际问题为出发点和落脚点，测报后续流程需要什么数据，在前端调查环节就制定什么项目，删除那些调查后用不到的内容，简化调查测报技术规范，提高测报工作效能。

2.2 监测工具智能化

2013 年以来，从比利时引入的马铃薯晚疫病实时监测预警模型经试验验证后，在全国 12 个省份推广 400 多套，并建立了全国统一的马铃薯晚疫病预警网络平台，成为我国利用物联网监测预警病虫害的成功范例，促进了病虫监测由完全靠眼观手查向自动化、智能化的转变。各级植保部门可以参照马铃薯晚疫病物联网监测预警的成功经验，组织科研院所、推广部门、生产企业、新型农业经营主体等有关部门和人员，主动作为，各尽其能，通过联合攻关、试验引进、自主研发等方式，创新研发一批病虫害智能化测报工具或技术，同时尽快规范物联网监测设备数据标准、传输协议和报送接口等，并经植保系统验证后进行推广，实现用机器替代人调查来取得数据的目的，缓解当前测报人力不足等问题造成的调查困难。

2.3　监测维度立体化

我国近年在航空航天等领域取得重大进展，测报技术人员要乘势而为，主动学习利用新知识新技术，拓宽监测视野的维度和角度，扩大监测信息的来源和尺度，利用新技术手段解读公开发布的卫星地图和数据，从卫星图像上植被等的变化来解析病虫害造成的为害，把国家科技发展所带来的新成就用在病虫测报当中，使其尽快产生实际作用。加快应用雷达、高空测报灯等较为成熟的手段，全国各地统一布局，加快推广应用的步伐，形成全国昆虫雷达监测网络，增强监测预警的科技手段，获取害虫在高空的运动轨迹，进而掌握害虫的迁飞路径和影响因子，全方位、全要素地把握害虫的发生信息，提早判断害虫的发生趋势和迁飞路线，做到早发现、早预警、早防控，减少害虫造成的损失。

2.4　数据传输网络化

建设农作物有害生物信息管理和预警系统，把调查规范的内容转换为电子表格用来记录存储调查数据。无论是利用物联网智能测报工具，还是人工定点调查或普查取得的数据，都借助计算机或田间移动式数据传输和报送设备，通过光纤宽带或无线通信传输方式发送到信息管理和预警平台，并分类存储到统一规范的信息化系统，真正实现调查数据的网络化传输，降低人力的消耗，减少中间环节，测报人员再进一步查询确认修改，减少误差，保证调查数据规范准确，为下一步分析利用数据奠定牢靠基础。

2.5　数据分析智慧化

大数据、云计算、人工智能等新技术发展迅猛并在金融、信息等热门领域普遍应用，推动这些热门行业快速进步，病虫害测报是以数据为基础支撑的专业领域，要善学善用这些数据分析工具，深度挖掘测报工作取得的数据资料，多维度、多层次分析调查数据，找出数据之间的关联关系，提高发现主导因子信息的敏锐力，研究发现这些数据背后的价值。采用现代科技手段，推演多年调查的历史资料，归纳总结各种病虫害发生规律，理解干扰病虫发展变化的影响因子，从而加快运算速度，推导出更有效的分析方法，做出针对性更强的分析推理，切实提高数据分析的智能水平。

2.6　预测预警模型化

针对目前缺少直接用于生产的预测模型的困难：第一，梳理过去研究取得的模型，根据当前实际重新调整模型参数；第二，引入国外已经开发成熟的预测模型，并进行试验验证，缩短模型的研发时间；第三，要利用云计算、神经网络、人工智能等新技术，探索数据挖掘分析利用的方法，开展模型的研发创制，把结果编程为计算机程序并联入信息管理及预警系统；第四，将病虫发生种类、自然环境、作物结构、气象条件相似的区域划为同一个病虫发生生态区，组织同一区域内测报人员开展联合协作，共享病虫发生数据及影响因子资料，节省取得研发模型所需数据的时间，加快研发模型的速度，早日实现通过数据模型来表达调查数据，给出可供读取的预测结果，提高预测的精准水平和速度。

2.7 预测展示图形化

把地理信息系统中地图分析模块连接在农作物有害生物信息管理及预警系统中，通过空间插值分析，把当前病虫害发生情况展示在地图上，使用不同颜色代表不同虫害发生的严重程度，直观展示病虫害的发生情况。利用接入农作物有害生物信息管理及预警系统中的 Flex 等动态图制作软件，制作病虫害发生发展变化的动态图，从而更生动地推演出病虫害的发展趋势和空间分布态势。结合研发的预测模型，综合预测病虫害未来的发生状态，把预测结果直观地展示在地图上，让测报人员更清楚地掌握病虫害发生规律，让公众更容易理解预测的结果，对社会产生更好的警示预防作用，更有效地指导病虫防治工作。

2.8 预测发布多元化

鉴于当前智能手机等移动媒体普及化的发展趋势，要以微信公众平台推送病虫情报为核心，综合利用手机、电视、广播、网络、期刊、板报等传统媒体和现代媒体，建立多元发布渠道，采用文字、图片、影像等多种形式，公开发布病虫情报。从而提高预报传递的速度，确保预报信息的时效性，拓宽信息的发布范围，扩大预报的覆盖面，增多公众接收预警信息的机会，增强公众的接受程度，为病虫害预报信息受体提供更加快捷、直观、有指导价值的服务，提高预报的利用率，起到预报的警示作用，使政府部门和农民有充裕的时间做好防灾减灾的准备工作，更好地发挥病虫预报指导防治的公益作用和巨大潜力。

2.9 测报队伍专业化

随着测报使用的工具和软件技术难度的提升，测报人员的素质也必须相应提升。一方面通过多种培训更新现有人员的知识，提高技术水准；另一方面将来招录测报人员，必须严格设定专业，不能再含糊为植物保护类或植物生产类，因为农学、农药等专业学习内容与测报工作所需知识和技能相差较大，好不容易招录来的新人参加工作后适应期过长，缓解不了当前测报人力薄弱的紧急状况。测报人员只有具备完成从田间采集数据到分析挖掘数据，再到归纳预测方法，最后到多元发布预报的综合能力，才能为测报事业发展提供源源不断的动力，推动测报事业取得更快的进步，成为测报工作开展的坚强后盾和快速进步的驱动力。

2.10 参与主体社会化

我国不同地域间，自然地理条件、气候条件差异大，作物种类、种植制度、管理方式等方面差异大，主要病虫害的发生种类、发生规律差异也很大，各地病虫害的发生情况各有特点，年际之间的波动区别很大。测报队伍当前本就存在人力薄弱、设备落后、经费短缺等难题，这些困难涉及的主体、行业和层次较多，依靠植保部门自身的力量，一时之间恐怕难以解决。所以，只有调动社会各方力量拓展合作，鼓励社会各界自发投入测报，才能尽快缓解病虫测报面临的实际问题。首先可以免费为新型农业经营主体、专业化合作组织等培养初级病虫测报人员，讲授基本病虫害知识和调查技术以及测报工具的原理与使用方法；其次联合气象等对病虫害发生变化影响较大的部门，邀请气象监测人员参与病虫调查监测，增多测报人力，借鉴气象天气预报的原理与方法，提高病虫测报的技术水平；再次建立与农资经销网点沟通机制，病虫害多发期间定期进行沟通，初步了解各地的病虫发生信息再到农田现场确认；最后还要鼓励农民把田间病虫发生情况主动报告给植保部门，增加植保部门的病虫信息来源。

3　病虫测报怎么推动农药零增长

3.1　制定减药控害决策

根据病虫调查监测数据制定减药控害决策，落实“控”字。开展病虫害防控工作前，首先要熟练掌握本地病虫的调查测报技术规范，再依照标准规范开展病虫害调查测报工作，实地调查监测是否发生病虫害，查清已经发生的病虫害的种类、发生区域、发展进度、为害程度等，才能决定如何开展减药防控工作。如果调查监测的结果是没有发生病虫害，或者发生程度在1级以下，就不采取防治措施。虽然农业防治、物理防治、生物防治负面影响小，但是不顾客观情况一律都去“控”，也是一种习惯性的浪费，白白耗费人力、物力和财力。

3.2　评价防治效果

通过病虫害调查监测工作评价防治效果，落实“替”字。有些农民在施过药后就认为万事大吉。实际上药后防效如何、对农田生态的干扰、对非靶标生物的影响等都是必须考察的因素，现阶段仅靠农民无法解决这个问题。农药、药械真正投入到生产中后，别人不下地，只有测报员知道其应用是否合适，从而提出是否需替换的意见，科学采取防控措施，提高防治效果和安全性，为减药控害决策提供依据。

3.3　指导科学防控

通过精准测报工作指导科学防控，落实“精”字。先要查清田间发生的是哪种病虫害，发生程度如何，发育进度如何，发生数量多少，发生面积多大，才能确定是否开展防控工作，采取哪种防控措施，何时开展防控措施，从而在准确诊断病虫害并明确其抗药性水平的基础上，对症、适时、适量使用农药。根据病虫调查监测结果，坚持达标防治，适期用药。避免盲目加大施用剂量、增加使用次数。先有精准的测报，才能节省防治时间，抓住防治时机，做出精准的减药控害，避免滥用化学农药防治所带来一系列问题。

3.4　掌握基层情况

通过病虫测报工作掌握基层情况，落实“统”字。测报员在调查的工作中，积累了广泛的群众基础，为植保后续减药控害工作的开展给创造了有利条件。哪里有统防统治组织、哪里有专业技术人员、哪里有高效植保机械、哪个地块需要防治、哪家没有劳动力，经常走村串户、深入农田的测报员最了解这些情况，把情况汇报给上级和主管部门，上级再统筹部署，全面考虑各因素，做出最优的统防统治方案。通过多元发布预报，向社会公众提供信息服务。主管部门再统一部署、统一行动，以统防统治扭转一家一户分散防治的劣势，起到事半功倍的效果，实现减药控害的目标。

泾县单季稻高温热害分析及防御措施

詹文莲

（安徽省泾县种植业技术推广中心　安徽　泾县　242500）

摘　要： 2000 年以来，泾县水稻高温热害频发，影响了本县农业生产。通过对高温热害调查总结，提出相应的防御措施，为减轻泾县单季稻高温热害发生程度，提高粮食生产提供参考。

关键词： 单季稻；高温热害；防御措施

水稻是泾县种植面积最大的粮食作物，单季稻常年种植面积 1.5 万 hm^2 以上，占泾县水稻面积的 75% 以上。近年来，当地高温、干旱、连阴雨等极端异常天气频现，影响着农业生产；高温热害是泾县主要的气象灾害。

2012 年起，国际粮价低于国内，国内粮食生产受到价格“天花板”和成本“地板”的双重挤压，比较效益下降。农民种粮积极性、国家粮食安全深受影响。如何减灾避灾、提高粮食单产成为稳定农民种粮积极性、维护国家粮食安全的有效措施之一。

笔者连续多年从事水稻苗情监测工作，根据调查了解情况，对泾县单季稻高温热害发生情况进行分析、总结，并相应提出防御措施，为减轻泾县单季稻高温热害发生程度，提高粮食生产提供参考。

1　单季稻成熟期分布

1.1　单季稻播期分布

泾县单季稻前茬主要是空闲和油菜、小麦。农民因考虑部分山塝田水利条件较差怕旱以及避开 8 月中下旬病虫害等，榔桥镇、桃花潭镇等单季稻有早播习惯。故泾县单季稻播期特点是播种起始早，持续时间长，一般从 4 月初开始到 6 月上旬结束。泾县单季稻栽播方式以抛秧和直播为主，占单季稻面积的 80% 以上。抛秧可薄膜育秧，农户在 3 月底 4 月初的“暖头冷尾”播种，直播在清明后开始播种。泾县单季稻在 4 月 5 日前播种面积占单季稻面积 10%，4 月 6—30 日播种面积占 50%，5 月 1—10 日播种面积占 15%，5 月 10 日后播种的主要是油菜、小麦茬单季稻，占 25%。

1.2　单季稻扬花期分布

泾县单季稻大多为中迟熟品种，生育期一般 135 天左右。单季稻扬花期分布为：7 月 20 日前扬花面积 25%，7 月下旬至 8 月上旬扬花面积 50%，8 月中旬及以后扬花面积 25%。

2 高温出现情况

2.1 高温热害温度指标

大多学者将水稻孕穗后期至抽穗扬花期连续 3 天日平均气温≥ 30℃或连续 3 天日最高气温≥ 35℃作为水稻高温热害的气象指标，本文采用相同指标。

2.2 高温出现情况

全球气候变暖已成为国际普遍关注的问题，泾县夏季高温出现频率加密、高温值破纪录。2013 年 7 月 23 日至 8 月 18 日的 27 天中，泾县日最高气温 35℃以上 18 天，占 2/3；40℃以上 9 天，占 1/3；8 月 10 日最高气温达 42.7℃，为全国之最。2016 年 7 月 20 日至 8 月 25 日，35℃以上高温天气达 29 天，最高温度 39.5℃。

3 高温热害发生情况

水稻高温热害一般是水稻抽穗结实期，气温超过水稻适宜生长的温度上限，影响开花结实，造成水稻减产甚至绝收的一种农业气象灾害。其特点如下。

3.1 难以准确预报

高温天气预见性不强，难以准确预报。短期预报高温来临时，没有效果显著的防范措施，农户往往只能是望天兴叹。

3.2 减产程度大

高温热害在高温敏感品种上普遍发生，成灾范围广。穗后期至花期高温影响穗粒数、结实率，灌浆期高温降低千粒重，一般减产 30% ~ 60%，绝收田块亦不罕见。

3.3 高温干旱叠加

高温出现年份基本都伴随干旱，致高温干旱叠加。一是以水灌溉、喷水降温的措施难以到位；二是干旱本身对水稻生长影响也大，加剧了水稻的受灾程度。

3.4 品种间差异大

高温热害调查发现，不同品种对高温耐受性差异大。如 2003 年，泾县特优 559、金优 527、国丰一号因为高温结实率降至 60% 以下；2008 年，中浙优 634、国香 8 号、Ⅱ优 3216、Ⅱ优 129、Ⅱ优 629、Ⅱ优 084 等受高温热害程度严重；2016 年，望两优 551、新两优 9 号、矮两优 6 号、荃香优 512、开两优 17、扬两优 6 号等结实率低。同时也发现，丰两优香一号近几年历经高温表现好，耐高温性好。

3.5 农户重视度不够

程度不太重的高温热害，不像病虫害那样明显，农户不易发现或重视；发生程度重时，大多农户的第一反应是种子质量问题，认为种子经销商应予赔偿。

4 高温热害的预防措施

高温热害产生后不可逆的，没有有效的治疗措施。减轻水稻高温热害的损失程度只能靠预防。

4.1 加强技术宣传

技术部门应通过培训等方式加强高温热害相关知识的宣传，让广大农户了解高温热害进而重视，有预防高温热害的意识，并能在高温热害发生前做好预防。

4.2 调播期避灾

水稻高温热害发生的关键条件是高温时段和水稻扬花期吻合。泾县 7 月下旬至 8 月上旬扬花单季稻占 50%。如将原 4 月中旬至 5 月上旬播种推迟到 5 月中下旬，扬花期推迟到 8 月中下旬，避开泾县高温时段，是预防高温热害有效的首选措施。

4.3 调品种避灾

实际生产中，培育、选用耐高温高产品种是预防高温热害的根本措施，选用耐高温品种是预防高温热害的捷径。上述对高温敏感品种应慎重种植，同时选用耐热性好的高产品种。

4.4 增强抗逆性

通过叶面喷施、防治病虫害等措施能增强稻株抗逆性，增强稻株对高温的耐受性。具体如下。

4.4.1 喷施磷酸二氢钾

广西农科院水稻所王强等试验结果表明，在始穗至齐穗期喷施 0.2% 磷酸二氢钾对高温胁迫有一定的缓解作用，而花期高温胁迫后追施则缓解效果不理想。喷施磷酸二氢钾可起到补充磷钾肥的作用，增强稻株的抗逆性包括对高温的耐受性，是预防高温热害的可行措施之一。

4.4.2 防治病虫害

高温时段空气湿度一般较低，稻曲病等穗期病害发生相对较轻，相比更应注重虫害防治，降低病虫对水稻的为害程度，促进水稻生长。

4.5 改善小气候

可以通过灌溉、喷水等降低水稻株间、穗层气温，改善稻田小气候，减轻高温热害的发生程度。水源条件好的，灌深水可降低稻株间温度；有少部分农户引用井水灌溉，效果更好；避开水稻上午 9 点到下午 3 点前的扬花时段，用清水喷雾，可降低穗层温度，预防高温热害。

增强抗逆性、改善小气候等措施可以起到一定的缓解作用，但当高温天气来临，往往伴随干旱，水源保障条件差的田块想通过灌溉改善田间小气候也难以实现；喷施磷酸二氢钾可增强水稻抗逆性，但高温天气田间作业劳累程度加重、中暑的风险也加大，农民实际生产中用得不多。但遇上高温还是提倡积极抗灾、尽力而为减轻损失。

4.6 蓄养再生稻

对于在 8 月 15 日前接近绝收田块，可因地制宜蓄养再生稻。割去上部稻穗，每亩追施尿素 10kg，促进稻株上部腋芽萌发；加强水肥管理和病虫防治，可收获一季再生稻，减轻灾害损失。

玉米绿色高质高效生产和可持续发展的技术对策

范小龙
（甘肃省平凉市崆峒区农业技术推广中心　甘肃　平凉　744000）

摘　要：多年来，崆峒区在和干旱少雨的气候环境斗争中，通过农作物新品种、新技术、新材料的应用和推广，玉米产量稳步增长。但是随着地膜、农药、化肥的大量使用，白色污染严重、耕地质量下降、生产成本上升等一些问题逐渐显现。玉米生产从增产导向转向高质、高效、绿色可持续发展导向已迫在眉睫。本文以甘肃东部的崆峒区玉米生产为例，通过介绍当前生产现状，分析存在问题，结合多年在一线推广玉米高产栽培技术经验，提出了一些适合崆峒区乃至甘肃东部玉米绿色高质高效生产的技术对策，旨在促进陇东地区玉米生产早日实现全程机械化和绿色可持续发展目标。

关键词：玉米；绿色高质高效；技术对策

崆峒区属陇东黄土高原丘陵沟壑区，半干旱、半湿润季风型大陆性气候，平均海拔1 540m，无霜期193d，年平均降雨量560mm，70%的降雨量集中在7月、8月、9月3个月，降水集中期与农作物需水关键期错位，易形成冬旱、春旱和伏旱，甚至三季连旱。10多年来，旱作农业全膜双垄沟播技术的大力推广，尤其是农用地膜的应用，对平凉市崆峒区粮饲兼用玉米生产起到了积极的推动作用，但是地膜用量大、回收少，白色污染严重，农药化肥滥用等问题日趋严重。因此，围绕实施乡村振兴战略，以产业兴旺为重点，坚持质量兴农、绿色兴农、效益优先，加快转变农业生产方式，大力推广适宜本地区气候条件下的玉米绿色高质高效栽培技术，降低地膜、农药、化肥使用量，促进可持续发展，已成为当前和今后一个时期农业科技推广的工作重点。

1　崆峒区玉米生产现状

1.1　种植规模稳增

玉米作为重要的粮食作物、饲料作物和经济作物，在全区农业生产和农民经济中占重要地位。近年来，在“甘味”区域公用品牌好中优“平凉红牛”产业发展的带动下和地膜覆盖增产技术的应用下，崆峒区玉米播种面积从2010年的20万亩开始稳步增长，截至2020年，全区玉米播种面积33.4万亩，年均增幅6.7%，为全区粮食安全提供了有力保障。

1.2 地膜覆盖为主

崆峒区玉米种植区多属旱塬地和山地，不具备灌溉条件，蒸发量大，2012年前期，全区年均降雨量多为400m，玉米产量低而不稳。地膜覆盖，尤其是全膜双垄沟播技术的推广有效缓解了干旱少雨带来的影响。因此，除东西部川区外，全区大部分玉米种植都采用全膜覆盖或半膜覆盖，占种植总面积的90%，地膜用量在逐年增加。

1.3 粮饲兼用主导

根据良法良种配套，全区不同区域推广应用了适宜品种，主导品种多属粮饲兼用型。在干旱塬区，栽培品种以先玉335、登义2号等为主；在西北部高寒干旱塬区，栽培品种以先玉335、陇单8号等为主；在泾河川旱台区，栽培品种以沈单16号、登海3721等为主；在河川区，栽培品种以西蒙6号、金凯5号等为主；在南部高寒阴湿山塬区，栽培品种以金穗3号、垦玉147等为主；在泾河川两面浅山区，栽培品种以玉源7879、金凯8号等为主。

1.4 产量水平较高

崆峒区自2006年引进旱作农业玉米全膜双垄沟播技术以来，产量得到了明显提高，取得了亩产640.2kg的好收成。2007年开始在全区大面积推广。通过该技术的应用，玉米基本实现了稳产，年平均产量达650kg以上，2019年总产量达16.2万t。

1.5 经济效益显著

以2019年为例，全区全膜双垄沟播玉米平均亩产736.4kg，较露地玉米平均亩产605.5kg，亩增产130.9kg，增产率21.6%，总产玉米17.08万t，亩增产值209.44元，总增产值4 857.29万元（玉米单价1.6元/kg）。

1.6 社会效益良好

一是地膜覆盖破解了困扰旱作农业区降水利用率低的难题，有效增加了旱作玉米可控性和稳定性，提高了农业抗灾减灾能力，提升了旱作区农业综合生产能力。二是促进了全区循环农业体系建立。旱作玉米经济效益的提高有效提升了全区玉米产业的发展，促进了种养结合、“以农促牧，以牧促农”良性循环发展模式的建立。

2 存在的主要问题

2.1 秋覆膜抗旱效果不明显

秋覆膜是秋季到冬季封冻前进行覆膜，通过地膜覆盖抑蒸，减少冬、春季土壤水分无效蒸发，将秋、冬、春季降雨（雪）接纳蓄积，提高土壤水分，第二年春季进行播种。在甘肃省统一部署下，全区2013—2015年全膜双垄沟播秋覆膜技术推广工作取得了阶段性成效。但是近几年崆峒区年均降雨量大于500mm，秋雨春用，春墒秋保的秋覆膜节水技术在我区较早春顶凌覆膜技术抗旱效果不够明显，同时秋覆膜和收获期交织，时间紧、任务重、管护难、杂草多等问题特别明显。

2.2 地膜覆盖种植费工费时

新技术的应用往往伴随着劳动用工的增加和成本的上升。目前全区各乡镇普遍存在青壮年劳动力短缺，地膜覆盖栽培技术多数需要人工播种、放苗、间苗、补苗、追肥，费工费时。劳动力成本的上升，一定程度上抑制了农民专业合作社、家庭农场的规模化和标准化发展。

2.3 整地粗放施肥不科学

由于玉米很少因施肥过多出现烧苗等现象，农户常图方便省事，采用“一炮轰”进行撒施肥料，导致过量施肥和肥料利用率低下。尤其秋季覆膜时间紧，农户在收获前茬作物后整地粗放，来不及施农家肥，大量使用化肥，土壤缺少必要的农家有机肥料，导致土壤有机质下降，肥力不足，致使玉米生长后期脱肥比较严重。

2.4 “白色污染”危害严重

玉米全膜双垄沟播技术亩用地膜 6kg，全区按 29 万亩推广面积计算，年用地膜达 1 740t。据统计，全区残膜回收率 80% 左右，约 20% 的地膜被遗留在土壤、田间地头、路边树梢，对土壤和农村人居环境造成了一定危害。

2.5 病虫害防治传统粗放

崆峒区玉米病虫害主要以大斑病、小斑病、褐斑病、瘤黑粉病、茎基腐病、二代黏虫等为主，因地块分散和现代化发展滞后，多采用背负式喷雾器在玉米苗期、大喇叭口期喷施常规农药进行单一防治，农药用量大、防治效果不理想，既污染环境又造成产量损失。

2.6 全程机械化水平较低

机械化是玉米生产高效进行的有力保障，我国玉米的机械化水平已经有了一定的进步，为玉米的高效种植做出了贡献。但是我区的玉米生产全程机械化整体水平仍较低，仅实现了整地、覆膜、播种机械化，地膜覆盖、地块过小、栽培模式多样等因素导致放苗、间苗、补苗、收获仍以人工为主，玉米全程机械化发展还面临很多问题。

3 对策及建议

3.1 以顶凌覆膜为主，秋覆膜分区域推广

对于秋覆膜存在的问题，应结合我区实际情况，充分尊重农民意愿，综合考虑推广区域的降水时空分布、地形地貌、作物布局、农户的经济实力、劳动能力、技术水平和普及能力等因素，合理确定具体的推广区域和面积，做到科学推广和应用。大面积种植应以顶凌覆膜为主，少部分无覆盖物的轮作田适当推广秋覆膜，从而最大限度保持土壤水分，促进旱作农业不断发展。

3.2 加强测土配方施肥

应根据作物需肥规律、土壤肥力和肥料效应，在施用有机肥料的基础上，及时和农业技术人员沟通，通过科学指导，合理使用氮、磷、钾等肥料，针对性地确定施肥数量、施肥时期和施肥方法。调节和解决作物需肥与土壤供肥之间的矛盾，减少肥料的滥用，提高肥料利用率，实现各种养分平衡供应，满足玉米生长需要，提高玉米产量。

3.3 开展病虫害综合防治

为实现玉米绿色优质生产，病虫害防治应坚持“预防为主、综合防治”原则，通过合

理轮作，选用抗大斑病、茎腐病等优质品种降低发病率。化学防治时应使用高效低毒低残留农药和植保无人机快速全面喷防，充分降低农药使用量，提高防治效果，实现绿色防控。

3.4 加强残膜回收管理

积极向广大群众宣传地膜污染的危害，引导群众在生产过程中尽量保护好地膜，在整地过程中捡拾清理干净残膜，最大限度地减轻废旧地膜对环境造成的危害。建议通过投资补贴，扩大全区现有的 7 家废旧地膜回收加工企业，建立废旧地膜回收利用机制，鼓励加工企业和废旧物品回收公司设立地膜以旧换新回收网点，积极带动农民参与废旧地膜回收，逐步形成使用、回收、加工、再利用的良性循环机制。

3.5 推广应用新型覆盖地膜

因为地膜覆盖对促进农业增效、农民增收起到了非常重要的作用，尤其在我区干旱缺水地区增产效果明显。当前现状下禁止地膜使用很难做到，应结合最新科研成果，研究示范推广全生物降解地膜或者超强耐候地膜，使新型覆盖地膜逐渐代替传统农用地膜，减少白色污染。

3.6 示范推广露地垄沟栽培

2018—2019 年，玉米露地垄沟栽培技术在崆峒区旱塬地草峰镇进行了试验示范，通过适度增加密度，在同等降水条件下，该技术在和地膜覆盖栽培进行对比后产量降低约 15%，但是节省地膜 70 元，人工成本 300 元左右，净收入有所增加。人工成本降低后，规模化、标准化可操作性逐渐增强，生产模式逐渐成熟。因此，在近年降水量稳定的情况下，在本区域推广应用玉米露地垄沟栽培技术存在很大的发展空间。

3.7 研究应用作物覆盖免耕栽培技术

为进一步解决玉米露地垄沟栽培技术在作物需水临界期出现降雨较少、蒸发较大的问题，应积极研究冬油菜、豆类或冬小麦等绿色作物作为地面覆盖物，通过免耕施肥播种机进行玉米播种，降低土壤水分蒸发，达到节水抗旱目的。同时，作物覆盖后同样可以减少人工播种、放苗、间苗、补苗等环节，可有效降低生产成本，促进玉米生产全程机械化高效作业。

泸溪县烟稻连作关键技术及推广应用成效

李加发[1] 周海生[1] 杨雪华[2] 谭善生[1] 邓云军[1]

（1. 湖南省泸溪县农业农村局 湖南 泸溪 416100；
2. 湖南省湘西自治州农业农村局 湖南 吉首 416000）

摘　要：通过试验示范总结出烟稻连作的关键技术，并在泸溪全县加以推广应用，不仅解决了烟稻连作的技术瓶颈、缓解了烟稻争地矛盾、提高了复种指数、增加了农民收入，而且提高了烟产烟质、保障了粮食安全。同时为海拔高度在350m以下周边市县烟稻连作提供了技术支撑。

关键词：烟稻连作；栽培技术；推广应用；成效

泸溪县位于湖南省西部，湘西州东南端，境内气候属于中亚热带季风湿润气候，四季分明，年均气温17.4℃，无霜期278天，日照1 432小时，降水量1 465.3mm。全境海拔在900m以下，非常适合烤烟和水稻种植。全县现有人口32万人，稻田面积为10 400hm^2，人均稻田面积0.325hm^2。

烤烟是泸溪县脱贫致富的主导产业之一，种植面积稳定在1 334hm^{2}以上，其中稻田种植烤烟面积1 067hm^{2}以上，且种植面积逐年扩大。烤烟采收完成后稻田闲置现象突出，一方面造成烟、粮争地，减少水稻种植面积，粮食产能降低，自给吃紧；另一方面烤烟是忌连作作物，不少烟区因烟田不足无法轮作而被迫烟烟连作，造成土壤营养元素失衡，引发烟草黑胫病、青枯病、花叶病等毁灭性病害。前几年，泸溪县烟农曾实施过烟稻连作，但由于品种选用不合理，烟稻生育期节点把控不科学，烟稻连作种植技术欠缺等多个因素，造成烟稻产量低，效益差，还发生过晚稻抽穗扬花期遇到寒露风甚至绝收的情况。

2015—2017年，笔者通过3年的试验示范，研究总结出烟稻连作关键技术，2018—2019年进行推广应用，成效显著。

1　烟稻连作关键技术

1.1　稻田选择

稻田选择遵循“一宜四不宜”原则。“一宜”是选海拔高度在350m以下、水源充足、供给稳定、排灌方便、阳光充足的稻田为宜。“四不宜”是海拔在350m以上，晚稻贪青晚熟或不熟的稻田不适宜；下半年降水少“雷公田”水源无保障晚稻缺水的稻田不适宜；

本田或邻近上游稻田之前发生过青枯病、黑胫病的不适宜；前作种植过马铃薯及其他茄科作物的稻田不适宜。

1.2 品种选用

1.2.1 前作烤烟品种

选用适应性广、抗逆力强、综合效益好、大田生育期在 120 天以内的品种。泸溪县选用云烟 87，大田生育期 110 ~ 115 天。

1.2.2 后作晚稻品种

选用经国审、省审或邻省审定、抗性好、综合效益好、全生育期在 120 天以内的品种。

泸溪县选用丰两优晚三、中优 9918、H 优 7601、荃早优丝苗等，全生育期 110 ~ 118 天。

1.3 时间节点把控

据气象资料记载，湘西地区 3 月 20 日后气温达到 12℃以上，寒露风通常出现在 9 月 23—28 日。据此科学地把烟和晚稻安排在最佳生态环境期，烟苗必须在 3 月 25 日前移栽完成，晚稻必须在 8 月 1 日前移栽完成，确保在 9 月 23 日前能够安全齐穗。

1.4 烤烟种植关键技术

1.4.1 育苗前准备

推广漂浮育苗，苗池做成长、宽及面积均为苗盘长、宽、面积的同倍（等比例），四角切成与苗盘一样的直角，底部水平。1 月 5 日前大棚四周施用生石灰消毒，用 8% 二氧化氯 500 倍液对育苗棚、育苗池、使用过的育苗盘等进行消毒，密封 48 小时，然后通风敞棚 48 小时以上。

1.4.2 早播培育壮苗

1 月 10 日前将沤制好的基质掺水拌好，以手握成团、触之即散为宜。基质装盘后，轻震苗盘，做到每穴基质充实、均匀一致，松而不空。每穴播 1 ~ 2 粒包衣种子，覆盖基质深度 0.2 ~ 0.3cm。苗池注漂浮育苗专用肥 1 000 倍液肥水，肥水深 5cm。苗盘整齐放入苗池中，要充分覆盖水面，防止漏光滋生藻类。

1.4.3 苗期管理

苗期大棚内温度控制在 20 ~ 25℃，湿度控制在 85%。温度大于 30℃时做好棚内通风降温。当 5 叶 1 新猫耳期时，对剪裁工具做消毒处理后，剪掉大苗定型叶的 1/2，同时进行补苗、间苗、去除病虫苗和弱苗，将去除部分及时清除至大棚外。同时使用漂浮育苗专用肥水 1 000 倍液注入苗池，调节苗池肥水深 8cm。结合剪叶用 3% 超敏蛋白 3 000 倍液和 3% 啶虫脒乳剂 5 000 倍液喷雾防花叶病和蚜虫，农用链霉素 500 倍液防野火病，移栽前 10 天再喷 1 次。移栽前 7 天，7 叶 1 心时停止剪叶，断水、断肥适应棚外温度环境以炼苗。

1.4.4 大田准备及移栽

大田冬翻春耕：对前作稻田在 12 月底进行 1 次深度 20cm 的深翻，并撒施农家肥

15 000kg/hm^2，来年 2 月择天耕耙。起垄：在 3 月 5 日前结合起垄当天在定好垄位后两侧条施烟叶专用基肥 750kg/hm^2+ 生物有机肥 450kg/hm^2 做基肥，配合施 Ca、Mg、S、Fe 等微肥，基肥距起好垅面深度 20cm 左右。起垄高度 20 ~ 30cm，垄体上部宽 25 ~ 35cm，两垄中心间距为 110 ~ 120cm。田边四周开沟深宽 30 ~ 40cm，可根据大田排水性能做灵活调整。垄起应平直，利于后期通风采光。覆膜：垄体含水率 80% ~ 90%，选用中间白色两边黑色的地膜，白色部分位于垄上部居中，紧贴垄面覆平拉直，四周用泥土压实，利于升温、压杂草、保肥水，防止风吹坏膜。选苗：选择茎粗在 0.5cm 以上、株高 18cm 左右、根系在 40 条以上、剪后真叶 7 片以上、叶色绿黄、无病害的健壮苗。移栽：选择地温 7℃以上、外界气温在 12℃以上、无大风大雨的天气，在垄上中间白膜部位按 50cm 的间距开穴，穴径 10cm，深 15cm。将 2% 吡虫啉颗粒剂 3.75kg/hm^2 撒施于烟苗根底部防治地老虎，把烟苗竖直放入穴中，用基质均匀掺和本田细泥土压实，烟叶专用提苗肥 75kg/hm^2 兑水浇灌烟苗，每株浇灌 1kg 肥水。移栽完成后将膜破口部位用泥土压实，用苗量 16 500 株 /hm^2，在 3 月 25 日前必须完成移栽。

1.4.5 大田管理

肥水管理：烤烟忌单纯追求高产，应保持适产优质。移栽 3 ~ 5 天后对病、弱、死苗进行换补，根据地壤湿度进行浇水。移栽后 25 ~ 30 天团棵前期，选择气温稳定在约 18℃时进行揭膜、中耕（深度 5cm）、培土，将烟叶专有追肥 300kg/hm^2+ 硫酸钾 375kg/hm^2 溶入水中浇施，打掉 2 ~ 3 片底部叶，除杂草，并及时把废膜杂草清理出大田。打顶抑芽：当顶叶开片株型成腰鼓，田间有一半的烟株第 1 朵中心花开放时，选晴天露水干后的上午或阴天一次性将主茎花序连同 2 ~ 3 片小叶一并摘去，同时用抑芽剂抑芽。残物及时清理出大田，以防感染病菌。病虫害防治：关键忌连作及冬深翻、春耕耙，减少病原诱因。对于花叶病，主要防病苗、工具带毒，及时清理杂草、杂物、病枯叶等，发病初用 20% 吗胍・乙酸铜 1 000 倍液喷雾。对于青枯病，其发病条件为高温高湿，大田防涝应及时排干渍水，揭膜后用青枯灵 500 倍液去掉喷头喷淋根部。对于黑胫病，团棵至旺长前后用 72% 甲霜・锰锌可湿性粉剂 600 倍液喷雾叶面或去掉喷头喷淋茎基。烟株团棵期至现蕾期用敌杀死 1 000 ~ 2 500 倍液喷雾烟叶防治蚜虫、烟青虫等。每 50 亩可使用 1 个杀虫灯，安装高度离地面 1.5 ~ 1.8m。

1.4.6 采收

及早清除脚叶，整株有效叶片控制在 20 片左右。对于下部叶，待叶片均匀黄绿、主脉 60% 发白时早采收；中部叶，叶片绿黄各半起皱成颗粒状、叶脉发白发亮、叶茸毛脱落成熟采收；上部叶，叶片全黄皱缩、叶脉全白发亮充分成熟时，顶叶 4 ~ 6 片一次性采收。7 月 25 号前必须完成采收。

1.5 晚稻种植关键技术

1.5.1 培育健壮秧苗

每公顷洒施腐熟农家肥有机质等 15 000kg 以及磷肥 375kg+ 尿素 120kg+ 钾肥 120kg 做秧田基肥。用施百克 3 000 倍液浸稻种 36 小时消毒，后用清水洗净，采用多起多落法浸种催芽，大田移栽用种量 23kg/hm^2。在 6 月 28—30 日稻种破胸露白后，选择无大降水的上午播种，播后立即压入泥深 0.1 ~ 0.2cm，垄面无积水防晒煮稻种。秧苗 1 叶 1 心时用 15% 多效唑 20 000 倍液喷雾，控制徒长、促壮苗、多分蘖，施尿素 75kg/hm^2 做断乳肥，二叶一心灌浅水上垄面。秧苗 3 叶 1 心时每公顷施钾肥 375kg+ 尿素 105kg 尿素做壮苗肥，在移栽前 7 天用富士 1 号和井冈霉素 1 000 倍液喷雾防稻瘟病、纹枯病，施送嫁肥尿素 30kg/hm^2。

1.5.2 大田准备及移栽

翻耕：清理干净大田及周围烟兜杂草杂物，大水漫灌大田，深翻耕，翻耕后排水，控制水层约 3cm 后施氮肥 375kg/hm^2 作基肥再耙平。烟稻连作的晚稻与一般晚稻肥料施用有所不同，由于是烟后栽稻，前作烤烟施肥量充足，特别是磷、钾，土壤中剩余较多，因此后作水稻仅少施氮肥作基肥。移栽：耙平当天选用秧龄在 25 天左右，秧苗双本浅水移栽，较一季中稻合理密植，移栽间距 17cm × 22cm，大田插足 25.5 万 ~ 27 万穴 /hm^2，基本苗 105 万 ~ 120 万穴 /hm^2，必须在 8 月 1 号前完成移栽。

1.5.3 大田管理

干湿交替科学控水：栽后 4 ~ 5 天排干田水待田收燥，表土细裂后灌深水 5cm，促蘖快发。栽后 18 ~ 20 天待有效蘖量达到 320 ~ 330 万 /hm^2 时，搁田 8 ~ 10 天，待田土硬实后灌深水 5cm 至抽穗扬花结束后，再保持 3cm 浅水至收割前 7 天开深沟排干水。施追肥：早施追肥，巧施穗肥。在栽后 7 天内施尿素 150kg/hm^2 促分蘖。当主茎穗长 0.5 ~ 1cm 时，具体施用时间视叶而定，叶色偏黄、群体偏小、个体生长弱的田块应早施。穗肥配磷、钾肥一同施用，以促进光合产物的形成与运转，培育壮秆大穗，氮 : 磷 : 钾 =15 : 15 : 15 型复合肥 120 ~ 150kg/hm^2，若前期施肥重，群体发展好的可不施穗肥。病虫草鼠综合绿色防控：按照预防为主、综合防治的植保方针，选择抗性好的品种。前作烤烟，大田含有烟碱，对病虫有较好的抑制作用，进入 8 月天气转凉，湿度降低，病虫相对较弱。根据植保情报及实际情况，尽量减少用药，凡烤烟禁用的药，连作晚稻同样禁用，可选用富士 1 号、井冈霉素、拿敌稳、康宽、吡虫啉等高效、低毒农药。在追肥时进行人工除草。因晚稻种植数量少，鼠害严重，灌浆后用敌鼠钠盐等灭鼠剂按一定比例配制毒饵，结合诱捕器具投放，做好稻田灭鼠。

1.5.4 适时抢天收割

10 月底当稻谷落黄 95% 时即可收割。

2 烟稻连作种植示范及推广应用成效

烟稻连作不仅可以缓解烟稻争地矛盾，降低烟草黑胫病、青枯病、花叶病等病害的发生，还可提高复种指数，增加经济效益。2015 年，笔者在泸溪县浦市镇长坪村开展烟稻连作种植示范 0.24hm^2，收获烤后烟 12.2 担，中上等烟占比达 83%，丰两优晚三稻谷 1 922.4kg。2016 年在兴隆场镇锡瓦村开展烟稻连作种植示范 1.3hm^2，收获烤后烟 62.4 担，中上等烟占比达 76%，中优 9918 稻谷 9 711kg。2017 年在合水镇横坡村开展烟稻连作种植示范 0.6hm^2，收获烤后烟 31.1 担，中上等烟占比达 79%，丰两优晚三稻谷 4 680kg。

2018—2019 年全县累计推广烟稻连作 259hm^2，两年来累计增收稻谷 2 033t。综合两年数据，平均收获烤后烟 51.46 担 /hm^2，中上等烟占比达 81.5%，收获稻谷 7 850kg/hm^2。对照为烟烟连作第 2 年田，收获烤后烟 43.5 担 /hm^2，中上等烟仅占 59.3%。得出相应烤烟增产 7.96 担 /hm^2，中上等烟占比提升 22.2 个百分点。

3 应用前景

泸溪县现有适宜烟稻连作稻田 800hm^2，全部实行烟稻连作，年可净增稻谷 6 280t，可供 3 万人以上 1 年口粮，极大地保证了粮食安全，特别在大灾年，更能突显其重要性。通过推广应用关键技术，大幅提高了农民种植水平，社会效益显著。同时，仅稻谷一项，按 2 560 元 /t 计算，扣除约 12 000 元 /hm^2 的成本，烟稻连作较单纯烤烟种植增收 7 500 元 /hm^2 以上，则每年可纯增收益 600 万元以上，助力乡村振兴，经济效益显著。烟稻连作减少土壤病原体积累从而减少农药使用量，烟稻连作均衡土壤元素，提高土壤肥力从而减少化肥使用量。农药、化肥用量减少则降低了对环境的污染，改善了生态环境，生态效益显著。同时也为海拔高度在 350m 以下的周边市县烟稻连作提供了技术支撑，应用前景广阔。

猕猴桃溃疡病防治方法研究

王　虎

（陕西省周至县神木果蔬专业合作社　陕西　周至　710405）

摘　要：针对丁香假单孢杆菌引起的猕猴桃溃疡病，采用黏土作为载体，混合抗生素类、铜制剂、生物制剂、氨基酸制成稠泥，在休眠期对果木进行涂敷，并结合喷施手段，提高果树抗病能力，成功防治了溃疡病病害。本方法对其他病原菌感染造成的溃疡病，以及软腐病、膏药病等其他果树枝干疾病的防治也具有很好的效果。

关键词：猕猴桃溃疡病；抗生素类；铜制剂；生物制剂；药泥涂敷；长效治疗

溃疡病是果树重要病害之一，为害猕猴桃、柑橘等果树。果树感染溃疡病主要表现为叶片出现不规则形斑点，枝条和主干的感染处皮下组织及木质部出现紫色斑块，感染严重会出现枝干表皮流脓和果树坏死。该病为害叶片、枝干、花蕾、果柄，常造成果树果实品质下降、减产甚至绝收。

丁香假单孢杆菌是引起果树溃疡病的重要病原菌之一，具有传播快，根治难的特点，是传统观念中的“不治之症”。溃疡病传播过程为创口感染，病菌通过空气、雨水传播。对果树枝干上划伤、虫咬伤、冻伤、气孔等多种原因造成的创口均可进行感染，感染率极高。丁香假单胞杆菌的生长温度在 2 ~ 28℃，适宜温度 8 ~ 22℃，因此引起的果树溃疡病多发生于春季和秋季。

对于丁香假单孢杆菌引起的果树溃疡病，传统的防治方法主要有削除、涂抹、清园。削除法是直接将染病的枝条剪除或将主干上的染病创面削去 1 层。这种方法对于果树伤害较大，且削除后的创面部位容易重复感染溃疡病。并且主干部位感染创面较大的情况不便于使用该方法。涂抹法是将药物直接涂抹于果树的创面上，起到预防和治疗的作用，可结合削除法共同使用。但由于常用的抗菌素、杀菌剂、调节剂等在阳光照射下容易分解，使得药效难以持久（一般不超过 7 天）。药效流失导致不能有效杀灭病菌，不利于溃疡病的彻底防治，而且削除后涂抹杀菌剂的部位不能长出新的树皮。清园法是包括清扫果园，剪除病虫枝，摘除病虫果，刨树盘，刮除翘皮、虫瘤和喷施化学药剂杀灭越冬病虫在内一系列环节的统称。冬季清园是加强果树栽培管理，保护果树安全越冬，减少来年病菌和害虫越冬基数，减轻和杜绝果树病虫害不可缺少的关键措施。清园主要起预防的作用，对已感染溃疡病的植株难以根治，同时清园的步骤烦琐，消耗较多的人力、物力，不可能频繁进行。

2007年秋，在陕西省周至县终南镇大庄寨村猕猴桃黄金果基地对溃疡病防控方法进行了以下试验，总结如下。

1 喷施与涂抹方法

1.1 喷施方法

药物配制：① 防冻辅助药物，氨基酸50g、20%乙酸铜30g，兑水20kg混合均匀。② 杀虫剂，0.3%苦参碱30g、氨基酸20g、叶枯唑10g，兑水20kg混合均匀。③ 杀菌剂，20%乙酸铜15g、氨基酸30g、72%农用链霉素15g，兑水20kg混合均匀。

刚入秋时用杀虫剂对树叶、树干进行喷施；果实刚采摘后用杀菌剂对植株进行喷施；落叶期用防冻辅助药物对植株进行均匀喷施。翌年2月中旬，用杀菌剂对猕猴桃枝干以及地面进行均匀喷施；3月中旬，用杀虫剂对猕猴桃植株进行均匀喷施。

1.2 涂抹方法

将氨基酸5kg、72%农用链霉素400g、20%乙酸铜400g、0.3%苦参碱300g混合均匀后，在猕猴桃进入休眠期时对主干由地面根茎部位向上涂抹1.5m。通过观察发现，猕猴桃主干依旧裂皮冻伤，创伤部位依然发生溃疡病感染。由于采用涂抹的方法持效时间短，药物易流失。改良方法，在以上涂抹配方中加入黏土15kg，根据土质条件加入适量的水，用小型搅拌器均匀混合成稠泥后对主干由地面根茎部位向上涂抹1.5m，然后用塑料布包裹。通过观察，由于塑料布不透气，猕猴桃主干产生的水分会把果树皮泡坏。这种方法还是不成功。利用黏土作为载体，混合抗生素及其他多种有效成分对果树进行涂敷保护，有望实现溃疡病高效防治，并促进感染创口愈合，且提高果树防寒能力，但是要解决包裹材料透水透气的问题，最终选择了报纸作为包裹材料，经济实惠，容易获得，且使用方便。

2 研究成果

2.1 丁香假单胞杆菌引起的果树溃疡病的识别

根据多年观察，果树感染溃疡病后叶片出现三角形或不规则形斑点，同时根据枝干创口感染后的特征，可将溃疡病分为初期、中期、后期，典型症状分别为：初期，枝干创口果树皮下组织出现淡色斑点，果树表皮出现水渍状；中期，枝干创口周围树皮上出现白色脓斑，果树皮下组织及木质部出现紫色斑点（图1）；后期，枝干创口周围树皮上出现紫红色浓斑，枝干创口皮下组织为黄色，此时果树皮下组织坏死（图2）。

图1 溃疡病中期病症

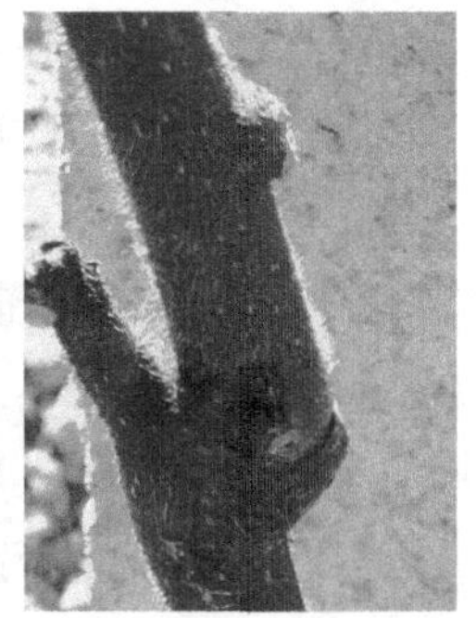

图2 溃疡病后期病症

2.2 利用黏土混合抗生素及多种成分防治果树溃疡病

在研究中发现，黏土是常用的果木抗生素的良好载体，涂敷在果树枝干上具有黏附性强，透气性好，防辐射抗冻等作用，不仅能显著延长抗生素的有效作用时间、防止其流失和分解，还可以对植株起到很好的保护作用，有利于果树越冬和防虫。抗生素是常见的农用杀菌剂，对丁香假单胞菌具有很好的杀灭作用，但由于其见光易分解，传统的给药方式需 7 ~ 10 天喷药 1 次，如遇雨还需重喷，需要较高的人力成本。而利用黏土混合抗生素类涂敷给药，可以大大提高抗生素类的作用功效。在实际应用中，笔者还添加了氨基酸和乙酸铜等有效成分。氨基酸作为生长素，能够促进植物创伤部位的恢复，增强植物防御病害及抗冻的能力。乙酸铜防治谱广，能清除多种越冬病原。黏土及相关配料均具有简单、易得且价格低廉的特点，有利于本方法的大规模推广应用。

2008 年秋，对混合物中各个组分的配比进行了优化，最终确定涂抹主干混合物的组分为 15kg 黏土、500g 有机铜、500g 春雷霉素、5kg 氨基酸。结合药液喷施与该混合物涂敷枝干，可以对丁香假单胞菌引起的果树溃疡病起到理想防效。2009 年，在周至县大庄寨村中华猕猴桃黄金果基地进行了试验验证，经过西北农林大学植物保护系病理科秦虎强教授、西安果业研究会副会长孙文广、地方土专家及果农超过 100 人联合认定，该方法对于丁香假单胞菌引起的果树溃疡病具有显著防效。该方法使用前，基地有 80% 以上植株感染溃疡病，使用后 1 年内，患病植株基本痊愈。

2010—2016 年，在周至县楼观镇、集贤镇、终南镇、司竹镇对猕猴桃中华系列（红阳、黄金果、华优）、美味系列（翠香、海沃得、徐香、哑特、秦美）的溃疡病防控进行了大量实践，该方法的有效性得到进一步确认。2019 年，来自周至县科技局、特色产业发展服务中心、植保站、产业协会、种植业协会、政协等单位超过 30 位领导、专家经过两次在多个品系猕猴桃园的防效对比，一致认为该方法有效，防效可达 95% 以上。后期在其他多个品系猕猴桃园进行的大量试验也进一步验证了这一方法的有效性。

3 操作方法

3.1 配制

稠泥混合物：黏土 15kg，氨基酸 5kg、6% 春雷霉素 500g、33.5% 喹啉铜 500g、1 200 亿菌 100g，根据土质条件加入适量水，用小型搅拌器均匀混合成稠泥待用。防冻辅助药物：氨基酸 30g，33.5% 喹啉铜 15g，溶于 20kg 水，混合均匀。杀虫剂：苦参碱 30g，氨基酸 15g，3% 中生菌素 15g，溶于 20kg 水，混合均匀。杀菌剂：乙酸铜 20g，氨基酸 20g、6% 春雷霉素 20g，溶于 20kg 水，混合均匀。

3.2 施用

在进入秋季后，对树叶、树干喷施上述配制的杀虫剂；在采果后对树枝、树叶交叉喷施上述配制的杀菌剂；在果树落叶期对枝干枝条均匀喷施上述配制的防冻辅助药物；在果树休眠期，从地面开始，用混合后的稠泥向上涂抹猕猴桃主干约 1.5m 高度，厚度约 0.5cm，用报纸包裹。根据天气情况，如遇到 -5℃以下的持续低温，可配制防冻辅助药物，每隔 7 天喷施 1 次，增强果树枝条抗冻能力，防止冻伤创口感染。2 月中旬可再喷施 1 次杀菌剂，3 月中旬再喷施 1 次杀虫剂，起到辅助防治的作用。

如果果树已经有伤口感染了溃疡病，可将发病或感染部位清除，然后用药泥覆盖 1cm 并用黑色塑料纸包裹，7 天后取掉塑料纸，创口部位即可逐渐恢复。此方法也可用于其他植物的膏药病、软腐病等枝干病害。但若整条枝干的皮下组织已全部坏死，则需将坏死枝干全部去除。

4 总结和展望

对于猕猴桃溃疡病，一直缺乏有效的防治手段。传统给药手段存在药物流失分解迅速，药效难以持久的问题。本研究创新性地采用黏土作为药物载体，将春雷霉素、喹啉铜、氨基酸、生物制剂等有效成分与其混合成稠泥，在果树休眠期涂敷，可以对果树溃疡病起到有效的防治作用。结合喷施给药手段，果树溃疡病防控治愈率达 95% 以上。稠泥混合物涂敷不仅可以有效减缓抗生素类药物的分解和流失，延长药物作用时间，其中添加的喹啉铜和氨基酸还可以辅助杀菌，促进创口愈合。此外，稠泥包裹还有遮光和防冻的作用，防止阳光直射造成枝干裂皮、创口失水坏死以及低温冻伤枝干造成创口感染。对传统低洼地不能移栽的猕猴桃，用该方法也能得到较好的效果。

生产中需要注意，禁止休眠期冬灌，因为冬灌会造成猕猴桃植株皮下组织水分含量增多，会产生低温膨胀，春季温度回升会出现裂皮，给溃疡病的发生创造机会。另外，冬灌会对猕猴桃根系造成很大损伤。如冬季旱情严重，土壤结构为沙土的果园可以用隔行跑水浇灌法解决干旱造成的植株脱水。这种浇灌方法也可用于其他植物，不仅节约资源，还可以刺激根系生长。果园施肥应以发酵腐熟的农家肥、沼气肥、优质有机肥为主，这些肥料营养全、功能多，既能平衡健壮生长，又能提高果树抗病能力。

通过大量试验验证和专家鉴定，本方法能够有效防控丁香假单孢杆菌引起的果树溃疡病，成功治愈多种果树品种的溃疡病感染。同时，该方法对于其他病原菌造成的溃疡病也具有一定疗效。低廉的原料成本和简便的实施方法也有利于大规模推广实施。本方法的普及对于防控果树溃疡病具有较强的现实意义。

赣南山区杂交水稻受麻雀为害情况调查及防御措施研究

叶世青

（江西省安远县农业农村局　江西　安远　342100）

摘　要：针对赣南山区杂交水稻受麻雀为害趋重情况进行调查研究。结果表明：麻雀有昼出夜伏性、杂食性、群食性、惯适性、惯食性、集群性与分群性、弹跳性、味觉灵、就近为害性等行为习性；麻雀为害杂交水稻方式，秧田期是啄食种谷的米粒；抽穗成熟期造成谷粒脱落，啄食米浆、米粒，以及造成穗轴、一次和二次枝梗折断，其中谷粒脱落是主要为害方式；为害程度与地段种群密度、周边环境、杂交水稻抽穗成熟时期、杂交水稻品种等因素有关；驱鸟剂在秧田的驱鸟效果为 87.3% ~ 100%，而在抽穗成熟期驱鸟效果不足 10%；水稻抽穗成熟期和秧田期用网眼 2.5cm 架网驱鸟效果达到 100%；采用网眼 2.5cm 的防鸟网在水稻抽穗成熟期驱鸟每公顷每次分摊成本 240 元，效果好，而且不伤害麻雀，是目前防御麻雀为害水稻较理想的技术。

关键词：杂交水稻；麻雀；习性；为害；防御

赣南是江西省典型丘陵山区，山地多，平原少，丘陵耕地面积 30.4 万 hm^2，占全区耕地面积 43.7 万 hm^2 的 69.6%，每年水稻复种植面积在 40 万 hm^2 以上。丘陵耕地的多数地块面积小于 $10hm^2$，而且形状不规则，以梯田为主，四周山上生长树木和杂草，山下有小溪和村庄。近年来，随着环境变化和农民环保意识提高，麻雀数量日益增多，为害杂交水稻的现象日益明显，部分田块受到严重损失，损失率达到 30% 以上，有的甚至颗粒无收。针对这一情况，笔者对麻雀行为习性、为害杂交水稻方式和程度，以及防御措施进行调查研究，以期掌握麻雀为害杂交水稻的规律和防御其为害的方法，为今后杂交水稻生产减少损失，提高农民的种稻效益提供依据。

1　材料与方法

1.1　材料

种植杂交稻品种包括中优 837、株两优 02、荣优 608 等杂交早稻组合，科优 6418、新两优 901、天优华占等杂交晚稻组合，Y 两优 1 号、两优培九、准两优 527 等杂交中稻组合。网眼 2.5cm × 2.5cm 的白色聚氯乙烯（单股）防鸟网，宽 4.5cm、银红相间的反光彩带，稻拌威拌种剂和双宝牌驱鸟剂。

1.2 时间和地点

2013—2016 年选择安远县欣山镇的 8 个自然村庄，种植上述杂交水稻品种的 19 块田为样地，总面积 75hm^2。每块田都有小山相隔，周围环境各异，面积多在 2hm^2 左右，最小的 0.5hm^2，最大的 20hm^2。

1.3 方法

1.3.1 采用样线法和样点法相结合进行调查

在水稻生长期间特别在成熟期每周日上午到田间观察监测，关键日期早、晚均到稻田观察监测，共计 350 次。采用样线法到田间现场走动观察记录麻雀行为习性、种群数量、杂交水稻受害方式、程度、因素和农民应用各种防御措施等情况。采用样点法在田间定点设置杂交水稻抽穗成熟期受麻雀为害率的测定和防御对比试验，并对有关数据进行统计分析。

1.3.2 杂交水稻抽穗成熟期受麻雀为害率的测定

穗粒受害率的测定：2014 年和 2015 年分别在晚稻田选择 5 个代表点作观察测样点进行穗粒受害观测记录，每点在水稻破口时选择相连的 2 丛观察禾穗留下，再把 2 丛观察穗相连的四周 6 丛禾穗全部齐泥割去，然后在 2 丛观察禾穗株行区内四周铺上塑料膜，并在膜上高度 10cm 处盖好网眼 1.5cm 的铁丝网防麻雀啄食脱落谷，田间要保持湿润。每隔 2 天的上午观察记载麻雀为害造成脱落在塑料膜上有米粒的谷粒数；检查每穗谷粒，看麻雀啄米浆造成谷壳变白、破裂，以后不会长成米粒的谷壳，用镊子取下谷壳只留下谷梗；取 5 个观察代表样点的共 10 丛禾穗室内考种，计算测定总缺粒和测定穗总粒数。

穗轴梗受害的测定：在稻田随机抽 100 丛禾穗，在田间检查穗轴折断处上下 1cm 内凹陷缢缩而无褐黑色病斑（褐黑色病斑是病害造成）的记作麻雀为害穗轴折断总数；同时检查每穗一次、二次枝梗折断处上下 0.5cm 内凹陷缢缩无褐黑色病斑的数量，记作麻雀为害 1 次、2 次枝梗折断总数，穗轴、枝梗折断长度占全长 2/3 及以上记为 1，低于 2/3 记为 0.5；采用 5 点法随机抽取 10 丛禾穗，室内测定平均每丛有效穗，平均每穗一次、二次枝梗数。

谷粒脱落受害率（%）= 谷粒脱落总数 / 总粒数 ×100

啄浆米受害率（%）=（总缺粒数 – 谷粒脱落总数）/ 总粒数 ×100

穗粒受害率（%）= 总缺粒数 / 总粒数 ×100= 谷粒脱落受害率 + 啄浆米受害率

穗轴受害率（%）= 穗轴折断总数 /（丛数 × 平均每丛有穗数）×100

一次枝梗受害率（%）= 一次枝梗折断总数 /（丛数 × 平均每丛有效穗数 × 平均每穗一次枝梗数）×100

二次枝梗受害率（%）= 二次枝梗折断总数 /（丛数 × 平均每丛有效穗数 × 平均每穗二次枝梗数）×100

穗轴梗受害率（%）= 穗轴受害率 + 一次枝梗受害率 + 二次枝梗受害率

穗总受害率（%）= 穗粒受害率 + 穗轴梗受害率

1.3.3 杂交水稻抽穗成熟期试验设计

2014 年杂交早稻株两优 02、2015 年杂交单季稻两优培九的抽穗成熟期分别设置 5 个驱鸟处理：拉彩带、喷施驱鸟剂、网眼 2.5cm 铺网、网眼 2.5cm 架网、无防御措施（对照）进行区组对比试验，每处理重复 3 次，每个小区面积 40m^2（4m × 10m）。拉彩带驱鸟：始穗至成熟期用 4.5cm 宽、银红相间反光塑料彩带在小区沿长边禾穗上面相间 2m 拉紧，共设置 3 条，两端均用 1.6m 高的竹竿绑住。喷施驱鸟剂驱鸟：在处理小区齐穗时用双宝牌驱鸟水剂 150 倍液喷施 1 次。网眼 2.5cm 铺网驱鸟：始穗至成熟期将网眼 2.5cm 的防鸟网铺在处理小区禾穗上面和四周禾穗边上，用塑料带把网扎紧在禾蔸上防风吹走。网眼 2.5cm 架网驱鸟：始穗至成熟期在处理小区禾穗上面四周用 1.6m 高的竹竿拉起塑料绳，然后把网眼 2.5cm 防鸟网架在塑料绳上面和四周禾穗边上，用塑料带把网扎紧在禾蔸上防风吹走。对照无防鸟措施按正常大田管理进行。穗粒受害率的测定：在收割前 1 天在每个处理小区采用 5 点法随机取 5 丛禾穗进行室内考察，仔细查看找出穗上的缺粒以及谷壳颜色不正常、壳外有霉点、壳内留有明显种皮痕迹、谷壳破裂的空粒等受害状，一起记作穗粒受害总数，同时记录穗粒总数。

穗粒受害率（%）= 穗粒受害总数 / 穗粒总数 × 100

穗轴梗受害率和穗总受害率的测定方法同 1.3.2 所述。

1.3.4　杂交水稻秧田试验设计

2013 年杂交晚稻新两优 901 和 2014 年杂交中稻准两优 527 分别对同一块露天秧田湿润育秧进行拱网防鸟（网眼 2.5cm 防鸟网）、种拌驱鸟剂防鸟（用稻拌威 5g 拌芽谷 1kg 后播种）和无防御措施（对照）的对比试验，每处理 3 次重复，每个小区面积 10m^2。在做畦播种时，每个小区随机选 1 个观察点，面积 1m^2，放置等面积塑料膜，上面铺 2cm 厚田泥，同畦相平，每点随机数取 1 000 粒种谷进行播种，2.5 叶时清洗 1m^2 区域内的种谷，统计正常出苗数、未正常出苗数（包括死种、烂种）。

种谷受害率（%）=（1 000－正常出苗数－未正常出苗数）/1 000 × 100

出苗率（%）= 正常出苗数 /1 000 × 100

1.3.5　防御效果的计算

防御效果（%）=［对照区穗总受害率（或种谷受害率）－防御区穗总受害率（或种谷受害率）］/ 对照区穗总受害率（或种谷受害率）× 100

1.3.6　为害程度分级和种群密度的计算

为害程度按穗总受害率进行分级。轻度为害，0% < 穗总受害率 ≤ 5%；中度为害，5% < 穗总受害率 ≤ 15%；重度为害，15% < 穗总受害率 ≤ 30%；严重为害，穗总受害率 >30%。种群密度 = 某调查地遇见麻雀个体最高数量 / 调查地面积。

2　结果与分析

2.1　麻雀为害水稻相关的行为习性

2.1.1　昼出夜伏性

麻雀白天活动晚上栖息。笔者在样地调查发现麻雀从早晨天刚亮就会出来觅食、嬉戏、鸣叫，傍晚天黑前飞回到树林、草丛、房屋等隐蔽处栖息。

2.1.2 杂食性

麻雀是杂食性的鸟，以植物性食物为主，还有少量动物性食物，只有雏鸟以昆虫为主。农作物区的麻雀全年对各种食物取食频次以农作物最高，草籽次之，再次昆虫。笔者在样地观察发现，杂交水稻生长期间，麻雀会在播种出苗期啄食种谷，在抽穗成熟期集群出现嗜食米浆米粒，折断枝梗，而且会出现为害高峰，早晨天刚亮 1 小时内，傍晚大约在太阳落山前后 1 小时内都出现集群高峰啄食活动，白天的取食高峰不稳定。在分蘖孕穗期，麻雀分小群出现，偶尔看见个别麻雀在禾穗上捕食卷叶虫、稻飞虱、叶蝉等昆虫，也有的麻雀在田埂上啄食嫩绿小草。

2.1.3 群食性

群食性是指当一只麻雀发现丰富食物时会鸣叫引起麻雀集体飞来啄食。笔者在早稻秧田播种时，发现附近 1 棵树上有 20 只麻雀，突然有 1 只飞到秧田啄食种谷后发出鸣声，马上树上所有麻雀都来啄食种谷。

2.1.4 惯适性

惯适性是指麻雀对某物开始感觉不适会惊怕，慢慢适应后就习以为常。笔者在样地调查发现，用防御措施如拉彩带驱鸟，开始几天麻雀东张西望不适应，不敢来啄稻米，随着时间延长，它们慢慢习惯适应后又会集体啄稻米，甚至时而在彩带周围嬉戏栖息。

2.1.5 惯食性

惯食性是指麻雀发现丰富可口食物后经常来啄食的现象。笔者在样地调查发现，麻雀一旦发现某田块有嗜食稻米，就会每天过来吃，这也是局部田块受害严重的原因。

2.1.6 集群性和分群性

集群性和分群性是指有时麻雀会结成大群高度集中啄食，而有时会分散成小群在不同地方啄食。笔者在样地调查发现，在较大面积（如 $20hm^2$ 以上）的杂交水稻种植区，先抽穗的田块会引起各小群麻雀集合起来啄食稻米，出现集群现象；到田内大部分水稻抽穗成熟时，又扩散到不同田块取食，出现分成小群的现象；当大部分水稻收割后，生育期迟的田块又会出现麻雀集群来啄食稻米的现象，这是少量早抽穗或迟抽穗水稻受害重的原因。

2.1.7 弹跳性

弹跳性是指麻雀行走时用双腿跳跃前进。笔者在样地调查发现，麻雀会在田埂上或禾穗上双脚弹跳走动，在稻穗完熟期这样弹跳走动会引起谷粒脱落。

2.1.8 味觉灵敏

麻雀对食味特别敏感，有趋有避，适合口味则会啄食，不适合口味则避之。笔者在样地调查中发现，在杂交水稻抽穗成熟期喷施驱鸟药后，麻雀啄食发现味不适合会立即飞走，过 7 天左右，驱鸟药药效消失，麻雀啄食时发现味道适口，便会继续啄食造成为害。这是水稻秧田施用驱鸟剂效果好，而抽穗成熟期施用效果不理想的原因。

2.1.9 就近为害性

就近为害性是指麻雀的啄食活动一般在其居留处附近 3km 内。调查还发现同一块地，离村庄、树林较近的一侧受害程度高于较远的一侧。

2.2 麻雀对杂交水稻为害分析

2.2.1 杂交水稻受害时期和方式

麻雀为害杂交水稻主要有两个时期，一个是播种出苗期（包括露天育秧和直播大田），即播种后到3叶期。露天湿润育秧一旦被麻雀发现就会集群啄食，留下谷壳。这是播种出苗期为害的主要方式，先为害没有被土覆盖的种谷，后为害出土萌发的种谷，用嘴啄芽拔出土后取食米粒，造成出苗差，甚至导致出苗率为0。另一个是破口抽穗成熟期，受害方式分为穗粒受害和穗轴梗受害，穗粒受害分为造成谷粒脱落、米浆和米粒被啄。灌浆期麻雀用嘴啄稻谷，吃米浆，谷壳一般留在稻穗上，且常见留下米浆痕迹。米粒硬结期麻雀用嘴啄破谷壳只吃掉整个米粒，谷壳脱离谷梗掉落田间。穗轴梗受害分为穗轴折断、一次枝梗折断和二次枝梗折断。

2.2.2 抽穗成熟期为害分析

麻雀对杂交水稻抽穗成熟期的为害如表1所示，2次测定穗总受害率分别是41.6%和26.4%，分属严重为害和重度为害；2次测定穗粒受害率分别是39.8%和25.5%；2次测定穗轴梗受害率分别是1.8%和0.9%。在穗粒受害方面，第1位是谷粒脱落受害，2次测定受害率分别是28.6%和16.5%；第2位是啄浆米受害，2次测定受害率分别是11.2%和9.0%。从以上数据看，穗粒受害比穗抽梗受害严重，而谷粒脱落受害是麻雀为害杂交水稻的重要方式。

表1 麻雀对抽穗成熟期杂交水稻的为害情况

测定时期	杂交组合	穗粒受害率/%	谷粒脱落受害率/%	啄浆米受害率/%	穗轴梗受害率/%	穗轴受害率/%	一次枝梗受害率/%	二次枝梗受害率/%	穗总受害率/%
2014年晚稻	科优6418	39.8	28.6	11.2	1.8	0.5	0.7	0.6	41.6
2015年晚稻	天优华占	25.5	16.5	9.0	0.9	0.2	0.3	0.4	26.4

2.2.3 杂交水稻受麻雀为害的影响因素

① 种群密度对为害的影响。2014年7月调查麻雀种群密度对杂交早稻抽穗成熟期为害情况，地点是濂江村白兰山下的上垅塅、山坑塅和金石村的河背塅，面积分别为1.3hm²、0.7hm²、9hm²，遇见麻雀个体数最高值分别为245只、193只、364只，种群密度约188只/hm²、276只/hm²、40只/hm²，对应的穗总受害率分别是13.2%、22.4%、3.1%。上述数据表明某地段麻雀种群密度越大对杂交水稻为害越重。种群密度是为害轻重的主导因素。② 周围环境对为害的影响。2014年7月调查濂江村同一块地段发现，离村庄鸟源近的田块比远的受害重，2处田块都种的杂交早稻株两优02且抽穗成熟期相同，平均穗总受害率近处田块是14.3%，远处田块是8.6%。2014年9月调查还发现，门前段

和后山段两块田都种植杂交中稻两优培九，门前段附近有村庄，种植多种农作物，并且有荒山、草坡、树木、小溪，适宜麻雀居留生存，穗总受害率是37.1%；后山段远离村庄，四周有繁茂的树木，穗总受害率是4.6%。上述数据说明周围环境对麻雀为害有较明显影响。③ 抽穗成熟期对为害的影响。2015年9月调查金石村的同一地段发现，种植杂交中稻组合Y两优1号，由于播种期和管理不一致出现3种抽穗成熟期，小面积1hm^2区域抽穗成熟期是7月27日至9月10日（提早10天），大面积7.4hm^2集中播种的抽穗成熟期是8月7日至9月20日（适中），还有1个小面积区域1.6hm^2抽穗成熟期是8月14日至9月27日（延迟7天），它们的平均穗总受害率分别为19.4%、4.3%、13.4%。说明同一地段不同抽穗期受麻雀为害有明显差异，在麻雀个体数量多，面积大的地段，集中连片抽穗的田块受害轻，而抽穗早或迟的田块受害重，这与麻雀的惯食性、集群性与分群性有关。④杂交水稻组合对为害的影响。2015年7月调查杂交早稻受害情况发现，同一农户在同一地段相连2块稻田种植杂交水稻，管理一致，抽穗时间也相同，品种均为杂交早稻组合，1个是中优837（剑叶宽长、长势繁茂、藏穗型），1个是荣优608（剑叶短、露穗型）。两品种受麻雀为害的平均穗总受害率分别是5.7%和10.4%，品种不同受害程度也有差异。培育特定水稻品种可以减轻麻雀为害，具有脱粒难、谷有芒、颖壳闭合紧、剑叶长厚直、藏穗型等特性的杂交水稻组合受麻雀为害轻。

2.3 防御效果分析

2.3.1 杂交水稻抽穗成熟期防御效果

4种防御措施防麻雀为害结果如表2所示，4种措施对应处理的穗粒受害率、穗轴梗受害率、防御效果都存在显著差异，用网眼2.5cm防鸟网架网防麻雀效果最好，2年试验的穗总受害率为0，防御效果达到100%。网眼2.5cm防鸟网铺网驱鸟也有一定效果，2年试验的防御效果分别是50.5%和38.0%，造成差异的原因是网铺在稻穗上仍接近稻穗，麻雀虽然身体钻不进去，但头可以钻进去啄食米浆和米粒，折断穗轴枝梗。喷施驱鸟剂和拉彩带防御麻雀效果不理想，2年试验的防御效果都在10%以下。喷施驱鸟剂后，开始几天麻雀不来啄食，过几天驱鸟剂气味消散后马上回来啄食；拉彩带后彩带反光，被风吹拂会发声，麻雀开始不适应，不来啄食，过几天后习惯后又来啄食。未采取任何措施的对照区穗总受害率2年分别为18.2%和25.0%，属重度受害。

表2 杂交水稻抽穗成熟期不同防御麻雀措施的效果比较（SSR法）

处理	2014年杂交早稻株两优02				2015年杂交单季稻两优培九			
	穗粒受害率/%	穗轴梗受害率/%	穗总受害率/%	防御效果/%	穗粒受害率/%	穗轴梗受害率/%	穗总受害率/%	防御效果/%
网眼2.5cm架网	0eE	0eE	0eE	100.0aA	0dD	0eE	0eD	100.0dD
网眼2.5cm铺网	8.9dD	0.1dD	9.0dD	50.5bB	15.2cC	0.3dD	15.5dC	38.0cC

（续表）

处理	2014 年杂交早稻株两优 02				2015 年杂交单季稻两优培九			
	穗粒受害率 /%	穗轴梗受害率 /%	穗总受害率 /%	防御效果 /%	穗粒受害率 /%	穗轴梗受害率 /%	穗总受害率 /%	防御效果 /%
喷施驱鸟剂	15.9cC	0.5cC	16.4cC	9.9cC	22.6bB	0.9cC	23.5cB	6.0bB
拉彩带	16.8bB	0.6bB	17.4bB	4.4dD	23.1bBA	1.0bB	24.1bB	3.6aA
无措施对照	17.5aA	0.7aA	18.2aA	—	23.8aA	1.2aA	25.0aA	—

2.3.2　杂交水稻秧田期防御效果

2 种防御措施防麻雀为害结果如表 3 所示，2 种措施处理较对照的种谷受害率、出苗率都有极显著差异。用网眼 2.5cm 防鸟网拱网防麻雀，2 年试验的种谷受害率均为 0，防御效果达 100%。用驱鸟剂拌种 2 年试验的种谷受害率分别是 0 和 6.7%，防御效果分别是 100% 和 87.7%，也达到理想的效果，原因是种谷拌驱鸟剂后，麻雀啄种谷发现味道不对会放下，立刻飞走，不再啄食，待 7 天后“药味”消失，秧苗已长 2.1 ~ 3 叶，种谷内胚乳已被消耗掉，麻雀再啄食发现种谷已空，也就不来啄食了。对照区 2 年测定的种谷受害率分别是 34.0% 和 52.6%，出苗率分别是 41.8% 和 28.3%，出苗率严重下降。

表 3　杂交水稻露天湿润育秧防麻雀为害效果对比（SSR 法）

处理	2013 年杂交晚稻新两优 901			2014 年杂交中稻准两优 527		
	种谷受害率 /%	出苗率 /%	防御效果 /%	种谷受害率 /%	出苗率 /%	防御效果 /%
网眼 2.5cm 拱网	0bB	68.4aA	100.0	0cC	73.2aA	100.0
种拌驱鸟剂	0bB	66.3bB	100.0	6.7bB	68.4bB	87.3
无措施对照	34.0aA	41.8cB	—	52.6aA	28.3cC	—

2.4　防御对策技术分析

2.4.1　防御对策

笔者经调查研究总结出杂交水稻抽穗成熟期防御麻雀为害的对策：一要选择剑叶长厚直、藏穗型、谷有芒、颖壳闭合紧、脱粒难的杂交水稻组合，这是最为经济有效的防御方法；二要适时播种，同一地块选择同一杂交水稻组合，同一时间播种，如果杂交稻组合不同，生育期短的要迟播，生育期长的要早播，保证同一块稻田抽穗期尽可能一致；三是要选择药剂驱赶麻雀，当发现同一块稻田的杂交水稻抽穗不一致，在较早抽穗的稻田要喷施无毒、无害的驱鸟药驱赶麻雀。轻度为害区采取上述办法是可行、有效的，但中、重度为害区目前最有效的办法是采用防鸟网。杂交水稻秧苗期的防御对策，直播大田选用种谷拌驱鸟剂，露天育秧首选 2.5cm 网眼防鸟网拱网。

2.4.2　防鸟网技术

笔者调查得知，在杂交水稻抽穗成熟期用白色聚氯乙烯单股防鸟网，网眼 2.5cm 规格的价格是 0.18 元 /m^2，用于防麻雀为害平均可用 10 次，每次分摊成本是 240 元 /hm^2。

杂交水稻秧田用网眼 2.5cm 防鸟网，每次分摊成本是 450 元 /hm^2。这个投入成本农民可以接受。

经调查研究，总结防鸟网防麻雀的技术要点：① 选网，杂交水稻秧田期和抽穗期要选择眼网 2.5cm 的单股聚氯乙烯网，防御效果较好。② 布网时间，秧田播种后立即进行拱网，大田在齐穗期进行架网或铺网。③ 布网方式，秧田选择竹片拱网方式；抽穗成熟期，在重度受害区一定要用架网方式，四周及中间用竹竿拉起塑料绳并把网铺在绳上面；中度受害区可以采用铺网模式，即把网铺在杂交水稻禾穗上面；架网或铺网后，网在四周拉在田埂边上并用塑料带绑在禾蔸上，以防大风刮走。④ 收网时间，秧田 3 叶时可收网，抽穗成熟期可在收割时边收网边收割。

3 讨论

杂交水稻受麻雀为害已成为赣南山区杂交水稻生产中的重要问题。本调研结果表明，麻雀危害杂交水稻与其密切相关的行为习性有昼出夜伏性、杂食性、群食性、惯适性、惯食性、集群性与分群性、弹跳性、味觉灵敏性与就近为害性。麻雀危害杂交水稻时期分别是播种出苗期和抽穗成熟期，为害方式在秧田期是啄食种谷的米粒，在抽穗成熟期是造成谷粒脱落，啄食米浆、米粒，以及造成穗轴折断，一次枝梗折断，二次枝梗折断，其中主要是穗粒受害，特别在米粒完熟期造成大量谷粒脱落。调查中发现，乳熟期和蜡熟期其危害造成谷粒脱落少，到完熟期大量增加，这跟麻雀反复用力啄谷、弹跳，以及到完熟期谷粒比前期更容易脱落有关。杂交水稻受麻雀为害程度跟地块麻雀种群密度、周围环境、抽穗成熟期时期、杂交水稻品种等因素有关，麻雀种群密度是为害程度轻重的主导因素。掌握合适的杂交水稻播种期，选择合适的杂交水稻组合和连片集中安排统一抽穗成熟时间可以有效减轻麻雀为害，这是对轻度为害行之有效的防御措施。

对于防御农作物鸟害的方法，国内已有不少报道。在样地调查发现，农民防御麻雀为害杂交水稻，在水稻抽穗成熟期的主要措施是拉彩带、喷施驱鸟剂、铺或架防鸟网、放鞭炮，挂废光盘等，实践表明这些方法中铺或架防鸟网的效果较好，架防鸟网防效可达 100%，其他方法在轻度受害区有一定效果，在重度受害区效果较差。秧田期采用网眼 2.5cm 拱网防御效果达 100%，种谷拌驱鸟剂防御效果在 87.3% ~ 100%。在水稻抽穗成熟期使用网眼 2.5cm 的防鸟网 1 次分摊成本是 240 元 /hm^2，成本低，效果好，农民可接受，且对麻雀不产生伤害，是目前重度受害区防鸟首选。

植保无人机在陵城区统防统治中的应用与探索

高建美[1] 王鹏程[2] 王书友[3]

（1. 山东省德州市陵城区农业农村局植物保护站　山东　德州　253500；
2. 潍坊科技学院　山东　寿光　262700；
3. 山东省德州市陵城区农业农村局植物保护站　山东　德州　253500）

摘　要：从陵城区植保无人机的发展、购买服务的方式、建立培训基地、服务范围和服务模式等几个方面总结与分析了陵城区植保无人机统防统治的推广和应用情况；从飞防季节、飞防时间、飞防区域、飞防效果等方面系统阐述了无人机统一规范作业技术；并指出了无人机在推广应用中存在的问题及如何采取措施促进陵城区植保无人机统防统治的发展。

关键词：无人机；统防统治

近年来，随着无人机在农作物专业化统防统治中的应用，大力促进了山东省德州市陵城区专业化统防统治工作。因无人机喷洒作业具有雾化好、农药利用率高、省时、省力、节水等多种优势，得到了农户的欢迎及肯定，打开了全区统防统治的局面，提升了统防统治覆盖面。确保了农药“减量”任务目标的完成，保障了农业生产、农产品质量和生态环境的安全。

1　陵城区植保无人机统防统治推广和应用情况

近年来，陵城区坚持“预防为主、综合防治”的植保方针和“公共植保、绿色植保、科学植保”的理念，以农药减量控害为原则，加快培育社会化服务组织，开展统防统治服务。在植保无人机推广工作中坚持“政府支持、市场运作”，大力支持种粮大户、家庭农场、村委领办创办的合作社、专业化防治服务组织等购置并使用植保无人机开展病虫害统防统治。通过“基层农技推广体系改革与建设补助项目”“新型职业农民培训”“小麦一喷三防”“玉米一防双减”等项目进行示范和展示，在项目的实施过程中主动和植保无人机企业对接，为生产企业提供平台集中展示植保无人机、飞防药剂及助剂、飞防技术、飞防效果，从而促进了全区植保无人机在统防统治中的广泛应用。

1.1　植保无人机在陵城区的发展

2016 年陵县丰泽种植专业合作社通过项目扶持在陵城区首次购置 4 架植保无人机，

因当时的飞行系统功能非常少，只有手动飞行、起飞、降落、喷洒功能，作业事故多，作业效率低，影响了植保无人机的推广应用。2017 年全区植保无人保有量为 8 架。2018 年植保无人机航空飞行系统功能得到完善，一键起飞、A/B 点飞行、全自主飞行、实时图像传输、雷达防地、自主避障、RTK 厘米级定位、断点续喷、流量计、App 手机端、后台监控、面积统计等功能通过组织集中展示被全区农户接受，植保无人机的保有数量迅速增加。2019 年全区共有植保无人机 47 架，其中多旋翼 35 架，单旋翼 12 架。2020 年大力发展一村一机，植保无人机统防统治面积占全区统防统治面积的 80%，成为统防统治的主力军，保障了粮食生产安全，增加了农民收入。

1.2 通过项目资金差额补贴购买服务的方式推动无人机统防统治

在重大病虫害防治项目实施过程中，为推动无人机统防统治，项目资金主要用于补贴统一组织实施小麦、玉米等重大病虫害无人机统防统治。对于小麦条锈病、草地贪夜蛾等重大流行蔓延的病虫害，激励乡镇政府统一组织实施无人机统防统治，项目资金主要用于支持当地政府统一组织购买统防统治服务。按各乡镇无人机统防统治面积差额拨付乡镇财政，不足部分乡镇、村和农户自筹。统防统治结束后，各乡镇凭乡镇和服务组织签订的防治合同、乡级台账、村级台账向农业农村局申请，农业农村局报财政局审核后拨付。通过这种方式小资金带动了大防治，提高乡镇、村和农户的参与度，有力推动了无人机统防统治的开展。

1.3 扶持建立植保无人机培训基地

2018 年为加快推进植保无人机在陵城区的推广应用，结合新型职业农民培训项目扶持陵县丰泽种植专业合作社联合多家植保无人机企业成立植保无人机培训基地，举办新型职业农民植保无人机操作手培训班，分批次对农机合作社技术骨干、种地大户、基层农技人员等进行培训。宣传植保无人机在统防统治中的重要作用，让学员了解应用农业航空植保无人机技术对减少农药使用量、降低生产成本，解决小麦、玉米等主要农作物重大病虫害防治，促进粮食增产和农民增收的重要意义。培训采取室内理论授课与室外实践操作相结合的方式，让学员了解无人机的构造、性能、组装、调试、操作、维护保养以及无人机在农业生产中的应用和相关注意事项等。提高学员操作技能，提高植保无人机在复杂环境中的飞行和驾驭能力，使参训学员进一步掌握了无人机操作技能、飞行技巧以及日常维护保养等，推进了全区植保无人机在农业生产中的应用。

1.4 服务范围和服务模式逐步拓宽

无人机的农业应用发展很快，从原来只能载 6L 的药液到今天可以载 20L 以上的药液，基本性能越来越好，防治作业效率提高，从而降低了作业服务费，从最初的每亩 10 元，降到了现在的每亩 5 ~ 6 元，降低成本增加了市场竞争力，得到了农户的普遍认同。同时飞防药剂品种多样化，从过去防治病虫发展到现在病虫草全生育期防治，健全了作业内容，增强了飞防组织的市场生存力。成立新型职业农民协会，建立微信群，新型职业农民协会集中了全区 90% 的植保无人机，协会统一承担防治订单、统一技术标准、统一组织作业，盈利共享，日作业能力达到 2 万亩以上，统一开展统防统治服务，增加了植保无人机的利用率。通过联合作业飞防服务都得到快速发展。

2 统一规范作业技术

为保障植保无人机防治效果，保证农户的利益，减少防治过程中的防效纠纷，降低安全事故的发生，通过近几年的努力，对全区植保无人机作业的飞行高度、飞行速度等参数，飞防药剂、农药剂型、助剂、喷药液量、施药时期等配套技术进行了规范。

2.1 不同季节飞防技术

春季温度往往起伏较大，忽冷忽热。气温稳定在18℃以上时，是用药的最佳时机。夏季雨水较多，喷药一定要提高药液的黏附性，以抗雨水冲刷。此外，要注意所配药液浓度。大多数药剂的药效与温度关系密切，温度高时药效强，温度低时药效弱。因此，夏季高温季节药剂的使用浓度应随着温度的升高而降低，如在夏季仍按冬季时的用药浓度配药，则往往导致药害的发生。秋季各种作物的病虫害开始肆虐，各种病虫害针对作物开始为害，给作物造成很大的损害，因此秋季喷药也是防护的一个重要部分。

2.2 飞防安全

特别需要注意的是在进行防治过程中，密切结合当地农牧渔管理部门，对辖区桑蚕区、虾、鱼塘、蜜蜂养殖场等易受到为害影响的对象，提前做好定位标示，积极做好宣传工作，在施药过程中预留一定的防漂移间隔区，否则一旦受到波及，极易对上述敏感对象造成灭顶之灾，产生不必要损失，诱发不安定因素。

2.3 飞防效果保障

飞防过程中药剂喷洒均匀，保证作业区内施药全覆盖、所有指定飞防区域均匀施药，保证飞防灭虫害效果以达到防控要求。在施药过程中，随时监控施药效果并与管理部门专家及时沟通，根据虫情密度等具体情况，随时调整优化施药方案。作业区域内采用超低容量喷雾，确保药剂喷洒均匀，施药位置准确，严格把漏喷率控制在最小范围内。

2.4 合理安排飞防时间

飞防前应由当地气象部门提供可靠的飞防气象资料。飞行的适宜天气条件如下：无人机起落、飞行和喷药期间不下雨。为避免飞防3小时后遇雨，加入助剂，确保药滴快速渗透吸收，提高药效。无雾或薄雾，能见度高，能见度大于1 500m，观察无云雾弥漫、轮廓清晰为适宜飞行作业天气。气流相对稳定，风向、风力不紊乱，风对单位面积上受药量影响较大，喷雾时最大风速低于4m/s，超过上述规定应停止作业。温度：最适应的喷药气温是20 ~ 24℃，当大气温度超过35℃时，产生上升气流，影响防治效果，原则上暂停飞防。湿度：喷雾时相对湿度应在60%以上。

2.5 合理规划作业区域

提前进行基本情况调查，分别是地形气候调查、飞防区域测量、禁飞区、避让区调查。通过实地踏查，对各防治作业区进行准确四点定位，绘制规范的项目施工作业图。并对飞防区内的虾、蟹、蜂、蚂蚱、蝎子等养殖区及高压电线杆、高塔、高楼等高大建筑物准确四点定位绘制详细的飞防区、禁飞区、避让区坐标点。

2.6 起降点的选择

根据作物的分布情况及飞防作业区地形地貌特点，依据就近原则和无人机的作业半径、水电路、安全保卫、起降点周围的高大建筑物、飞行设计等因素综合考虑在防治项目区建设起降点。综合考虑飞防面积及地形特点，确定起降点位置和数量。起降点要求净空条件好，四周开阔，无高大建筑物、高压线等，净空要求200m以上（200m之内无高于1.5m的物体，临时起降点最佳场所为宽敞公路、球场、体育场），地面平整，无易被吹起的杂物，停机坪要求最小面积5m×5m。

2.7 飞防路线设计

根据飞防区域地形地貌、道路河流、虫情发生程度、特种养殖环境避让、风向等基本情况，绘制施工作业图，划分若干个飞防单元，标明防治区域、禁飞区域、避让区域、不同施药方案等项目重点信息。每个单元确定飞防面积、飞防机型、飞防架次，并根据喷幅要求，利用自动导航系统等行距规划飞防线路或人工规划飞防线路，地毯式喷雾无缝隙覆盖。按照安全、高效、经济的原则科学合理设计飞防航线，保证漏喷率控制在0.01%以内。

2.8 作业顺序

先重后轻，先难后易，先飞防特种养殖避让缓冲区周边区域，由内向外扩展，杜绝次生灾害的发生。

2.9 作业方式

作业航线根据作业区面积、距起降点距离、地面情况、虫害发生程度、风向等因素综合确定。航带长度应大于作业区宽度。无人机飞行作业采用定位与导航，按照相关的规定和作业设计要求进行作业。根据地形图上标注的航带两端经度、纬度或作业区四周（角）航点经度、纬度，采用自主规划航线。提前按飞行进度表安排好飞防作业计划，密切配合飞防区主管部门完成飞防。作业方式根据地块大小、形状、风向、喷幅等因素综合确定，采用单向式作业式作业或者包围式作业，对于地头、地边、障碍物下喷洒作业进行特殊要求，防止漏喷。

2.10 作业效果保障措施

对症下药。严格配制农药，要准确称取药量和兑水量，如果是母液首先要对母液进行稀释。严格按照操作规程施用农药，根据农药类型选择喷头，喷杀菌剂选择雾滴较小的喷头；喷杀虫剂选择雾滴稍大的喷头；喷除草剂选用扇形喷头。注意农药的安全间隔期。做好安全防护。施药完毕，对废液及洗刷喷雾器的废水、农药瓶等妥善处理，不能随意乱倒、乱扔，注意保护环境。

2.11 科学施药

喷药防治对象不同，喷药位置不同，如果喷药防治蓟马、蚜虫、白粉虱等这一类害虫，则应重点喷施植株的幼嫩部位或中上部；如果防治一般病害，则重点喷施中下部易发病的老叶片；防治猝倒病、立枯病、枯萎病等病害，则应重点喷施茎基部。配制药液时建议大家采用二次稀释法，即先将农药溶于少量水中，待均匀后再加满水，这样可以使药剂在水中溶解更均匀，效果更好。从而能够根据以上信息推测出此次施药的效果情况。

3 存在的问题

3.1 病虫害发生的不确定性

病虫害的发生轻重受气候、种植结构的影响较大，病虫害发生重的年份用药量就大，病虫害发生轻的年份用药量就小。从而造成业务量不足，经济效益不稳定，不利于事业的发展壮大。机手的收入不高，人员流动性大，造成技术水平不稳定。

3.2 植保无人机的性能有待加强

载药液量偏小，工作效率不高；受风力、风向影响；电池续航能力低，影响作业效率；操作稳定性稍差；飞机成本高，农户接受程度受限。

4 多措并举促进植保无人机统防统治发展

（1）充分利用现有的农村经济合作组织和农药经销商等，充分发挥各组织和公司在人才、技术、资金、经验和农村服务网络等方面的优势，通过政策引导、部门组织、市场拉动、企业带动等途径，探索形成了多种组织形式植保无人机发展模式。以项目扶持、自负盈亏、市场运行、以业养队的原则健全植保无人机防治组织。

（2）农业农村局在植保无人机专业化统防统治方面加大工作力度。一是逐步规范植保无人机专业化防治组织的组建和运行行为，正确引导和指导植保无人机专业化防治队伍的建立和发展，通过准入制度的建立和技术培训的深入，确保队伍人员数量、人员素质、知识技能等符合要求。二是强化对植保无人机专业化防治的服务指导，对从业人员加强安全用药、防治技术和药械维修技能等方面的技术培训；准确及时向其发布病虫发生信息和有害生物综合防治技术意见。在防治的关键时期，派出专业技术人员，到田间地头指导防治，保证高效、安全地控制病虫草害。

（3）加强宣传引导。一方面充分利用广播、电视、报纸等多种新闻媒介，大力宣传植保无人机专业化统防统治工作的实施成效，争取社会各界的广泛关注，谋求更大支持。另一方面要进村入户做好深入细致的群众工作，争取社会各界的认可和支持，努力营造有利于植保无人机统防统治实施向纵深发展的舆论氛围和工作环境。

（4）加大扶持力度。在扶持方面，一是对发展规范运行良好的植保无人机专业化防治组织提供项目支持；二是植保无人机专业化防治组织在注册、工商登记、税务豁免、道路运输、安全管理、小额融资等提供优惠政策；三是区政府财政对植保无人机专业化防治组织根据防治面积进行补助。

中国葡萄用杀虫剂登记现状及研究进展

刘　刚　靳春香　张爱美　杜立群　路向雨　李　超

（山东省宁阳县农业农村局　山东　宁阳　271400）

摘　要：中国葡萄种植面积大，害虫发生种类多，为害严重，农药防治仍然是主要控制措施。但目前仅批准4个葡萄用杀虫剂登记，远远不能满足实际生产需求，导致超范围使用杀虫剂现象比较普遍。近年来国内开展了多项杀虫剂防治葡萄害虫药效试验，筛选出一批高效低毒的农药品种，但没有进行登记。因此，应高度重视葡萄害虫化学防治工作，进一步推进葡萄用杀虫剂的登记，制定更多最大残留限量标准，加强害虫抗药性风险监测和农药科学应用指导，保障葡萄质量和消费安全。

关键词：葡萄；杀虫剂；登记；研究；进展

葡萄是一种重要的经济水果，除鲜食外还可用于酿酒、制干、制汁等。近20年来世界葡萄产业发展趋势平稳，中国葡萄产业发展大幅提升，其中鲜食葡萄产量居世界第一。葡萄种植过程中害虫（螨）发生种类较多，为害严重。付丽等在鲁中山区葡萄上调查发现了14种主要害虫（螨），发生最普遍且为害严重的为绿盲蝽、透翅蛾、二星叶蝉、葡萄瘿螨等。吕中伟等调查发现，2019年河南地区主要葡萄害虫有绿盲蝽、小菜蛾、夜蛾类害虫、蚧类（粉蚧为主）、介壳虫、蚜虫、红蜘蛛、茶小绿叶蝉、斑衣蜡蝉等。邵昌余等调查发现，贵州省葡萄园害虫种类有5目11科11种，害螨有2种。透翅蛾、蓟马、短须螨、二星叶蝉是重庆地区葡萄上的主要害虫（螨）。陕西渭南地区葡萄主要虫害种类有盲蝽、蓟马、叶螨、斑衣蜡蝉、蜗牛等，蓟马和叶螨在2017年的为害最为严重，斑衣蜡蝉在近年的为害亦呈现不断加重的趋势。2016年，河北昌黎酿酒葡萄园生草制度下新发现一种害虫黑额光叶甲，具有一定的风险性。葡萄穴粉虱则是近年来入侵新疆吐鲁番地区的一种新害虫，目前在鄯善县发生比较严重，已被视为为害新疆吐鲁番主栽农林作物的重要有害生物之一。2005年以来，在我国上海、西安等多地发现葡萄毁灭性害虫根瘤蚜，引起了农业部（现农业农村部）的高度重视。

对于葡萄害虫害螨，应坚持“预防为主、综合防治”的植保工作方针。除了加强检疫、选用抗虫品种、冬季清园、人工捕杀、利用捕食性和寄生性天敌、色板诱杀、杀虫灯诱杀、糖醋液诱捕、性诱剂诱杀等农业措施、物理措施、生物措施外，药剂防治目前仍然不可或缺。如贵州省葡萄使用的杀虫（螨）剂达22种之多。我国从20世纪80年代起，特别是自2017年新修订的《农药管理条例》实施以来，实行严格的农药登记制度，未经登记的农药不得生产、经营、使用，已经登记的农药不得超出登记作物范围 / 场所使用。自 2020 年 5 月 1 日起施行的《农作物病虫害防治条例》也明确规定："有关单位和个人开展农作物病虫害防治使用农药时，应当遵守农药安全、合理使用制度，严格按照农药标签或者说明书使用农药"。为此，本文分析了我国目前葡萄用杀虫剂登记情况，并综述了近年来杀虫剂在我国防治葡萄害虫（螨）方面的研究进展。

1 我国葡萄用杀虫剂登记情况

从表 1 可以看出，截至 2020 年 3 月底，我国批准在葡萄上登记的农药中，杀菌剂占比最大，其次为植物生长调节剂，除草剂位居第三，杀虫剂则寥寥无几。这说明受农药登记成本高、回收周期长，登记后产品用量相对较少、非登记农药未得到有效监管等因素的影响，我国绝大多数企业在葡萄用杀虫剂登记方面的积极性不高。

表 1 我国葡萄用农药登记情况

序号	农药类别	登记数量 / 个	占比 /%
1	杀虫剂	4	0.6
2	杀菌剂	586	85.1
3	除草剂	5	0.7
4	植物生长调节剂	94	13.6

从表 2 可以看出，我国目前批准在葡萄上登记的杀虫剂只有 4 种有效成分（噻虫嗪、氟啶虫胺腈、苦皮藤素、苦参碱）的 4 个产品，防治对象只有介壳虫、绿盲蝽、蚜虫、盲蝽 4 种，其他大多数害虫（螨）都没有相对应的产品登记。这与我国长期以来对葡萄害虫害螨防治用药的需求状况极不适应，也说明实际生产中很多情况下是在凭经验使用未经批准登记的杀虫剂，"违规用药" 行为比较普遍。

表 2 我国葡萄用杀虫剂登记情况

序号	名称	登记证号	毒性	防治对象	登记证持有者
1	25% 噻虫嗪水分散粒剂（WG）	PD20060003	低毒	介壳虫	瑞士先正达作物保护有限公司
2	1% 苦皮藤素水乳剂（EW）	PD20132487	低毒	绿盲蝽	成都新朝阳作物科学股份有限公司
3	1.5% 苦参碱可溶液剂（SL）	PD20132710	低毒	蚜虫	成都新朝阳作物科学股份有限公司
4	22% 氟啶虫胺腈悬浮剂（SC）	PD20160336	低毒	盲蝽	美国陶氏益农公司

2 使用杀虫剂防治葡萄害虫方面的研究情况

除了以上已经登记的产品外，近 10 年来，我国各地农林业科研、推广单位（机构）针对多种葡萄害虫（螨），开展多种杀虫剂的室内毒力测定和田间药效试验，取得一部分有价值的科研成果，筛选出多种高效低毒适用药剂，亟待登记推广应用。

2.1 葡萄透翅蛾

凤舞剑等开展的 6 种杀虫剂对葡萄透翅蛾的田间防治试验结果表明，施用 2% 阿维菌素乳油 EC 具有最佳的防治效果，速效性好，药后第 1 天的相对防效为 85.45%，持效期也较长，药后第 7 天的相对防效仍维持在 90% 以上；其次施用 55% 氯氰·毒死蜱 EC 防效较好，能有效防止害虫抗药性的产生，对徐州地区葡萄生产具有良好的推广价值。

2.2 葡萄沟顶叶甲

思利华等研究表明，50% 辛硫磷 EC、48% 毒死蜱 EC 对广西南宁地区葡萄沟顶叶甲成虫的防效达 100.0%，2.5% 高效氯氟氰菊酯 EC、5% 氰戊菊酯 EC 的防效达 90.0% 以上，90% 晶体敌百虫、2.5% 溴氰菊酯 EC 的防效为 79.3% ~ 87.1%。建议在葡萄叶片伸展期喷洒 50% 辛硫磷 EC、48% 毒死蜱 EC、2.5% 高效氯氟氰菊酯 EC 和 5% 氰戊菊酯 EC 等控制葡萄沟顶叶甲的危害。

2.3 葡萄园胡蜂

贾倩等研究结果表明，6 种农药对宁夏贺兰山东麓葡萄园胡蜂均有诱杀效果，其中 50g/L S- 氰戊菊酯对中华长脚胡蜂诱杀效果最好，为 8.8 只 / 杯；对北方黄胡蜂诱杀效果最好的是 90% 敌百虫，诱杀效果为 6.0 只 / 杯。

2.4 葡萄斜纹夜蛾

刘世涛采用浸虫法和饲料浸毒法，分别测定了 15 种杀虫剂对斜纹夜蛾 3 龄幼虫的毒力。结果表明，甲维盐、溴氰虫酰胺、高效氯氰菊酯、茚虫威、氯虫苯甲酰胺、乙基多杀菌素等毒力较高。采用成虫饲喂法，分别测定了 14 种杀虫剂对斜纹夜蛾成虫的毒力，筛选出 6 种具有高致死性、高速效性的杀虫剂，分别是甲维盐、氯虫苯甲酰胺、氟虫双酰胺、茚虫威、甲氰菊酯、氰戊菊酯。

2.5 葡萄叶蝉、蓟马、绿盲蝽

刘勇等比较了 5 种不同类型的生物农药对葡萄上小绿叶蝉、蓟马、绿盲蝽的防治效果。其中苦参碱对 3 种害虫的防效最好；其次为复合楝素，药后 3 天对 3 种害虫防效均在 70.0% 以上；而除虫菊素、鱼藤酮、复合烟碱对 3 种害虫的防效相对较差。张珣等研究证明，0.5% 藜芦碱、0.6% 氧苦·内酯水剂、5% 天然除虫菊素、复合楝素杀虫剂、鱼藤酮和复合烟碱杀虫剂等植物源杀虫剂对成都地区葡萄绿盲蝽均有很好的防效，其中 0.5% 藜芦碱的防效稳定，在 60% 以上。0.5% 藜芦碱对银川地区斑叶蝉的一代成虫和二代若虫的防效均最好，5% 天然除虫菊素对南疆地区第一代斑叶蝉成虫的防效可达 100%。因此，苦参碱、复合楝素、0.5% 藜芦碱和复合烟碱可作为防治绿盲蝽的有效药剂，0.5% 藜芦碱和 5% 天然除虫菊素可作为防治葡萄斑叶蝉的有效药剂。另外，吡虫啉、噻虫嗪、吡蚜酮和矿物油在田间药效试验中对葡萄斑叶蝉均具有很好的防效，且前两种药剂药后持效期长，药后 7 天防效是 100%。因此，防治葡萄斑叶蝉除生产中已应用的吡虫啉、噻虫嗪外，吡蚜酮和矿物油也可作为备选药剂，与 0.5% 藜芦碱和 5% 天然除虫菊素交替或者混合使用。

2.6 葡萄根瘤蚜

宋雅琴等开展的 6 种药剂田间灌根处理试验结果表明，高效低毒低残留药剂吡丙醚、噻虫嗪和辛硫磷对葡萄根瘤蚜具有较好的防治效果，可推荐使用。

2.7 葡萄白粉虱

董建国等发现防治葡萄上白粉虱，50% 噻虫啉 WG 在 2 000 ~ 3 000 倍浓度下的防效均高于对比药剂 70% 吡虫啉 WG，其中稀释 2 000 倍液药后 7 天的防效高达 94.65%，药后 14 天的防效高达 90.40%，且对葡萄安全。

2.8 葡萄短须螨

15% 哒螨灵 EC 2 000 倍液、2% 阿维菌素 EC 2 500 倍液、72% 炔螨特 EC、1.8% 阿维菌素 EC 对葡萄短须螨的防效均较好，且具有较好的速效性和持效性。10% 浏阳霉素 EC 1 000 倍液防治葡萄短须螨的速效性较好，而 24% 螺螨酯 SC 4 000 倍液具有较好的持效性。

2.9 葡萄瘿螨

袁青锋等研究 4 种杀虫剂对葡萄瘿螨的防控效果。施药后 10 天，30% 哒螨灵 SC 3 000 倍液的防效最高，达到 86.52%；其次是 73% 炔螨特 EC 3 000 倍液和 1.8% 阿维菌素 EC 2 000 倍液。施药后 20 天，各组药剂防效均有随时间增加而增加的趋势。抗生素类杀螨剂 10% 浏阳霉素乳油 1 000 倍连续喷施 2 次，对葡萄缺节瘿螨的田间控制效果在 88% ~ 95%；99% 矿物油 200 倍连续喷洒 2 次，对葡萄缺节瘿螨的田间控制效果可达 78.56% ~ 83.14%。因此，两种药剂对葡萄缺节瘿螨均具有较好的速效性和持效性，可成为绿色、有机葡萄生产中防治葡萄缺节瘿螨的药剂。

3 展望

根据我国当前葡萄用杀虫剂登记应用现状和存在的问题，为保障葡萄害虫（螨）防治工作实现绿色可持续发展，现提出以下 3 点建议。

3.1 高度重视葡萄害虫（螨）化学防治研究工作

鉴于目前我国在葡萄害虫（螨）化学防治研究方面不够重视、开展药效和残留试验较少、登记农药品种严重不足的实际，各级农业农村、自然资源（林业）等行业主管部门应进一步加大项目、资金支持力度，组织有关科研单位、农药企业，针对发生普遍、为害严重的葡萄害虫（螨）开展更多药效试验，筛选出更多适用的杀虫剂品种。

3.2 加快葡萄用新型高效化学杀虫剂和生物农药登记

建议有关农药企业充分用好国家特色小宗作物用药登记政策，积极开展联合试验、群组化登记，加快已经验证适用于葡萄害虫（螨）防治的藜芦碱、除虫菊素、烟碱、印楝素、阿维菌素等新型生物（植物源）农药，溴氰虫酰胺、氯虫苯甲酰胺、茚虫威、吡蚜酮、噻虫嗪、吡丙醚等新型高效低毒化学农药，矿物油等无机农药，金龟子类害虫信息素以及各地研究探索出的其他适用农药的登记进程，尽快打破目前葡萄害虫害螨防治几乎“无药可用”、盲目使用的尴尬局面，尽最大可能方便葡萄种植生产者购买使用合法农药，降低用药成本。在批准登记的同时，应跟进制定其在葡萄以及相关制品中的最大残留限量标准，保障消费安全。另外，鉴于部分助剂对部分农药品种防治葡萄害虫具有增效作用，建议有关生产企业在产品标签中予以标注。

3.3 加强葡萄害虫抗药性风险监测和葡萄用农药科学应用指导

鉴于多种葡萄害虫（螨）容易产生抗药性且目前开展的相关研究较少的实际，要组织有关科研机构、农药生产企业、农林业技术推广机构持续做好葡萄害虫（螨）对杀虫剂的抗性监测工作，合理开发复配品种，制订轮换使用计划，加强葡萄种植生产者科学用药指导培训，尽可能避免或延缓害虫（螨）抗性增长速度，提高防治效果，减少药剂用量，减轻药害隐患。

主干形密植桃园优质丰产管理技术初探

张自由[1] 张建红[2] 石卫民[3] 贾新军[3]

（1. 河南省三门峡市陕州区农业畜牧局　河南　陕州　472100；
2. 河南省三门峡市陕州区菜园乡下庄村　河南　陕州　472133；
3. 河南省三门峡市陕州区科技局　河南　陕州　472100）

摘　要：文章分析了主干形密植桃园早挂果、见效快，易管理，树上部、下部果实一致，优质丰产，商品率高，适宜休闲观光等优势。通过采用主干形密植，增施有机肥、少量多次平衡施用化肥，行间中耕覆盖，扭梢或摘心，化控，疏枝和缓放，绿色防控病虫害等促控相结合的管理办法，达到早挂果、优质、高产的目的。该技术的推广应用，为桃树生产提供了一种新的栽培管理模式，也适用于苹果树、梨树、葡萄树等果树管理。该管理模式能充分发挥农业生产农产品、观光休闲等多种作用。

关键词：桃园；主干形；密植；管理技术

河南省三门峡市陕州区属于浅山丘陵区，海拔 342.9 ~ 1 200m，四季分明，光照充足，昼夜温差大，年降雨 550 ~ 600mm，土层深厚，是全国有名的苹果、桃、梨等水果生产地。2013 年春季，在三门峡市陕州区菜园乡下庄村示范栽植了主干形密植桃园 130 亩，第 2 年亩产 1 500kg，亩效益 5 000 余元；第 3 年亩产 4 500kg，效益上万元。而开心形桃树第 3 年才结果，产量 1 000 ~ 1 500kg，且商品率在 90% 以上。同时行宽、树冠小，在春季桃花盛开季节和夏秋季果实成熟季节，适宜休闲观光、采摘，经济、生态和社会效益显著。该技术体系也适合苹果、梨等水果的管理和传统开心形树形改造。主干形密植桃园优质丰产管理技术的推广应用，将为陕州区乃至三门峡市水果产业标准化、规模化、产业化发挥技术支撑作用，促进水果产业提质增效，助推乡村振兴。

1　主干形密植桃园优势

1.1　周期短，见效快

桃树苗栽植后，加强肥水管理，当年即可成形，高度能达到 1.8m 左右，抽生 10 个以上甚至更多的果枝。足够的果枝保证了第 2 年亩产 1 000 ~ 2 000kg，第 3 年进入丰产期。缩短了幼树生长周期年限，降低了投资成本，早见经济收益。解决了传统栽植桃树周期长、投资大、见效慢的缺点。对于需要更新换代的老桃园，在主枝上嫁接 1 个芽，当年改接，当年成形，也有明显提早结果的效果。

1.2 品质优，商品率高

主干形密植桃园群体与个体协调、个体树体结构合理，枝条分布均匀，充分利用了地力和空间。土壤肥力和光照等作物所需因素利用率高。园里通风透光，光合作用强，果树上部和下部果实大小、颜色、甜度、硬度、成熟度相差不大，提高了产量、品质和果实商品率。没有树内树外、树上树下果实大小、颜色、甜度等方面的较大差距。据调查，与传统开心形稀植园相比，糖度增加 1% ~ 2%、单果增大 10% ~ 30%、亩增产 30% ~ 50%、商品率达 90% 以上。成熟集中，1 次完成采摘。

1.3 管理轻简，节约成本

主干形树体结构均匀简单，水肥利用率高，树体健壮，抗逆性强，病虫害少。水肥管理、病虫害防控，尤其是夏季、冬季修剪整枝等管理环节工作量减少，容易操作。行宽、树冠小且整齐，有利于机械化耕作，提高了效率。实现了轻简化管理，节约了成本。

1.4 适宜观光休闲采摘

主干形密植桃园，树形独特，田间排列整齐。春天桃花似锦，秋季果实累累。漫步在颜色鲜艳的田间，享受大自然的美丽风光。规模化的种植有助于推广乡村游、桃园采摘，发挥现代农业的休闲观赏作用。

2 优质丰产管理技术

主干形密植桃园的管理重点是协调群体和个体的关系，建立合理的群体个体结构。既要充分促进个体有效生长，又必须限制个体过多的无效生长。在保证生产优质果品的基础上，寻求单位面积最大产量。在水肥管理、枝条修剪等管理措施上，要坚持促控结合的原则。各项管理措施要做到恰到好处、科学合理，贯穿始终。

2.1 品种选择

主干形密植桃园成熟整齐，采摘上市相对集中，应选择干性强、成花容易、优质、丰产、硬度大的品种。早、中、晚熟品种搭配种植。如引进的早红不软、油蟠 7、黄桔油桃、中蟠 11、黄桃、秋雪蜜等品种，优质高产。

2.2 选好地，合理密植

三门峡市浅山丘陵平均海拔 600m 左右，土层深厚，pH5 ~ 7.5，昼夜温差大，有利于桃树生长，是桃树适生区。有水源、交通便利的丘陵塬区、山坡地均可栽植。随自然地形建园。按行距 2 ~ 3m、株距 1m，亩栽植 222 ~ 333 株。土壤肥沃可适当增加密度。

2.3 定植管理

2.3.1 选苗定植

桃树春栽和初冬栽均可，三门峡地区以春栽为主。选用直立、根系良好、健壮、芽饱满、无病虫的成品苗。按行株距定点挖穴或挖沟。穴长宽均为 50cm，深 60cm。每穴用腐熟有机肥 10 ~ 15kg 加土混合均匀，填入栽植穴中，然后放苗扶正回填踩实浇水。栽好后，采用重短截的方法重新培养主干，即在芽接口上 30cm 左右处（留 2 ~ 3 个饱满芽）短截定干，有利于幼芽往上生长，不怕被大风刮劈，提高成活率。

2.3.2　覆盖地膜

栽植后，在栽植行起垄，及时用宽度 80 ~ 100cm 的地膜覆盖在栽植行上，保墒提温除草，促进幼树尽早发芽，健壮生长。

2.3.3　扶干

当桃苗长到 30 ~ 40cm（5 月上中旬）时要及时扶干。选择直立健壮的幼枝作为主干培养，其余芽枝抹掉。用 1 个拇指粗细的端直的竹竿插入桃苗根部土中，将树苗扶直绑在竹竿上面，随着桃苗的生长不断绑缚，间隔 30 ~ 50cm 捆绑 1 次，保证中心干生长直立，能充分发挥中心干顶端优势，使其主干、背上枝条正常健壮生长。形成主干粗壮、枝条分布均匀的树形，为早结果、早丰产奠定坚实基础。

2.4　生长期管理

2.4.1　促进有效生长

通过加强耕作、水肥等管理措施，保证桃树枝叶茂盛，生长健壮，形成足够的营养面积，使光合作用的产物能满足树体生长和果实生长的需要，搭好丰产架子。① 中耕：桃园裸地比较多，要不定期进行人工中耕或小型旋耕机旋耕，疏松土壤，提温保墒除草。尤其是春季、夏季生长季节，杂草生长快，要及时采取上述措施，防止草荒。② 秸秆覆盖：利用废弃的农作物秸秆，覆盖在桃树行间，既保墒防草，又增加肥力。③ 水肥管理：1 年生桃园，春季以氮肥为主，亩施尿素 5kg，也可配合喷施 0.2% ~ 0.3% 尿素或其他叶面肥，促进营养生长。夏季要以氮磷钾平衡使用，亩施复合肥（N：P_2O_5：K=15：15：15）20kg，促进营养积累和花芽形成。秋季落叶前，距树干 30cm 外开沟集中埋施有机肥，每年轮换位置。亩用腐熟农家肥 3 ~ 5m^3 和生物菌肥混合使用，效果更好。每次施肥后要及时浇水，以提高利用率。2 年以后，根据树体、产量适当增加施肥量，满足生长发育需要。

2.4.2　控制无效生长

在加强肥水管理的基础上，要采用扭梢、摘心和化控的办法控制无效生长。① 扭梢或摘心：当主干上的新梢长到 30cm 左右时（5 月），要摘心或扭梢控制营养生长，防止旺长，促进花芽形成。可用拇指和食指捏住新梢，拇指向下、食指向上用力，边拉边向右旋转，使其与主干垂直或呈略下垂的状态，削弱其顶端优势。② 化控：要和扭梢、摘心结合使用，当新梢长势过旺，超过 40cm 左右时，用多效唑 200 ~ 250 倍液喷施幼梢。目的是平衡营养生长和生殖生长，地上生长和地下生长，主干粗壮，上下枝条匀称，为下年丰产打下基础。

2.4.3　病虫害防治

桃树常见的主要虫害有桃蚜、叶螨、梨小食心虫、桃小食心虫和潜叶蛾等；病害有桃细菌性穿孔病、桃炭疽病、桃褐腐病和桃根腐病等。根据病虫害发生规律，有针对性地采取农业措施、物理方法、生物农药等绿色防控办法综合防治。要在加强管理提高桃树抗逆性基础上，采取清洁桃园、安装杀虫灯和诱虫板诱杀、用高效低毒药剂早防治等综合措施，压低病虫源基数，降低病虫种群密度，减少为害损失。① 清洁田园：利用冬春季农闲季节，将病虫越冬的残枝、烂果、杂草等寄主，集中深埋或喷药处理。② 诱杀：在桃园中，安装振频式杀虫灯、性诱剂、黄蓝板诱杀害虫。每 10 亩悬挂 1 台杀虫灯，灯管下端高出桃树 50 ~ 100cm；每亩悬挂 20 ~ 30 个桃小、梨小性诱剂、30 ~ 40 块黄板、蓝板，对虫害有明显的控制作用。③ 化学防治：根据病虫发生规律，在调查预测基础上，在病虫发生高峰前，根据病虫种群田间分布，采取生物农药或高效低毒农药集中喷药防治。在芽萌动初期用 10% 吡虫啉乳油 1 500 倍液防治桃蚜；用 20% 阿维菌素乳油 3 000 倍液防治叶螨；用高效氯氰菊酯乳油 1 500 倍液 +25% 灭幼脲 3 号悬浮剂 2 500 倍液防治梨小食心虫和桃小食心虫；用农用链霉素防治桃细菌性穿孔病；可用 50% 多菌灵可湿性粉剂 1 000 倍液防治桃炭疽病和桃褐腐病。

2.5 冬季修剪

按照“选留长 30 ~ 60cm、粗 0.5cm 以下（即筷子粗细）、花芽饱满的果枝”的标准，修剪留枝。原则上“去大留小，去强留弱，去直留平，去老留新”。1 年生树一般留 6 ~ 10 个结果枝。对树冠高度在 1.8m 以上、主干粗壮的树，可留适当多留。随着树龄增加，结果枝组也适当增加。

2.5.1 结果枝组修剪

对树上过粗过长的果枝，留 1 ~ 2 个芽短剪，重新培养结果枝；对过密结果枝和病虫枝，直接疏除；对当年形成花芽的果枝，加强管理，促其结果。

2.5.2 中心干延长头修剪

一般情况，对中心干延长头不短截，并疏除距顶端 30 ~ 40cm 以内的果枝。若中心干延长头较弱，多留一些营养枝或选强壮的枝扶直换头。

2.6 适时采摘

果实硬度大的品种，采摘期有 15 天左右。在适时采摘期内，要根据市场情况分批收摘。三门峡地区早熟品种如早红不软、油蟠 7 等，采摘期从 7 月 10—25 日；中熟品种如黄桔油桃、中蟠 11、黄桃采摘期为 8 月 20 日至 9 月上旬；晚熟品种如秋雪蜜采摘期为 9 月 20 日至 10 月上旬。采摘时轻摘轻放，防止碰伤。在 0 ~ 1℃低温冷库可贮存 1 个月左右。

湖北蔡甸农作物病虫害专业化统防统治工作实践与思考

韩群营　黄明生　胡　刚　汤长征　曾庆利　王　丹　周厚敏
（湖北省武汉市蔡甸区农业技术推广服务中心　湖北　蔡甸　430100）

农作物病虫害专业化统防统治是适应现代农业发展需要，提高农作物病虫灾害控制能力和水平的重要途径；是保障农业生产安全、农产品质量安全、生态环境安全和促进农业可持续发展的重要举措；是贯彻落实“公共植保”“绿色植保”“科学植保”理念、“预防为主，综合防治”植保方针和2020年颁布实施的《农作物病虫害防治条例》的具体行动。为此，湖北省武汉市蔡甸区按照“政府推动、农业助动、市场拉动、统分结合”的建设机制，在全区组建了一批农作物病虫害专业化统防治统治服务组织，采取“自愿互利、有偿服务、自我发展”的运行机制服务于全区农作物病虫害防治，在常年农作物重大病虫害防治中发挥了积极作用。特别是在2020年初，突如其来的新冠肺炎疫情致武汉封城并实行战时管理，农作物病虫害防治人员、农资流动受限。3月、4月为了统筹抓好疫情防控和农作物病虫防治，蔡甸区以政府购买服务方式，组织区内统防统治社会化服务组织，利用植保无人机等高效施药器械，无接触分区、分级、分类安全有序开展了农作物病虫害专业化统防统治，实现了农民减灾增收，保障了夏粮蔬菜等主要农产品有效供给，统筹服务了疫情防控和经济社会发展大局。

1　农作物病虫害专业化统防统治工作实践

1.1　农作物病虫害专业化统防统治组织的发展

根据相关统计资料，2005年以前武汉市蔡甸区农作物病虫害专业统防统治在棉花、西甜瓜、蔬菜等经济作物病虫防治上有一定基础，机动喷雾器社会存有量超2 000台，大部分集中在棉产区，多由种植大户购置，常年防治面积10hm^2/台，防治效果较好。有些区域还有专业的机修点。但水稻病虫专业化统防统治基础差，除少数种植大户和少数村集体购置外，基本是空白。

2005—2011年，蔡甸区农作物病虫害专业化统防统治组织发展主要以项目为抓手依托，政府主导，在湖北省植物保护总站、特别是武汉市农业局和武汉市农业技术推广中心的大力支持下，政府补贴购置背负式机动喷雾器8 250台，重点在水稻产区组织机防，由街乡镇农业技术服务中心、村和种植大户牵头，先后组建统防统治组织202个，覆盖全区11个街、乡镇。从运行情况看，大多数统防组织运行平稳，平均每台机器防治面积在

$10hm^2$ 左右，全区水稻产区专业化防治面积达到 60% 以上，取得了良好的经济效益。

2012 年以来，随着农业专业合作社、家庭农场、农业公司等新型农业经营主体出现和土地流转，特色化种植、集约化种植、规范化种植、专业化种植渐成规模，农作物病虫害专业化统防统治有了新的市场需求。这期间在区农业植保部门的助推下，农作物病虫害专业化统防统治组织有了新的发展。2012 年，蔡甸区第一家农作物病虫害防治专业合作社——武汉市永泰农作物病虫防治合作社在工商部门注册。随后，15 家农作物病虫害防治专业合作社相继注册成立。这些专业化统防统治组织在政府购机补贴政策激励和市场需求引导下，投入资金引进大、中型防治器械。专业化组织使用的施药器械由原来手动喷雾器、机动弥雾机发展到电动喷雾器、担架式喷雾机、喷杆自走式喷雾机等。近两年植保无人机发展很快，蔡甸区目前已有两家植保无人机专业化防治组织，分别是蔡甸区智航专业合作社和蔡甸区丰盛祥农机专业合作社，这两家合作社目前日作业能力在 1 000 亩以上。

1.2　农作物病虫害专业化统防统治组织管理

按照 2020 年 5 月 1 日实施的《农作物病虫害防治条例》规定，区农业农村局负责对全区农作物病虫害专业化统防统治组织管理工作。为加强全区专业化组织的规范管理，要求合作社建设做到“十有”“四上墙”。“十有”指有注册登记、有章程、有规章制度、有组织牌匾、有办公咨询场所、有高效施药器械、有联系电话、有专业机手、有病虫发生信息发布栏、有示范区；“四上墙”指服务公约、服务方式、收费标准、机手姓名及联系方式均上墙。

1.3　农作物病虫害专业化统防统治的效益

通过多年的探索试验示范推广，农作物病虫害专业化统防统治优势明显。一是省工，专业化统防统治工效可提高 8 ~ 10 倍；二是省药，较农民自防对照田一般可节省农药 20% 左右；三是提高了防治效果，防治效果可提高 30% 左右。高品质专业化农作物病虫害统防统治把千家万户的小生产与千变万化的大市场连接起来，加大了农村科技推广力度，加速了以科学手段改变农村落后局面的进程，以现代化农业特色服务带动区域内经济的发展，较好地解决了“三农”问题。带动了全区农作物病虫害专业化防治发展，全面提升了蔡甸区农业生物灾害综合治理与应急防控能力、外来检疫性有害生物检疫控制扑灭能力、农药安全使用能力、植保技术创新与推广应用能力。更好地为蔡甸区农业生产抗灾、减灾工作服务，节本增效，达到了良好的社会、生态和经济效益。

2　工作经验

2.1　加强组织领导，成立农作物病虫害专业化统防统治工作领导专班

成立以区农业农村局局长为组长、分管副局长为副组长，区农业技术推广服务中心及相关科室负责人、各街镇乡农业技术服务中心负责人为成员的蔡甸区农作物病虫害专业化统防统治工作领导小组，并根据人事变动情况及时调整专班成员，加强农作物病虫害专业化统防统治工作的统一领导。领导小组负责制定防治工作实施方案，签定统防统治责任状，把农作物专业化统防统治面积任务列入各街乡镇目标管理，确保了统防统治各项工作

层层有人抓，事事有人做，促进了全区农作物病虫害专业化统防统治工作的顺利开展。

2.2 加强技术指导，成立区农作物病虫害专业化统防统治技术指导小组

农作物病虫害专业化统防统治组织技术指导小组由蔡甸区农业技术推广服务中心及各街、乡镇农业技术服务中心植保专业技术人员组成，全面负责机手资格审核、技术培训和防治技术指导工作。确保每个机手都做到“一能三会”，即能维修机动喷雾器，会识别病虫，会正确施药，会检查防效。在防治关键时期，区农业技术推广服务中心植保技术人员分组包片到各街乡镇进行专业技术指导。

2.3 加强扶持引导，探索农作物病虫害专业化统防统治组织模式和服务方式

根据多年农作物病虫害专业化统防统治工作实践，探索出几种组织模式：一是在区工商局注册的蔡甸区永泰病虫统防统治专业合作社，在以区植保技术服务中心为主体、区农业技术推广服务中心技术指导下的集技术培训、防治信息、药剂供给一体的专业化防治服务组织，以便在全区范围内开展农作物重大病虫害的应急防治和统防统治工作；二是以街乡镇农业技术服务中心为主体，联合辖区内有关村机手参加的专业化防治服务组织，如玉贤镇玉农乐机防队；三是以村委会负责组织管理的专业化防治服务组织，如张湾街新集村机防队、雄岭村机防队和洪北管委会西干村机防队；四是由能人组织的专业化防治服务组织，该模式是本区农作物病虫害专业化统防统治服务的主力军；五是种植大户以服务自己承包田为主。除集体购机外，个人购机主要是由机手出资 1/3，政府补贴 2/3。在服务方式上本着“服务农民，自愿互利，合理收费”的原则，开展农作物病虫害专业化防治服务。主要服务方式为统防统治、代防代治和全程承包。统防统治为“技术 + 物质 + 服务”模式，坚持统一病虫测报、统一防治时间、统一防治药剂、统一防治技术、统一收费标准、统一检查防效。代防代治为“技术 + 服务”模式，农民出药，专业化防治组织代防。全程承包为“技术 + 物质 + 服务”模式，作物从播种到收获全程病虫害防治承包。

2.4 加强组织管理，制定完善农作物病虫害专业化统防统治制度规章

为加强农作物病虫害专业化统防统治组织管理，结合蔡甸区实际，制定了《蔡甸区农作物病虫害专业化统防统治组织组建方案》和《蔡甸区农作物病虫害专业化统防统治组织服务公约》（以下简称《方案》和《公约》），并严格按照《方案》和《公约》组织实施及管理。在有关街、乡镇的主要村成立机防队，街、乡镇成立机防大队，各机防队做到了外有机防队名挂牌，内有机防队管理制度、服务公约、收费标准、机手名单“四上墙”。所有机手由区农业技术推广服务中心统一编号、存档，实行人、机、卡、号一一对应的登记管理，定期不定期对机手进行技术培训。专业化防治服务坚持“五统一”，即统一病虫监测与信息发布、统一病虫防治药物、统一机防队员保护设施、统一公示牌、统一管理档案。对突发的病虫防治，由区病虫防治指挥部统一调度指挥，开展由政府出资组织的病虫应急公共防治和农民自愿付费要求的防治。

2.5 加强专业化服务，组织从业人员技术培训

多年来一直把提高机防手业务能力，使其能做到“一能四会”（能维修机器，会诊断病虫、会开处方、会科学施药、会检查防效）作为重点工作来抓。一方面以区农广校为阵地，聘请了专业技术人员对机防手进行授课，另一方面不定期到田间开展技术集训，传授病虫识别、防治技术、农药安全使用和机动喷雾机维修技术等，让他们全面掌握病虫防治技术要领和方法，确保专业化统防统治工作的顺利开展。近几年办各种培训 124 场次，培训人员 7 300 人次，印发资料 22 000 份。

3 存在的问题及相关建议

近几年，在省、市、区不断加大对农作物病虫害专业化统防统治投入的情况下，蔡甸区农作物病虫害专业化统防统治具有了一定规模，大大提高了防治效率和专业化程度，保障了全区农业生产安全、农产品质量安全、农业环境安全，促进了农产品增产、农业增效和农民增收目标的实现。但目前蔡甸区农作物病虫害专业化统防统治工作中还存在不少问题，主要表现在“五少五多”：稳定的农作物病虫害专业化防治组织少，散兵游勇多；专业化统防统治中大中型、先进防治器械使用少，小型、落后器械使用多；专业化统防统治从业人员技术培训上岗的少，匆忙上阵的多；规模化统防统治少，零星防治多；防治经济作物病虫少，防治大宗农作物病虫多。由此提出如下建议。

（1）加强对专业化统防统治工作的领导。各级政府部门领导要提高农作物病虫害专业化统防统治工作的认识，科学把握农作物病虫害防治发展趋势，就是病虫防治要专业化、机械化、自动化和智能化，要把此项工作与国家农业农村现代化、乡村振兴等大战略相连接。主要领导亲自抓、分管领导具体抓，切实搞好政府推动，确保专业化统防统治工作有计划、按要求稳步发展。

（2）各级政府要加大对专业化统防统治工作的投资力度，通过政府购买服务等方式鼓励和扶持专业化病虫害防治服务组织，集中资金，集中精力，本着“成熟一个，发展一个，壮大一个”的原则，促进稳定农作物病虫害专业化统防统治组织发展壮大。

（3）大力引进推广先进施药器械，政府购机补贴要给予优先支持，相关部门出台相应的激励政策。

（4）专业化统防统治服务组织要不断适应农作物病虫害专业化统防统治市场需求变化，努力拓展业务范围，增加从业人员的经济收入，按照国家有关规定为田间作业人员参加工伤保险、投保人身意外伤害保险，使从事农作物病虫害专业化统防统治成为社会认可的、稳定的、体面的工作，壮大人员队伍。

（5）依法规范完善专业化统防统治管理制度，确保农作物病虫害专业化统防统治工作专业化、规范化、制度化持续稳定发展。

第五部分

其　他

湖北省农业科技推广效能评价测度及分析

——基于湖北省农户数据的调研

周　琰　郭红喜　柯彦若　夏　娟　汪志红

（湖北省武汉市农业科学院　湖北　武汉　430065）

摘　要：农业科技推广服务是提升我国农业生产效率的重要手段，是影响我国农业农村绿色高效发展的关键。通过对湖北省样本区域的农民调研获取数据，利用 Ordinal Logistics 模型进行计量分析，测度农户对农业科技推广服务经济效能、社会效能、生态效能的评价，研究得出：田间现场示范和入户指导是农户最欢迎的技术推广方式；农户对农业科技推广服务各类效益的认可态度排序是：经济效能 > 生态效能 > 社会效能；在其他条件不变的情况下，“观摩学习”“交流会”两种推广方式能够显著提高农户对农业科技推广服务效果的评价，“发放技术指导资料”不利于农户对农业科技推广服务效果评价的提高。由此发现：政府要通过多方面提高农户文化教育水平，并强化农业科技示范户的示范引领作用，加大政策支持和经费投入来提升农业科技推广服务效能。

关键词：农业科技推广服务；效能；技术推广方式；示范引领

改革开放以来，我国农业的快速发展虽然得益于一系列组合因素的作用，但从大的和主要的影响作用来看，则可以分为依靠政策的 20 世纪 80 年代，依靠投入的 20 世纪 90 年代到 2010 年之前，依靠科技的真正发端则起始于最近几年。从我国农业资源环境面临的巨大约束以及人地压力的客观现实来看，要建设现代农业和实现农业农村绿色发展，则最具潜力、最可持续和最应该依靠的就是农业科技。因此，在提升湖北省农业竞争力、增加农民收入、实现农业可持续发展的目标下，有关农业科技推广服务效能的研究尤为必要。

农业科技推广服务的重要性也引起了政府部门的高度重视。2015 年颁布的《全国农业可持续发展规划（2015—2030 年）》提出了到 2020 年“农业科技进步贡献率达到 60% 以上”的目标。为了适应农业市场化、信息化、规模化、标准化发展的需要，农业农村部于 2017 年发布了《“十三五”农业科技发展规划》，明确将“农业技术推广”作为今后一段时期内涉农政府部门工作的重要内容。2018 年中央一号文件将“加快建设国家农业科技创新体系，加强面向全行业的科技创新基地建设。深化农业科技成果转化和推广应用改革”作为夯实农业生产能力基础的重要内容。2018年颁布的《乡村振兴战略规划（2018—2022年）》指出，应“健全基层农业技术推广体系，创新公益性农技推广服务方式，支持各类社会力量参与农技推广，全面实施农技推广服务特聘计划，加强农业重大技术协同推广”。由此可见，作为提升农业竞争力、增加农民收入和实现农业可持续发展的重要举措，实现农业科技推广效益的提升具有重要的现实意义和政策价值。笔者通过对湖北省典型区域的农民进行调研，分别建立模型计算农户对农业科技推广服务经济效能、社会效能、生态效能的评价，测度并分析农业科技推广的以上3种效能，以期对提升湖北省乃至更广区域的农业科技推广效能提供依据。

1 研究方法与数据说明

1.1 数据来源与样本情况

1.1.1 数据来源

为了解农户对农业科技推广服务效能的评价，本研究以课题组2019年于湖北省武汉市、鄂州市、黄冈市、荆门市、孝感市、咸宁市等地开展的微观农户调研数据为基础展开分析。

为保障数据的科学性与可靠性，本次调研全程采取随机抽样方式进行“面对面、一对一”的入户调查，共收回问卷1 384份。其中，接受过农业科技推广服务的样本有617份，经过进一步筛选并剔除信息缺失严重、回答前后矛盾的问卷后，得到586份有效问卷。问卷有效率达到94.98%。调查问卷的主要内容涵盖了被访者基本信息、家庭生活情况、采取农业科技推广服务的方式及对农业科技推广服务的主观评价等。

1.1.2 样本基本情况

被调查农户中以男性受访者样本居多，占据样本总量的67.13%。在年龄分布上，以45 ~ 60岁的中老年群体占据比重最大，这与中国农村年轻劳动力向城市迁移，农村剩余劳动力老龄化趋势相吻合。在受教育程度方面，大部分农户的上学年限分布在6 ~ 12年，说明多数样本农户接受过中学教育，具有一定的知识积累。此外，农业收入占家庭总收入的比重分布显示，农业收入占比低于30%的样本偏多，可见目前农村中，农户的兼业化程度较高，契合当下农村劳动力的多元就业发展趋势。

1.1.3 农户对农业科技推广服务效能的评价

本研究将农业科技推广服务的效能分为经济效能、社会效能、生态效能3个方面。其中，经济效能通过考察农户对农业科技推广服务在“提高作物产量”和“提高经济效益”两方面的作用效果评价来衡量；社会效能通过农户在“加快科技进步”和“创造就业岗位”的评价来衡量；生态效能则通过农户在“提高环境质量”和“合理开发”资源的评价来衡量。在作用效果评价方式的选择上，农户对于不同效应下具体内容的主观评价效果设计为5个层级，即“很小”“较小”“一般”“较大”和“很大”，分别对应的得分为1 ~ 5分，调查结果如表1所示。

表 1　受访农户对农业科技推广服务效能的评价

效益类型	具体内容	得分情况及数量分布					
		很小（1分）	较小（2分）	一般（3分）	较大（4分）	很大（5分）	合计
经济效能	增加作物产量	8	54	137	658	458	1 315
		0.61%	4.11%	10.42%	50.04%	34.83%	100%
	提高经济效益	14	36	195	688	429	1 362
		1.03%	2.64%	14.32%	50.51%	31.50%	100%
社会效能	加快科技进步	12	33	265	632	417	1 359
		0.88%	2.43%	19.50%	46.50%	30.68%	100%
	创造就业岗位	64	126	387	508	237	1 322
		4.84%	9.53%	29.27%	38.43%	17.93%	100%
生态效能	提高环境质量	46	37	208	768	286	1 345
		3.42%	2.75%	15.46%	57.10%	21.26%	100%
	合理开发资源	38	59	228	719	317	1 361
		2.79%	4.34%	16.75%	52.83%	23.29%	100%

注：百分数为不同效能类型对应的具体内容下各项程度得分的数量占比。

如表 1 所示，经济效能方面，对农业科技推广服务在“增加作物产量”“提高经济效益”方面评价效果为“较大”的农户数量均最多。这表明，农户对农业科技推广服务在经济效益方面的效能评价持正向、积极态度居多。社会效能方面，对农业科技推广服务在“加快科技进步”方面评价效果为“较大”的农户数量最多，但在“创造就业岗位”方面，选择“一般”的农户数量最多。这表明，农业科技推广服务在创造就业岗位方面的作用尚未得到大部分农户的认可。生态效能方面，对农业科技推广服务在“提高环境质量”“合理开发资源”方面评价效果为“较大”的农户数量均最多。

纵观经济效能、社会效能和生态效能下的总评分情况，可以发现，农户对农业科技推广服务“增加作物产量”这一经济效能评分最高，对“创造就业岗位”这一社会效能评分最低。

1.2　模型选择与变量设置

1.2.1　模型选择

为了识别影响农户对农业科技推广服务经济效能、社会效能、生态效能评价的关键因素，本研究设定了 3 个模型。具体分析如下。

农户对农业科技推广服务经济效能评价影响因素模型（简称为“经济效能模型”，下同）的基本表达式如下所示：

$$\text{Economic benefit（经济效能）}=\alpha_1 W_{1i}+\alpha_2 W_{2i}+\alpha_3 W_{3i}+\alpha_4 W_{4i}+\alpha_5 W_{5i}+\alpha_6 W_{6i}+\alpha_7 W_{7i}+\alpha_8 W_{8i}+\alpha_9 W_{9i}+\delta_1 X_i+\varepsilon_{1i} \quad (1)$$

农户对农业科技推广服务社会效能评价影响因素模型（简称为“社会效能模型”，下同）的基本表达式如下所示：

$$\text{Social benefit（社会效能）}=\beta_1 W_{1i}+\beta_2 W_{2i}+\beta_3 W_{3i}+\beta_4 W_{4i}+\beta_5 W_{5i}+\beta_6 W_{6i}+\beta_7 W_{7i}+\beta_8 W_{8i}+\beta_9 W_{9i}+\delta_2 X_i+\varepsilon_{2i} \quad (2)$$

农户对农业科技推广服务生态效能评价影响因素模型（简称为“生态效能模型”，下同）的基本表达式如下所示：

$$\text{Ecological benefit（生态效能）}=\gamma_1 W_{1i}+\gamma_2 W_{2i}+\gamma_3 W_{3i}+\gamma_4 W_{4i}+\gamma_5 W_{5i}+\gamma_6 W_{6i}+\gamma_7 W_{7i}+\gamma_8 W_{8i}+\gamma_9 W_{9i}+\delta_3 X_i+\varepsilon_{3i} \quad (3)$$

式中：W_1 ~ W_9 依次对应田间现场示范、入户指导、授课培训、广播电视讲座、电话指导、发放技术指导材料、观摩学习、交流会和其他项，共计 9 种农业科技推广服务方式。X 代表模型中的控制变量，涵盖了农户采用新技术的时间成本感知、经济成本感知和风险感知，所处村庄地形，性别、年龄、受教育年限、是否科技示范户、耕地面积等。ε_1、ε_2、ε_3 则分别表示 3 个回归模型中的随机误差项，下角标 i 表示第 i 个观测的样本。

需要指出的是，由于农户对农业科技推广服务的经济效能评价、社会效能评价、生态效能评价皆为难以直接观测的变量，故本研究借鉴何可等的研究策略，将其作为分类数据进行处理，并采用 Ordinal Logistic 模型进行数据拟合。以经济效能模型为例，模型的基本表达式如下所示：

$$\text{Economic benefit}=\begin{cases}1，\text{如果 Economic benefit} \leqslant r_0 \\ 2，\text{如果} r_0<\text{Economic benefit} \leqslant r_1 \\ \cdots\cdots\cdots\cdots \\ 8，\text{如果} r_6<\text{Economic benefit} \leqslant r_7 \\ 9，\text{如果} r_7 \leqslant \text{Economic benefit}\end{cases} \quad (4)$$

上式中 $r_0<r_1<\cdots<r_6<r_7$ 为待估参数，当经济效应低于临界值 r_0 时，受访样本的经济效能得分为 1，所处等级最低，此时农户所获得的经济效能非常低。依此类推，伴随着得分的不断提高，农户在选择某种科技推广服务方式下得到的经济效能越高。如果方程中随机误差项服从 Logistic 分布，则有：

$$P(\text{Economic benefit}=1|X_i)=P(\text{Economic benefit} \leqslant r_0|X_i)=\Phi(r_0-\alpha_1 W_{1i}-\alpha_2 W_{2i}-\alpha_3 W_{3i}-\alpha_4 W_{4i}-\alpha_5 W_{5i}-\alpha_6 W_{6i}-\alpha_7 W_{7i}-\alpha_8 W_{8i}-\alpha_9 W_{9i}-\delta_1 X_i)$$

$$P(\text{Economic benefit}=2|X_i)=P(r_0<\text{Economic benefit} \leqslant r_1|X_i)=\Phi(r_1-\alpha_1 W_{1i}-\alpha_2 W_{2i}-\alpha_3 W_{3i}-\alpha_4 W_{4i}-\alpha_5 W_{5i}-\alpha_6 W_{6i}-\alpha_7 W_{7i}-\alpha_8 W_{8i}-\alpha_9 W_{9i}-\delta_1 X_i)-\Phi(r_0-\alpha_1 W_{1i}-\alpha_2 W_{2i}-\alpha_3 W_{3i}-\alpha_4 W_{4i}-\alpha_5 W_{5i}-\alpha_6 W_{6i}-\alpha_7 W_{7i}-\alpha_8 W_{8i}-\alpha_9 W_{9i}-\delta_1 X_i)$$

$$\cdots$$

$$P(\text{Economic benefit}=9|X_i)=1-\Phi(r_7-\alpha_1 W_{1i}-\alpha_2 W_{2i}-\alpha_3 W_{3i}-\alpha_4 W_{4i}-\alpha_5 W_{5i}-\alpha_6 W_{6i}-\alpha_7 W_{7i}-\alpha_8 W_{8i}-\alpha_9 W_{9i}-\delta_1 X_i) \quad (5)$$

之后借助经济效能的得分函数，结合极大似然估计的方法，估计出相关系数 α、β、γ、δ 的取值。

1.2.2 变量设置

① 被解释变量说明：经济效能模型中的被解释变量为通过考察农户对农业科技推广

服务在“增加作物产量”与“提高经济效益”的主观评价结果（表1），并将这两个项目上的得分进行加总处理，作为经济效能的最终得分情况。社会效能模型中的被解释变量为通过考察农户对农业科技推广服务在“加快科技进步”与“创造就业岗位”的主观评价结果（表1），赋值方法参照经济效能模型。生态效能模型中的被解释变量为通过考察农户对农业科技推广服务在“提高环境质量”与“合理资源开发”的主观评价结果（表1），赋值方法参照经济效能模型。② 核心解释变量说明：核心解释变量为农户对田间现场示范、入户指导、授课培训、广播电视讲座、电话指导、发放技术指导资料、观摩学习、交流会以及其他农业科技推广服务方式。在具体的回归模型中，本研究将核心解释变量设置为哑变量，倘若农户接受过上述任何一种方式则赋值为1，否则赋值为0。③ 控制变量说明：控制变量方面，借鉴何可等的研究，选取被调查农户的个人特征、家庭特征、区域特征、技术采用特征作为控制变量。个人特征：选取的农户个体特征包括性别、年龄、受教育年限3个变量。其中性别赋值为0～1的离散变量，年龄、受教育年限为连续变量。家庭特征：选取的农户家庭特征包括是否为科技示范户、耕地面积、家庭农业总收入以及劳动力人数4个变量。区域特征：选取的区域特征包括最近公路距离和地形。其中，村落地形主要包括平原、丘陵和山地3种类型。此处将山地设置为对照组，平原与丘陵各设置1组赋值为0～1类型的虚拟变量。技术采用特征：对于农户的技术采用特征，问卷从采用新技术的时间成本感知、经济成本感知和风险感知3个角度出发，分别对应问卷中的问题“您认为采用新技术所花的时间多吗？”“您认为采用新技术所花的钱多吗？”“您认为采用新技术的风险大吗？”。采用李克特（Likert）5点量表进行赋分，感知“很小”赋值为1，“较小”赋值为2，“一般”赋值为3，“较大”赋值为4，“很大”赋值为5。表2报告了各变量的描述性统计概况。

表2　变量定义及描述性统计

变量	变量定义及赋值	均值	标准差
被解释变量			
经济效能	“增加作物产量”与“提高经济效益”项总得分	6.74	1.52
社会效能	“加快科技进步”与“创造就业岗位”项总得分	8.68	1.48
生态效能	“提高环境质量”与“合理资源开发”项总得分	7.18	1.67
解释变量			
农户接受的农业科技推广服务方式			
W1 田间现场示范	采纳 =1，不采纳 =0	0.42	0.44
W2 入户指导	采纳 =1，不采纳 =0	0.22	0.41
W3 授课培训	采纳 =1，不采纳 =0	0.83	0.34
W4 广播电视讲座	采纳 =1，不采纳 =0	0.11	0.29
W5 电话指导	采纳 =1，不采纳 =0	0.23	0.46

（续表）

变量	变量定义及赋值	均值	标准差
W6 发放技术指导资料	采纳 =1，不采纳 =0	0.47	0.50
W7 观摩学习	采纳 =1，不采纳 =0	0.19	0.33
W8 交流会	采纳 =1，不采纳 =0	0.26	0.42
W9 其他	采纳 =1，不采纳 =0	0.04	0.21
控制变量			
性别	男 =1，女 =0	0.69	0.43
年龄	实际年龄 / 岁	53.58	10.53
受教育年限	实际年限 / 年	6.48	3.26
是否科技示范户	是 =1，否 =0	0.40	0.56
耕地面积	实际耕地面积 / 亩	22.06	53.67
家庭农业总收入	家庭农业年收入 / 万元	3.49	8.73
劳动力人数	家庭农业劳动力数量 / 人	3.54	1.28
最近公路距离	最近公路距离 /km	1.41	1.78
地形（对照组：山地）			
平原	平原 =1，其他 =0	0.36	0.52
丘陵	丘陵 =1，其他 =0	0.69	0.45
采用新技术的时间成本感知	很小 =1，较小 =2，一般 =3，较大 =4，很大 =5	2.83	0.87
采用新技术的经济成本感知	很小 =1，较小 =2，一般 =3，较大 =4，很大 =5	2.54	1.04
采用新技术的风险感知	很小 =1，较小 =2，一般 =3，较大 =4，很大 =5	2.62	1.14

2 结果和分析

2.1 多重共线性检验

运用 Stata15 软件对样本数据进行多重共线性检验，结果如表 3 所示。不难发现，方差膨胀因子（Variance Inflation Factor，VIF）均值为 1.80，最大值为 3.75，均小于 10，表明模型中选择的解释变量之间的共线性程度较小，能够满足回归要求。

表 3 多重共线性检验

Variable	VIF	1/VIF
W1 田间现场示范	1.33	0.751 880
W2 入户指导	1.47	0.680 272
W3 授课培训	1.17	0.854 701
W4 广播电视讲座	1.42	0.704 225
W5 电话指导	1.67	0.598 802

（续表）

Variable	VIF	1/VIF
W6 发放技术指导资料	1.27	0.787 402
W7 观摩学习	1.89	0.529 101
W8 交流会	1.37	0.729 927
W9 其他	1.26	0.793 651
性别	1.78	0.561 798
年龄	1.37	0.729 927
受教育年限	1.5	0.666 667
是否科技示范户	1.59	0.628 931
耕地面积	2.89	0.346 021
家庭农业总收入	3.42	0.292 398
劳动力人数	1.47	0.680 272
最近公路距离	1.06	0.943 396
丘陵	3.75	0.266 667
平原	3.26	0.306 748
采用新技术的时间成本感知	1.49	0.671 141
采用新技术的经济成本感知	1.86	0.537634
采用新技术的风险感知	1.39	0.719 424
Mean VIF	1.80	

2.2 有序 logistic 回归结果分析

表 4 报告了经济效能模型、社会效能模型、生态效能模型的 Ordinal Logistics 回归结果。经济效能模型中的方程 1 和社会效能模型中的方程 3 以及生态效能模型中的方程 5 仅包含控制变量，经济效能模型中的方程 2 和社会效能模型中的方程 4 以及生态效能模型中的方程 6 在原有控制变量的基础上加入了核心解释变量。根据拟合信息，加入了核心解释变量后的模型检验值，如 Pseudo R^2 等均大于未添加前的模型检验值，说明各项控制变量的选择适应程度较好。

表 4　模型估计结果

解释变量	经济效能模型		社会效能模型		生态效能模型	
	方程 1	方程 2	方程 3	方程 4	方程 5	方程 6
W1 田间现场示范	—	0.114 （0.263）	—	0.048 （0.257）	—	-0.031 （0.271）
W2 入户指导	—	0.257 （0.365）	—	0.409 （0.324）	—	0.341 （0.315）
W3 授课培训	—	-0.030 （0.321）	—	0.252 （0.289）	—	0.247 （0.266）

（续表）

解释变量	经济效能模型		社会效能模型		生态效能模型	
	方程 1	方程 2	方程 3	方程 4	方程 5	方程 6
W4 广播电视讲座	—	-0.564 （0.432）	—	-0.303 （0.363）	—	-0.122 （0.355）
W5 电话指导	—	0.202 （0.347）	—	-0.324 （0.332）	—	-0.328 （0.317）
W6 发放技术指导资料	—	-0.326 （0.242）	—	-0.442* （0.258）	—	-0.427* （0.231）
W7 观摩学习	—	0.865** （0.412）	—	0.803** （0.354）	—	0.665* （0.382）
W8 交流会	—	0.590* （0.327）	—	0.354 （0.287）	—	0.815*** （0.286）
W9 其他	—	-0.110 （0.742）	—	-0.060 （0.576）	—	-0.389 （0.653）
控制变量						
性别	-0.112 （0.279）	-0.161 （0.288）	-0.321 （0.256）	-0.311 （0.224）	0.064 （0.243）	0.121 （0.255）
年龄	-0.023* （0.126）	-0.034* （0.012）	-0.012 （0.009）	-0.014 （0.021）	-0.032** （0.015）	-0.022** （0.014）
受教育年限	-0.020 （0.031）	-0.001 （0.032）	0.023 （0.041）	0.028 （0.027）	-0.012 （0.052）	0.005 （0.042）
是否科技示范户	0.466* （0.245）	0.354 （0.289）	0.066 （0.273）	-0.137 （0.252）	0.238 （0.236）	0.146 （0.243）
耕地面积	-0.008 （0.0045）	-0.007 （0.006）	-0.0023 （0.003）	-0.004 （0.005）	-0.003 （0.003）	-0.004 （0.002）
家庭农业总收入	0.061** （0.022）	0.0514** （0.027）	0.064*** （0.031）	0.059** （0.027）	0.043* （0.020）	0.032 （0.025）
劳动力人数	0.112 （0.081）	0.093 （0.090）	0.119 （0.082）	0.109 （0.086）	0.121 （0.075）	0.104 （0.082）
最近公路距离	0.057 （0.070）	0.087 （0.073）	-0.005 （0.061）	0.035 （0.061）	-0.062 （0.060）	0.0351 （0.062）
地形（对照组：山地）						
平原	0.910* （0.504）	0.937* （0.530）	1.142** （0.443）	1.17** （0.467）	0.541 （0.430）	0.589 （0.447）
丘陵	0.879* （0.468）	0.704 （0.486）	1.165*** （0.402）	1.17*** （0.412）	0.942** （0.412）	0.867** （0.407）
采用新技术的时间成本感知	0.123 （0.152）	0.045 （0.150）	0.258* （0.142）	0.242* （0.141）	0.171 （0.137）	0.140 （0.143）
采用新技术的经济成本感知	0.092 （0.152）	0.211 （0.156）	0.0616 （0.143）	0.146 （0.149）	0.191 （0.143）	0.278* （0.142）

（续表）

解释变量	经济效能模型		社会效能模型		生态效能模型	
	方程 1	方程 2	方程 3	方程 4	方程 5	方程 6
采用新技术的风险感知	3.337*** （0.253）	3.447*** （0.284）	−0.568*** （0.116）	−0.602*** （0.127）	−0.505*** （0.115）	−0.526*** （0.115）
样本量	586	586	586	586	586	586
极大值似然对数	−459.365	−451.531	−610.137	−602.265	−657.632	−646.446
卡方值	498.31	515.68	65.6	88.02	56.78	81.69
Pseudo R^2	0.434	0.478	0.062	0.088	0.045	0.072

注：括号中的数值表示回归系数估计量的稳健性标准差。*、**、*** 分别表示在 10%、5%、1% 水平上显著。

经济效能的回归模型中，核心解释变量中的“观摩学习”与“交流会”，控制变量中的“年龄”“家庭农业总收入”“采用新技术的风险感知”“平原”显著，表明上述变量是影响农户对农业科技推广服务经济效能评价的关键因素。社会效能的回归模型中，核心解释变量中的“发放技术指导资料”和“观摩学习”，控制变量中的“家庭农业总收入”“采用新技术的时间成本感知”“采用新技术的风险感知”“平原”“丘陵”显著，表明上述变量是影响农户对农业科技推广服务社会效能评价的关键因素。生态效能的回归模型中，核心解释变量中的“发放技术指导资料”“观摩学习”和“交流会”，控制变量中的“年龄”“采用新技术的经济成本感知”“采用新技术的风险感知”“丘陵”显著，表明上述变量是影响农户对农业科技推广服务生态效能评价的关键因素。

2.3 边际效应分析

接下来，本研究对表 4 中方程 2、方程 4、方程 6 中回归结果显著的自变量 W6 发放技术指导资料、W7 观摩学习、W8 交流会（边际分析表中将分别以 W6、W7、W8 编号简写代表）进行边际效应分析（表 5 至表 7）。

表 5 农户对不同农技推广方式下经济效能的边际概率结果

变量	经济效能边际结果								
	1	2	3	4	5	6	7	8	9
W7	−0.004 （0.004）	−0.007 （0.004）	−0.011 （0.004）	−0.027** （0.012）	−0.020* （0.102）	0.019* （0.006）	0.022* （0.011）	0.026** （0.010）	0.008* （0.002）
W8	−0.003 （0.003）	−0.005 （0.002）	−0.007 （0.006）	−0.019* （0.011）	−0.012* （0.006）	0.013* （0.005）	0.015* （0.012）	0.017* （0.003）	0.007 （0.002）

注：括号中的数值表示回归系数估计量的稳健性标准差。*、**、*** 分别表示在 10%、5%、1% 的水平上显著。

表 6　农户对不同农技推广方式下社会效能的边际概率结果

变量	社会效能边际结果								
	1	2	3	4	5	6	7	8	9
W6	0.004 （0.004）	0.003 （0.002）	0.005 （0.002）	0.003 （0.003）	0.014* （0.012）	0.027* （0.012）	0.034* （0.014）	−0.028* （0.015）	−0.061* （0.032）
W7	−0.007 （0.005）	−0.002 （0.003）	−0.007 （0.004）	−0.009 （0.005）	−0.031* （0.015）	−0.043** （0.021）	−0.056** （0.020）	0.044** （0.023）	0.127** （0.051）

注：括号中的数值表示回归系数估计量的稳健性标准差。*、**、*** 分别表示在 10%、5%、1% 的水平上显著。

表 7　农户对不同农技推广方式下生态效能的边际概率结果

变量	生态效能边际结果								
	1	2	3	4	5	6	7	8	9
W6	0.006 （0.004）	0.003 （0.002）	0.011 （0.004）	0.004 （0.002）	0.026* （0.017）	0.034* （0.011）	−0.003 （0.005）	−0.021* （0.015）	−0.058* （0.031）
W7	−0.004 （0.003）	−0.004 （0.003）	−0.012 （0.011）	−0.007 （0.004）	−0.041* （0.019）	−0.043* （0.021）	0.005 （0.007）	0.031* （0.017）	0.078* （0.042）
W8	−0.008 （0.007）	−0.004 （0.005）	−0.017** （0.006）	−0.012* （0.004）	−0.053** （0.020）	−0.067*** （0.023）	0.007 （0.013）	0.047*** （0.015）	0.103*** （0.034）

注：括号中的数值表示回归系数估计量的稳健性标准差。*、**、*** 分别表示在 10%、5%、1% 的水平上显著。

表格中数字 1 ~ 9 代表着因变量效能所处层级，数值越大，代表层级越高，农户对农业科技推广服务效能评价的水平也越大。对应表 5、表 6、表 7 得到的边际计算结果，不难发现，在“发放技术指导材料”的方式下，每增加 1 个标准差（0.5）单位的使用都会造成社会效能在 8、9 较高层级的概率降低 2.80% 和 6.10%，生态效能在 7、8、9 层级的概率会相应降低 0.3%、2.1% 和 5.8%，即采取该方式不利于农业科技推广服务社会与经济效能的积累。在“观摩学习”的方式下，每增加 1 个标准差（0.28）单位的使用，会使经济效能在 8、9 较高层级下分别增长 4.4% 和 12.7%，同样对社会效能与生态效能亦有大幅增长，说明观摩学习方式有利于农业科技推广服务社会、经济、生态三方面效能的提升。在“交流会”的方式下，每增加 1 个标准差（0.41）单位的使用，对低层级（如 1、2、3、4 层级）的经济与生态效能有降低作用，对较高层级（如 7、8、9 层级）则有显著增加作用；换言之，“交流会”方式可以促进农业科技推广服务经济效能和生态效能的提升。

3　结论与政策建议

3.1　研究结论

以课题组 2019 年农村调查数据为基础，应用 Ordinal Logistic 模型，分析了农户对农业科技推广服务作用效果的主观评价及其影响因素。研究发现如下。

（1）接受过农业科技推广服务的农户只占总体样本的44.58%，且接受的推广方式排序：授课培训 > 发放技术指导材料 > 田间现场示范 > 交流会 > 电话指导 > 入户指导 > 观摩学习 > 广播电视讲座；而农户最为偏好的推广方式排序：田间现场示范 > 入户指导 > 发放技术指导资料 > 交流会 > 授课培训 > 观摩学习 > 广播电视讲座 > 电话指导。农户对农业科技推广服务主体的信任程度（选择“比较信任”“非常信任”两个选项的百分比之和）排序为：农科院 > 高等院校 > 农技推广站 > 合作社 > 涉农企业。

（2）从整体来看，接受过农业科技推广服务的农户中，对农业科技推广服务各类效能的认可态度（选择“较大”“很大”两个选项的百分比之和）的排序：经济效能 > 生态效能 > 社会效能。从单项来看，接受过农业科技推广服务的农户中，对农业科技推广服务各类效益的认可态度（选择“较大”“很大”两个选项的百分比之和）排名：增加作物产量 > 提高经济效益 > 提高环境质量 > 合理开发资源 > 加快科技进步 > 创造就业岗位。

（3）推广方式方面，在其他条件不变的情况下，“观摩学习”“交流会”这两种推广方式能够显著提高农户对农业科技推广服务效果的评价；“发放技术指导资料”这一方式则不利于农户对农业科技推广服务效果评价的提高；而“田间现场示范”“入户指导”“授课培训”“广播电视讲座”“电话指导”的影响则不显著。此外，年龄越大的农户对农业科技推广服务效果的评价越低；较之于普通农户，科技示范户对农业科技推广服务效果的评价较高；家庭农业总收入越高、采用新技术的时间成本感知越高的农户，其对农业科技推广服务效果的评价越高。

3.2 政策建议

3.2.1 提升农户文化教育水平

农户是新技术的最终使用者，其学科技、用科技的能力和水平直接决定了农业科技成果能否被接受，以及被应用程度的大小。针对目前农户对农业科技推广服务的认知程度不高的客观现实，进一步强化农户文化科技教育，引导农户树立科技致富的观念，势在必行。为此，一方面，应切实强化对农户的继续教育。发挥农科院、涉农高校、农技推广站等农业科技推广服务机构的主力军作用，重视知识教学与技术应用的有序衔接，增加农户科学技术的知识积累，着力其个人素质。另一方面，需增强对农户的心理教育。积极转变农户传统的生产经营观念，用先进发展理念和终身教育思想指导农户实践，培养其采用科学技术的主观意识，提高其学习新技术的主观能动性。

3.2.2 强化示范引领作用

农业科技示范户是农业科技推广服务体系建设的重要环节，是强化农村公益性服务、推进先进适用农业科技服务入户的重要补充力量。为此，应按照公平、公正、公开、自愿原则，围绕区域主导产业和特色产业，强化农业科技示范户的培育工作，推动农业科技示范户深入对接农科院、涉农高校、农技推广站等农业科技推广服务机构，并提供必要的生产示范条件，鼓励其带头学习农业新技术、新品种、新产品、新机具，在此基础上配合技术指导员，辐射带动周围农户推广应用农业新技术、新品种、新产品、新机具，促进农业增效、农民增收。此外，为切实增强农业科技示范户的“传帮带”能力，还应及时为农业科技示范户发放物化补助，以提高其工作积极性，进而使农业科技示范户成为观念新、技术强、留得住的新型职业农民。

3.2.3 加大政策扶持

实际调研结果显示，农户对新技术的风险感知显著影响了其对农业科技推广服务效能的评价。这意味着，强化农业科技推广服务过程中保障体系建设，加大风险防范与补偿政策扶持力度至关重要。首先，运用合理的方法对未知的技术风险加以评估，归纳总结可能影响的因素，在源头上加以防范；其次，根据评估结果对适用效果进行客观预测，在行为上加以控制；最后，基于预测的结果，采取科学的风险防范措施，在政策上加以扶持。与此同时，还应不断完善各级政府对农业科技推广服务的保障措施，建立健全农业保险机制和公共财政支持框架，降低农户因农业科技推广服务风险存在时可能遭受的损失。

3.2.4 加大经费投入

不论是发达国家还是发展中国家，都通过适合国情的方式保障了农业科技推广服务资金的来源和使用效率。借鉴国内外农业科技推广服务经验并结合我国国情，一方面，要继续发挥政府的主导作用，加大各级财政对农业科技推广服务的投入力度，完善稳定支持和适度竞争相协调的农业科技推广服务投入方式。同时，进一步拓宽融资渠道，积极引导涉农企业、社会资本参与农业科技推广服务，为推广服务经费提供更多保障；另一方面，建立健全符合农业科技推广服务特点的经费资金管理制度，完善推广服务项目和资金使用监管机制，确保资金使用效率和效果的落实，促进农业科技推广服务健康发展。

抢抓农业生产性服务业机遇
融通农技服务和农资营销

——以中化MAP现代农业生产性服务平台为例

卓富彦[1]　张雯丽[2]

（1. 全国农业技术推广服务中心　北京　100125；
2. 农业农村部农村经济研究中心　北京　100810）

摘　要：本文在梳理农资市场发展现状的基础上，分析了农业生产性服务业发展方向，并以国内领先的现代农业生产性服务平台——中化MAP为例，阐述了农资企业深耕农技服务，延伸农资营销链条，满足农户多元需求的成功营销经验，以期探索出一条紧跟移动互联网资源整合步伐、开创“移动互联网+农技服务”的营销模式、融通农技服务和农资营销的农业生产性服务业发展道路。

关键词：移动互联网；农技服务；农资营销

当前，农业生产性服务业方兴未艾，“移动互联网+农业”深入人心，区块链技术应运而生，信息技术创新为农业生产带来了深刻变革，农业生产资料产品（简称农资）营销也步入快速发展轨道，农技服务的“最后一公里”逐步打通，移动互联网正加速引领农技服务模式、变革农资营销手段。中化集团将移动互联网融入现代农业管理，打造中化MAP现代农业生产性服务平台，在“种、收、销”中配套“种、肥、药”的全过程农事服务，开创性地将农技服务贯穿在农资营销全过程，将传统“产品营销+技术服务”模式转变为“技术服务+产品营销”的农资营销新模式，有效解决了传统农资市场同质化产品众多、分销效率低下、经营成本攀升、农技服务薄弱的问题，为更多的农资企业在整合市场营销渠道、融通农技服务和农资营销、把握农业生产性服务业机遇等方面，提供了现实参考和实践支撑。

1　我国农资市场发展现状

我国是传统农业大国，重农固本是安民之基、治国之要。作为关系着国计民生的第一产业，农业发展离不开农资的生产、流通、分配、使用，更离不开农资市场中农业投入品的有效供给。农资市场按照生产投入品性质可划分为化肥市场、种子市场、农药市场、农机市场、农膜市场、饲料市场、兽药市场等。农资在我国农业高质量发展中具有基础性地位，不仅是农业产业链的前端环节，也是农业经营投入的重要组成，我国每年化肥、种子、饲料的投入规模超万亿元。进入新时代，农资市场紧密围绕乡村振兴战略实施，坚持质量兴农、绿色兴农、品牌强农，持续保障老百姓的“米袋子”“菜篮子”“油瓶子”等生活物质的生产供给，加快推进农业由增产导向转向提质导向，奋力助推农业农村经济高质量发展新局面。

1.1 农资市场营销环境分析

党中央国务院高度重视农业可持续发展，中央一号文件密切关注化肥、农药等农业投入品，实施化肥农药零增长行动，从源头推进农产品绿色生产，农资市场前景广阔。一是强调农资供给绿色化，未来将逐步控制重污染化肥、高残留农药的使用量，加快构建农业投入品的监管、监测、追溯体系，淘汰同质化严重的农资产品，大力引入环保有机的环境友好型农资产品，推动形成绿色高产高效的农资市场；二是注重农资经营规模化，政府鼓励适度规模经营，农户流转土地增多，农村物流更加便捷，大宗农资采购兴起，种地规模效应突显，对农资的批量生产、运输流通、营销管理、售后服务等环节要求更高，农资企业的并购联合、农资行业的重组整合成为农资市场的大势所趋；三是适应农资需求多元化，由于科技培训力度加大，农民的教育水平得到提升，对先进种植技术和前沿农资产品的接受程度随之提高，农资需求日益丰富多样，个性化定制逐渐增多，科学精准地满足农户多元需求是开拓农资市场的重要方向。农资市场在迎来历史发展机遇的同时，也面临日趋严峻的挑战。一是市场竞争加剧，农资电商平台大量涌现，营销手段日益丰富，农户获取信息手段更加多元，农资价格信息更加透明，产品价格竞争激烈，传统农资企业转型升级的需求尤为迫切；二是市场利润下降，由于用工成本提高，仓储和运输费用增加，农资企业的经营成本逐年攀升，尤其在市场竞争日趋激烈背景下，行业利润空间进一步收窄；三是农业生产性服务市场出现空白，随着农资市场和产品不断细分，迫切需要加大对种植环节技术指导，延伸农资营销价值链，打通农业市场上下游衔接，完善农业生产性服务市场。

1.2 移动互联网引领农业生产性服务业发展

当前工业化、城镇化、信息化、农业现代化加快发展，劳动力结构发生变化，农村劳动力短缺、老龄化现象日益突显，通过发展农业生产性服务业，越来越多的普通农户步入现代农业发展轨道，一家一户小生产融入农业现代化大生产之中，农业生产性服务业也逐步进入发展黄金期。同时，随着国务院发布《关于积极推进“互联网+”行动的指导意见》，国家启动“互联网+”行动计划，提出“互联网+”现代农业，农业成为移动互联网的下一个“风口”。农资市场与移动互联网跨界联结，对于重构产业链、重塑商业模式，创新现代农业新产品、新模式与新业态具有积极作用。移动互联网带动农技服务和农资营销的融合发展，不断引领农业生产性服务业新格局。移动互联网凭借便捷化、实时化、精准化、物联化、智能化的突出特点，利用为农资营销、农技推广、农村金融、农村管理等提供精确、动态、科学的全方位信息服务优势，进而打造融通物资流、资金流和信息流的农业生产性服务业生态圈，从“空间、时间、成本、安全、个性化”5个维度影响农资市场，推动农业生产性服务业发展。以中化集团、金正大集团、深圳诺普信等为代表的农化企业，利用移动互联网整合农资、农机、营销、金融等资源，发挥市场力量，实现农技服务链条纵向延伸、横向拓展，构建起全要素、多层次、一体化的农业生产性服务体系。

2 以中化MAP为例，深耕农技服务，升级农资营销模式

2.1 把握农业生产性服务机遇，打造中化MAP智农平台

在供给侧结构性改革深入推进背景下，农资行业从单纯追求产量逐步转变为高质量发展阶段，农资企业开始瞄准农户多元化需求，开拓农业生产性服务市场，以农业规模化经营为切入点，以集成现代农业种植技术和智慧农业为手段，以农产品品质和种植效益提升为核心，将优良品种、先进技术、前沿装备等现代生产要素整合到农业，对传统农业进行升级改造，为农户提供线上线下结合的农业生产性托管服务。随着移动互联网、大数据、智能控制、卫星遥感等技术的发展，各类手机App应运而生，农户的手机也成为“新农具”，远程技术指导，专家资源共享逐渐成为现实。作为中国最大的农业投入品公司之一，中化农业搭乘“互联网+农业”的快车，率先跟进农业生产性服务业发展浪潮，依托雄厚的产业基础和技术实力，通过与本地新型农业经营主体合作，适应农户从单一的农资产品需求，转化为系列的综合服务需求，打造线上智慧农业平台——MAP智农。该平台通过互联网和物联网等技术手段，集成现代农场管理系统、技术服务中心服务系统和精准种植决策系统，建立作物生长模型，形成种子、农药、化肥等农资投入方案，提供掌上巡田、病虫害预警、农业气象等农事指导服务，以及产量价格预测、投资回报评估、耕地监管等农技增值服务。同时，MAP智农通过推动线上线下服务相互融通，带动种植生产和农资投入的科学衔接，实现农资营销的标准化、精准化、智能化发展。2019年，中化集团与农业农村部签署合作框架协议，计划未来3~5年，将在全国建设500座以上MAP技术服务中心和近千个现代农业示范农场，实现服务3 500万亩以上耕地的目标。

2.2 提供全程农技服务，延伸农资营销链条

中化农业通过主动适应互联网时代发展变局，聚焦农业生产性服务端，全力打造MAP模式，具有明显优势：一是农技服务全面覆盖，根据不同作物、不同长势、不同病害、不同抗性、不同土质等实况，有的放矢地提供专业的农技服务，实现从最初农资购买解决方案，到场景化的植保服务，再到作物全域管理方案，从农资生产链到生产服务链，为广大种植户提供产前、产中、产后的全程农技服务；二是农资营销深度融合，中化农业通过MAP战略把传统的“产品营销+技术服务”升级成“技术服务+产品营销”的农资营销新模式，将农技服务贯穿在农资营销全过程，聚焦当地农作物的种植业痛点，提出种植业生产全过程的技术解决方案；整合配套相应的种子、化肥、农药等农资，成为农业投入品营销和农业服务一体化运营的生动实践。以中化MAP引领的农资营销变革，优化农技服务供给，开创性地将农技服务和产品营销相互同步融合，推动营销链条纵向延伸、横向拓展，为现代农资营销注入全新活力。过去农资市场“一锤子买卖”的销售定势得到扭

转，在生产经营者购买农资之后，不是短期业务的终点，而是长期合作的起点，农资经销商会全程跟踪农户种植生产，科学满足不同生态区域的作物生长的农资需求，提出全生育期的农资套餐的购买建议，提供种子、化肥、农药等农资售后服务，提高全生产环节的农资保障，农资企业逐渐从农作物生产的间接参与者，转变成种植业管理的共同实践者，实现农资销售利润和农民种植收益挂钩，切实带动农户增产增收，不断提高生产者对农资品牌的忠诚度，推动传统农资企业转型成为贯穿上下游的农事服务商。

3 研究展望

当前移动互联网、云计算、物联网等新一代信息技术发展迅猛，以智能手机为代表的无线终端设备在农村迅速普及，农资企业纷纷“触网”，积极开设网站，开发手机 App，开展线上营销，争夺农资市场高地，营销策略从生产商生产驱动型、中间商销售牵引型到如今的客户需求导向型，更好地拥抱、适应、利用移动互联网必将成为未来农资市场营销的重要趋势。无论是下沉农资营销渠道，引导农户手机下单购货，还是提供产前、产中、产后的全程农事服务方案，都是在挖掘、创造、满足农户个性化需求基础上，推动农技服务和农资营销的同步谋划、同步完成。未来如何更好地引入种植大户、专业合作社、农技推广部门等机构力量，实现农资营销和农技服务深度融合，助推农业生产性服务业绿色高质量发展，充满令人期待的市场想象空间。

南乐县农民专业合作社发展情况的调研究报告

魏静茹　焦相所

（河南省南乐县农业农村局　河南　南乐　457400）

摘　要：为全面掌握河南省南乐县农民专业合作社实际情况，科学引导新形势下的农民专业合作社健康、快速发展，2020 年南乐县农业农村局组成调查组，对全县农民专业合作社发展情况开展了 1 次专题调查。通过调研掌握了部分基本情况，提出了合理化建议。

关键词：农民合作社；发展；调研

发展农民专业合作社是转变农业发展方式、推动新型农业现代化、加快建设社会主义新农村的重大举措，是党和政府做好“三农”工作的重要抓手。近年来，河南省南乐县农民专业合作社呈现出快速发展的态势。为全面掌握全县农民专业合作社发展的实际情况，科学引导新形势下的农民专业合作社健康、快速发展，2020 年南乐县农业农村局组成调查组，对全县农民专业合作社发展情况开展了一次专题调查。调查组先后深入张果屯镇、千口镇、寺庄乡、元村镇等乡镇进行调研，采取听、看、问等形式进行实地考察，并组织部分合作社的负责人进行座谈，掌握了部分基本情况，提出了合理化建议。

1　农民专业合作社的发展现状

自 2007 年 7 月 1 日《中华人民共和国农民专业合作社法》颁布实施以来，南乐县农民专业合作社呈现良好的发展态势。一是发展数量逐年增加。截至目前，全县合作社累计达到 741 家，其中国家级示范社 3 家、省级 3 家、市级 21 家、县级示范社 24 家，辐射带动农民 26 745 户，流转土地 17.9 万余亩。二是领域不断扩大，涵盖比较广。涉及农、林、牧、水等农业的各个方面。三是发展逐步规范。由松散型向紧密型转变，从登记、组织、管理到经营运作，逐步向法制化、规范化迈进。四是机制不断创新。“龙头企业 + 专业合作组织 + 社员 + 农民”的产业经营模式正成为新型的发展方向；社社联合，社与社之间正在建立信息互通、资金互助、资源共享的利益共同体。农民合作社的成立和发展，为提高全县农民进入市场的组织化程度、参与市场竞争能力、促进农民增收及建设现代化农业做出了积极贡献。

2　农民专业合作社在发展中取得的成效

坚持盘活集体资产、发展集体经济、促进产业脱贫相结合，大力推行以村党支部领办为核心的“村社合一”集体经济发展模式，村党支部领办合作社达到127家，有集体收入的村达到317个，占98%，5万元以上的村达到了206个。新型农业经营主体不断壮大，各类新型经营主体发展到1 151个，开展农民专业合作社质量提升整县推进工作，对全县741家农民专业合作社进行规范提升。全县累计土地流转23.8万亩，土地托管6.43万亩。

2.1 促进了规模经营，提高了农业综合效益

农民专业合作社在不改变现有土地承包关系的前提下，将长期分散经营的农民联合起来，有效整合农户手中少而散的土地、资金、劳动力等生产要素，从而加快了土地流转，促进了规模经营，降低了生产成本，提高了综合效益。

2.2 促进了农民增收，带动了二三产业发展

农民专业合作社通过开展产业化、规模化经营，既直接提高了社员经营性收入，又通过土地流转、岗位返聘等形式，间接提高了农民的财产性、务工性收入。如南乐县鑫惠农农民专业合作社联合社将1 000多亩土地流入合作社，土地流出方每亩每年可稳拿1 000元流转租金，合作社还长期聘请留守在家的劳动力从事种植管理，每人每天可获得100元左右的务工收入。2017年，全县生产总值完成188.9亿元，其中一二三产业比值为17.7∶53.8∶28.5。

2.3 延伸了产业链条，推进了农业结构调整

南乐县农民专业合作社主要集中发展苗木花卉、花生、养猪、养牛、养羊、养鸡等传统优势产业，近年来，这些合作社以产业升级为导向，以精深加工为方向，致力提高产品附加值，延伸产业链条，全县“一村一品”“一乡一业”蓬勃兴起，木伦河成功入选河南省首批10家绿色食品业转型升级重点企业。加快构建“乐”字号农产品品牌矩阵，培育古寺郎胡萝卜、淼富草莓、绿宝甜瓜等农业品牌69个，其中培育古寺郎胡萝卜等河南省知名农业品牌4个，全县有效期内“三品一标”农产品25个。申报创建30万亩的全国绿色食品原料（小麦）标准化生产基地。元村镇古寺郎等18个村被认定为全市“一村一品”示范村，依禾农庄等3家企业被认定为全市休闲农业示范点，福堪镇现代农业园区等6家企业被认定为全市“双创”示范基地。

2.4 提高了组织程度，增强了抵御风险能力

农民专业合作社一头连接市场，一头连接农民，是农民进入市场、抗御市场风险、提高竞争能力的重要载体。近年来，全县农民专业合作社为农户提供及时、准确的市场信息，组织农户依照市场需求安排生产，避免了因盲目生产导致的经营损失，降低了市场风险。同时，农民专业合作社对规范成员行为、降低生产成本、提高产品价格、提高农产品质量等方面，均起到了强大的组织支撑和辐射带动作用。

2.5 加强了科技推广，完善了社会化服务体系

农民专业合作社以服务其成员为宗旨，通过开展技术交流、聘请专家讲解新技术、统一引进新品种等措施，加快了科技成果的转化、推广与应用，解决了政府难以完全满足千家万户小生产者多样需求的矛盾，很大程度上弥补了农业公共服务体系的不足。近年来南乐县鑫惠农农民专业合作社联合社根植千家万户，服务的覆盖面和服务的深度广度进一步

扩大，实现了农业生产的产前、产中、产后全产业链服务，在化肥农药供应、两种繁育销售、种子包衣、农田耕整、统防统治、高产示范、机械收获、粮食收购、订单农业、配方施肥、技术咨询、新型农民培育、扶贫就业、外引内联等，与大北农集团、中国种子集团、北京联创、隆平高科、中国农业科学院、河南省农业科学院等大型企业和科研院所建立了紧密协作关系。

3 制约农民专业合作社发展的主要原因

近年来，南乐县农民专业合作社的数量不断增加，质量逐步提高，形式趋于多样，功能逐步突显。但总体上看，全县农民合作社的发展仍处于培育、壮大和规范阶段，在农民专业合作社的发展环境等方面还存在着一些急需解决的问题。

（1）从合作社内部运行情况来看，主要存在5方面的困难和问题。一是规模偏小，带动作用不强。大部分合作社的入社社员不足20人，有的属家庭作坊式，带动农户数量不多，覆盖种养面积不大；有的合作社自身经济实力不强，无法实现自营收入，难以维持日常运转。这些合作社难以有效的维护社员利益、抵御市场风险。二是水平不高，服务能力有限。目前，县内多数合作社的业务还停留在订单农业层面，仅仅是把社员的产品集中起来，出售给超市、加工企业或批发市场；而在组织社员培训、拓展经营领域、开展标准化生产等领域的服务能力有限。三是结构松散，存在“空壳社”现象。有的合作社规章制度不健全，成员和合作社的产权关系不明晰，各种机制尚未建立，流于形式，没有正常运转。有的合作社与社员没有形成利益挂钩的经济共同体，有利则合、无利则散；还有的合作社不具备创办的基础条件，盲目到工商部门登记注册领取执照。四是资金不足，融资难度大。目前合作社资金来源主要是自有资金，其他筹资渠道不多。如信用贷款额度很小，土地承包经营权抵押贷款依然难以突破，民间融资成本比较高，对高风险、低回报的农业生产也不是很适应。五是素质偏低，主动意识不强。合作社社员对农村经济管理知识匮乏，法律意识淡薄，难以适应新形势下合作社的发展需要，人才匮乏已成为制约农民专业合作社当前和长远发展的根本因素。少数合作社仅盯着上级的一点扶持资金，没有把探索机制创新、创立自有品牌、参与市场运作作为合作社运行的动力。

（2）从合作社外部发展环境来看，也存在三方面的问题需要加强。一是重视程度有待提高。目前，各乡镇农民专业合作社的发展还不平衡，部分基层领导干部对合作社的重要性认识不足，没有树立扶持农民专业合作社就是扶持“三农”发展的观念。二是配套政策相对滞后。《中华人民共和国农民专业合作社法》等国家级政策法规已经出台多年，在产业扶持、财政、税收、金融等方面也都有政策扶持的相关规定，但是在实际运行中难以实施到位。三是扶持力度亟须增大。相对于合作社的快速发展需求而言，各级政府目前对合作社资金、项目扶持显得杯水车薪。在选择农业开发、新农村建设、科技推广等项目载体方面，部分部门虽然有了相关规定，但在实际执行时，还没有把专业合作社与农村基层组织、龙头企业等一视同仁。

4 促进农民专业合作社发展的措施和建议

基于以上困难与问题，对如何科学、有效地促进南乐县农民专业合作社快速健康发展，特提出以下意见和建议。

4.1 从破解“三农”难题、建设农业强县的高度上，进一步提高思想认识

近年来农村经济快速发展，成绩喜人。但与当前农业现代化的发展要求相比，全县调整农业产业经济结构、推动农业产业化进程的任务还很艰巨，还称不上农业产业化的强县。在新形势下围绕建设现代农业，加快转变农业发展方式，培植新型农业生产经营主体、提高农民生产经营的组织化程度，要作为破解“三农”难题、发展现代农业的一个重要切入点。各级各部门特别是各乡镇和涉农部门，要将农民专业合作社的发展作为推进全县农业产业化工作的重要抓手，给予更多、更大的重视和支持。

4.2 在置身竞争格局、着眼发展全局的定位中，进一步加强组织领导

一是借鉴先进经验从合作社的现有数量、发展速度和带动范围来看，南乐县农民专业合作社的发展势头较快，但审视当前周边区域竞争格局，部分县的工作力度和好的做法值得学习。二是成立领导班子。定期开联席会议，加强综合协调，促进资源整合。解决目前存在的多头管理、信息不能共享、合力不强的问题。三是制定专门文件。县委、县政府要围绕全县农业产业发展总体规划，出台促进全县农民专业合作社发展的实施意见，为新形势下农民专业合作组织的发展制定发展目标、明晰发展思路和具体的优惠政策。

4.3 以加强薄弱环节、解决困难问题为着力点，进一步加强政策支持

建议县委、县政府在严格贯彻执行国家、省、市已有法规政策的基础上，结合县域实际，制定操作性强的扶持政策，有针对性地研究解决合作社发展中的困难与问题。一是加大财政扶持。建议县财政拿出一定额度的专项扶持资金列入年度预算，重点鼓励农民专业合作组织创建示范社、创立自有品牌、通过“三品一标”认证、引导农民以流转土地作价入股、兴办自有农产品加工企业等，并以合作社小额贷款低息贴息或提供联合担保平台的方式，帮助合作社破解融资难题。二是加大项目扶持。做到扶持一个农民合作社，带动一个特色产业，搞活一地农村经济，致富一方农民群众的效果。建立完善的土地承包经营纠纷调处体系，解除农民专业合作社流转土地的后顾之忧。三是加强合作社自身建设。加强人才培养，建立合作社人才库和培训基地，大力开展合作社带头人、管理人员、财务人员、营销人员培训，提高他们企业经营、规范管理、应对市场的综合能力。引导合作社牢固树立服务为本的理念，为成员提供各种低成本、便利化的社会化服务；坚持规范办社的方针，加强内部规章制度建设、财务管理和社务公开；强化诚实守信的意识，依法诚信经营，推进标准化生产，为消费者提供更多质优价廉、生态安全的产品。

地市农科所所外基地（联合体）中存在问题及其对策分析

王惠昭
（广东省惠州市农科所　广东　惠州　516023）

摘　要：阐述、分析地市级农科所科企联合体、科研单位联合体、企业联合体、加工产业型、品牌带动型等常见的基地（联合体）模式及其运营中出现的问题，提出相应的解决办法。

关键词：农科所；基地（联合体）；问题；对策

地市级农业科研单位在区域农业科技成果转化和应用中发挥着重要作用。根据 2012 年国家农业部门统计结果显示，我国地市级科研院所数量已达到 1 075（所），从业人数已达到 10 万人左右，是我国农业发展布局重要的组成部分。

2018 年中央一号文件，国务院协同农业部、财政部等 6 个国家部委发布了《关于促进农业产业化联合体发展的指导意见》，提出构建现代农业体系，推动乡村科技创新的目标。在这种政策环境下，2018 年 3 月 10 日，农业部联合国家农业综合开发办公室以及农业银行开始推动基地（联合体）创新试点工作。农业农村部办公厅、全国农业技术推广服务中心也下发有关文件，在政策支持下，各地种子企业、育种单位、科研院所积极组建联合体。近年来，广东省惠州市农科所与广东省惠州市惠阳区惠和农业发展有限公司成立永湖镇惠和种植基地、与广东省博罗县汉唐农业发展有限公司成立博罗县公庄镇汉唐种植基地、与广东省惠州市远泰现代农业发展有限公司成立惠城区马安镇远泰种植基地、与广东省惠州市绿色食品有限公司成立惠城区横沥镇绿色食品公司种植基地、与广东省紫金县农业科学研究所成立紫金县紫城镇紫金选育种基地。以上述所外基地为例，调查研究我国地市级农科所所外基地（联合体）的现状，发现存在的问题并提出对策建议，希望有助于推动我国地市级农科所所外基地（联合体）的良性发展。

1　常见的基地（联合体）类型

1.1　科企联合体

广东省惠州市农科所与广东省惠州市惠阳区惠和农业发展有限公司、广东省博罗县汉唐农业发展有限公司、广东省惠州市远泰现代农业发展有限公司、广东省惠州市绿色食品有限公司组建的联合体，每年进行水稻新品种示范种植 1 500 亩以上，优质甜玉米高产栽培示范1 000亩以上，蔬菜新品种引进示范100亩以上。通过这些农作物最新优良品种的推广示范，进一步挖掘试验潜力，扩大农作物的试验容量。同时，也把新技术、新品种辐射到基地周围的千家万户，搭建了研究所、企业、农户三位一体模式。

1.2 科研单位联合体

惠州市农科所近年来承担国家、省、市科研项目日益增多，试验土地已显不足；而紫金县农科所土地充足，技术力量雄厚，试验用地排灌条件良好。两者成立联合体，实现了优势互补、互利互惠和共同发展。

1.3 品牌带动型联合体

品牌型基地联合体在我国茶叶生产中较为常见，例如，山东日照绿茶、福建安溪铁观音、武夷山大红袍等。这种品牌带动性强，时间周期长，需要当地农户、合作社及科研院所携手共进，农户负责种植生产，合作社负责宣传营销，农科院所负责统一产品质量标准，共同打造地域性品牌。

1.4 种苗繁育引领型联合体

在这种模式中，地级农科所起到主导作用，例如，菏泽花卉基地。科研人员研发出新型品种来满足市场需求，引领市场趋势；农户在科研人员的指导下，规模化种植新型品种，进行销售。这种模式对于农户和科研院所基地都有一定的要求，存在一定的风险，但市场利润也更大，模式成熟后，对于提高农民收入有很大帮助，并丰富了产品种类，推动了行业发展。

2 存在的问题

2.1 创新性经营体整体实力有待提升

虽然初具规模，但是龙头企业的规模仍较小，在市场竞争中无法占据优势，产品销售经营方面还存在较大阻力，不能很好地发挥带头作用。除此之外，合作基地的建设水平有待提升，很多农科所的基地徒有其形，未能充分利用，服务能力不强。上述两点导致新型经营体整体实力不强。

2.2 资金链弱，抗风险能力有待提升

虽然每年我国对于农业财政扶持注入大量资金，但是还存在资金发挥不到位的情况。银行对于商业贷款都有资产抵押要求，其他资本获取渠道少。在这种情况下，若产品出现滞销，就会对农户造成重创。抗风险能力不足，发展后劲待提升。

2.3 创新及复合型人才缺乏

虽然我国农科院所的从业人员数量已超过10万，但基础技术型人才占比过高而创新型人才少，这也导致了人才更新换代慢，不能适应市场需求，竞争力较弱。经营方面也因缺少相关人才导致市场拓展和管理较为落后。

2.4 基地（联合体）内联合机制不完善

有些联合体靠什么“联”不明确，可能只是几个单位简单组织在一起，盲目捆绑的几个分体起不到联合体作用。现阶段呈现的特点为接单单一，分工不明确，项目资金管理缺

乏监督，使用不规范、不透明；更没有建立起完善的品牌共享机制，难以形成规模效益和品牌价值的延伸。

3 基地（联合体）发展策略

3.1 提升新型经营体自身实力

经上述分析，由于龙头企业实力不够强，无法充分发挥带动作用，因而需要政府重点扶持发展潜力大、研发能力强、具有一定带动作用的企业。建议在财政、政策方面进行偏移扶持，支持基地的规模扩张、技术改革等，优先安排省部级项目的落户，提高机械化和信息化水平。全面对农户、企业进行规范化管理，培育品牌意识，加大基础设施建设。通过落实这些措施保证发展后劲，培育整体优势明显的产业基地。

3.2 增强复合型人才培养机制，切实发挥科技带动生产力提升

在当前从业人员多，但是复合型人才较少，既有技术实力又有营销知识的人才储备不足的情况下，地级农科所通过与高校合作开展定期培训，受过培训的人员根据实际情况进入基地联合体接受实践训练，最终成为复合型技术人才。

3.3 积极引导项目资金注入

传统的农科所基地都是以国家省部级财政扶持为主，缺乏市场开拓。针对这一情况，应该引进社会资本，加强招商引资，对基地（联合体）招商引资实施的重大项目，给予政策优惠，并重点帮扶。积极推进产权制度改革，促进土地承包制度“三权分离”，稳定所有权、明确承包权、放活经营权，为建立产业基地（联合体）创造条件。养成市场竞争意识，通过竞争提升实力，适应市场需求，引领农户发家致富。

3.4 促进产业、要素、利益联结

通过推进专业化分工协作，探索多样化的联合模式。通过要素联结降低生产成本，通过利益联结保证各主体获益，促进农民增收。建立和完善基地（联合体）内各主体间利益联结、监督、约束机制。积极探索合同制、股份制、股份合作制等经营组织形式，强化科研单位、龙头企业、合作社、家庭农场的诚信意识，确保各类主体权利和义务的统一，降低经营主体的违约风险。

国家季节性休耕试点区域耕地质量演变及优化管理建议

刘克桐[1]　曲潇琳[2]　李　亚[1]　段霄燕[1]　贾良良[3]　李燕楠[4]

（1. 河北省耕地质量监测保护中心　河北　石家庄　050051；
2. 农业农村部耕地质量监测保护中心　北京　100025；
3. 河北省农林科学院农业资源环境研究所　河北　石家庄　050051；
4. 河北农业大学　河北　保定　071051）

摘　要：自 2016 年国家在河北黑龙港地下水漏斗区开展季节性休耕试点，面积 100 万亩，并逐年扩大试点规模。2017—2019 年对国家季节性休耕区域耕地质量进行了连续 3 年跟踪对照监测，发现监测点土壤 pH 保持稳定，缓效钾含量没有明显变化，速效钾含量略有下降，有机质、全氮、有效磷含量显著下降；休耕节水效果明显，地下水下降趋势减缓，休耕区域地下水水位高于对照区域；休耕后茬作物玉米平均产量高于对照区域。建议国家建立因水制宜、因土制宜的休耕制度体系，减轻河北省粮食生产压力，缓解深层地下水的超采问题，切实做到藏粮于地；适度减少小麦休耕面积，充分利用小麦生长季降水，扩大节水麦、旱地麦种植面积；扩大轮作面积，试行节水小麦 - 玉米与节水小麦 - 大豆年际间轮作，实现耕地质量提升、油料供给增加的共赢。

关键词：地下水漏斗区；季节性休耕；耕地质量；演变；建议

河北省水资源匮乏，十年九旱，1956—2000 年多年平均降水 532mm，水资源总量 205 亿 m^3，人均 307m^3，亩均 211m^3，分别为全国的 1/7 和 1/8。河北省自然降水不足，地下水严重超采，水位持续下降，形成 25 个地下水降落漏斗，总面积 6.7 万 km^2，占河北平原国土面积的 92%，严重制约了农业的可持续发展。为缓解水资源严重短缺、优化水资源配置、改善生态环境，2016 年，中央在河北省试点实施季节性休耕制度，试点区域将冬小麦 - 夏玉米一年两熟种植模式，改为一季自然休耕、一季雨养种植模式，即每年只种植一季作物，如玉米、油料、杂粮杂豆或牧草的一年一熟作物，压缩冬小麦种植面积，减少地下水开采，同时鼓励在休耕季节种植二月兰、黑麦草等绿肥作物培肥地力，减少灌溉用水消耗。

国家季节性休耕试点区域主要集中在河北省中南部黑龙港流域低平原区，涉及 6 个设区市 51 个县。土壤类型为潮土和褐土，洪冲积物母质，地势平坦、土层深厚，土壤肥沃。海拔 2 ~ 69m，田面坡度小于 2°。6 个项目市属于暖温带大陆性半干旱季风气候区，四季分明，光照充足，降雨偏少。常年降水量 415 ~ 598mm，0℃以上有效积温 2 804 ~ 5 231℃，10℃以上有效积温 3 200 ~ 4 820℃，平均日照时数 2 711 小时，平均无霜期 211 天（162 ~ 271 天），热量资源丰富，适宜多种作物的生长，能满足一年两熟的需要。2016—2019 年，国家在河北省先后试点实施季节性休耕 100 万亩、120 万亩、160 万亩和 200 万亩，4 年累计季节性休耕 580 万亩。

1 监测方法

在季节性休耕试点区域、非季节性休耕区域耕地上分别布设耕地质量监测点和对照监测点，按照《耕地质量监测技术规程》（NY/T 1119），统一调查、采样、检测、监测与评价方法，将季节性休耕试点区域的农田耕地质量变化情况与非季节性休耕区域的耕地质量进行对比，科学评价季节性休耕的效果。

1.1 监测点设置

综合考虑行政区划、土壤类型、耕地质量、利用状况、管理水平等因素，河北省 2017 年在 120 万亩休耕耕地设立 162 个监测点，涉及潮土和褐土 2 个土类、5 个亚类、8 个土属、23 个土种。同时在与季节性休耕区域土壤类型、耕地质量等级、土地利用、管理水平等条件相同且区域相近的非季节性休耕耕地上设置对照监测点 128 个。

1.2 监测方法

在季节性休耕监测点和对照监测点上，同步开展初始监测和年度监测工作。初始监测在 2017 年最后一季作物玉米收获后、冬小麦施肥整地前，在休耕监测点和对照监测点同时开展，调查监测点土壤类型、质量等级、位置坐标、地貌类型、潜水埋深、有效积温、有效土层厚度、耕层厚度、海拔高度、障碍因素、地形部位、地面坡度、排灌能力、典型种植制度及作物产量等内容。年度监测定点调查年度作物栽培、水肥管理、籽粒产量、浅层水位等信息数据。按照《土壤检测　第 1 部分：土壤样品的采集、处理和贮存》（NY/T 1121.1），在秋季作物收获后采集土壤样品，检测土壤 pH（NY/T 1121.2）、有机质（NY/T 1121.6）、全氮（NY/T 1121.24）、有效磷（NY/T 1121.7）、速效钾、缓效钾（NY/T 889）等指标。

1.3 数据处理

数据采用 Microsoft Excel 进行数据汇总和制图，采用 SPSS 22.0 进行方差分析和多重比较（P<0.05）。在统计分析耕地土壤理化指标时，笔者仅对 2017—2019 年小麦 - 玉米 - 年两熟和休耕后一年一季玉米 2 种种植模式地块的监测数据进行对比分析。

2 结果与分析

2.1 季节性休耕对土壤有机质含量的影响

监测结果表明，季节性休耕区域土壤有机质平均含量显著下降（图 1）。2017 年有机质平均含量为 18.2g/kg，2019 年为 16.2g/kg，与项目实施前比，有机质平均含量降低

2.0g/kg，降低了 11.00%。与对照区域比，2019 年季节性休耕区域有机质平均含量较低，低 6.36%，未达显著水平。

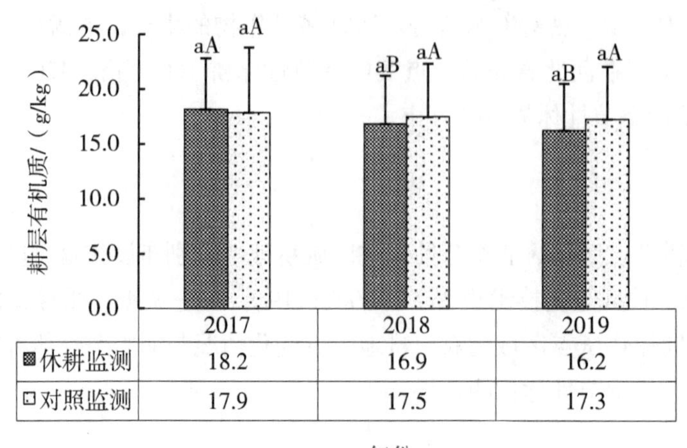

图 1　休耕区域与对照区域耕层有机质对比

注：小写字母表示同年休耕处理与对照处理间的差异显著性，大写字母表示各处理年际间的差异显著性，$P<0.05$，下同

2.2　季节性休耕对土壤 pH 的影响

监测结果表明，季节性休耕区域土壤 pH 保持稳定（图 2）。2017 年 pH 平均值为 8.3，2019 年为 8.3，与项目实施前比，pH 保持不变。与对照区域比，2019 年季节性休耕区域 pH 一致，无差异。

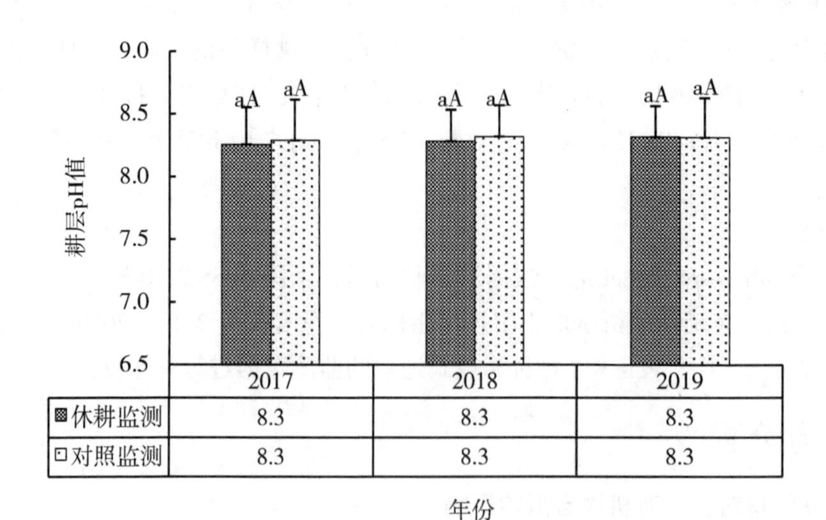

图 2　休耕区域与对照区域土壤 pH 对比

2.3 季节性休耕对土壤全氮的影响

监测结果表明，季节性休耕区域土壤全氮显著下降（图 3）。2017 年全氮平均含量为 1.12g/kg，2019 年为 1.05g/kg，与项目实施前比，全氮平均含量降低 0.07g/kg，降低了 6.25%。与对照区域比，2019 年季节性休耕区域全氮平均含量较低，低 7.08%。

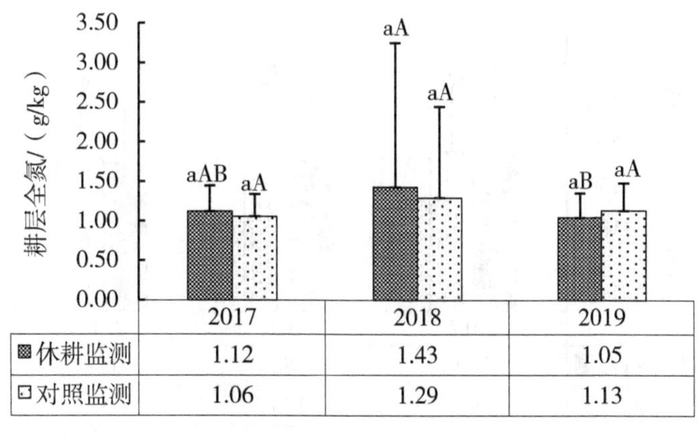

图 3　休耕区域与对照区域全氮对比

2.4 季节性休耕对土壤有效磷含量的影响

监测结果表明，季节性休耕区域土壤有效磷含量显著下降（图 4）。季节性休耕区域土壤 2017 年有效磷平均含量为 20.9mg/kg，2019 年为 15.5mg/kg，与项目实施前比，有效磷平均含量降低 5.4mg/kg，降低了 25.84%。与对照区域比，2019 年季节性休耕区域有效磷平均含量低 33.19%。

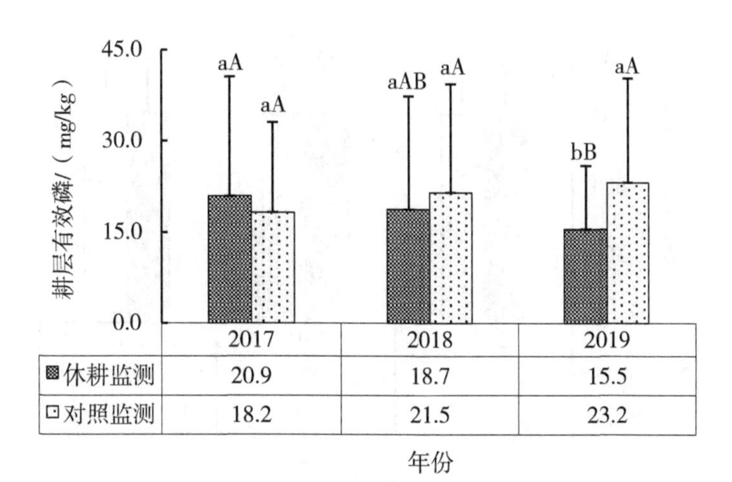

图 4　休耕区域与对照区域有效磷对比

2.5 季节性休耕对土壤速效钾含量的影响

监测结果表明，季节性休耕区域土壤速效钾含量略有下降（图 5）。季节性休耕区域

2017 年速效钾平均含量为 200mg/kg，2019 年为 178mg/kg，与项目实施前比，速效钾平均含量下降 22mg/kg，下降了 11.00%。与对照区域比，2019 年季节性休耕区域速效钾平均含量低 8.25%。

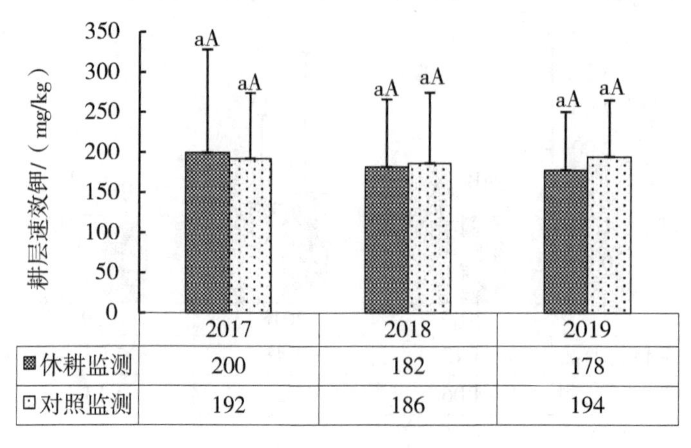

图 5　休耕区域与对照区域速效钾对比

2.6　季节性休耕对土壤缓效钾的影响

监测结果表明，季节性休耕区域土壤缓效钾含量没有明显变化（图 6）。季节性休耕区域 2017 年缓效钾平均含量为 896mg/kg，2019 年为 927mg/kg，与项目实施前比，缓效钾平均含量上升 31mg/kg，上升了 3.46%。与对照区域比，2019 年季节性休耕区域缓效钾平均含量持平，略高 1.20%。

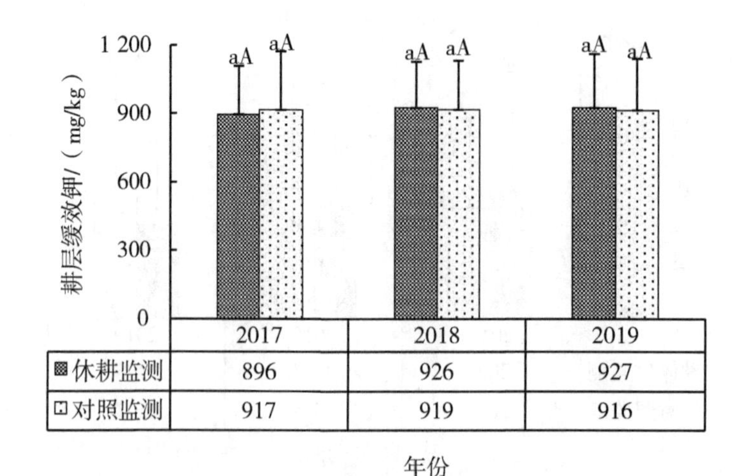

图 6　休耕区域与对照区域缓效钾对比

2.7　季节性休耕对地下水埋深的影响

监测结果表明，休耕区域平均灌水 1.2 次，比对照区域减少灌水 3.6 次，每亩节水

174m³，2019 年 200 万亩耕地可减少地下水开采量 3.48 亿 m³。河北省地下水水位下降趋势减缓，休耕区域减缓趋势优于对照区域（图 7）。2019 年季节性休耕区域平均潜水埋深 16.53m，比对照区域浅 1.08m，比 2017 年水位差 0.16m、比 2018 年水位差 0.47m，有较大提高。根据对农户的调查，休耕项目区水井出水量和出水时长明显好于对照区域。

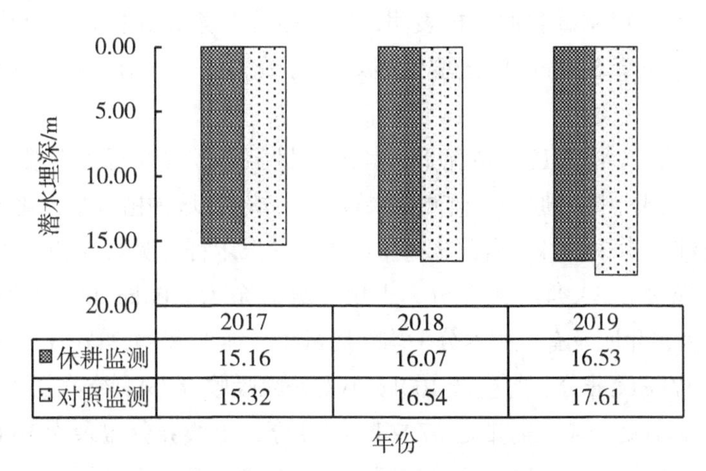

	2017	2018	2019
休耕监测	15.16	16.07	16.53
对照监测	15.32	16.54	17.61

图 7　休耕区域与对照区域潜水埋深对比

2.8　季节性休耕对作物产量的影响

监测结果表明，2017—2019 年季节性休耕区域后茬作物玉米平均亩产分别为 593kg、548kg、579kg，与对照区域玉米相比，3 年均增产，增幅分别为 4.04%、3.98% 和 1.40%（图 8）。

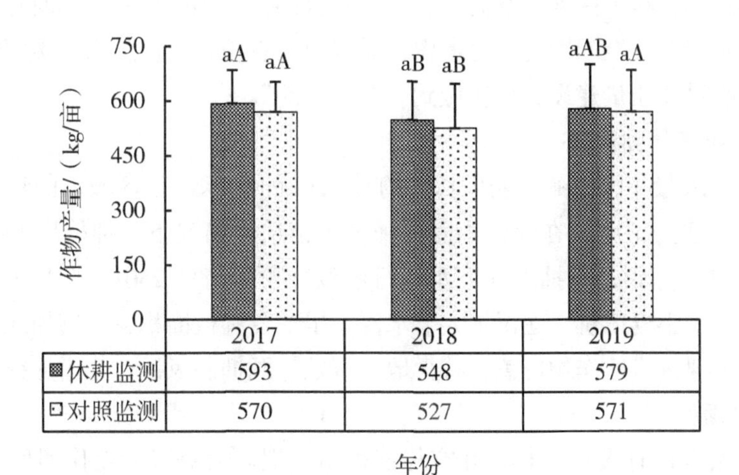

	2017	2018	2019
休耕监测	593	548	579
对照监测	570	527	571

图 8　休耕区域与对照区域玉米产量对比

3　季节性休耕对土壤质量影响的分析

从 2017—2019 年连续 3 年的监测结果来看，休耕区域耕地土壤的 pH 保持稳定，缓效钾含量无明显变化，速效钾含量略有下降，但并未达到显著水平，有机质、全氮、有效磷含量显著下降。初步分析认为，这与有机碳投入及肥料减施量高于作物吸收减少量有密切关系。相关研究表明，施肥是增加土壤养分含量和供应的主要措施；秸秆还田等耕作措施直接碳投入是提升土壤有机碳的主要措施；施肥和秸秆还田等农业措施均会影响农田碳投入；魏猛等对潮土定位试验的分析表明，固碳效率与累积碳投入量有线性加平台的关系，在累积碳投入小于 83t/hm^2 时土壤固碳效率为 18.3%，大于 83t/hm^2 时固碳效率下降为 11.5%。

休耕区在仅有玉米秸秆还田情况下，其还田量相对较少，有机碳投入远未达到“拐点”，是休耕区有机质下降的原因。监测结果表明，休耕区域种植玉米，化肥及有机肥养分平均施用量（折纯）为 36.02kg/ 亩，按每生产 100kg 玉米籽粒吸收 6.17kg 纯养分计算，生产 550kg 玉米籽粒吸收 33.94kg 纯养分，土壤养分盈余为 2.08kg/ 亩。对照区 1 年种植小麦、玉米两季作物，化肥及有机肥养分平均施用量（折纯）为 84.24kg/ 亩，按每生产 100kg 玉米籽粒吸收 6.17kg 纯养分、每生产 100kg 小麦籽粒吸收 6.75kg 纯养分计算，生产 550kg 玉米籽粒和 498kg 小麦籽粒，需带走 67.56kg 纯养分，土壤养分盈余为 16.68kg/ 亩。休耕区土壤养分盈余明显低于对照区，故休耕区土壤养分含量低于对照区。

4 优化轮作休耕试点制度建议

4.1 加强漏斗区水土资源环境安全战略规划

河北漏斗区季节性休耕制度本质上是解决水土资源环境安全问题，应制度化、法制化、规范化。建议国家加强战略顶层设计，研究华北平原漏斗区粮食安全与水资源环境安全的协同战略规划，积极探索因水制宜、因土制宜的休耕制度体系。同时建议国家进一步对粮食安全和水资源安全问题的统筹考虑，减轻河北省粮食生产压力，缓解深层地下水的超采问题，加强耕地质量建设，切实做到“藏粮于地”。

4.2 适度减少小麦休耕面积

河北省地下水漏斗区域冬小麦生长季约有 120mm 降水。该区域内的沧州市属盐碱干旱地区，近年来实践证明，在保证小麦播种及出苗质量情况下，种植旱地小麦品种冀麦 32，春季依靠自然降雨，不抽取地下水进行灌溉，可保持约 250kg 的平均亩产，经济效益、生态效益大于小麦休耕。建议扩大节水麦、旱地麦种植面积，不增加或少增加地下水开采，实现春季裸露耕地作物覆盖，减少地表蒸发，既抑制风沙，又增加粮食供给。

4.3 扩大轮作面积

河北气候条件适宜大豆生长，并有传统种植习惯。大豆玉米轮作间作能平衡养分吸收，实现两种作物共同增产。建议试行节水小麦 - 玉米与节水小麦 - 大豆年际间轮作，实现地下水开采减少、耕地质量提升、油料供给增加的多赢。

GB 2763—2019 中我国现未有登记使用的农药品种梳理及工作建议

刘 刚[1] 马 丽[2] 吴桂秋[3] 董现义[1] 吴 美[1]

（1. 山东省宁阳县农业农村局 山东 宁阳 271400；
2. 山东省宁阳县堽城镇农技站 山东 宁阳 271416；
3. 山东省宁阳县东疏镇人民政府 山东 宁阳 271401）

摘 要：对 GB 2763—2019 进行梳理分析，发现共有 88 种农药目前在我国未有实际登记使用，涉及 1 247 项最大残留限量标准。据此提出 3 点工作建议：一是合理确定食品中农药残留检测项目，尽可能避免检测这些农药；二是加强农药市场监管，严厉打击制售假冒伪劣行为；三是加强经营使用环节指导，杜绝违规经营使用。

关键词：农药；登记；禁用；最大残留限量标准

近年来，我国食品（食用农产品）总体质量状况持续向好，农药残留合格率维持在较高水平。即使检测出农药残留，也主要集中在我国目前批准登记使用的农药品种，未有实际登记使用的农药品种检出率为零或极低。如范定涛对遵义市重点产茶区 90 份茶叶样品中甲胺磷等 108 种农药残留水平进行监测，检出的甲拌磷等 23 种农药均是目前登记使用的农药。严伟等对在湖北、福建、山东、上海、北京等地采集的 115 个干香菇样品进行 79 种农药残留定量检测分析，共检出农药残留 11 种，均为我国目前登记的农药。刘君等对西安市周至县 14 个猕猴桃主产乡镇共 200 批次样品进行 58 种农药残留定量检测分析，检出的 14 种农药均是目前登记使用的农药，甲胺磷、对硫磷、甲基对硫磷、六六六、氟胺氰菊酯、氟氰戊菊酯等均未检出。这说明，我国未有实际登记使用的农药残留风险较低。

《食品安全国家标准 食品中农药最大残留限量》（GB 2763—2019）是目前我国统一规定食品中农药最大残留限量（MRL）的强制性国家标准，于 2019 年 8 月 15 日由国家卫生健康委员会、农业农村部、国家市场监督管理总局联合发布，自 2020 年 2 月 15 日起正式实施。该标准共规定了 483 种农药 7 107 项最大残留限量标准，其中一部分农药目前在我国未有实际登记使用，笔者对其进行梳理汇总，并在合理运用方面提出几项建议。

1 GB 2763—2019 中我国现未有登记使用的农药品种

经对 483 种农药逐一梳理，对比中国农药信息网登记数据后发现，截至 2020 年 7 月

15 日，共有 88 种农药在我国未有实际登记使用，涉及 1 247 项最大残留限量标准。主要分为以下 3 种情况。

1.1 我国已明确公告全面禁用 / 停用的农药

截至目前，我国农业农村部、国家发改委、工业和信息化部、生态环境部、国家市场监管总局等部门通过正式公告、规范性文件等形式，明确宣布全面禁用 / 停用的农药共 48 种，其中 GB 2763—2019 涉及的有 31 种（表 1），未涉及的有 17 种：二溴氯丙烷、二溴乙烷、除草醚、汞制剂、砷类、铅类、敌枯双、氟乙酰胺、甘氟、毒鼠强、氟乙酸钠、毒鼠硅、磷化钙、磷化锌、福美胂、福美甲胂、氟虫胺。需要说明的是，百草枯水剂已经全部禁用，另一种剂型（可溶胶剂）产品也在 2020 年 9 月 26 日起全面禁用。

表 1 GB 2763—2019 中涉及我国已明确全面禁用 / 停用的农药

序号	农药名称	主要用途	每日允许摄入量 ADI/（mg/kg bw）	残留物	限量数量
1	胺苯磺隆（ethametsulfuron）	除草	0.2	胺苯磺隆	1
2	百草枯（paraquat）	除草	0.005	百草枯阳离子，以二氯百草枯表示	41
3	苯线磷（fenamiphos）	杀虫	0.000 8	苯线磷及其氧类似物（亚砜、砜化合物）之和，以苯线磷表示	34
4	地虫硫磷（fonofos）	杀虫	0.002	地虫硫磷	24
5	对硫磷（parathion）	杀虫	0.004	对硫磷	23
6	甲胺磷（methamidophos）	杀虫	0.004	甲胺磷	31
7	甲磺隆（metsulfuron-methyl）	除草	0.25	甲磺隆	2
8	甲基对硫磷（parathion-methyl）	杀虫	0.003	甲基对硫磷	25
9	甲基硫环磷（phosfolan-methyl）	杀虫	—	甲基硫环磷	26
10	久效磷（monocrotophos）	杀虫	0.000 6	久效磷	25
11	磷胺（phosphamidon）	杀虫	0.000 5	磷胺	18
12	磷化镁（megnesium phosphide）	杀虫	0.011	磷化氢	1
13	硫丹（endosulfan）	杀虫	0.006	α- 硫丹、β- 硫丹和硫丹硫酸酯之和	31
14	硫线磷（cadusafos）	杀虫	0.000 5	硫线磷	23
15	氯磺隆（chlorsulfuron）	除草	0.2	氯磺隆	1
16	三氯杀螨醇（dicofol）	杀螨	0.002	三氯杀螨醇（o，p′ - 异构体和 p，p′ - 异构体之和）	9
17	杀虫脒（chlordimeform）	杀虫	0.001	杀虫脒	23
18	特丁硫磷（terbufos）	杀虫	0.000 6	特丁硫磷及其氧类似物（亚砜、砜）之和，以特丁硫磷表示	32
19	溴甲烷（methylbromide）	熏蒸	1	溴甲烷	8
20	蝇毒磷（coumaphos）	杀虫	0.000 3	蝇毒磷	17
21	治螟磷（sulfotep）	杀虫	0.001	治螟磷	17

（续表）

序号	农药名称	主要用途	每日允许摄入量 ADI/（mg/kg bw）	残留物	限量数量
22	艾氏剂（aldrin）	杀虫	0.000 1	艾氏剂	27
23	滴滴涕（DDT）	杀虫	0.01	p，p′－滴滴涕、o，p′－滴滴涕、p，p′－滴滴伊和 p，p′－滴滴滴之和	30
24	狄氏剂（dieldrin）	杀虫	0.000 1	狄氏剂	27
25	毒杀芬（camphechlor）	杀虫	0.000 25	毒杀芬	22
26	林丹（lindane）	杀虫	0.005	林丹	14
27	六六六（HCH）	杀虫	0.005	α-六六六、β-六六六、γ-六六六和δ-六六六之和	29
28	氯丹（chlordane）	杀虫	0.000 5	植物源性食品为顺式氯丹、反式氯丹之和，动物源性食品为顺式氯丹、反式氯丹与氧氯丹之和	26
29	灭蚁灵（mirex）	杀虫	0.0002	灭蚁灵	22
30	七氯（heptachlor）	杀虫	0.000 1	七氯与环氧七氯之和	30
31	异狄氏剂（endrin）	杀虫	0.000 2	异狄氏剂与异狄氏剂醛、酮之和	23
			合计		662

1.2 我国未批准登记的农药

随着我国进口农产品消费量持续增长，监管需求也不断增加。针对进口农产品中可能含有我国未登记农药的情况，通过评估转化国际食品法典标准等方法，GB 2763—2019 制定了 26 种未在我国登记使用农药的 366 项残留限量标准（表 2），为更好地把牢食品安全国门关提供了技术依据，有利于保障我国人民群众对进口食品的消费安全。

表 2　GB 2763—2019 中涉及我国未批准登记的农药

序号	农药名称	主要用途	每日允许摄入量 ADI/（mg/kg bw）	残留物	限量数量
1	氨氯吡啶酸三异丙醇胺盐［picloram-tris（2-hydroxypropyl）ammonium］	除草	0.5	氨氯吡啶酸	1
2	保棉磷（azinphos-methyl）	杀虫	0.03	保棉磷	26
3	苯氟磺胺（dichlofluanid）	杀菌	0.3	苯氟磺胺	15
4	敌草腈（dichlobenil）	除草	0.01	2，6-二氯苯甲酰胺	18
5	敌螨普（dinocap）	杀菌	0.008	敌螨普的异构体和敌螨普酚的总量，以敌螨普表示	12
6	丁苯吗啉（fenpropimorph）	杀菌	0.003	丁苯吗啉	19

（续表）

序号	农药名称	主要用途	每日允许摄入量 ADI/（mg/kg bw）	残留物	限量数量
7	氟苯脲（teflubenzuron）	杀虫	0.01	氟苯脲	14
8	环酰菌胺（fenhexamid）	杀菌	0.2	环酰菌胺	28
9	灰瘟素（blasticidin-S）	杀菌	0.01	灰瘟素	1
10	甲苯氟磺胺（tolylfluanid）	杀菌	0.08	甲苯氟磺胺	13
11	甲硫威（methiocarb）	杀软体动物	0.02	甲硫威、甲硫威砜和甲硫威亚砜之和，以甲硫威表示	22
12	精二甲吩草胺（dimethenamid-P）	除草	0.07	精二甲吩草胺及其对映体之和	13
13	喹氧灵（quinoxyfen）	杀菌	0.2	喹氧灵	19
14	氯硝胺（dicloran）	杀菌	0.01	氯硝胺	5
15	咪唑菌酮（fenamidone）	杀菌	0.03	咪唑菌酮	28
16	嗪氨灵（triforine）	杀菌	0.03	嗪氨灵和三氯乙醛之和，以嗪氨灵表示	22
17	噻草酮（cycloxydim）	除草	0.07	噻草酮及其可被氧化成 3-（3- 磺酰基 - 四氢噻喃基）- 戊二酸 -S- 二氧化物和 3- 羟基 -3-（3- 磺酰基 - 四氢噻喃基）- 戊二酸 -S- 二氧化物的代谢物和降解产物，以噻草酮表示	30
18	三环锡（cyhexatin）	杀螨	0.003	三环锡	4
19	杀草强（amitrole）	除草	0.002	杀草强	3
20	杀线威（oxamyl）	杀虫	0.009	杀线威和杀线威肟之和，以杀线威表示	21
21	四氯硝基苯（tecnazene）	杀菌 / 植物生长调节	0.02	四氯硝基苯	1
22	亚砜磷（oxydemeton-methyl）	杀虫	0.000 3	亚砜磷、甲基内吸磷和砜吸磷之和，以亚砜磷表示	12
23	乙拌磷（disulfoton）	杀虫	0.000 3	乙拌磷，硫醇式 - 内吸磷及其亚砜化物和砜化物之和，以乙拌磷表示	7
24	乙氧喹啉（ethoxyquin）	杀菌	0.005	乙氧喹啉	1
25	异噁草酮（clomazone）	除草	0.133	异噁草酮	7
26	增效醚（piperonyl butoxide）	增效	0.2	增效醚	24
合计					366

1.3 我国虽未明确全面禁用 / 停用但只有原药登记或虽有制剂登记但已不在有效期的农药

截至目前，GB 2763—2019 涉及的农药，还有 31 种（表 3）虽未在我国明确全面禁用 / 停用，但或者只有原药，没有制剂登记（甲羧除草醚和杀扑磷），或者登记的制剂已不在有效期内（其他 29 种）。

表 3 GB 2763—2019 中涉及我国批准登记的制剂已不在有效期的农药

序号	农药名称	主要用途	每日允许摄入量 ADI/（mg/kg bw）	残留物	限量数量
1	苯硫威（fenothiocarb）	杀螨	0.007 5	苯硫威	3
2	苯螨特（benzoximate）	杀螨	0.15	苯螨特	3
3	苯锈啶（fenpropidin）	杀菌	0.02	苯锈啶	1
4	丙硫克百威（benfuracarb）	杀虫	0.01	丙硫克百威	6
5	敌菌灵（anilazine）	杀菌	0.1	敌菌灵	3
6	二苯胺（diphenylamine）	杀菌	0.08	二苯胺	6
7	氟胺氰菊酯（tau-fluvalinate）	杀虫	0.005	氟胺氰菊酯	8
8	氟氰戊菊酯（flucythrinate）	杀虫	0.02	氟氰戊菊酯	19
9	氟烯草酸（flumiclorac）	除草	1	氟烯草酸	1
10	环丙嘧磺隆（cyclosulfamuron）	除草	0.015	环丙嘧磺隆	1
11	甲羧除草醚（bifenox）	除草	0.3	甲羧除草醚	2
12	邻苯基苯酚（2-phenylphenol）	杀菌	0.4	邻苯基苯酚和邻苯基苯酚钠之和，以邻苯基苯酚表示	4
13	磷化氢（hydrogen phosphide）	杀虫	0.011	磷化氢	5
14	硫环磷（phosfolan）	杀虫	0.005	硫环磷	20
15	硫酸链霉素（streptomycin sesquissulfate）	杀菌	0.05	链霉素和双氢链霉素的总和，以链霉素表示	1
16	氯苯嘧啶醇（fenarimol）	杀菌	0.01	氯苯嘧啶醇	20
17	氯唑磷（isazofos）	杀虫	0.000 05	氯唑磷	19
18	醚苯磺隆（triasulfuron）	除草	0.01	醚苯磺隆	1
19	灭锈胺（mepronil）	杀菌	0.05	灭锈胺	1
20	内吸磷（demeton）	杀虫 / 杀螨	0.000 04	内吸磷	20
21	噻节因（dimethipin）	植物生长调节	0.02	噻节因	12
22	三苯基氢氧化锡（fentin hydroxide）	杀菌	0.0005	三苯基氢氧化锡	1
23	三氯杀螨砜（tetradifon）	杀螨	0.02	三氯杀螨砜	1
24	杀扑磷（methidathion）	杀虫	0.001	杀扑磷	42
25	生物苄呋菊酯（bioresmethrin）	杀虫	0.03	生物苄呋菊酯	4
26	四氯苯酞（phthalide）	杀菌	0.15	四氯苯酞	2
27	蚜灭磷（vamidothion）	杀虫	0.008	蚜灭磷	2
28	乙硫磷（ethion）	杀虫	0.002	乙硫磷	5

（续表）

序号	农药名称	主要用途	每日允许摄入量 ADI/（mg/kg bw）	残留物	限量数量
29	乙烯菌核利（vinclozolin）	杀菌	0.01	乙烯菌核利及其含 3，5- 二氯苯胺部分的代谢产物之和，以乙烯菌核利表示	3
30	吲唑磺菌胺（amisulbrom）	杀菌	0.1	吲唑磺菌胺	2
31	唑胺菌酯（pyrametostrobin）	杀菌	0.004	唑胺菌酯	1
		合计			219

2 工作建议

2.1 合理确定食品中农药残留检测项目

理论上，在食品农药残留检测工作中，检测项目越多，耗费时间就越长，成本越高，费用越大，由此造成的误差也可能越多。鉴于上述 88 种农药已经不在我国使用，除特殊情况外（如毒死蜱制剂中可能含有的有害杂质治螟磷），建议今后各级有关部门在安排食品检测任务时，尽可能排除上述 88 种农药残留检测项目（进口食用农产品除外），以最大限度提高检测效率，节约人力、物力、财力资源，减少误差。

2.2 加强农药市场监管

《农药管理条例》第 44 条规定："禁用的农药，未依法取得农药登记证而生产、进口的农药，按照假农药处理。"今后，各级农药管理执法部门在进行市场监督检查时，一旦发现上述 88 种农药（主要是制剂）产品，首先应组织核对农药登记证号，如果未标注农药登记证号或者标注虚假农药登记证号、过期农药登记证号，则不需要再委托有关机构进行质量检测，而应一概判定为假农药，予以严厉处罚，以维护农药市场秩序，保护合法企业利益。有关食品检测机构一旦在食品中检出上述 88 种农药残留，无论是否超标，均应及时向委托部门 / 机构反馈。委托部门 / 机构应及时跟进，调查涉案食品的生产者、经营者，是否存在违规使用假农药行为；如果存在违规使用行为，不仅应对食品生产者、经营者依法予以处理，还应彻底追查违规使用的假农药的生产或者进口源头，对其生产者、经营者依法予以处理，涉嫌犯罪的应移送司法机关追究刑事责任，确保食品安全。

2.3 加强农药经营、使用环节指导

各级农业农村部门及其所属农产品质量安全监管、植物保护、农技推广、农药管理执法等机构，应通过广播、电视、报刊、网络、微信、微博、短信、宣传车、培训班、明白纸等各种形式，广泛宣传科普，切实加强对农药经营、使用者的教育培训。广大农药经营、使用者，一旦发现上述 88 种农药（主要是制剂）产品，首先应核对农药登记证号，发现存在问题的，可一律按照假农药对待，不进货销售，不购买使用。同时，鼓励积极向当地或者上级农药管理执法部门申述、举报，经查实的应给予适当表彰奖励。

坚持需求导向　开展针对性农业服务

——“政用产学研”为核心的乐陵市现代农业科技服务联盟

陈广锋[1]　梁　军[2]　安志超[3]　宋会明[3]　张宏彦[3]　杜　森[1]

（1. 全国农业技术推广服务中心　北京　100125；
2. 山东省乐陵市农业农村局　山东　德州　253600；
3. 中国农业大学资源与环境学院　北京　100193）

摘　要： 以山东省乐陵市现代农业科技服务联盟为例，简要介绍了该联盟的建立背景和组成，分析了其在开展公益性农业技术推广、构建多元化推广体系、服务多种农业经营主体的作用，以期为县域农业绿色发展下推动社会化服务提供经验案例，助力农业现代化可持续发展。

关键词： 社会化服务；小农户；新型经营主体

新时代背景下，适度规模经营是农业转方式、调结构、走向现代化的引领力量，国家多次明确提出要突出抓好家庭农场和农民合作社发展。但“大国小农”仍是我国基本国情农情，根据第 3 次农业普查数据，我国小农户数量占到农业经营主体 98% 以上，小农户从业人员占农业从业人员 90%，小农户经营耕地面积占总耕地面积的 70%。现阶段我国仍是多种经营主体并存，且不同经营主体对农业技术需求存在较大差异，对农技体系如何开展针对性服务提出了更高要求。

山东省德州市乐陵市是华北平原典型的农业大县，2018 年规模化经营比例为 37%，家庭农场、合作社、种植大户、小农户等各种经营主体并存。为提高农化服务能力，满足不同主体生产需求，2014 年乐陵市农业农村局引入中国农业大学等技术力量，建立了以农户需求为导向，以“政用产学研”为核心的乐陵市现代农业科技服务联盟（下称联盟），健全农业社会化服务体系，助力小农户和现代农业发展有机衔接，推动农业大面积实现高产高效生产。

1　联盟成立的现实需求

1.1　进一步服务农业现代化的需求

农业现代化是我国现代化的重要组成部分，农业现代化的进一步发展对我国农业的生产、经营和服务体系都提出了更严格的要求。随着我国大量农村劳动力向城镇转移，“谁来种地”的问题日益突出。据有关资料统计，我国农业从业人员平均年龄约 50 岁，60 岁以上的比例超过24%，农业劳动力文化程度较低，妇女化、老龄化突出，对农业生产新技术、新产品的接受程度也较低。基层农资经销商普遍注重销售，“因户而异”的农化服务并未跟进，导致农户精耕细作生产模式与下游农资经销商传统的供求关系并不匹配，在一定程度上阻碍了农业现代化、集约化的发展。

1.2 进一步提高农业生产效益的需求

不同决策者对农业生产有着不同的需求。农民、家庭农场等生产经营体系较重视农业生产的经济效益，而政府部门则在保证粮食安全的基础上注重生态效益，提倡农业绿色可持续发展。无论哪种目标，都需要科学的田间管理技术来平衡，并且种植规模越大，对科学生产技术的依赖性越大。但实际生产中，不论是小农户还是规模化种植的经营主体，都面临着田间技术到位率低的严峻问题。此外，农户对市场行情的不熟悉、对农资产品的不了解，都会导致其经济效益和生态效益难以并举，降低对农业适度规模化经营发展的积极性。

1.3 进一步落实农业绿色发展的需求

农业要绿色，首先农业投入品要绿色，农业生产技术要绿色。以肥料为例，国家相继出台了若干标准对其产品质量进行把控，但市场上多为区域大配方产品，农民在实际应用中，也可能存在一定的误区。调研数据表明，乐陵市农户在小麦季过量施用氮肥、磷肥，钾肥施用量明显不足，而在玉米季，表现为氮肥过量施用、磷钾肥不足，不符合作物实际需求规律。肥料的过量施用则会产生一系列资源环境代价，如土壤酸化、大气污染和水体富营养化等，阻碍农业绿色发展。

2 联盟的组成

乐陵市现代农业科技服务联盟突出“政用产学研”一体，搭建政府部门、科研高校、涉农企业、农户等多方参与的技术展示、交流服务平台，形成满足不同农业生产经营主体实际需求的“基层农技部门+科研单位+农资企业”的农业生产服务模式。

联盟主要由4部分组成，分别是乐陵市农业农村局、中国农业大学乐陵科技小院、部分中小型农资企业和各类农业生产经营主体。其中乐陵市农业农村局是联盟的主要发起者，主要负责行业资源整合、政策咨询等。中国农业大学乐陵科技小院是由中国农业大学与乐陵市政府合建在农村的基层科技创新服务平台，研究生常年驻扎在农村生产一线，针对当地农业生产问题开展科学研究和技术服务，打通农技推广“最后一公里”。乐陵科技小院是联盟主要的技术支撑，为农户提供“零时差、零费用、零门槛、零距离”的农业技术指导、培训等服务，为企业提供相关产品的生产建议，推动农机农艺结合，使农业投入品更加符合农民实际需求。涉农企业根据需求生产针对性产品，直接供给联盟内农户，减少不必要流通环节，避免经销商层层加价。各类农业经营主体在农业生产过程中遇到技术问题可随时咨询联盟内技术人员，实现农业“疑难杂症”有处可问，有方可用。

3　联盟主要作用成效

联盟针对农业生产转型升级需求，致力于服务发展优质高效、产品安全、资源节约和环境友好型现代农业，针对农业生产技术到率差、农资企业农化服务能力弱、农民文化素养低接受能力差、种植经济效益低等问题，坚持生产需求导向，开展技术创新、展示示范、培训指导和产品设计等，助推农业高质量生产，服务乡村振兴战略的实施。

3.1　技术物化，促进农户生产节本增效

联盟瞄准农业产前、产中主要种植环节，开展技术研发、集成和物化，对联盟成员进行全程的农业生产技术服务。一是科学配肥，减肥增效。中国农业大学乐陵科技小院通过前期农户调研及取土化验，根据土壤养分状况和作物需求规律，科学设计施肥配方，经过试验验证后，和农资企业对接，进行订单式生产。指导农户科学施用同时，减少面源污染，助力化肥使用量零增长。二是测墒灌溉，节水增效。联盟结合乐陵市农业农村局土肥站墒情监测工作，根据作物长势和土壤墒情指导农户灌溉，避免“过分”灌溉。如在冬小麦上推荐的水肥后移技术，和常规农户相比可减少一水，亩节约用水量约 50m^3，节水 20% ~ 30%，提高水肥资源效率，减少农户投入。三是绿色防控，减药增效。调研发现，农户对植保技术的需求排在种子、肥料之后，位列第三，且农户一般只在病虫害暴发后采取植保措施，防治效率低且浪费农药。联盟提倡预防为主、防治结合的用药理念，在关键时期为农户提供短信推送，提醒农户进行病虫害防治，达到农药的精准施用，实现农药减施增效。

3.2　搭建平台，构建多元化的推广体系

联盟成员包含了农资经销商、机械专业合作社、粮食收储合作社等多种新型农业经营体系，搭建了多元化信息交流平台。一是农资产品交易平台，联盟对市场农资产品初步筛选，针对性地推荐农户使用，方便农户选择。2016 年起，每年零利润为农户提供优质小麦种子 40 万 kg，服务面积 4 万亩。二是机械化服务平台，搭建种植大户和农机合作社之间沟通桥梁，通过规模化作业，实现亩节约机械成本 30% ~ 50%。另外，利用村级带头人对小农户组织管理，实现了土地不流转也能规模机械化。三是销售信息平台，便于联盟成员寻求最有利的销售价格和种植信息，实现较高的经济收益。四是政策咨询平台，促进了农户和政府之间有效沟通，方便了各类经营主体了解国家种植、畜牧、农机、保险，以及农业贷款等惠农政策。

3.3　科技培训，开展公益性农业技术推广

联盟致力于用现代科学技术服务农业，大力推进农业科技创新和成果应用，开展好农化服务，增强农业综合生产能力和抗风险能力。一是在重要农时定期培训。在作物种植关键环节开展定期培训，让农户学会并接受关键技术，提高绿色生产技术的田间到位率；二是开展专题培训。针对国家有关政策或市场某一产品，结合联盟内农业经营者需求，开展专题交流指导。据不完全统计，联盟每年开展技术培训约 40 场次，指导农户 2 000 人次以上，辐射面积 12 万亩。对成员需求及时响应，让农户种植有底气、无顾虑、长效益。

仅推广科学配方肥一项，联盟成员每年节约肥料成本超过 30 万元，实现小麦玉米 8% ~ 15% 的增产，亩节本增收 300 元以上，提高了农民务农种粮积极性。

乐陵市现代农业科技服务联盟作为县域农业生产中的一种社会化服务模式，聚合了政府、高校、企业、科技带头人等多元资源力量，从农户实际需求出发，开展针对性服务，为多种农业经营主体保驾护航，有效提高了技术到位率，实现提质增效生产。该模式的复制推广，将有助于国家农业农村现代化发展，积极响应实施乡村振兴战略的总要求。

党建引领推动统防统治提档升级

刘旬胜

（山东省威海市文登区植物保护站　山东　威海　264400）

摘　要：近年来，山东省威海市文登区充分发挥基层党组织优势，积极探索搭建区、镇、村三级联动的农业社会化服务体系，通过整合社会资源，将统防统治与土地托管、农机服务、基层党建等有机融合，形成“10+*N*”服务模式，推动了统防统治服务提档升级，有力促进了村集体和农民双增收。

关键词：党建；社会化服务；统防统治

威海市文登区位于山东半岛东部，总面积 1 615km^2，山地占总面积的 19%，丘陵占 58.4%，平原占 22.6%，辖 11 个镇，3 个办事处，1 个经济开发区和金山管委会，711 个村居，总人口 58 万。全区耕地面积 74.4 万亩，主要农作物有小麦、玉米、花生、大豆、果树、蔬菜、西洋参等，常年农作物播种面积 110 万亩左右。病虫草害常年发生 360 万亩次，防治面积 400 万亩次。

为解决一家一户病虫防治难、传统药械效率低、农药滥用乱用等突出问题，在省、市等上级的大力支持下，文登区认真吸取外地经验，自 2009 年开始在小麦、花生上开展专业化统防统治试点示范工作。服务模式由专业化服务组织牵头组建村级机防队，队长由各村村主任担任，队员由村民组成，药械由合作社或村委会设专人、专库统一管理和维护，以服务本村为主，辐射带动周边村。作业机械主要是背负式机动喷雾机。经过几年的发展，专业化统防统治覆盖面积和服务水平不断提高，有效地控制了病虫的发生为害，减少了环境污染，确保了农产品质量、农业生态和粮食生产的安全。

随着农民老龄化和劳动力成本上升，较难找到合适的机防队员开展统防统治施药作业，原来“人背机器”为主的作业模式已不能适应社会发展，亟须被新的作业模式取代。2015 年 2 月，农业部下发了《到 2020 年农药使用量零增长行动方案》，文登区顺势而为，开展了大中型高效药械替代小型低效药械行动，逐步推广使用三轮自走式高杆喷雾机、四轮悬挂式喷雾机、四轮自走式高杆喷雾机及无人机，实现“机器背人”再到“人机分离”的巨大飞跃。但是，受一家一户分散经营为主的影响，小型药械仍占据主要市场，大型药械没有完全发挥其作用，仍以种植大户满足自家需求为主。

近年来，随着城镇化深入推进，农村空心化、农民老龄化、农业兼业化、农地撂荒化现象增多，严重影响了农村可持续发展和全面振兴，文登区聚焦解决农业小生产与大市场、分散承包与规模经营、全产业链发展与专业化分工之间的矛盾，坚持以党建为引领，全面建设乡镇农业社会化服务中心，开展“流转式”“全托式”“入股式”等土地托管服务，推动实现从测土配方、机耕、施肥、用药到收获、运输等农业生产全过程可追溯监管，并配套建立农业空中讲堂、电商营销、金融保险等服务平台，彻底打通农业产前、产中、产后的服务链条，引导小农户集中连片接受社会化服务，实现小农户与现代农业相衔接，有效解决了“谁来种地，怎么种地，如何种好地”等问题，促进了村集体和农民双增收，全区农村党组织的凝聚力、战斗力和向心力不断增强，农民群众的满意度明显提升，为乡村全面振兴奠定了坚实基础。

1 主要做法

1.1 区级抓统筹、聚合力，强化支持保障

文登区委充分发挥统筹抓总的作用，组建区级国有农业服务公司，搭建区级农业服务平台，与市级、镇级平台联网运行，为全区农业生产提供政策扶持、金融保险、品牌运营、人才引进、技术培训等保障。在政策扶持方面，统筹整合上级涉农资金，优先向新型农业经营主体倾斜，优先在纳入农业社会化服务体系的经营地块实施，引导农村土地有序流转，发展适度规模经营。

1.2 镇级搭平台、强服务，提高资源配置效率

威海市文登区积极发挥镇党委的组织引领作用，整合各类服务资源，按照服务半径3km的标准，建设了12处镇级农业社会化服务中心，每个中心服务半径3km，辐射土地3万～5万亩，并在200户以上的村设立服务站，为村级集体经营和农业产业化发展提供全链条服务。一是整合行政服务资源。结合镇级机构改革，将农业、畜牧、农机、供销等涉农部门资源，集中在服务中心统一开展公益性服务，形成“10+*N*”服务功能模块体系，“10”指提供土地托管、农机服务、产品交易、农村人才、金融保险、品牌农业、农安监管、三资管理、基层党建、庄稼医院共10项基本功能；“*N*”指综合服务功能，主要为农民提供土地流转、用工劳务、金融保险、庄稼医院、产品交易等一站式、一条龙服务。二是整合社会服务资源。按照政府、村集体、公司、服务组织等多方参与、市场化运作原则，择优选择一批实力强、信誉好的社会化专业服务组织入驻服务中心，为经营主体提供农药、种子、化肥等农资供应服务，提供机械化作业、病虫害统防统治、土壤测土化验、智能配方施肥等田间管理服务，提供冷藏、仓储、烘干、初加工等产后系列服务，降低生产成本，提高农业效益。以威海高田农业服务有限公司为例，最初主要提供耕、种、收等机械化作业服务，在服务中心的引导下，2018年开始试水病虫害统防统治服务，购买了植保无人机、自走式喷杆喷雾机等高效植保机械，2019年、2020年两年该公司共开展草地贪夜蛾、小麦条锈病飞防作业4万亩以上，既提高了自身服务能力，又服务了当地种植户，实现了农业生产全过程托管服务。三是整合市场服务资源。加强与电商企业、产业化龙头的合作，建设线上、线下农产品营销平台，推动农产品与市场有效对接。

1.3 村级抓统筹、搞合作，实现规模经营

文登区充分发挥村集体“统”的作用，结合土地“三权分置”“三变”改革，村党支部领办创立合作社，吸引广大农民参与，提高农业全要素生产率。一是把土地集中起来。鼓励村党支部组建合作社，将农民不愿或无力耕种及低效的土地流转出来，化零为整、由小变大，统一经营管理或对外招商，发展特色高效农业。对不愿流转的土地，由村集体通过农业社会化服务平台，由服务组织开展土地托管、半托管服务。以高村镇为例，全镇67%的村党支部牵头开展了土地规模化流转，合计流转土地1.2万亩，培育种粮大户12家。二是把农民组织起来。对继续经营土地的农民，依托远程教育视频会议系统、农广校等平台，提升农民职业技能，培育新型职业农民；对从土地中解脱出来的农村劳动力，由村党支部牵头组建劳务合作社，实行技能分类、定级管理，根据市场需求开展劳务服务。三是把集体经济壮大起来。村党支部通过领办合作社，依法开展土地流转或托管，将农民分散土地适度集中，统一进行整理改造，面积溢出部分归村集体所有，流转后价格溢出部分由村集体和村民按比例分成。高村镇墩后村以每亩300元的价格流转农民土地200亩，整理后小田变大田，面积增加了10%，去除付给农民的租金和种植成本后，每亩净收入400元左右，按村集体和农户5∶5分成，农民既得到了稳定的地租和分红收入，又获得了外出务工收入，村集体也增收5万元以上。

综上所述，在农村劳动力老龄化日趋明显、农业机械化日趋普及、土地规模化日趋扩展的时代背景下，通过搭建农业社会化服务平台，实现小农户与现代农业发展有机衔接，能提高农业产业化发展水平，较好地解决农村土地撂荒问题。

2 面临的问题和不足

截至目前，文登区全区注册专业化统防统治服务组织12个，对外开展服务的有3个，其余则以满足自身需求为主，制约因素主要有以下几方面。

2.1 土地规模经营面积小，农民参与度低

虽然文登区土地流转速度加快，但大部分土地仍分散在农户中。以小麦为例，2020年全区种植面积17.4万亩、4.75万户，50亩以上的4.6万亩、199户，面积是2016年的3.2倍，也就是说还有70%以上的土地仍然由农户自己经营，加之文登区作物种类多、地块分散，必然存在插花种植、生育期不一致等问题。农户对耕、种、收等环节的机械化作业认知度、参与度高，但对机械化防治病虫害的认识不足、参与率低，这些因素都影响了统防统治发展。

2.2 统防统治服务组织盈利难，发展后劲不足

不可控的风险是造成服务组织盈利难的原因之一。专业化防治组织是根据往年的平均防治次数与农民签订防治合同，并收取定金的，当遇突发性病虫为害或某种病虫暴发为害而需要增加防治次数时，开展防治面临亏本，不开展防治会导致为害损失加重，也无法收取剩余的防治费。有时，防治适期偏遇连阴雨而无法开展防治，或是刚防治完就遇降雨，必须进行重喷补治。甚至可能进行病虫害防控作业时正值恶劣的高温天气，一旦遭遇意外

或重大事故，服务组织将面临不可抗的重大损失。

除自然风险外，机手难聘也是专业化统防统治服务组织遇到的“老大难”。由于病虫害防治时间集中，一年作业时间通常只有20天左右，这意味着防治一结束，机手便无事可做，如果不另谋其他工作，难以养家糊口，导致专业化统防统治的机手难稳定，流失严重。有时作业还要冒着中毒、中暑的风险。这样一份“费力不讨好”的工作对机手难以形成吸引力。

另外，种植大户基本自足、普通农户统防统治参与率低的现状导致全区统防统治服务组织收入不稳定，但服务组织购买植保机械及维修、用工费等成本较高，短期内很难收回成本，更不用说盈利，导致专业化服务组织发展后劲不足。

2.3 防治队伍良莠不齐

防病治虫是农业生产中劳动强度最大、技术含量最高的工作，由于农村务农劳动力的老龄化，年富力强的农民本已成为农村稀缺资源，有文化并有较高责任感的机防手更是难找；由于作业人员收入偏低，劳动强度大，作业风险高，年轻人不愿从事该项工作，而经过培训上岗技术熟练的人员，一旦有更好的就业机会就会流向其他行业；同时统防统治工作属季节性工作，如果服务组织不能长期雇用机手，在防治季节很难临时找到合适的机手，但服务组织又很难长期雇用较多机手。

2.4 资金扶持力度小

近几年虽然政府在购置植保机械方面给予了一定的资金支持，但是由于统防统治作业是整个农业生产过程中的短板，受粮食价格持续低迷影响，农民种粮积极性受挫，特别是随着家庭农场和新型农业生产经营主体的日益增多，更需要在作业过程中给予一定的资金扶持，来推动统防统治的可持续发展。

3 对策与建议

统防统治是现代农业发展的必然方向，新颁布的《农作物病虫害防治条例》细化了扶持专业化病虫害防治服务组织发展的政策措施，强化了专业化服务组织的设备条件和管理制度，保护了从业人员的合法权益和人身安全，为病虫害专业化防治服务健康发展提供有力的法律保障。因此，针对发展过程中的遇到问题，既不能灰心丧气也不能操之过急，要因地制宜，继续坚持“政府支持、市场运作、自愿互利、规范管理”的原则，以减少用药、科学用药、提高防效、降低成本、保障生产为目的，努力推动专业化统防统治再上新台阶。

3.1 结合土地确权，加快土地流转

文登区结合土地“三权分置”改革，鼓励村党支部领办创立合作社的做法为土地流转开了个好头，各地要通过政策扶持进一步鼓励土地向种田能手、种植大户、村集体流转，向规模要效益，用现代化管理方式从事农业生产。

3.2 延伸服务链，推动多元发展

在目前防治组织难以盈利、机手难找的大背景下，一方面应鼓励家庭农场、种植大

户、其他新型农业生产经营主体以自我服务为主线，通过示范带动和辐射，来引导和带动专业化统防统治工作的开展。另一方面应鼓励引导服务组织或者机手通过联合或互助等形式探索综合服务，延伸服务链，增加盈利点，开展从耕到种、到管、到收的一条龙服务，从而增加服务人员收入和服务组织盈利水平，增加合作组织的发展内在动力。

3.3 强化政策扶持，促进加快发展

专业化统防统治服务的产业是农业，服务的对象是农民，服务的内容是防灾减灾，具有较强的公益性，对确保粮食生产安全意义重大。一是设立购置植保机械专项补助资金。建议充分发挥中央财政农机补贴资金的政策作用，加大对自主购置大、中型植保机械补贴力度，促进植保机械更新换代，提高作业效率和防治效能。二是设立专项补贴资金。借鉴小麦“一喷三防”等生产性补助政策，对小麦、玉米、花生等大宗作物关键时期重大病虫的统防统治，通过政府购买服务的形式实行补贴。三是完善农业保险政策。对服务组织投保人身意外险。如遭遇迁飞性害虫、流行性病害、洪涝、干旱等重大自然灾害，因严重减产而赔偿农民损失是专业化服务组织普遍面临的风险，建议研究完善农业保险政策，对专业化服务组织实施保费补贴，降低经营风险。四是设立统防统治专项工作经费。病虫害统防统治是一项系统工程，也是一项惠民工程，需要做大量工作，地方财政要设立专项经费，用于宣传发动、技术培训、技术指导、建立示范区等带动和促进统防统治工作的开展。

3.4 加强技术培训，提高服务技能

有计划、有组织地对专业化统防统治服务组织负责人、机手等开展技术技能培训，重点是当地主要病虫害识别、监测预报、科学安全用药、设备维护保养等方面内容，提高作业人员职业素质和防治水平。同时农业部门要加强病虫害监测预警和技术指导，及时向防治组织提供病虫信息，指导开展统防统治。

德州市植保社会化服务发展及建议

王尽松[1]　王　昭[2]　张淑华[1]　徐荣燕[3]　岳海钧[1]　祝清光[1]

（1. 山东省德州市农业保护与技术推广中心　山东　德州　253016；
2. 山东省农业大学植物保护学院　山东　泰安　2710181；
3. 德州学院　山东　德州　253023）

摘　要：随着农村产业结构的调整，农村劳动力大量转移输出，促进了土地流转，同时，随着农作物种植结构的调整、耕作制度以及气候条件的变化等，病虫害发生的种类和危害程度也发生了变化，突发性、暴发性、流行性病虫害时有发生，防治难度加大。以新型农业生经营主体为主的多元化专业化社会化服务组织应运而生，探索灵活多样的组织管理模式和务服方式，从代防代治、单一病虫、单次防治，到以作物生育期为单位的阶段性防治，再到以作物为单位的全程承包防治。促进了防治方式的转变，使以户为单位的单独零散式防治方式，转变为规模化机械化专业化的统防统治。引进先进高效的大型植保机械，大大提高了工作效率。

关键词：植保；社会化服务；发展；建议

德州市位于山东省西北部，是以农业生产为主的大市，辖 11 个县市区，耕地面积超过 940 万亩，主要种植小麦、玉米、棉花三大农作物，病虫草鼠害常年发生面积在 6 200 万亩次以上。通过防治，每年挽回粮食损失 120 万 t 左右，病虫为害成为制约农业生产的主要因素。随着农作物种植结构调整、耕作制度以及气候条件的变化，病虫害发生的种类和为害程度也发生了变化，新的病虫害不断出现，次要病虫上升为主要病虫，突发性、暴发性、流行性病虫害时有发生，给防治带来了很大困难，传统的一家一户单独分散防治，很难达到预期效果。例如，1990 年、1991 年小麦条锈病在德州大流行，2017 年受外来菌源影响，该病再度流行，2020 年又一次发生。2007 年二点委夜蛾首次发生，2010 年玉米顶腐病首次发生，此后两者成为德州市的常发病虫害。1992 年、1993 年棉铃虫全面暴发，2000 年之后其在棉田为害趋弱，但是盲蝽发生加重，成为棉花主要害虫。近年来棉花种植面积大幅减少，二代棉铃虫又转移到早播夏玉米上为害，成为玉米上的主要害虫。复杂的病虫害发生情况亟须植保社会化服务的发展与完善，现将德州市植保社会化服务的发展情况介绍如下。

1 植保服务组织

1.1 发展情况

2008年植保专业合作社在德州市的陵城、夏津等县区市开始成立，主要承担农作物病虫害的防治任务。2009年山东省开始实施农作物病虫害专业化防控体系建设项目，2013年项目更名为山东省农业病虫害专业化统防统治能力建设示范项目，由省财政投资，招标植保机械，用于扶持示范县的植保服务组织，开展专业化统防统治作业，在德州市共投资近2 000万元。项目实施最初几年，主要是购买机动喷雾器和防护服等，后逐渐购买大中型植保机械和无人机，机械由农业农村厅统一招标采购，示范县在中标产品中选购，县级农业农村局或植保站与扶持的服务组织签订协议，机械由所扶持的组织使用、存放和维护，所有权归县级农业农村局。在病虫害大发生或暴发流行时，由县级农业农村局统一调配使用。德州市的齐河、陵城、夏津、禹城、武城、临邑、乐陵等县市均被列为示范县，扶持了一批植保专业化服务组织，大力开展农作物病虫害专业化统防统治和大型飞机防治，齐河齐力新、夏津农家丰、临邑富民合作社等先后被评为山东省优秀植保服务组织，2019年德州市有6个服务组织获得全国统防统治星级服务组织称号。截至2019年底，全市共有植保专业化服务组织174个，日作业能力40.07万亩，拥有大型植保机械705台套、无人机437架、直升机1架、滑翔机2架。服务组织自己也投入了大量的资金用于购买植保机械，例如，齐力新引进巴西捷克多植保设备25台套，购买R44直升机1架，夏津农家丰引进的德国雷肯天狼星8背式大型喷雾机，为同机型国内第一台，实现了喷雾压力与行进速度智能控制，日作业面积800亩以上，全省首批引进的自走式高杆喷雾机和日本丸山3WP500-CN动力喷雾器，日作业面积400亩以上。

1.2 组织运行情况

针对德州市主要农作物病虫害防治现状，积极探索灵活多样的管理模式和服务模式，扶持发展了一批以新型农业经营主体为主的多元化的专业化服务组织。主要有以下形式：一是通过工商部门或民政部门注册登记，建立具有独立法人的专业化防治组织；二是以种植专业合作社为依托建立的专业化防治组织，如临邑县富民小麦种植专业合作社；三是以种植大户、家庭农场为依托形成的专业化防治组织，如陵城区德强农场；四是依托农药经营单位的专业化防治服务组织，如齐河县山东齐力新农业服务有限公司、夏津县农家丰植保农机服务专业合作社；四是其他形式，主要存在于企业或合作组织的生产基地，统一购药，统一施药，如银兴种业有限公司等在其良种繁育基地进行统一防治。根据不同地区、不同作物、不同地块，以及农民群众的不同接受程度逐步探索适合的服务模式，无论是何种方式的服务，都事先签订防治合同，按照一定的标准收取费用，同时，专业化服务组织对防治结果负责，确保防治成效。专业化服务组织采取分散服务和集中服务相结合的方式，对于距离较远的乡镇，由专业化服务组织下设的机防大队就近开展服务。以下两实例做组织运行方面的具体介绍。

（1）山东齐力新农业服务有限公司成立于2013年，是依托山东省绿士农药有限公司成立的大型农业服务公司，注册资金 1 600 万元。主要承担以专业化统防统治为主，农业生产环节中的耕、种、收、管为辅等服务项目。固定员工 85 人（含技术人员 10 人），临时机械操作人员 200 人以上。投资 600 万元建农业服务综合库房 4 000m^2。拥有罗宾逊 R44 直升机 1 架及配套喷药设施，大型水旱两用喷雾设备 3 台，自走式喷雾机 65 台，中小型喷雾机 200 台以上，耕种设备 40 台套，雷沃 135-4 型拖拉机、雷沃 110-4 型拖拉机等配套动力 5 台，投资 150 万元引进巴西捷克多植保设备 25 台套。公司以“公司 + 合作社 + 农户”的形式，建立了农业社会化服务网络，对合作社社员实行统一管理、统一供料、统一技术指导、统一技术培训、统一服务标准的“五统一”服务模式。农机农艺有机结合，为农民提供“四代一培两配套”综合服务，即代耕、代播、代防、代灌、技术培训、烘干、储存，推广新型规模生产服务模式，为农民提供从播种到收获全程机械化的服务，在各乡镇建设了机械化的统防统治防治队伍 15 支，同时公司与山东高翔通用航空公司合作，如有大面积防治任务可做到多架飞机同时作业，日作业能力可达 15 万～20 万亩。

（2）夏津县农家丰植保农机服务专业合作社是依托千村植保夏津运营中心及其连锁经营网络建立的专门从事病虫专业化防治的服务组织，实行连锁经营服务。在全县按不同区域建立机防大队，由机防大队队长负责该机防队的运营管理，并对运营结果负责。机防大队在所辖区域建立村级机防组。机防组由机防队员组成，根据机防作业工作量确定队员数量，由合作社统一签订聘用合同。在运行管理上，机防大队在运行规则、服务规则、机防队员待遇和管理等方面接受合作社的指导、管理和监督；机防队员接受机防大队和合作社的双重领导，接受县植保站和合作社的技术和技能培训，遵从农业农村局和合作社制定的机防规定和操作规程；机防队与接受机防服务的农户根据防治作物、防治对象、防治方式（全程承包防治或分次防治）分别签订机防服务合同；由机防队长根据防治适期安排队员实施作业，并负责检查监督，保证防治效果。在组织管理上，由合作社对机防队实行统一管理。即统一签订合同，统一防治方案，统一采购药品，统一机防作业，统一收费标准，合作社为机防队提供机械设备、技术信息、运行管理等方面的支持和服务。在人员管理上，机防队员的招聘和机防工作安排由机防队负责，录用标准由合作社统一确定；机防手机防作业情况、机防效果接受机防队和合作社技术人员的监督和管理；机防队员的薪酬待遇由各机防队根据当地雇工工资水平具体确定，并报合作社批准备案；对成绩突出的机防队员，由合作社统一购买保险。现有 14 个机防大队、42 个村级机防组，覆盖全县 9 个乡镇 70 多个村庄，机防队员共 96 人。现有大型自走式喷杆喷雾机 11 台、拖挂式喷杆喷雾机 6 台、推拉式机动喷雾机 7 台、背负式机动喷雾机 110 台，电动喷雾器 160 台以上，日作业能力 4 万亩以上。

2　统防统治

2.1　发展历程

德州市农作物病虫害统防统治始于 20 世纪 90 年代，主要经历了 3 个阶段，即农作物病虫害统防统治（1981—1998 年）、农作物病虫害专业化防治（1999—2008 年）、农作物病虫害专业化统防统治（2009 年至今）。在防治方式上，主要推广了“五统一分”（即统一病虫预报、统一防治方案、统一印发明白纸、统一防治时间、统一施药标准、统一组织实施等）、技术指导带药、单项病虫承包防治等形式，随着时间推移，逐渐增加了新的元素，赋予了新的内涵。植保专业合作社、种粮大户、家庭农场等新型农业经营主体参与进来，使植保体制转变为植保部门、新型农业经营主体和农民三位一体，通过扶持发展植保服务组织，引进示范先进的大中型植保机械，由人背肩扛的人工防治，逐渐向大型植保机械防治转变，传统的以户为单位的单独分散式的防治方式，逐渐向规模化、机械化、专业化的统防统治转变，并逐步实现飞机防治。根据各地实际，探索灵活多样的组织形式和服务方式，组织形式有专业合作社型，企业型，大户主导型，村级组织型，农场、示范基地、出口基地自有型，应急防治型等。服务方式主要有 3 种。一是代防代治，专业化防治组织为服务对象施药防治病虫害，收取施药服务费，农药由服务对象自行购买或由机手统一提供。这种服务方式下，专业化防治组织和服务对象之间一般无固定的服务关系。二是阶段承包。专业化防治组织与服务对象签订服务合同，承包部分或一定时段内的病虫害防治任务。三是全程承包。专业化防治组织根据合同约定，承包作物生长季节所有病虫害防治。

2.2 开展统防统治作业情况

德州市位于华北大平原，适合大型植保机械统防统治作业，尤其是在突发性、暴发性、流行性病虫害发生时，优势尤其明显，特别是飞机防治。通过整合山东省玉米“一防双减”项目、国家小麦“一喷三防”补助项目、中央重大农作物病虫害防治补助项目、农作物全程社会化服务项目、高产创建奖励资金、服务能力提升项目等，大力开展了病虫害专业化统防统治，防治时期主要集中在小麦穗期和玉米的中后期。在防治上，主要推广了分阶段分目标混合一次用药技术和交替轮换用药技术，2013 年开始示范有人驾驶飞机防治，从此进入飞防“新时代”，飞防面积逐年推进增加。大型飞机防治适合 1 万亩以上成方连片的地块，在病虫害大发生或暴发流行时，短时间内大面积防治，但易受空中管制和障碍物制约。植保无人机适合 1 万亩以下的农作物田防治，灵活性好，操作手的熟练程度是关键因素。2019 全市共实施统防统治覆盖面积 616.3 万亩次（小麦 323.4 万亩、玉米 281.5 万亩、其他 11.4 万亩），其中飞机防治 292.9 万亩次（小麦 153.6 万亩、玉米 137.0 万亩、其他 2.3 万亩）（表 1）。

表 1 山东省德州市 2010—2019 年农作物病虫害统防统治及飞机防治面积 单位：万亩

项目	年份									
	2010	2011	2012	2013	2014	2015	2016	2017	2018	2019
统防统治	80.2	187.0	338.0	388.4	483.5	526.5	532.9	545.2	560.3	616.3
飞机防治	0	0	0	22.5	79.0	158.0	140.0	232.8	236.1	292.9

3 建议

3.1 增加国家财政投入

建议把专业化统防统治药剂和作业费纳入国家补贴政策，由省级统筹招标，按区域进行飞机防治。建议增加基础建设和经费的投入，建立健全市、县、乡三级植保体系，稳定植保队伍，增加对植保服务组织的扶持力度。

3.2 扩大规模化种植

加快农村土地流转，将耕地向合作社或种田能手集中，调整农作物种植方式，扩大规模化种植，适应大中型植保器械作业。

3.3 加强技术宣传培训和指导

充分利用电视、广播、现场会等形式对植保服务组织人员和农民进行技术培训，提高整体素质和防治水平。

3.4 大力推广先进的植保技术

例如，加快植保无人机智能化进程，突破植保无人机电池续航能力和药液装载量的瓶颈问题。改进植保机械设计、调整种植结构和方式等，解决农作物后期大型植保机械不易作业的问题。

德州市主要粮食作物比较优势分析及建议

骆兰平[1]　王青娟[2]　王　峰[2]　张　斌[1]　李令伟[1]
（1. 山东省德州市农业保护与技术推广中心　山东　德州　253016；
2. 山东省武城县畜牧渔业发展中心　山东　武城　253300）

摘　要：依据山东省2010—2018年的粮食生产数据，对德州市的小麦、玉米、豆类和薯类4种主要粮食作物进行比较优势分析，测算出德州市主要粮食作物的规模、效率和综合优势指数，明确了德州市在主要粮食作物生产上的优劣状况，在此基础上提出德州市粮食生产结构调整的建议：优化粮食作物布局、改善生产基础设施、完善粮食补贴政策、加大科技推广力度、提升粮食规模化水平。

关键词：德州市；粮食作物；比较优势；结构调整；建议

国以民为本，民以食为天。粮食安全始终是关系国计民生的头等大事，是经济发展、社会稳定的基石。习近平总书记指出：中国人要把饭碗端在自己手里，而且要装自己的粮食。我国粮食产量已连续5年稳定在6.5亿t以上，2019年达6.638 5亿t，创历史新高。2020年中央一号文件继续聚焦粮食生产，提出“粮食生产要稳字当头，稳政策、稳面积、稳产量”。德州市地处黄河下游北岸，山东省西北部，属典型性大陆季风气候，水热资源充足，总面积$1.03 \times 10^4 km^2$，其中耕地面积$6.43 \times 10^5 hm^2$，是全国重要的粮食、蔬菜、畜牧主产区，是国家现代农业示范区、国家农业科技园区、京津冀优质农产品供应基地，是全国首个“亩产过吨粮、总产过百亿”的地级市，全国5个整建制粮食高产创建试点市之一，创造了粮食持续高产稳产的“德州模式”，常年粮食产量85亿kg以上，约占全国的1.3%、全省的16.7%。小麦、玉米、豆类、薯类是德州市主要的粮食作物，随着政策的调整，德州市粮食生产结构也随之变化。研究基于优势指数法，依据山东省2010—2018年的粮食生产数据，对德州市的小麦、玉米、豆类、薯类4种主要粮食作物的种植规模、种植效率等进行优势比较分析，以期为德州市粮食生产结构调整提供参考和借鉴。

1　数据来源及分析方法

1.1　粮食作物种植数据来源

根据全国、山东省主要农作物种植结构，结合德州市当地实际情况，选取小麦、玉米、豆类、薯类（按折粮薯类计算）作为研究对象。本研究将德州市主要粮食作物种植情况同山东省平均水平进行比较，分析其优势。粮食作物种植数据来自山东省统计局和国家统计局山东调查总队共同编纂的《山东省统计年鉴》，从中选取2010—2018年的数据进行分析。

1.2 农作物比较优势分析方法

采用改进的比较优势分析方法。包括规模比较优势指数、效率比较优势指数和综合比较优势指数，分别用于分析地区的农作物规模、土地产出率及该地区的综合生产优势。

规模优势指数（scale advantage indices，SAI）反映1个地区某种粮食作物生产的规模和专业化程度。具体计算公式为：

$$SAI_{ij}=\frac{S_{ij}/S_i}{S_j/S}$$

式中，i 表示地区（本文指德州市），j 表示作物种类；SAI_{ij} 为 i 地区 j 种粮食作物当年的规模优势指数；S_{ij} 为德州市 j 种粮食作物当年的播种面积；S_i 为德州市农作物当年总的播种面积；S_j 为山东省 j 种粮食作物当年的播种面积；S 为山东省农作物当年总的播种面积。当 $SAI_{ij}\geqslant 1$ 时，表明 i 地区发展 j 种粮食作物具有规模优势，其值越大，规模优势程度越高；当 $SAI_{ij}<1$ 时，表明 i 地区发展 j 种粮食作物不具有规模优势，其值越小，规模优势程度越低。

效率优势指数（efficiency advantage indices，EAI）反映1个地区粮食作物的土地产出率，客观反映出该地区生产技术、种植模式、管理方法等。具体计算公式为：

$$EAI_{ij}=\frac{G_{ij}/Y_{ij}}{G_j/Y_j}$$

式中，i 表示地区（本文指德州市），j 表示作物种类；EAI_{ij} 为 i 地区 j 种粮食作物的效率优势指数；G_{ij} 为德州市 j 种粮食作物当年产量；Y_{ij} 为德州市 j 种粮食作物当年的播种面积；G_j 为山东省 j 种粮食作物当年产；Y_j 为山东省 j 种粮食作物当年的播种面积。当 $EAI_{ij}\geqslant 1$ 时，表明 i 地区发展 j 种粮食作物生产能力较强，土地产出率较高，其值越大，粮食生产效率越高；当 $EAI_{ij}<1$ 时，表明 i 地区发展 j 种粮食作物不具比较优势，土地产出率较低，其值越小，粮食生产效率越低。

综合优势指数（Aggregated Advantage Indices，AAI）是规模优势比较指数与效率比较优势指数综合作用的结果，能够较为全面地反映某一地区某种作物生产的优势程度。具体计算公式为：

$$AAI_{ij}=\sqrt{SAI_{ij}\times EAI_{ij}}$$

式中，AAI_{ij} 为 i 地区 j 种粮食作物的综合优势指数。当 $AAI_{ij}\geqslant 1$ 时，表明 i 地区发展 j 种粮食作物生产具有综合比较优势，其值越大，粮食生产优势越明显；当 $AAI_{ij}<1$ 时，表明 i 地区发展 j 种粮食作物生产不具有综合比较优势，土地产出率较低，其值越小，劣势越明显。

2 结果与分析

2.1 德州市2010—2018年主要粮食作物规模比较优势分析

由表1可知，德州市小麦、玉米规模优势指数高于山东省平均水平，具有规模优势。其中，小麦2010—2016年的规模优势指数呈逐年上升趋势，原因在于由于植棉收益降低，夏津县等产棉大县棉农改种小麦等作物。玉米自 2012 年起规模优势指数呈逐年降低趋势，2017 年降到 1.220，原因可能是经济收益下降，降低了农户的生产积极性，加上“藏粮于地、藏粮于技”战略深入实施，积极引导粮食种植结构调整，2017 年德州市调减籽粒玉米 21 万亩，新增青贮玉米 10.8 万亩，豆类、薯类等其他作物 18.8 万亩。豆类、薯类规模优势指数均小于 1，低于山东省平均水平，2018 年德州市豆类、薯类种植面积分别仅占山东省豆类、薯类种植面积的 2.80% 和 2.84%。薯类规模优势指数年际间变化值较小。豆类规模优势指数除 2018 年外年际间变化值亦较小，2018 年德州市下辖各城市承担了农业部耕地轮作休耕制度试点项目，种植大豆 5 万亩，突显政策的引导作用。

表 1　德州市 2010—2018 年主要粮食作物规模优势指数

年份	小麦	玉米	豆类	薯类
2010	1.236	1.468	0.135	0.039
2011	1.234	1.490	0.126	0.066
2012	1.208	1.457	0.133	0.082
2013	1.290	1.390	0.150	0.020
2014	1.300	1.370	0.150	0.010
2015	1.300	1.360	0.100	0.050
2016	1.320	1.350	0.110	0.060
2017	1.240	1.220	0.110	0.080
2018	1.242	1.225	0.259	0.069
平均值	1.263	1.370	0.142	0.053

2.2　德州市 2010—2018 年主要粮食作物效率比较优势分析

由表 2 看出，德州市主要粮食作物小麦、玉米、豆类、薯类效率优势指数各年份均大于 1，保持较稳定的效率优势。其中，小麦、玉米的效率优势指数有逐年降低的趋势，原因可能在于德州市小麦、玉米单产水平在全省处于前列，受制于自然因素、种植品种及核心技术的突破和推广等因素，稳产增产有待突破。豆类的效率优势指数年际间呈波动变化，原因在于德州市豆类种植面积较小，2018 年豆类种植面积仅占全市农作物播种面积的 0.37%，且受制于气候变化，单产浮动较大。薯类的效率优势指数年际间变化不大，平均值为 1.110。

表 2　德州市 2010—2018 年主要粮食作物效率优势指数

年份	小麦	玉米	豆类	薯类
2010	1.303	1.274	1.132	1.079
2011	1.306	1.264	1.170	1.165
2012	1.249	1.242	1.069	1.140
2013	1.190	1.230	1.170	1.140

（续表）

年份	小麦	玉米	豆类	薯类
2014	1.230	1.250	1.270	1.080
2015	1.180	1.210	1.190	1.070
2016	1.160	1.230	1.150	1.050
2017	1.100	1.060	1.020	1.130
2018	1.087	1.061	1.245	1.136
平均值	1.201	1.202	1.157	1.110

2.3 德州市 2010—2018 年主要粮食作物综合比较优势分析

由表 3 可知，作为产粮大市的德州市，小麦、玉米综合优势指数的平均值分别为 1.231、1.284，种植优势明显。但由于效率优势的下降，小麦、玉米综合优势指数呈现下降的趋势，必须绷紧稳定粮食生产这根弦，坚持底线思维，紧抓粮食生产不放松，确保粮食产能稳定、发展可持续。豆类和薯类生产效率方面高于山东省平均水平，但其种植面积在德州市农作物总面积中所占比例小，所以综合比较优势指数均值分别为 0.399 和 0.231，低于山东省平均水平。

表 3　德州市 2010—2018 年主要粮食作物综合优势指数

年份	小麦	玉米	豆类	薯类
2010	1.269	1.368	0.391	0.205
2011	1.270	1.373	0.385	0.277
2012	1.228	1.345	0.377	0.305
2013	1.240	1.310	0.410	0.130
2014	1.260	1.310	0.430	0.090
2015	1.240	1.280	0.350	0.240
2016	1.240	1.290	0.350	0.250
2017	1.170	1.140	0.330	0.300
2018	1.162	1.140	0.568	0.279
平均值	1.231	1.284	0.399	0.231

3 建议

3.1 调整优化粮食作物布局

综合分析小麦、玉米、豆类、薯类等主要粮食作物生产比较优势的基础上，结合粮食生产功能区和重要农产品保护区划定，进一步优化粮食作物区域和品种布局规划，全力打造全国优质商品粮绿色高产创建示范基地。立足齐河县、陵城区和临邑县 3 个国家级整建制粮食高产创建示范县，大力开展绿色高产创建模式攻关，率先建成现代化高标准优质粮食高产创建“吨半粮”田。对于地处黄河故道的夏津县，建议进一步优化种植结构调减籽粒玉米播种面积，发挥薯类种植的综合比较优势，大力发展棉薯间作等。深入推进农业供给侧结构性改革，立足全市大豆深加工企业对大豆原料的需求，建议在庆云县、乐陵市、宁津县建设“非转基因”高蛋白大豆种植原料基地。

3.2 改善粮食生产基础设施

建议进一步增加对粮食主产区的转移支付力度和产粮大县奖励资金，提高粮食在确定财政转移支付规模中的权重，深入推进涉农资金整合，改善粮食生产基础设施，提高土地综合产量。继续开展以旱涝保收、高产稳产、节水高效为重点的高标准农田建设，高标准农田建设要更多聚焦粮食生产功能区和重要农产品生产保护区，构建农田建设管理制度体系，推进农田治理体系和治理能力现代化。继续开展轮作休耕、秸秆综合利用，进行耕地土壤肥力恢复，保护和提高土地生产粮食综合能力，实现“藏粮于地”的目标。

3.3 加大农业科技推广力度

深入实施良种工程，构建以种子企业为主体的技术创新体系和育繁推一体化的推广体系，选育、推广一批具有自主知识产权的高产、优质、多抗的农作物新品种，为粮食安全生产提供品种支撑。创新农业技术推广模式，进一步探索良种良法良田良态配套、农机农艺融合的高产栽培技术模式，完善小麦、玉米高产创建等大面积粮食绿色增产模式。进一步完善农业技术推广体系，尤其是加强县乡村农技推广力量，切实解决农技推广“最后一公里”问题，实现关键技术入户到田，促进“藏粮于技”发展。

3.4 完善粮食生产补贴政策

建议继续落实好国家耕地地力保护补贴，新增农业补贴重点向种粮大户、家庭农场、农民合作社等新型经营主体倾斜，让多生产粮食者多得补贴；完善落实国家最低收购价和临时收储政策，保持农产品价格合理水平，进一步发展有市场需求的优质粮食生产，通过产销对接、品牌推广等途径实现优质优价，引导农民多种粮种好粮；加大对大豆高产品种和玉米、大豆间作新农艺推广的支持力度，扩大大豆目标价格试点范围，提升农民的种植大豆积极性，促进大豆产业的发展。

3.5 提升粮食生产规模化水平

稳步推进种粮农户土地流转，扶持培育种粮大户、家庭农场、粮食专业合作社，鼓励推行合作式、订单式、托管式、承包式等服务模式，提升规模经营水平和服务水平。引导农业产业化龙头企业发展订单农业，建立粮食生产基地，推进产加销一体化经营，提高粮食生产组织化程度。大力发展粮食精深加工，开发适销对路产品，培育名牌产品，不断优化供应链、延长产业链、提升价值链。

砥砺前行服务三农　不忘初心扎根基层

——记基层农技员侯秋菊

侯秋菊

（山东省聊城市莘县农业农村局　山东　莘县　252400）

摘　要：一位酷爱三农事业的女基层农技人员，用个人风风雨雨三十多年的一线工作经历，诠释了一位平凡基层农技人员砥砺前行服务三农、不忘初心扎根基层的幸福生活。

关键词：基层农技员；不忘初心；服务三农

侯秋菊，山东省聊城市莘县人，中共党员，1967 年出生，1988 年参加工作。近年来，她获得农业农村部科教司优秀论文奖 1 次，在省级以上报刊发表科技论文 20 余篇，获山东省植保农技推广先进个人 1 次，省农业厅丰收一等奖 3 项，聊城市科技一等奖 1 项，聊城市“富民兴聊”劳动奖章 1 次，为聊城市妇女第 9 次代表大会代表，获聊城市农业局先进个人数次，莘县科技成果奖 15 项，县“优秀共产党员”称号 1 次，县“巾帼英雄”称号多次，县“三八红旗手”多次，县内党的十三大代表，县农业局先进个人数次。1997 年晋升为农艺师，2009 年晋升为高级农艺师。近两年她参与编写的《香瓜番茄病虫害绿色防控技术手册》和《草地贪夜蛾监测与防控技术手册》广为基层农技人员和当地老百姓接受。她巾帼不让须眉，三十三年如一日，砥砺前行服务三农，不忘初心扎根基层，用实际行动践行实施乡村振兴。她顺应互联网发展的趋势，认真学习利用互联网等线上服务手段，结合线下服务，积极搞好农业先进技术宣传、指导和推广，把自己多年的技术积累传向千家万户，是基层农技员的模范。

1　三十三年初心不改

侯秋菊热爱三农事业，她常讲：“我是农民的子女，让老百姓过上好日子是我最大的梦想”。她是这么说的，也是这么做的。勤奋好学、虚心求教、敢于实践使她迅速成长起来。1988 年自聊城农校毕业后，分配到莘县农业局植保站工作，植保工作一干就是三十三年。工作期间通过在山东农业大学的函授学习，取得了专科学历和本科学历，但她深知书本知识与实践需求相差甚远，每天除了学习充电，就是下乡镇到村到田间地头进行技术指导、实地调查农作物病虫害发生情况，从不因是女性而搞特殊，三十三年如一日，风雨无阻，始终把工作放到第一位。作为农作物病虫害测报人员，每年下田间调查病虫害 160 次以上，每年编发《病虫情报》20 期左右，预报准确率在 95% 以上，每年在县电视台发表农技讲话 3 ~ 5 次，编写技术意见 60 条以上，及时指导农业生产，同时为领导当好参谋。作为基层农技人员，她始终把引进新技术、新品种作为工作重点之一，目前在莘县试验农药品种超过 40 个，推广农业新技术超过 60 项，获得经济效益超过 300 万元。作为农业局专家组成员的她，每年参与处理农民反映问题（包括市长热线调查）60 次以上，接受农民技术咨询上千人次，科技下乡巡回讲课超过 60 次，发放技术资料超过 3 万份。不但个人从不叫苦叫累，还经常鼓励同事不要嫌脏怕累，她把农技工作看作人生最大乐趣。

2　技术出众　收获信任

当前，用互联网给蔬菜“看病”已经成为新常态。年过半百的侯秋菊没有被时代“抛弃”，反而走在了前沿。她常说:“年龄大了更得学习，要不自己一身的技术将无用武之地”。为此，她边工作边学习，从 2006 年开始兼职做农业科技入户项目，到 2009 年变为基层农技推广项目的工作人，因为项目工作需网络上报信息和接受各级领导的检查验收，她开始学习相关的电脑技术如制作各种表格和文档等，勤学好问，持之以恒，到如今，她已成为同事眼中的电脑高手。借助电脑，她更好地解决了基层农技推广中传统技术推广模式无法满足农业快速发展需要的问题，把平时的好经验和病虫害照片存在电脑中，建成资料库，在技术培训为农民授课时做成课件展示讲解。同时，还充分利用微信的便捷性，与农技人员、农民示范户建了多个微信群，针对群中提出的问题和病虫害照片实时开出“药方”。2017 年安装了中国农技推广 App 后，解决了农技推广“最后一公里”的难题，更为她开展农技推广服务拓展了空间和渠道。

“小番茄落得很厉害，该用啥办法解决？”“这是发生了灰霉病，按每桶 50% 腐霉利 25g+ 甲壳素 20g 均匀喷雾防治，并注意清除落果，适当提高温度。” 这是 2019 年 4 月侯秋菊通过手机在农技推广平台上对 1 个问题给出的回复。每年通过农技推广平台解答病虫害方面问题几千个，每天通过平台观看通知公告、政策法规、科技动态、写农情日志是她必做的事情。在宣传和指导工作中，特别是在农技培训时，她始终不忘把中国农技推广 App 作为重要内容来宣传、讲解，让更多人了解和使用，从而使网络更好、更广泛地为现代农业服务。结合全国农技推广补助项目的实施，现在她已指导本地 80% 的棚菜户、种粮大户等使用中国农技推广 App，使农民朋友真正体会到了该应用传播新技术的便捷性和答复疑难问题的实用性。当地老百姓的信赖使她深感满足和自豪。

3　辛勤努力　收获喜悦

侯秋菊是远近闻名的农技推广“服务迷”，是深受群众喜爱的基层农技员，线上技术服务满足不了她的热情，缺少不了线下的互动、面对面的沟通。

结合蔬菜绿色防控、农作物统防统治、农技推广体系建设、新型职业农民培训、高产创建等惠农项目的实施。她充分发挥项目专家组成员的优势，精心培育指导农业社会化服务组织。如在小麦“一喷三防”、玉米“一防双减”项目实施过程中，将全县20个以上正规运作的专业合作社种粮大户、家庭农场集中起来，先后举办了4次培训班，并组建了8支有资质的统防统治队伍，提高了统防统治作业能力和参与市场竞争的能力。

植物检疫是防止危险性病虫草害传播、蔓延的重要植保工作，是农业生产安全发展的基础。她积极宣传《植物检疫条例》，每年对全县小麦种、玉米种及蔬菜基地进行产地检疫和调运检疫。几年来办理各种调运手续超过600份。

病虫害预测预报是植保工作的基础和前哨，直接关系到农业生产的安全。她认真做好测报工作，每年从3月开始到11月结束，结合对全县各种农作物病虫害的定点调查与大田普查，根据田间调查数据、气象数据、越冬基数等情况及时做出病虫预报，每年编写《病虫情报》约20期。

从1988年开始她接手植保统计和档案管理工作，每年从10月开始，把全县小麦、玉米、大豆等作物的每种病虫草害的发生等级、防效、挽回损失和实际损失等都一一做出汇报。每年冬季将植保站1年来的调查数据、各级文件、技术材料等归类入档，装订成册，存档管理。至今共建立植保档案400卷以上。植保档案的建立和完善受到各级领导的认可和表扬。

在新技术推广方面，近年来推广生物双降解膜1 000亩，推广生物秸秆反应和生态消毒技术2 000亩，推广滴灌技术1 500亩，节支增效超9 000万元，收到了很好的经济效益和社会效益；推广良种超过200万kg，为粮食丰收打下了坚实基础；同时还积极推广小麦精量播种、宽幅播种、播后镇压、氮肥后移，玉米“一增四改”，玉米适时晚收以及病虫害综合防治等技术。

4 分类施教 硕果累累

侯秋菊一贯坚持“农民所需即我应做”。她下乡镇到村入户从事农技推广和指导工作，经常开展技术培训，传授农业新知识、新技术，提高村民科学种田水平。培训中农民畅所欲言，踊跃提问，她现场解答农民生产中遇到的技术难题。“多亏侯专家多次来讲课，拱棚土壤盐碱问题解决了，产量得多一半，真得好好谢谢您！”一位村民高兴地说。侯秋菊根据各乡镇村不同的技术需求编制图文并茂的农技课件，采用农民夜校和田间课堂模式进村入户开展技术培训，每年组织举办镇、村农技培训班40期以上，培训超过4 000人次，接受技术咨询超过7 000人次，下乡镇、村技术指导超过160天。虽然下乡讲课辛苦，但她说能为农业发展服务无比幸福。因为工作有时半夜才到家，丈夫不理解地问她讲课讲到这么晚，又没任何报酬，图啥？她说：“咱是农民的子女，多给棚户讲讲课，让他们多学点技术、少走点弯路、多收入点，他们致富俺心里高兴。”

在她的主导下引进了超过30个国内外蔬菜新品种，示范种植成功后，带动全县及邻近的河南、河北部分市县推广应用，累计增收4亿元以上。推广了超过80个大田作物良种，累计增产粮食4万t以上。她还大力推广测土配方施肥、蔬菜无公害栽培、病虫草害综合防治、水肥一体化、土壤改良、农作物轮作、设施农业物联网等60项以上的新技术，累计推广面积在 80 万亩以上，为农业生产增加效益超过 1.4 亿元。其中，大棚豇豆绿色高产高效栽培技术的推广，仅此一项每年增收 9 000 万元以上，累计增收 5 亿元以上。以上所述只是她工作的一部分，她三十三年如一日，为“三农”所做的事举不胜举。

5　疫情期间大显身手

2020 年突如其来的疫情，打乱了侯秋菊原本下乡镇进村入户进行技术指导的计划。莘县被誉为中国蔬菜第一县，2020 年春节过后是农业生产的关键时期，特别是蔬菜育苗、定植的黄金时期，受新冠肺炎疫情影响，为减少直接接触，保障农业生产人员身体健康，她充分发挥互联网的作用，利用微信、中国农技推广 App 等方式服务、指导农业生产。利用多个微信群转发国家、省、市、县关于农业生产的指导意见，并充分利用闲暇时间录制各种农业技术短视频上传到群里。通过微信、中国农技推广 App 接受农业技术咨询，进行交流互动，云上、远程解答本地及全国农业生产技术问题。

春季，疫情还未解除，需要尽量减少外出，但是春季麦田管理、春耕备耕时间不等人，有许多农业技术方面的问题需要解决。在积极应对疫情的同时还要不误农事、助力春耕春管，她挺身而出，做好自我防护，深入田间地头，指导群众用种、肥水管理、病虫草害防治，现场为农民分析、解决问题，传授技术，有序推进了春季农业生产。

砥砺前行服务三农，不忘初心扎根基层。“我是个平凡的人，做的都是最普通的事，就是希望我的所学能真正帮到农民，这就足够了。”侯秋菊常笑着这样说。风雨兼程，躬耕理想，她用实际行动诠释着她的为农之心。莘县也因有这样一位勤劳、能干、善良的基层女农技员而自豪。

甘肃出口种子贸易现状及对策研究*

殷芳群[1]　黄　玺[2]　程　璐[2]　刘志杰[2]　胡自强[2]

（1. 甘肃省兰州市农业科技研究推广中心　甘肃　兰州　730010；

2. 甘肃省兰州海关　甘肃　兰州　730010）

摘　要：出口种子作为甘肃优势农产品，在快速发展的同时也暴露了诸多问题，如制种基地管理不规范、病虫害威胁、知识产权保护不力、自主创新能力弱、应对技术性贸易措施缺乏手段等。通过对甘肃出口种子近几年的贸易现状进行分析，提出了产业发展相应的对策与建议。

关键词：甘肃；出口种子；技术性贸易措施；对策

农作物种业是国家战略性、基础性核心产业，也是甘肃省特色优势产业。近年来，甘肃出口种子产业不断壮大，在世界上享有盛誉。甘肃省已成为全国最大的蔬菜、花卉对外制种基地，世界排名前列的几大种子企业均在甘肃省拥有大量制种业务。但随着经济全球化和贸易自由化的加速推进，甘肃出口种子产业也出现诸多问题，受行业秩序紊乱、病虫害威胁、创新驱动不足、生产成本上升等因素影响，甘肃对外制种业务发展受限，急需进一步加快整合步伐，提高良种品质，增强种业国际竞争力。笔者对近些年甘肃省出口种子的贸易情况进行总结分析，从中发现问题，并提出产业发展的对策建议。

1　甘肃省出口种子概况

1.1　产业概况

甘肃河西地区光照充足（全年日照时数 3 000 ~ 3 300 小时）、无霜期长（140 ~ 170 天）、昼夜温差大（温差 13.9 ~ 16.3℃）、气候干燥、植物病虫害发生较少，特别适合农作物的生长发育。20 世纪 80 年代初期，酒泉地区种子公司首次开展对国外制种业务，由此拉开了甘肃省对外制种产业的序幕。该地区生长的种子籽粒饱满，千粒重高，抗病性强，是我国乃至全世界范围内最适合繁育种子的区域之一。目前，国内 70% 的玉米种子均在该区域繁育。经过近 40 年的发展，外繁制种产业已经成为甘肃省的特色创汇农业，其优良的种子品质得到了国外种子企业的普遍认可，如先锋、孟山都、先正达、圣尼斯等世界排名前列的种子企业均在河西地区拥有大量的制种业务。目前，外繁种子出口量位居全国前列，主要出口到欧盟、南美、北美、东南亚的 50 多个国家和地区。

*　基金项目：国门生物安全专项。

1.2 出口现状

近年来，甘肃外繁种子出口批次保持稳中有升，出口额由 2008 年的约 5 749 万美元增加至 2014 年的 1.62 亿美元。2015 年因国际市场需求变化，外繁制种面积出现缩减，导致次年出口金额出现短暂波动，但总体呈现高速增长的势头（图 1）。

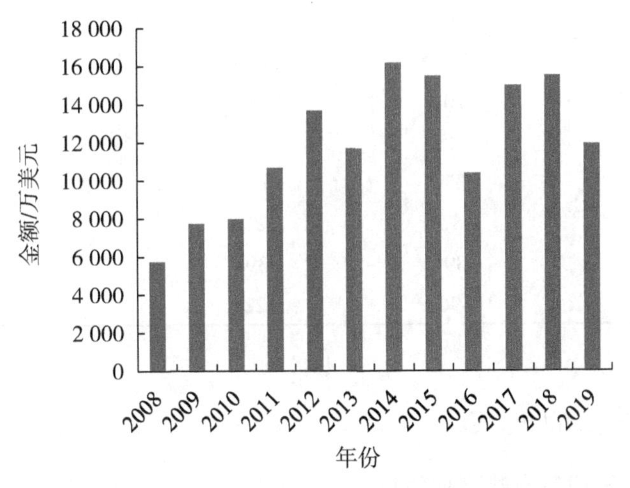

图 1　甘肃省 2008—2017 年度出口种子金额

甘肃省种子出口至 50 个以上的国家和地区，欧盟、美国、韩国、日本、中国台湾是种子出口的主要目的地，其中荷兰是最大市场。2019 年共出口种子 2 340 批，金额 11 889.2 万美元，其中输往荷兰的种子有 439 批，占总批次的 18.8%，金额 3 682 万美元，占总金额 31%（表 1）。

表 1　2019 年甘肃种子主要出口国家

序号	国家	批次	金额 / 万美元
1	荷兰	439	3 682
2	美国	351	1 788
3	韩国	215	970
4	约旦	46	849
5	意大利	124	707
6	日本	160	662
7	法国	79	432
8	巴基斯坦	75	375
9	土耳其	58	267
10	德国	61	248

出口种子的种类主要为粮谷、豆类、油料、花卉、牧草、蔬菜、经济作物和瓜类的种子（表2）。

表2　2019年甘肃出口种子的主要种类、批次和金额

种类	批次	重量/t	金额/万美元
粮谷种子	16	13	7.2
豆类种子	283	2 813	689
油料种子	70	1 152	369.6
花卉种子	225	551	721.4
牧草种子	37	0.4	0.28
蔬菜种子	1 879	2 221	8 710.4
经济作物种子	39	1 391	269.2
瓜类种子	396	122	1122

2　产业发展存在的问题

2.1　制种基地管理不规范影响产业发展

甘肃省种子生产基地缺乏长期发展的统一规划，存在制种基地互相交叉、繁殖品种多而混杂、部分制种田隔离条件不达标等问题。这些问题导致了部分基地的种子品质下降、质量存在安全隐患、标准化生产水平不高等，严重影响着制种产业的健康、有序发展。

2.2　病虫害威胁导致产业转移

甘肃省对外制种基地病虫害乃至检疫性有害生物的发生，对制种业的发展造成了威胁。根据甘肃省植保植检站调查，河西走廊外繁制种基地病虫害数量已由20世纪90年代的10多种发展到2017年的40多种，给安全生产带来严重威胁。甘肃省张掖市部分地区发现的番茄细菌性溃疡病，在条件适宜的情况下发病率高达65%以上。病虫害的发生，不仅影响种子产量和种子的品质，对基地的长远发展也造成影响。2013年起，国外企业逐渐将繁育基地向非洲、东南亚、南美洲等地区转移。

2.3　知识产权保护不力致使原种资源流失

有些制种农户诚信度差、合同意识淡薄，种子收获后毁约卖高价；小型制种企业在利益驱动下，对国外原种私自留存繁育并生产经营；非种子繁育企业或个人恶意套取抢购已有合同约定的种子，获取不当利益。这些行为导致国外企业经济利益受损，也导致其研发的原种资源流失，严重违反了知识产权保护法，使得国外制种企业将产业向其他地区转移。

2.4　自主创新能力弱，国际综合竞争力差

甘肃省外繁制种企业虽然数量多，但多为纯代繁生产企业，规模较小、经济实力弱且分散经营，集约化种植程度低。虽然已有部分企业尝试进行自有品种选育，但普遍科技研发水平不高，育、繁、推相互脱节，缺乏自主知识产权长远规划，国际综合竞争力不强。

2.5 面对技术性贸易措施缺乏应对手段

近年来，甘肃出口种子频繁遭遇国外技术性贸易措施。2019年9月和11月，美国和欧盟开始对入境的番茄和辣椒种子实施进口新规，所有上述种子在进入美国前需对马铃薯纺锤形块茎类病毒属的6种类病毒进行实验室检测、在进入欧盟前需对番茄褐色皱纹病毒进行实验室检测，随后新西兰等国家也提出类似检疫要求。面对不断出现的检疫新规，企业以及行业协会应对能力不足，主要表现：对国际标准规则变化反应滞缓；对市场信息的分析传导系统不健全；企业在国际市场上竞争手段单一，营销能力不强；企业之间凝聚力不足，面对贸易争端时缺少有效的应对和解决措施；种子行业协会作用发挥有限，信息交流与服务提供功能较弱，缺少对农产品贸易中主要农产品贸易情况、技术标准、管理要求等方面的跟踪与研究。农林部门签发的《引进种子、苗木检疫审批单》中关注的有害生物更新不及时，较少关注国外新的检疫要求，导致种子口岸检疫和田间疫情监测缺乏指导性和针对性。进境种子检疫风险高、检测难度大，尤其是在细菌、病毒以及转基因成分的检疫检测方面，海关亟须要更加快速准确的检验方法。除此以外，还有一些因素制约着种子产业的发展：如引种审批环节时限过长，影响制种企业积极性；生产成本上升导致部分微利项目产业转移等。

3 加强甘肃省出口种子产业发展的对策建议

3.1 营造积极健康的种业发展环境

3.1.1 加强对制种行业的监管力度

建议种子管理部门进一步加强政策法规宣传，促使企业增强依法制种意识；强化市场监管责任，严厉打击生产销售假冒伪劣种子和抢套购种子的违法行为；引导企业种子生产基地进行标准化管理；加强种子的源头管控，对引种环节开展风险评估，严格国外引种审批办理；农业部门、海关和科研院所联合做好产地检疫工作，指导企业开展田间管理和病虫害防治，保护甘肃出口种子企业和制种农户的合法权益，促进种子产业健康发展。

3.1.2 优化产销环节，培育龙头企业

目前甘肃省种子企业规模都较小，育种能力不强。应积极学习参照以育种、繁种、销售一体化为特色的国外种子企业发展的成功模式，走企业联合和集团化经营的路子，增强种子企业竞争力。

3.1.3 引导农户和企业形成利益共同体

种子企业要从产业健康发展的角度出发，兼顾企业和农户的共同利益，引导农户和企业建立长期稳定的合作关系，真正形成“利益共享，风险共担”的经营机制。

3.2 提升出口种子质量安全水平

3.2.1 提升标准化水平，增强防病抗灾能力

“公司＋基地＋农户”是河西制种业持续发展最有效的模式。种子企业要制定相关标准和生产技术规范，保证种子生产过程的标准化和规范性。同时为了健康持续发展，必须提高防病抗灾能力，做好病虫害防控。政府可以重点培育一批具有一定规模、管理规范、

生产标准的制种基地和企业，辐射带动全省制种基地提高制种管理和建设水平，从而提高出口种子的质量安全水平。

3.2.2 加大科技投入力度，提高创新研发能力

加大研发投入，引导种子企业研发新品种，制定育种目标，加强知识产权的利用和保护。国外种子公司非常重视科技创新，不惜投入巨资，如美国诺华公司平均年投入科研经费3.7亿美元，占其种子销售额的6%；先锋公司平均年投入科研经费1.8亿美元，占其销售总额的10%。种子企业要想在激烈的国际竞争中站稳脚跟，就必须重视科技创新，增强技术储备，重视引进高新技术人才，把引进人才作为研发科技创新的主导因素。

3.2.3 实施品牌战略

加入WTO后，创造种业品牌是甘肃省种业发展壮大的必由之路，种子行业在持续买方市场的压力下进入了种子品牌竞争时代。一个种子企业生产经营的种子要想有较高的市场占有率，要想取得较高的科技附加值，要想参与国际种子市场竞争，就必须实施品牌战略，发展品牌种业，才能为种子企业带来效益，在竞争中发展壮大。

3.3 构建政府、行业协会与企业三位一体的战略联盟

3.3.1 充分发挥政府的决策作用

应该充分发挥政府在出口种子产业发展中的决策作用，通过增设监测网点、增加专业人员、更新监测设备、引进先进技术、强化技术培训、改进监测手段、统一方法标准等方式，切实加强农作物重大病虫疫情的监测力度；大力推进专业化防治工作，积极推广绿色防控技术，积极培育多种形式的农作物病虫害专业化统防统治组织，鼓励、扶持龙头企业进入农作物病虫害专业化防治领域，形成一批从事农作物病虫害专业化防治的企业；河西走廊是多种检疫性有害生物从新疆传入内地的必经之路，对河西地区制种基地要加强亲本和田间检疫检查，严密监测、防患未然，一旦发现有危险性病虫传入，要采取果断措施，在萌芽状态组织扑灭，确保河西制种基地安全；同时可通过提供税收优惠、财政补贴、资金支持等方式帮助行业协会、制种企业开展活动。

整合科技资源、提高应对技术性贸易措施的技术支持能力建设，以及引导和推动企业进行技术改进和创新等方面是政府应尽之责。政府可以通过制定技术法规，提高技术标准，或通过强制性的认证措施引导企业提高技术水平；可以从法律上明确行业协会的组织性质、职能定位、权利义务和监管方式，加强对行业协会的约束与引导，从制度上保证行业协会的正常活动，推动行业协会积极履行自律、服务、协调职责；还可以通过提供税收优惠、财政补贴、资金支持等方式帮助行业协会开展活动。

3.3.2 充分发挥行业协会的中间作用

一是组织制定行业标准、建立产业保护机制。发达国家往往运用行业协会所制定的国内市场规则和技术标准，形成游离于WTO争端解决机制之外的保护屏障，来达到保护其本国产业的目的。二是发挥行业预警作用。行业协会紧贴着企业与市场，能快速获知本行业技术、生产与贸易状况，而且行业协会长期关注本行业的预警信息，通常具有较高的专业水平，能够组织高效的风险评估，并提出专业性的评议意见，及时发出预警信息。三是

发挥行业协调作用。协会通过形成行业指导价格或协议价格或达成市场份额协议等方式，来协调经济利益在不同企业或不同生产环节之间的分配，避免出现企业之间因低价竞销、无序竞争而导致的行业发展受损局面的出现。四是发挥沟通企业与政府的中介作用。协会既要向政府反映企业的意见与诉求，也要向企业传达政府的意图和政策，帮助政府引导企业的市场行为。

3.3.3 充分发挥企业的主体作用

一是增加技术投入，提高种子品质。企业应克服畏难情绪，改变“搭便车”心态，通过增加技术投入，加强生产经营管理，以提高产品的国际竞争力的方式来积极主动地应对技术性贸易措施。二是协调好与政府、行业协会的关系。企业应积极参与行业协会的工作，自觉遵守行业规章制度，给予协会以信息、人力、经费等方面的支持，通过与行业协会及政府相关部门的协调交流，形成集团力量，共同应对技术性措施。

3.4 加强出口种子技术性贸易措施研究

一是对技术性贸易措施客观理性认识。企业应充分掌握贸易对象国相关技术规定及要求，加强对 WTO 规则及 WTO/TBT-SPS 协议相关规则的学习和了解，做好随时应对的准备，同时要懂得从技术层面和法律层面去识别技术性贸易措施是否合理，对于不合理的技术性贸易措施，要提出抗辩，运用法律武器维护自身利益。二是海关应充分发挥技术优势，强化风险信息收集和分析研判，密切关注国外官方对种子进口的检疫要求，帮助企业掌握国外法规及技术标准要求，及时规避风险。

3.5 加强口岸检疫及田间疫情监测

一是加强口岸检疫工作，海关作为进出境动植物检疫的主要实施部门，必须加强进境原种的口岸检疫，确保进境原种健康、安全，同时应建立准确灵敏特异的检测方法，提高口岸检疫的针对性和有效性。二是要重视田间疫情监测工作，逐步探索建立海关、农林部门和科研院所的合作机制，加强种子繁育期间的田间疫情监测，为防止有害生物传入传出，指导病虫害防治和为出境种子检疫查验提供科学依据。

关于加强《农作物病虫害防治条例》宣贯工作的思考

杨久涛　国　栋　尹姗姗　李敏敏　黄　渭　张孝爽　袁子川

（山东省植物保护总站　山东　济南　250100）

摘　要：《农作物病虫害防治条例》的颁布施行是依法治农的大事。分析《农作物病虫害防治条例》颁布施行的重要意义及核心要义，提出在贯彻落实中要抓好 3 个环节、处理好 3 个关系、避免 3 个风险点，对指导和加强《农作物病虫害防治条例》宣贯工作具有较好的参考价值。

关键词：《农作物病虫害防治条例》；宣传；贯彻；落实

2020 年 3 月 26 日，国务院第 725 号令公布《农作物病虫害防治条例》（以下简称《条例》），自 2020 年 5 月 1 日起施行。《条例》的颁布施行，是贯彻落实以习近平同志为核心的党中央对粮食安全、生物安全和重大病虫害防控有关批示指示和安排部署的迅速行动，充分反映了时代大势所趋、事业发展所需、党心民心所向，农作物病虫害防控从此走进法治新时代、开启法治新征程。山东作为农业生产大省和农业重大病虫多发、重发、频发省份，应全面贯彻落实《条例》，推进生物灾害治理体系和治理能力现代化，切实服务和保障农业农村高质量发展、绿色发展。

1　充分认识《条例》颁布施行的重要意义

《条例》的颁布施行，是我国植物保护发展史上的重要里程碑，对保障国家粮食安全、生物安全，推进生态文明建设，促进现代农业绿色发展、高质量发展意义重大。

1.1　解决病虫害防治无法可依的必然选择

从相关法规看，《农业法》《农业技术推广法》《农产品质量安全法》等法律法规，对农作病虫害防治有一些笼统的规定，但缺乏系统性和可操作性。《植物检疫条例》仅对全国检疫性有害生物进行规范，《农药管理条例》对农药登记和生产、经营、使用进行规范。《农作物病虫害防治条例》的颁布实施，填补了我国农作物病虫害防治法律法规的空白，解决了长期存在的病虫害防治无法可依的问题，为全面规范防治行为提供了法治保障。

1.2　应对重大病虫害严峻挑战的现实需要

近年来，随着异常气候增多、种植栽培方式改变、复种指数提高，农作物病虫害总体多发、频发、重发，年均发生 6 亿亩次以上。特别是流行性、迁飞性、暴发性重大病虫此起彼伏，威胁显著增大。如2019年草地贪夜蛾入侵我国并北迁至27个省为害，2020年小麦条锈病在全国主要产区暴发流行，严重威胁粮食安全。长期以来，我国主要靠行政手段、经济手段推动病虫害防治，现行的一些制度和做法难以适应防控工作面临的新形势、新任务。《条例》颁布实施后，防病治虫有法可依，责任追究有法可依，为应对重大病虫严峻挑战提供了有力的法律武器。

1.3 推进治理体系和治理能力现代化的关键举措

卫生防疫、动物防疫、植物防疫是全球公认的三大生物安全防疫体系，法制化建设是防疫体系建设的最高标准。将农作物病虫害防治工作上升到立法层面，对农作物病虫害防治行为做出全面规定，是国家治理体系和治理能力现代化在保障粮食安全和农副产品安全方面的制度性安排，是推进农业农村领域治理体系和治理能力现代化的具体体现。《条例》颁布实行，农作物病虫害防控走进法治新时代，开启法治新征程。

2 全面把握《条例》的核心要义

《条例》共7章，45条，5 400字。从防治责任、防治制度、防治服务、防控技术等多个方面对农作物病虫害防治行为做出规定，明确了监测预报、预防控制、应急处置等全链条制度，为全面规范防治开展提供了法律保障。

2.1 明确防治责任

规定农作物病虫害防治政府主导、属地负责。要求县级以上人民政府应当加强对农作物病虫害防治的组织领导。县级以上地方人民政府农业农村主管部门，负责本行政区域农作物病虫害防治的监督管理。其他财政、发改、气象、科技等有关部门，按照职责分工做好防治相关工作。对乡镇、村委的职责也进行了明确。农业生产经营者负责生产经营范围内的防治工作，并对政府开展的防治工作予以配合。

2.2 健全防治制度

包括农作物病虫害分类管理制度、监测预报制度、预防控制制度和应急管理制度。强调病虫害实行分类管理防控，农业农村部负责一类病虫害工作综合协调、指导，二、三类由省级农业部门综合协调、指导。除县级以上农业农村主管部门外，其他组织和个人不得向社会发布农作物病虫害预报。要求县级以上政府和有关部门根据防治需要制订应急预案，开展应急培训演练，储备应急物资，病虫害暴发时，县级以上地方人民政府启动应急响应。

2.3 规范防治服务

一是明确了政府支持专业化防治服务方式。国家通过政府购买服务等方式，鼓励和扶持专业化病虫害防治服务组织，要求农业农村主管部门对专业化防治服务组织提供技术培训、指导和服务。二是规范了专业化防治服务行为。规定服务组织应当具备的设施设备和人员等条件，并建立内部管理制度，采取安全用药措施，签订技术服务合同，建立服务档案，参加工伤保险，飞防作业公示。

2.4 明确技术要求

一是明确防治方针。规定农作物病虫害防治实行预防为主、综合防治的方针。二是强调科技支撑。明确国家鼓励和支持开展植保科技创新、成果转化和推广应用。三是强调绿色防控。明确国家鼓励和支持使用生态治理、健康栽培、生物防治、物理防治等绿色防控技术和先进设备。四是强调高新技术。规定普及应用信息技术、生物技术，推进防治工作智能化、专业化、绿色化。

3 切实抓好《条例》宣贯重点工作

各级农业农村部门应切实提高政治站位，充分认识《条例》颁布施行的重要意义，把宣传好、落实好、执行好《条例》作为当前和今后一个时期农业农村工作的重点任务，精密部署，多措并举，强化落实，确保《条例》贯彻落实到位。特别应抓好3个环节、处理好3个关系、避免3个风险点。

3.1 抓好3个环节

一是深入普法。各级农业农村部门应将《条例》作为普法宣传的重要内容，纳入普法工作计划，深入开展普法宣传，努力营造全社会学法、知法、懂法、守法的良好氛围。二是严格履职。依法履行本行政区域农作物病虫害监督管理工作，严格落实法定职责，组织植保机构做好农作物病虫害防治有关技术工作。三是规范执法。及时组织开展植物保护法律法规专项检查，依法对擅自发布农作物病虫害预报等各类违法行为进行查处，并通过适当形式予以曝光，形成威慑效应，确保依法防病治虫落到实处。

3.2 处理好3个关系

一是中央和地方的关系。《条例》规定了中央和地方政府的职责，应合理界定一类、二类、三类病虫害暴发时的综合协调分工和应急响应机制。病虫害严重发生时，各地应按照属地责任原则，立即组织处置，有问题、有困难及时上报。防止上下推诿，贻误防治时机，造成不应有的灾害损失。二是行政和事业的关系。《条例》明确政府、部门和植保机构防治职责，政府负责组织领导，农业农村部门负责监督管理，植保机构承担具体技术工作，生产经营者是防治的主体。三是管理和服务的关系。《条例》赋予各级农业农村部门监督管理职责，但特别应注重管理和服务的有机结合，提供高质量公共服务，满足生产需要，促进农业发展。

3.3 避免3个风险点

一是制度建设不可忽视。《条例》规定的病虫害分类管理、监测预报、预防控制、应急处置和专业化服务等相关制度和方案、预案，应逐一梳理落实，尽快制定或发布，并及时修订。二是信息报告不可忽视。信息对上报告和对社会发布，应及时、准确、到位，严禁失查失控，避免因此造成不可弥补的损失。三是协调衔接不可忽视。在贯彻《农作物病虫害防治条例》时，应注意做好同《植物检疫条例》《农药管理条例》《森林病虫害防治条例》《农业法》《农业技术推广法》《农产品质量安全法》《土壤污染防治法》等相关法律的协调和衔接，避免顾此失彼，发挥最大协同效应。

3.4 扎实开展《条例》宣传月活动

农业农村部2020年7月组织在全国开展《条例》宣传月活动，山东省农业农村厅制定印发全省活动方案，还组织法律法规知识竞赛、官网开设专栏、公众号集中宣传、开展现场咨询、组织专家解读等系列宣传活动。各地细化制定具体落实方案，加强组织领导，确保取得实效。

宣传活动应注意以下3点。一是举办1次标志性活动。各市应结合当地实际，至少开展1次标志性的宣传活动，具体方式可以灵活多样。同时，组织各县根据病虫疫情发生情况，均应开展1次主题宣传日活动，形成全省联动的宣传效应。二是培养一批专业宣讲员。应组织各级主管部门、植保机构、科研教学单位等开展专题研讨，深刻领会《条例》精神实质，全面把握法规条文内涵，培养一批业务精、能力强的专业宣讲人员，打造成为普法宣传的骨干力量。三是做出一套制度性安排。应把《条例》学习列入职业农民培训、农药经营上岗培训、安全用药培训的重要内容，对种植企业、生产大户、农资经营人员、病虫害专业防治组织等开展全面培训，确保防病治虫主体责任落实到位。

总之,《农作物病虫害防治条例》是一部公共性、系统性、科学性法规。《条例》的宣贯，关系国家粮食安全、乡村全面振兴、农业农村高质量发展。以《条例》宣传月活动为契机，把《条例》宣贯抓实抓好，进一步抓“六稳”、促“六保”，为乡村振兴齐鲁样板建设，推进农业农村高质量发展做出更大贡献。

海拔高度对山区稻田养殖鲫鱼肌肉品质的影响初探

冯　雪　蔡培华　王　艳　姜　泉　曾光荣
（四川省广元综合性农产品质量检验监测中心　四川　广元　628017）

摘　要：为探明山区稻鱼综合种养模式下海拔高度对鲫鱼肌肉品质的影响，研究了495m、810m两个不同海拔高度的稻鱼综合种养模式下鲫鱼与传统网箱养殖鲫鱼肌肉中氨基酸、脂肪酸与质构特性等的组成。结果表明，在810m海拔高度环境条件下，更有利于鲫鱼营养物质积累和肌肉口感的提升，得到品质更优的稻田养殖鲫鱼。建议山区稻渔综合种养模式下鲫鱼的养殖，宜选择海拔高度相对较高的养殖环境。

关键词：稻鱼；海拔；品质；营养

山区稻渔综合种养是在高海拔地区根据生态循环农业和生态经济学原理，将水稻种植与水产养殖、农耕与农艺技术有机结合，通过对稻田实施工程化改造，构建稻渔共生互促系统，并通过规模化开发、集约化经营、标准化生产、品牌化运作，在水稻稳产的前提下，大幅度提高稻田经济效益和农民收入，提升稻田产品质量安全水平，改善稻田的生态环境，是一种具有稳粮、促渔、增效、提质、生态等多方面功能的现代生态循环农业发展新模式，是贫困山区产业脱贫短、平、快项目。

四川省广元市位于秦岭南麓，相较于平原地区具有海拔高、水温较低等特点。2018年，该市昭化区稻鱼种养主要集中在王家－磨滩片区和元坝－柳桥片区，亩均稻鱼综合收益3 856元。通过稻鱼综合种养模式，相继催生了“王家贡米”“女皇贡米”等品牌产品，远销北京、广州等大中型城市，最高售价达80元/kg，深受消费者喜爱。分析不同海拔高度稻鱼综合种养产品的营养品质变化，找准最优品质与海拔高度变化的组合，有利于完善山区稻鱼种养技术规程，促进稻鱼产业循环发展，带动山区农民脱贫奔小康。

1　材料与方法

1.1　材料

按照《水产品抽样规范》（GB/T 30891—2014），在四川省广元市昭化区王家镇（海拔810m）和柳桥乡（海拔495m）两个稻鱼养殖基地随机抽取三号异育银鲫各20尾。按照《山区稻渔综合种养技术规范》（DB 5108/T8—2018）进行规范养殖，处理组鲫鱼体质量范围0.25 ~ 0.75kg，养殖时长7个月。对照组取自当地市场供应同品种鲫鱼，为传统网箱高密度养殖，体质量范围和养殖时间基本一致。

1.2 检测方法

根据国家标准，粗蛋白质采用凯氏定氮法（GB 5009.5—2016）测定；粗脂肪采用索氏抽提法（GB 5009.6—2016）测定；氨基酸采用氨基酸自动分析仪（GB 5009.124—2016）测定；脂肪酸采用内标法（GB 5009.168—2016）测定。

1.3 营养品质评价依据

将所测鲫鱼肌肉中氨基酸的含量换算成每克蛋白质所含氨基酸的毫克数，再与FAO/WHO蛋白质评价的氨基酸标准模式和鸡蛋中蛋白质的氨基酸模式进行比较，并计算氨基酸评分（AAS）和化学评分（CS）。公式如下：

氨基酸含量（mg/g pro）= 样品中氨基酸含量（mg/100g）/ 样品中粗蛋白含量（mg/100g）

AAS= 试样样品中氨基酸含量（mg/g pro）/（FAO/WHO）蛋白质评价的氨基酸标准模式同种氨基酸含量（mg/g pro）

CS= 试样样品中氨基酸含量（mg/g pro）/ 鸡蛋蛋白中同种氨基酸含量（mg/g pro）

1.4 统计分析

品质检测数据利用Excel软件进行记录和初步的分析，再用SPSS软件单因素变量 t 检验进行显著性分析。

2 结果与分析

2.1 氨基酸组成

两种海拔高度的稻田养殖鲫鱼与对照组产品均检测出16种氨基酸（表1）。总体来看，810m稻田养殖鲫鱼肌肉中各组分氨基酸总量最高，但与对照组网箱养殖鲫鱼无显著性差异。其中，谷氨酸含量最高，对照组、495m组、810m组的含量分别为165.63mg/100g、144.64mg/100g、166.01mg/100g；810m稻田养殖鲫鱼肌肉中丝氨酸、甘氨酸、缬氨酸、异亮氨酸、亮氨酸、赖氨酸、组氨酸的含量明显高于对照组鲫鱼；呈味氨基酸占氨基酸总量的47%以上，必需氨基酸占氨基酸总量的39%以上。

表1 不同海拔稻田养殖和传统网箱养殖鲫鱼肌肉中氨基酸组成及含量

氨基酸	含量 /（mg/100g）		
	传统网箱（对照）	海拔495m稻田	海拔810m稻田
天门冬氨酸	114.38	97.62a	115.03
苏氨酸	48.13	41.67a	49.02
丝氨酸	45.63	39.88a	46.41a
谷氨酸	165.63	144.64a	166.01
甘氨酸	59.38	58.33	62.75a
丙氨酸	69.38	60.71a	69.93
缬氨酸	50.63	44.05a	51.63a

（续表）

氨基酸	含量 /（mg/100g）		
	传统网箱（对照）	海拔 495m 稻田	海拔 810m 稻田
异亮氨酸	46.25	39.29a	46.41a
亮氨酸	86.88	73.81a	87.58a
酪氨酸	36.88	30.95a	37.25
苯丙氨酸	50.00	41.67a	49.67
赖氨酸	100.00	85.71a	101.31a
组氨酸	33.75	23.81a	37.91a
精氨酸	61.25	55.36a	60.78
脯氨酸	33.13	32.14	33.33
蛋氨酸	29.38	25.60a	29.41
氨基酸总量 ∑TAA	1 030.63	894.64a	1 045.75
必需氨基酸 ∑EAA	418.75	357.14a	422.88
呈味氨基酸 ∑DAA	495.63	433.93a	500.65
∑EAA/∑TAA（%）	40.63	39.92	40.44
∑DAA/∑TAA（%）	48.09	48.50	47.87

注：同行数据后带“a”表示该数据与对照组相比存在显著差异。

2.2 营养价值评定

因未测定必需氨基酸半胱氨酸（Cys）的含量，因此在各项评定均去掉半胱氨酸和蛋氨酸的含量比较。3 种条件养殖鲫鱼的必需氨基酸 AAS、CS 计算结果（表 2）显示，对照组、495m 组、810m 组鲫鱼肌肉中必需氨基酸总和评分为 1.33、1.13、1.34，化学评分为 1.01、0.86、1.02。其中，对照组和 810m 养殖稻鱼的氨基酸评分和化学评分均大于 1；3 种养殖条件下鲫鱼必需氨基酸中，只有赖氨酸的各项评分是大于 1 的。

表 2　不同海拔稻田养殖和传统网箱养殖鲫鱼肌肉中必需氨基酸的组成与评价

必需氨基酸	FAO/WHO 模式	鸡蛋蛋白模式	传统网箱对照	海拔 495m	海拔 810m	AAS			CS		
						对照	495m	810m	对照	495m	810m
异亮氨酸	40	54	46.25	39.29	46.41	1.16	0.98	1.16	0.86	0.73	0.86
亮氨酸	70	86	86.88	73.81	87.58	1.24	1.05	1.25	1.01	0.86	1.02
苏氨酸	40	47	48.13	41.67	49.02	1.20	1.04	1.23	1.02	0.89	1.04
赖氨酸	55	70	100.00	85.71	101.31	1.82	1.56	1.84	1.43	1.22	1.45
缬氨酸	50	66	50.63	44.05	51.63	1.01	0.88	1.03	0.77	0.67	0.78
苯丙氨酸 + 酪氨酸	60	93	86.88	72.62	86.93	1.45	1.21	1.45	0.93	0.78	0.93
总和	315	416	418.75	357.14	422.88	1.33	1.13	1.34	1.01	0.86	1.02

2.3 脂肪酸组成和含量的比较

比较 3 种不同养殖条件下鲫鱼肌肉中的脂肪酸含量（表 3），810m 稻田养殖鲫鱼肌肉中共检测出 13 种脂肪酸，而相较于 810m 组，对照组未检出二十碳四烯酸，495m 稻田养殖鲫鱼肌肉中未检出肉蔻酸、棕榈油酸、α- 亚麻酸、二十碳二烯酸。从脂肪酸的总量来看，对照组明显高于 495m 和 810m 稻田养殖鲫鱼。稻田养殖鲫鱼中的二十二碳六烯酸甲酯 DHA 明显高于对照组。

表 3　不同海拔稻田养殖和传统网箱养殖鲫鱼肌肉中脂肪酸组成及含量

脂肪酸	中文名称	传统网箱对照	海拔 495m	海拔 810m
C14：0	肉蔻酸	7.07	—	4.16a
C16：0	软脂酸、棕榈酸	92.80	36.40a	70.80a
C16：1n7	棕榈油酸	15.10	—	12.70a
C18：0	硬脂酸	31.10	13.90a	21.20a
C18：1n9c	油酸	181.00	35.30a	119.00a
C18：2n6c	亚油酸	120.00	34.50a	93.70a
C20：1	二十一碳一烯酸	12.20	5.68a	10.70a
C18：3n3	α- 亚麻酸	12.90	—	11.80
C20：2	二十碳二烯酸	5.68	—	4.32
C20：3n6	二十碳三烯酸	12.40	3.50a	10.70a
C20：4n6	二十碳四烯酸 ARA	—	15.50	25.00
C20：5n3	二十碳五烯酸 EPA	6.83	8.08a	4.85a
C22：6n3	二十二碳六烯酸甲酯 DHA	28.90	55.10a	34.90a
∑SFA	饱和脂肪酸总和	525.98	207.96a	423.83a
∑UFA	不饱和脂肪酸总和	395.01	157.66a	327.67a
∑FA	脂肪酸总和	525.98	207.96a	428.83a

注：带“a”的数据表示与同行对照组相比存在显著差异；“—”表示未检出或低于检出限。

2.4 质构特性比较

由表 4 可知，810m 稻田养殖稻鱼的脂肪含量明显低于对照组，而咀嚼度、胶黏性、硬度明显高于对照组，弹性不具有显著性差异；495m 组的脂肪含量和弹性明显低于对照组，而胶黏性和硬度明显高于对照组，咀嚼度上没有明显差异。

表 4　不同海拔稻田养殖和传统网箱养殖鲫鱼肌肉质构特性比较

营养成分	对照组	海拔 495m	海拔 810m
脂肪	2	1.4a	0.3a
弹性	0.917	0.806a	0.835
咀嚼度	741	739	1 025a
胶黏性	795	942a	1 227a
硬度	1 069	1 888a	2 740a

注：带“a”的数据表示与同行对照组相比存在显著差异。

3 结果分析

山区稻田养殖的鲫鱼（810m 组）肌肉中必需氨基酸 AAS 评分均大于 1，表明山区稻鱼肌肉中必需氨基酸的组成均优于 FAO/WHO 模式标准。亮氨酸、苏氨酸、缬氨酸 CS 评分均大于 1，表明这 3 种氨基酸均优于鸡蛋蛋白模式。本研究在抽样过程尽量保证 3 种鲫鱼的体型重量一致，但是在制样的过程中发现 495m 稻田养殖鲫鱼的肌肉总重量明显低于对照组和 810m，这可能是导致其氨基酸总量和脂肪酸总量较低的原因。

稻田养殖鲫鱼肌肉中脂肪酸的总量虽并未显著高于对照组，但是通过肉质检测发现二十碳四烯酸（ARA）只存在于稻田养殖鲫鱼中，且高海拔地区的含量显著高于低海拔。ARA 属于 Omega6 族长链多元不饱和脂肪酸，在幼儿时期 ARA 属于必需脂肪酸，如缺乏会对人体组织器官的发育，尤其是大脑和神经系统发育产生严重不良影响，在食物中提供一定的 ARA，会更有利于体格发育。

稻田养殖鲫鱼中二十二碳六烯酸（DHA）显著高于对照组。DHA 是神经系统细胞生长及维持的主要成分，也是大脑和视网膜的重要构成成分，在人体大脑皮层中含量达 20%，在眼睛视网膜中所占比例约 50%，对胎婴儿智力和视力发育至关重要。研究表明，DHA 能够影响胎儿大脑发育、促进视网膜光感细胞的成熟、增进大脑细胞发育、治疗癌症、抑制炎症、降低血脂、预防心脑血管疾病、改善老人痴呆。使用 DHA 和 ARA 联合补充有利于婴儿的神经系统和视力。

相较于高密度网箱养殖，山区稻田养殖（810m）鲫鱼具有脂肪含量低，咀嚼度、胶黏性、硬度均较高的优良口感。原因可能是海拔高、水温低导致山区稻田养殖鲫鱼日常活动减少、生长周期延长，有利于营养物质的积累。

4 结论

高海拔稻田养殖的鲫鱼具有必需氨基酸含量高、脂肪含量低、脂肪酸种类丰富、肉质紧实等优点，是一种营养健康的食用鱼，尤其 ARA 和 DHA 含量高，适合婴幼儿食用。

从提升鲫鱼肌肉品质的角度，宜选择海拔高度相对较高的环境条件进行水稻鲫鱼综合种养，以利于鲫鱼的营养物质积累，得到更加优质的鲫鱼产品，从而获得最佳的经济、生态、社会综合效益。

航空植保新模式 “五事”服务惠万家

张文成

（安阳全丰航空植保科技股份有限公司　河南　安阳　455000）

摘　要：河南省安阳全丰航空植保科技股份有限公司立足植保无人机的研发、生产和推广，探索创新了航空植保农业社会化服务新模式，以包含“人、机、剂、技、法”的“五事”服务使众多农户受益，走出无人机飞防服务商业化运作的新路。

关键词：航空植保；社会化服务；效益

河南省安阳全丰航空植保科技股份有限公司（以下简称全丰公司）是一家集农用无人机研发、生产、培训、服务于一体的现代企业，拥有国家科技部成果鉴定及农用无人机国家专利超过50项，是农业农村部航空植保重点实验室试点单位。近年来，全丰公司针对小农户病虫害防治中存在的问题，发挥自身优势，大力开展航空植保，为小农户及农业经营主体提供全方位、标准化的飞防服务，促进了小农户与现代农业的有机衔接。目前，公司已配备植保无人机超过6 000架，服务耕地面积5 000万亩以上，2018年服务销售收入达到1.04亿元。以下对其服务内容、发展方向以及取得的成效做综合介绍。

1　大力强化云服务支撑，不断推进航空植保服务智能化

全丰公司以“云享未来”为目标，建立并完善了“智能云服务平台”，大力推进航空植保服务智能化。根据飞防作业位置、飞行机体和喷施器械状态、土壤养分含量、病虫害发生程度、喷洒农药方案和作业面积等信息，通过远程传输系统，随时调整药液含量和具体操作路径，实现了远程在线监测和精准作业调度。目前，平台注册用户已达10万名，作业用户（飞手）超2万名。2018年“智能云服务平台”被列入河南省制造业“双创”平台。

2　科学布局服务范围，不断推进航空植保服务网格化

以“智能云服务平台”为依托，成立专门从事农业植保服务和全程标准作业的标普农业科技有限公司，瞄准全国农业优势主产区，建立“标普云平台＋县级服务中心＋乡镇村服务站＋终端农户”的服务模式，逐步形成覆盖全国的航空植保专业化服务网格。县、乡镇村服务站以当地农民合作社或农资经销公司为依托，通过线上或线下接单，根据病虫害发生情况、农户（经营主体）防治需要和面积，由公司植保专家制订具体作业方案，使用植保无人机和飞防专用药剂，对作物进行快速防治。目前，公司已经在全国17个省（区）成立了超过170个县级服务中心、超过3 000个乡村服务站。每个重点县级服务中心投放20架植保无人机，重点乡镇服务站投放20架植保无人机，辐射作业半径10km。

每个服务站日作业能力近万亩，比传统人工防治效率提高12.5倍，为当地构建了有效应对暴发性、突发性病虫害的强大防控体系。

3 积极实施精准作业，不断推进航空植保服务标准化

全丰公司接到服务订单后，会立即派出植保专家实地勘察病虫害发生情况，制订飞防作业计划，明确飞防作业标准与药剂使用标准，随后调动标普县级服务中心、乡镇村服务站按照标准精准作业。药剂监督部门对照标准严格监督，保证药效。飞机作业出现问题时，售后保障部负责及时维修，全天24小时保证有人值守。2018年共为全国超过210万农户提供了标准化航空植保服务。

4 认真做好飞防“五事”，不断推进航空植保服务规范化

“人、机、剂、技、法”是全丰公司经过7年摸索而总结提炼出的飞防服务核心关键点，能较好地解决“飞防不盈利”的行业难题。“人”是启动“自由鹰百万飞手培训计划”，培训专业飞手，提高服务农户能力。“机”是研发油动、电动等多款植保无人机，满足航空植保服务多元化需要。“剂”是研发飞防植保专用药剂，提高防治效果。目前已筛选出五大类31种飞防专用药剂产品，可覆盖绝大多数农作物常见病虫害用药。“技”是制定严格的飞防标准，公司已为超过10种作物分别制定了标准化作业方案。“法”是云服务平台智能化调度。通过“人+机+剂+技+法”的有机融合，形成了专业化、规范化的航空植保服务体系。

经过多年实践探索，全丰公司逐步形成以“智能云服务平台”为载体，以标普农业服务组织为纽带的航空植保新模式，为农户提供线上线下一站式专业化统防统治飞防服务，解决小农户难以享受社会化飞防服务的难题，提升了农业植保规模化和现代化水平。公司提供的小麦病虫害航空植保统防统治深受农民欢迎，农民对航空植保统防统治项目满意度达91.8%以上。

（1）实现了农业飞防植保服务全国大调度。以远程监控、远程评估、作业许可、设备控制系统远程升级、智能化调度、智能化平台结算为手段，实现了现代农业植保专业化服务全国布局和全国调度。2018年公司植保无人机全国调度2 510架次以上，飞防作业2 100万亩次以上，仅用8天时间就完成了安阳市超过200万亩优质小麦统防统治的飞防作业。

（2）促进了农业节本增效绿色发展。以农业现代化、作业标准化、服务普及化为理念，与中国农业大学等机构合作，积极完善不同作物不同时期的航空植保精准作业方案，大大节约了植保成本，减少了农药化肥使用量，绿色生态效应突显。经专家跟踪调查，航空植保年均减少化学农药使用量30%，减少用水量95%以上，防治效果提高22%。

（3）丰富了农村“双创”的实现形式。2017年以来，公司强力推进“自由鹰百万飞手培训计划”，以农村贫困群体、返乡创业群体为培训对象，累计培训职业飞手20 000人以上，为返乡青年开辟了创业通道。针对贫困人群，免费推出“无忧学习”计划，扶持贫困农民创业增收。目前，飞防作业服务已经成为农村新的创业创富模式，在旺季，每名飞手每天作业收入达3 000元以上。

互联网思维模式下畜牧兽医素质拓展的有效途径研究

陈 宏

（四川省会理县农业农村局 四川 会理 615100）

摘 要：农牧合并后，畜牧兽医作为服务“三农”的中坚技术骨干力量，必须要尽快实现自身能力素质全方位拓展以适应大农业对于全面农科技术的高标准需求，可利用互联网、信息化手段等先进的方式方法实现自我优化提升，并以高度的自觉意识和危机意识促使自己成长进步。

关键词：畜牧兽医；改革；素质拓展；“搜商”；软件应用

作为基层乡镇畜牧兽医人员，笔者经历了多次体制改革和机构改革，所在单位先后从兽医站更名为畜牧兽医站、农牧站、综合为民服务中心、农业农村站，改革从未止步，畜牧兽医应尽快打破原来的专业限定，努力让自己成为多技能的复合型人才。能力素质拓展是新时代畜牧兽医人的必由之路，通过拓展才能更胜任本职工作并获得更大发展。

1 “搜商”的培养

“搜商”是指除了“智商”和“情商”之外，基于现代互联网思维模式下的一种思想意识升级改造，简单而言就是掌握现代化的互联网检索工具。在我国，百度搜索、360 搜索、微信公众号搜索等是最为常见和常用的互联网检索工具。或许大多数人都会用检索工具，但真正使搜索助力于畜牧兽医能力素质提升则需要讲究一定技巧。互联网上的资源质量参差不齐，甚至有误导害人的虚假不良信息，所以畜牧兽医人要结合本专业工作实际和本职工作的需要，去伪存真、去其糟粕、取其精华。例如，对于养猪业感兴趣的业内人士首选《猪业科学》（http://www.csis.cn/ch/index.aspx），该资源属于国内猪业顶尖的综合性专业期刊，含网络资源和纸质刊物两部分，专业人能够从中获取最前沿的猪业知识及资讯，很多专业技术知识上手可用；其次是《国外畜牧学——猪与禽》，可关注“国外畜牧学猪与禽”微信公众号获得时下最先进的国内国际畜禽养殖知识。上述资源的优点在于学术性强、实践性强、可操作性强、专业化水平高、应用价值高。对于旱地区推广应用高效节水肥灌溉技术感兴趣的可选择“节水灌溉网（http://www.jsgg.net/）”“灌溉在线（http://www.zgggzx.com/）”，国际国内最先进的高效节水肥灌溉技术、实践操作细节以及难题解决方案尽在其中。对于兽医行业前沿动态感兴趣的，可关注“中国兽医发布”微信公众号，该资源是畜牧兽医更新知识、拓宽视野、创新突破的理想选择。对于高精尖动物饲料营养配方感兴趣的，可关注“饲料与动物营养”微信公众号，该资源是动物营养配方的优秀指南，能够成为养殖户的好助手。实践成功案例：笔者作为精准扶贫驻村农技员，利用快手视频资源示范教学，成功教会农户嫁接改良青花椒、杧果，嫁接成活率达到95%以上；利用快手视频资源示范教学番茄嫁接马铃薯，实现了两种作物双收增效。这种全新的教学方式能够充分激发农民的学习兴趣，实际培训效果优于理论灌输，而获取上述资源的基本方法就是利用检索工具搜索，点开快手软件的“查找”对话框，输入“嫁接”或“果树嫁接”，便可获得大量的相关示范或教学视频。再则，笔者利用百度检索工具获取可用资源，自主解决了“电脑办公疑难问题”“计算机普通故障问题”等，还学会了PPT制作、PS制作、电子表格使用技巧、多媒体操作方法等，工作、学习和生活中的所有“疑难杂症”基本上都可以通过检索工具获得有效的解决方案。由此可见，检索工具的合理应用、“搜商”的培养对于个人自学提升和对口服务“三农”具有实效性和高效性，得“搜商”者受益匪浅。

2　基础软件推广应用

实践中，作为畜牧兽医专业人需要大量收集和储存农牧业相关的文档（文字）材料、音像资料、视频资源等，储存卡、U盘、电脑硬盘等都存在局限性，可能会由于文件损坏、内存空间不足、遗失等原因造成有用资源和重要数据的丢失。解决方案：① 通信软件应用。目前首推腾讯QQ软件（包括个人QQ账号和QQ群账号），其优势在于储存空间较大，不易丢失上传储存的文档、表格、图片等文件资源，较微信软件功能更加强大和实用。适用范围：互联共享的文档及图片等文件可上传至QQ群的“文件”保存；个人价值照片类可上传至个人QQ“相册”保存；个人有用的文字性记录（含图片）可在QQ软件的“日志”“私密日志”或“记事本”中编辑保存，建议做好“安全设置”以保护个人私属信息。应用案例：在QQ私密日志中编辑储存海量价值网址，如“新农网”“新农农业网”“中国畜牧网”“爱畜牧”“农科讲堂”“科技苑”“致富经”“全国党员干部现代远程教育”等网址（链接）都是畜牧兽医值得收藏的好资源，将其分门别类地编辑整理后储存于“私密日志”中，需要时随点随用，这是现代畜牧兽医人自学成才的高效途径之一，可谓方便快捷、实惠高效；对于其他有价值的资源，可以按照自己喜爱的方式编辑和保存，以便于今后随时查找备用。由此，QQ软件的基础功能完全可以作为免费的储存器或备忘录使用。② 云笔记应用。所谓“好记性不如烂笔头”，每天坚持记录一些有价值的文字信息（含图片信息）是好习惯，使用纸质笔记本记录存在丢失、损毁、不便于查找等缺陷，而云笔记有效解决了这一问题。笔者推荐首选“有道云笔记”，其次是“印象笔记”“为知笔记”“电子日志（Ediary）等。以“有道云笔记”为例，其优势在于有免费版、高效、方便、大容量云端备份储存、可编辑查找等。应用案例：现代职人多处于“多条线分管、多重领导、全位全能做事”的工作状况，有时难免健忘和疏漏，笔者使用云储存笔记（有道云笔记）多年，即时将价值信息、重要信息等分类整理并备份储存于云端，只要牢记“注册账号”和“登录密码”，数据就“永不丢失”（在有网络终端的地方可随取随用），这一软件对于畜牧兽医人员、办公室文秘人员等可谓现代办公的标配，是促进提质增效的有效途径之一。③ 云储存软件应用。较云笔记而言，云储存软件的功能更强，储存容量也更大，可以备份储存海量的大型文档、高清图片、音视频等文件。笔者当前使用“百度云网盘”储存了2010—2019年历年的办公文档资源，总储存量超过200G，实际上该软件的免费储存量（存储空间）超过1T，基本上能够满足大多数人的实际需求。当前可供选择的云储存软件还有“360云盘”“华为网盘”“天翼云盘”等，但笔者结合实际应用效果综合评价认为“百度云网盘”和“360云盘”是当前最佳选择。应用案例：从2010年至今，笔者每年撰写农牧专业论文不少于20万字，亟须解决数据备份存储及防丢失的难题，最终以应用云储存软件（百度云网盘）而解决；笔者作为兼职新媒体写手，经常需要流动办公、异地办公、跨境办公等，拥有云储存软件就可以在任何有网络和终端（计算机）的地方实现远程自助办公，基本上不需要随身携带个人办公电脑、自用硬盘或求助于他人。笔者的心得体会是：免费云储存软件是当代专业人士的一大福利，善于应用云储存软件对于工作、学习和生活都大有裨益，用好云储存软件是专技人员提升工作能力与效率的有效途径之一，但要注意，使用云储存软件要坚持“网络不是法外之地”的原则，好工具用来办正事，切勿用于不法之事。

3　以学术涵养促素质拓展

笔者认为，畜牧兽医专业人员是深入群众、扎根基层、立足实践的一线“专家”，只要有实实在在的调查研究与实践论证，就有站在学术研究与学术交流角度的发言权，一线畜牧兽医人拿起“笔杆子”或“敲敲键盘”，以发表专业学术论文、交流学术经验的方式向社会传递心得体会或经验借鉴，也是专业人的一种价值体现和行之有效的素质拓展锻炼。应用案例：基于对畜牧兽医行业的热爱，笔者平时比较关注国际国内关于本专业的时事动态，曾经通过互联网渠道获得“中国畜牧兽医学会”和“四川省畜牧兽医学会”组织学术年会交流会议及年会论文征集的资讯消息，于2017年递交年会征集的专题论文并成功入选年会论文集，同时获得了参加年会学术交流的宝贵机会。一般而言，高规格的学术年会、学术交流与基层乡镇畜牧兽医人似乎距离遥远，而通过互联网这一媒介载体，可以让一切变得皆有可能。由此可见，基于互联网思维模式，关注本专业的人可以从中接触到更高层次的学习交流平台和更多的成长进步机会。关于学术素养，笔者认为：撰写和公开发表学术论文并不完全代表专业人的真实能力水平，而专注于推广实用、高效的种养经验技术绝对是农牧行业的“正能量”，也是农牧人的本分。那些为了评职晋级拼凑论文、购买论文的不良行为是对学术的亵渎，属实不可取。基层畜牧兽医人立足本职工作，把乡村种养能手和自己学习实践的成功经验进行收集或总结整理并有机组合起来，才是真正具有含金量的专业学术论文，亲力亲为、踏踏实实做学术与提升能力相得益彰，具备端正的学术态度，专业水平才能再上新档次。

4 跨界竞争意识的培养

“万病一针青霉素加上劁猪骟马”是传统乡村畜牧兽医人的写照，但是，过去的“老招式”已经无法应对农牧合并后的新形势。在方便快捷的互联通信模式下，商家推荐的广谱复方制剂几乎包治百病，新一代养殖专业户具备了自主开具处方、自主实施防治管理的潜在能力，乡村畜牧兽医人员在遭遇作用逐渐弱化的窘境，因此必须要树立起跨界竞争意识，尽快打破畜牧兽医专业的种种限定。未来的畜牧兽医人应该是“能写、会说、能干、德才兼备”的综合体，要尽快增加畜牧兽医的能力，互联网和基础软件是必备的新式工具之一，通过借助这些外在条件，积极探索动物福利养殖技术、中兽医绿色康养疗法、动物营养与保健学、第三医学等新知识，以此获得突破。

当好“二传手” 为民谋福祉

——简述农技推广的三制宜与农业的三特性

陈效庚 杨美彩
（山西省河津市农业技术推广中心 山西 河津 043300）

农技推广工作要坚持立足农村、面向农民、服务农业，坚持推广与创新相结合，坚持把成果送到乡村去，将论文写在大地上；要适应“大国农业与小农生产”的基本国情、农情，重视在点点滴滴的具体生产活动中推动农业科技进步与发展，为我国实现全面小康和农业现代化做出积极贡献。农业技术推广应遵循三“制宜”，符合农业的三特性，现简述如下。

1 农技推广三“制宜”

1.1 因地制宜，突出发挥土地优势

土地是农业的根本，是农业生产赖以依靠的最重要的自然资源。在传统农业时期，没有土地就没有农业。不同的土地，产出水平与产出质量参差不齐。土地的差异性要求人们因地制宜地合理利用各类土地资源，确定土地利用的合理结构与方式，以取得最佳综合效益。如土壤主要分黏质土、沙质土、壤质土三大类型，不同的土壤质地适宜不同类型农作物。农谚说，沙土地发小（苗）不发老（苗），黏土（垆土）地发老（苗）不发小（苗）。不沙不黏的壤土适宜各种类型的农作物生长发育，被誉为理想的土壤。土地按水利条件可分为保浇地、扩浇地、纯旱地，按肥力高低可分为高肥地、中肥地、稀薄地等。开展农技推广应立足客观实际，要充分利用土地特性，发挥土地优势，才能更好地实现农业生产的高产、优质、高效。推广具体农业技术时，若不能做到因地制宜而盲目推广，不仅难以获得应有效果，甚至会导致推广失败。不同的土地，耕性不同，肥力不同，水利条件不同，土壤营养状况也不同，推广种植技术和作物类型及品种，就必须尊重这些不同，克服不利因素，突出发挥优势，才能取得良好效果。

1.2 因时制宜，突出发挥农时优势

种庄稼必须遵循“不违农时”的规律，违农时操作容易造成失败。搞农业技术推广也同样应当遵循这一规律。一年分四季，春生、夏长、秋实、冬藏，加上我国的自然与地理环境复杂，自北向南跨越寒温带、中温带、暖温带、亚热带、热带等气候带，地势西高东低，地形又分平原、丘陵、高原、盆地等。光、温、气、热、水都是农时中的重要因素。

绿色植物生长发育的能量源自太阳光能辐射，作物光温需求得不到满足常导致低产低效或栽培失败，地区间引种特别要注意这一点。冬小麦、冬油菜等长日照作物，一般要求在秋季播种；夏大豆、夏玉米等短日照作物，一般要求在春、夏季播种。遵循自然规律进行农技推广才是不违农时。要充分认识农时的重要性，遵守、利用好自然法则，充分挖掘当地光、温、气、热、水等自然资源，变自然资源优势为农作物产量、质量、效益优势。

1.3 因种制宜，突出发挥种子优势

优良种子（品种）是农业增产的唯一内因，农技推广不可轻视作物种性，而且良种良法必须配套，不可偏废。每个品种的种植表现存在丰产性、抗性、适应性的统一，既有优点又有缺点，在栽培管理中要正确加以利用。例如，旱地高产品种在干旱环境中能高产，抗病虫性较好，可若将其用在水地环境下，就可能因不抗病、不抗倒而不能发挥其丰产性。同样，水地高产品种适宜水地环境条件，抗病虫、抗逆，可高产，若将其栽培到旱地，就可能因为水肥不能满足其生长发育需求导致发育受阻，还可能被干旱胁迫致死，就更谈不上高产了。筛选推广品种时，必须在了解品种丰产性、抗病虫性、抗逆性、适应性以及品质特性的基础上，结合当地水肥条件、栽培管理水平以及病虫害发生情况等，进行综合权宜，做出选择。在高质量发展现代农业的当今，选择品种不能只看品种质量性状，还应注意丰产性、抗病抗逆性，否则即使能实现高品质，但产量大幅下降，总效益也会不升反降。走以品种为龙头，规模化、机械化、农业现代化之路，为搞加工创品牌奠定坚实基础。

2 农业三特性

2.1 农产品消费具有全民性

农产品消费的全民性要求农产品生产与人们生活消费在结构、时间上保持同步。随着经济社会的发展进步，人们生活消费的需求侧结构与水平不断升级，农产品生产的供给侧结构也要跟上步伐不断改革、升级、换代。全民健康需求也拉动了功能农产品的旺盛消费，功能农产品生产获得较快发展，也出现为满足消费者需求的个性化、精准化发展趋势。农产品消费的全民性越来越受到各界重视。

2.2 农业生产具有全域性

农业生产的地域范围之广可达全域，几乎无处不在。从地理上讲，不仅平原、丘陵、高原、盆地可进行农业生产，而且高山、林地、江河、湖海、冰川、沙漠也都可能进行农业生产，基本上只要有生物可以生存的地方，都可以进行不同的农业生产。农业全域性的生态功能具有举足轻重的作用，不可忽视；对国土规划、农业区划（不同作物重点优势区域生产的规划与区划）、空间利用的价值也值得人们重视，还有非重点、非优势区域生产的规划与区划。未来农业生产将更趋向全球化布局，对空间利用不仅停留在地面，而且将越来越注重在水域、空中进行农业生产开发。

2.3 农作物生长具有全天候性

农业的全天候性表现为生物生命的连续性、新陈代谢世代更替的延续性。正确保存

与利用不同生物可为人类需求永续利用服务。只要遵循生长发育规律，其满足生存、生长、生育条件，生物就会不断繁衍。农林病虫害在适宜的条件下变化发展，并与作物不断竞争，动态中生态条件对谁有利，谁就更能发展壮大成长起来，另一方的种群则减少或死亡。农作物生长具有全天候性，与其相关的技术服务也应具有全天候性，需要从工作制度、人员方面进行改革，加强、保障上班 8 小时之外的技术服务。优化全社会全天候农业推广体系，科学合理分工协作，可以为农业腾飞提供更加有效的服务。